船载相控阵测量雷达原理与设计

瞿元新 苏龑 毛南平 肖靖 冯爽 编著

国防工业出版社

·北京·

内 容 简 介

本书围绕海基空间目标监视与探测对雷达的需求,系统地阐述了船载相控阵测量雷达的原理和设计,推导出阵元间距确定的通用准则以及使用三角形网格减小阵元数量的约束条件。本书首先介绍了空间目标监视系统以及相控阵雷达的发展;其次,在介绍阵列天线基本理论的基础上,专题介绍了有源相控阵雷达、有限扫描相控阵雷达、宽带数字阵列雷达、宽带相控阵ISAR成像、资源调度管理等相关知识和技术;再次,在介绍相控阵雷达战术技术指标的同时,以船载相控阵测量雷达为例进行了相控阵雷达的分析论证和总体设计;最后,介绍了船载相控阵测量雷达的特殊性问题以及雷达标校和测试诊断等相关技术。

本书的适用对象为从事相控阵雷达的科研教学人员、技术开发人员、工程管理人员以及操作维护人员,同时也可作为高等学校、科研院所相关专业的研究生和高年级本科生的教材或参考书。

图书在版编目(CIP)数据

船载相控阵测量雷达原理与设计/瞿元新等编著. —北京:国防工业出版社,2022.9
ISBN 978 – 7 – 118 – 12585 – 6

Ⅰ.①船… Ⅱ.①瞿… Ⅲ.①船用雷达 – 相控阵雷达 – 研究 Ⅳ.①U665.22

中国版本图书馆 CIP 数据核字(2022)第 185674 号

※

国防工業出版社出版发行
(北京市海淀区紫竹院南路23号 邮政编码100048)
北京富博印刷有限公司印刷
新华书店经售

*

开本 787×1092 1/16 印张 25½ 字数 585 千字
2022 年 9 月第 1 版第 1 次印刷 印数 1—2000 册 定价 108.00 元

(本书如有印装错误,我社负责调换)

国防书店:(010)88540777   书店传真:(010)88540776
发行业务:(010)88540717   发行传真:(010)88540762

序

  随着越来越多的国家拥有进入空间和利用空间能力的提升，空间技术的发展与竞争日趋激烈，更加具有竞争性甚至对抗性。其中，空间态势感知进而控制空间成为各大国追求的目标。在信息化战争条件下，空间将发挥越来越重要的作用，"制天权"成为争夺空间"高边疆"的重要手段。

  要求空间态势感知系统观测的目标方面，除了人造卫星、弹道导弹、空间碎片、变轨式动能武器、轨道轰炸系统（OBS）等以外，近地空间武器、超高速飞行器、远程反舰导弹等均是应重点观测的目标。它们对雷达探测的突出要求是超远程探测能力、高数据率，以及多目标探测、跟踪、识别能力和高数据采样率等。要实现这些要求，必须采用相控阵雷达技术。雷达是态势感知空间目标监视系统中的骨干探测装备。随着相控阵雷达技术的飞速发展，其独特的波束指向与波束形状的捷变能力，可根据目标状态及任务变化，调整雷达资源应用。相控阵雷达具有多功能、多目标截获和自适应等技术优势，可完成对空间目标的测量、跟踪、测轨、编目、预报、识别等多种探测任务，实现对空间目标全天时、全天候的实时监测。

  船载相控阵测量雷达，是利用雷达平台可在海洋灵活部署的优势，扩大空间目标监测范围，提高战略预警纵深的同时对国内外航天发射活动进行抵近观测，获取重点目标的一手情报信息。美国的海基 X 波段雷达、"洛伦岑"号导弹跟踪测量船上安装的 S+X 双波段相控阵雷达就是典型的工程应用例子。

  船载相控阵测量雷达的系统设计，与地基平台、机载平台相控阵雷达类似，原理上是相同的。但由于船载平台的特殊性，船载相控阵测量雷达还需要解决阵面姿态感知与补偿、电磁兼容、船舶供电、海上标校、海洋环境适应性等特殊性问题。

  本书围绕船载空间目标监视对相控阵雷达的需求，特别针对船载平台要解决的姿态补偿、电磁兼容性等特殊性设计要求，系统地阐述了船载相控阵测量雷达的原理和设计，包括有源相控阵雷达、宽带相控阵雷达及数字阵列技术应用等先进技术，内容全面、理论知识和应用知识论述均衡。我诚挚地向读者们推荐这本书！

张光义

2021.9.29

前　言

　　影响雷达发展与应用的一个重要因素是雷达观测目标的发展与进步。雷达观测目标的发展主要反映在两个方面：一是目标种类的增加，二是目标性能的提高。如果说第二次世界大战期间雷达要观测的目标主要是飞机、舰船，则现代雷达要观测的目标范围已大为扩展，目标性能也大为提高。

　　相控阵雷达是雷达体制发展的重大技术进步，相较于机械扫描雷达，具有波束控制敏捷、资源调度高效、空间时间处理灵活的优点，从而使得相控阵雷达具有多功能的特点，既能同时完成搜索和对多个目标的精密跟踪，而且还具有较强的抗干扰能力。

　　本书共分为 10 章。第 1 章介绍了空间目标的分类以及对相控阵测量雷达的功能需求，并简要介绍了雷达技术、相控阵雷达，尤其是船载相控阵测量雷达的功能及应用等；第 2 章重点讨论了阵列理论基础、线性阵列基础、平面阵列基础、阵列方向图设计、辐射单元及互耦、移相器和延时器、相控阵天线系统的带宽特性以及基于实时延迟控制的宽带相控阵天线设计等；第 3 章介绍了有源相控阵的结构体系及组成、雷达功率孔径设计、子阵波束形成、和差波束形成、波束控制技术以及有源相控阵雷达可靠性分析等；第 4 章介绍了有限扫描阵列单元间距以及子阵尺寸确定、大间距周期阵栅瓣问题分析、相控阵量化栅瓣以及寄生栅瓣的形成、有限视场系统的天线技术、大间距非周期阵列排布、高效天线单元设计等；第 5 章介绍了数字阵列雷达的基本知识、系统架构、收发技术、数字波束形成以及宽带数字阵列雷达关键技术等；第 6 章主要就 ISAR 成像模型、平动补偿、转动补偿及自聚焦等方面进行了介绍；第 7 章介绍了资源管理主要内容、相控阵雷达的波位编排、波位能量调节、时间资源管理、事件调度以及资源调度等；第 8 章在介绍相控阵雷达战术技术指标有关知识的基础上，以船载相控阵测量雷达为例分析论证了相控阵雷达的波段选择、雷达威力、极化选择以及扫描范围等总体设计；第 9 章介绍了船载相控阵测量雷达的伺服隔离船摇技术、阵面姿态感知与补偿技术、供电设计、电磁兼容设计特殊性问题等；第 10 章介绍了船载相控阵测量与校准、测试诊断以及标校技术等。

　　在本书撰写过程中，要特别感谢中国电子科技集团公司第 14 研究所张光义院士为本书作序，同时要感谢第 14 研究所杨文军研究员、张鹏高级工程师、航天工程研究所金胜研究员对本书内容进行了审核。

　　由于编者水平有限，本书不足和疏漏之处在所难免，敬请读者批评指正。

编著者
2021 年 8 月

目　录

第1章　绪论 ··· 1
1.1　空间目标监视系统概述 ··· 1
1.1.1　空间目标监视系统的概念 ··· 1
1.1.2　空间目标分类 ··· 1
1.1.3　空间目标监视系统的任务及需求 ··· 2
1.1.4　空间目标监视对相控阵雷达的需求 ··· 3
1.2　雷达技术发展概况 ··· 5
1.2.1　雷达探测技术 ··· 5
1.2.2　雷达测量技术 ··· 6
1.2.3　雷达目标分辨与成像技术 ··· 7
1.2.4　雷达目标识别技术 ··· 8
1.3　相控阵雷达概述 ··· 9
1.3.1　相控阵雷达的概念 ··· 9
1.3.2　相控阵雷达的基本类型 ··· 10
1.3.3　相控阵雷达的特点 ··· 11
1.3.4　相控阵雷达的发展 ··· 13
1.4　船载相控阵测量雷达概述 ··· 15
1.4.1　船载相控阵雷达发展与应用 ··· 15
1.4.2　船载相控阵测量雷达的组成与工作流程 ··· 22
1.4.3　船载相控阵测量雷达特殊性问题 ··· 25
参考文献 ··· 27

第2章　相控阵基础 ··· 28
2.1　概述 ··· 28
2.2　阵列理论基础 ··· 28
2.2.1　电磁波干涉和叠加原理 ··· 28
2.2.2　方向图乘积定理 ··· 30
2.2.3　二元阵 ··· 33
2.3　线性阵列基础 ··· 35
2.3.1　一维线阵方向图公式 ··· 36
2.3.2　一维线阵基本参数 ··· 37
2.3.3　一维线阵方向图综合 ··· 43

2.4 平面阵列基础 ··· 47
2.4.1 平面阵列的方向图表达式 ······································· 47
2.4.2 平面阵列的空间坐标定义 ······································· 48
2.4.3 正弦空间表示法 ·· 51
2.4.4 二维平面阵列网格 ·· 52
2.5 阵列方向图设计 ·· 58
2.5.1 方向图综合方法 ·· 59
2.5.2 方向图加权方法 ·· 60
2.6 辐射单元及互耦 ·· 64
2.6.1 天线单元方向图的近似表示 ···································· 64
2.6.2 天线单元形式 ·· 64
2.6.3 互耦效应 ·· 65
2.7 移相器和延时器 ·· 68
2.7.1 移相器 ·· 68
2.7.2 实时延迟器 ·· 71
2.8 相控阵天线系统的带宽特性 ·· 72
2.8.1 波束的空间色散特性 ·· 72
2.8.2 波形的时间色散特性 ·· 75
2.8.3 相控阵天线宽带特性综合 ·· 76
2.9 实时延迟控制的宽带相控阵天线 ·································· 77
2.9.1 单元级别上实现时间延迟补偿 ································ 77
2.9.2 子天线阵级别上实现时间延迟补偿 ························ 78
2.9.3 子阵划分的基本方法 ·· 78

参考文献 ··· 80

第3章 有源相控阵雷达 ·· 81
3.1 概述 ··· 81
3.1.1 有源相控阵雷达的技术特点 ···································· 81
3.1.2 有源相控阵雷达的关键技术 ···································· 82
3.1.3 有源相控阵雷达的发展趋势 ···································· 83
3.2 有源相控阵的结构体系及组成 ······································ 84
3.2.1 有源相控阵的结构体系 ·· 84
3.2.2 有源相控阵雷达的功能框图 ···································· 85
3.2.3 固态 T/R 组件 ·· 86
3.3 有源相控阵雷达功率孔径设计 ······································ 89
3.3.1 探测性能确定情况下功率孔径设计 ························ 89
3.3.2 跟踪性能要求确定情况下功率孔径设计 ················ 90

  3.3.3 发射初级电源功率受限制时功率孔径设计 ································ 90
3.4 相控阵雷达子阵波束形成技术 ··· 91
  3.4.1 子阵方向图表达式 ·· 92
  3.4.2 子阵波束形成 ·· 93
  3.4.3 重叠子阵 ·· 96
3.5 相控阵雷达和差波束形成技术 ··· 99
  3.5.1 相控阵雷达和差波束形成原理 ·· 99
  3.5.2 相邻波束幅度比较方法 ··· 101
  3.5.3 和差波束幅度比较方法 ··· 104
  3.5.4 相位比较单脉冲测角法 ··· 106
3.6 有源相控阵波束控制技术 ·· 108
  3.6.1 波束控制系统的原理与组成 ··· 109
  3.6.2 数字移相器的波束跃度 ··· 112
  3.6.3 数字移相器的虚位技术 ··· 113
  3.6.4 随机馈相技术 ··· 116
3.7 有源相控阵雷达可靠性分析 ·· 118
  3.7.1 有源相控阵阵面的可靠性模型 ······································· 118
  3.7.2 模块故障对平均无故障时间的影响 ··································· 120
  3.7.3 模块故障对天线性能的影响 ··· 121
  3.7.4 模块故障对雷达距离方程的影响 ····································· 124

参考文献 ·· 126

第4章 有限扫描相控阵雷达 ·· 127
4.1 概述 ··· 127
4.2 有限扫描阵列单元间距以及子阵尺寸确定 ··································· 127
  4.2.1 阵列方向图合成 ··· 128
  4.2.2 单元间距确定准则 ··· 129
  4.2.3 子阵尺寸确定准则 ··· 132
  4.2.4 实例分析 ··· 133
4.3 相控阵雷达栅瓣问题分析 ·· 134
  4.3.1 大间距周期阵栅瓣的形成 ··· 134
  4.3.2 相控阵量化栅瓣的形成 ··· 137
  4.3.3 相控阵寄生栅瓣的形成 ··· 141
4.4 有限视场系统的天线技术 ·· 143
  4.4.1 最少的控制个数 ··· 143
  4.4.2 子阵技术的分类 ··· 146
  4.4.3 非规则子阵技术 ··· 148

4.4.4　子阵重叠技术 ……………………………………………… 151
　　　4.4.5　子阵交错技术 ……………………………………………… 154
　4.5　大间距非周期阵列排布 …………………………………………… 155
　　　4.5.1　单元级非周期阵列形式 …………………………………… 156
　　　4.5.2　子阵级非周期化阵列形式 ………………………………… 156
　4.6　高效天线单元设计 ………………………………………………… 166
　　　4.6.1　高效天线单元抑制栅瓣的原理 …………………………… 166
　　　4.6.2　高效天线单元的选型 ……………………………………… 167
　参考文献 ………………………………………………………………… 170

第5章　宽带数字阵列雷达 … 172
　5.1　概述 ………………………………………………………………… 172
　5.2　数字阵列雷达简介 ………………………………………………… 173
　　　5.2.1　数字阵列雷达的基本结构 ………………………………… 173
　　　5.2.2　数字阵列雷达的工作原理 ………………………………… 174
　　　5.2.3　数字阵列雷达的特性分析 ………………………………… 175
　　　5.2.4　数字阵列雷达的技术特点 ………………………………… 177
　　　5.2.5　数字阵列雷达的发展概况 ………………………………… 179
　5.3　宽带数字阵列雷达系统架构 ……………………………………… 181
　　　5.3.1　宽带数字阵列雷达基本结构 ……………………………… 181
　　　5.3.2　宽带数字T/R组件构成 …………………………………… 181
　　　5.3.3　宽带数字阵列雷达信号处理机与控制计算机系统 ……… 186
　5.4　数字阵列雷达的收发技术 ………………………………………… 187
　　　5.4.1　直接数字波形合成技术 …………………………………… 187
　　　5.4.2　正交调制技术 ……………………………………………… 189
　　　5.4.3　数字下变频技术 …………………………………………… 190
　　　5.4.4　雷达发射机技术 …………………………………………… 191
　　　5.4.5　雷达接收机技术 …………………………………………… 193
　5.5　相控阵雷达数字波束形成技术 …………………………………… 195
　　　5.5.1　数字波束形成的优点 ……………………………………… 195
　　　5.5.2　数字波束形成的原理 ……………………………………… 196
　　　5.5.3　数字波束形成的应用 ……………………………………… 201
　　　5.5.4　自适应数字波束形成的原理 ……………………………… 204
　　　5.5.5　自适应数字波束形成的应用 ……………………………… 210
　　　5.5.6　数字波束形成系统的自校正技术 ………………………… 214
　5.6　宽带数字阵列雷达的关键技术 …………………………………… 216
　　　5.6.1　数字阵列同步技术 ………………………………………… 217

  5.6.2 数字分数延时技术 ·············· 218
  5.6.3 宽带数字均衡技术 ·············· 219
 参考文献 ························· 224

第6章 宽带相控阵ISAR成像技术 ············ 226
 6.1 概述 ························ 226
 6.2 ISAR成像基本原理 ················· 226
 6.3 目标平动补偿技术 ················· 228
  6.3.1 包络对齐 ·················· 228
  6.3.2 相位补偿 ·················· 230
  6.3.3 船摇运动补偿 ················ 233
 6.4 目标转动补偿技术 ················· 233
  6.4.1 基于ICPF的ISAR成像 ············ 233
  6.4.2 基于PFA的ISAR成像 ············ 237
 6.5 图像自聚焦技术 ·················· 238
  6.5.1 相位梯度自聚焦算法 ············· 238
  6.5.2 最小熵自聚焦算法 ·············· 239
 参考文献 ························· 241

第7章 相控阵雷达资源管理技术 ············· 242
 7.1 概述 ························ 242
 7.2 相控阵雷达监视空域划分与波位编排 ········ 243
  7.2.1 相控阵雷达监视空域划分 ·········· 243
  7.2.2 波位编排 ·················· 246
 7.3 相控阵雷达波位能量调节 ············· 248
  7.3.1 发射脉宽能量调节 ·············· 249
  7.3.2 波束驻留能量调节 ·············· 250
  7.3.3 阵面重构能量调节 ·············· 252
 7.4 相控阵雷达时间资源管理 ············· 253
  7.4.1 时间资源配置约束因素 ············ 253
  7.4.2 搜索状态时间资源管理 ············ 254
  7.4.3 跟踪状态时间资源管理 ············ 262
  7.4.4 时间与能量资源的调节 ············ 268
 7.5 相控阵雷达事件调度 ················ 273
  7.5.1 任务调度原则 ················ 273
  7.5.2 调度性能评估 ················ 274
  7.5.3 事件调度策略 ················ 274
  7.5.4 影响调度策略的主要因素 ·········· 277

	7.5.5 自适应调度算法	281
7.6	相控阵雷达的资源调度	285
参考文献		288

第8章 相控阵雷达战技指标与总体设计 — 290

- 8.1 概述 — 290
- 8.2 相控阵雷达指标 — 290
  - 8.2.1 相控阵雷达主要战术指标 — 290
  - 8.2.2 相控阵雷达主要技术指标 — 296
  - 8.2.3 相控阵雷达作用距离计算 — 300
  - 8.2.4 相控阵雷达宽带指标分析 — 305
- 8.3 船载相控阵测量雷达总体设计 — 307
  - 8.3.1 波段选择 — 307
  - 8.3.2 雷达威力需求 — 309
  - 8.3.3 雷达威力估算 — 314
  - 8.3.4 雷达体制 — 316
  - 8.3.5 阵面体制 — 317
  - 8.3.6 扫描范围 — 319
  - 8.3.7 极化选择 — 321
  - 8.3.8 测角体制 — 322
  - 8.3.9 雷达控制 — 322
  - 8.3.10 多目标跟踪 — 323
  - 8.3.11 测试和评估 — 323
  - 8.3.12 动平台跟踪 — 324
  - 8.3.13 相控阵测量雷达工作方式 — 325
- 参考文献 — 330

第9章 船载相控阵测量雷达特殊性问题 — 331

- 9.1 概述 — 331
- 9.2 船载相控阵测量雷达伺服隔离船摇技术 — 332
  - 9.2.1 对船摇隔离指标的要求 — 332
  - 9.2.2 陀螺稳定技术 — 333
  - 9.2.3 船摇前馈技术 — 335
  - 9.2.4 自抗扰控制技术 — 337
- 9.3 船载相控阵测量雷达阵面姿态感知与补偿技术 — 338
  - 9.3.1 阵面捷联惯导工作原理 — 338
  - 9.3.2 雷达闭环跟踪测量原理 — 340
- 9.4 船载相控阵测量雷达供电设计 — 347

9.4.1	供电架构设计	347
9.4.2	供电问题分析	350
9.4.3	供电优化设计	351

9.5 船载相控阵测量雷达电磁兼容设计 ……………………………… 355
 9.5.1 雷达电磁兼容设计 ……………………………………………… 356
 9.5.2 全船电磁兼容分析 ……………………………………………… 356
 9.5.3 全船电磁兼容管理 ……………………………………………… 357
 9.5.4 人员电磁防护要求 ……………………………………………… 358
 9.5.5 外界有意干扰设计 ……………………………………………… 359

参考文献 ………………………………………………………………………… 360

第 10 章 船载相控阵测量雷达标校及测试诊断技术 …………………… 361

10.1 概述 …………………………………………………………………… 361
10.2 相控阵天线测量与校准技术 ………………………………………… 361
 10.2.1 相控阵天线测量技术 …………………………………………… 363
 10.2.2 相控阵天线校准技术 …………………………………………… 367
 10.2.3 相控阵雷达阵面监测技术 ……………………………………… 373
10.3 相控阵雷达测试诊断技术 …………………………………………… 376
 10.3.1 设备组成 ………………………………………………………… 377
 10.3.2 工作原理 ………………………………………………………… 377
 10.3.3 工作流程 ………………………………………………………… 378
 10.3.4 方案设计 ………………………………………………………… 379
10.4 相控阵雷达标校技术 ………………………………………………… 382
 10.4.1 雷达常规标校 …………………………………………………… 383
 10.4.2 阵面惯导标校 …………………………………………………… 385
 10.4.3 有源阵面标校 …………………………………………………… 387
 10.4.4 RCS 标校 ………………………………………………………… 387
 10.4.5 宽带幅相标校 …………………………………………………… 390

参考文献 ………………………………………………………………………… 394

第1章 绪　　论

1.1 空间目标监视系统概述

1.1.1 空间目标监视系统的概念

2013年5月,美国参谋长联席会议颁布的新版《空间作战》条令,首次将空间态势感知列为与空间力量增强、空间支持、空间控制和空间力量运用并列的独立任务领域,并排名第一,将其视为一切空间作战活动的基础和前提。在信息化战争条件下,空间将发挥越来越重要的作用,"制天权"成为争夺空间"高边疆"的重要手段。空间目标监视系统是指利用陆基、海基或天基探测设备对航天器进入空间、在轨运行及离开空间的过程进行探测和跟踪,对轨道碎片和自然天体的运行情况进行观测,对观测数据进行综合处理、分析,对在轨空间目标进行编目管理,以掌握空间态势,向民用和军用航天活动提供空间目标信息支援的国家战略信息获取系统。空间目标监视系统探测对象主要是卫星、空间站、临近空间飞行器以及弹道导弹,同时也要跟踪各种空间碎片,如进入空间轨道的助推火箭、保护罩和其他物体。空间目标监视系统提供的有关空间目标的信息具有重要的军事价值,不仅可以确定潜在对手的空间能力,还可以预测轨道、空间物体的陨落以及对可能发生的碰撞和对空间系统的攻击进行告警等。

空间目标监视系统所承担的主要任务如表1-1所列。

表1-1　空间目标监视系统所承担的主要任务

阶段	任务
和平时期	(1) 监视空间碎片环境; (2) 探测新出现的所有空间目标; (3) 对空间目标进行跟踪; (4) 确定空间目标的载荷、归属、任务、能力、大小、形状、轨道参数等特征; (5) 对他国空间发射活动及试验进行监视
战时	(1) 探测对空间目标的威胁,确定威胁特征,并向指挥中心传送威胁信息,支持防御性空间对抗; (2) 确定被攻击目标的轨道、位置、速度等特征,向指挥中心传送目标信息,支持空间攻防; (3) 对空间攻防和防御过程进行监视; (4) 作战效果评估

1.1.2 空间目标分类

空间目标主要是指卫星、空间站、临近空间飞行器、进入空间轨道的助推火箭、保护罩和其他物体,发射后的弹道导弹进入地球外层空间后也可以看成空间目标。以上提到的都是人造空间目标,除此以外,空间目标还包括进入地球外层空间的各种宇宙飞行物。空间目标监视的主要目的是跟踪正常工作的在轨航天器、监视失效的航天器和其他空间碎片的运行情况,通过测定它们的轨道对可能发生的碰撞进行预警,为航天器发射和载人航天等空间活动提供保障。

空间目标分成四类:一是目前仍在工作的卫星和空间站;二是空间碎片,包括已失效的卫星;

三是弹道导弹,由于弹道导弹仅在飞行过程中进入地球外层空间,故将其单独归为一类;四是临近空间目标,由于其高速高机动飞行特性,也单独归为一类。下面分别对各类空间目标进行简要的介绍。

1. 卫星和空间站

目前,在轨运行卫星约12000颗,可覆盖200~40000km全轨道,军用航天器约占总数的70%。军用航天器从功能上可分为航天支援装备和航天攻击与防御装备。航天支援装备包括通信卫星、导航卫星、侦察卫星等各种军用卫星,航天攻击与防御装备包括各种空间定向能与动能武器、空天飞机等。

2. 空间碎片

空间碎片是指除还在正常使用的航天器以外的所有仍留在外层空间的人造物体,包括失效的有效载荷、运载工具、有效载荷与运载工具所产生的残骸碎片和微粒物质,以及载人飞行时抛入外层空间的各种工具和废弃物。根据欧洲航天局的最新数据,直径超过1mm的空间目标约3.3亿个,直径1cm以上的空间目标约30万个,而直径10cm以上的空间碎片约2万个。在轨卫星与尺寸超过1cm的空间碎片发生碰撞有极大可能造成卫星致命损坏,对各国航天活动构成严重威胁。

3. 弹道导弹

弹道导弹自第二次世界大战问世以来,经过长期的发展和演变,已经发展成为多种类型,能从陆、海、空平台发射,打击各类目标的远程武器。目前,全球拥有弹道导弹的国家和地区共有43个,其中美国、印度、朝鲜、俄罗斯、巴基斯坦、伊朗拥有射程超过3500km以上中远程弹道导弹研制能力。美军构建了地基战略弹道导弹、潜射弹道导弹为主的核威慑体系,主要包括"民兵"-3、"三叉戟"-2。俄罗斯一直保持全球领先的战略核力量,主要由"撒旦""白杨"-M、"亚尔斯""布拉瓦"等弹道导弹构成。印度部署了"大地""烈火"系列弹道导弹。

4. 临近空间目标

临近空间目标飞行高度在20~100km,飞行速度为马赫数6~20,能够在1h内打击全球任何目标,速度优势使其快速反应能力和全球快速打击能力大幅提高。对于前沿部署的高超声速导弹,其打击目标的时间将更短,具备近实时打击能力,可以选择最佳的攻击时间打击敌人纵深目标,提高了攻击的突然性和有效性。同时,依靠极高的飞行速度,再加上隐身措施,高超声速导弹将使现有防空系统防御能力下降,导弹突破概率大为提高。这种快速反应与打击能力和突防能力在打击敌指挥机关、空军基地等重要节点,以及导弹发射架、航空母舰等高价值机动目标时将具有非常重要的作用。

1.1.3 空间目标监视系统的任务及需求

空间目标探测的任务是对重要的空间目标进行精确探测和跟踪,确定威胁目标的尺寸、形状和轨道参数等重要目标特性;对目标特性数据进行归类和分发,进而编目管理。

空间目标飞行速度快,近地卫星的速度约为7.9km/s,弹道导弹的速度为马赫数1~23。空间目标的轨道高度高,卫星的轨道高度为100~36000km,导弹的轨道高度为10~2500km。卫星一般按固定轨道运行,但有的具有变轨能力。弹道导弹可按标准弹道发射,也可按高弹道或机动飞行。导弹伴随有大量假目标,真假目标伴随飞行,卫星则可能伴随有末级火箭、碎片等。

根据空间目标的上述特点,空间目标监视系统的基本需求如下:

1. 作用距离远

空间目标监视系统的作用距离一般为1000~5000km,以提供长的预警时间及观测弧度。

2. 大的覆盖范围

根据主要方向选择多个扇面覆盖国家整个空间,对某一固定站而言,一般可选择 90°~120° 方位覆盖,仰角可选择 0°~90° 范围覆盖。

3. 多目标识别能力

为了在高密度目标空间环境下分辨出单个目标,空间目标监视系统应具有较高的距离和角度分辨率。高精度测量能直接提高测轨性能,以精准确定卫星轨道和弹道的发落点并分辨目标属性。高的分辨率可以提供各种形状特征及主要散射体的长度测量,通过高分辨一维距离像、二维逆合成孔径雷达(Inverse Synthetic Aperture Radar,ISAR)像和三维干涉成像,提取目标的细微结构特征,支撑高置信度目标识别。

4. 精确测轨能力

为了精确测定轨道,对空间目标监视系统的测距、测角、测速精度提出了较高要求。高精度测量能直接提高测定轨性能,以精准确定卫星轨道和弹道的发落点。

5. 短的反应时间

在空间攻防作战中,系统必须对高速来袭目标作出快速反应,从发现、跟踪、识别到反击,仅有数分钟甚至数十秒时间。

6. 全天候、全天时连续监视

航天器与弹道导弹的飞行速度快,对其往往只有数分钟的观测时间。空间目标监视系统必须连续全天候、全天时对其监视。光电探测系统受到气候和日光的影响,不能全天候、全天时实现探测;无线电侦收属被动探测,受限于空间目标"发信"的限制;唯有雷达特别是远程相控阵雷达可满足全天候、全天时连续不间断空间目标监视的要求。

1.1.4 空间目标监视对相控阵雷达的需求

空间目标监视系统需对一定空域、一定大小内所有目标进行自主的、可靠的周期性数据采集,完成轨道的定轨、编目、识别,对探测目标进行编目及更新,发现新的发射和已有目标的变轨。相控阵雷达具有多目标监视、大范围搜索、跟踪能力,是空间目标监视的最主要探测手段之一。

空间目标监视对相控阵雷达的功能需求如下所述。

(1) 空间目标的测轨编目:了解与掌握空间目标的轨道信息,提供卫星过境预报和跟踪引导。

(2) 弹道导弹预警:发现所有威胁导弹,提供发点和落点预报与时间,为反导系统提供预警,为制导雷达提供目标交接班信息。

(3) 空间预警:承担空间目标编目、识别、特性研究、任务确定、威胁评估、攻击预警。

(4) 陨落及解体监视:运行于近地轨道的目标,由于大气阻力等因素,导致目标轨道高度不断降低,最终陨落;在陨落过程中会发生解体、燃烧,残骸会坠落地面,威胁安全,相控阵雷达能对空间再入过程的监视与预报,提前采取措施,避免损失。

(5) 碰撞规避:人类在空间的活动过程中,由于技术水平和认识上的局限,未能对进入空间的人造物体进行有效而稳妥的处理,在太空中遗留了大量失去效用的人造物体以及在发射与事故过程中解体形成的大量碎片,使得空间目标数量急剧上升,造成空间目标碰撞时有发生;相控阵雷达可用于监视空间碎片变化情况,为我国航天飞船、卫星的发射、空间运行期间提供碰撞规避服务。

空间目标监视对相控阵雷达的探测能力需求如下所述。

1. 增强对低可观测目标的探测能力

低可观测目标是指雷达散射截面(Radar Cross Section,RCS)很小的目标。对空间目标监视雷达来说,低可观测目标包括弹头目标、维纳卫星以及能对卫星及航天器造成严重安全问题的"空间垃圾",如直径为5cm、1cm左右的碎片。

2. 多功能、多任务

基于相控阵天线波束快速扫描的技术特点,相控阵雷达通过合理安排雷达搜索工作方式、跟踪方式之间的时间交替及其信号能量的分配与转换,合理解决搜索、目标确认、跟踪起始、目标跟踪、跟踪丢失处理等不同工作状态的转换,从而具备多功能、多任务和多目标跟踪能力。空间目标探测雷达根据探测任务需求以及探测目标重要性或威胁度的变化,自适应地完成工作方式、工作参数、系统资源调度、探测波形和能量分配,满足不同作战任务需求。

3. 目标识别和雷达成像

雷达通过对目标宽窄带、极化特性的精确测量,提取目标的运动特征、RCS特征、极化特征、结构特征等识别特征,实现弹头/弹体分类、空间目标、临空目标等类型识别,支持空间攻防应用。

雷达成像是目标分类和识别的一个重要手段,通过获取目标宽带一维像、二维ISAR像、三维干涉ISAR像,获取目标尺寸大小和精细化的结构特征;同时利用图像识别技术,实现对空间目标的分类识别,从而判断威胁程度,是反卫星和反导系统中重要的军事技术。与光学成像和红外监测不同,雷达成像具有全天时、全天候和远距离优势,因此在空间目标监视、反导等领域具有重要的军事作用。

4. 在硬打击下的生存能力

和平时期空间目标探测相控阵雷达用于空间目标的发现、监视、编目、分类、识别。在非和平时期,则应用于军事目的,通过对空间目标的监视、预警、分类、识别,支持空间防御。因此,对雷达系统提出了硬打击生存能力的需求。采用先进的相控阵技术,通过灵活的能量管理、自适应的发射低截获概率(Low Probability of Intercept,LPI)波形以及无源工作模式的应用等手段,提高雷达系统的生存能力。

5. 在恶劣电磁环境条件下的工作能力

对抗各类有源干扰和无源杂波是需要不断深入研究解决的老问题。近年来,对付多种欺骗干扰的任务变得尤为突出。此外,应对高功率电磁脉冲对雷达系统的破坏也成了对雷达的一项新要求。随着雷达系统、雷达组网系统中计算机与通信设备比重的增加,必须提高通信反对抗、网络反对抗和应对各种信息战的能力。

6. 雷达组网能力

雷达具有分布式协同探测能力,可与其他雷达协调工作和共享观测数据。多部雷达的观测数据与其他传感器(无源探测雷达、红外探测器、激光雷达和光学电视跟踪器等)的数据要进行多传感器数据融合(Multi Sensor Data Fusion,MSDF)。雷达系统应与电子战(Electronic Warfare,EW)中的干扰接收机、雷达告警器等结合,这有利于雷达实现快速的频率捷变,提高抗干扰能力。

7. 有源雷达与无源探测结合

雷达发射高功率信号探测目标,容易被敌方雷达信号侦察设备侦收和定位。雷达天线的副瓣能量,也可被敌方用于信号侦察。因此,除了对发射能量进行射频辐射管理(Radio Frequency Radiation Management,RFRM)外还应尽可能减少雷达信号主动发射时间,将有源雷达与无源雷达进行一体化设计,发挥无源探测静默工作方式和作用距离较远等优点,有利于提高整个雷达系统的综合性能。

1.2 雷达技术发展概况

在发现即为摧毁的现代战场上,雷达的地位和重要性与日俱增,同时也促进了雷达技术的不断进步,我们可以列出许多的雷达技术,如单脉冲技术、相控阵技术、脉冲多普勒技术、合成孔径技术、脉冲压缩技术、动目标显示技术、高分辨技术等,并且不断推陈出新。下面以雷达功能为主线,将这些雷达技术归结到探测、测量、分辨和目标识别技术四个方面,这些技术的发展为相控阵雷达的发展奠定了重要的技术基础。

1.2.1 雷达探测技术

雷达探测通常是指雷达(以电磁波的方式)搜索发现目标,即在所要求的空间和时间范围内,从噪声(内部)、杂波(自然)、干扰(人为)中检测出所需要的目标信号,以确定目标的存在与否,是雷达最基础、最本质的技术。

这里的"目标"是指雷达所要探测的对象。从形态上,它可以是点目标、动目标、群目标、面目标、体目标,还可以是无形目标(如大气湍流)、隐匿目标(如隐匿于植被或地表下的物体)等。

雷达检测的基本理论表明,信噪(信杂、信干)比的大小是影响目标检测的基本要素。目标检测就是如何在规定的探测范围内增强所需目标的信号,抑制或滤除噪声、杂波和干扰信号,实现其信噪(信杂、信干)比最大化,从而使得对目标的发现概率最大。为此,人们提出了诸如匹配滤波技术、相关接收技术、回波积累技术、脉冲压缩技术、脉冲多普勒技术、动目标显示技术、动目标检测技术、恒虚警技术、宽带雷达技术等提高雷达探测性能的技术。

匹配滤波技术被认为是雷达探测系统设计的最基本的技术。当雷达信号处理系统的响应函数同接收回波信号的波形函数相匹配时,能够获得最大的信噪比输出,此时雷达具有最好的目标探测性能。相关接收技术,从本质上讲,类似于匹配滤波技术。

回波积累技术,也是提高雷达目标检测性能经常使用的一种技术,通常是在回波脉冲之间进行积累,以提高用来进行目标检测的信噪比和目标检测概率。当然,视具体情况不同,有非相参积累,如视频积累(A/R、PPI显示器)、m/n 检测器(n 个脉冲中有 m 个被检测到)和相参积累,如快速傅里叶变换(Fast Fourier Transform,FFT)等。

当目标回波功率(或幅度)小于或远小于杂波功率(或幅度)时,目标信杂比较低,导致目标检测困难。动目标显示(Moving Targets Indication,MTI)技术、动目标检测(Moving Targets Detection,MTD)技术和脉冲多普勒(Pulsed Doppler,PD)技术是频域处理技术,该类技术的核心是利用多普勒原理进行频域滤波处理,将频谱处在零频率(或某频率)的杂波抑制或消除,而保留处在多普勒频率上的运动目标信号,从而使信杂比改善数十分贝。脉冲多普勒技术与动目标显示技术的主要区别在于前者除了具有杂波对消外,还进行多个脉冲的相参积累,获取相参积累得益。

恒虚警率检测技术是当有强烈的杂波和干扰变化时能自动调整雷达的检测门限,从而使得雷达系统的虚警率维持在一个较低的水平的检测技术。例如,单元平均恒虚警率技术、杂波图恒虚警技术等,以改善雷达对杂波和干扰中的目标探测性能。

频率捷变技术、频率分集技术是一种利用信号频率的跳变和分集来避开敌方干扰、去除某些杂波的相关性来提高雷达探测性能的技术。

脉冲压缩技术是以发射宽带宽脉冲、接收回波压缩成窄脉冲的形式来提高雷达作用距离、改善目标分辨能力以及抑制杂波干扰能力,同时由于压缩成窄脉冲,因此也提高了雷达的距离测量精度。

超视距雷达技术,是利用电离层或大气层的电波折射和反射特性,使雷达探测距离超过视线距离,从而可探测远程、低高度及海面目标。

无源雷达技术、低截获概率雷达技术,是以自己不发射信号或发射低功率密度(时域、频域等)信号,或者某种特殊信号形式,使敌方难以侦察或截获,从而在保证探测性能前提下,提高自我生存能力。

双/多基地雷达技术、组网雷达技术,是以多站分布及联网的形式提高对目标(包括隐身目标)的探测能力、抗干扰能力以及抗毁伤能力。

1.2.2 雷达测量技术

雷达测量是指雷达对被探测目标表征参数的测量和估计。

传统的目标测量是指对目标坐标位置及其变化率的测量,如目标的距离、方位角、俯仰角及目标的径向速度等。有文献把这种测量称为"米制"测量。在现代雷达中,除了"米制"测量之外,还需要对目标的某些特征(如目标大小、形状、性质等几何特征和物理特征)进行测量,有时把这种测量称为"特征"测量。

雷达对目标的测量都是建立在对目标回波信息测量的基础上。例如,目标距离测量就是测量目标回波相对于发射脉冲时刻的延时量,目标角位置测量就是测量目标回波到达时刻雷达天线波束指向位置,目标速度测量就是测量目标回波相对于发射信号的频率偏移量。

雷达测量的基本理论表明,影响雷达目标参数测量的基本要素是回波信号的信噪(信杂、信干)比和雷达系统的"分辨率"。回波信号的有效信噪(信杂、信干)比越大,目标参数测量精度就越高。这一点与提高目标探测性能是一致的,希望信噪比越高越好。但对目标测量来说,不只取决于信噪比,还取决于雷达本身的"分辨率"。分辨率是指雷达系统对目标参数变化的响应程度。例如,雷达天线的相对孔径宽度(口径与波长的比值)越大,即测角灵敏度越大,则潜在测角精度就越高;雷达使用信号的频带宽度越宽,即测距灵敏度越高,则测距精度越高;雷达相干测量的时间长度越长,即测速灵敏度越高,则测速精度越高。

雷达目标参数测量总是建立在目标检测基础上的,目标检测过程本身提供了一个粗略的参数估计值,这些粗略的估计值就是雷达系统分辨单元(如目标方向的雷达波束、距离门、频率门等)位置的近似值。而对于要求有高精度的测量雷达,还必须进一步精细化这个粗略估值。为此,需要产生一个和雷达估计值与目标参数真值之差成正比的内插响应,基于这种考虑,人们在目标距离测量上提出了"前—后距离门"(时间鉴别)测距方法,在目标角度测量上提出了"波束转换""圆锥扫描""单脉冲"(角度鉴别)测角方法,在目标速度测量上提出了"前—后速度门"(频率鉴别)测速方法,采用这些方法,可以使雷达测量精度提高一个量级以上。

雷达目标参数测量总是在有噪声、杂波、干扰存在的条件下进行的。为了去除这些影响,进一步提高雷达目标测量性能,人们还采用了"跟踪"和"滤波"技术,如跟踪雷达采用的单脉冲跟踪技术,有些搜索雷达采用"滤波"技术去除噪声等的影响。

传统的雷达目标测量是建立在"窄带"雷达基础上的。窄带雷达是指雷达信号的瞬时带宽相对较窄。由雷达基本理论,雷达对目标探测的距离分辨率 ΔR 与雷达信号带宽 B 的关系为 $\Delta R = c/(2B)$,其中 c 为光速。

对于窄带雷达,如信号带宽为 1MHz,距离分辨率为 150m,则其距离分辨率远大于典型雷达目标的尺寸。因而目标只能视为"点目标",即窄带雷达只能测量目标"整体"和"宏观"的运动特性和电磁散射特性,这就是窄带雷达目标测量在理论上的基本限制。

窄带雷达测量目标的"宏观"运动参数包括目标距离、方位角、俯仰角以及径向速度等;测量目标的"宏观"散射特性,包括目标整体散射面积。

噪声是影响雷达测量精度的最主要因素。雷达测量误差的度量(即精度)是指测量值(估计值)与真实值之差的均方根值(rms)。雷达测量 M 的理论均方根误差为

$$\sigma_M = \frac{k\Delta M}{\sqrt{2n \cdot (S/N)}} \tag{1-1}$$

式中:k 为大约为 1 的常数;ΔM 为 M 的分辨率;S/N 为匹配滤波器的输出信噪比;n 为积累脉冲数。

由雷达测量理论,距离、角度、速度以及 RCS 等参数的单个脉冲理论测量精度(以方差表示)如下。

距离测量精度:

$$\sigma_R = \frac{\Delta R}{\sqrt{2n \cdot (S/N)}} = \frac{c}{2B} \frac{1}{\sqrt{2n \cdot (S/N)}} = \frac{c\tau_e}{2\sqrt{2n \cdot (S/N)}} \tag{1-2}$$

式中:ΔR 为测距分辨率;c 为光速;B 为信号有效带宽;τ_e 为脉压后信号的脉冲宽度;S/N 为信噪比;n 为积累脉冲数。

角度测量精度:

$$\sigma_\theta = \frac{\theta_B}{K_m \sqrt{2n \cdot (S/N)}} \tag{1-3}$$

式中:θ_B 为天线波束宽度;K_m 为单脉冲测角时的差斜率(一般取 $K_m = 1.65$);S/N 为信噪比;n 为积累脉冲数。

速度测量精度:

$$\sigma_v = \frac{\sqrt{3}\lambda}{2\pi T \sqrt{2n \cdot (S/N)}} \tag{1-4}$$

式中:λ 为波长;T 为信号持续时间(或相干测量时间);S/N 为信噪比;n 为积累脉冲数。

20 世纪 70 年代初,宽带技术开始在雷达中应用。这里的"宽带"是指雷达所用信号的瞬时带宽相对较宽,从而使雷达的距离分辨率 ΔR 小于或远小于被测量目标的尺寸。这样雷达就可以对目标细微结构进行分辨,从而测量目标的"微观"散射特性。例如,一个信号瞬时带宽达到 500～1000MHz 的雷达,可以测量出弹道导弹弹头的"微观"散射特性,从而测出弹头的尺寸等参数。同时由式(1-2),宽带雷达还可以提高目标的距离测量精度。宽带技术与逆合成孔径技术结合,可以测量目标的二维"微观"散射特性,即二维图像,从而获取目标的形状及结构特征。

20 世纪 80 年代以后出现了"相位测距"技术和微多普勒测量技术,即通过回波相位延迟来测量目标的距离,使距离测量精度提高到半个雷达工作波长的量级,通过微多普勒测量目标微动特征,如进动、章动、旋转等参数。

1.2.3 雷达目标分辨与成像技术

传统的目标分辨是指雷达将相邻目标分辨开来的能力。现代雷达除了这种分辨要求以外,有时还要求将单个目标的各个局部分辨出来,这种分辨又称为高分辨或高分辨成像。一般来说,雷达依靠天线波束、距离门、多普勒滤波器等在角度上、距离上、速度上对目标进行分辨。可以进行一维分辨,也可以进行二维分辨。

雷达目标分辨的基本理论表明,决定雷达目标分辨率的基本要素是雷达信号与系统的"有

效分辨宽度"。例如,决定雷达目标角度分辨率的要素是雷达天线的"有效孔径宽度",决定目标距离分辨率的要素是雷达信号和系统的"有效频带宽度",决定目标速度分辨率的要素是雷达信号和系统相干处理的"有效时间宽度"。因此,从目标分辨的角度,提高雷达目标分辨率也就是增大雷达系统或信号的"有效孔径宽度""有效频带宽度"和"有效时间宽度"。

常规(窄带)雷达的距离分辨率和角度分辨率通常远大于普通目标的尺寸,因而,通过雷达所看到的目标只是 A/R 显示器上的一个"尖头脉冲"或 PPI 显示器上的一个"亮点"。用光学图像的话来说,目标仅处在雷达的一个"像素"之中。例如,一个典型的窄带雷达用1°的方位波束宽度和1μs(相当于1MHz带宽)的脉冲在100km的距离上探测飞机目标,雷达的空间分辨率为 1745m × 150m(横向距离分辨率×径向距离分辨率),而飞机的尺寸仅为数十米,所以飞机处在雷达一个分辨单元内,被认为是一个"点"目标。

宽带雷达技术与合成孔径雷达(Synthetic Aperture Radar, SAR)和逆合成孔径雷达技术是提高目标分辨率的革命性技术。随着雷达信号和系统的"频带宽度"提高,其距离维(径向)上的分辨率 ΔR 相应提高,当 ΔR 提高到小于或远小于目标径向尺寸时,目标回波就会在时延上展宽到多个分辨单元,从而形成多个"像素",并构成目标的一维距离像(又称距离剖面)。同样,采用合成孔径或逆合成孔径技术增大了雷达系统的天线方位"有效孔径宽度"。相应地提高其角度分辨率 ΔA,当其提高后的角分辨率小于或远小于目标横向尺寸时,则目标回波在方位上会展宽到多个分辨单元,从而形成多个"像素",并构成目标的一维方位像。宽带技术与合成孔径(或逆合成孔径)技术同时采用,则可形成目标的二维图像。

高分辨雷达技术使人们从雷达上看到的目标不再仅仅是一个"尖头脉冲"或"亮点",而是一幅目标的"真实"图像。这是雷达技术革命性的变革。

1.2.4 雷达目标识别技术

雷达目标识别是一个含义比较宽泛的术语,目前尚无统一的定义。例如,有分类、辨认、辨识、鉴别等含义。

雷达目标识别是基于电磁波散射传播,在目标检测、目标测量和目标分辨基础上进行的。总体上讲,雷达的目标识别能力主要取决于该雷达能够获取目标多种有效信息的能力,所获取有效信息的量越多、质越高,则越有利于识别目标。

由于应用的不同,雷达目标识别方法的种类也很多。例如,有合作目标识别和非合作目标识别。合作目标识别多应用在空中交通管制、民用空间活动、作战中的敌我识别等;非合作目标识别是针对对方(通常是敌方)的目标,准确提取目标的识别特征难度大,因此,导致提高目标的识别置信度难度显著增加。

对于不同的目标,也有不同的识别方法。例如,空间目标(导弹、卫星、碎片等)识别、空中目标(飞机、浮空平台、飞鸟、昆虫等)识别、海面目标(舰船等)识别、地面目标(固定目标、活动目标等)识别等。

雷达对非合作目标的识别,根据不同的要求,可以在不同的层次上实现。

层次1:目标发现(Detection)。"发现"是指将目标(感兴趣的)从非目标(例如噪声、杂波、有源或无源干扰等)中区分出来。

层次2:目标分类(Classification)。"分类"是指可将已"发现"的目标划分出其所属的类别。例如,是建筑物,还是车辆,或者是飞机等。

层次3:目标辨认(Recognition)。"辨认"是指可在已经"分类"的基础上,确定目标的"子类"(Subclasses)。例如,在"车辆"类中,是卡车、轮带车,还是坦克或运兵车等。

层次4：目标鉴别(Identification)。"鉴别"是指能在辨认的基础上给出目标的型号。例如，该坦克目标是美国的M60型，或者是俄罗斯的T72型。

层次5：目标表征(Characterization)。"表征"是指能够确定一个目标的详细物理特征。例如，确定该目标为一架携带空空导弹的米格-29飞机。

雷达目标识别通常有三个重要过程。首先是雷达对目标(或目标群)的参数和特性信息的测量，形成一个目标"参数空间"。例如，目标空间坐标位置(距离、角度)及其变化率(速度)、目标的一维图像参数、目标的二维图像参数、目标RCS参数(序列)、雷达工作参数(工作频率、波形、极化等)、目标运动的微动态参数等。其次是将"参数空间"变换到"特征空间"，即通过一些组合和所需要的变换提取某些便于对目标进行区分的"特征"。最后是将这些特征送至"识别空间"进行分类识别判决。因此，雷达目标识别的基础是第一步，即如何构造一个能测量尽可能"多"、尽可能"细"、尽可能"精"的目标"参数"(特性)的雷达，而后面则主要是大量的"算法"研究。

雷达对目标特性参数的测量能力是促进现代雷达技术发展的一个核心动力。20世纪70年代之前，雷达均为"窄带"，其距离分辨率、角度分辨率都远大于通常目标的尺寸，因而雷达只能对目标的"整体"进行测量，包括其运动参数和雷达散射截面积。目标识别也只能依赖于这些参数。20世纪70年代之后，随着"宽带"雷达的出现，大大提高了径向距离分辨率，以及合成孔径与逆合成孔径雷达的出现，大大提高了横向分辨率，从而使雷达分辨单元小于或远小于目标尺寸，因而实现了对目标细微结构的测量，即实现雷达对目标的"微观"测量。另外，相位测距技术、微多普勒测量技术也开辟了目标微动特性的测量技术。这些雷达测量技术的应用大大提高了雷达的目标识别能力。

1.3 相控阵雷达概述

1.3.1 相控阵雷达的概念

相控阵雷达(Phased Array Radar,PAR)的基本理论早在第二次世界大战期间就已经研究了，只是限于当时的软硬件技术水平，无法进行实体的制造与验证。在阐述相控阵雷达概念之前，有必要先介绍一下"平面阵列雷达"(Planar Array Radar)和"电子扫描阵列雷达"(Electronically Scanned Array Radar,ESA Radar)这两个概念。

平面阵列雷达的原理与昆虫的复眼类似，是指在一个平面上布置许多天线，借助波的干涉原理来产生接近平行的波束，可以探测信号较弱的目标。平面阵列雷达的扫描方式是机械式，在平面阵列天线后端都安装有伺服转动机构，以使得所有辐射单元的电磁波指向同一方向，聚焦到同一目标。欧美的第二代战机多用这种雷达，如F-15、F/A-18等。平面阵列雷达都属于机械扫描雷达，靠机械转动天线面来改变波束方向，其数据更新率与机械转动周期有关，因此平面阵列雷达受到机械结构等问题影响而不会太快，一般更新周期以秒计。

电子扫描阵列雷达是指一类通过电子扫描方式改变天线阵列所发出波束的合成，从而改变波束扫描方向的雷达。这种设计有别于传统的机械扫描雷达天线(也包括平面阵列雷达)，可以减少或完全避免使用电机驱动雷达天线转动达到覆盖所需探测范围的目的。当然，电子扫描阵列雷达也可以通过机械转动方式来进一步增大扫描范围，如美国"洛伦岑"号导弹测量船上安装的X频段和S频段有源相控阵测量雷达，都是电子扫描+机械扫描结合的典型实例。

电子扫描阵列雷达按阵列天线型态可分为频率扫描、相位扫描、实时扫描三种。频率扫描是指依靠改变雷达信号频率来实现天线单元之间"阵内相位"的改变,从而控制天线波束的扫描,因此频率和确定的波束位置相对应。雷达系统的工作频点受到频率管控,工程上很少有电子扫描雷达采用频率扫描的方式来控制波束指向。相位扫描是指通过改变阵列各单元的相位来控制天线波束的扫描。对于一维线性阵列,形成波束的方向是单元间相位差的反正弦函数。实时扫描是相位扫描的特殊情况,这里采用时间延迟,而不是相位延迟来改变波束指向。相位扫描和实时扫描的主要差别:相位延迟在偏离法线方向的某角度上的波前中获得相位(而不是时间)相干性,而时间延迟在偏离法线方向的某角度上的波前中获得相位和时间相干性。

由于传统的相控阵雷达(即基于"相位扫描"的电子扫描阵列雷达)中所需的波前是靠波程差对应的相位差获得的。随着工作频率的改变,波束指向也会发生变化,这就限制了天线阵的带宽。为了在空间获得一个不随频率变化的稳定扫描波束,就需要用实时延迟器(Ture Time Delay,TTD,也简称为延时器)而不是移相器来实现波束扫描。但在每一阵元上均用延时器是不现实的,因为延时器费用高,且损耗和误差较大,所以现代宽带相控阵雷达一般都采用相位延迟和时间延迟组合的折中设计,即在子阵后端使用延时器,而在单元后端使用移相器。因此,通常所说的电子扫描阵列雷达都是指基于"相位扫描"或"相位扫描+实时扫描"的相控阵雷达。

1.3.2 相控阵雷达的基本类型

相控阵雷达的分类方式很多,按照雷达载体可分为陆基、海基、空基和天基相控阵雷达;按照瞬时信号带宽大小可分为窄带相控阵雷达和宽带相控阵雷达;按照扫描范围的大小可分为宽角扫描和有限扫描相控阵雷达,有限扫描相控阵雷达将在第4章进行专门介绍;按照T/R组件的数字化程度可分为模拟有源相控阵雷达和数字阵列雷达,数字阵列雷达将在第5章进行专门介绍;按照阵列单元功率产生的形式可分为无源相控阵雷达(Passive Phased Array Radar,PPAR)和有源相控阵雷达(Active Phased Array Radar,APAR),本节主要介绍无源相控阵雷达和有源相控阵雷达。

1. 无源相控阵雷达

无源相控阵雷达是无源电子扫描阵列雷达(Passive Electronically Scanned Array Radar,PESA Radar)的一种。英文Passive翻译为"无源"或"被动",是指天线表面的阵列单元只有改变信号相位的能力而没有发射信号的能力,信号的产生还是依靠天线后方的信号产生器,经功率放大器放大后,再利用馈线或空间馈电方式传送到阵列单元上面,接收时则反向而行。由于每个阵列单元自身不能作为信号源主动发射电磁波,所以称为无源相控阵或被动相控阵。

移相器的作用是将信号的相位改变一个角度。相控阵雷达天线是由大量的辐射单元组成的阵列,每个辐射单元的后面都接有一个数控移相器(Numerical Control Phaser),每个移相器都由电子计算机控制。当相控阵雷达搜索目标时,虽然看不到天线转动,但成千上万个辐射单元通过电子计算机控制发射不同相位的电磁波,从而形成一个合成波束,实现空间能量聚焦。

移相器本身只能"改变"电磁波的相位,无法"产生"电磁波。这种雷达在工作时,发射机内的大功率真空管器件负责输出电磁波能量,并经过波导管传送至天线内的各辐射单元。在电磁波进入各辐射单元之前,一台专责的高速计算机会先计算将波束指向预设角度时各发射组件电磁波所需的相位差,然后传送控制信号至各发射组件前的移相器,以改变各发射组件电磁波的相位。

一般而言,无源相控阵雷达的最大缺点是波导管的传播损耗。以舰载雷达为例,雷达发射机通常位于主甲板的舰体舱室内,而阵列天线通常位于甲板上方的高层建筑,当行波管与天线间的距离越远时,波导管越长,从而能量损失就越严重。如果不想增加能量的损失,阵列天线的位置就不能太高,如此便限制了阵列天线的高度,进而缩短了水平方向的探测距离。另外,由于一个行波管负责提供许多辐射单元的电磁波能量,当行波管发生故障时,便会直接影响雷达的效能,任务可靠性降低。

2. 有源相控阵雷达

有源相控阵雷达是有源电子扫描阵列雷达(Active Electronically Scanned Array Radar,AESA Radar)的一种。英文 Active 翻译为"有源"或"主动",是指天线表面的每一个阵列单元都完整地包含信号产生、发射与接收的能力,也就是将信号产生器、放大器等全部缩小放在每一个阵列单元以内。由于每个阵列单元都可以单独作为信号源主动发射电磁波,所以被称为有源相控阵或主动相控阵,这是目前相控阵雷达发展的趋势。

有源相控阵雷达的天线由许多发射/接收模块(Transmit/Receive Modules,又称 T/R 模块)构成,每个 T/R 模块包含功率放大器、移相器、双工器、接收机的低噪声放大器等器件,每个组件只需提供电源以及传递波束指令的信号。在设计上,一定数量的 T/R 模块配合一个波束控制系统,便构成一个基本的子阵,再由多个子阵构成整个雷达阵面,总功率是每个 T/R 模块单个功率的总和;理论上,每一个 T/R 模块都可以拥有独自的控制单元,然而实际上这不仅增加了设备成本,而且根本没有必要,因为同一波束势必由相当数量的 T/R 模块合成,才能达到满足性能需求的功率与阵面孔径。

受限于电子科技的水平,早年的有源相控阵 T/R 模块只能以传统的真空管式组件,如磁控管、调速管、行波管、正交场放大器(Crossed Field Amplifier,CFA)等构成,尺寸根本无法缩小到可以配置在 UHF 波段以上的天线单元,使得早年的有源相控阵只能使用较长的波长,而且整套系统极其庞大笨重,只能部署于陆地上充当远程预警之用。全世界第一种实用化的有源相阵雷达是美国在 20 世纪 60 年代末期服役的 AN/FPS-85 UHF 波段导弹预警/太空目标探测雷达,使用的就是真空管组件。在 20 世纪 80 年代初期,AN/FPS-115"铺路爪"(PAVE PAWS)陆基远程预警雷达进入美军服役,同样采用 UHF 波段,但已经改用全固态晶体管组件,可靠性比 AN/FPS-85 高出许多,其平均故障间隔(Mean Time Between Failure,MTBF)达到 19 万小时;然而,"铺路爪"的固态发射机的功率仍不如采用真空管的 AN/FPS-85,而且价格昂贵。20 世纪 80 年代后期微波集成电路(Monolithic Microwave Integrated Circuit,MMIC)技术日渐成熟,能制造出几厘米大小且轻便可靠的电磁波收发装置,有源相控阵才逐渐小型化,并能部署于船舰与飞机上。第一种进入服役阶段的机载有源相控阵是日本 F-2 战机使用的 J/APG-1,紧接着则是美国 F-22 战机上的 AN/APG-77。全球第一种进入服役的舰载有源相控阵是荷兰主导开发的 APAR,同时期的舰载系统还包括日本 FCS-3 以及英国的 SAMPSON 等。

有源相控阵雷达的核心组件是 T/R 模块,它需要在稳定微波频率下可靠地输出几瓦至数百瓦的射频功率,因此需要在微波频率下具备良好的功率增益和效率。经过 30 多年的发展,在重量和体积大大减小的同时,性能得到了显著提高,成本也在不断下降。

1.3.3 相控阵雷达的特点

相控阵雷达的特点与相控阵天线理论与实践发展有关,同时与构成相控阵天线包括其传输网络的微波部件及其控制部件的技术进步有关。下面简要介绍有源相控阵雷达的优势和局限性。

1. 相控阵雷达的优势

(1) 天线波束快速扫描能力:用电子控制方式实现相控阵天线波束指向快速转换,使天线波束具有快速扫描能力,这是相控阵天线的一个主要技术特点,也是相控阵雷达应运而生、高速发展的基本原因。对采用移相器的相控阵天线,波束指向的快速变换或快速扫描能力,取决于开关器件及其控制信号的计算、传输与转换时间。

(2) 天线波束形状捷变能力:相控阵天线波束形状的快速变化能力。由于天线方向图函数是天线口径照射函数的傅里叶变换,在采用阵列天线之后,通过改变阵列中各单元通道内的信号幅度与相位,即可改变天线方向图函数(即天线波束形状)。提高雷达抗干扰能力和抑制杂波能力,合理安排搜索与跟踪方式等需求都对天线波束形状的捷变能力提出了要求。相控阵雷达根据工作环境、电磁环境变化而自适应地改变工作状态也与波束形状的捷变能力有关。随着数字多波束技术的发展,使相控阵接收天线波束形状的捷变能力更易于实现。

(3) 空间功率合成能力:有源相控阵天线阵列的每个单元或每一个子阵设置发射信号功率放大器依靠移相器的相位变换,使发射天线波束定向发射,即将各单元通道或各子阵通道中的发射信号聚焦于某一空间方向。这一特点增加了雷达工作的灵活性,为远程雷达及探测隐身目标与小目标的雷达提供了获得特大功率雷达发射信号的可能性。目前,大多数超远程探测雷达都采用这种有源相控阵技术。

(4) 天线与安装平台共形能力:为实现半球空域覆盖及扩展天线波束扫描范围,以及减少相控阵天线对雷达平台的空气动力学性能的影响等原因,将相控阵天线设计成与雷达安装平台共形,成为当今相控阵天线的一个重要发展方向。采用先进信号处理的有源共形相控阵天线有时被称为"灵巧蒙皮"(Smart Skin),在雷达和通信领域都已开始应用,具有广阔的应用前景。

(5) 同时多波束形成能力:相控阵天线依靠相应波束控制信号,可以在一个雷达信号重复周期内形成多个不同指向的发射波束和接收波束,它们在时间上可快速指向不同方向。如果采用Butler矩阵多波束,则所形成的多个波束可共享天线阵面而无附加损耗,即每一波束均具有整个阵面孔径提供的天线增益;如果要形成任意相互覆盖和不同形状的接收多波束,则可以在每个单元通道靠近天线单元处设置低噪声放大器(Low Noise Amplifer,LNA),再分别送至多波束形成网络,在输出端获得各接收波束的输出信号;由于信号预先经过了低噪声放大,只要增益足够(如20~30dB),则后面多波束形成网络的损耗对整个接收系统灵敏度的影响可大为降低。

(6) 空间滤波与空间定向能力:相控阵天线是由多个空间上分散布置的天线单元构成,各单元通道中信号传输时间、相位与幅度在计算机控制下均可快速变化。因此,相控阵天线具有高速变化的空域滤波能力,这是一般机械扫描天线所不具备的。在相控阵接收天线阵中,各天线单元接收到的来自同一方向的辐射源信号或目标反射的回波信号存在时间差或相位差。因此,通过测量各天线单元接收信号的相位差,可以确定目标的来波方向(Direction of Arrival,DOA),这一特点也是普通面天线所不具备的。

2. 相控阵雷达的局限性

(1) 成本高:随着大型二维固态有源相控阵雷达的研制,T/R组件的成本几乎占据了整个雷达造价的70%~80%,而且频率越高,成本越高。

(2) 功耗大:每个天线阵元所要求的电压不高,但是多个阵元组成的天线所需要的电流却很大,因此需要提供大功率的低压电源,天线阵面中安装着成千上万个T/R组件,热密度高,如何解决散热问题往往成为相控阵雷达设计成败的关键之一。

(3) 扫描增益下降,波束展宽:目前,相控阵天线大多以平面相控阵天线为主,原因是按等间距方式安排天线单元可简化相控阵天线的波束控制系统,易于实现天线波束的相控扫描,但平面相控阵天线也有缺点,如天线波束扫描限制在±60°范围内,随着天线扫描角度加大,天线波束宽度会变宽,天线增益会下降,天线单元之间的互耦影响将加大等。

(4) 栅瓣效应(有限扫描相控阵):为了降低成本,在确保天线性能的前提下,尽量减少阵列单元数目在工程应用中显得意义重大。有限扫描是相控阵技术中的一个重要组成部分，是为避免雷达造价高、设备量大和系统复杂应运而生的一种折中相位扫描技术。但它的缺点是当天线单元间距大于一个波长时，即使波束不扫描，阵列的远场方向图也会伴随着栅瓣的出现，且扫描后一般伴随着增益降低、零深抬高等现象，同时还不可避免地出现接收模糊等问题。因此，研究相控阵栅瓣抑制技术，对改善其阵列辐射性能指标等具有重要意义。

(5) 空间色散和时间色散(宽带相控阵)：为了提高雷达的分辨、识别能力和解决多目标雷达的成像问题，相控阵雷达必须采用具有大瞬时带宽的信号。实际上，如不采取特殊设计，相控阵天线实际上是一个窄带系统。脉冲信号含有一定的频谱分量，因此天线方向图指向就会随信号频率的改变而改变(空间色散)，从而带来天线波束的增益损失。另外，当孔径渡越时间大于信号带宽 B 的倒数时，阵列两端天线单元所辐射(对发射阵)的信号将不能同时到达方向上的目标，或者阵列两端天线单元所接收(对接收阵列)到的信号将不能同时相加(时间色散)，从而带来各单元信号聚焦时的损失，同时脉冲展宽还会影响距离分辨率。因而如何提高相控阵雷达天线系统的瞬时工作带宽是雷达系统设计师必须解决的问题。

(6) 研制难度大：T/R 组件是构成有源相控阵雷达天线的基础，是有源相控阵雷达的核心部件。虽然随着民用市场中的一些技术，如无线通信技术、互联网技术推动了芯片技术、固态功率放大器技术、高速互联技术的发展，极大促进了雷达架构以及 T/R 组件技术的发展，但是 T/R 组件的体积、重量、性能、质量、成本、可靠性等指标，以及实现不同雷达功能的计算机硬件和软件技术依然是制约相控阵发展应用的瓶颈技术和研制难题。

1.3.4 相控阵雷达的发展

雷达发明于 20 世纪 20 年代，至今已有百年历史。1864 年，麦克斯韦(Maxwell)提出电磁场理论。1886 年，赫兹(Hertz)通过实验证明电磁波的存在。1912 年，泰坦尼克(Titanic)号邮轮撞击冰山沉没，促进了利用无线电波对人眼看不见的物体进行探测和定位的研究。1922 年，马可尼(Marconi)用短波无线电波探测到了船舶的存在，雷达概念由此诞生。1935 年，英国人用雷达探测到 60km 处的轰炸机，1937 年初正式布置"链"(Chain)雷达，用于探测发现飞机、舰船目标。从此，雷达技术从概念、理论研究走向应用层面，并在军事需求的推动下进入了高速发展阶段。

相控阵技术，早在 20 世纪 40 年代就已经出现。第二次世界大战期间，第一代相控阵雷达诞生。但由于采用机电移相器，雷达既笨重又复杂，数据率不高，未能发挥相控阵雷达的优越性，只是做了原理性的验证。相控阵雷达的实际应用到 20 世纪 60 年代末至 70 年代才得以实现。因为在那时，相控阵的两个关键技术，即电子移相器技术和用于相位控制的计算机技术的进展才突破了相控阵雷达研发的瓶颈。

在相控阵雷达发展过程中，信息处理技术的快速发展为相控阵雷达发展奠定了重要的技术基础，如脉冲压缩技术、数字波束形成(Digital Beam Forming，DBF)技术、动目标显示/检测技术、合成孔径/逆合成孔径技术等。另外，微电子技术、计算机技术、数字集成电路技术和软件工程技术等的高速发展都给相控阵雷达的发展注入了新的活力，为充分发挥相控阵雷达技术优势提供了重要的技术保障。

随着相控阵雷达成本的逐步降低，相控阵雷达在很多军事应用中得到了快速发展，涉及反导预警、防空预警、空间目标监视、航空管制、引导识别、战场侦察、电子对抗、通信遥感等，平台也从地面发展到舰载、机载、星载，甚至弹载等形式。

结合相控阵天线阵列技术和实用系统的不断进步以及未来的发展，可以将相控阵分为三代，如图 1-1 所示。

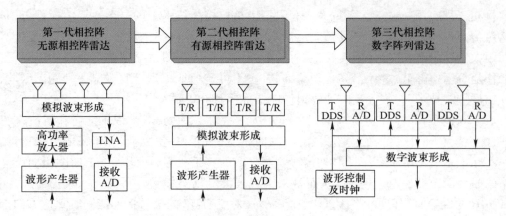

图 1-1 相控阵雷达发展的三个阶段

1. 第一代相控阵雷达

从体制上,将采用电真空放大器的无源相控阵雷达称为第一代相控阵雷达。20 世纪 70 年代初,随着电子元器件技术的不断发展,电子计算机、超大规模集成电路日趋成熟,且成本大幅降低,无源相控阵雷达诞生。其采用电子真空管中央发射机,具有快速搜索速率和自适应捷变扫描能力。典型的无源相控阵雷达有美国"爱国者"系统中的 AN/MPQ-53 雷达、"宙斯盾"系统中的 AN/SPY-1 雷达、空间目标监视系统中的 AN/FPS-108 雷达(Cobra Judy,"朱迪·眼镜蛇")和"观察岛"号安装的 AN/SPQ-11(Cobra Dane,"丹麦·眼镜蛇")雷达。

2. 第二代相控阵雷达

一般将采用模拟 T/R 组件的有源相控阵雷达称为第二代相控阵雷达,每一个天线阵列单元均有一个模拟的 T/R 组件,采用功率分配器将统一的功率放大器分配到各天线通道,采用功率合成器将每个阵列单元接收信号合成后送到接收机进行分析处理。第二代相控阵又分为两个阶段:第一阶段是采用分立器件的有源相控阵雷达,如美国弹道导弹预警系统中的铺路爪雷达、以色列的费尔康预警机雷达等;第二阶段(也有文献将这一阶段的相控阵称为第三代相控阵)是采用单片微波集成电路的固态有源相控阵雷达,如美国战区导弹防御(Theatre Missile Defence,TMD)系统中的末段高空区域防御(Terminal High Altitude Area Defense,THAAD,萨德)雷达、国家导弹防御(National Missile Defence,NMD)系统中的 GBR-P 雷达、舰载 SPY-3 雷达、地基中段防御系统(Ground Defense System,GMD)中的 SBX 雷达,"洛伦岑"号上安装的"眼镜蛇·王"(Cobra King)雷达以及 F-22、F-16 等上的机载有源相控阵雷达。

3. 第三代相控阵雷达

将全部采用数字 T/R 组件的有源相控阵雷达称为数字阵列雷达(Digital Array Radar,DAR),即第三代相控阵雷达。数字阵列雷达是一种接收和发射波束都采用数字波束形成技术的全数字阵列扫描雷达,其核心部件是数字 T/R 组件。DBF 是一种以数字技术来实现波束形成的技术,它保留了天线阵列单元信号的全部信息,并可采用先进的数字信号处理技术对阵列信号进行处理,可以获得优良的波束性能。例如,可自适应地形成波束以实现空域抗干扰,可进行非线性处理以改善角分辨率。数字波束形成还可以同时形成多个独立可控的波束而不损失信噪比;波束特性由权矢量控制,因而灵活可变;天线具有较好的自校正和低副瓣性能。数字波束形成技术的优点并不仅仅体现在接收模式下,在发射模式下同样具有许多独特的优势。

目前,窄带数字阵列雷达相关技术目前已非常成熟,但针对宽带数字阵列雷达存在的主要问题:一是阵列通道均衡;二是宽带数字波束形成;三是高精度的延时和同步。国内外对宽带数字阵列雷达的研究也在逐渐深入展开,而且已取得了实质性进展,出现了不少具有理论研究意义与实际工程应用价值的试验和原型机系统,而且一些低频段(如 L 频段和 S 频段)的宽带数字阵列雷达系统已开始实际应用,而更高频段的相控阵测量雷达也已实现窄带模式下子阵级数字化以及数字波束形成,但是宽带接收以及发射波束依然需要采用模拟波束形成技术。

1.4 船载相控阵测量雷达概述

船载相控阵测量雷达在本书中特指用于海基空间目标监视的搜索跟踪和精密跟踪测量雷达,主要用于太空目标(包含卫星、弹道导弹、空间碎片、临空飞行器等)的跟踪测量、目标成像与目标识别,典型代表有美国"洛伦岑"号上安装的"眼镜蛇·王"S+X 宽带有源相控阵测量雷达。船载相控阵测量雷达,从基本原理和实现技术上讲,与面向海军作战的舰载相控阵雷达并无本质差别,但是从测量对象、功能要求、性能指标上有较大的差异,具体参见表 1-2。

表 1-2 船载相控阵测量雷达与舰载相控阵雷达功能对比

功能	舰载相控阵雷达	船载相控阵测量雷达
测量对象	空中目标(如飞机、导弹)和海上目标(如舰船和码头等)	太空目标(包含卫星、空间碎片、临空飞行器、弹道导弹等)
灵敏度和带宽	提高雷达的灵敏度并应对杂波的影响,以便在地面、海面和雨水造成的严重杂波中观察到超低空飞行的目标	提高雷达的灵敏度和带宽,以便在足够远的距离上能够探测和跟踪小目标和隐身目标
阵面规模	有多个阵面,每个阵面有数千个天线辐射单元,阵面一般固定安装	单阵面,有数万个天线辐射单元,阵面需安装在天线座架上
波束扫描	电子扫描	机械扫描+电子扫描
船摇隔离	采用电子波束稳定方法隔离船摇	采用伺服驱动+电子波束稳定相结合的方法隔离船摇
作用威力	作用距离近,200~500km,主要是飞机、导弹及海面目标	作用距离远,1000~5000km,必要时还需进行距离增程
多目标跟踪	同时多波束,抗饱和攻击,最大跟踪目标数为 100~200	同时或分时多波束,最大跟踪目标数为 30~60
搜索空间	需要同时完成全空间搜索,搜索和跟踪数据率要求高	可分时完成全空域或重点空域搜索,数据率低于舰载相控阵雷达
杂波抑制	对于低空飞行的目标或海面目标需要进行海杂波抑制	对太空目标搜索和跟踪时对海杂波抑制无特殊要求
安装要求	要求体积小、重量轻,便于安装	对体积和重量有要求,但明显低于舰载相控阵雷达

1.4.1 船载相控阵雷达发展与应用

1.4.1.1 发展回顾

美国是研制和使用船/舰载相控阵雷达最早的国家,不论在技术水平上还是装备的品种和数量上均领先和超过其他国家。1962 年,美国首先把 AN/SPS-32 和 AN/SPS-33 相控阵雷达安装在"企业"号航空母舰和"长滩"号巡洋舰上,用以分别完成搜索和跟踪任务。受当时电子计算机技术水平限制,这两型雷达功能较少,成本昂贵,技术复杂,设备庞大,未能推广使用。另一舰载相控阵雷达 AN/SPG-59,只做了样机试验,后因该雷达过于笨重,造价高、效率低,性能满足不了要求,故于1967年取消了该项目,这说明20世纪60年代战术相控阵雷达技术不够成熟,还不具备与常规雷达的竞争能力。美国海军随后开始了一个全新作战系统的概念设计,在1969年将其定名为"宙斯盾"(Aegis)系统。在历时10年,投入8亿多美元的巨额研制经费,经10万 h 实验后,大名鼎鼎的"宙斯盾"系统研制成功。1982年美国将新研制的 AN/SPY-1 型舰载相控阵雷达正式装备在"提康德罗加"号巡洋舰上,成为该舰"宙斯盾"武器系统的核心,并改进和装备到其他一些大型水面舰艇上。

苏联从20世纪80年代初开始研制舰载相控阵雷达,现已研制和装备了"天空哨兵"、CCB-33和CCB-501相控阵雷达。英国研制舰载相控阵雷达虽然比美国、法国、苏联等国家较晚,但正在奋起直追,研制并装备了具有先进水平的 MESAR SAMPSON 舰载有源相控阵雷达。其他国家和地区也都竞相研制和装备舰载相控阵雷达,如由荷兰、德国和加拿大等国共同开发的 APAR、意大利的 RAN-20S、日本的 OPS-24、荷兰的 SMART、瑞典的 ELSA 等。

1.4.1.2 双波段系列雷达

美国海军为满足下一代海军雷达的挑战,实现能自动同时执行多种任务的新型雷达,于20世纪90年代末开始规划设计下一代战舰的雷达系统。为此美国海军提出了一种双波段雷达(Dual Band Radar,DBR)概念,双波段雷达是指整套系统的前端采用工作在不同波段(X 波段与 S 波段)的两种有源电扫阵列天线,而后端采用共用设备的组合式雷达。美国海军现已经完成或正进行多种双波段雷达配置的研究。"福特"级航空母舰、"洛伦岑"号观察船和 DDG-51 Flight Ⅲ型驱逐舰已确定采用新型的双波段雷达配置。

1. 双波段雷达

双波段雷达系统由美国海军于20世纪90年代末开始规划。除计划用于"福特"级航空母舰以外,这种雷达曾被选定作为美国海军新型隐身驱逐舰"朱姆沃尔特"级的新一代雷达系统,但出于经费等原因的考虑,美国海军2010年决定为这种新型驱逐舰装备原计划双波段雷达中的 X 波段多功能雷达。

雷声公司是双波段雷达的主承包商,洛克希德·马丁公司为分包商。双波段雷达主要分为三个部分:第一部分是由雷声公司开发的 X 波段多功能雷达,即 AN/SPY-3;第二部分是由洛克希德·马丁公司研发的 S 波段远程体搜索雷达,即 AN/SPY-4;第三部分是由雷声公司负责的共用后端设备,三者组合成一体满足舰上需要的几乎所有雷达的功能,包括对空/对海搜索、早期预警、防空自卫及对海对地作战所需的跟踪/瞄准/火控等。

AN/SPY-3 多功能雷达是美国海军第一种舰载有源相控阵多功能雷达。雷声公司在1999年6月获得1.4亿美元的合同来进行 AN/SPY-3 雷达样机的工程制造与开发。该 X 波段有源相控阵雷达设计成能满足海军21世纪所有的水平搜索和火力控制需求,主要用于探测最先进的低可观测反舰巡航导弹(Anti-Surface Cruise Missile,ASCM)威胁,并支持改进型"海麻雀"导弹、标准导弹等的火力控制照射需求。

AN/SPY-3 采用三个固定面阵列,每个阵列包含约5000个天线单元。该多功能雷达具备的功能与当前海军战舰五部以上单独雷达所提供的功能相当,可取代美国海军 AN/SPS-67 海面搜索雷达、AN/SPQ-9B/MK-23 TAS 近程跟踪/照射雷达以及 AN/SPN-41/46 进场控制雷达等的功能,并且满足新型舰船设计的需求,实现降低雷达截面积、显著减少人员配备以及降低整体成本等。这种雷达能执行水平搜索、有限的超视距搜索及火控跟踪与照射等功能,能探测潜望镜之类的海面小目标,能为舰空导弹提供中段制导,同时还能完成飞机进场控制雷达的功能。该雷达最显著的设计特点是在沿海经常出现的不利环境条件下,提供对低空威胁导弹的自动探测、跟踪与照射。

AN/SPY-4体搜索雷达也是一种三面阵S波段有源阵列雷达,可用于取代AN/SPS-48/49远程雷达。S波段体搜索雷达利用其大功率孔径和窄波束宽度,提供高效的全天候搜索能力,能精确地分辨并跟踪目标,可实现远程警戒、高空目标搜索、有限区域防空和一般情报提供,并将威胁目标提供给AN/SPY-3进行精密跟踪。体搜索雷达最初选择了波长较长、衰减较小的L波段作为工作波段来增加雷达的探测距离,但要获得与S波段相当的分辨率,就需要更大的天线孔径,势必会对舰艇的系统配置造成重大影响,因此美国海军在考虑到先前"宙斯盾"系统SPY-1无源相控阵雷达已经积累了丰富的S波段操作以及信号处理经验后,最终将体搜索雷达的L波段改换成S波段。

2010年5月,工程首次同时启动X波段和S波段雷达成功地进行了跟踪试验。该试验除验证AN/SPY-3多功能雷达和AN/SPY-4体搜索雷达同时对目标进行截获与跟踪外,还成功验证了双波段雷达系统在精确跟踪模式下自动从S波段雷达转换成X波段雷达的能力,这也是该雷达系统的一个主要特点。

AN/SPY-3和AN/SPY-4均采用矩形天线,单个天线阵列的视角为120°,为了保证全向探测各用三部天线。这种双波段雷达采用IBM的商用超级计算机来提供控制与信号处理,是首部采用商用系统执行信号处理的雷达系统。这大大降低了开发成本,并提高了系统的可靠性和可维护性。这种双波段雷达由共用阵列功率系统供能,由共用阵列冷却系统冷却,实现了重量降低与空间节省。它也无须专门操作人员或人工显示控制台,这节省了时间并消除了可能由人工操作引起的人为失误。

2."朱迪·眼镜蛇更换"项目

"朱迪·眼镜蛇"开发于20世纪70年代,用于向美国政府提供长期驻外收集弹道导弹数据的能力来支持国际条约核查任务。其精确的数据采集系统包含两部雷达,这两部雷达都是雷声公司设计并制造的:一部S波段无源相控阵雷达和一部X波段抛物面雷达。该雷达系统自1981年投入运行以来,就一直安装在T-AGM-23"观察岛"号上。过去30年里,该雷达作为美国弹道导弹雷达数据的主要采集设备。"观察岛"号平均每年部署270天。由于该雷达已在"观察岛"号上服役了多年,而"观察岛"号也已服役近60年。因而,无论是雷达系统还是舰船本身都急需更新换代,为此,美国提出了"朱迪·眼镜蛇更换"(Cobra Judy Replacement,CJR)项目,包括设计、研制以及采购一艘舰和一套任务设备,以替代"朱迪眼镜蛇"雷达和"观察岛"号。

CJR概念于2002年提出,经过一年多的立项论证,美国海军在2003年12月与雷声公司就CJR雷达设备项目签订了10.4亿美元的意向性协议。根据协议,雷声公司将用新的任务设备,即新型的CJR雷达系统来替换现役的CJ雷达。新雷达仍是一种工作在X波段与S波段的双波段雷达,采用了之前为"福特"级航空母舰设计的双波段雷达技术,主承包商雷声公司仍负责研制X波段天线和共用后端,分包商诺斯罗普·格鲁曼公司获3.5亿美元的子合同,负责研制S波段天线。经过近10年研发,诺斯罗普·格鲁曼公司于2011年2月交付S波段阵列,标志着CJR任务设备的设计开发已经结束。此后,该项目进入对整个双波段雷达进行集成与试验的阶段。2011年夏,雷声公司在"洛伦岑"号导弹测量船上完成了CJR项目的X与S波段天线的船上安装工作。2012年1月,美国海军接收了"洛伦岑"号导弹测量船。该船于2013年实现初始工作能力。

CJR系统与CJ系统相比任务未发生变化,采用了先进技术的新型双波段雷达具有显著增强的任务能力。CJR任务设备的数据采集系统主要包含三种设备:X波段前端、S波段前端和共用后端。在该项目中,X波段天线和S波段天线都采用了AESA技术。S波段天线的尺寸大小与X

波段天线相近。S波段前端的主要任务是自主搜索、截获与跟踪所关注的目标,它的次要任务是收集所需求的中等分辨率数据。与此相反,X波段前端的主要任务是根据自动的用户定义配置提供所关注目标的宽带、高分辨率数据,它的次要任务是提供自主搜索、截获与跟踪能力来补充S波段前端。S波段前端和X波段前端能执行多种任务并移交航迹,因此双波段结构在工作环境中实现了极佳的灵活性。共用后端包括显示器、处理软件及设备、通信组件以及气象设备。将软件和处理设备集中起来能够最大限度地在两种雷达之间重复利用程序代码,并减少系统的总成本。S波段前端和X波段前端天线在方位和仰角上都能机械变化位置,从而在各种海态条件下,船舶航向发生变化以及目标进行机动时最大化任务期间的灵敏度。这些任务要求采用选定的带宽波形、精确波束位置控制和高精密测量能力,具有大孔径、高功率和低噪声性能的S波段前端和X波段前端天线可提供优异的雷达灵敏度。由于有源相控阵本身具有极好的故障弱化能力,两部雷达的可靠性也得到极大的提升。

3. 防空反导雷达

2007年年初,美国海军决定为"未来海面战舰"项目中另一种主力战舰CG(X)巡洋舰装备新型防空反导雷达(Air and Missile Defense Radar, AMDR)。2009年,美国海军公布了CG(X)的军用雷达的开发计划,AMDR仍会是一种具有两种前端的双波段雷达。虽然CG(X)在2011财年预算中由于财政压力都遭到了取消,但美国海军决定重启DDG-51生产线,新型的双波段雷达AMDR仍作为新型DDG-51 Flight Ⅲ型驱逐舰的主力装备。AMDR雷达包含一部S波段雷达(AMDR-S)、一部X波段雷达(AMDR-X)和作为共用后端的一部组合式雷达控制器,并命名为AN/SPY-6。

由于美国海军认为X波段技术已十分成熟,可以满足AMDR的性能需求;AMDR-S将是AMDR计划的开发核心。AMDR-S是一部四面阵雷达,提供体搜索、跟踪、弹道导弹防御(Ballistic Missile Defence, BMD)识别和导弹通信。由于美国海军规划的新一代战舰具有在地、海和雨杂波环境下对抗极低观测度/超低空飞行目标的防御需求,因而要求S波段雷达具有远程搜索、抗干扰、过滤杂波等能力。AMDR-X将是一部4ft×6ft(1ft=0.3m)的三面阵雷达,提供地平线搜索、精确跟踪、导弹通信和终端照射。X波段雷达虽易受杂波和衰减的影响,但具有高分辨率,有能力识别和分辨目标。组合式雷达控制器提供AMDR-S、AMDR-X和作战系统间的接口,并协调两部雷达在不同环境中工作。

AMDR-S的主要关键技术包括大功率放大器与T/R组件、有源阵列物理结构、分布式接收机/激励器以及大孔径数字波束形成。弹道导弹防御能力从一开始便将集成于AMDR中,这是以前的双波段雷达所不具备的能力,是双波段雷达技术的进一步延伸扩充。BMD目标的发展促使需进一步提升雷达灵敏度,美国海军希望AMDR成为一种超灵敏的雷达系统,比目前"宙斯盾"系统所采用的SPY-1雷达具有更多的能力和更高的灵活性。雷达/船体研究表明,DDG-51船体将装载的AMDR-S阵面直径为12ft或14ft,这相当于或稍大于"宙斯盾"雷达阵面直径,要实现美国海军这种具有更多能力的综合防空反导雷达,意味着需提供更多的电源功率与冷却能力来支持AMDR。为应对这项难题,AMDR一项重点技术就是开发新型大功率放大器,在满足功率需求的前提下,尽可能减轻系统的体积重量,而采用宽禁带技术就是一种理想的解决方案。AMDR项目的另一个重点在于采用DBF的AESA。采用AESA将使AMDR能一次探测多个目标,以更优的探测灵敏度实现对更多目标的识别。而DBF允许雷达形成一系列波束来定位与跟踪目标。这种数字化产生多个波束的能力意味着能花费较少的时间来执行更多的功能。AMDR还将采用开放式系统架构,无论是雷达硬件还是后端处理系统都能轻易扩充和变更,可根据不同的平台尺寸而调整系统的规模,以适应多种战舰的任务需求,并利于雷达在全寿命周期的维护与升级。可扩充性将使美国海军能够将相同的雷达设计按适当尺寸装备于不同吨位和结构的战舰。此外,为降低成本,AMDR 也将尽可能采用已经开发成熟的硬件架构与商用现货。

2016 年 7 月初,雷声公司将第一套完整的 SPY-6 AMDR 雷达(包含一个 S 波段主阵面以及一个修改自 SPQ-9B 的 X 波段雷达)交付美国海军太平洋飞弹测试场。首部 AMDR 按计划将于 2019 年安装在首艘 DDG-51 Flight Ⅲ 驱逐舰上,2021 年展开作战测试,2023 年中期达成初始作战能力(Initial Operational Capability,IOC)。

1.4.1.3 典型应用

1. AN/SPY-1 雷达

AN/SPY-1 无源相控阵雷达,如图 1-2 所示,是美国舰载"宙斯盾"区域防空武器系统的心脏,能够对空中和海面目标进行自动搜索、检测、跟踪并对 SM-2 导弹进行中段制导。

(a) "提康德罗加"级巡洋舰

(b) AN/SPY-1 雷达阵面近照

图 1-2 AN/SPY-1 雷达及天线阵面

AN/SPY-1 共出现过四种型号:AN/SPY-1A、AN/SPY-1B、AN/SPY-1C 和 AN/SPY-1D,几种型号的雷达结构和特点基本相同。下面以 AN/SPY-1B 为例进行介绍,该雷达采用了新型的天线设计,工作在 S 波段,每部天线质量为 3.63t,直径 3.66m。雷达天线划分成 140 个子阵,每个子阵含 32 个辐射单元,共计 4480 个辐射单元,其中 4096 个用于发射,4352 个用于接收。

2. "眼镜蛇·朱迪"

T-AGM-23 "观察岛"号,如图 1-3 所示,原为 1953 年 8 月下水的"水手"级商船,1956 年 9 月为海军采购,用于监视美国及别国的弹道导弹试验,搜集远程弹道的导航、射程及精度方面的情报。

(a) S+X 双波段雷达

(b) S 波段相控阵雷达阵面

图 1-3 T-AGM-23 "观察岛"号"眼镜蛇·朱迪"

AN/SPQ-11 "眼镜蛇·朱迪"是一部双波段雷达,S 波段为一宽带无源相控阵雷达,1981 年

19

投入使用,X波段为一宽带抛物面天线雷达,1985年投入使用。两部雷达统一由一台主控计算机控制,可在世界范围内部署。该雷达的主要任务是采集战略弹道导弹的技术数据,并为美国国内导弹开发且战区导弹防御试验提供数据。其中,S波段完成监视(目标检测和截获)、跟踪、目际识别和数据采集;X波段在S波段引导下,完成宽带数据采集。S波段宽带相控阵雷达为八边形结构,频率为2900～3100MHz,可同时跟踪100个目标,作用距离1852km,峰值功率1.54MW,内径7m,外径9m,整个系统重250t,高约12.2m,由12288个收发元件构成,电扫范围±45°,发射机由16个宽带行波管功率放大器组成,具备发射、接收和测距等功能,可以实现360°全方位探测。作为AN/SPQ-11相控阵雷达的补充,雷声公司为"观察岛"号装备了一部X波段抛物面雷达,工作频率9GHz,天线口径9m,发射机为宽带行波管,用于提高"观察岛"号搜集弹道导弹在飞行末段的情报数据的性能。1997年5月,美军又为"观察岛"号装备了一套新的远程导弹射程精确测量系统,使得该舰"测量别国导弹射程就像计算自家导弹射程一样简单"。

3. "眼镜蛇·王"

T-AGM-25"洛伦岑"号导弹测量船,如图1-4所示,于2014年正式投入使用,主要是用来接替同年退役的"观察岛"号导弹测量船,上面安装的"眼镜蛇·王"是一部S+X宽带有源相控阵雷达,也称"朱迪·眼镜蛇"替换项目。

(a) S+X双波段雷达　　　　　　　　(b) X波段相控阵雷达阵面

图1-4　T-AGM-25"洛伦岑"号导弹测量船上的"眼镜蛇·王"雷达

该雷达组具有自主体搜索和捕获能力,其中S波段相控阵雷达,长12.8m、宽9.4m、深8m,工作频率3.0GHz,瞬时带宽300MHz,T/R组件数量为15360个,组件功率为150W,作用距离约为4000km,质量298t,采用二维机扫+电扫体制,电扫范围为方位±45°、俯仰±30°,可作为主搜索和捕获传感器,并且具有在多目标群中跟踪和搜集大量目标数据的能力。X波段相控阵雷达,工作频率9.5GHz,采用大单元间距体制,长14.0m、宽8.8m、深8.2m,瞬时带宽1.2GHz,T/R组件数量为11776个,组件功率为20W,作用距离约为4000km,质量270t,采用二维机扫+电扫体制,电扫范围为±10°,可提供特定感兴趣目标的高分辨率数据。同时,两部雷达的后端采用统一设计,为系统集成的关键技术之一。

4. 海基X波段雷达

海基X波段雷达(Sea-Based X-Band Radar,SBX)如图1-5所示,系统于2006年年底建成。

SBX是美国地基中段弹道导弹防御系统中的一部可移动的海基X波段跟踪识别、火控雷达,其主要功能大体与基于地面雷达(Ground-Based Radar,GBR)相同,工作频率8～12.5GHz,电扫范围±12.5°,包括搜索、截获、跟踪、识别、杀伤、评估等,采用两维机扫+相扫有源相控阵体制,大单元间距排列,阵面为八边形,面积为384m²(有效口径248m²),共计22000个T/R组件,

 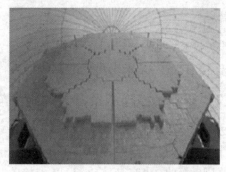

图1-5 海基X波段雷达

组件功率为14W,每个组件有一个发送/接收馈源喇叭和一个辅助的接收馈源喇叭,共计45000个馈源喇叭,方位可以转动的范围是±270°,俯仰可以转动的范围是0°~85°(软件限制最高仰角为80°),方位/俯仰的最大转动速度为8°/s,作用距离约为4000km($RCS=0.1m^2$),阵面功耗大约1MW,平台航速约8kn。

1.4.1.4 发展趋势

通过对美国海军近年来在舰/船载相控阵雷达技术方面提出的主要概念、重点投入发展的主要项目及路线图可以看出以下几个趋势:

(1)满足多功能需求。采用固态有源相控阵体制已成为未来舰/船载雷达的发展趋势,适应了多功能、多任务、平面化、隐身等发展需求。一部双波段相控阵雷达可取代传统战舰上5部以上雷达,而最新型双波段雷达AMDR更是在原有能力基础上融入了弹道导弹防御能力。

(2)采用双波段雷达。将低波段和高波段等不同波段的多部雷达或阵面进行综合调度管理,也是未来舰载雷达的发展趋势,可以进一步合理使用舰/船载雷达资源并提升对威胁目标的综合探测能力。与常规的舰/船载雷达相比,双波段雷达所具有的独特优势体现为:实现资源共享、一体化资源管理、通用处理;采用模块化结构,易于安装维护;系统应变能力和灵活性强,目标检测概率高;系统可靠性高,冗余设计保障了系统的工作可用度;自动化程度高,降低发生人为错误的可能性。

(3)推动综合桅杆设计。采用宽带固态有源相控阵体制的雷达、电子战、通信等多种电子设备将推动全舰/船平面化综合桅杆的设计与发展,如何更合理地使用好全舰/船相控阵阵面资源并提升包括雷达功能在内的电子战及通信的综合作战能力,是需要进一步研究的课题。

(4)采用宽禁带器件。宽禁带半导体具有输出功率与功率密度大、工作频率高、工作频带宽、较好的环境适应性、抗辐射能力强等特点。这种技术在近几年已经迅速成熟起来,为实现具有更高效率和更高性能的系统带来了希望。以GaN和SiC为代表的宽禁带器件已出现在有源相控阵雷达的T/R组件中。

(5)实现电子干扰功能。随着相控阵天线的飞速发展,以及雷达、电子干扰等多功能在F-22等机载宽带有源相控阵雷达设备上的成功应用,将雷达功能和电子干扰功能相结合已成为未来舰/船载相控阵雷达技术的发展趋势。宽带固态有源相控阵技术具有很多优势,可以综合解决舰船平台上天线林立、电磁兼容、操作维护、隐身、多功能、多任务等一系列问题,是未来舰/船电子装备的重要发展方向。

(6)采用模块化结构。模块化的开放式系统硬件和软件结构不仅降低了研制成本,缩短了研发周期,还使系统更新管理具有高度的灵活性,在很大程度上保障了双波段雷达的升级改进的易操作性,使双波段雷达仅需很小的变动就能适用于从驱逐舰、巡洋舰乃至航空母舰在内的各种战舰。

（7）基于相控阵射频资源的协同探测技术。基于相控阵射频资源实现海上编队传感器跨平台协同探测，提升"四抗"（抗电子干扰、抗超低空突防、抗反辐射导弹和抗隐身）能力，为协同作战提供目标信息支撑，是未来重要的发展趋势。

1.4.2 船载相控阵测量雷达的组成与工作流程

1.4.2.1 系统组成

船载相控阵测量雷达一般都采用宽带固态有源阵列体制，主要由有源阵面、数字阵列处理、天线座与伺服、接收（含窄带接收机、宽带接收机）、频综、综合信息处理与控制（含信号处理、整机主控、对抗处理、成像处理、目标识别等模块）、显控、数据处理与交互、数据采集记录和配套设备组成，如图1-6所示。

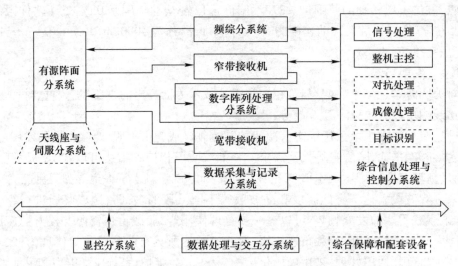

图1-6 船载相控阵测量雷达组成框图

1. 有源阵面分系统

有源阵面分系统由天线单元、T/R组件、收发综合馈电网络、发射前级、阵面冷却、阵面监测、电源等组成，主要用于完成有效电扫空域内微波能量辐射与空间功率合成、雷达回波信号接收，以及阵面收发通道幅相监测与校准。雷达工作过程中，频综产生的射频激励信号经发射前级、发射馈电网络、T/R组件、天线单元，实现空间功率合成，形成发射波束；接收时，雷达回波信号经由天线单元、T/R组件、接收馈电网络，传输至窄带/宽带接收机。

2. 接收分系统

接收分系统主要由窄带接收机、宽带接收机等组成，宽、窄带接收机采用时分交替方式工作。其中，窄带接收机一般采用子阵接收方案，回波信号经滤波、放大、混频、中频采样后送数字阵列处理分系统。宽带接收机采用模拟去斜接收和宽带数字直采双通道接收方案，模拟去斜接收通道经混频、滤波和中频采样后，通过模拟去斜方式，将宽带回波时频变换为窄带信号，一路送数据采集记录分系统，一路送综合信息处理与控制分系统完成目标成像。

3. 数字阵列处理分系统

数字阵列处理分系统由数字波束形成处理模块和波控模块组成。其中，数字波束形成处理模块用于对窄带接收机输出的多路中频数字信号进行波束合成，形成搜索多波束，跟踪和、差波束，具备自适应旁瓣对消、旁瓣匿影、波束置零等功能；波控模块用于完成波控码计算，采集和传输阵面状态信息。

4. 频综分系统

频综分系统采用直接数字式频率合成(Direct Digital Synthesis,DDS)技术,产生全机所需的发射激励、接收本振和定时基准信号等。

5. 综合信息处理与控制分系统

综合信息处理与控制分系统由信号处理、整机主控、对抗处理、成像处理、目标识别等模块组成,主要完成目标回波的信号处理和参数估计、雷达整机控制、抗干扰跟踪、干扰信号分析、宽带成像处理、目标识别等工作;各模块选用通用数字信号处理平台,采用开放式可扩展软硬件架构,具备硬件扩充和软件升级功能。

信号处理模块主要接收数字阵列处理分系统发送的窄带中频采样数据,完成数字脉压处理、信号回波检测、参数估计及跟踪测量;采用数字化技术完成目标的距离、速度测量,采用相位测距技术提高测距精度;具备角误差和回波幅度提取、恒虚警率(Constant False Alarm Rate,CFAR)检测、动目标显示/检测处理、回波视频处理等功能。

整机主控模块主要用于完成雷达工作方式管理及能量分配(含脉冲积累),按照程序指令控制发射和接收波束,完成回波数据的相关判决、外推滤波、航迹相关等计算;根据目标回波大小及起伏特性、搜索距离的远近、目标威胁程度,可自适应改变信号波形。

对抗处理模块采用宽带数字信道化接收技术对干扰信号进行分析处理,获取干扰信号的时域、频域、空域信息,自动配置抗干扰策略与措施。

成像处理模块主要完成目标一维距离像、去斜通道二维像 ISAR 实时处理,以及宽带直采数据二维像 ISAR 事后处理。

目标识别模块主要利用目标运动参数、窄带回波幅度、宽带成像结果、宽带回波原始数据、微多普勒等信息,提取目标特征信息,结合先验信息,调用目标识别算法完成目标的实时分类识别。

6. 显控分系统

显控分系统是雷达的人机交互接口,主要由监控服务器、角度操纵杆及必要的显示器、按键等组成,通过内部网络实现对雷达整机的状态监视和参数设置,并接收数据交互计算机转发的运管指令。

7. 数据处理与交互分系统

数据处理与交互分系统主要由数据处理计算机和数据交互计算机组成,配置大容量硬盘、DVD 光盘刻录机等外设。其主要用于完成观测计划解析、引导计算、雷达数据处理以及对外数据收发等工作。

8. 数据采集记录分系统

数据采集记录分系统主要由高速数据采集、高速数据存储和高性能数字信号处理等模块组成,配置高速存储介质等外设。其主要用于完成高速采集记录宽带直采信号,记录宽带去斜数据、窄带回波数据、目标测量信息、雷达工作状态信息等;完成外部干扰信号的宽带高速采集、记录和分析处理;采用数据库方式对各类信息进行有序管理。

9. 天线座与伺服分系统

天线座与伺服分系统主要由方位机构、俯仰机构、汇流环、高精度捷联惯导装置和伺服控制等组成,主要功能是驱动雷达天线方位、俯仰转动,实时感知雷达阵面姿态,进行船摇补偿和角度测量。

10. 综合保障和配套设备

综合保障和配套设备主要包括目标与环境模拟、测试诊断等分系统,以及大气传输修正、B

码终端等配套设备。

机内自测试(Built in Test,BIT)与自动化测试分系统由分布于雷达整机的 BIT 自检模块、高性能计算处理平台、T/R 组件测试平台等组成,主要用于完成对雷达整机的故障监测与隔离、自动化测试和状态评估,T/R 组件离线性能测试,支持全寿命期内的健康管理。

目标与环境模拟分系统主要由射频模拟和数字模拟两部分组成,模拟产生环境杂波信号、干扰信号、弹道/轨道参数(A,E,R,f_d)等,用于雷达测量功能检查和性能测试;提供 ISAR 信号源,用于宽带接收通道性能检测、幅相特性标定和 ISAR 成像性能测试;提供干扰信号源,用于抗干扰性能测试。

配套设备主要包括大气传输修正设备和 B 码终端。其中,大气传输修正设备利用双频技术反演获取大气折射率剖面,结合电离层预测模型、对流层剖面历史数据和地面气象数据,完成折射误差校准;B 码终端选用 IRIG – B 码和 GPS/北斗共用型终端。

1.4.2.2 工作流程

船载相控阵测量雷达开机,数据处理与交互分系统接收观测计划和引导数据,完成观测计划解析和引导计算;显控分系统完成阵面指向、工作模式及信号波形设置;综合信息处理与控制分系统根据工作模式规定的时序,将带有时间标签的控制命令发送至雷达各分系统;雷达各分系统按控制命令协调匹配工作,完成目标搜索检测、跟踪、成像和弹道/轨道计算等工作。相控阵测量雷达工作流程如图 1 – 7 所示。

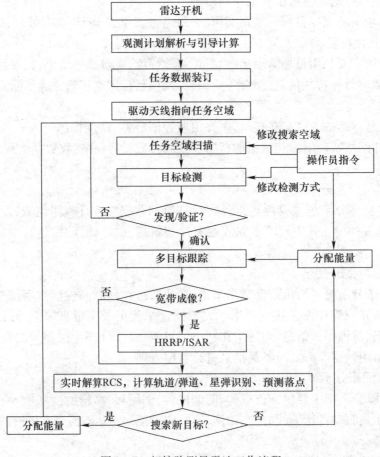

图 1 – 7　相控阵测量雷达工作流程

1.4.3 船载相控阵测量雷达特殊性问题

船载相控阵测量雷达除了海基装备必需的三防（防霉菌、防潮湿、防盐雾）、高可靠性（因船舶振动造成设备损坏或接触不良等问题）等要求外，还有许多特殊性问题。

1.4.3.1 船摇隔离的问题

船摇隔离是实现船载动平台高精度测量的基础，船载相控阵测量雷达采用捷联惯导实现实时姿态测量和船摇补偿，通过优化捷联惯导安装位置与选型、机电融合船摇隔离设计，保证波束指向的高精度。

1. 惯导安装位置优化

船载相控阵测量雷达需在 5 级海况下工作，工作平台受海浪影响，处于非稳定状态，存在横摇、纵摇和升沉等动态变化，影响雷达波束指向精度。为此，采用高精度激光捷联惯导作为姿态测量传感器，对雷达阵面姿态进行高精度感知和船摇隔离，以满足高精度测量要求。

传统的捷联惯导安装方式为安装在天线座内与甲板面固联的平面上，捷联惯导直接感知的是船体姿态，但需通过甲板面到阵面的坐标转换，才能获得阵面姿态，增加轴系误差，而且由于阵面姿态无法直接测量，需对天线基座以上的天线座、阵面结构进行高刚性和高强度设计保证轴系精度，增加天线座的重量；另外一种捷联惯导安装方式为阵面安装，由捷联惯导直接测量阵面姿态，测量精度高，适当降低了天线座的刚度要求，可有效实现天线减重。

2. 机电融合船摇隔离设计

船摇隔离是实现雷达大威力、高精度测量的基础，若采用纯电扫船摇隔离，天线阵面法线方向会偏离目标，造成天线扫描增益下降，同时和差波束测角工作在非线性最优区，降低雷达探测威力和精度。区别于常规单脉冲雷达完全依靠伺服系统完成船摇隔离，相控阵雷达可充分利用电扫波束捷变的特性，采用相扫和机扫相结合，其中机扫船摇隔离可直接继承以往的成熟技术，分配机械船摇隔离度 20～40dB，确保机械轴接近法线方向随动跟踪目标，以获得天线最优性能；电扫船摇隔离实现电轴高精度任意指向，确保雷达工作在和差最优线性区。通过"机电融合船摇隔离"设计，可实现确保重点目标法线跟踪和成像，保证雷达探测威力最大、精度最优。

1.4.3.2 电磁兼容的问题

船载相控阵测量雷达需要安装在船舶平台上，其上含有导航雷达、测量雷达、气象观测、卫星通信等众多电子设备，工作频率覆盖非常广。对船载相控阵测量雷达而言，雷达将受到外部电子设备辐射的电磁兼容环境影响，为了使雷达能可靠工作，需要通过仿真分析和实地测量，获取准确的电磁数据，优化雷达受辐射电磁兼容设计；船载相控阵测量雷达对外辐射，包括同频、杂散、谐波频率等辐射引起的相应频段设备损坏、阻塞、干扰等问题，需进行电磁辐射仿真，结合其他设备接收机参数，进行杂散抑制、谐波抑制、工作方式等设计，减小对其他设备的干扰和影响，其中同频段导航雷达、测量雷达等系统是设计考虑重点。另外，外界的有意干扰，包括其他船舶、飞机等平台载雷达、干扰机辐射，也是需要考虑防护的因素。

船载相控阵测量雷达电磁兼容性的基本要求是，系统与同一站内的其他电子电器设备之间相互无"有害"干扰。"有害"干扰是指对测量精度、误码率和其他主要性能有不利影响的干扰。设备具有良好的电磁兼容性，能经受实际工作环境中的其他设备所产生的电磁辐射，并对其他设备不产生干扰。

针对船载相控阵测量雷达的电磁兼容设计，除了上面考虑的内容外，还要注重以下两个方面：

1. 低杂散和谐波设计

通过发射链路优化设计(包括频率源、发射前级、T/R 组件)、增设带通滤波以及天线辐射单元带阻特性优化,提升杂散和谐波抑制能力,以满足相控阵雷达低杂散和二次谐波要求。

2. 同频段干扰抑制设计

对于全船设备同频段协同工作,通过任务合理规划、资源调度和全船电磁频谱管控设计,保证任务的协同工作。在需要相控阵雷达与其他同波段设备同时工作时,通过船中心进行统一时间调度,采用分时工作的方法,避免互相干扰,完成协同探测。

1.4.3.3 船舶供电的问题

船载相控阵测量雷达系统输入供电功率波动主要是由于雷达系统在大脉宽发射工作时对供电功率需求大,接收时功率需求小,对供电输入功率的需求存在较大的功率波动。与陆地大容量的供电电网相比,船舶电网的功率容量有限,一般由多台发电机组并联运行,抗负载冲击能力较差,响应时间在秒级。当负载出现高频(ms 级)大范围功率波动时,发电机组由于未能及时响应,可能出现输出电压频率、机组励磁电流等参数超限,触发其保护门限而导致机组解列甚至停机。所以,有必要采取措施抑制供电功率波动。

雷达 T/R 组件在大脉宽工作时,组件的峰值功率由储能电容和阵面电源共同提供,其中阵面电源在每个重频周期内近似按照(额定功率×工作时长)提供阵面组件所需的平均能量。组件工作比越大,阵面电源按照额定功率工作的时间越长;组件工作比越小,阵面电源按照额定功率工作的时间越短,出现断续工作状态,这是导致系统输入供电功率存在大范围波动的最主要因素。

针对船舶供电存在的问题,一般需要采取如下措施:

1. 输入供电功率波动抑制设计

(1) 在远距离探测、大脉宽工况下,设计以最大工作比的波形工作,尽量保持供电的连续性,目标距离超过雷达最大量程时,采用成熟的距离判模糊和自动避盲技术解决;近距离、小脉宽工作时,工作比切换时设计为分档变换,尽量避免功率突变。

(2) 雷达发射时,以小脉宽开始启动,缓慢增加工作比直至达到最大,也可通过设计雷达阵面分区延时加电,形成系统供电功率的软启动,避免产生直接以满功率启动对输入供电的阶跃冲击。

2. 输入谐波抑制设计

为抑制输入谐波,可以采取谐波补偿装置来旁路或滤除负载所产生的谐波。采用谐波补偿的方法分为无源滤波和有源滤波两种:无源滤波一般采取 LC 调谐滤波器和多脉冲整流器;有源滤波一般采用注入与负载谐波电流大小相等、反相的谐波电流,来消除电网侧谐波电流。

1.4.3.4 系统标校的问题

船载相控阵测量雷达标校的目的是通过一定的测量手段,建立统一的坐标系,即坐标系取齐,确定各设备的误差修正模型系数,同时对各测量设备的工作参数进行校准。相控阵雷达具备目标电磁散射特性测量和宽带成像功能,需要对雷达 RCS 和系统宽带幅相进行误差标定和补偿;阵面姿态采用高精度惯导安装天线阵面直接测量方式,该种方式的测量误差模型与常规方式差异大,需要设计合理可行的标校和应用方法。

由于船载相控阵雷达采用安装在阵面的高精度惯导数据进行数据修正和闭环跟踪,不需要对轴系误差进行额外的修正补偿;角度和距离测量零值可通过跟踪精轨卫星的方式进行标定,定向灵敏度在具备条件的情况下,可按相关方法进行标定。

船载相控阵雷达阵面口径大,通道数多,阵列天线方向图性能是实现雷达威力和精度的关键,而天线方向图性能取决于阵面幅相误差,需要设计完善的有源阵面监测系统对阵面进行精确的幅相标定和校准。目标 RCS 和宽带成像的测量是船载相控阵雷达的主要测量任务之一,需要对 RCS 和系统宽带幅相误差进行标定和校准,标校方法可参考地面大型相控阵雷达已成熟的标校和补偿技术,完成 RCS 和宽带幅相的标定和补偿。

参 考 文 献

[1] 张光义. 相控阵雷达原理[M]. 北京:国防工业出版社,2009.
[2] 王德纯. 宽带相控阵雷达[M]. 北京:国防工业出版社,2010.
[3] 陈伯孝,等. 现代雷达系统分析与设计[M]. 西安:西安电子科技大学出版社,2012.
[4] 张光义,王德纯,华海根,等. 空间探测相控阵雷达[M]. 北京:科学出版社,2001.
[5] 马林. 空间目标探测雷达技术[M]. 北京:电子工业出版社,2013.
[6] 丁鹭飞,耿富录,陈建春. 雷达原理[M]. 5 版. 北京:电子工业出版社,2014.
[7] 毕增军,徐晨曦,张贤志,等. 相控阵雷达资源管理技术[M]. 北京:国防工业出版社,2016.
[8] 张明友,汪学刚. 雷达系统[M]. 4 版. 北京:电子工业出版社,2013.
[9] 凌翔. 图解军事术语:上[M]. 北京:化学工业出版社,2015.
[10] 吴小强. 美国海军舰载相控阵技术发展综述[J]. 雷达与对抗,2014(4):1-4,65.
[11] 曹斌. 国外空间目标监视系统的发展[J]. 军事文摘,2015(11):18-22.
[12] 吴永亮. 美国海军舰载双波段系列雷达的发展[J]. 国防科技,2012(4):14-20,31.
[13] 王剑,罗军. 舰载相控阵雷达的现状及发展趋势[J]. 电讯技术,2005(3):7-14.
[14] GALATI G. 100 Years of Radar[M]. London:Springer,2016.
[15] TOLLEY A L,BALL J E. Dual - Band Radar Development:From Engineering Design to Production[J]. Leading Edge,2010,7(2):52-61.
[16] MORAN R Reasonover C. International Treaty Verification:Cobra Judy Replacement Program[J]. Leading Edge,2010,7(2):62-67.
[17] FONTANA W J,KRUEGER K H. AN/SPY-3:The Navy's Next-generation Force Protection Radar System[C]//IEEE International Symposium on Phased Array Systems and Technology,2003:594-603.

第 2 章　相控阵基础

2.1　概　　述

将若干个天线按照一定的方式排列和激励,利用电磁波的干涉原理和叠加原理来产生特殊的辐射特性,这种结构的天线称为阵列天线,构成阵列天线的单个辐射器称为阵列单元,简称为阵元,有时也称为辐射单元或天线单元。

阵列天线一般按照单元的排列方式进行分类。各单元中心沿直线排列的阵列天线为线性阵列(简称为线阵);若各单元中心排列在一个平面内,则称为平面阵。若平面阵所有单元按矩形网格排列,则称为矩形阵;若所有单元中心位于同心圆环或椭圆环上,则称为圆阵或椭圆阵。线阵或平面阵都可以等间距或不等间距排列。还有一类称为共形阵,其单元的位置与某些非平面的表面(如飞行器的表面)共形。

虽然理论上组成天线阵列的各天线单元可以是不同形式的,但在大多数实际应用中,天线阵列的各天线单元不但形式相同、规格相同,而且其排列取向也相同,称为相似元。一般而言,总是尽量简化天线单元的结构,而把主要注意力放在组阵方面,因此天线单元多数采用偶极子、波导喇叭、波导裂缝、微带贴片等简单天线。

由阵列单元组成的天线阵列中通常有四个参数是可变的,分别为天线单元总数、空间位置分布、激励幅度及激励相位。若上述参数给定,根据这些参数确定阵列天线辐射特性,包括方向图、方向性系数和增益等,称为阵列天线的分析问题;相反,根据需求的辐射特性确定上述参数的过程,称为阵列天线的综合问题。这两个问题是阵列天线的核心问题,也是阵列天线工程应用必须解决的基础问题。

本章从阵列基本理论入手,分别介绍一维线阵、二维平面阵、阵列方向图分析与综合、辐射单元和互耦效应、相控阵馈电网络、阵列带宽特性等基本内容,为后续相控阵测量雷达相关知识的学习奠定理论基础。

2.2　阵列理论基础

本节主要讨论阵列天线的电磁波干涉和叠加原理、方向图乘积定理,其中电磁波干涉和叠加原理是阵列天线波束合成和方向扫描的理论基础,而方向图乘积定理则进一步描述了总辐射电磁场的构成规律。另外,二元阵是最简单并具有实际意义的阵列天线,它是线阵和面阵实现的基础,为了便于读者的理解,本节将最后简单介绍二元阵。

2.2.1　电磁波干涉和叠加原理

阵列天线能够形成不同于一般单元天线的辐射特性,尤其是可以形成指向某部分空间的、比单元天线强得多的辐射,最根本的原因就是来自多个相干辐射单元的辐射电磁波在空间相互干涉并叠加,在某些空间区域加强,而在另一些空间区域减弱,从而使得不变的总辐射能量在空间重新分布。

波的干涉与叠加最初来源于光学领域。由于光本身的波动性,光波与电磁波本质上是相似的,因此可以把光学领域提出的基本原理推广到电磁波领域。

大家知道,天线在空间的辐射是天线上源电流产生的。若空间中存在满足相干关系的多个电流(如一个电流分出的多个部分,施加在不同的天线单元上),则多个电流的辐射电磁场在空间中将发生叠加,形成干涉现象。造成某些空间区域场同相叠加,场加强;某些空间区域场反相叠加,场削弱;而另外一些区域场的叠加介于同相和反相之间,这样就形成了空间中电磁场的强弱分布。

电流分布 J 在均匀媒质中产生的辐射电磁场可表示为

$$\begin{cases} E = -j\omega A - j\dfrac{1}{\omega\mu\varepsilon}\nabla(\nabla \cdot A) \\ H = \dfrac{1}{\mu}\nabla \times A \end{cases} \tag{2-1}$$

式中:E 为电场强度;H 为磁场强度;ε 为介电系数;μ 为磁导率;A 为磁矢量位,它满足亥姆霍兹(Helmholtz)方程:

$$\nabla^2 A + k^2 A = -\mu J \tag{2-2}$$

式中:k 为波数($k = 2\pi/\lambda$);J 为电流密度。

通过分析可得:无论电流 J 按照线、平面或其他形式分布,则其辐射场磁矢量位 A 都可以通过积分的形式表达,实际上就是无穷多个部分求和叠加的结果,这就是干涉与叠加原理在电磁波辐射问题上的体现。

如果把电流分布离散成总数为 N 个部分的和,则在空间中形成的总辐射场磁矢量位 A 可表示为 N 个辐射场磁矢量位的叠加,因而式(2-1)表示的总辐射电磁场 E 和 H 也是由 N 个部分叠加形成的,即

$$E = \sum_{n=1}^{N} E_n \tag{2-3}$$

$$H = \sum_{n=1}^{N} H_n \tag{2-4}$$

这就是离散源形成的电磁波辐射的干涉与叠加。

从上可以看到,把连续的电流分布离散为许多小部分的电流,形成的总辐射场完全可以表达原来的连续电流分布的辐射场,这就是阵列天线赖以存在的首要理论基础。更进一步说,以阵列天线的众多小电流源代替单个天线的连续电流分布,不仅是单个天线辐射的复现,它也带来了更大的好处。我们知道,在作为天线的导体或介质上的电流分布是取决于它所处的边界条件的,一旦天线的材料、形状、结构、安装位置、激励方式等确定后,在天线上的电流分布就是确定的,很难甚至不可能再去调整电流的分布方式,形成的辐射场和辐射特性也是确定的,难以再施加人为的调整和控制。但是,当这一单个线天线或面天线离散为各个小辐射单元组成的阵列天线以后,通过馈电网络等手段去独立控制每一个小辐射单元的馈电幅度和相位,再结合小辐射单元数量和位置的人为控制,就可以得到几乎任意的目标电流分布,适应几乎任意的天线应用场合,得到几乎任意的目标辐射特性,而不再需要每次对天线的材料、形状、结构等进行调整,这是阵列天线工程应用的首要优势。

2.2.2 方向图乘积定理

构造阵列天线的另一重要理论基础是方向图乘积定理。在电磁波干涉与叠加原理基础上，它进一步描述了连续电流分布离散化并分别激励多个天线单元时，总辐射电磁场的构成规律。

设阵列天线采用相似元，在不考虑天线单元间互相影响（互耦）的条件下，可以认为天线单元作为空间坐标函数的归一化方向图都是相同的。

不妨首先以线阵为例。设在图 2-1 中每一小段的中心位置都放置了一个天线单元，这些天线单元为相似元，因而共有 N 个相似元，它们的方向图函数均为 $F_e(\theta,\varphi)$（称为单元因子，表示天线单元的辐射特性）。

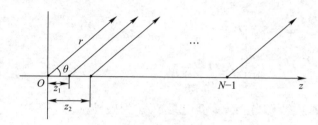

图 2-1 任意 N 元线阵

不失一般性，设每一小段的电流复矢量为 $\dot{I}$，可以看作放置在这一小段中心位置的单元天线的激励电流。各单元天线都将在远场区产生横电磁平面波，场强与激励电流成正比。若转换为球坐标系，则第 n 个单元在远场观察点 $P(r,\theta,\varphi)$ 产生的电场为

$$\dot{E}_n = A \dot{I}_n \frac{e^{-jkR_n}}{4\pi R_n} F_e(\theta,\varphi) \tag{2-5}$$

式中：A 为与单元形式有关的比例系数；k 为波数（$k=2\pi/\lambda$）。代入远场条件：

$$1/R_n \approx 1/r \tag{2-6}$$

$$R_n \approx r - z_n \cos\theta \tag{2-7}$$

式中：R_n 代表第 n 个单元与远场观察点间距离。可得到

$$\dot{E}_n = A \frac{e^{-jkr}}{4\pi r} \dot{I}_n F_e(\theta,\varphi) e^{jkz_n \cos\theta} \tag{2-8}$$

式中：因子 $e^{jkz_n\cos\theta}$ 表示由于各单元的空间位置 z_n 不同，使辐射电磁波在观察角 (θ,φ) 产生的相对相位。根据叠加原理，此线阵在观察点产生的场等于各单元在观察点产生场的矢量和：

$$\dot{\mathbf{E}} = \sum_{n=0}^{N-1} \dot{\mathbf{E}}_n = A \frac{e^{-jkr}}{4\pi r} F_e(\theta,\varphi) \sum_{n=0}^{N-1} \dot{\mathbf{I}}_n e^{jkz_n \cos\theta} \tag{2-9}$$

考虑到电场复矢量 $\dot{\mathbf{E}}$ 的坐标分量是由 $\dot{\mathbf{I}}_n$ 的坐标分量决定的，各 $\dot{\mathbf{I}}_n$ 的矢量存在哪些坐标分量，$\dot{\mathbf{E}}$ 就会有哪些坐标分量，所以为公式简化起见，可写为

$$\dot{E} = \sum_{n=0}^{N-1} \dot{E}_n = A \frac{e^{-jkr}}{4\pi r} F_e(\theta,\varphi) \sum_{n=0}^{N-1} \dot{I}_n e^{jkz_n \cos\theta} \tag{2-10}$$

式中：F_e 为单元因子。式（2-10）可以看作能适用于各坐标分量的一般表达式。由此可得到此线阵的方向图因子为

$$F(\theta,\varphi) = F_e(\theta,\varphi) \sum_{n=0}^{N-1} \dot{I}_n e^{jkz_n\cos\theta} \qquad (2-11)$$

令

$$S(\theta,\varphi) = \sum_{n=0}^{N-1} \dot{I}_n e^{jkz_n\cos\theta} \qquad (2-12)$$

称 $S(\theta,\varphi)$ 为阵列因子或阵因子,也称阵列函数和阵列多项式,它可以看作由假想的各向同性单元(即 $F_e(\theta,\varphi)=1$)组成的阵列的方向图函数。于是有

$$F(\theta,\varphi) = F_e(\theta,\varphi) S(\theta,\varphi) \qquad (2-13)$$

若单元因子和阵因子均采用归一化形式,则式(2-13)又可写为

$$f(\theta,\varphi) = f_e(\theta,\varphi) s(\theta,\varphi) \qquad (2-14)$$

可见阵列天线的方向图函数等于单元因子与阵因子的乘积,这一定理即是方向图乘积定理。对于面阵或其他形式的阵列天线,这一定理同样是适用的。

单元因子只表示构成阵列天线每个单元的辐射特性,仅取决于单元的形式及取向,与阵的组织方式无关,因此单元因子就是位于坐标原点的一个单元天线的归一化方向图函数。而阵因子仅取决于阵的形状、单元间距、单元激励电流的幅度和相位,与单元的形式和取向无关,因此阵因子等于与实际阵列具有完全相同参数的各向同性点源阵的方向图函数。也就是说,单元因子和阵因子是相互独立的、可分离的,分别决定阵列天线辐射特性的一个方面。

有了这一定理之后,研究阵列天线的辐射特性一般仅需研究由阵的组织方式决定的阵因子即可。待单元形式选定后,再把单元因子乘以阵因子,即可得阵列天线的辐射特性。

下面来讨论阵因子的一般特性。设图 2-1 中线阵单元间距均为 d,单元电流幅值为 I_n,单元电流相位为 α_n,这样单元电流可表示为

$$\dot{I}_n = I_n e^{j\alpha_n} \qquad (2-15)$$

根据式(2-12),其阵因子为

$$S(\theta,\varphi) = \sum_{n=0}^{N-1} \dot{I}_n e^{jkz_n\cos\theta} = \sum_{n=0}^{N-1} I_n e^{j(nkd\cos\theta+\alpha_n)} \qquad (2-16)$$

为简单起见,可以首先设各单元激励电流等幅同相,这样有 $I_n=1$ 和 $\alpha_n=0$,阵因子为

$$S(\theta,\varphi) = \sum_{n=0}^{N-1} e^{jnkd\cos\theta} \qquad (2-17)$$

阵因子式(2-17)可以看作复平面上 N 个相量的叠加,这时阵因子的最大值发生在 $\cos\theta=0$,即 $\theta=\pi/2$。这时,所有相量都位于实轴上。

当 θ 角从 $\pi/2$ 分别向 0 和 π 变化时,各个相量的方向开始发散开了,各个相量与实轴正方向的夹角分别为 $nkd\cos\theta(n=0,1,2,\cdots,N-1)$。

设 $L=Nd$ 为线阵长度,即

$$kd\cos\theta = \frac{2\pi}{\lambda}\frac{L}{N}\cos\theta \qquad (2-18)$$

如果 $L\ll\lambda$,则各个相量非常靠近,不可能叠加出现零值。否则,当

$$kd\cos\theta = \frac{2\pi}{\lambda}\frac{L}{N}\cos\theta = \pm\frac{2\pi}{N} \qquad (2-19)$$

时,各个相量是等角间隔分布的。正好完全占据了 2π 角域,其叠加和是零。设这时的角度为 θ_{NP1}(零点位置),根据式(2-19)有

$$\cos\theta_{NP1} = \pm \frac{\lambda}{L} \tag{2-20}$$

可求得

$$\theta_{NP1} = \arccos\left(\pm \frac{\lambda}{L}\right) \tag{2-21}$$

如果 $L = \lambda$,则这时有 $\theta_{NP1} = 0$ 或 $\theta_{NP1} = \pi$。

当 $L \gg \lambda$ 时,有

$$\theta_{NP1} = \arccos\left(\pm \frac{\lambda}{L}\right) \approx \frac{\pi}{2} \pm \frac{\lambda}{L} \tag{2-22}$$

图 2-2 中给出了 $N = 15$、$d = \lambda/2$ 的线阵在四种不同 θ 值时的相量分布图。如图 2-2(b)所示,当 $\theta_{NP1} = 82.34°$ 或 $\theta_{NP1} = 97.66°$ 时,这时阵列在 $\theta = \pi/2$ 两侧有一对零点。当角度 θ 变化到偏离 $\theta = \pi/2$ 比 θ_{NP1} 更远时,则这时相量在复平面上的分布要超出 2π。仍然以 $N = 15$ 的线阵为例,如图 2-2(c)所示,当 θ_{SL1}(极大值点) $= 78.46°$ 或 $\theta_{SL1} = 101.54°$ 时,图中虚线表示第二圈,即相角大于 2π 时的相量,这时相量分布要占据 3π。可见,这时的相量叠加和也是一个极大值点,它的大小为相量总数的 $1/3$,即由 5 个相量所贡献,其他 10 个相量相互抵消,其叠加和为零,因而其大小为 $\theta = 90°$ 时极大值的 0.216 倍。

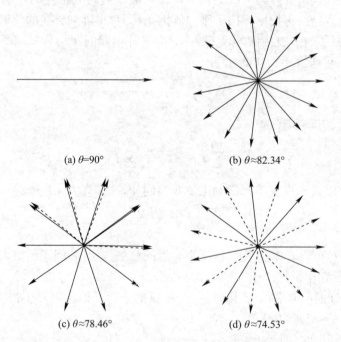

(a) $\theta = 90°$ (b) $\theta \approx 82.34°$

(c) $\theta \approx 78.46°$ (d) $\theta \approx 74.53°$

图 2-2 $N = 15$、$d = \lambda/2$ 的线阵在不同 θ 值时的相量分布图

当角度 θ 继续偏离 θ_{SL1} 达到

$$\theta_{NP2} = \arccos\left(\pm \frac{\lambda}{L}\right) \approx \frac{\pi}{2} \pm \frac{2\lambda}{L} \tag{2-23}$$

时,其相量叠加又会出现一个零值。以上述 $N=15$ 的线阵为例的 $\theta=\theta_{NP2}=74.53°$(相量分布如图2-2(d)所示)或 $\theta=\theta_{NP2}=105.47°$时,图中虚线同样表示第二圈,即相角大于 2π 时的相量。可见,这时相量分布要占据 4π,即两圈整,完全抵消了。

这一过程还会随着角度 θ 偏离 $\theta=\pi/2$ 而继续下去,交替出现更多的极大值位置 θ_{SL2}、θ_{SL3}、$\cdots$以及零点位置 θ_{NP3}、θ_{NP4}、$\cdots$,直到角度 θ 达到 0 和 π 为止。

当各单元不是等幅激励时,上述各个相量的大小会不一致,因而其叠加情况将会复杂一些,不见得一定会在上述的各个角度下产生局部极大值点和零点,不过整个过程还是一样的。如果各单元不是同相激励,则相比于同相激励情况,各个相量会有一个初始相位,这样就不一定会在 $\theta=\pi/2$ 叠加出最大值,会有一个角度偏移,不过整个过程还是一样的。此外,如果上述实例中 $d\neq\lambda/2$,假设 $d=\lambda$,则可以很容易得到对于同一个角度 θ,这时的相量发散程度比 $d=\lambda/2$ 剧烈,在 $\theta=0\sim\pi$ 范围内,相量叠加情况也会不一样。

这样,式(2-16)所示的阵因子的空间辐射图形就可以很容易想象出来了,甚至徒手也可以大体绘制出图2-3所示的阵因子方向图。

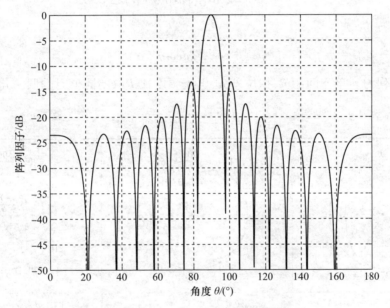

图2-3 $N=15$、$d=\lambda/2$ 的线阵的阵因子方向图

2.2.3 二元阵

二元阵是最简单但却具有实际意义的阵列天线,它是线阵和面阵实现的基础。假设间距为 d、电流幅度比为 $1:I$,相位差为 α 的二元阵,将坐标原点选在左单元位置,如图2-4(a)所示,其阵因子可计算为

$$S(\theta,\varphi)=\sum_{n=0}^{N-1}\dot{I}_n e^{jkz_n\cos\theta}=1+Ie^{j\alpha}\cdot e^{jkd\cos\theta}=1+Ie^{j(kd\cos\theta+\alpha)} \quad (2-24)$$

阵因子的模可求得为

$$|S(\theta,\varphi)|=[1+I^2+2I\cos(kd\cos\theta+\alpha)]^{1/2} \quad (2-25)$$

针对具体问题,仅需把相关参数带入式(2-24)和式(2-25)中,即可得到相应结论。假设二单元馈电为等幅,即 $I=1$,根据式(2-24),阵因子可计算为

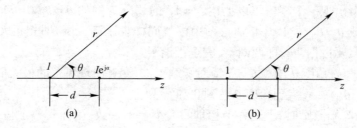

图2-4 二元阵

$$S(\theta,\varphi) = 1 + e^{j(kd\cos\theta+\alpha)} = e^{j(kd\cos\theta+\alpha)/2}(e^{-j(kd\cos\theta+\alpha)/2} + e^{j(kd\cos\theta+\alpha)/2})$$

$$= e^{j(kd\cos\theta+\alpha)/2}2\cos[(kd\cos\theta+\alpha)/2] \tag{2-26}$$

相位项 $e^{j(kd\cos\theta+\alpha)/2}$ 表示二元阵的相位中心相对于坐标原点的相位差。若坐标原点选在二元阵的相位中心,则相位项将不出现,如图2-4(b)所示。阵因子为

$$S(\theta,\varphi) = 2\cos[(kd\cos\theta+\alpha)/2] \tag{2-27}$$

归一化阵因子为

$$s(\theta,\varphi) = \cos[(kd\cos\theta+\alpha)/2] \tag{2-28}$$

表2-1所列为当单元间距 d、相位差 α、电流幅度比 I 取不同值时的归一化二维极坐标方向图。

表2-1 归一化二元阵极坐标方向图

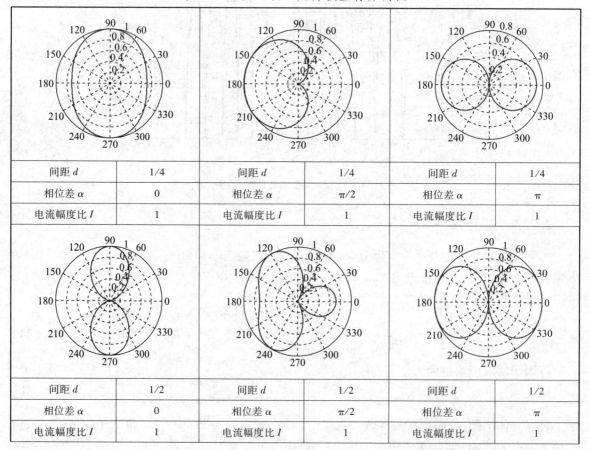

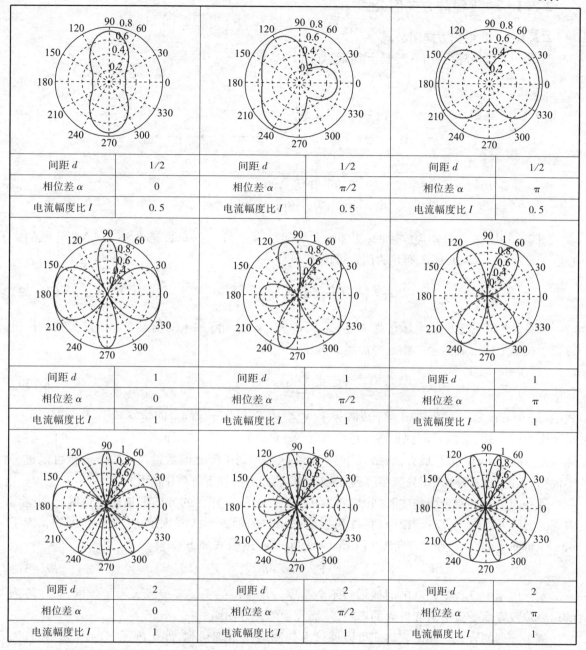

注：$|s(\theta,\varphi)| = 0.5 \times [1 + I^2 + 2I\cos(kd\cos\theta + \alpha)]^{1/2}$，其中 k 为波数（$k = 2\pi/\lambda$）。

2.3 线性阵列基础

线性阵列(Linear Array)，简称线阵，广泛应用于一维扫描的相控阵雷达之中。一个二维扫描的平面相控阵天线可看成多个线性阵列的组合。线性阵列可分为侧射阵(Broadside Array)和端射阵(End-Fire Array)两种。在没有电扫的情况下，侧射阵方向图的最大值位于阵列轴线的法线方向；端射阵方向图的最大值在阵列的轴线方向。由于应用最广的是侧射阵，故下面主要讨论侧射阵。

2.3.1 一维线阵方向图公式

2.3.1.1 非电扫方向图公式

假设一个线性阵列,由 N 个阵元组成,如图 2-5 所示。

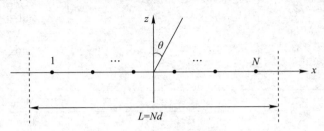

图 2-5 具有 N 个阵元的线性阵列

图 2-5 中,阵元是均匀放置的,相邻阵元的间距为 d,阵列的总长是 L,有 $L=Nd$,阵元的中心位于坐标原点 $x=0$,那么阵元的位置可以表示为

$$x_n = \left(n - \frac{N+1}{2}\right)d, \quad n=1,2,\cdots,N \tag{2-29}$$

假设每个阵元上的复电压记为 A_n,一个从 θ 方向入射到阵列上的信号由每个阵元接收后进行相干叠加形成合成信号。相干叠加后的电压公式为

$$\mathrm{AF} = \sum_{n=1}^{N} A_n \mathrm{e}^{\mathrm{j}\frac{2\pi}{\lambda}x_n \sin\theta} \tag{2-30}$$

式中:AF(Array Factor)为阵列因子或阵因子,它描述了 N 个阵元的空间响应。

由式(2-30)可以看出,AF 是口径分布 A_n、频率 $f(\lambda = c/f)$、阵元间距 d 和入射角 θ 的函数。阵因子 AF 在 $\theta=0°$ 时有最大值,最大值为 N,恰好是阵列中阵元的数量。从后续分析可以进一步说明,无论是一维阵列还是二维阵列,阵因子的最大值都等于阵列中阵元的数目。

阵列因子并不能全面描述阵列的空间响应,阵列中每个阵元的方向图描述了该阵元的空间响应。对阵元方向图进行建模时,往往采用余弦函数的乘方形式来表示,其指数称为阵元因子 EF(Element Factor)。阵元方向图 EP(Element Pattern)的公式如下:

$$\mathrm{EP} = \cos^{\frac{\mathrm{EF}}{2}}\theta \tag{2-31}$$

实际应用中,EP 在 $\theta=90°$ 时的增益不会是零。在一定的安装环境或者测量范围内,在阵列的边缘位置容易受到衍射和反射的影响,从而改变阵元方向图。

整个阵列的合成方向图表达式可以通过方向图乘法定理得到,即由阵元方向图 EP 和阵因子 AF 的乘积得到。采用方向图乘法定理计算的前提是假设阵列中每个阵元的特性是一致的,这在大型相控阵雷达中一般都可认为是成立的。

由方向图乘法定理可以得到 N 个阵元组成的阵列方向图公式:

$$F(\theta) = \mathrm{EP} \cdot \mathrm{AF} = \cos^{\frac{\mathrm{EF}}{2}}\theta \cdot \sum_{n=1}^{N} A_n \mathrm{e}^{\mathrm{j}\frac{2\pi}{\lambda}x_n \sin\theta} \tag{2-32}$$

从式(2-32)可以得出以下两点:第一,假设阵列中每个阵元的方向图是相同的,那么阵元方向图 EP 的表达式可以从阵因子 AF 的表达式中提取出来,但针对共形阵列中每个阵元的法线方向和整个阵面的视线方向不是平行的,那么方向图的乘法定理就不再适用。同样,对于只有少数阵元的阵列,方向图乘法也不适用,但是一般情况下,都假设相控阵雷达具有大量阵元;第二,也是往往被忽略的一点,EP 的表达式中 EF 是除以 2 的,这是因为阵元方向图的功率是 EP^2,而 EP 是电压形式,正好是功率表达式的平方根。

2.3.1.2 电扫方向图公式

式(2-32)给出了 N 个阵元组成的线阵空间方向图的一般公式,下面将给出电扫描情况下的方向图公式。当 $\theta=0°$ 时,式(2-32)有最大值。一维线阵具有波束扫描的能力,因此它在扫描位置上也能获得合成波束最大值。本节将扫描角记为 θ_0。

阵列进行波束扫描时,需要对每个阵元的相位或时间延迟进行调整。在式(2-30)中将每个阵元的口径分布展开为复电压的形式 $A_n = a_n e^{j\Phi_n}$,则该式变为

$$AF = \sum_{n=1}^{N} a_n e^{j\Phi_n} e^{j\frac{2\pi}{\lambda}x_n \sin\theta} \tag{2-33}$$

当 $\Phi_n = -\frac{2\pi}{\lambda}x_n \sin\theta_0$ 时,阵因子在 θ_0 位置具有最大值,式(2-33)可以表示为

$$AF = \sum_{n=1}^{N} a_n e^{j\left(\frac{2\pi}{\lambda}x_n \sin\theta - \frac{2\pi}{\lambda}x_n \sin\theta_0\right)} \tag{2-34}$$

通过适当改变每个阵元激励信号的相位,就可以达到改变一维线阵波束指向的目的,而不需要通过机械运动来控制阵列的波束指向。整个阵列的方向图公式可以表示为

$$F(\theta) = EP \cdot \sum_{n=1}^{N} a_n e^{j\left(\frac{2\pi}{\lambda}x_n \sin\theta - \frac{2\pi}{\lambda}x_n \sin\theta_0\right)} \tag{2-35}$$

电扫描可以大致划分为相位扫描和时延扫描。对于相扫而言,每个阵元都具有一个移相器,其相位变化是频率和扫描角度的函数。移相器的一个重要特性就是它们的相位延迟被设计为关于频率的常数。这意味着必须对式(2-35)进行修改来适应这个问题。因此,相位延迟扫描的方向图公式变为

$$F(\theta) = EP \cdot \sum_{n=1}^{N} a_n e^{j\left(\frac{2\pi}{\lambda}x_n \sin\theta - \frac{2\pi}{\lambda_0}x_n \sin\theta_0\right)} \tag{2-36}$$

式中:$\lambda = c/f$;$\lambda_0 = c/f_0$。容易看出,当 $f \neq f_0$ 时方向图不再具有最大值。

当采用时延扫描模式时,式(2-35)可变为

$$F(\theta) = EP \cdot \sum_{n=1}^{N} a_n e^{j\frac{2\pi}{\lambda}x_n(\sin\theta - \sin\theta_0)} \tag{2-37}$$

2.3.2 一维线阵基本参数

使用移相器的一维线阵的阵因子可以表示为

$$AF = \sum_{n=1}^{N} a_n e^{j\left(\frac{2\pi}{\lambda}x_n \sin\theta - \frac{2\pi}{\lambda_0}x_n \sin\theta_0\right)} \tag{2-38}$$

式中:x_n 为阵元的位置函数,可表示为 $x_n = \left(n - \frac{N+1}{2}\right)d_x$,其中 d_x 为阵元间距,N 为阵元总数。另外,假设一维线阵为均匀照射,即 $a_n = 1$,于是式(2-38)可以改写为

$$AF = \sum_{n=1}^{N} e^{j\left(\frac{2\pi}{\lambda}\sin\theta - \frac{2\pi}{\lambda_0}\sin\theta_0\right)x_n} = \sum_{n=1}^{N} e^{jd_x\left(\frac{2\pi}{\lambda}\sin\theta - \frac{2\pi}{\lambda_0}\sin\theta_0\right)\left(n - \frac{N+1}{2}\right)} = \sum_{n=1}^{N} e^{j\psi\left(n - \frac{N+1}{2}\right)} \tag{2-39}$$

式中:$\psi = d_x\left(\frac{2\pi}{\lambda}\sin\theta - \frac{2\pi}{\lambda_0}\sin\theta_0\right)$。

将式(2-39)展开为

$$AF = \sum_{n=1}^{N} e^{j\psi\left(n-\frac{N+1}{2}\right)} = e^{j\psi\left(\frac{1-N}{2}\right)} + e^{j\psi\left(\frac{3-N}{2}\right)} + \cdots + e^{j\psi\left(\frac{N-3}{2}\right)} + e^{j\psi\left(\frac{N-1}{2}\right)} \quad (2-40)$$

在等式两边乘以 $e^{j\psi}$,得

$$e^{j\psi} AF = e^{j\psi\left(\frac{3-N}{2}\right)} + \cdots + e^{j\psi\left(\frac{N-1}{2}\right)} + e^{j\psi\left(\frac{N+1}{2}\right)} \quad (2-41)$$

用式(2-40)减去式(2-41),可得

$$AF - e^{j\psi} AF = AF(1 - e^{j\psi}) = e^{j\psi\left(\frac{1-N}{2}\right)} - e^{j\psi\left(\frac{N+1}{2}\right)} \quad (2-42)$$

对式(2-42)进行整理可以得到一个新的 AF 的表达式,即

$$AF = \frac{e^{j\psi\left(\frac{1-N}{2}\right)} - e^{j\psi\left(\frac{N+1}{2}\right)}}{1 - e^{j\psi}} \quad (2-43)$$

对式(2-43)进行简化,可得

$$AF = \frac{e^{-j\frac{N\psi}{2}} - e^{j\frac{N\psi}{2}}}{e^{-j\frac{\psi}{2}} - e^{j\frac{\psi}{2}}} = \frac{e^{j\frac{N\psi}{2}} - e^{-j\frac{N\psi}{2}}}{e^{j\frac{\psi}{2}} - e^{-j\frac{\psi}{2}}} \quad (2-44)$$

利用欧拉恒等式 $e^{j\theta} - e^{-j\theta} = 2j\sin\theta$,式(2-44)可以简化为

$$AF = \frac{\sin(N\psi/2)}{\sin(\psi/2)} \quad (2-45)$$

将 ψ 的等式带入式(2-45),可得

$$AF = \frac{\sin\left[Nd_x\left(\frac{\pi}{\lambda}\sin\theta - \frac{\pi}{\lambda_0}\sin\theta_0\right)\right]}{\sin\left[d_x\left(\frac{\pi}{\lambda}\sin\theta - \frac{\pi}{\lambda_0}\sin\theta_0\right)\right]} \quad (2-46)$$

式(2-46)是阵因子的移相器表达式,而对应的时间延迟公式为

$$AF = \frac{\sin\left[\frac{N\pi d_x}{\lambda}(\sin\theta - \sin\theta_0)\right]}{\sin\left[\frac{\pi d_x}{\lambda}(\sin\theta - \sin\theta_0)\right]} \quad (2-47)$$

2.3.2.1 波束宽度

一维线阵的波束宽度是指主波束方向图功率下降到一定程度内的角度范围。功率下降3dB时的波束宽度称为半功率波束宽度。

式(2-47)具有近似的辛格函数形式 $\sin x/x$,所以对式(2-47)进行归一化后(除以 N),可以写为

$$AF \approx \frac{\sin\left[\frac{N\pi d_x}{\lambda}(\sin\theta - \sin\theta_0)\right]}{\frac{N\pi d_x}{\lambda}(\sin\theta - \sin\theta_0)} \quad (2-48)$$

对于辛格函数 $\sin x/x$,当 $x = 1.3915$ 时,$\sin x/x = 1/\sqrt{2}$,由此可得线阵方向图的半功率点宽度。由此可得

$$\frac{N\pi d_x}{\lambda}(\sin\theta - \sin\theta_0) = 1.3915 \quad (2-49)$$

通过对式(2-49)简单变换,可得

$$\sin\theta - \sin\theta_0 = \frac{1.3915}{N\pi} \cdot \frac{\lambda}{d} \quad (2-50)$$

在天线波束半功率点处,θ 可表示为

$$\theta = \theta_0 + \frac{1}{2}\theta_B \quad (2-51)$$

根据三角函数变换公式,并利用正弦函数在小角度情况下的近似性,则有

$$\sin\theta = \sin\theta_0 \cos\left(\frac{\theta_B}{2}\right) + \cos\theta_0 \sin\left(\frac{\theta_B}{2}\right) \approx \sin\theta_0 + \cos\theta_0 \cdot \frac{\theta_B}{2} \quad (2-52)$$

由式(2-50)和式(2-52)可得半功率点间波束宽度为

$$\theta_B = \frac{0.886\lambda}{Nd\cos\theta_0} = \frac{0.886\lambda}{L\cos\theta_0} \quad (2-53)$$

式中:L 为一维线阵的口径长度,$L = Nd$。

波束宽度与天线扫描角 θ_0 有关。当波束指向偏离阵列法线方向越大,即 θ_0 越大时,则波束宽度增加也越大。在实际应用中,θ_0 最大不宜超过60°。

对于相移和时延两种波束控制的情况,式(2-53)均成立,同时可以看出,波束宽度与频率、口径长度以及扫描角的余弦成反比。

式(2-53)的波束宽度是均匀口径照射下3dB的波束宽度,式(2-54)是一个更通用的波束宽度表示方法,即

$$\theta_B = \frac{k\lambda}{L\cos\theta_0} \quad (2-54)$$

式中:k 为波束宽度因子,是关于口径分布的变量。例如,均匀口径照射阵列的4dB波束宽度,则波束宽度因子 $k = 1$。图2-6给出了当 $k = 0.886$,$L = 1m$ 时,工作在不同频率上阵列的波束宽度随扫描角的变化曲线。

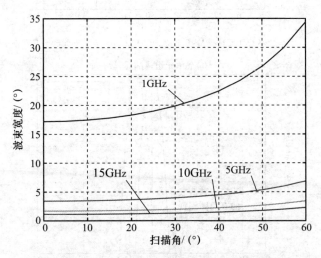

图2-6 波束宽度随扫描角和频率变化的曲线

2.3.2.2 瞬时带宽

描述瞬时带宽(Instantaneous Bandwidth,IBW)时,先从移相器的角度来考虑是非常有利的。对于采用相位控制的一维线阵,为了改变波束指向,每一个阵列单元都接有移相器。相位和频率

保持稳定的对应关系是移相器的一个特性。在一维线阵的扫频范围中,当$f=f_0$时,式(2-46)中阵因子 AF 具有最大值。当$f=f_0+\Delta f$时,阵因子 AF 不再有最大值。这时,在扫描角度上方向图会产生相应损耗,这种现象通常称为波束偏斜(Squint)。瞬时带宽表示在损耗能够承受范围内的频率变化范围,通常是频率变化范围的两倍,即$2\Delta f$。图 2-7 表示了两个不同口径的一维线阵波束偏斜情况。从图 2-7 可以看出,阵列的波束宽度会随口径长度的增大而减小,波束宽度越窄,在 30°扫描角度位置上波束偏斜造成的方向图损耗会越大。

下面简要介绍瞬时带宽公式的推导过程。首先给出 AF 的表达式:

$$AF = \sum_{n=1}^{N} a_n e^{j\left(\frac{2\pi}{\lambda}x_n\sin\theta - \frac{2\pi}{\lambda_0}x_n\sin\theta_0\right)} \qquad (2-55)$$

将式(2-55)改写为频率f的形式,AF 的表达式变为

$$AF = \sum_{n=1}^{N} a_n e^{j\frac{2\pi}{c}x_n(f\sin\theta - f_0\sin\theta_0)} = \sum_{n=1}^{N} a_n e^{j\frac{2\pi}{c}x_n\psi} \qquad (2-56)$$

式中:$\psi = f\sin\theta - f_0\sin\theta_0$。

当阵列工作在基准频率$f=f_0$,且阵列的扫描角为$\theta=\theta_0$时,有$\psi=0$;然而当阵列工作频率与基准频率不同时,即$f=f_0+\Delta f$时,则$\psi\neq 0$,这就造成了波束偏斜。

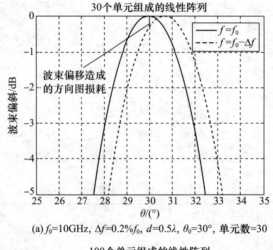

(a) f_0=10GHz, Δf=0.2%f_0, d=0.5λ, θ_0=30°, 单元数=30

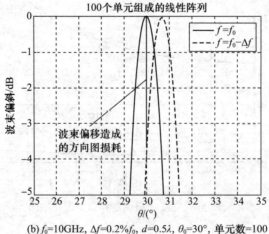

(b) f_0=10GHz, Δf=0.2%f_0, d=0.5λ, θ_0=30°, 单元数=100

图 2-7 阵元间距相同、阵元数目不同时采用移相器调整形成的波束偏斜

将波束偏斜角度记为 $\Delta\theta$，$\Delta\theta$ 可以通过将 $f = f_0 + \Delta f$ 和 $\theta = \theta_0 + \Delta\theta$ 带入 ψ 的表达式来进行计算：

$$\psi = (f_0 + \Delta f)\sin(\theta_0 + \Delta\theta) - f_0\sin\theta_0 \qquad (2-57)$$

式(2-57)中，当 $\Delta f > 0$ 时，$\Delta\theta < 0$，表明当工作频率大于基准频率时，波束偏斜角度比扫描角小；同样，当工作频率小于基准频率时，波束偏斜角度比扫描角大。若假设 $\psi = 0$，则应用三角函数公式 $\sin(A+B) = \sin A\cos B + \sin B\cos A$，可得

$$(f_0 + \Delta f)(\sin\theta_0\cos\Delta\theta + \sin\Delta\theta\cos\theta_0) = f_0\sin\theta_0 \qquad (2-58)$$

由于 $\Delta\theta$ 很小，有 $\sin\Delta\theta \approx \Delta\theta$，$\cos\Delta\theta \approx 1$，故对波束偏斜 $\Delta\theta$，利用式(2-58)解出

$$\Delta\theta = \frac{\Delta f}{f}\tan\theta_0 \approx \frac{\Delta f}{f_0}\tan\theta_0 \qquad (2-59)$$

由于 IBW 是 Δf 的 2 倍，同时用 1/4 半功率波束宽度的表达式替代波束偏斜 $\Delta\theta$，可得

$$\text{IBW} = 2\Delta f = 2 \times \frac{k\lambda}{4L\cos\theta_0}\frac{f}{\tan\theta_0} = \frac{kc}{2L\sin\theta_0} \qquad (2-60)$$

式中：$L = Nd$ 为一维线阵的口径长度；k 为波束宽度因子；θ_0 为扫描角。

采用时延控制模式可以避免发生波束偏斜的情况，由式(2-47)可以看到时延控制在指定的扫描角度上阵因子始终具有最大值，这使得时延控制往往应用在大带宽或波束宽度较窄的大型阵列的场合，而在频带较窄的情况下使用相位控制波束扫描。

2.3.2.3 天线增益

对于等幅口径分布，面积为 A 的无损耗口径，天线增益为

$$G_0 = \frac{4\pi}{\lambda^2}A \qquad (2-61)$$

对于 N 单元均匀线阵，当单元间距规一化到波长的数值时，有

$$\frac{A}{\lambda^2} = Nd^2 \qquad (2-62)$$

将式(2-62)代入式(2-61)，有

$$G_0 = 4N\pi d^2 \qquad (2-63)$$

当单元间距为 0.5λ 时，有 $G_0 = N\pi$。当天线波束由法线方向偏移后，天线在 θ_0 方向的有效口径减小至 $A\cos\theta_0$，故天线增益降为

$$G_0 = 4N\pi d^2\cos\theta_0 \qquad (2-64)$$

由式(2-64)可总结出以下两点：第一，在波束扫描时，扫描角 θ_0 过大，天线性能将变坏，即波束宽度过宽和增益下降过大；第二，在增益不变的情况下，增加单元间距，单元数可大大减小，但可能会出现栅瓣。例如单元间距从 0.5λ 变成 1.5λ，单元数可以减小到原来的 1/9。

2.3.2.4 栅瓣

由于阵因子是一个周期函数，与信号采样定理类似，如果阵元间距取值不合适，相控阵天线扫描时的辐射场就会在主瓣以外的其他方向有规律地形成与主波束类似的辐射波束，称为栅瓣(Grating Lobe)。栅瓣的位置是频率和阵元间距的函数。

通过式(2-46)可以计算得到阵列的栅瓣位置。当

$$\pi d\left(\frac{\sin\theta_0}{\lambda_0} - \frac{\sin\theta}{\lambda}\right) = \pm q\pi$$

时,AF 取得极大值,其中 $q=1,2,\cdots$,整理各项后可得到

$$\sin\theta_{GL} = \frac{\lambda}{\lambda_0}\sin\theta_0 \pm q\frac{\lambda}{d} \qquad (2-65)$$

式(2-65)的右侧第一项代表了波束扫描角度为 θ_0 时的主瓣位置,第二项代表了栅瓣的位置。设 $\lambda=\lambda_0,\theta_0=0°$,对式(2-65)进行简化,可以得到

$$\sin\theta_{GL} = \pm q\frac{\lambda}{d} \qquad (2-66)$$

这就是主波束没有扫描(法线方向)时,栅瓣出现的位置。为了计算阵列在实空间不出现栅瓣的阵元间距,设 $\sin\theta_{GL}=90°,q=1$,由式(2-65)可得

$$d = \frac{\lambda}{1+\sin\theta_0} \qquad (2-67)$$

式(2-67)表示当阵列在 $\sin\theta_0=90°$ 时,阵元间距必须是 0.5λ。图 2-8 给出了当阵元间距为 λ 时,一维线阵的方向图、阵因子以及阵元方向图。出现在 90°方向的阵因子栅瓣通常对阵列扫描是不利的。然而,由于方向图乘法的作用,阵元波瓣的方向性可抑制或削弱阵因子的栅瓣。图 2-9 给出了阵元间距分别为 0.5λ、λ 和 2λ 情况下的阵因子。由于栅瓣占据了主瓣的辐射能量,使天线增益降低,因此,一个好的阵列设计时必须考虑栅瓣的影响,该内容将在二维电扫阵列的正弦空间中进一步讨论。

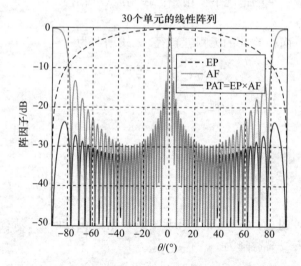

图 2-8 一维线阵阵因子、阵元方向图以及合成方向图

2.3.2.5 零点

由线阵天线方向图公式(2-47)可得到天线波束的零点位置,它们取决于

$$\frac{N\pi}{\lambda}d(\sin\theta - \sin\theta_0) = \pm p\pi \qquad (2-68)$$

式中:p 为零点位置的序号,$p=1,2,\cdots$,第 p 个零点位置用 θ_{p0} 表示,有

$$\sin\theta_{p0} = \frac{\pm p\lambda}{Nd} + \sin\theta_0 \qquad (2-69)$$

例如,天线波束不扫描,即 $\theta_0=0$,故 $\sin\theta_0=0$,第一个与第二个零点位置 θ_{10} 与 θ_{20} 分别为

$$\sin\theta_{10} = \pm\frac{\lambda}{Nd}, \quad \sin\theta_{20} = \pm\frac{2\lambda}{Nd} \qquad (2-70)$$

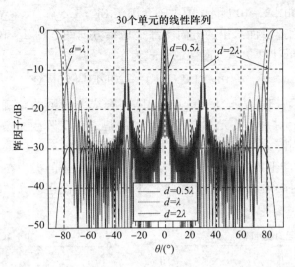

图 2-9 阵元间距分别为 0.5λ、λ 和 2λ 情况下的阵因子

2.3.2.6 副瓣

对式(2-47)分析可知,其分子和分母均为周期函数,但分子比分母的变化快得多。因此,在同一角度范围内分子变化明显,而分母变化极小,可近似为常数,于是副瓣值主要由分子决定,只要当 $\sin[(N\pi d/\lambda)(\sin\theta-\sin\theta_0)]=\pm 1$ 时,就对应于副瓣的最大值,从而有

$$\frac{N\pi d}{\lambda}(\sin\theta-\sin\theta_0)=(2q+1)\frac{\pi}{2}, \quad q=\pm 1,\pm 2,\cdots \tag{2-71}$$

由此可得第 q 个副瓣的位置为

$$\sin\theta_q=\frac{(2q+1)\lambda}{2Nd}+\sin\theta_0 \tag{2-72}$$

由式(2-71)可知,第 q 个副瓣的电平为

$$SSL_q\approx\frac{\sin\left[\dfrac{N\pi d}{\lambda}(\sin\theta-\sin\theta_0)\right]}{\dfrac{N\pi d}{\lambda}(\sin\theta-\sin\theta_0)}=\frac{2}{(2q+1)\pi} \tag{2-73}$$

或

$$SSL_q=20\log\frac{2}{(2q+1)\pi} \tag{2-74}$$

当 $q=1$ 时,均匀分布的线阵天线方向图的第一副瓣电平为

$$SSL_1=2/(3\pi) \quad (-13.4\text{dB}) \tag{2-75}$$

当 $q=2$ 时,均匀分布的线阵天线方向图的第二副瓣电平为

$$SSL_2=2/(5\pi) \quad (-17.9\text{dB}) \tag{2-76}$$

2.3.3 一维线阵方向图综合

本节主要分析改变一维线阵阵元激励信号的幅度分布、频率、阵元数量和扫描角情况下方向图的变化情况。首先,在一幅图上画出阵元方向图、阵因子以及阵列合成方向图,从而直观地看

到方向图相乘的作用,如图 2-10 所示(图中阵元因子 EF=1.5)。在系统设计中,功率方向图往往决定了系统的性能,因此后面给出的方向图都是功率方向图。图 2-10 功率方向图中幅度的单位是分贝(dB),按分贝计算功率方向图的公式为

$$F_{dB} = 10\lg(EP \cdot AF)^2 = 20\lg EP + 20\lg AF \tag{2-77}$$

图 2-11 给出了阵列扫描情况下 EP、AF 和阵列合成方向图的轮廓,该图表明阵元方向图 EP 并不随阵因子 AF 发生扫描,阵元方向图下降的趋势衰减了阵因子方向图,衰减程度主要取决于阵元因子。例如,当阵元因子 EF=1 时,阵元方向图 EP = $20\lg[(\cos60°)^{1/2}]$ = −3dB,因此阵列方向图在 θ = 60°方向上损失 3dB。阵元方向图扫描时带来的损失在大扫描角情况下有较大影响,在分析阵列性能时必须加以考虑。除此之外,阵元方向图还会导致阵列方向图的峰值随扫描位置发生迁移。

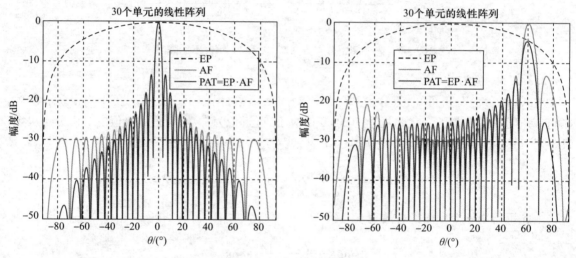

图 2-10 EP、AF 和综合方向图的轮廓　　图 2-11 扫描情况下 EP、AF 和综合方向图的轮廓

图 2-12 给出了阵元方向图 EP、阵因子 AF 和阵列综合方向图的放大效果。可以看到,阵因子 AF 在 60°扫描方向上具有最大峰值,而阵列合成方向图的峰值由于阵元方向图的相乘作用与扫描角度有微小偏差。

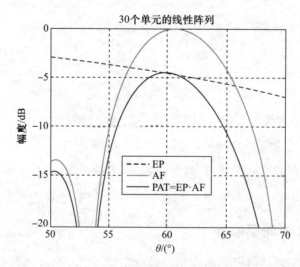

图 2-12 由于 EP 的下降趋势导致阵列方向图的峰值偏离了扫描角度

2.3.3.1 不同振幅分布

通过改变阵列中每个阵元的相位可以实现一维线阵在空间上扫描,而通过改变阵元的幅度 A_n 可以降低副瓣电平。图 2-13 给出了一个等幅($A_n=1$)分布的阵列方向图,此时第一副瓣低于主瓣峰值电平 13dB。当一维线阵扫描时,相对主瓣而言,副瓣电平会发生变化。这主要是因为阵元方向图的相乘效应影响了方向图。在很多应用中,都不希望主瓣和副瓣的幅度太接近。当入射信号功率足够大时,阵列从其他方向接收到的信号方向往往被认为是从主瓣方向进入的。图 2-14 给出了一维线阵在 60°角度上扫描的情形,这时的第一副瓣电平仅低于主瓣电平 10dB。

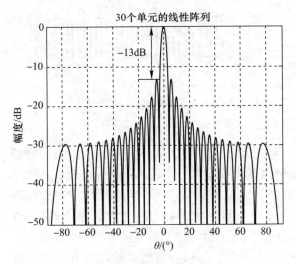

图 2-13 等幅分布的阵列方向图　　图 2-14 等幅分布天线阵列扫描到 60°的情况

为了减少相控阵雷达的副瓣电平,可以对激励电流进行幅度加权。类似于滤波理论,可采用各种类型的加权方式。但是,泰勒加权(1954 年由泰勒提出)是最有效的孔径分布方式。图 2-15 给出了均匀照射和泰勒加权照射的对比结果。应当指出的是,均匀加权相比其他加权方式是能量最高的。图 2-13 中均匀分布的阵列采用 30dB 的泰勒加权后形成的阵列方向图如图 2-16 所示。可以看出,副瓣电平比主瓣电平低 30dB。实际中,由于阵元的幅度误差会造成有些副瓣的电平略高于 -30dB,所以通常典型的副瓣电平是指平均后的结果。图 2-17 描述了采用泰勒加权照射扫描 60°情形下的方向图,与图 2-14 中均匀分布时 -10dB 的副瓣电平相比,泰勒加权后的副瓣电平低于主瓣 26dB。

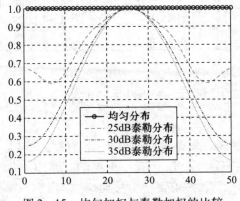

图 2-15 均匀加权与泰勒加权的比较

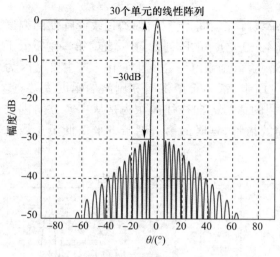
图 2-16 采用泰勒加权的天线方向图

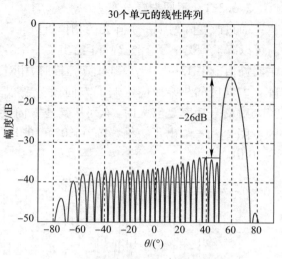
图 2-17 采用泰勒加权扫描 60°的方向图

2.3.3.2 频率变化

当一维线阵的工作频率发生变化时，波束宽度和副瓣也会发生变化。在实际应用中，一维线阵需要在工作频率范围内运行。当频率在工作频率内发生变化时，波束宽度也会改变。在频带范围的最大值时波束宽度最窄，在频带范围最小值时波束宽度最宽。图 2-18 给出了一维线阵工作频率在 2.5~3.5GHz 变化时的天线方向图，其工作频率带宽为 1GHz。这里，一维线阵的阵元间距是由工作频带范围内的最高频率来确定的，因此阵元间距为 3.5GHz 的半波长。图 2-18 给出了频点为 2.5GHz、3.0GHz 和 3.5GHz 的方向图。为了突出波束形状、副瓣位置和副瓣尺寸的变化，计算时采用的是均匀加权方式。

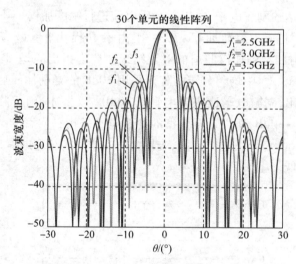
图 2-18 频率变化时波束宽度的变化

2.3.3.3 扫描角变化

相控阵雷达最重要的一个特征就是波束的电子控制扫描。但是，实现扫描的代价是阵元方向图下降趋势造成的方向图损耗。另外，还有一个影响就是电扫描导致了主瓣波束的展宽，如图 2-19 所示。随着扫描角的增大，波束宽度会按照余弦倒数 $1/\cos\theta$ 的比例展宽。这种现象改变了主波束扫描的空间位置，因此在系统设计时需要加以考虑。图 2-19 中给出了相控阵雷达在多个扫描位置上的方向图,可以看到波束随扫描角增大展宽的现象。

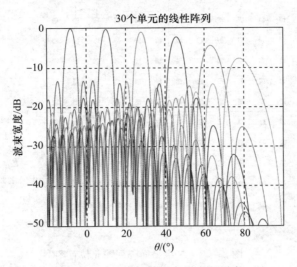

图 2-19 波束随扫描角增大而展宽

2.4 平面阵列基础

平面阵列(Planar Array)天线是指天线单元分布在平面上,天线波束在方位与仰角两个方向上均可进行相控扫描的阵列天线。目前,大多数远程、超远程相控阵雷达以及三坐标相控阵雷达均采用平面相控阵天线。出于各种考虑,一个平面相控阵天线可以分解为多个子平面相控阵天线或多个线阵。平面相控阵天线栅瓣产生条件与天线单元间距及排列方式有关。平面相控阵天线中各天线单元可按矩形网格排列,也可按三角形网格排列,后者可看成由两个单元间距较大的按矩形网格排列的平面相控阵天线所组成。

2.4.1 平面阵列的方向图表达式

实际应用中,绝大多数阵列都是二维阵列,一维线阵的理论同样能够扩展到二维应用场合。图 2-20 是一个二维阵列阵元位置图,天线阵列元位于 xy 平面上,设辐射方向为 z 的正方向,即前半球方向。这种坐标方向通常称为天线阵面坐标系。设每个阵元都有一个移相器或时延器,从而能够进行波束扫描,同时阵元后面的功率分配合成网络能够对阵元的信号进行相干叠加。

在二维情况下,需要用两个间距值来表示阵元间距,将 x 方向的间距记为 d_x,y 方向的间距记为 d_y。将 x 方向的阵元数目记为 M,y 方向的阵元数目记为 N,于是阵元的总数目为个 $M \cdot N$ 个。在对 x 方向和 y 方向的阵元间距和阵元数目进行定义后,可以得到阵列中阵元在 xy 平面上的位置坐标,即

$$x_m = \left(m - \frac{M+1}{2}\right)d_x, \quad m = 1,2,\cdots,M \qquad (2-78)$$

$$y_n = \left(n - \frac{N+1}{2}\right)d_y, \quad n = 1,2,\cdots,N \qquad (2-79)$$

式(2-78)和式(2-79)描述了阵元分布的一种矩形网格,其中心位于坐标原点(0,0)。上述表示方法不是唯一的,阵元位置可以用其他方法表示,而矩形的中心位置也可以不在原点上。

一维阵列的阵列因子 AF 的表达式为

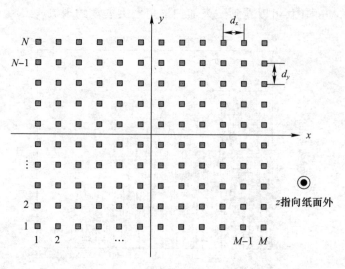

图 2-20 二维平面阵列阵元位置图

$$AF = \sum_{n=1}^{N} A_n e^{j\frac{2\pi}{\lambda}x_n\sin\theta} \qquad (2-80)$$

二维阵列中需要对式(2-80)进行扩展,将 y 方向的其他阵元也包含进来。二维阵列的阵元因子表达式为

$$AF = \sum_{i=1}^{M \cdot N} C_i e^{j\left(\frac{2\pi}{\lambda}x_i\sin\theta\cos\phi + \frac{2\pi}{\lambda}y_i\sin\theta\sin\phi\right)} \qquad (2-81)$$

式中:C_i 为复电压,可以记为 $C_i = c_i e^{j\Phi_i}$。

设 $\Phi_i = -\left(\frac{2\pi}{\lambda}x_i\sin\theta_0\cos\phi_0 + \frac{2\pi}{\lambda}y_i\sin\theta_0\sin\phi_0\right)$,式(2-81)可以变为

$$AF = \sum_{i=1}^{M \cdot N} c_i e^{j\left[\left(\frac{2\pi}{\lambda}x_i\sin\theta\cos\phi + \frac{2\pi}{\lambda}y_i\sin\theta\sin\phi\right) - \left(\frac{2\pi}{\lambda}x_i\sin\theta_0\cos\phi_0 + \frac{2\pi}{\lambda}y_i\sin\theta_0\sin\phi_0\right)\right]} \qquad (2-82)$$

对式(2-82)中的各项进行整理,同时用 $a_i b_i$ 代替 c_i,可得

$$AF = \sum_{i=1}^{M \cdot N} a_i e^{j\left(\frac{2\pi}{\lambda}x_i\sin\theta\cos\phi - \frac{2\pi}{\lambda}x_i\sin\theta_0\cos\phi_0\right)} \cdot b_i e^{j\left(\frac{2\pi}{\lambda}y_i\sin\theta\sin\phi - \frac{2\pi}{\lambda}y_i\sin\theta_0\sin\phi_0\right)} \qquad (2-83)$$

假设每个行标 n,a_i 为常量,且每个列标 m,b_i 为常量。于是,由式(2-83)可得

$$AF = \sum_{m=1}^{M} a_m e^{j\left(\frac{2\pi}{\lambda}x_m\sin\theta\cos\phi - \frac{2\pi}{\lambda}x_m\sin\theta_0\cos\phi_0\right)} \sum_{n=1}^{N} b_n e^{j\left(\frac{2\pi}{\lambda}y_n\sin\theta\sin\phi - \frac{2\pi}{\lambda}y_n\sin\theta_0\sin\phi_0\right)} \qquad (2-84)$$

式(2-84)成立的条件称为权值分离,意味着二维阵列的阵因子能够通过 x 和 y 方向的一维阵列阵因子相乘而得到。当权值不能分离时,如圆形加权的情况,式(2-84)就不再成立。式(2-84)不成立的情况下,只能用式(2-82)计算二维阵列方向图的表达式:

$$F(\theta,\phi) = EP \cdot \sum_{i=1}^{M \cdot N} c_i e^{j\left[\left(\frac{2\pi}{\lambda}x_i\sin\theta\cos\phi + \frac{2\pi}{\lambda}y_i\sin\theta\sin\phi\right) - \left(\frac{2\pi}{\lambda}x_i\sin\theta_0\cos\phi_0 + \frac{2\pi}{\lambda}y_i\sin\theta_0\sin\phi_0\right)\right]} \qquad (2-85)$$

2.4.2 平面阵列的空间坐标定义

在计算平面阵列的空间方向图时,首先需要确定所使用的坐标系。为更方便地分析问题,在不同的应用中,应使用不同的坐标系。图 2-21 是一个二维平面阵列在三维空间的示意图,设平面阵列位于 XY 平面,其辐射方向为 Z 的正方向。前半球为 Z 的正方向,后半球为 Z 的负方向。

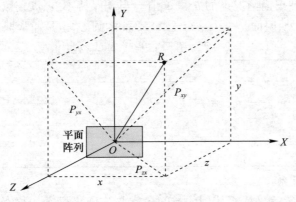

图 2-21 二维平面阵列在三维空间的情况

图 2-21 中的点 R 表示从原点 O 出发与阵列视线方向一致的射线上的一点,在 XY、YZ 和 XZ 平面上从原点连出的虚线是点 R 在这几个平面上的投影,记为 P_{xy}、P_{yz} 和 P_{zx}。讨论坐标系的目的是能够用一对角度来表示空间中的任一方向,从而用来描述天线的增益分布情况。

2.4.2.1 阵面坐标系

图 2-22 所示的坐标系通常称为天线阵面坐标系。天线阵面坐标系中空间任一点 R 的方向由两个角度 θ 和 ϕ 来表述,扫描角 θ 是从 Z 轴到点 R 的夹角,而方向角 ϕ 是 X 轴与点 R 在 XY 平面上投影线的夹角。这种坐标系实际上就是直观的球面坐标系定义。相应地,当 $R=1$ 时,点 R 的坐标值为 $(\sin\theta\cos\phi, \sin\theta\sin\phi, \cos\theta)$。

例如,当平面阵列的主波束位于俯仰方向 $45°$ 时,与此方向相关的两个角度 θ 和 ϕ 分别为 $\theta=45°$, $\phi=90°$,如图 2-23 所示。

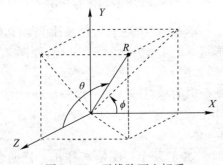

图 2-22 天线阵面坐标系

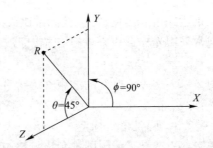

图 2-23 天线阵面坐标系(俯仰扫描 $45°$)

图 2-24 显示了当 $\theta=45°$ 时三种扫描情况,其中方位扫描是指扫描波束位于 XZ 平面($\phi=0°$),对角线扫描是指 $\phi=45°$ 时的波束扫描,而俯仰扫描是指 $\phi=90°$ 时的波束扫描。

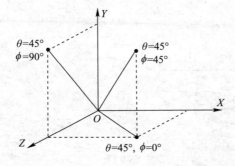

图 2-24 方位扫描、对角线扫描和俯仰扫描

表 2-2 列出了三种扫描情况下的 θ 和 ϕ 值。当 θ 保持不变,ϕ 连续变化的扫描轨迹形成一个圆锥,其顶点在 $Z=0$ 处,底面是一个平行于 XY 平面的圆,这也是通常把 θ 称为圆锥角的原因。

表 2-2 不同扫描类型的角度值

扫描类型	$\theta/(°)$	$\phi/(°)$
方位扫描		0,180
对角线扫描	0~60	45,225
		135,315
俯仰扫描		90,270

2.4.2.2 雷达坐标系

图 2-25 中定义了雷达坐标系使用的空间角。与阵面坐标系一样,雷达坐标系也需要用两个角度值来表示三维空间中的一个点,分别记为 θ_{AZ} 和 θ_{EL}。方位角 θ_{AZ} 定义为 Z 轴正方向与 R 点在 XZ 平面上投影线的角,俯仰角 θ_{EL} 定义为从原点到点 R 的矢量与 XZ 平面的夹角。

由图 2-26 可知,当俯仰扫描 45°时,则有 $\theta_{AZ}=0°$,$\theta_{EL}=45°$。

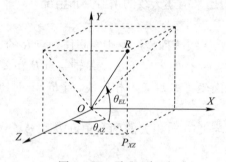

图 2-25 雷达坐标系

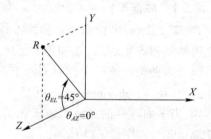

图 2-26 雷达坐标系(俯仰扫描 45°)

从雷达的角度出发,雷达坐标系比天线阵面坐标系更直观。在雷达系统中,相控阵雷达的主波束通常采用光栅形式来进行扫描,即波束在空间中形成一行行和一列列的分布,如图 2-27 所示。

图 2-27 是一个典型的波束在方位和俯仰进行光栅扫描的示意图。图中每一行进行的是方位扫描,即 θ_{AZ} 在变化而 θ_{EL} 保持不变。正是因为这种应用的需求才产生了雷达坐标系。

2.4.2.3 圆锥角坐标系

图 2-28 定义了天线圆锥角坐标系,用来表示空间中一点的两个角度是 θ_A 和 θ_E。横向角 θ_A 为点 R 在 YZ 平面上的投影与点 R 的夹角,俯仰角 θ_E 为点 R 在 XZ 平面上的投影与点 R 的夹角,可以看出 $\theta_E = \theta_{EL}$(雷达坐标系),而横向角 θ_A 与雷达坐标系中的 θ_{AZ} 存在正割补偿的关系,即 $\sin\theta_A \cdot \sec\theta_E = \sin\theta_{AZ}$。

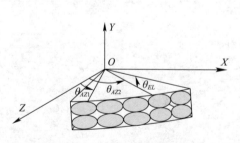

图 2-27 电扫波束的光栅扫描

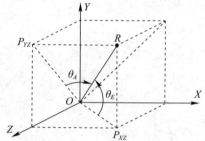

图 2-28 天线圆锥角坐标系

这三种坐标系都可以用来计算一个相控阵雷达的空间坐标。在实际应用系统中,不同场合很可能采用不同的坐标系。这样为了保证不同应用需求和系统性能评估的一致性,就需要进行不同坐标系之间的角度变换。表2-3~表2-5给出了阵面、雷达和圆锥角三种坐标系相互进行角度变换的简表。

表2-3 已知阵面坐标系角度时的变换公式

已知阵面坐标系的角度 θ 和 ϕ		
雷达坐标系	θ_{AZ}	$\arctan2(\sin\theta \cdot \cos\phi \cdot \cos\theta)$
	θ_{EL}	$\arcsin(\sin\theta \cdot \sin\phi)$
圆锥角坐标系	θ_A	$\arcsin(\sin\theta \cdot \cos\phi)$
	θ_E	$\arcsin(\sin\theta \cdot \sin\phi)$

注:atan2(x,y)求的是 x/y 的反正切,返回值为 $[-\pi,\pi]$ 之间的数。

表2-4 已知雷达坐标系角度时的变换公式

已知雷达坐标系的角度 θ_{AZ} 和 θ_{EL}		
阵面坐标系	θ	$\arccos(\cos\theta_{AZ} \cdot \cos\theta_{EL})$
	ϕ	$\arctan2(\sin\theta_{EL},\sin\theta_{AZ} \cdot \cos\theta_{EL})$
圆锥角坐标系	θ_A	$\arcsin(\sin\theta_{AZ} \cdot \cos\theta_{EL})$
	θ_E	θ_{EL}

表2-5 已知圆锥角坐标系角度时的变换公式

已知圆锥角坐标系角度 θ_A 和 θ_E		
阵面坐标系	θ	$\arcsin\sqrt{\sin^2\theta_A - \sin^2\theta_E}$
	ϕ	$\arctan2(\sin\theta_E,\sin\theta_A)$
雷达坐标系	θ_{AZ}	$\arcsin(\sin\theta_A/\cos\theta_E)$
	θ_{EL}	θ_E

2.4.3 正弦空间表示法

阵列天线波束扫描时天线是固定的,因此当波束扫描偏离法线方向时,波束将展宽,且波束形状也会有变化。所以,为了描述电扫描阵列天线的方向图和扫描性能,就希望选择一个方便的坐标系统。正弦空间坐标的优点是天线方向图对扫描方向而言是不变的。随着波束扫描,方向图中的每一个点和波束最大值一样,在同一方向并以同样距离移动。在正弦空间坐标中,波束宽度和角位置增量不用度、弧度或者毫弧度来描述,而用它们的正弦或正弦增量(毫弧正弦)来描述是很方便的。简单地讲,正弦空间($\sin\theta$ 空间)就是三维空间到二维平面的半球映射,如图2-29所示。

正弦空间用3个变量 u、v、w 来表示。尽

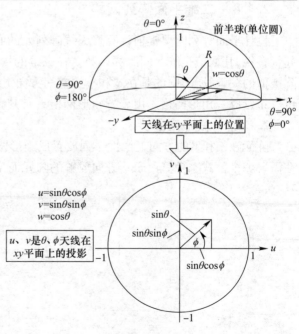

图2-29 正弦空间表示法

尽管前面介绍的 3 种坐标系都可以用来计算正弦空间变量,但是从后面的讨论中可以看出,比较而言,天线阵面坐标系是最直观的。从其他角度坐标系到正弦空间的变换方法如表 2-6 所列。

表 2-6 角度坐标系到正弦空间的变换

正弦空间	阵面坐标(θ,ϕ)	雷达坐标$(\theta_{AZ},\theta_{EL})$	圆锥角坐标(θ_A,θ_E)
u	$\sin\theta\cos\phi$	$\sin\theta_{AZ}\cos\theta_{EL}$	$\sin\theta_A$
v	$\sin\theta\sin\phi$	$\sin\theta_{EL}$	$\sin\theta_E$
w	$\cos\theta$	$\cos\theta_{AZ}\cos\theta_{EL}$	$\cos\left(\arcsin\left(\dfrac{\sin\theta_A}{\cos\theta_E}\right)\right)\cos\theta_E$

正弦空间的表达式为

$$u = \sin\theta\cos\phi \tag{2-86}$$

$$v = \sin\theta\sin\phi \tag{2-87}$$

$$w = \cos\theta \tag{2-88}$$

这些表达式与传统的 x、y、z 的球面坐标表达式相同。应用式(2-86)和式(2-87),可以得到求二维阵列阵因子的一个简化公式,即

$$AF = \sum_{i=1}^{M \cdot N} c_i e^{j\left[\left(\frac{2\pi}{\lambda}x_i u + \frac{2\pi}{\lambda}y_i v\right) - \left(\frac{2\pi}{\lambda}x_i u_0 + \frac{2\pi}{\lambda}y_i v_0\right)\right]} \tag{2-89}$$

正弦空间表示的阵列因子有如下特性:①波束宽度是与扫描角无关的常数;②正弦空间中扫描波束的峰值为 $\sin\theta$;③对于二维空间的前半球,u、v 的取值范围为 $[-1,1]$,w 的取值范围为 $[0,1]$。

对于平面阵列,在式(2-89)中指数项没有 w 分量,因此 w 的大小对阵因子没有影响。但对于二维非平面阵列,必须考虑 w 的影响。

2.4.4 二维平面阵列网格

设计平面阵列时要提前计算好天线阵列元的间距。平面阵列出现栅瓣是由于 AF 的周期性起伏特性,其取值是阵元间距的函数。在二维的情况下,栅瓣出现与阵元间距之间存在与一维线阵类似的关系,所不同的是在 x 和 y 的空间方向上都会出现栅瓣。阵元除了布置成矩形网格,还可以布置成三角形网格。由于三角形网格具有其独有的特性,本节将进行详细阐述。

2.4.4.1 矩形网格

阵元在 x 和 y 的方向上线性排列放置成矩形网格的情况见图 2-20。与一维的情况相同,现在需要一个公式来计算由于 y 方向放置的阵元而出现的栅瓣。栅瓣的计算公式为

$$\begin{cases} u_m = u_0 + m\dfrac{\lambda}{d_x}, & m = 0, \pm 1, \pm 2, \cdots \\ v_n = v_0 + n\dfrac{\lambda}{d_y}, & n = 0, \pm 1, \pm 2, \cdots \end{cases} \tag{2-90}$$

且

$$w = \cos\theta_{mn} = (1 - u_m^2 - v_n^2)^{\frac{1}{2}} \tag{2-91}$$

图 2-30 显示了正弦空间中阵元呈矩形网格分布时的栅瓣位置,该图中 x、y 方向的阵元间

距均在半波长和一个波长之间。由于正弦空间半径为1的圆与三维空间中单位球的上半球面对应,因此图2-30中用灰色阴影表示的单位圆区域内代表可视空间。由式(2-90)可知,在图2-30中实心黑点"●"$(u_0,v_0)=(0,0)$对应着主波束($\theta=0°,\phi=0°$)的位置,当主波束扫描时,栅瓣(由实心方块"◆"表示)会同主波束一起移动,且一直在距主波束λ/d的整数倍的位置出现。

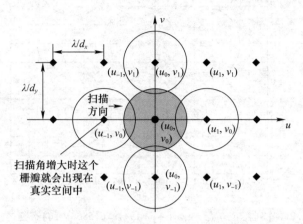

图2-30 正弦空间的矩形网格分布的栅瓣示意图

当阵元间距大于半波长时,在某些扫描角度上栅瓣会出现在可视空间中,这是不希望出现的。相反,当阵元间距小于半波长时,栅瓣不会出现在可视空间中,但代价很高。这时同样的区域需要更多的阵元,意味着相控阵雷达需要使用更多的T/R组件,使阵列天线的造价更加昂贵。

可视空间中主波束需要进行扫描的区域往往也意味着是栅瓣扫描盲区。这可以通过在图2-30中围绕着每一个栅瓣画单位圆的方法得到,可视空间中与任一栅瓣单位圆均不相交的区域即为栅瓣扫描盲区。图2-31和图2-32显示了栅瓣扫描盲区与阵元间距的关系。

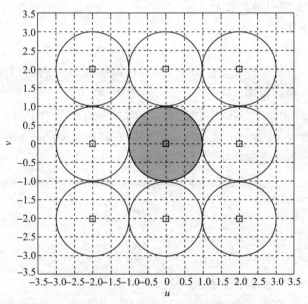

图2-31 阵列在$d_x=d_y=\lambda/2$时的栅瓣扫描盲区

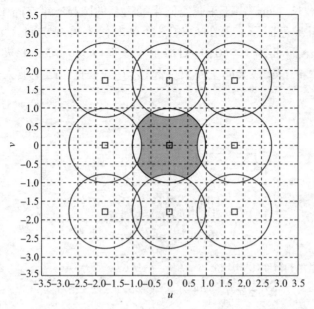

图 2-32 阵列在 $d_x = d_y = \lambda/(1 + \sin 45°) = 0.586\lambda$ 时的栅瓣扫描盲区

图 2-31 中,栅瓣扫描盲区就是整个单位圆或可视空间,这时相控阵雷达能够在不出现栅瓣的情况下扫描整个可视空间。而在图 2-32 中就不能这样扫描整个可视空间了,因为较大的阵元间距将栅瓣扫描盲区压缩成了可视空间的一部分。这时,围绕主波束的单位圆和出现在其周围的栅瓣的单位圆出现了交叉,当主波束扫描到重叠部分时,另外一个方向的栅瓣就会出现在可视空间中。只有在没有重叠的部分,见图 2-32 的阴影区域,主波束扫描时才不会出现栅瓣。有关栅瓣的另一个特性是在平面阵列的斜线(对角线)方向上,阵列能够扫描的角度(不出现栅瓣)更大。这是由于在对角线方向上主波束与栅瓣的间距是 $\sqrt{2}\lambda/d$。在栅瓣扫描盲区对天线阵列的应用影响不大的情况下,完全可以采用图 2-32 所示的阵元间距,这时相比半波长间距而言阵列性能虽有所下降,但造价可以得到降低。

2.4.4.2 三角形网格

上节中已经提到,降低阵列造价的一个方法是使用超过半波长的阵元间距而减少阵元数目。三角形网格提供了另一种减少阵元数的方法,同时还能够保证阵列的扫描性能。图 2-33 是一个阵元三角形分布的阵列示意图。

对于矩形网格,每个阵元占据的面积为 $d_x d_y$,而在三角形网格中阵元占据的面积为 $2d_x d_y$。当阵列的孔径尺寸不变时,按特定方式的三角形网格布置所需要的阵元数目较少。

采用图 2-33 所示的阵元间距定义,计算栅瓣的表达式为

$$\begin{cases} u_m = u_0 + m\dfrac{\lambda}{2d_x} \\ v_n = v_0 + n\dfrac{\lambda}{2d_y} \end{cases} \quad m, n = 0, \pm 1, \pm 2, \cdots \quad m + n \text{ 为偶数} \quad (2-92)$$

下面简要介绍三角分布栅瓣公式的推导过程。

首先考虑图 2-33 中实心小方块组成的阵元间距为 $2d_x$ 和 $2d_y$ 的矩形阵列。由式(2-90)可知,该阵列的栅瓣位置为

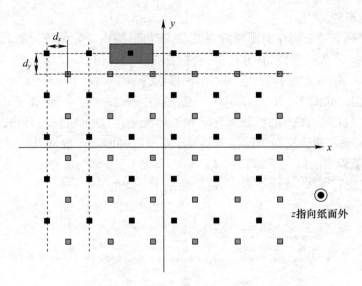

图 2-33 阵元三角形分布的阵列示意图

$$\begin{cases} u_m = u_0 + m\dfrac{\lambda}{2d_x}, & m = 0, \pm 1, \pm 2, \cdots \\ v_n = v_0 + n\dfrac{\lambda}{2d_y}, & n = 0, \pm 1, \pm 2, \cdots \end{cases} \quad (2-93)$$

接下来引入另一个阵元间距同样为 $2d_x$ 和 $2d_y$ 的阵列,只不过每个阵元都偏移 d_x 和 d_y 的距离,如图 2-33 中空心小方块所示。这种偏移在数学上可以用一个复指数形式的相位移动,即

$$e^{-j\frac{2\pi}{\lambda}[d_x(u-u_0)+d_y(v-v_0)]} \quad (2-94)$$

来表示。两个有偏移的矩形阵列合成阵列的阵因子 AF 可以表示为

$$\begin{aligned} \text{AF} &= \text{AF}_1 + \text{AF}_2 = \left(1 + e^{-j\frac{2\pi}{\lambda}[d_x(u-u_0)+d_y(v-v_0)]}\right)\text{AF}_1 \\ &= 2e^{-j\frac{\pi}{\lambda}[d_x(u-u_0)+d_y(v-v_0)]}\cos\left\{\dfrac{\pi}{\lambda}[d_x(u-u_0)+d_y(v-v_0)]\right\}\text{AF}_1 \end{aligned} \quad (2-95)$$

式(2-95)中,AF_1 和 AF_2 分别是两个矩形阵列的阵因子,同时从该式可以看出,AF 在 $m\dfrac{\lambda}{2d_x}$ 与 $n\dfrac{\lambda}{2d_y}$ 的整数倍处有极大值(即栅瓣)。将该极值的条件代入式(2-95)中的复指数相位移动项,可得

$$\begin{aligned} \text{AF} &= 2e^{-j\frac{\pi}{\lambda}[d_x(u-u_0)+d_y(v-v_0)]}\cos\left[\dfrac{(m+n)}{2}\pi\right]\text{AF}_1 \\ &= \begin{cases} 2\text{AF}_1, & m+n = \text{偶数} \\ 0, & m+n = \text{奇数} \end{cases} \end{aligned} \quad (2-96)$$

从式(2-96)可以看出,AF 表达式仅当 $m+n$ 为偶数时才取得极大值,而 $m+n$ 为奇数时,AF=0。极大值即为两个空间上有偏移的矩形网格叠加后形成的三角形网格阵列的栅瓣。

图 2-34 表示三角形网格分布的栅瓣示意图,图中当 (u_m, v_n) 下标满足 $m+n=$ 奇数时,图中原来 AF_1 中空心"◇"表示的栅瓣就会被抵消掉,而实心"◆"表示的栅瓣幅值增大一倍,抵消后的栅瓣如图 2-35 所示。从图 2-35 可以看出,与阵元网格的分布相同,正弦空间中栅瓣的分布也形成三角形的样式。正是由于栅瓣的这种分布特性,三角形网格能够提供更好的扫描区域,对

于阵列的应用更为有利。

下面简要推导一下对于同样的栅瓣抑制要求,三角形网格需要的阵元数目比矩形网格少的原因以及限制条件。不失一般性,在分析推导时,首先固定 d_y 值,并要求在 60°扫描范围(当然选择其他值也可以,如 30°、45°)内可视空间不出现栅瓣,则 $d_y = \lambda/(1+\sin 60°) \approx \lambda/1.886$,并假设三角形是等腰三角形,如图 2-36 所示。在正弦空间中,见图 2-35,当改变 d_x 的值时,B 组(包括 B_u、B_d)和 C 组(包括 C_u、C_d)的栅瓣将在 u 轴方向上平移,$2d_x$ 值越大,其将越靠近 v 轴,$2d_x$ 值越小,其将越远离 v 轴。假设三角形网格能够减小平面阵列的阵元数量,显然首先要满足第一个条件,即在间距 d_y 值确定的情况下,间距 $2d_x$ 的值必须大于 d_y(即 $2d_x > d_y$),否则相同面积的阵面所需的单元数不但没有变少,反而更多了,这显然是不合理的。

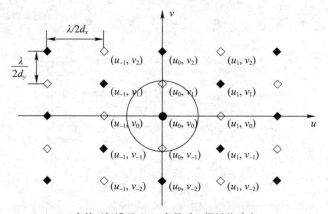

(u_m, v_n) 中的下标满足 $m+n=$ 奇数时,栅瓣将消失。

图 2-34 正弦空间的三角形网格分布的栅瓣示意图(一)

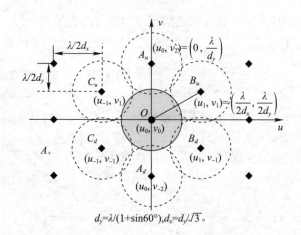

$d_y = \lambda/(1+\sin 60°), d_x = d_y/\sqrt{3}$。

图 2-35 正弦空间的二角形网格分布的栅瓣示意图(二)

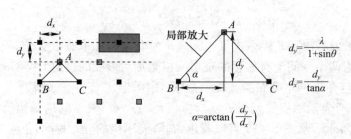

图 2-36 三角形网格局部放大示意图

当然 $2d_x$ 值也不能太大,需要满足栅瓣(B_u、B_d、C_u、C_d)单位圆与可视空间的交集不能大于栅瓣(A_u、A_d)单位圆与可视空间单位圆的交集,则三角形网格排列也必须满足第二个条件:

$$\sqrt{\left(\frac{\lambda}{2d_x}\right)^2+\left(\frac{\lambda}{2d_y}\right)^2} \geqslant \frac{\lambda}{d_y} \qquad (2-97)$$

通过对式(2-97)进行变换,可得 $2d_x \leqslant \frac{2}{\sqrt{3}}d_y$。所以,对于同样的栅瓣抑制要求,三角形网格需要的阵元数目比矩形网格少的条件是需要满足:

$$d_y < 2d_x \leqslant \frac{2}{\sqrt{3}}d_y \qquad (2-98)$$

同样,根据式(2-98)和图2-36,也可以求出等腰三角形网格的夹角 α 的范围:

$$\sqrt{3} \leqslant \tan\alpha < 2 \qquad (2-99)$$

即

$$60° \leqslant \alpha < 63.435° \qquad (2-100)$$

换一种表述方法为:对于同样的栅瓣抑制要求,等腰三角形网格需要的阵元数目比矩形网格少的条件是要满足 $60° \leqslant \alpha < 63.435°$。

下面列出了平面阵列面积相同时,等腰三角形网格和正方形网格阵面所需阵元数的比值:

$$\frac{N_{\text{tri}}}{N_{\text{squ}}}=\frac{A/[(2d_y/\tan\alpha)\cdot d_y]}{A/(d_y\cdot d_y)}=\frac{\tan\alpha}{2} \qquad (2-101)$$

或

$$\frac{N_{\text{squ}}}{N_{\text{tri}}}=\frac{2}{\tan\alpha} \qquad (2-102)$$

式中:A 为二维平面阵列的面积;N_{tri} 为等腰三角形排列的阵元数量;N_{squ} 为正方形排列的阵元数量。

由式(2-100)、式(2-101)和式(2-102)可知,当 $\alpha=60°$(即 $\tan60°=\sqrt{3}$)时,等边三角形网格所需单元数最小:

$$\left.\frac{N_{\text{tri}}}{N_{\text{squ}}}\right|_{\alpha=60°}=\frac{\sqrt{3}}{2}\approx 0.866 \qquad (2-103)$$

或

$$\left.\frac{N_{\text{squ}}}{N_{\text{tri}}}\right|_{\alpha=60°}=\frac{2}{\sqrt{3}}\approx 1.155 \qquad (2-104)$$

根据式(2-103)和式(2-104),可以得出以下结论:对于同样的栅瓣抑制要求,等边三角形网格需要的阵元数目比正方形网格少13.4%;或对于同样的栅瓣抑制要求,正方形网格需要的阵元数目比等边三角形网格多15.5%。

为了验证以上分析的正确性,本节通过仿真分别画出了在45°扫描范围内可视空间不出现栅瓣,三角形网格中 α 分别取50°、60°、70°正弦空间的三角形网格分布的栅瓣示意图,分别如图2-37、图2-38和图2-39所示。

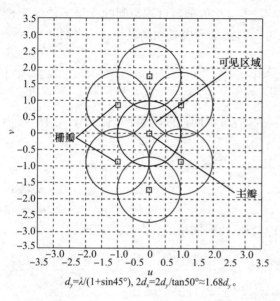

$d_y=\lambda/(1+\sin45°)$, $2d_x=2d_y/\tan50°\approx1.68d_y$。

图 2-37　正弦空间的三角形网格分布的栅瓣示意图(1)

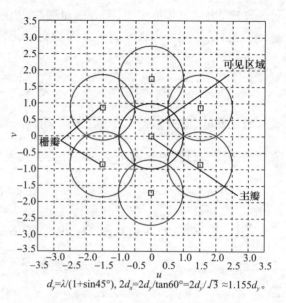

$d_y=\lambda/(1+\sin45°)$, $2d_x=2d_y/\tan60°=2d_y/\sqrt{3}\approx1.155d_y$。

图 2-38　正弦空间的三角形网格分布的栅瓣示意图(2)

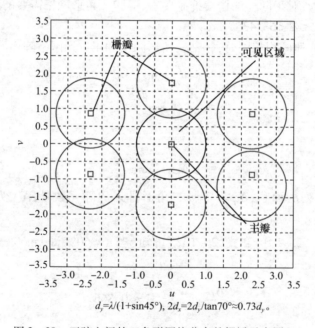

$d_y=\lambda/(1+\sin45°)$, $2d_x=2d_y/\tan70°\approx0.73d_y$。

图 2-39　正弦空间的三角形网格分布的栅瓣示意图(3)

2.5　阵列方向图设计

相控阵雷达天线的副瓣性能是雷达系统的一个重要指标,它在很大程度上决定了雷达的抗干扰与抗杂波等的战术指标。对于远程相控阵雷达,如用于空间目标探测的大型相控阵雷达,一个重要要求是提高雷达探测距离,为此,首先希望在一定的天线口径条件下,能获得更高的天线增益。要实现这一点,天线照射函数应是均匀的,即应采用等幅分布的天线照射函数。此时,天线方向图为辛格(sinc)函数形状,虽然能获得最大的天线增益,但天线副瓣电平也最高,第一副瓣为-13.3dB,而这往往与降低天线副瓣电平的要求相矛盾。而针对一般的海空目标而言,实现几百千米的探测距离的难度往往不是最大的,而通过降低接收天线副瓣来提高雷达抗有源干扰与降低地面/海面杂波干扰却是最重要的。降低发射天线副瓣电平对提高雷达抗反辐射导弹(Anti-Radiation Missile,ARM)的能力也是必要的。

具有二维相位扫描能力的大型相控阵天线包括数千甚至上万个天线单元,在信号功率分配网络与信号合成网络中包括众多的微波器件,由于制造和安装公差及传输线结点上的反射等原因,各天线单元之间信号的幅度与相位难以做到一致,存在幅度与相位误差,这一幅度和相位误差还会随着相控阵天线波束的扫描而变化,给修正幅相误差带来一定困难。因此,与机械扫描的天线相比,相控阵雷达实现低副瓣/超低副瓣要求的难度更大,特别是在宽角扫描情况和宽带相控阵天线中更是如此。天线副瓣电平的理论值由天线孔径的照射函数决定,而天线波束方向图是天线口径照射函数的傅里叶变换。

2.5.1 方向图综合方法

阵列方向图综合是指为保证阵列满足给定的方向图要求或使阵列的辐射特性尽量地接近期望方向图,确定阵列单元数目、单元间距以及单元激励幅度和相位等参数。根据预先给定的不同方向图特性要求,可以将阵列天线方向图综合问题划分为以下四类。

第一类综合问题是预先给定方向图主瓣宽度和副瓣电平要求,而对方向图的其他细节并不苛求。这种情况是阵列综合最常见的情况,也是最基础的情况。解决此类综合问题的方法主要有道尔夫-切比雪夫综合法和泰勒综合法。

第二类综合问题是不仅给定了方向图主瓣宽度和副瓣电平等特性的要求,还要求阵列天线辐射方向图的各个细节都满足设计要求,也就是说要通过阵列综合获得指定形状的方向图。要求实现的方向图可能是一种任意的、有时甚至是绝对理想的图形,因此用一个有限阵列多项式实现所要求的方向图必然会有误差,但是可以把误差控制在允许的范围之内。换言之,用阵列综合得到的阵列函数替代所要求的方向图函数,能使所产生的均方根误差或最大误差最小。因为均方根误差或者最大误差的上限一般是预先给定的,因而这类综合问题实质上是函数逼近问题。解决此类综合问题的传统波束赋形方法主要有伍德沃德-劳森抽样综合法和傅里叶变换综合法。

第三类综合问题是从已知方向图出发,通过使有关参数(如阵元间距、激励幅度或激励相位)做微小变化来逼近期望的方向图,这种方法统称为微扰法。

第四类综合问题是优化阵列天线的参数以达到最优。解决此类综合问题的方法通常是数值分析法。

目前,对阵列天线的任意方向图综合逐渐成为研究热点,主要包括基于自适应理论的阵列天线综合以及基于最小二乘算法的阵列天线综合。自适应天线技术的概念最早出现于20世纪60年代,通过对阵列信号幅度和相位的自适应控制,使天线方向图主瓣自动对准期望信号,零点自动对准干扰信号,以达到增强有用信号,同时抑制干扰信号的目的。这种方法能较充分地考虑阵列单元的辐射特性,而且可以随意调节方向图主瓣方向,较灵活地控制方向图副瓣电平。但是,对于某些特殊的方向图赋形要求,用这种算法进行阵列方向图综合通常会出现与期望方向图逼近较差、综合结果不利于工程实现等问题。利用最小二乘算法综合阵列方向图最大的优点是,它不仅可以综合等间距阵列,而且可以综合不等间距阵列。但是这种算法的最大不足之处在于,它不能用于有约束条件的方向图综合问题。

常见的平面阵一般以网格形式和边界形式来分类讨论。基本网格形式包括矩形网格、三角形网格、同心圆环和椭圆环网格等。基本边界形式有矩形、八边形(矩形切角形成)、圆形、椭圆形等。

如果雷达采用单脉冲体制,且在俯仰和方位两个面均要实现差方向图,则要求平面阵列分为4个象限,如图2-40所示。

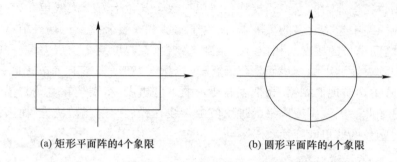

(a) 矩形平面阵的4个象限　　　　(b) 圆形平面阵的4个象限

图2-40　划分为4个象限的矩形和圆形平面阵

对于矩形网格排列的矩形平面阵,如果各单元的激励幅度是可分离的,则平面阵的方向图就等于两个正交的直线阵列方向图的乘积。因此,可把线阵的分析与综合的原理和方法直接应用于这种平面阵。对于圆形边界的圆形平面阵,不论采用哪种网格排列,都可采用专用的圆形口径综合方法来综合出口径分布。

关于阵列天线的分析与综合,有很多专门的文献进行介绍,下面主要介绍实现低副瓣相控阵天线的方法。

2.5.2　方向图加权方法

为了降低相控阵天线的副瓣电平,可采用的加权方法有幅度加权、密度加权和相位加权,也可以采用它们的混合加权。这些方法均基于改变天线口径照射函数,而天线波束方向图是天线口径照射函数的傅里叶变换。

2.5.2.1　幅度加权方法

为获得所需的天线副瓣电平,阵列中各天线单元激励电流的幅度应按一定的照射函数(如泰勒分布、有底座的余弦分布函数)进行加权,这种方法称为幅度加权方法。天线方向图特性与照射函数的关系如表2-7所列,该表列出了均匀分布以及各类照射函数所对应的半功率点波束宽度、天线相对增益和第一副瓣电平的关系。

表2-7　天线方向图特性与照射函数的关系

照射函数	天线相对增益	峰值副瓣/dB	波束宽度因子 k
线性照射函数:波束宽度$(k\lambda/L)/(°)$;L为天线长度			
均匀	1	−13.3	50.8
余弦	0.81	−23	68.2
余弦平方(Hamming)	0.67	−32	82.5
10dB 底座上的余弦平方	0.88	−26	62
20dB 底座上的余弦平方	0.75	−40	73.5
Hamming	0.73	−43	74.2
Dolph–Chebyshev	0.72	−50	76.2

续表

照射函数	天线相对增益	峰值副瓣/dB	波束宽度因子 k
Dolph – Chebyshev	0.66	−60	82.5
Taylor $\bar{n}=3$	0.9	−26	60.1
Taylor $\bar{n}=5$	0.8	−36	67.5
Taylor $\bar{n}=8$	0.73	−46	74.5
圆照射函数：波束宽度 $k\lambda/D(°)$；D 为天线直径			
均匀	1	−17.6	58.2
Taylor $\bar{n}=3$	0.91	−26.2	64.2
Taylor $\bar{n}=5$	0.77	−36.6	70.7
Taylor $\bar{n}=8$	0.65	−45	76.4

对孔径照射和远场方向图之间的关系已有广泛研究。对于连续孔径，远场方向图是孔径分布的傅里叶变换。对于阵列，在每一个离散的位置上对连续分布进行采样。从表 2−7 中可以看出，均匀照射（幅度不变）将产生最高的增益和最窄的波束宽度，但是要以高副瓣为代价。当幅度逐渐变小时，增益下降，波束加宽，副瓣会减少。对天线设计者来说，重要的是选择有效且可实现的照射函数，它能在增益损失最小的条件下提供低副瓣。对于低副瓣雷达而言，适用于和波束的 Taylor 照射函数与适用于差波束的 Bayliss 照射函数几乎已成为工业标准。Taylor 照射函数与有底座的余弦平方相似，且易实现，Bayliss 照射是 Taylor 照射的微分形式且易实现。对于和差波束，两者的副瓣都是参照和波束峰值而言的。表 2−7 中预测的副瓣适用于在孔径上有理想相位和幅度的天线。考虑到误差，常选孔径照射使之提供低于所需值的峰值副瓣，如天线指标中需要 −30dB 的副瓣，则选择可提供 −35dB 设计副瓣的 Taylor 照射。

在相控阵天线中实现幅度加权的方法主要有两种，选用何种方案与馈线网络的方案有关，这是在天线方案选择中要论证的一个重要内容。

1. 等功率分配器方案

在等功率分配器方案中，馈线网络由等功率分配器（对发射阵）与等功率相加器（对接收阵）组成，依靠设置在每一个天线单元通道中的衰减器，来实现幅度加权。

2. 不等功率分配器方案

在不等功率分配器方案中，采用不等功率分配器或相加器，依靠不等功率分配器（发射时）与不等功率相加器（接收时）各通道之间传递函数的不同，即功率分配比例的不同，实现要求的天线照射函数的幅度加权。

与不等功率分配器方案相比，等功率分配器方案功率分配网络易于设计和生产，但要设置众多衰减器，且天线增益有一定损失。在不等功率分配器方案中，不等功率分配器设计较复杂，设计和生产的功率分配器的品种增多，但与等功率分配器方案比较，由于没有衰减器，天线增益损失较小。

对于有源相控阵接收天线，由于每个天线单元收到的接收信号，先经过 T/R 组件中的低噪声放大器放大之后，才经过衰减器进行衰减，故实现幅度加权较为容易。

对于有源相控阵发射天线，由于每个天线单元上有一个发射组件，如果采用幅度加权，则要求每个天线单元通道内的发射高功率放大器（High Power Amplifier，HPA）的输出功率应按幅度加权函数而改变。但在有源相控阵天线中，由于 T/R 组件中的 HPA，放大器输出功率处于饱和状态，改变放大器输入功率电平，输出功率并无显著变化。解决这一问题的方法是采用若干个具有不同输出功率的发射组件的品种,即按幅度加权函数设计若干种功率电平的HPA。图2-41所示为一个采用5种不同功率电平HPA时有源相控阵发射天线阶梯分布照射函数示意图。

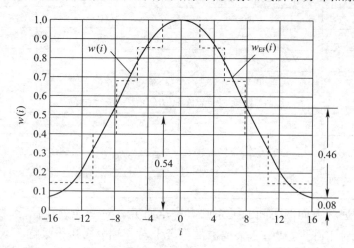

图2-41 有源相控阵发射天线阶梯分布照射函数示意图

从图2-41可见,采用5种不同功率电平的HPA后,获得了阶梯形式的幅度加权曲线,当发射机的品种越多时,该曲线越接近于设计的分布。图中照射函数是Hamming加权分布:

$$w(x) = 0.08 + 0.92\cos^2(\pi x/D) \quad (2-105)$$

式中:D 为天线(线阵)口径,$D = Nd$;x 为辐射元的位置,$x = -D/2 \sim D/2$。

对阵列天线,$w(x)$可表示为

$$w(i) = 0.08 + 0.92\cos^2(\pi i/D), \quad i = -N/2, \cdots, 1, 2, \cdots, N/2 \quad (2-106)$$

式(2-106)是"余弦平方加台阶"的函数,它又可表示为"余弦函数加台阶"的形式,即

$$w(i) = 0.54 + 0.46\cos(2\pi i/N) \quad (2-107)$$

按这种阶梯式分布,发射天线的最大副瓣电平,要比所选Hamming分布的副瓣电平高,如果增加HPA功率电平的品种,则会抑制副瓣电平的提高。

采用这种方法的优点是部分地解决了降低有源相控阵雷达发射天线副瓣电平的问题,缺点是需要相应地增加T/R组件的品种。

2.5.2.2 密度加权方法

密度加权天线阵列实际上是一种不等间距天线阵列。不等间距天线中各有源天线单元的间距是不相等的,靠近阵列中心单元之间的间距较小,偏离阵列中心越远的单元其间距越大,但各天线单元具有相同的增益。实际上,在不等间距条件下,受互耦影响要做到单元增益相等是很困难的,而且波束控制也不方便。因此,常用的密度加权阵中,每一网格中均有一个天线单元(有源或无源单元),但天线单元之间的间距是相等的,因此,有源单元之间的间距是离散的,为相邻单元之间间距的整数倍。密度加权靠近阵列中心的有源单元多,无源单元少;偏离阵列中心的有源单元少,无源单元多。

密度加权天线阵列采用概率统计方法进行设计,可以先按副瓣要求选定幅度加权照射函数。将其作为天线的参考照射函数,按此照射函数用概率统计方法确定阵列中每个网格上是否放置有源天线单元。用这种方法可等效地实现为降低天线副瓣电平所需的幅度加权。

发射功率分配网络的各输出端(发射阵)或接收相加网络的各输入端(接收阵)只与有源天线单元相连接,而无源天线单元则各自与吸收负载相连接,采用这种将有源单元置于等间隔网格

中的密度加权阵列,使天线阵列中的发射组件具有同一种输出功率电平,接收组件具有同样的LNA,因而只需要一个品种的发射/接收组件,而功率分配网络仍然是等功率的,这非常有利于简化设计,便于生产和降低成本。密度加权方法在多种大型空间探测相控阵雷达,如AN/FPS-85、AN/FPS-115和AN/FPS-108等中均得到了应用。美国用于国家弹道导弹防御的X波段地基雷达样机GBR-P也是采用密度加权的有源相控阵雷达。该雷达天线口径约为12.8m,有源天线单元数目为16896个,如按该相控阵雷达样机的扫描角度±35°估算,根据在扫描范围内不出现栅瓣的条件,其天线单元间距约为0.6λ,因此,整个阵面可容纳的天线单元总数约为28000个,由此可见,如按常规方式安置T/R组件,则该有源相控阵天线的密度加权比率只有约60%。

在空间探测相控阵雷达中采用密度加权方法,除了上面所述的理由外,还因为当有源天线单元数目有限时,采用密度加权天线阵列,可以加大天线阵列口径,获得与加大后的天线口径相对应的较窄的天线波束宽度,以及相应的物理口径的增益,改善了角度分辨率和测角精度。此外,采用密度加权方法,给大型二维相位扫描的相控阵雷达的系统设计增加了灵活性。例如,在雷达研制初期,采用较少的有源天线单元,对有源相控阵天线来说,相应地采用较少的T/R组件,待雷达安装联试成功,一旦需要增加雷达的作用距离或其他需要增加雷达信号能量的功能,可以比较方便地通过在阵面上增加有源天线单元数目来解决。上述三种大型空间探测相控阵雷达都留有将有源单元增加一倍的余地,这意味着天线阵列辐射的发射机总功率、发射天线阵列的增益、接收天线的有效口径面积均分别可提高1~2dB。

2.5.2.3 相位加权方法

如果将波束控制信号加到阵列中每一个天线单元移相器的同时,还将相位加权信号加到阵列中部分单元的移相器上,改变阵列天线单元激励电流的相位,亦即改变阵列天线口径照射函数的相位分布,除了可实现天线波束扫描外,还可同样得到幅度加权和密度加权的效果,降低天线波束的副瓣电平。

采用相位加权方法,同样先要选定降低天线副瓣所需的幅度加权照射函数,将它作为相位加权的参考照射函数,然后再用概率统计方法选择各个天线单元所需相位加权的值。最初相位加权方法只利用对数字式移相器最高一位的相位进行加权,即仅对该移相器的相位进行"$0,\pi$"调制。在整个阵列中,有的单元的相位不改变(加权相移为0°,该移相器的相位控制状态完全按天线波束扫描角的角度来决定),有的单元相移改变π(加权相移为180°)。从物理意义上理解,大体上可看成具有$(0,\pi)$相移的两个天线单元的强场相互抵消,等效于密度加权阵列中的一个无源单元。靠近阵列中心,进行"0"相位调制的单元多;由阵列中心向阵列边缘移动,进行"π"相位调制的单元逐渐增多。因此,用这种方法实质上仍是一种通过相位调制实现的幅度加权方法。

采用相位加权方法,相控阵天线的波束控制器,给每一个移相器提供的控制信号是天线波束指向的控制信号与相位加权信号之和。因此,在原有相控阵天线的基础上,只要改变波束控制数码,就可实现相位加权。除了用数控移相器的一位进行相位加权外,还可用数字式移相器的两位或多位进行相位加权。若原有相控阵天线已用幅度加权,则相位加权可作为进一步降低天线副瓣的措施来使用。

只要改变波束控制数码就可实现相位加权。因此,降低天线副瓣的实现有了更大的灵活性。例如,当雷达处于发射工作状态时,一般允许有较大的第一副瓣,故对发射天线不进行加权,采用均匀分布照射函数,使天线增益最大;而当雷达处于接收工作状态时,采用相位加权,从而获得低的副瓣电平。因探测远程目标需要高天线增益,故在接收远距离目标回波时也可以不加权,不存在因为加权带来的天线增益损失(如采用表2-7所列的汉明分布,带来的天线增益损失为1.3dB),而只在近距离进行加权,这时天线增益损失带来的信噪比损失已不是主要问题,但却可获得低的天线副瓣。为在一个重复周期内实现不同的相位加权,只需在重复周期内改变一次波束控制数码的状态即可,这是采用相位加权方法的优点。

2.6 辐射单元及互耦

2.6.1 天线单元方向图的近似表示

阵列方向图可由阵因子与天线单元方向图的乘积来近似表示。阵列中每个天线单元的方向图描述了该天线单元的空间响应。对天线单元方向图进行建模时,往往采用余弦函数的乘方形式来表示,其指数称为天线单元因子 EF。天线单元方向图 EP 的公式为 $EF=\cos^{EF/2}\theta$。EP 的表达式中 EF 是除以 2 的,这是因为天线单元方向图的功率是 EP^2,而 EP 是电压形式,正好是功率表达式的平方根。

除了余弦函数外,天线单元的方向性还可根据方向性函数画出的方向图表示。但方向性函数的准确表达式往往很复杂,为便于工程计算,常用一些简单函数来近似,如表 2-8 所列。方向图的主要技术指标是半功率波束宽度 θ_B 以及副瓣电平。在角度测量时 θ_B 的值表征了角度分辨能力并直接影响测角精度,副瓣电平则主要影响雷达的抗干扰性能。

表 2-8 天线方向图的近似表示

近似函数	工作方式	数学表达式	用 $\theta_B(\theta_0)$ 表示系数	图形
余弦函数	单向工作	$F(\theta)\approx\cos n\theta\approx\cos\left(\dfrac{\pi\theta}{2\theta_B}\right)$	$n=\dfrac{\pi}{2\theta_B(\mathrm{rad})}$	
	双向工作	$F_b(\theta)\approx\cos^2 n\theta\approx\cos n_b\theta$	$n_b=\dfrac{2\pi}{3\theta_B(\mathrm{rad})}$	
高斯函数	单向工作	$F(\theta)\approx e^{-\frac{\theta^2}{a^2}}\approx e^{-1.4\frac{\theta^2}{\theta_B^2}}$	$a^2=\dfrac{\theta_B^2}{1.4}$	
	双向工作	$F_b(\theta)\approx e^{-\frac{2\theta^2}{a^2}}\approx e^{-\frac{\theta^2}{a_b^2}}\approx e^{-2.8\frac{\theta^2}{\theta_B^2}}$	$a_b^2=\dfrac{\theta_B^2}{2.8}$	
辛克函数	单向工作	$F(\theta)\approx\dfrac{\sin b\theta}{b\theta}\approx\dfrac{\sin\left(2\pi\dfrac{\theta}{\theta_0}\right)}{2\pi\dfrac{\theta}{\theta_0}}$	$b=\dfrac{2\pi}{\theta_0(\mathrm{rad})}$	
	双向工作	$F(\theta)\approx\left(\dfrac{\sin b\theta}{b\theta}\right)^2\approx\dfrac{\sin^2\left(2\pi\dfrac{\theta}{\theta_0}\right)}{\left(2\pi\dfrac{\theta}{\theta_0}\right)^2}$	$b=\dfrac{2\pi}{\theta_0(\mathrm{rad})}$	

注:θ_B 为半功率波束宽度,θ_0 为零功率波束宽度。

2.6.2 天线单元形式

许多不同类型的辐射单元(天线)已经用在相控阵雷达中,但是最流行的是各种类型的偶极子、在波导壁上切割的缝隙、切口辐射器以及开口波导,如图2-42所示。当辐射单元放置在相控阵的中间与它们完全单独地放在自由空间时,其辐射单元的方向图是不同的。辐射阻抗(它是说明辐射功率的)也会变化,如在自由空间的偶极子的辐射阻抗是约为73Ω,当波束指向侧射时,在具有半波长单元间隔和一个分开1/4波长距离背屏的无限的阵列中约为153Ω,这些变化来自邻近单元的互耦的影响。进而,在阵列中的辐射器的阻抗和天线方向图会随扫描角度改变。

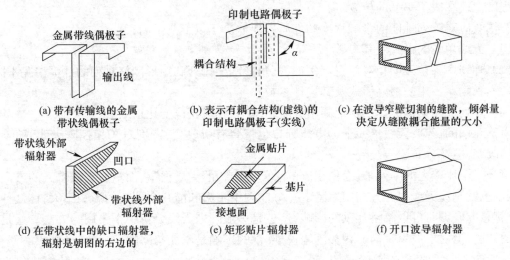

图2-42 相控阵天线的单个辐射单元

阵列天线尺寸是有限的,所以单个辐射器的性能取决于它放置在阵列中的位置。位于边缘或者在边缘附近的单元所受的环境影响,不同于在阵列中心附近的单元。当试图用试验决定辐射器(单元)放置在一个大阵列中的性能如何时,将单元放置在一个由同样的单元构成的$n \times n$阵列的中心即可。具体规模与单元形式、单元间距等因素相关,主要考虑阵列中单元与周边单元互耦强度,通常以耦合强度$\leq -40dB$为标准选择规模。

2.6.3 互耦效应

互耦效应是指天线单元处于天线阵列中时,它们之间会存在一定的电磁能量交换,无论处于发射状态还是接收状态的单元都会耦合部分电磁能量到其他单元,同时也会接收来自其他单元的电磁能量。也就是说,某个天线单元上的电流取决于许多其他相邻单元的电流幅值和相位,以及由天线馈电网络施加的最初的电流幅度和相位。阵列环境中天线单元的辐射特性、阻抗特性与自由空间即孤立状态时是不相同的。当天线是从侧射扫描时,互耦会引起天线增益、天线方向图形状、单个单元方向图形状、副瓣电平以及辐射阻抗的变化。

由于邻近单元存在互耦的一个主要影响是引起单元上阻抗的变化。当波束扫描时,需适当地进行单元匹配,匹配的目的是避免在某些扫描角出现高的电压驻波比(Voltage Standing Wave Ratio,VSWR)。

1. 互耦对阵列性能的影响

单元之间互耦效应的存在会导致:

(1) 天线单元方向图畸变。互耦一般使单元方向图主瓣变窄,这不利于相控阵天线的宽角扫描。

(2) 天线单元激励电流发生改变。互耦越强,幅相分布偏离原定分布越多,从而使阵列方向图副瓣抬高、增益降低和波束指向发生偏差等辐射性能恶化。

（3）天线单元的输入阻抗与自由空间的不同，并且随扫描角而改变，导致阵列与馈电网络严重失配。

（4）天线的极化特性变坏。因为天线单元的输入阻抗随扫描角的变化会使馈线和天线失配，从而使阵列的效率降低，并可能出现假波束。

对于有限阵列，由于每个单元所受的互耦影响不完全相同，天线单元的输入阻抗与方向图在一定程度上还取决于单元的位置。

互耦效应对阵列性能的影响程度和性质主要取决于以下几个因素：

（1）天线单元的形式及其参数。
（2）阵列中各单元的相对位置。例如，三角形网格排列和矩形网格排列的互耦情况不同。
（3）激励单元用的馈电形式及其设计参数。
（4）阵列的扫描范围。扫描范围增大时，各单元相对相位变化增大。

由于互耦的影响，天线单元上的电流分布也将会有所改变，特别对于相控阵天线，随着扫描角度的改变，电流分布也会改变。

对于一个比较大的阵列来说，由于阵的总的方向图的主瓣很窄，而一般天线单元的方向图主瓣很宽，也就是说天线单元方向图对阵的总方向图中主瓣和前几个副瓣的影响不大，在这种情况下，计算总方向图时可以忽略互耦的影响，这也是一般阵列天线分析中常采用的方法。这是一种近似的方法，但对于波束扫描的相控阵来说，互耦的影响是不能忽略的。

2. 互耦对输入阻抗的影响

有源输入阻抗是无限阵列中所有单元都辐射时其中一个典型单元的输入阻抗。有源阻抗不同于单独单元的输入阻抗，它随波束扫描角不同而不同。这表明天线效率随扫描角而变化。因此，引入相控阵天线的宽角匹配问题。

对于有限尺寸的阵列，由于各个天线单元在阵列中的位置不同，其互阻抗也不同。所以，一般来讲，只有在无限大尺寸的阵列中，各天线单元在阵列中间所处的环境完全相同，各天线单元的有源输入阻抗才相同；对于有限尺寸的大的阵列，除了边缘的少数天线单元以外，其他天线单元的输入阻抗可以近似认为是相同的。

用互耦系数的散射矩阵来计算反射系数（和阻抗）的变化是最简单和最直接的方法。可以由一个单元馈电，而其他所有单元的终端接上匹配负载，即可测量到任意一种形式的单元互耦系数。第 mn 号单元上的感应电压同第 pq 号单元上的激励电压之比给出了耦合系数 $C_{mn,pq}$ 的幅度和相位。一旦这些系数被确定，则对于处于任意相位状态的失配计算便成为一个简单的问题。

考虑图 2-43 所示的二元阵，阵列中每个单元均由独立的馈源来激励。每个单元内的入射波用 V_1、V_2 表示，各单元内总的反射波用 V_1'、V_2' 表示。显然，任意一个单元内的反射波总和应为来自所有单元的耦合信号的矢量和，其中包括作为自耦的单元本身的反射，即

$$V_1' = C_{11}V_1 + C_{12}V_2 \qquad (2-108)$$

$$V_2' = C_{21}V_1 + C_{22}V_2 \qquad (2-109)$$

每个单元内的反射系数由通道上入射电压除反射电压而得到

$$\Gamma_1 = V_1'/V_1 = C_{11}V_1/V_1 + C_{12}V_2/V_1 \qquad (2-110)$$

$$\Gamma_2 = V_2'/V_2 = C_{21}V_1/V_2 + C_{22}V_2/V_2 \qquad (2-111)$$

应注意，所有的量都必须包含相位和幅度，并且由于 V_1、V_2 的相位随波束扫描而变化，反射系数（Γ_1、Γ_2）也将发生变化。尽管例中仅仅采用两个单元，这项技术还是具有普遍性的。对大

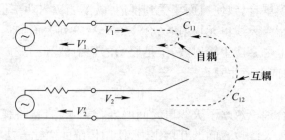

图 2-43 二元阵的散射矩阵模型

阵列而言，第 mn 号单元的反射系数为

$$\Gamma_{mn} = \sum_{\text{所有}pq} C_{mn,pq}(V_{pq}/V_{mn}) \qquad (2-112)$$

相对于法线方向阻抗匹配的阻抗变化计算公式为

$$\frac{Z_{mn}(\theta,\varphi)}{Z_{mn}(0,0)} = \frac{1+\Gamma_{mn}(\theta,\varphi)}{1-\Gamma_{mn}(\theta,\varphi)} \qquad (2-113)$$

反射系数将随波束扫描角的变化而变化。所以，在相控阵天线中不仅需要考虑天线单元在一定频带内的阻抗匹配，即宽带匹配，也要考虑在一定扫描范围内的阻抗匹配，即宽角匹配。这也是相控阵天线与一般的非电扫描天线的不同之处，后者只需要考虑宽带阻抗匹配。

3. 互耦对天线单元增益的影响

从能量的角度来考虑，具有等幅分布的完全匹配阵列的方向性增益将随投影孔径面积的变化而改变，即

$$G(\theta_0) = \frac{4\pi A}{\lambda^2}\cos\theta_0 \qquad (2-114)$$

如果假定单元数为 N 的阵列的每一个单元对增益均等分担，则单个单元的增益为

$$G_e(\theta_0) = \frac{4\pi A}{N\lambda^2}\cos\theta_0 \qquad (2-115)$$

如果单元失配，其反射系数为 $\Gamma(\theta,\varphi)$，该系数是随扫描角变化的函数，则单元增益减小为

$$G_e(\theta) = \frac{4\pi A}{N\lambda^2}\cos\theta[1-|\Gamma(\theta,\varphi)|^2] \qquad (2-116)$$

可见，增益除了随扫描角按 $\cos\theta$ 规律减小外，还因在扫描时由于互耦影响使反射系数变化，而使增益改变。

4. 盲点效应

在相控阵天线的设计中，必须考虑两个问题：一是保证在实空间不出现栅瓣；二是必须抑制和消除盲点。

在实践中发现，当波束扫描到某一个角度 θ_m 时，发现天线单元的阵中方向图有尖而深的凹点存在。这将使得相控阵天线的主波束扫描到单元阵波瓣的凹点所在角度上时，辐射能量大为减小，几乎全部的能量都由馈线所反射，这便是相控阵天线的"盲点"。这种效应将导致相控阵天线可能利用的扫描角域减小。

从物理本质上分析，产生盲点的原因有两个方面：一是相控阵中存在高次模和互耦效应。高次模发生在一个单元，而其他单元都与发射机端接。由于互耦效应，在某些特定的扫描角上，被

激励起来的高次模与主模耦合,致使口面场受到抵消,既不能辐射功率也不能接收功率。二是漏波的抵消效应。漏波是指当天线单元辐射时,有一部分沿阵列表面向后泄漏的能量。这个漏波在阵列的无源接地单元上也会产生辐射波,于是原始的辐射波和漏波产生辐射波在阵外空间的叠加,从而在某个特定方向上产生盲点。

5. 有效单元方向图

传统的天线阵列综合理论忽略了天线单元间的耦合影响,直接将孤立状态的单元方向图带入叠加原理中。此时如果天线单元间的互耦很强,使用传统的简化方法将带来很大误差。

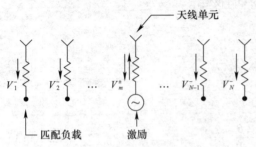

图 2-44 有效单元方向图的定义示意图

天线有效单元方向图是一个描述阵列扫描特性十分有效的概念。天线有效单元方向图定义为被测天线单元激励,其他单元全部接匹配负载情况下所测得的单元方向图,如图 2-44 所示。此时测得的阵中天线单元电压驻波比称为阵中天线单元静态电压驻波比。

由有效单元方向图定义可知,有效单元方向图已计及了单元间的耦合影响,使用有效单元方向图完成叠加原理将显著提高阵列综合精度。同时,正因为有效单元方向图计及了单元间的互耦影响,因此,通过测量有效单元方向图,可以准确地表征出阵列的扫描特性,是避免阵列设计中出现扫描盲点的简便而有效的方法。

2.7 移相器和延时器

2.7.1 移相器

移相器是相控阵雷达天线中的关键器件,依靠移相器可以实现对阵列中各天线单元的"馈相",提供为实现波束扫描或改变波束形状要求的天线口径上照射函数的相位分布。由于数字移相器易与电子计算机结合进行数码控制,所以现代相控阵雷达天线都采用数字移相器作为控相器件。数字移相器可分为铁氧体数字移相器和 PIN 二极管数字移相器两大类。在一般情况下,PIN 二极管移相器适合于微波波段(如 P 波段、L 波段等)的低端,在微波波段的高端一般选用铁氧体移相器,因为在此波段铁氧体移相器体积小、插入损耗小。在有源相控阵雷达中,移相器放置在高功率放大器的前级或者低噪声放大器的后级,插入损耗的影响相对较小,因此有源相控阵雷达一般选用 PIN 二极管移相器。另外,在微波及毫米波单片集成电路中,常选用场效应管移相器。

2.7.1.1 数字移相器

数字移相器是由多个固定移相器串联而成的,这些固定移相器中最大的一个的相移量为 180°,其他的依次减半,有几个固定移相器,该数字移相器就有几位。数字移相器是由二进制的数字信号控制的,图 2-45 所示为 360°四位移相器。

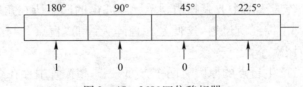

图 2-45 360°四位移相器

二进制控制信号"0"代表没有相移,"1"代表产生相移,因此当控制信号为1001时,移相器将产生相移

$$1 \times 180° + 0 \times 90° + 0 \times 45° + 1 \times 22.5° = 202.5°$$

因为 p 位的二进制信号可能有 2^p 种。所以 p 位移相器可产生 2^p 个相移位,相移的最小跃度为 $360°/2^p$。上述四位数字移相器的最小跃度为 22.5°。

数字移相器的位数越多,成本也越高。为了降低成本,移相器的位数不宜选得太多。

2.7.1.2 二极管移相器

设计二极管移相器的三种技术包括:①数字开关线;②混合耦合;③加载线。图2-46所示为二极管移相器结构。

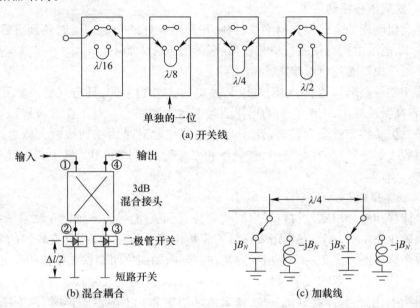

图 2-46 二极管移相器结构

1. 数字开关线

数字开关线移相器一般使用级联的线路,切换的长度为 $\lambda/2$、$\lambda/4$、$\lambda/8$、$\lambda/16$ 等来得到,N 位的移相器具有 N 个线路长度。例如,图2-46(a)是一个四位级联的数字开关的移相器,对应相位增量为 $360°/16 = 22.5°$。移相器的每一位由不同相移的两段线长和由四个二极管做成的两个单刀双掷开关组成。在图中,当上面两个开关是开时,下面两个则是关的,反之亦然。在"零"相位状态,相移并不是零,而是一些残留的量,所以两种状态是 ϕ_0 和 $\phi_0 + \Delta\phi_0$,$\Delta\phi_0$ 就是要得到的相位增量。

2. 混合耦合

图2-46(b)所示混合耦合移相器的一位,使用带有连接到耦合臂平衡的反射端子的3dB混合接头。两个开关(二极管)控制相位变化。3dB混合接头具有在端口1的信号被等功率分开进入端口2和端口3,而在端口4没有信号功率出现的特性。二极管的作用是让入射信号通过或者反射入射的信号,这取决于二极管使用时的偏置。当二极管允许信号通过时,信号被位于传输线远处的短路反射。反射信号在端口4组合,且没有反射信号在端口1出现。如果二极管阻抗是反射而不是通过信号,总的传输路径长度就短。差 Δl 是二极管开关开时和关时的两种路径长度的差,并且设计为所希望得到的数字化相移的增量。N 位移相器可用级联 N 个这种对于每一个位具有不同线长的混合接头和二极管开关得到。

3. 加载线

加载线移相器的原理示意图见图 2-46(c)，在一段传输线两端并联有相同的电纳。当并联的电纳由感性变为容性时，其等效电长度发生变化而产生差相移。分路电容元件增加线的电长度而分路电感元件减小它的长度。分路电纳对的数目决定了总的传输相移。由于二极管脱离了与主传输线的耦合，所以每个二极管只需耐受适量的功率，故较高功率的结构也是可能的。

二极管移相器的优点是体积小，重量轻（除了高功率器件的二极管移相器之外）。它适合于带状线、微带线和单片结构。二极管移相器的主要缺点是每增加一位，通常需要增加一组二极管。当需要低副瓣天线时，位数便要增加。对于超低副瓣天线，可能需要 5、6 或 7 位。当位数增加时，二极管移相器的成本和损耗也会增大。铁氧体器件则不会出现这种情况。

2.7.1.3 铁氧体移相器

铁氧体是类似陶瓷的金属氧化物绝缘材料，在保持良好的介电性能时还拥有磁性。它的介电常数在 10～20 范围内。与铁磁材料相比，铁氧体是绝缘体而不是导体，并且具有高的电阻率，这允许电磁波以低损耗通过材料传播。

铁氧体移相器是两端口器件，它们可以是模拟的或者数字的，具有互易或非互易特性。通常，它们用在较高微波频率，因为它们的损耗随频率增加而减小。对于在 S 波段以上的雷达，铁氧体通常优于二极管移相器成为首选（除了当移相器在发射时用在功率放大器之前，以及在接收时在低噪声放大器之后）。在 S 波段，铁氧体和二极管都可以使用。低于 S 波段，二极管移相器通常是首选。

1. 闭锁铁氧体移相器

闭锁铁氧体移相器利用磁性材料磁滞回线的特点，把它的导磁率锁定在铁氧体材料的 $B-H$ 曲线两个剩余磁化点中的一个，它不需要连续地保持电流来维持相移，具有较快的开关速度，它还适合于做数字移相器。图 2-47 示出了安装在波导内的四位闭锁铁氧体移相器。铁氧体是矩形环体形状。环体与波导壁的接触可使产生的热耗散掉，然而它又导致器件是非互易的。

在这种结构中，电流脉冲通过每一位，铁氧体环便饱和。当电流断掉时，称为铁氧体环被锁定，且由于它的磁滞特性而保留其磁性。如果电流处于正方向，那么，铁氧体以特定的相位（如180°）被锁定。铁氧体将保持此相位，直到加上相反方向的电流脉冲为止，然后铁氧体移相器被锁定到基准相位(0°)。这种相位随电流方向变化而变化是由器件的不可逆性产生的。该移相器适合于波导结构，但比二极管器件重且庞大。

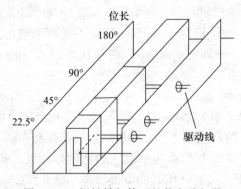

图 2-47 闭锁铁氧体环的数字移相器

2. 磁通驱动铁氧体移相器

环形铁氧体移相器可按模拟方式，用改变驱动脉冲电流提供不同的剩余磁化值得到数字相移增量，这就是所谓的磁通驱动。它具有减少温度敏感性的优点，使用单个长铁氧体环形体段来提供360°的总相移差。要求的数字相位增量是用工作在较小的磁滞环上来得到的。用不同的电流脉冲值,可以得到不同的剩余磁化值,于是得到不同的相移值。用这种方式工作,铁氧体环形体本质上是可以提供任意相位增量的模拟器件。如果驱动电流是数字的,它起数字移相器的作用。环形体的长度可做得比正常值长15%~20%,以允许由于温度变化引起的可用磁化增量的减小。当驱动输出阻抗小时,温度引起的磁化改变影响就小。

3. 双模铁氧体移相器

双模铁氧体移相器是一种互易的闭锁移相器。它是法拉第旋转移相器和机械的Fox移相器的变种(法拉第旋转是在存在磁场的条件下当波在铁氧体材料中传播时,极化(或电场)的旋转)。双模铁氧体移相器结构如图2-48所示。在中心部分是铁氧体棒,它支持圆极化波的传播。铁氧体棒被金属化以形成铁氧体填充的波导,为了耗散由铁氧体损耗产生的热。用螺线管(在图中没有示出)缠绕着铁氧体棒以便施加轴向的磁场,该磁场旋转圆极化以提供相位变化。一个线极化的信号在左边端口进入矩形波导并借助非互易圆极化器(它是一个1/4波长铁氧体片)转换成圆极化。施加的轴向磁场旋转在铁氧体棒中的圆极化波,给出一个想得到的相移。在传播通过铁氧体后,用第二个非互易圆极化器,把相移后的圆极化波再转换回线极化。用类似的方式,从右边入射的波由非互易的1/4波长片转换成相反旋向的圆极化,于是产生相移。因为极化旋向和传播方向这二者都是颠倒的。所以对于从右到左信号传播的相移是和从左到右信号传播的相移是一样的。磁路是在外部用温度稳定的铁氧体轭完成的,以保证锁定磁场,磁通驱动可以用来控制剩余磁化值。

双模铁氧体移相器重量轻而且能够承受高平均功率,还具有好的品质因子。开关时间为10~100μs,它比非互易铁氧体移相器用的时间要长。其较长的开关时间是由于覆盖在铁氧体棒上的薄金属膜的短匝效应引起的。

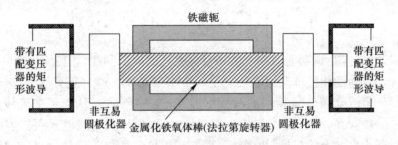

图2-48 双模铁氧体移相器结构

随着数字相控阵技术的发展,对模拟接收信号进行数字采样然后在数字域进行移相的数字移相技术被广泛应用,其在移相精度、插入损耗、动态范围等方面优势明显,但也导致成本的增加。

2.7.2 实时延迟器

图2-49(a)表示一个用开关进行数字式控制的实时延迟器(Time Delay Unit,TDU)结构。所给出的非色散的全部延迟路径长度等于$L\sin\theta_m$,其中θ_m是对孔径L而言的最大扫描角。最小位数大约为$\lambda/2$或λ,再用附加的可变移相器精密调整。例如,以1°波束在60°范围内扫描时,需要6位延迟器,最大的时延是44个波长,还需要一个附加的移相器。可以用二极管或环流器做开关。漏过开关的漏泄可由串在每条线上的附加另一开关来减少。两条路径之间的插入损耗之差可通过添加较短一臂的损耗而使它们相等。在发射时,对容差的要求松一些,因为对发射的要求通常是提供照射到目标上的功率,并不是准确的角度测量或低副瓣。

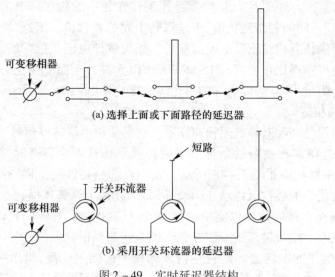

(a) 选择上面或下面路径的延迟器

(b) 采用开关环流器的延迟器

图 2-49 实时延迟器结构

图 2-49(b)表示另一种简便的结构。各开关环流器直接连接在一起(逆时针的)或者经过短路线连接在一起。这里需要 30dB 以上的隔离度。很显然,对于大多数实用系统,延迟回路的插入损耗很高。因此,它们在发射时放在最后一级功率放大器之前,接收时放在前置放大器之后。

同样地,数字相控阵技术催生出数字域的发射和接收延时技术,其在延时精度、插入损耗等方面优势明显。

2.8 相控阵天线系统的带宽特性

为了提高雷达的分辨、识别能力和解决多目标雷达的成像问题,相控阵雷达必须采用具有大瞬时带宽的信号。普通的相控阵天线实际上是一个窄带系统。脉冲信号含有一定的频带宽度,因此天线方向图指向就会随信号频率的改变而改变(空间色散),从而带来天线波束的增益损失。另外,当孔径渡越时间大于信号带宽 B 的倒数时,阵列两端天线单元所辐射(对发射阵)的信号将不能同时到达方向上的目标,或者阵列两端天线单元所接收到的信号(对接收阵列)将不能同时相加(时间色散),从而带来各单元信号聚焦时的损失,同时脉冲展宽还会影响距离分辨率。

下面分别讨论相控阵雷达采用移相器控制波束扫描时的空间色散和时间色散特性。

2.8.1 波束的空间色散特性

相控阵雷达采用移相器控制波束扫描,并且通常是以雷达信号中心频率 f_0 设计移相器的权值来控制雷达波束的指向。当雷达信号具有一定带宽时,信号频率会偏离 f_0,当这种信号频率变化时,若移相器的权值不变,则所控制的波束指向就会发生偏离。

设工作中心频率为 f_0,波长为 λ_0,波束指向为 θ_0,则对位于距阵列中心距离为 x 的单元天线移相器的相位权值为

$$\varphi = \frac{2\pi x}{\lambda_0}\sin\theta_0 = 2\pi f_0 \frac{x\sin\theta_0}{c} \tag{2-117}$$

L 表示天线阵列两端两个单元之间的间距,即线阵孔径。因 $\lambda_0 = c/f_0$,故线阵两端的相位差 φ_B 可表示为

$$\varphi_B = 2\pi f_0 \Delta\tau \tag{2-118}$$

式中:$\Delta\tau$ 称为阵列天线的孔径渡越时间,它反映了阵列两端两个天线单元所辐射信号到达位于波束最大指向目标的时间差,即

$$\Delta\tau = L\sin\theta_0/c \tag{2-119}$$

若天线作为接收阵,则孔径渡越时间 $\Delta\tau$ 反映阵列两端单元所收到的来自 θ_0 方向目标信号的时间差。$\Delta\tau$ 可能大于信号周期($1/f_0$),因此 φ_B 可能超过 2π 的若干倍,令 $[\varphi_B/2\pi] = m$,m 为 φ_B 被 2π 相除后所得的整数。当采用移相器来实现阵内相位差时,由于每一个移相器能提供的相移值都只能小于或等于 2π,所以对于相位差 φ_B,移相器实际提供的相移值 φ'_B 为

$$\varphi'_B = \varphi_B - m \cdot 2\pi \tag{2-120}$$

移相器提供的相移值通常是不随频率变化的,虽然有 2π 整数倍的相位模糊,但是所有单元的目标指向是不变的。

当信号频率由 f_0 变为 $f_L(f_L = f_0 - \Delta f)$ 后,对位于 θ_0 方向的目标,原来相位差为 φ_B 的天线单元的空间相位差 φ_L 将变为

$$\varphi_L = (2\pi/c)(f_0 - \Delta f)L\sin\theta_0 \tag{2-121}$$

天线波束的指向取决于由移相器决定的阵内相位差 φ'_B 与空间相位差 φ_L 的平衡,即 $\varphi_B = \varphi'_B + m \cdot 2\pi = \varphi_L$。信号频率由 f_0 变为 f_L 后,$\varphi_L < \varphi_B$,故波束指向应由 θ_0 偏转一个角度,变成 $(\theta_0 + \Delta\theta_0)$ 后才能重新使 φ_L 与 φ'_B 保持平衡,如图 2-50 所示。即有

$$(2\pi/c)f_0 L\sin\theta_0 = (2\pi/c)(f_0 - \Delta f)L\sin(\theta_0 + \Delta\theta_0) \tag{2-122}$$

简化后有

$$f_0\sin\theta_0 = (f_0 - \Delta f)\sin(\theta_0 + \Delta\theta_0) \tag{2-123}$$

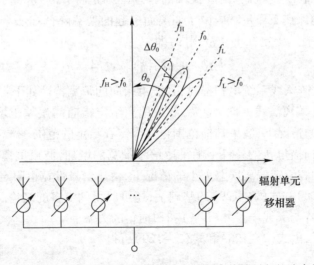

图 2-50 基于单元级移相器控制的相控阵天线频率偏移引起的波束指向偏离

对于不太大的频率变化,波束指向变化 $\Delta\theta_0$ 也较小,则有 $\cos\Delta\theta_0 \approx 1$,$\sin\Delta\theta_0 \approx \Delta\theta_0$,则

$$\sin(\theta_0 + \Delta\theta_0) \approx \sin\theta_0 + \Delta\theta_0\cos\theta_0 \tag{2-124}$$

将式(2-124)代入式(2-122)，可得

$$f_0 \sin\theta_0 = (f_0 - \Delta f)\sin\theta_0 + (f_0 - \Delta f)\Delta\theta_0 \cos\theta_0 \qquad (2-125)$$

记 $\Delta f = f_0 - f_L \ll f_0$，则 $\Delta f/(f_0 - \Delta f) \approx \Delta f/f_0$，则可得

$$\Delta\theta_0(\text{rad}) = \frac{\Delta f}{f_0 - \Delta f}\tan\theta_0 \approx \frac{\Delta f}{f_0}\tan\theta_0 \qquad (2-126)$$

当仅考虑由于宽带工作而造成的波束指向偏离时，式(2-126)表明，在雷达信号带宽内，随着频偏的增加，波束指向的偏离 $\Delta\theta_0$ 线性增加；随着波束扫描角的增加（离开法线），$\Delta\theta_0$ 按其正切增加。这一现象反映了天线波束指向随信号频率的改变而在空间摆动，称为相控阵天线波束在空间的色散现象。

式(2-126)还表明，随工作频率的变化，波束指向的偏离 $\Delta\theta_0$ 与天线孔径尺寸或波束宽度无关。但是波束随频率变化可以允许的偏离量与波束宽度有关，因为波瓣增益的恶化和偏离量占扫描波束宽度的百分比大小有关。

假设一个尺寸为 L、工作波长为 λ 的线阵，在均匀照射条件下，其扫描波束宽度近似为

$$\theta_B(\text{扫描}) = \frac{\theta_B(\text{法向})F_2}{\cos\theta_0} = \frac{0.886 F_2}{(L/\lambda)\cos\theta_0} \qquad (2-127)$$

式中：θ_0 为扫描角；F_2 为加权系数。对于低副瓣雷达而言，适用于和波瓣的 Taylor 照射函数与差波瓣的 Bayliss 照射函数几乎已成为工业标准。当接收机匹配滤波加权到 -35dB 距离旁瓣时，$F_2 = 1.35$；当接收机匹配滤波加权到 -45dB 距离旁瓣时，$F_2 = 1.5$。从后续公式中可以看出，加权系数取值 F_2 越大，对估算越有利，为保守起见，一般取 $F_2 = 1$。

对于均匀照射线阵，由式(2-127)和式(2-126)可得

$$\frac{\Delta\theta_0}{\theta_B(\text{扫描})} = \left(\frac{\Delta f}{f_0}\right)\frac{\sin\theta_0}{\theta_B(\text{法向})F_2} = \frac{1.13}{F_2}\left(\frac{\Delta f}{f_0}\right)\left(\frac{L}{\lambda}\right)\sin\theta_0 \qquad (2-128)$$

限定波束指向偏离在信号带宽内的大小的合理准则是将 $|\Delta\theta_0/\theta_B(\text{扫描})|$ 限定在一个合理的百分比范围内，以确保在工作带宽内由于偏离而引起的增益降低在一个合理范围内。通常的准则是将 $|\Delta\theta_0/\theta_B(\text{扫描})|$ 限定在 $1/4$ 范围内，即

$$|\Delta\theta_0/\theta_B(\text{扫描})| \leq 1/4 \qquad (2-129)$$

由以上分析，相控阵天线系统电扫描时，其波束指向的带宽特性如下：

(1) 随电扫描角（偏离法线方向）增大，波束偏离给定指向的误差也增大。换句话说，在限定偏离误差一定大小的情况下，波束扫描范围也要限定在给定的范围。

(2) 在同样大小扫描角 θ_0 的条件下随雷达信号带宽的增加，波束偏离误差也增加。换句话说，在给定扫描角范围和给定偏离误差大小的情况下，雷达信号带宽也限定在一定范围。

另外，在式(2-128)和式(2-129)的基础上，还可以得到更多的结论。

1. 百分比带宽 $B\%$ 与天线电尺寸 (L/λ) 和扫描角的关系

由于 $B\% = 2\Delta f/f_0$，由式(2-128)和式(2-129)可得

$$B\% \leq \frac{F_2}{2.26(L/\lambda)\sin\theta_0} \qquad (2-130)$$

并由此得出结论：百分比带宽 $B\%$ 的确定与电尺寸 (L/λ) 与扫描角有关，且电尺寸越大，扫描角越大，则百分比带宽 $B\%$ 就越小。

2. 绝对带宽 B 与天线尺寸 L 与扫描角的关系

由于 $B = 2\Delta f, c = \lambda f$,其中 c 为光速,由式(2-128)和式(2-129)可得

$$B \leq \frac{F_2 c}{2.26 L \sin\theta_0} \tag{2-131}$$

并由此得出结论:绝对带宽 B 的确定仅与天线尺寸 L 与扫描角有关,与信号工作频率无关,且天线尺寸 L 越大,扫描角越大,则绝对带宽 B 就越小。

若相控阵雷达阵面口径为 7m,最大扫描范围取 ±15°,则相控阵雷达的瞬时频率带宽最大为 73.3MHz。当采用子阵长度为 0.344m,最大扫描范围取 ±15°,则相控阵雷达的瞬时频率带宽可以提高到 1.46GHz。

3. 绝对带宽 B 与法向波束宽度、工作频率和扫描角的关系

由于 $B = 2\Delta f$,由式(2-128)和式(2-129)可得

$$B = 2\Delta f \leq \frac{F_2 \theta_B(\text{rad}) f_0}{2\sin\theta_0} = \frac{F_2 \theta_B(°) f_0}{114.6\sin\theta_0} \tag{2-132}$$

并由此得出结论:在法向波束宽度 θ_B 确定的情况下,绝对带宽 B 与工作频率与扫描角有关,且工作频率越大,扫描角越小,则绝对带宽 B 就越大。

以 X 波段相控阵雷达为例,若波束宽度为 0.3°,最大扫描范围取 ±15°,工作频率取 9.5GHz,则相控阵雷达的频率带宽最大为 96MHz。

2.8.2 波形的时间色散特性

相控阵雷达所允许的最大瞬时信号带宽,除受天线波束最大值指向偏移的限制外,还受天线孔径渡越时间 ΔT 的限制。当 ΔT 大于信号带宽 B 的倒数 $T(T = 1/B)$ 时,阵列两端天线单元所辐射(对发射阵)的信号将不能同时到达 θ_0 方向上的目标,或者阵列两端天线单元所接收到(对接收阵列)的信号将不能同时相加。

以线阵为例,在扫描角为 θ_0 时相控阵天线系统各单元辐射及接收雷达信号的情况如图 2-51 所示。假设一个长度为 L 的线阵,在 θ_0 方向上的带宽为 B(相当于时宽为 $T,T = F_2/B$,F_2 为加权系数)的矩形脉冲,则第 N 个单元接收的信号比第 1 个单元接收的信号超前(孔径渡越时间 ΔT)为

$$\Delta T = \frac{L}{c}\sin\theta_0 \tag{2-133}$$

因此对于脉冲宽度为 T、带宽为 B 的线性调频脉冲压缩信号,各天线单元辐射信号在目标位置上合成的信号包络已不再是矩形,而是图 2-52 所示的梯形。各天线单元信号能同时到达目标进行合成的时间小于 T 并等于 $(T - \Delta T)$。

这一信号经目标反射后,再被阵列中的各天线单元接收,在相加网络内合成,送到脉冲压缩接收机去的信号被进一步展宽,整个接收信号包络的宽度将达到 $(T + 2\Delta T)$,而所有单元接收到的信号能同时进行相加合成的时间由 $(T - \Delta T)$ 降为 $(T - 2\Delta T)$,信号波形的前后沿时间增加到 $2\Delta T$,整个接收阵脉冲压缩后的信号波形,可看成各个天线单元的信号分别进行压缩后在脉冲压缩接收机输出端进行线性相加的结果。因此,天线孔径渡越时间 ΔT 至少应小于 $T = F_2/B$,否则,阵列两端天线单元接收到的信号经脉冲压缩后将在时间上完全分开,无法进行相加合成。

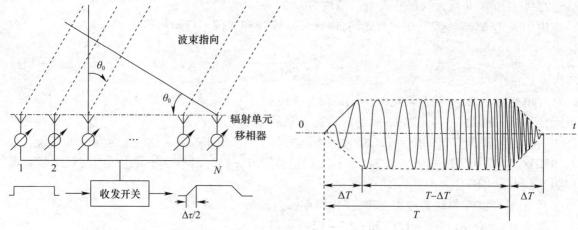

图 2-51 大口径相控阵天线的波形色散　　　图 2-52 孔径渡越时间对调频信号包络的影响

可以用 ΔT 与 T 的百分比大小定义这种损失的大小，即

$$\frac{\Delta T}{T} = \frac{L}{c}\sin\theta_0 \bigg/ \frac{F_2}{B} = \frac{LB}{F_2 c}\sin\theta_0 \qquad (2-134)$$

又因 $B = 2\Delta f, c = \lambda f$，所以可以将式（2-134）转化为

$$\frac{\Delta T}{T} = \frac{2}{F_2}\left(\frac{\Delta f}{f}\right)\left(\frac{L}{\lambda}\right)\sin\theta_0 \qquad (2-135)$$

为了确保信号在带宽范围内，由于时间色散（渡越）引起的损失限定在一个合理的范围，通常的准则是将 $|\Delta T/T|$ 限定在一个百分比范围内，即

$$|\Delta T/T| \leqslant 1/2 \qquad (2-136)$$

式（2-136）的含义是第一个和最后一个辐射单元间允许有不大于 1/2 脉冲宽度重叠。

2.8.3　相控阵天线宽带特性综合

前面两小节分别给出了基于移相器波束控制的相控阵天线系统在瞬时宽带非垂直方向入射工作条件下的天线波束的漂移（空间色散）特性和接收波形的时间色散（各单元信号相加时的时间偏离）特性。前者会带来天线波束的增益损失，后者带来各单元信号聚焦时的损失，同时由于脉冲的展宽还损失了距离分辨率。换句话说，随着信号瞬时带宽的增大，基于移相器控制的相控阵天线的系统性能会显著降低。

通过比较，式（2-128）和式（2-135）有高度的相似性，根据式（2-128）和式（2-129）可以推出

$$\left(\frac{\Delta f}{f}\right)\left(\frac{L}{\lambda}\right)\sin\theta_0 \leqslant \frac{F_2'}{4.52} \qquad (2-137)$$

根据式（2-135）和式（2-136）可以推出

$$\left(\frac{\Delta f}{f}\right)\left(\frac{L}{\lambda}\right)\sin\theta_0 \leqslant \frac{F_2}{4} \qquad (2-138)$$

它们之间的差异仅仅是系数不一样而已，所以说无论是波束的空间色散还是时间色散导致雷达的性能下降，都与雷达系统三个方面的要求有关。

（1）雷达系统瞬时工作百分比带宽（$\Delta f/f$）。$\Delta f/f$ 越大，宽带性能降低越严重。反过来说，保

证一定天线性能条件下,系统的瞬时工作带宽要受到一定限制。

(2) 相控阵天线孔径电尺寸(L/λ)。L/λ 越大,宽带性能降低越严重。反过来说,在确保一定性能条件下,天线口径的电尺寸不能太大。

(3) 相控阵天线电扫描角 θ_0。θ_0 越大,宽带性能降低越严重。换句话说,在确保一定宽带性能条件下,最大 θ_0 角将受到限制。

综上所述,基于移相器的相控阵天线的电尺寸大小、电扫描角的大小,在很大程度上限制了雷达信号的工作带宽,而实际情况是信号带宽、天线电尺寸以及电扫描范围都是由雷达系统的功能和任务确定的。因而,如何提高相控阵雷达天线系统的瞬时工作带宽是雷达系统设计师必须解决的问题。

2.9 实时延迟控制的宽带相控阵天线

以上讨论的相控阵天线对信号瞬时带宽的几种限制表明,相控阵天线是一个窄带系统,其根本原因是由于仅采用移相控制波束扫描时的空间色散和时间色散特性造成的。

通过 TDU 补偿阵列天线的孔径渡越时间的影响,可改善对信号带宽的限制。采用实时延迟控制是宽带相控阵天线的典型特征。

2.9.1 单元级别上实现时间延迟补偿

由 2.8 节相控阵天线系统带宽特性分析,用移相器控制的相控阵天线,当信号垂直于阵列入射时,每个单元均会接收到与频率无关的相同相位的信号,而当信号从非垂直方向(电扫描角 θ_0)的其他角度入射时,从平面相位波前到每一个单元的相位差是频率的函数,这就限制了相控阵天线系统的工作带宽。

为了扩展相控阵天线系统的瞬时工作带宽,克服移相器控制的相控阵天线在非垂直入射方向的特性的频率相关性,理想的是用时间延迟控制代替移相控制,即将每一天线单元的移相器(360°内移相)换成实时延迟器,如图 2-53 所示。

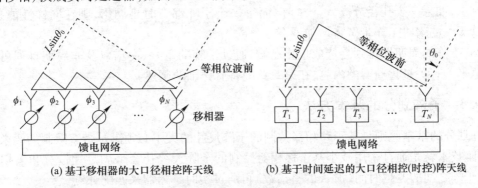

(a) 基于移相器的大口径相控阵天线　　(b) 基于时间延迟的大口径相控(时控)阵天线

图 2-53　基于移相器和延时器的大口径相控阵天线

第 n 个单元的延迟时间为

$$T_n = L_n \sin\theta_0 / c \tag{2-139}$$

式中:L_n 为第 n 个天线单元的坐标位置,$L_n = L - nd$,d 为单元间隔。

这时,阵面相位波前完全与入射波匹配,因而瞬时工作带宽不会受到限制。而基于移相器的相控阵天线形成的阵面相位波前则与入射波失配,故带宽受限。因此,基于实时延迟器的相控阵天线系统可大大扩展相控阵雷达天线系统的瞬时工作带宽。

2.9.2 子天线阵级别上实现时间延迟补偿

时间延迟技术可大大扩展相控阵天线系统的瞬时带宽。但是与移相器相比,TDU 的损耗、误差、体积、重量都较大,且成本高,因而将每个天线单元的移相器用实时延迟器替换的理想方案往往是不切实际的。一种可能的替代方案是使用宽带波束开关技术,如等馈线长度的 Blass 矩阵或 Rotman 透镜等。但对于二维扫描,这些技术会变得非常复杂。另一种可能的技术是使用子阵技术。以线阵为例,可以先由若干个(M 个)辐射单元构成一个子阵阵列,在子阵阵列中,仍采用移相器来控制子阵的相位波前。然后由若干个(N 个)子阵阵列构成一个全阵列,每个子阵后面接入一个实时延迟器,阵列因子的扫描则靠控制与频率无关的实时延迟器来实现。其结构如图 2-54 所示。这样阵列控制的等相位波前基本与入射波前一致。

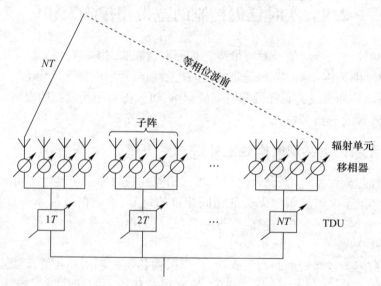

图 2-54 基于时延子阵和单元移相的相控阵天线结构

原则上,如果一个孔径分成 N 个子阵,而每一个子阵都有时延网络,则在同样性能条件下,该相控阵天线的瞬时工作带宽将增加 N 倍。

当然,子阵的周期性排列会造成量化栅瓣,通过子阵的重叠、交错以及非周期排列可减小量化栅瓣电平。有关量化栅瓣的内容,在第 5 章中将有详细的阐述。

2.9.3 子阵划分的基本方法

子阵划分的基本原则是基于移相器控制的子阵尺寸的大小必须满足带宽限制的要求。换句话说,子阵技术就是通过采用减小基于移相器控制的子阵天线孔径来满足大带宽和大扫描角的要求,而子阵之间的渡越时间(波长的整倍数)再通过实时延迟器来匹配补偿。

子阵的孔径渡越时间为

$$T_{sa} = L_{sa}\sin\theta_0/c \tag{2-140}$$

式中:L_{sa} 为子阵孔径尺寸。

雷达等效脉冲宽度为

$$T = F_2/B \tag{2-141}$$

式中:B 为带宽;F_2 为加权系数(一般取 1)。若要求满足 $T_{sa} \leq \frac{1}{2}T$,则

$$L_{sa} \leq \frac{F_2 c}{2B\sin\theta_0} \quad (2-142)$$

对于二维面阵,可以很容易将子阵的线性尺寸 L_{sa}、时延子阵数目 N_T、面阵的孔径面积 A 联系起来,即

$$N_T = A/L_{sa}^2 \quad (2-143)$$

将式(2-142)代入,可得

$$N_T = \frac{A}{4}\left(\frac{B\sin\theta_0}{F_2 c}\right)^2 \quad (2-144)$$

式(2-144)表明,一个宽带相控阵面阵的时延子阵数与天线面积、信号带宽的平方、最大扫描角正弦的平方成正比。

子阵技术和实时延迟控制技术结合大大扩展了相控阵天线系统的工作带宽。不少现代雷达已经采用了这种技术,使雷达系统的工作瞬时带宽达到数百兆赫或 1~2GHz。

由此,基于单元移相控制和子阵延时控制的天线阵列的波束指向偏移和脉冲散焦的宽带性能分别扩展至下列表示式:

$$\frac{\Delta\theta}{\theta_B(扫描)} = \frac{1.13}{F_2}\left(\frac{\Delta f}{f}\right)\left(\frac{L_{sa}}{\lambda}\right)\sin\theta_0 \quad (2-145)$$

$$\frac{\Delta T}{T} = \frac{2}{F_2}\left(\frac{\Delta f}{f}\right)\left(\frac{L_{sa}}{\lambda}\right)\sin\theta_0 \quad (2-146)$$

即宽带性能扩展的倍数比例于全阵尺寸与延时子阵尺寸的比值(L/L_{sa})。

在天线子阵级别上实现 TDU 补偿的例子有美国 AN/FPS-108 相控阵雷达,该雷达在 96 个子天线阵上采用 TDU,保证了在 L 波段 200MHz 上的瞬时信号带宽。对一个线阵的情况,TDU 的布置如图 2-55 所示。

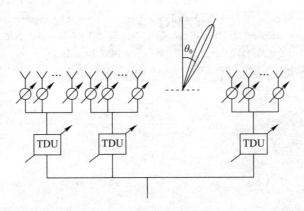

图 2-55 在子阵级上采用实时延迟器的宽带天线阵列

为了使 TDU 产生的时间延迟所对应的相移量正好是 2π 的整数倍,各 TDU 的单位时延长度应为 λ_0/c。因此,为了便于受计算机控制,TDU 应做成与数字移相器相类似的结构,按二进制方式改变时延长度。

下面讨论如何确定实时 TDU 的最大波长数 p。由天线口径 L、天线扫描角 θ_0 及工作频率波长 λ_0 即可求出 TDU 单元所需的波长数,即

$$p = [L\sin\theta_0/\lambda_0] \quad (2-147)$$

式中:[·]代表取整。

以口径 $L=20\mathrm{m}$ 的 L 波段线阵（$\lambda_0=0.23\mathrm{m}$）为例，若 $\theta_B=60°$，$\Delta f=200\mathrm{MHz}$，则由式（2-147）可得 $p=75$。由于要采用二进制控制，故实时延迟器开关应包括7位，可分别提供由 $\lambda_0, 2\lambda_0, \cdots, 127\lambda_0$ 等128种时延状态。在子阵级别上采用数字式实时延迟器后，子阵的孔径效应与孔径渡越时间的限制仍然存在，即子阵方向的波束指向还将发生偏移，子阵内各单元信号的叠加依然存在瞬态效应，各单元的信号不能全部同时相加，信号波形将展宽。但是，由于子阵孔径已比整个天线阵孔径减小许多，故能保证所要求的大瞬时信号带宽。

参 考 文 献

[1] 张光义. 相控阵雷达原理[M]. 北京：国防工业出版社，2009.
[2] 王德纯. 宽带相控阵雷达[M]. 北京：国防工业出版社，2010.
[3] 薛正祥，李伟明，任武. 阵列天线分析与综合[M]. 北京：北京航天航空大学出版社，2011.
[4] 布朗. 电扫阵列：MATLAB建模与仿真[M]. 汪连栋，孔德培，乔会东，等译. 北京：国防工业出版社，2014.
[5] BROWN A D. Electronically Scanned Arrays - MATLAB Modeling and Simulation[M]. Boca Raton：CRC Press Taylor & Francis Group，LLC，2012.
[6] P. J. 卡里拉斯. 电扫描雷达系统设计手册[M]. 锦江《ESRS设计手册》翻译组，译. 北京：国防工业出版社，1979.
[7] Mailloux R J. 相控阵天线手册[M]. 南京电子技术研究所，译. 2版. 北京：电子工业出版社，2007.
[8] MAILLOUX R J. Phased Array Antenna Handbook[M]. 3rd ed. Fitchburg：Artech House，2018.
[9] SKOLNIK M I. 雷达手册[M]. 南京电子技术研究所，译. 3rd ed. 北京：电子工业出版社，2010.
[10] SKOLNIK M I. Radar Handbook[M]. 3rd ed. New York：The McGraw - Hill Companies，2008.
[11] 丁鹭飞，耿富录，陈建春. 雷达原理[M]. 5版. 北京：电子工业出版社，2014.
[12] SKOLNIK M I. 雷达系统导论[M]. 左群声，徐国良，马林，等译，3版. 北京：电子工业出版社，2006.
[13] SKOLNIK M I. Introduction to Radar System[M]. 3rd ed. New York：McGraw - Hill Companies Inc，2001.
[14] HANSEN R C. Phased Array Antennas[M]. 2nd ed. Hoboken，N J：John Wiley & Sons，Inc，2009.
[15] 余冬. X波段宽带相控阵天线单元及阵列研究[D]. 上海：上海交通大学，2010.
[16] 王勇. X波段（8~12GHz）相控阵天线的研究[D]. 成都：电子科技大学，2005.

第3章 有源相控阵雷达

3.1 概 述

若相控阵天线的各个天线单元通道中都包括有源器件,如功率放大器、低噪声放大器、混频器等时,此天线称为有源相控阵列(Active Phased Array)。采用有源相控阵列的雷达称为有源相控阵雷达。有源相控阵雷达的关键组成部分是各天线单元通道中的发射/接收组件,简称 T/R 组件。

从现代雷达的发展趋势来看,要求雷达具有波束捷变(电扫描)、目标成像与识别(宽频带)、自适应(数字化设计)、低截获概率(波形设计、天线设计)、抗干扰(超低副瓣、自适应信号处理)、高可靠性(有源相控阵)以及有效成本(组件自动化生产)等功能和特点。可以说,有源相控阵雷达是集现代相控阵理论、超大规模集成电路、高速计算机、先进固态器件及光电子技术为一体的高新技术产物。同时,有源相控阵雷达是将脉冲多普勒、单脉冲、脉冲压缩及频率捷变等多种技术集于一体的新型雷达。

"有源"的含义是指辐射的功率在辐射组件内产生,相控阵天线孔径自身具有功率增益,同时实现发射与接收的一体化设计。有源相控阵列孔径的每一单元皆与 T/R 组件的通道对应,其馈电网络是为解决各天线单元接收到的信号能按一定的幅度与相位要求进行加权。波束控制器是有源相控阵雷达所特有的,它替代或减小了对雷达伺服驱动机械扫描的设计要求。有源相控阵雷达实现了自适应调整的技术基础,主要是靠天线波束扫描的灵活性、信号波形的捷变性能及数字波束形成技术。DBF 技术将接收天线的波束形成与信号处理结合在一起,从而对时域和空域进行二维信号处理,使得有源相控阵雷达的工作方式更为灵活。

3.1.1 有源相控阵雷达的技术特点

有源相控阵雷达的技术特点如下:

(1) 易获得大的平均功率,功率孔径积大,作用距离远。因为每个天线单元都有它自己的功率源,当天线单元数目很多时,能够获得很大的总平均功率。

(2) 低功率电平的馈电系统一般采用价廉而精密的低功率数字移相器,组合馈电既轻又便宜,因为功率分配是低电平,在馈线的输入端功率和电压只有数十瓦和数十伏,而且有源相控阵中的功率分配和组合可以采用光纤。

(3) 阵列部件(如 T/R 组件)大量采用单片微波集成电路器件,降低了微波元器件的耐功率需求,故改善了阵面结构设计,缩小了雷达的体积,减轻了雷达的重量,有利于提高雷达的可靠性。

(4) 便于实现数字波束形成及多个接收波束的自适应控制,有利于超高分辨技术及众多现代信号处理技术的实现,具有多种工作状态瞬时自动转换和自适应抗干扰的能力。

(5) 瞬时带宽较宽,距离分辨率高,可进行识别目标,满足低截获概率准则、灵活易变的大占空比的发射波形,易于进行发射功率管理,增强电磁隐蔽性。

（6）高数据率,能以时分方式实现同时多功能(多目标搜索、截获、跟踪及制导等)及计算机自动化工作,使雷达的反应时间非常短(波束扫描时间仅数微秒),可同时跟踪多批目标。

（7）便于实现共形相控阵天线所需的幅度、相位补偿,有利于实现"灵巧蒙皮"(Smart Skin)天线。

（8）可靠性高,因为大功率器件是雷达可靠性的薄弱环节,现在改为小功率的固态组件,故障率很低。一般阵面50%的单元失效时雷达仍能正常工作,10%的单元失效时系统性能只是略有下降,平均故障时间≥10万h。

（9）有利于实现雷达的通用化、系列化、标准化及模块化,提高批量生产能力,从而缩短雷达的研制周期并降低其生产成本。

3.1.2 有源相控阵雷达的关键技术

1. T/R组件

在有源相控阵雷达中,T/R组件是功能实现的重要器件,它是构成有源孔径的核心部件,也是发展有源相控阵技术的关键所在。T/R组件中微波电路的性能在很大程度上决定了有源相控阵雷达的性能,T/R组件的结构在很大程度上决定了相控阵天线的集成方式。合理确定T/R组件的组成和功能是有源相控阵雷达设计中的一个重要内容。

2. 馈电网络

在发射天线阵列中,从发射机至各天线单元间应有一个馈电网络进行功率分配。在接收天线阵列中,各天线单元至接收机间亦应有一个馈电网络进行功率叠加。馈电网络系统在有源相控阵列中占有至关重要的位置。有源相控阵列是由成千上万个相同的T/R组件组成的,故馈电网络亦有别于其他体制的雷达,其基本特点是极低功率电平的集中式强制馈电,因而固态发射机几乎是唯一的选择。例如,有源相控阵天线含有4000个相同的T/R组件,假定每个组件的输出功率为2W,单元功率放大器的增益大于23dB,当雷达要得到8kW的脉冲输出功率时,折合至每个单元上的输入功率约10mW,假设馈电网络的插入损耗为3dB,则要求发射机的输出额定功率大于80W就够了。上述分析从量的概念上说明了此种馈电方式的基本特点,就有源相控阵而言,初级馈电功率较大,常采用波导、同轴电缆甚至微带线组成一定级数的功率分配网络,子阵级则采用微带或同轴电缆将信号传送至每个天线单元。毋庸置疑,光纤馈电是一种较为理想的馈电方式。

3. 数字波束形成技术

有源相控阵雷达具有性能先进的阵列信号处理系统。阵列信号处理是指利用不同的信号空间指向来区分有用信号和干扰信号的一种处理方式,通常亦将其称为空域滤波技术。自适应空域滤波技术是现代信号处理技术的一个重要组成部分。近年来,数字处理技术尤其是超大规模集成电路(Very Large Scale Integration,VLSI)的发展,使DBF技术及其相关的天线阵列处理技术能应用于有源相控阵雷达中。DBF具有改变波束形状的灵活性,即波束捷变性能。采用DBF技术能实现搜索波束与跟踪波束的快速转换、改变波束相交电平及扩展波束宽度,还可形成跟踪和差波束及余割平方波束。DBF易于实现幅度与相位的校正,这一特点在低/超低副瓣接收天线形成、共形阵天线幅相调整和波束控制中得到了广泛的应用。

4. 数字信号处理

数字信号处理系统具有可重复性、可控性及便于集成等优点。相控阵雷达将采用高处理性能、高可靠性、灵活的可扩展性和易于自适应控制的多芯片多模式雷达信号处理结构。有源相控阵雷达体制决定其发射波形是大时宽带宽信号。为实现搜索、跟踪、目标识别、抗干扰、电子对抗

(Electronic Counter Measure,ECM)、电子支援措施(Electronic Support Measure,ESM)等任务,必须在计算机的控制下,改变系统的不同参数以适应其任务的变化。由于此时雷达的控制参数很多,如波形、频率、脉冲重复周期及波束驻留时间等,再加上波束形成控制、多批目标的跟踪处理等,采用常规的计算机控制方式无法实现,这就提出了用于多功能相控阵雷达的计算机专家控制系统。该专家控制系统具有较高的智能及完善的操作系统、合理的语言结构和高速的外设管理机制,从而可根据雷达的瞬时使命合理地编排工作时间表,自适应地调度诸控制参数,使得雷达系统性能最优化,资源共享最充分。

3.1.3 有源相控阵雷达的发展趋势

军事需求的牵引和基础技术的进步不断推动相控阵雷达功能、性能、形态向更高层次演化。精确动态态势感知使相控阵雷达日益集多功能于一体,日益复杂多变的电磁环境迫使相控阵雷达自我感知、自我学习、自我适应,隐身目标、弹道导弹、高超目标使相控阵雷达从集中式走向分布式组网。未来,随着材料和加工工艺的进步以及放大器功率的不断提高,相控阵雷达还将向高功率微波武器发展,实现探测感知和打击摧毁的一体化。

1. 实现多功能一体化

综合射频使用几个分布式宽带多功能孔径取代目前平台上为数众多的天线孔径,同时实现雷达、电子战与通信、导航、识别等多种射频功能,使电子系统的成本、重量、功耗、失效率显著下降,解决了舰载、机载平台上天线林立、遮挡、电磁干扰、雷达散射截面过大、维修困难、成本过高等问题。美国海军从1985年开始进行综合射频技术的研究,先后开展了先进综合孔径(Advanced Synthetic Aperture,ASAP)、先进多功能射频系统/概念(Advanced Multifunctional RF System/Conception,AMRFS/AMRFC)、综合上层建筑(InTop)等项目,并进行了平台测试,这些成果在双波段雷达中得以应用,DBR可代替原来舰上5~10部雷达的功能,使军舰上天线数量减少,提高了驱逐舰的隐身能力。

2. 提高协同作战能力

美国海军在1994年引入"协同作战能力"(Cooperative Engagement Capability,CEC)系统,通过编队内各舰船、预警机平台的传感器协同探测和复合跟踪,形成单一、实时、火控级的合成航迹,生成统一、精确的威胁态势图,并通过数据链在编队内所有平台共享,从而消除地球曲率对雷达探测距离的限制,扩展防空导弹的杀伤区远界。

3. 实现雷达规模自由裁剪

开放式、模块化能够降低安装时间,方便维护和升级,可以根据性能指标和平台空间要求进行缩放,具有较大的灵活性。目前,美国地基三坐标远程雷达(3DELRR)、舰载AMDR、机载APG-81雷达都采用了这种可扩充的开放式、模块化结构,能够根据标准化的接口进行构造。

4. 提高电子对抗性能

未来战争进攻手段的特点是快速、精确及隐蔽,并配合强大的电磁干扰,从而使对方的各种探测手段失效,无法实施有效的防御。在未来电子对抗日趋激烈的战场环境下,为有效地发挥相控阵雷达性能,增强抗干扰、电子反对抗(Electronic Counter Counter Measures,ECCM)能力不可缺少。由于有源相控阵雷达波束扫描速度快、扫描方式灵活多变,可自适应地对付各种电子干扰,因而在跟踪、测量远距离目标及电子对抗等领域具有特殊的作用。有源相控阵雷达适应威胁环境的能力,突出表现在其对反辐射导弹的快速反应能力及对多个远距离支援干扰(Stand-off Jamming,SOJ)源的抑制能力。由于有源相控阵列中的T/R组件的宽带性能,有源相控阵雷达可兼用作电子侦察与电子干扰。

借助软件改进可提高现有系统的某些抗干扰特性。目前,正对有源相控阵技术的抗干扰性能进行评估,该技术可借助波束成形及自适应调节天线零点位置来对抗某些干扰的影响。虽然有源相控阵雷达的性能一直在不断提高,但系统作为一种主动传感器的物理机理仍保持不变。这使得有源相控阵雷达处于一种易于被探测并被对抗的状况。减少有源相控阵雷达开机时间可降低对电子对抗的易损性。故寻求以最少数量的脉冲或最短时间的射频发射来采集必需的目标信息的方法已成为一种刻意追求的目标。

5. 不断适应隐身的需求

隐身与反隐身是同时存在的对立统一的两个方面。低可观测性(或"隐身")飞机给探测系统带来了挑战,要求有源相控阵雷达提高探测灵敏性。根据雷达工作的物理特性,假如目标飞机的雷达截面积降低一个数量级,要保持雷达原有的探测距离,雷达的性能必须提高一个数量级。隐身技术不仅应用于飞机,在开发新一代的舰船及战车时,亦开始尝试使用隐身技术。此种应用的发展亦将相应地促使探测系统提高其反隐身的性能。舰船隐身除在外形上满足降低雷达截面积的需求外,还需控制电磁波自身的发射,以避免敌方借助接收舰船发射的电磁波而探测到舰船;其中主动发射电磁波的雷达,对隐身需求而言是一种负面因素,故需采用以功率管理、编码扩展频谱、超低副瓣天线(低于 -40dB)等低截获概率技术,使敌方的电子支援措施等电磁波截获、侦搜系统难以接收到信号,或难以从微弱的信号确认舰船的位置。此外,LPI 技术亦有利于提高雷达对抗反辐射导弹的生存性。多传感器数据融合亦是雷达反隐身技术中的一项重要内容,它在反隐身技术中的意义在于借助数据融合建立起极为灵敏的多传感器系统,形成多频谱、多功能探测、识别与跟踪的能力。

3.2 有源相控阵的结构体系及组成

3.2.1 有源相控阵的结构体系

有源相控阵的性能和成本不但依赖 T/R 组件的设计,还取决于阵列的结构设计。有源相控阵结构设计一般采用子阵结构的阵列,它通常分成行子阵、列子阵,每个子阵分开馈电。图 3-1 是构成孔径的两种基本方法。

在图 3-1(a)中,阵列是由与阵面垂直安装的印制电路偶极子阵列构成的,这种安装称"砖块"式(或称直线式)子阵结构,其馈电常用立体组合馈电。图 3-1(b)所示的面子阵是"瓦片"式(或称分层式)结构,每一层完成一项或几项特定的功能,如相移、功率放大器等。它安装成一个多层阵列,其馈电为平面组合馈电。上述两种结构的子阵列都可以采用单片有源集成电路,也可采用混合有源集成电路。术语"砖块"和"瓦片"是指阵列的组装方式,而不是阵面孔径的排布。可以用瓦片结构组装成列子阵形式的阵列,只要其平面的射频功分器按列编址,或者把区域子阵作为"砖块"结构,从天线孔径背面插入组件形成面子阵。

当阵列可以有较大的厚度时,可用"砖块"结构。扩大体积便有更大的电路空间、更好的热控制(用空气或液体冷却)和更方便的维护(通过移走砖块)。在每个"砖块"内,电路可用单片集成电路或混合集成电路制造。"砖块"结构的主要优点是,对振子和其他非平面类型天线单元具有兼容性,与用于"瓦片"结构的平板印制天线单元比较,这些单元具有较大的带宽。

"瓦片结构"具有一些潜在的优点,主要是它可做得很薄,体积很小,能和飞机共形。这种结构的缺点是不易于做到精确的渐变功率分布,因此通常不用于低副瓣阵列。此外,难于散热,还因采用贴片和印刷的振子单元,其频带较窄,也难于维护。

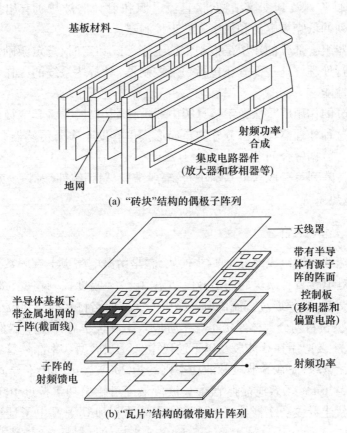

(a) "砖块"结构的偶极子阵列

(b) "瓦片"结构的微带贴片阵列

图 3-1 有源相控阵的基本阵列结构

3.2.2 有源相控阵雷达的功能框图

图 3-2 所示为有源相控阵雷达的功能框图,系统的组成分为三个主要部分:有源电扫描阵列组合、接收机—激励器组合和处理器组合。

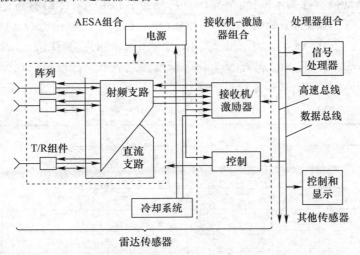

图 3-2 有源相控阵雷达的功能框图

有源电扫描阵列组合的作用是调整信号、控制波束的指向和形状、辐射和接收能量。这一部分通常包括 T/R 组件阵列及其支撑结构、将直流电源和射频信号与所有组件连接起来的连接器、热控制设备、阵列的低噪声电源和数字式波束控制器。

接收机—激励器组合部分的作用是控制雷达工作方式和定时、选定激励波形以及将接收信号变为数字信号进行处理。这一部分还包括一个控制器，对雷达系统的工作实施全面控制并监视雷达系统的全部性能。

处理器组合部分的作用就是从数字信息源中取出目标信息，并将其变换成显示系统所要求的综合数据形式。这种处理器与主机分开的布局形式也有助于多个传感器共用计算机，以解决显示前的利用效率和数据融合问题。

大多数有源相控阵列可分成六个基本单元：辐射结构、射频组件、射频波束形成网络、波束控制器、供电系统和散热系统。

3.2.3 固态 T/R 组件

有源相控阵雷达的关键组成部分是 T/R 模块，它是由微电路板上有限数量的单片微波集成电路实现的。其关键电参数有模块的输出峰值功率、相位和幅度控制精度、接收机噪声系数，以及发射信号的噪声调制（必须通过直流供电电路中的滤波回路将其抑制到最小）。

固态 T/R 组件按材料划分大体经历了三个阶段。第一代半导体功率器件以 Si 双极型功率晶体管为主要代表，主要应用在 S 波段及以下波段中。Si 双极型功率晶体管在 L 波段脉冲输出功率可以达到数百瓦量级，而在 S 波段脉冲功率则约为 200W。第二代半导体功率器件以 GaAs 场效应晶体管为代表，GaAs 场效应晶体管在 C 波段最高可输出功率接近 100W，而在 X 波段则可达到 25W。第三代半导体功率器件以 SiC 场效应晶体管和 GaN 高电子迁移率晶体管为主要代表。同第一代、第二代半导体材料相比，SiC 和 GaN 半导体材料具有宽禁带、高击穿场强、高饱和电子漂移速率以及抗辐射能力强等优点，特别适合应用于高频、高功率、抗辐射的功率器件，并且可以在高温恶劣环境下工作。

3.2.3.1 宽禁带半导体功率器件的特点

半导体能带结构中，导带最低点与价带最高点之间的能量间隙称为禁带宽度（以 E_g 表示，单位为 eV）。根据禁带宽度的不同，将半导体材料分为窄禁带半导体材料与宽禁带半导体材料。若禁带宽度 $E_g < 2eV$，则称为窄禁带半导体，如硅（Si）、锗（Ge）、砷化镓（GaAs）、磷化铟（InP）；若禁带宽度 E_g 为 $2\sim 6eV$，则称为宽禁带半导体，如碳化硅（SiC）、氮化镓（GaN）、氮化铝（AlN）、氮化镓铝（AlGaN）等，其中以 SiC 和 GaN 为代表材料。部分半导体材料的物理特性如表 3-1 所列，从中可以看出作为第三代半导体材料的宽禁带半导体与第一、二代半导体之间的差异。

表 3-1 部分半导体材料的物理特性

参数	Si	GaAs	SiC	GaN
禁带宽度/eV	1.1	1.4	3.2	3.4
介电常数	11.8	12.8	9.7	9.0
击穿场强/(10^6 V/cm)	0.6	0.7	2.5	3.5
热传导率/(W/(m℃))	130	46	370	170
电子迁移率/(cm^2/(V·s))	700	4700	600	1600
饱和速度/(10^7 cm/s)	1.0	2.0	2.0	2.5

1. 高输出功率和功率密度

宽禁带半导体材料的击穿电场强度高，从表 3-1 可从看出 SiC 和 GaN 的击穿场强是 Si 与

GaAs 的数倍。高的电子击穿场强使得半导体功率器件的击穿电压更高,理论上宽禁带半导体功率器件的击穿电压为 200~450V,甚至更高。因此,宽禁带半导体功率器件的射频输出功率获得大幅度的提高。在增加掺杂密度的条件下,宽禁带半导体功率器件的漂移区宽度降低,从而减小半导体功率器件的尺寸,提高其功率密度。

2. 工作频率高,工作频带宽

半导体器件的截止频率直接关系到器件工作的最高频率和瞬时带宽,它随沟道掺杂浓度增加而上升、随沟道厚度和栅长的增加而下降。由于 Si 半导体材料禁带宽度的限制,其截止频率较低,因此 Si 半导体功率器件只能工作在 S 波段以下。GaAs 器件虽然截止频率很高,但受击穿电场强度的限制,工作电压较低,导致器件输出功率和功率密度都很小。宽禁带半导体材料固有的宽禁带能量、高击穿场强和高饱和电子漂移速率的特性,决定了该类型器件可以工作在更高频率,同时仍能有高的输出功率。另外,宽禁带半导体功率器件的固有特性使得器件的阻抗大大提高,从器件应用角度来看,电路的宽带阻抗匹配更容易实现,使得其宽带应用成为可能。

3. 较好的环境适应性

从表 3-1 可以看出,宽禁带半导体材料中 SiC 的热传导率比 Si 高约 3 倍,GaN 与 Si 相当。越高的热传导率意味着由该材料制作的器件向周围环境传导热量的能力越强,GaN 器件采用 SiC 材料作衬底,同样确保器件向外界传导热量的能力较强。

宽禁带半导体材料的禁带宽度为 Si 和 GaAs 材料的 2~3 倍,这使得宽禁带器件比 Si 和 GaAs 器件能在更高的温度下工作。例如,GaN 器件可以在 Si 和 GaAs 的极限工作温度 300℃下正常工作,在 500℃下可以在半功率负荷的情况下连续工作。所有这些确保宽禁带半导体功率器件具有良好的热稳定性、较高的结温,可以在高温以及散热性能较差的恶劣环境下正常工作。

4. 抗辐射能力强

宽禁带半导体材料化学键能高,材料的物理化学性能稳定,不易受外来的物理、化学作用的影响,使得宽禁带器件的抗辐射能力比 Si 和 GaAs 器件更强。

3.2.3.2 T/R 组件设计

随着电子技术的发展,以氮化镓(GaN)T/R 模块为代表的第三代半导体器件已经逐步取代砷化镓(GaAs)T/R 模块,从而进一步提升有源相控阵雷达的性能。目前,T/R 组件一般都采用多单元结构,是基于 MMIC、ASIC、LTCC 技术、微组装工艺、MCM 技术实现的高集成气密封装微波组件。发射通道采用 GaN 大功率高效率放大器 MMIC 芯片,实现宽带、宽脉冲、高工作比的大功率高效射频输出,为远距离目标探测奠定了基础;接收限幅器采用无源限幅方案,能承受 T/R 组件的全反射功率,提高了 T/R 组件的可靠性及稳定性;电路设计中采用了高集成微波多功能芯片,单个芯片内集成了数字式微波移相器、数字式微波衰减器、多个微波单刀双掷开关、微波放大器、控制接口电路,实现了组件的轻量化、小型化。

1. 功能

T/R 组件是有源阵面中最靠近天线单元的有源电路。其主要功能如下:

(1)发射时,在波控信号的控制下,对上行激励信号进行幅相控制、驱动放大、功率放大后输出到天线单元的发射端口。

(2)接收时,回波信号经天线单元馈入 T/R 组件接收通道,进行限幅保护和低噪声放大。在波控信号的控制下,进行幅度和相位控制。

(3)具备电源互锁保护、发射通道使能、控制信号自检等功能以及具备恒定接收态、收发分时工作态、收发全关态三种工作模式。

2. 特点

T/R 组件的主要特点如下：

（1）高集成金属陶瓷气密封装结构。

（2）具备控制任意收发通道工作或不工作的能力。

（3）采用高集成微波多功能芯片，集成度高。

（4）采用液体冷却方式，冷却效率高。

（5）采用单端 TTL 电平同步串行协议控制接口，具备控制信号自检能力。

（6）采用高导热、低密度、热涨系数小的复合材料壳体，分腔设计，激光气密封焊工艺。

3. 工作原理

每个 T/R 组件由一个发射支路和一个接收支路构成。采用 T/R 多功能 MMIC 芯片作为 T/R 通道的核心器件，多功能芯片与驱动功率放大器 MMIC、末级高功率放大器 MMIC、隔离器、发射电源调制电路构成发射支路；多功能芯片与两级 LNA、限幅器、隔离器、接收电源调制电路构成接收支路。T/R 组件原理框图如图 3-3 所示。

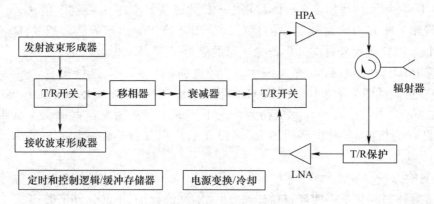

图 3-3 T/R 组件原理框图

发射时，激励信号经多功能芯片分别实现幅相控制，再经过功率放大后经隔离器后输出到极化器，最后通过天线单元辐射输出，在空间进行功率合成与波束形成。接收时，回波信号经过天线单元接收，然后通过隔离器、限幅器，再由低噪声放大，最后通过各自的多功能芯片实现幅相调整，送后端进行接收波束形成。

4. 射频电路设计

通过对 T/R 组件的发射和接收链路进行优化设计，弱化发射和接收通道的互耦，从而减小幅相特性畸变。多功能芯片采用 SoC 芯片高集成技术，用一块芯片就取代传统微波电路设计中多只微波元器件，原来分立器件之间的金丝键合和印制板线的微波不连续效应不复存在，大大提升了 T/R 组件带内幅相性能。相对于分立器件级联设计而言，SoC 芯片的高集成设计大幅减少了多功能芯片面积，降低了组件成本，实现了组件小型化和轻量化设计；微波元器件数量减少又可大幅提高 T/R 组件可靠性。

5. 电源电路设计

接收低噪声放大器的电源电路采用 CMOS 低功耗大电流 ASIC 裸芯片，实现各个低噪声放大器的漏极电压调制。发射末级高功率放大器、驱动级中功率放大器均为 GaN MMIC。栅极电压偏置电路采用可调恒压源电路，实现栅压动态稳定。漏极电压偏置电路采用漏极电压开关调制方式，调制开关为大电流高电压 PMOS 管芯。开关驱动器为高压 CMOS ASIC 芯片，具备栅极电压检测保护功能，保证功率放大器电源线路安全可靠。

6. 控制电路设计

控制电路主要完成同步串行信号到并行信号的转换,实现 T/R 组件的收发状态转换、幅相控制、通道使能、控制自检等功能。

7. 组件结构

某 X 频段相控阵雷达采用的四通道 T/R 组件外形尺寸如图 3-4 所示。组件功率放大器芯片工作时产生了大量的热量,因此为保证器件长期可靠的工作,需构造良好的散热通道,同时还必须对组件结构采用气密设计。为减轻重量,结构采用高导热、低密度、热涨系数小的复合材料壳体。

图 3-4 四通道 T/R 组件外形

组件微波输入输出头采用超小型推入式微波盲插(SMP)连接器,阻抗 50Ω 匹配;控制信号和电源共用一个 25 芯微矩形气密插座;控制信号采用串行输入输出方式。

3.3 有源相控阵雷达功率孔径设计

根据雷达方程,在相关指标明确的情况下,雷达的探测性能取决于雷达发射阵面辐射功率与接收天线面积的乘积($P_{av}A_r$);雷达的跟踪性能取决于功率、发射天线增益与接收天线面积的乘积,即有效功率孔径积($P_{av}G_tA_r$)。有源相控阵雷达天线采用完全分散的发射接收组件,因此在功率孔径设计上具有很大的灵活性,可以在发射功率与天线孔径之间进行折中设计。

3.3.1 探测性能确定情况下功率孔径设计

如果 T/R 组件中发射信号的功率放大器的输出功率受功率放大器件限制,难以做到要求的功率电平;或者输出功率虽可以达到要求的功率电平,但需要重新研制器件,使得成本增加、结构复杂等,从系统整体设计角度衡量不合理时,可以考虑适当增大天线孔径,即增加发射单元、相应地增加 T/R 组件数目来解决上述问题。令 $P_{av} = NP_e$,$A_r = NA_e$,则功率孔径积($P_{av}A_r$)为

$$P_{av}A_r = N^2 P_e A_e \tag{3-1}$$

式中:P_e 为有源相控阵雷达天线中每一天线单元辐射信号的平均功率;N 为阵面单元总数;A_e 为一个天线单元的面积。

式(3-1)中,当 N 分别等于 N_1 与 N_2 时,每个 T/R 组件中高功率放大器要求的输出功率电平 P_{e1} 与 P_{e2} 分别为

$$P_{e1} = \frac{(P_{av}A_r)_{req}}{A_e} \times \frac{1}{N_1^2} \tag{3-2}$$

$$P_{e2} = \frac{(P_{av}A_r)_{req}}{A_e} \times \frac{1}{N_2^2} \qquad (3-3)$$

则

$$\frac{P_{e2}}{P_{e1}} = \left(\frac{N_1}{N_2}\right)^2 = \left(\frac{A_{r1}}{A_{r2}}\right)^2 \qquad (3-4)$$

因此,可通过增加天线单元数目,也即增加天线面积的方法,达到降低 T/R 组件输出功率的效果。例如,天线单元数目或面积增加 21% 时,每个 T/R 组件的输出功率可降低至原来要求的 68.3%。

3.3.2 跟踪性能要求确定情况下功率孔径设计

对以跟踪为主的有源相控阵雷达,有效功率孔径乘积 $(P_{av}G_tA_r)$ 应满足雷达跟踪信噪比性能的要求,这时适当增加天线的口径面积,对降低 T/R 组件发射信号输出功率的作用更为明显。

近似地,因 $P_{av} = NP_e$, $A_r = NA_e$, $G_t = NG_e = N\frac{4\pi}{\lambda^2}A_e$,故有

$$P_{av}G_tA_r = \frac{4\pi}{\lambda^2}N^3 P_e A_e^2 \qquad (3-5)$$

若原面阵天线中的单元数目为 N_1,天线面积为 A_{r1},则通过增加单元数目至 N_2,亦即增加天线面积至 A_{r2},则可降低对 T/R 组件发射输出功率的要求,P_{e2} 与 P_{e1} 的比率为 K_P,即

$$K_P = \frac{P_{e2}}{P_{e1}} \qquad (3-6)$$

$$K_P = \left(\frac{N_1}{N_2}\right)^3 = \left(\frac{A_{r1}}{A_{r2}}\right)^3 \qquad (3-7)$$

对于圆口径天线阵列,可以将 K_P 表示为随天线直径变化的函数,若 N_1 对应的天线直径为 D_1,N_2 对应的天线直径为 D_2,则将天线直径由 D_1 增至 D_2 后,K_P 可表示为

$$K_P = \left(\frac{D_1}{D_2}\right)^6 \qquad (3-8)$$

式(3-8)中,当天线阵列直径增加 10%,即 $D_2 = 1.1D_1$ 时,天线面积和天线单元数目增加 21%,K_P 降为 0.56,即 $P_{e2} = 0.56P_{e1}$,对 T/R 组件输出功率的要求可降低至原来的 56%。

3.3.3 发射初级电源功率受限制时功率孔径设计

如果有源相控阵雷达能获得的初级电源功率一定,那么 T/R 组件总输出功率在满足 $(P_{av}A_r)$ 或 $(P_{av}G_tA_r)$ 的同时还受到 T/R 组件的功率效率 C_m 的限制。如果 C_m 不能提高,则只能依靠增加相控阵雷达天线的口径面积,即增加 T/R 组件的数目来解决。这时需要从允许的初级电源功率 P_{pm} 出发,推算出阵面能获得的 T/R 组件总的发射输出功率 $(P_{pm}C_m)$。

如果每一个 T/R 组件需要发射的输出功率为 P_e,T/R 组件的数目为 N,且初级电源功率是固定的,即 $(P_{pm}C_m)$ 保持不变,则

$$NP_e = P_{pm}C_m \qquad (3-9)$$

为了满足雷达探测性能的要求,功率孔径积应为 $(P_{av}A_r)_{req}$,则必须满足

$$N^2 P_e A_e = NA_e(P_{pm}C_m) \geqslant (P_{av}A_r)_{req} \qquad (3-10)$$

变换后可得

$$N \geqslant \frac{(P_{av}A_r)_{req}}{A_e(P_{pm}C_m)} \quad (3-11)$$

同时,为满足雷达跟踪性能的要求,有效功率孔径积应为$(P_{av}G_tA_r)_{req}$,则必须满足

$$\frac{4\pi}{\lambda^2}N^3P_eA_e^2 = \frac{4\pi}{\lambda^2}N^2A_e^2(P_{pm}C_m) \geqslant (P_{av}G_tA_r)_{req} \quad (3-12)$$

变换后可得

$$N \geqslant \frac{\lambda}{A_e}\sqrt{\frac{(P_{av}G_tA_r)_{req}}{4\pi(P_{pm}C_m)}} \quad (3-13)$$

综合式(3-11)和式(3-13),有

$$N \geqslant \max\left\{\frac{(P_{av}A_r)_{req}}{A_e(P_{pm}C_m)},\ \frac{\lambda}{A_e}\sqrt{\frac{(P_{av}G_tA_r)_{req}}{4\pi(P_{pm}C_m)}}\right\} \quad (3-14)$$

由式(3-14)可见:①在初级电源P_{pm}及T/R组效率C_m一定的条件下,若要求的$(P_{av}A_r)$或$(P_{av}G_tA_r)$越大,则单元数目N应越大,对应的TR组件单通道功率就越小;②在探测性能和跟踪性能确定的情况下,允许的初级电源功率越高,T/R组件效率越高,天线阵面T/R组件的数目N越少,其物理意义也很明显。

上面讨论的是当相控阵雷达发射阵能提供的初级电源受限制时,通过增加天线孔径,相应地增加单元T/R组件的数目来满足功率孔径积或有效功率孔径积的要求,在某些情况下是非常重要的。例如,对船载相控阵测量雷达而言,若存在初级电源功率的限制,那么增大有源相控阵雷达天线孔径,降低其T/R组件放大器的输出功率,并努力提高其效率C_m是一个重要的设计方法。

3.4 相控阵雷达子阵波束形成技术

对相控阵精密跟踪测量雷达而言,一般需要高达数百兆赫兹的瞬时带宽。而当天线的孔径尺寸确定后,天线的瞬时带宽与其孔径尺寸成反比,大孔径天线必然具有有限的瞬时带宽。如果瞬时带宽达不到所需的要求,那么阵列雷达的性能就会随波束指向偏移而下降,如图3-5所示。另外,高灵敏度的应用需要较大的阵列孔径,那么瞬时带宽就比较有限。

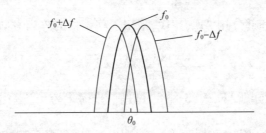

图3-5 因瞬时带宽过大而产生的波束指向偏移

模拟波束形成器采用移相器来控制每个天线单元,从而对所有阵元的信号进行相干叠加。这种相控阵雷达的拓扑结构如图3-6所示。为获得大瞬时带宽,可以使用时延控制的方法来取代图中的每个阵元的移相器。然而,在每个阵元上使用延时器的造价比较高,且有损耗。比较实用的解决方法是采用由多个独立阵元组合起来的子阵,子阵进一步组成整个天线阵,而每个子阵

之后都使用延时器。一个子阵的拓扑结构如图3-7所示。

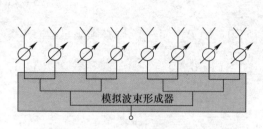

图 3-6 基于阵元 + 移相器的阵列拓扑结构

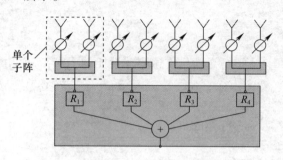

图 3-7 基于阵元 + 移相器以及子阵 + 延时器的阵列拓扑结构

除了前面讨论的瞬时带宽问题以外,采取子阵结构可以减少阵列所需的控制阵元组件的数量。对于扫描范围有限的应用来说,完全不必对每个阵元都接入移相器,在各组子阵后面连接移相器就能满足要求。另外,采用子阵的优势就是可以为大型阵列的制作和安装提供方便。

3.4.1 子阵方向图表达式

下面以一维线阵介绍基于子阵结构的阵列的方向图性能。

一维线阵的方向图可表示为

$$F(\theta) = \text{EP} \cdot \sum_{n=1}^{N} a_n e^{j\left(\frac{2\pi}{\lambda} x_n \sin\theta - \frac{2\pi}{\lambda_0} x_n \sin\theta_0\right)} \tag{3-15}$$

对于子阵结构,方向图公式与式(3-15)类似。首先,假设一个阵列由 M 个独立阵元组成。这 M 个阵元可分成 P 个子阵,其中每个子阵的阵元数 $R = M/P$。例如,图 3-7 所示的结构中,$M=8, P=4, R=2$。

根据式(3-15),子阵方向图可以表示为

$$F_{\text{SA}}(\theta) = \text{EP} \cdot \sum_{r=1}^{R} a_r e^{j\left(\frac{2\pi}{\lambda} x_r \sin\theta - \frac{2\pi}{\lambda_0} x_r \sin\theta_0\right)} \tag{3-16}$$

整个阵列的方向图可表示为

$$F(\theta) = \sum_{p=1}^{P} b_p F_{\text{SA}}(\theta) e^{j\left(\frac{2\pi}{\lambda} x_p \sin\theta - \frac{2\pi}{\lambda_0} x_p \sin\theta_0\right)} \tag{3-17}$$

将式(3-16)中的求和部分用 AF_{SA} 替代,采用子阵结构的阵列方向图可表示为

$$F(\theta) = \text{EP} \cdot \sum_{p=1}^{P} b_p \text{AF}_{\text{SA}} e^{j\left(\frac{2\pi}{\lambda} x_p \sin\theta - \frac{2\pi}{\lambda_0} x_p \sin\theta_0\right)} \tag{3-18}$$

假定所有子阵具有相同的 AF,式(3-18)可进一步简化为

$$F(\theta) = (\text{EP} \cdot \text{AF}_{\text{SA}}) \sum_{p=1}^{P} b_p \cdot e^{j\left(\frac{2\pi}{\lambda} x_p \sin\theta - \frac{2\pi}{\lambda_0} x_p \sin\theta_0\right)} \tag{3-19}$$

式(3-19)与式(3-15)非常相似,区别在于有效阵元方向图是单个阵元的方向图乘以一个阵因子 AF_{SA}。另外,求和运算是对子阵数进行,而不是对阵元数。进一步对式(3-19)简化可得

$$F(\theta) = (\text{EP} \cdot \text{AF}_{\text{SA}}) \text{AF}_p = \text{EF}_{\text{SA}} \cdot \text{AF}_p \tag{3-20}$$

式(3-20)是一个非常直观的结果,该式表明对于一个子阵结构的阵列,其整体天线方向图

可以简化为子阵阵元方向图和其后端 AF 项相乘的结果。该式有助于理解在子阵中使用实时延时控制或者数字波束形成的物理意义，取代了式(3-19)中采用的移相器。

3.4.2 子阵波束形成

可用来实现子阵级波束形成的阵列拓扑结构有很多。这些结构往往会使用一个或多个移相器、时延模块和数字波束形成的组合。本节将讨论三种不同实现方法的结构，以及每种方法的局限性和优势，结构如图 3-8 所示。

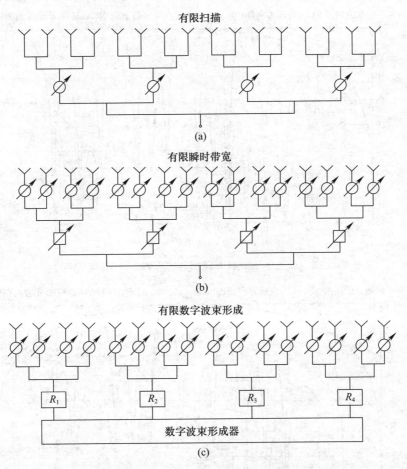

图 3-8　三种子阵波束形成的阵列拓扑结构

3.4.2.1 子阵移相控制波束形成

图 3-8(a)给出了一个阵列的子阵结构，它只在子阵级采用了移相器。由于所需控制阵元组件的数量极大减少，所以这种结构比较有优势，即不需要对每一个阵元使用移相器来实现波束的电子扫描，而只需要在子阵级采用移相器。对式(3-19)进行扩展，可得到子阵结构的方向图公式为

$$F(\theta) = \text{EP} \cdot \sum_{r=1}^{R} a_r \text{e}^{\text{j}\left(\frac{2\pi}{\lambda}x_r\sin\theta - \frac{2\pi}{\lambda_0}x_r\sin\theta_0\right)} \sum_{p=1}^{P} b_p \cdot \text{e}^{\text{j}\left(\frac{2\pi}{\lambda}x_p\sin\theta - \frac{2\pi}{\lambda_0}x_p\sin\theta_0\right)} \quad (3-21)$$

对于图 3-8(a)所示的天线阵，因为在阵元级没有移相器，所以式(3-21)中阵因子项需要进行修正，因此变为

$$F(\theta) = EP \cdot \sum_{r=1}^{R} a_r e^{j\frac{2\pi}{\lambda}x_r\sin\theta} \sum_{p=1}^{P} b_p \cdot e^{j\left(\frac{2\pi}{\lambda}x_p\sin\theta - \frac{2\pi}{\lambda_0}x_p\sin\theta_0\right)} \qquad (3-22)$$

图3-9对式(3-22)给予了详细的说明。虽然控制阵元的数目减少了,但是扫描性能也相应地降低了。如图3-10所示,由于子阵的AF不控制波束,所以方向图中出现了不需要的较高副瓣。因为移相器只在子阵级上进行控制,所以这种结构的扫描能力有限。着重强调一点,即使在子阵级采用延时器代替移相器,结果也是一样的。因为没有对阵元进行控制,所以子阵的AF不能进行电子扫描,于是限制了阵列的扫描能力。

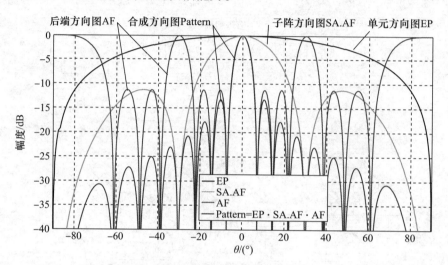

图3-9 仅在子阵级具有移相器的阵列方向图($\theta_0 = 0°$)

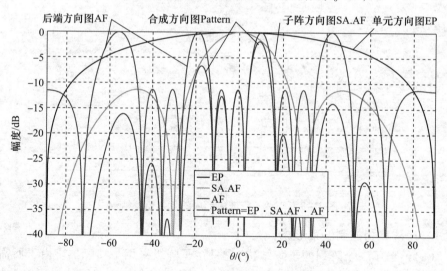

图3-10 仅在子阵级具有移相器的阵列方向图($\theta_0 = 10°$)

3.4.2.2 子阵时间延迟控制波束形成

为了不影响子阵阵列的扫描能力,就需要采取一些阵元级控制,从而使子阵的AF可以随主波束进行扫描。在阵元级可以配置移相器或延时器,但对阵元进行时间延迟增加了不必要的复杂性,特别是对于较大型的阵列(包含成百上千个阵元)。于是,通常采用图3-8(b)所示的实现方法。整个天线阵方向图公式可由式(3-21)得到,即

$$F(\theta) = EP \cdot \sum_{r=1}^{R} a_r e^{j\left(\frac{2\pi}{\lambda}x_r\sin\theta - \frac{2\pi}{\lambda_0}x_r\sin\theta_0\right)} \sum_{p=1}^{P} b_p \cdot e^{j\frac{2\pi}{\lambda}x_p(\sin\theta - \sin\theta_0)} \qquad (3-23)$$

在阵元级采用相位控制,同时在子阵级采用时间延迟可以减少所需时间延迟模块的数量,还可以得到非常好的扫描性能。对阵元级实施控制可以使子阵 AF 同阵列一起进行波束扫描。图 3-11 给出了一个 ESA 进行扫描的实例。天线阵以中心频率 f_0 扫描到 30°,正如预期的一样,方向图形状良好。

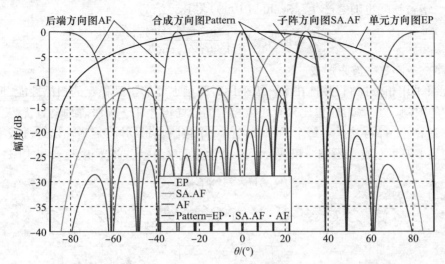

图 3-11 基于阵元 + 移相器以及子阵 + 延时器的方向图($\theta_0 = 30°$)

这种方法的缺陷是瞬时带宽比较有限。从式(3-23)可以看出,子阵的 AF 在中心频率处($\lambda = \lambda_0$)有一个最大值;而当工作频率偏离中心频率时,AF 出现偏移,在偏离中心频率处(即$\lambda \neq \lambda_0$)不再有最大值,图 3-12 描述了这一现象。

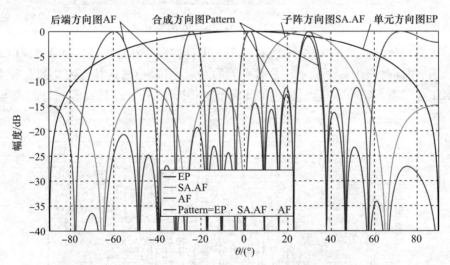

图 3-12 图 3-8(b)给出的结构方法具有瞬时带宽方面的限制

$$(f = 1.1 f_0)$$

虽然采用这种结构会限制瞬时带宽,但是仍比非子阵结构的性能要好。有源相控阵雷达的瞬时带宽表示为

$$\text{IBW} = \frac{c}{L \sin \theta_0} \tag{3-24}$$

对于在子阵级采用时间延迟的子阵结构,其瞬时带宽不受整个阵列尺寸的限制,而是受子阵尺寸的约束,瞬时带宽可表示为

$$IBW = \frac{c}{L_{SA}\sin\theta_0} = \frac{Pc}{L\sin\theta_0} \tag{3-25}$$

式中:P 为子阵的数目。

比较式(3-24)和式(3-25)可知,瞬时带宽随着子阵数目的增加而增大。然而,随着瞬时带宽的增大,增益损耗也随之产生。Skolnik(1990)将其表示为

$$增益损失 \approx 1 - \left[\frac{\sin(\pi/4)\sin\theta_0}{(\pi/4)\sin\theta_0}\right]^2 \tag{3-26}$$

3.4.2.3 子阵数字波束形成

在阵元级采用相位控制,并且在子阵级采用时间延迟能够得到稳定的扫描性能,但是仍会受到瞬时带宽的限制。尽管如此,也比只有相位控制的同样尺寸非子阵级阵列具有优势。在子阵级进行时延控制的另一个办法是对每个子阵都连接一个接收信道,并将通道输出进行数字合成。这种方法称为数字波束形成,如图3-13所示。从数学角度来看,该方向图表达式和式(3-23)类似。

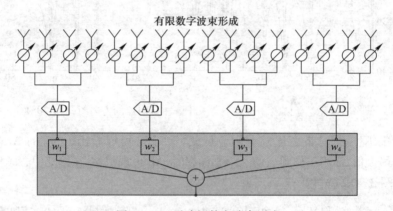

图3-13 子阵级数字波束形成

数字波束形成能够同时产生多个波束,每个波束具备完全孔径增益。如图3-14所示,通过调整数字权重,可同时产生多个波束。非常有利的一点是,每个波束具有完全的孔径增益。DBF也有受瞬时带宽IBW限制的问题。为尽可能降低这种影响,设计子阵孔径尺寸时要与所需的瞬时带宽相匹配。

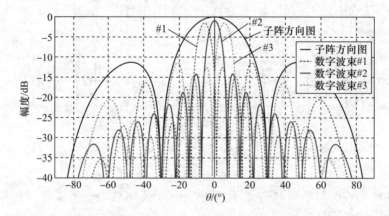

图3-14 数字波束形成可以使多个同时产生的波束具有完全孔径增益

3.4.3 重叠子阵

对于子阵时间延迟波束形成和子阵数字波束形成,其瞬时带宽都受到子阵波束方向图形状

的限制。当工作频率偏离中心频率,其子阵方向图发生偏斜,使方向图中后端的阵因子 AF 产生了栅瓣。为减弱这种效应,需要设计一个子阵方向图,它能像滤波器一样提供窗函数效果。这可以通过使用重叠子阵的方法来实现。

为了降低副瓣,往往需要通过加权对波束进行赋形。对于子阵结构,在单元级子阵进行加权,则子阵内的单元数量过少对加权操作是不利的,而单元数过多又会增加子阵间的间距,引起方向图内出现过密的栅瓣;在子阵级进行赋形,并不会减少栅瓣的数量,这对最终的综合方向图优化意义不大。

通过将相邻子阵共享一部分天线单元,构成子阵重叠结构,可以在提供一定子阵单元数量的同时,减小子阵级的间距。子阵重叠的拓扑结构如图 3-15(a)所示。其中,s 为子阵尺寸,d 为相邻子阵间相位中心的距离,定义子阵重叠比为 $t = s/d$,则图 3-15(a)对应的重叠比为 2∶1。对于 120 元的一维电扫阵列,以子阵单元数 4,重叠比 $t = 3$,则重叠子阵单元数 $R = 4 \times 3 = 12$,构造的单子阵结构如图 3-15(b)所示。每个单元都经过一个 1/3 的功分网络将信号分路,并通过 4/1 和 3/1 的网络将信号合并。每一路信号都进行了加权操作,合并后的信号通过时间延迟模块来提高扫描的稳定性。而在数字波束形成中,可在每路合并信号后连接一个接收信道来进行时延控制,然后将通道进行数字合成。

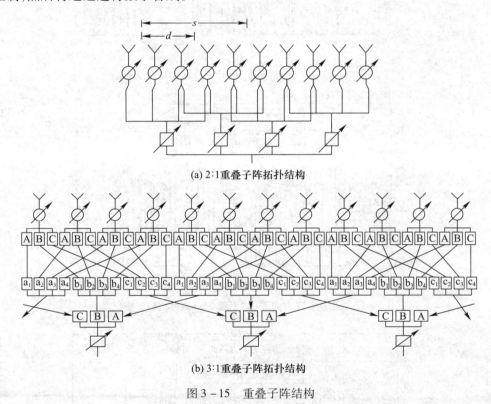

(a) 2∶1 重叠子阵拓扑结构

(b) 3∶1 重叠子阵拓扑结构

图 3-15 重叠子阵结构

采用子阵重叠的一维方向图同样能用式(3-23)表示,只需将对应的参数进行修正即可,即

$$F(\theta) = \text{EP} \cdot \sum_{r=1}^{R} w_r e^{j\left(\frac{2\pi d}{\lambda}\sin\theta - \frac{2\pi d}{\lambda_0}\sin\theta_0\right)} \cdot \sum_{p=1}^{P-(t-1)} b_p e^{j\frac{2\pi x_p}{\lambda}(\sin\theta - \sin\theta_0)} \quad (3-27)$$

式中:EP 为单元方向图;R 为重叠子阵单元数(等于子阵单元数乘以重叠比);t 为子阵重叠比;P 为重叠子阵数目;对应的 x_p 为重叠子阵的间距。天线阵两端的子阵同样有贡献,但在式(3-27)中,为了简洁,计算时未考虑其影响。如图 3-15(b)所示,在单元子阵内采用泰勒加权,各个单

元的相对电平为

$$\{w_i\} = \{c_1, c_2, c_3, c_4, b_1, b_2, b_3, b_4, a_1, a_2, a_3, a_4\} \quad (3-28)$$

阵元级连接时延模块使得阵列后端子阵 AP 公式中的工作波长和谐振波长一致,方向图最大值对应的扫描角将与工作波长无关。

由图 3-18 可以看出,当工作频率偏移中心频率时,阵因子会发生偏斜;而子阵级加入的时延控制使得阵元级方向图指向不随频率变化,综合后的方向图除了增益有一定损耗外,波束指向并不改变,如图 3-11、图 3-12 所示;而且子阵重叠结构能够提供窗函数的效果,有效抑制了阵元级方向图中的栅瓣在综合方向图中的出现,如图 3-16、图 3-17 所示。

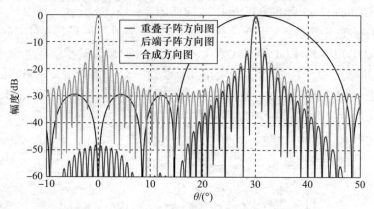

图 3-16 重叠子阵方向图,单元级 Taylor 加权($f=f_0$)

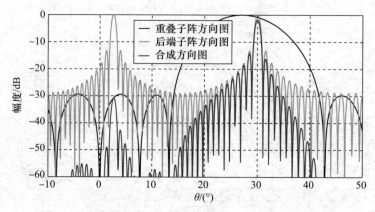

图 3-17 重叠子阵方向图,单元级 Taylor 加权($f=1.1f_0$)

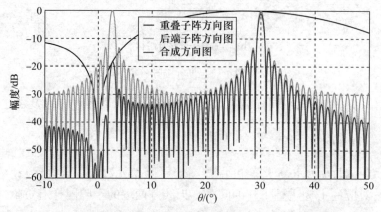

图 3-18 非重叠子阵方向图,单元级 Taylor 加权($f=1.1f_0$)

3.5 相控阵雷达和差波束形成技术

角度测量是雷达参数估计或雷达参数测量的一个重要内容。相控阵天线是多通道系统,相控阵雷达是一种多通道测量装置。相控阵天线单元通道或子天线阵通道接收信号之间存在相位差,相位差里含有目标角位置信息,因此,通过测量各天线单元或子天线阵之间的相位差即可获得目标的角位置信息。这一特性也用于对天线波束覆盖区内的辐射源进行定向,测量辐射源的来波方向。同样,利用相控阵天线的多通道特性,可方便地形成多个波束最大值指向不同的接收波束,通过比较各个接收波束之间信号的幅度,测量目标角位置。

单脉冲跟踪雷达是通过比较来自两个或多个同时波束的信号获得目标角位置信息的一种雷达。角度测量可以基于单个脉冲进行,故称为单脉冲。然而在实际应用中,通常使用多个脉冲以增加检测概率、提高角度估计精度和在必要时提高多普勒分辨率。利用同时出现在多个波束中的回波信号进行角度测量,可以比时分方式工作的单波束跟踪(如圆锥扫描或顺序波束转换)系统得到更高的角度测量精度。因此,单脉冲雷达目标测量精度不受目标回波幅度起伏的影响。当需要进行精密角跟踪时,单脉冲跟踪是一种性能优良的跟踪技术。

单脉冲测角方法可以用于跟踪雷达,在两个正交的角坐标内产生角误差信号,这个误差信号在闭环伺服系统中驱动雷达天线的转轴,使它对准运动目标。相控阵雷达可以利用对角度标定误差电压,以开环的方式进行角度测量。

雷达角度测量方法大体上可以分为两大类:幅度方法与相位方法。幅度方法一般是利用目标回波信号的幅度变化或幅度差异提取目标所在位置的角度信息,相位方法是利用两个位置上不重合天线接收到的回波信号的相位差来测量目标的位置。

单脉冲跟踪方式分两种:连续跟踪与离散跟踪。机械扫描雷达属于连续跟踪方式,相控阵雷达虽然可以对重点目标采用连续跟踪方式,但因为要实现多目标跟踪,故主要采用离散跟踪方式。

3.5.1 相控阵雷达和差波束形成原理

3.5.1.1 比相和差波束形成原理

空间两个天线相距为 d(一般大于数个波长,即相距较远)。每个天线孔径产生一个以天线轴为对称轴的波束。在远区,两个方向图几乎完全重叠,对于波束内的目标,两个波束收到的信号振幅近似相等。当目标偏离对称轴时,两天线接受信号由于波程差引起的相位差为

$$\varphi = \frac{2\pi}{\lambda} d \sin\theta \tag{3-29}$$

当 θ 很小时,有

$$\varphi = \frac{2\pi}{\lambda} d\theta \tag{3-30}$$

式中:d 为天线间距;θ 为目标对天线轴的偏角(rad)。因此,天线1和天线2收到的回波信号相位差是 φ 且幅度相同。

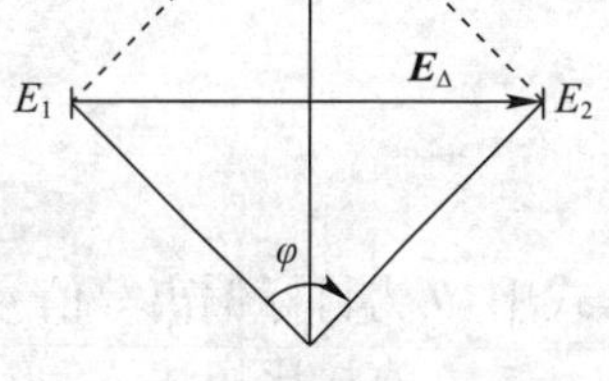

如图3-19所示,和信号为

$$E_\Sigma = E_1 + E_2 \tag{3-31}$$

图 3-19 矢量图的示意图

和信号幅度为

$$|E_\Sigma| = 2|E_1|\cos\frac{\varphi}{2} \tag{3-32}$$

差信号为

$$E_\Delta = E_2 - E_1 \tag{3-33}$$

差信号幅度为

$$E_\Delta = 2|E_1|\sin\frac{\varphi}{2} \tag{3-34}$$

当 φ 很小时，有

$$E_\Delta \approx |E_1|\frac{2\pi}{\lambda}d\cdot\theta \tag{3-35}$$

当目标偏在天线1一边,此时 E_1 超前 E_2；若目标偏在天线2一边,则差信号的方向与图3-19所示正好相差180°(反相)。因此,差波束的大小反映了目标偏离天线轴远近的程度,相位则反映了目标偏离天线轴的方向。由图3-19可以看出,和差信号的相位正好相差90°,所以应先选取其中任一路移相90°后再进行比相。

3.5.1.2 比幅和差波束形成原理

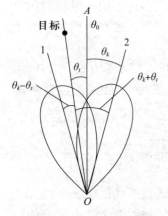

图 3-20 互相重叠的两个波束

单脉冲测角在一个角平面内形成两个相同的有部分交叠的波束如图3-20所示,其重叠方向 OA 即为等信号轴。比幅和差式单脉冲雷达取得角误差信号的方法是将两波束1、2同时收到的信号进行和、差处理,得到和信号与差信号,其中差信号即是该角平面内的角误差信号,将此误差电压放大变换后反馈到波束控制,便可对目标跟踪。若目标处在等信号轴方向,误差角为0°,两个波束收到的回波信号振幅相同,差信号等于零。若目标偏离等信号轴一角度 $\Delta\theta$ 时,差信号输出振幅与 $\Delta\theta$ 成正比而其符号(相位)则由偏离的方向决定。和信号除用作距离跟踪和目标检测外,还可以作为角误差信号的相位基准。

设天线方向性函数为 $F(\theta)$,等信号轴 OA 的指向为 θ_0,则波束1、2的方向性函数为

$$F_1(\theta) = F(\theta + \theta_k - \theta_0) \tag{3-36}$$

$$F_2(\theta) = F(\theta - \theta_k - \theta_0) \tag{3-37}$$

式中: θ_k 为 θ_0 与波束最大值方向的偏角。

在接收状态下,波束1、2接收到的回波信号分别为

$$\mu_1 = KF_1(\theta) = KF(\theta_k - \theta_t) \tag{3-38}$$

$$\mu_2 = KF_2(\theta) = KF(\theta_k + \theta_t) \tag{3-39}$$

式中: θ_t 为目标偏离等信号轴 θ_0 的角度。

1. 直接比幅法

求两个信号幅度的比值,即

$$\frac{\mu_1(\theta)}{\mu_2(\theta)} = \frac{F(\theta_k - \theta_t)}{F(\theta_k + \theta_t)} \tag{3-40}$$

根据比值的大小可以判断目标偏离 θ_0 的方向,查找先验知识就可以估计出目标偏离 θ_0 的数值。

2. 和差比幅法

求差波束:

$$\Delta(\theta_t) = \mu_1(\theta) - \mu_2(\theta) = K[F(\theta_k - \theta_t) - F(\theta_k + \theta_t)] \tag{3-41}$$

在等信号轴 $\theta = \theta_0$ 附近,差波束 $\Delta(\theta_t)$ 可近似表示为

$$\Delta(\theta_t) = K \cdot 2\theta_t \left.\frac{\mathrm{d}F(\theta)}{\mathrm{d}\theta}\right|_{\theta=\theta_0} \tag{3-42}$$

和波束为

$$\Sigma(\theta_t) = \mu_1(\theta) + \mu_2(\theta) = K[F(\theta_k - \theta_t) + F(\theta_k + \theta_t)] \tag{3-43}$$

在等信号轴 $\theta = \theta_0$ 附近,和波束 $\Sigma(\theta_t)$ 可近似表示为

$$\Sigma(\theta_t) = 2F(\theta_0) \cdot K \tag{3-44}$$

那么归一化的和差值为

$$\frac{\Delta}{\Sigma} = \frac{\theta_t}{F(\theta_0)} \left.\frac{\mathrm{d}F(\theta)}{\mathrm{d}\theta}\right|_{\theta=\theta_0} = K'\theta_t \tag{3-45}$$

由此可见,归一化的和差值与目标偏离 θ_0 的角度 θ_t 成正比,故可用它来判读角度的大小及方向。由于存在噪声和计算误差的因素,和差支路信号的相位差可能在 0°~180°之间摆动。在比幅法测角中,两个波束可以同时存在,称为同时波瓣法;两个波束也可以交替出现,主要使其中一个波束绕等信号轴旋转,波束便按时间顺序交替出现,称为顺序波瓣法。

比幅法的主要优点是:精度比最大信号方法高,因为等信号轴附近方向图斜率较大,目标略微偏离等信号轴时,两信号强度变化较显著,由理论分析可知,对收发共用天线的雷达,精度约为波束半功率宽度的2%,约比最大信号方法高一个数量级;缺点是测角系统复杂,等信号轴方向不是方向图的最大值方向,故在发射功率相同的条件下,作用距离比最大信号法小些,若两波束交点选择在最大值的0.7~0.8处,对收发共用的雷达,作用距离比最大信号法减小20%~30%,比幅法常应用于跟踪雷达中来进行自动测角。

基于阵列天线的比幅和差波束构成可以充分利用阵列天线扫描速度快、波束形成灵活的特点,即

$$F_1(\theta) = F(\theta + \theta_k - \theta_0) = |\mathbf{w}_1 \mathbf{a}(\theta)| \tag{3-46}$$

$$F_2(\theta) = F(\theta - \theta_k - \theta_0) = |\mathbf{w}_2 \mathbf{a}(\theta)| \tag{3-47}$$

波束形成时,$\mathbf{w}_1 = \mathbf{a}(\theta - \theta_k)$,$\mathbf{w}_2 = \mathbf{a}(\theta + \theta_k)$,其中 θ_k 可以根据环境和性能需要灵活选取。θ_k 应根据波束宽度和测角精度需要选取,一般不宜过大,因为阵列天线在波束扫描时,波束形状会随着扫描角度的增大而变宽,导致 $F_1(\theta)$、$F_2(\theta)$ 的形状略有不同,用和波束归一化后的差波束零点不在等信号轴方向,引起测量误差。$\mathbf{w}_1$、$\mathbf{w}_2$ 可全阵构成,也可子阵构成。

3.5.2 相邻波束幅度比较方法

幅度比较测角方法要求在观测目标方向形成两个或多个指向不同的接收波束,利用这些波束接收的目标回波信号的幅度差异,通过比较,求出目标所在方向。在一个接收回波脉冲内便可

决定目标的实时位置,因此同样称为单脉冲测角。

在出现单脉冲测角方法之前,利用幅度比较方法进行测角的方法有圆锥扫描测角法和顺序波瓣幅度比较测角法,它们都只利用一个接收天线波束,在接收多个重复周期信号之后才能作出目标角度位置的准确测量,因此不能称为单脉冲测角。

在相控阵雷达中常用的幅度比较单脉冲测角方法主要有两种:相邻波束直接幅度比较法与和差波束幅度比较法。

相邻波束直接幅度比较方法,即是在方位或者俯仰方向上对两个子波束回波信号进行直接幅度比值,幅度的比值与回波信号相对于天线跟踪轴的夹角存在对应关系,在工程上通常利用查表来得出误差角,进而得到目标在方位向和俯仰向上的夹角 θ、φ。

为了进行幅度比较测角,相控阵天线馈线分系统应形成两个指向有所偏移,但相互均能覆盖雷达测角区域的波束,如图 3-21(a)所示。

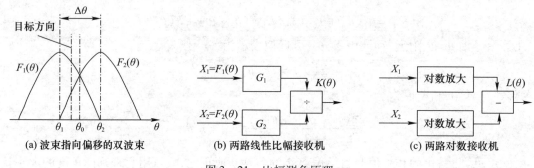

图 3-21 比幅测角原理

图 3-21 所示为只在一个方向上进行相控扫描的相控阵雷达,设这两个方向图分别以 $F_1(\theta)$ 与 $F_2(\theta)$ 表示。两波束的相交方向为 θ_0,θ_0 是波束控制系统能提供的相控阵天线波束最大值指向。波束 $F_1(\theta)$ 与 $F_2(\theta)$ 的最大值分别指向 θ_1 与 θ_2。θ_1 与 θ_2 之间的角位置间隔 $\Delta\theta$ 是雷达应对目标角位置进行测量的区域。

图 3-21(a)所示的目标位置靠近左边方向图 $F_1(\theta)$ 的最大值方向。两个接收波束各有一个接收通道。图 3-21(b)中的 G_1、G_2 分别表示两个通道接收机的增益。通过比较两路接收机输出信号的幅度,可确定目标所在的精确位置。

当接收机是线性接收机时,如图 3-21(b)所示,两路接收机输出要用除法运算实现幅度比较。幅度比较器的输出值 $K(\theta)$ 是目标所在角位置的函数,即

$$K(\theta) = \frac{F_1(\theta)}{F_2(\theta)} \cdot \frac{G_1}{G_2} \tag{3-48}$$

相邻两接收波束的方向图函数 $F_1(\theta)$ 与 $F_2(\theta)$,可以通过计算、实测校准预先求出。若两种线性接收机的增益 G_1 与 G_2 是相等的,则幅度比较器输出 $K(\theta)$ 便完全与 $F_1(\theta)/F_2(\theta)$ 相等。因此,只要能求出两个接收机输出幅度的比值 $K(\theta)$,将其与两个天线方向图的比值相对照,便可确定目标所在的角度位置。如果两种接收机的增益 G_1 与 G_2 不相等,则只要能测出它们之间的不一致性,经过增益校正,同样可以求出目标的角度位置。

从上述比幅测角原理可以看出,两个波束指向有所偏移的接收波束是目标角度位置的敏感器,实现比值 $K(\theta)$ 的电路或相应软件是角鉴别器。

如将天线方向图用高斯函数来拟合,则相邻两天线的方向图函数分别为

$$F_1(\theta) = e^{-\alpha(\theta-\theta_1)^2} \tag{3-49}$$

$$F_2(\theta) = e^{-\alpha(\theta-\theta_2)^2} \quad (3-50)$$

式中:θ_1、θ_2 为图 3-21(a)所示 $F_1(\theta)$ 与 $F_2(\theta)$ 两个波束的最大值指向,两波瓣相交于 θ_0,θ_0 为受波束控制数码决定的天线搜索波束指向的位置或拟跟踪目标的角位置。当天线不扫描时,θ_0 为 0°。若天线波瓣半功率点宽度为 $\Delta\theta_{1/2}$,则

$$\alpha = 4\ln\sqrt{2}/\Delta\theta_{1/2}^2 \approx 1.386/\Delta\theta_{1/2}^2 \quad (3-51)$$

用高斯函数拟合天线方向图之后,将式(3-49)和式(3-50)代入式(3-48),在两路接收机增益平衡条件下,幅度比较器输出为

$$K(\theta) = c \cdot e^{2\alpha(\theta_1-\theta_2)\theta} \quad (3-52)$$

式中:c 为常数,其值为

$$c = e^{-\alpha(\theta_1^2-\theta_2^2)} \quad (3-53)$$

对比较简单的情况,当两个波瓣在半功率点相交,即当 $\theta_1 - \theta_2 = \Delta\theta_{1/2}$ 时,有

$$K(\theta) = c \cdot e^{-2.7726\theta/\Delta\theta_{1/2}} \quad (3-54)$$

按式(3-54)计算的幅度比较器输出 $K(\theta)$ 示于图 3-22。

对一个实际的相控阵雷达,可根据计算并经实测校准后的天线方向图算出比值 $K(\theta)$,将其存入雷达信号处理机中。雷达信号处理机测出有目标之后,将该检测单元的两路回波信号幅度取出并进行比较,从而将实测的 $K(\theta)$ 值与信号处理机中存储的 $K(\theta)$ 表上的值进行比较,求出目标所在的位置 θ。

在实际相控阵雷达中,可将比值 $K(\theta)$ 在 $\theta_1 \sim \theta_0$ 与 $\theta_0 \sim \theta_2$ 的范围划分为 2^K 个区域。例如,$K = 3$ 时,在两波束相交点左右各划分为 8 个区域,因此将天线半功率点宽度

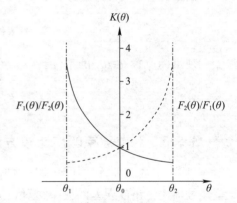

图 3-22 幅度比较器输出 $K(\theta)$

分为 16 个区域,在相控阵雷达信号处理机中用除法运算确定目标所在的角度。

比幅法测角的另一形式是对两路接收信号分别取对数,然后再相减。这一方法的原理见图 3-21(c)。幅度比较器输出 $L(\theta)$,在两路对数放大器增益一致的条件下,则

$$L(\theta) = \ln\frac{F_1(\theta)}{F_2(\theta)} = \ln F_1(\theta) - \ln F_2(\theta) \quad (3-55)$$

这一方法用减法运算代替除法运算,这时相减电路便成为角度鉴别器,这既简化了运算量,又便于压缩接收机动态范围;但因对数接收机常常不能满足信号处理的要求,因此采用这一方法时必须将信号检测支路与测角支路分开。

上述两种幅度比较测角方法,主要应用于有多个接收波束的相控阵雷达中一个接收波束收到的信号,可用来与周围上下左右接收波束的信号进行比较。在多接收波束的相控阵雷达中,如用这种方法,总的接收通道将增加很多。

采用这种对相邻接收波束的输出信号幅度直接进行比较的方法,要求接收天线阵的馈线系统能在目标方向上形成 4 个相邻波束,以便分别测量目标的方位与仰角的偏离量。

上述两种幅度比较单脉冲测角方法具有以下几个特点:

(1)测角范围大。上述这两种测角方法可以对分布在两波束交叉方向 θ_0 左右整个 $\Delta\theta$ 范围内的目标进行测角,由于 $\Delta\theta$ 接近天线波束半功率点宽度,因此测角范围大。

(2) 仅依靠幅度信息即可测角。只需利用两个波束接收信号的幅度信息判别目标位置与方向。由于角度鉴别器输出 $K(\theta)$ 在 θ 位于 $\theta_1 \sim \theta_0$ 时，为 $K(\theta) = F_1(\theta)/F_2(\theta)$；在 θ 位于 $\theta_0 \sim \theta_2$ 时，$K(\theta) = F_2(\theta)/F_1(\theta)$。无论是角度位置与方向均无须依靠两个波束的相位值，仅凭两路信号幅度即可准确求得，且没有采用相位比较方法测角时可能存在的模糊问题。

(3) 无须幅度归一化处理。这一方法是用左、右两个接收通道的输出信号互相进行归一化处理，因此与后面将要讨论的和差波束单脉冲测角方法相比，不存在用自动增益控制实现的用和波束信号输出值去对差波束信号进行归一化的问题。无须进行幅度归一化处理，使相控阵雷达可在一个波束指向内对多个大小不同的目标进行单脉冲测角。

(4) 被测角度过域判别简单。有效的测角区域在两波束交叉方向两侧 $\Delta\theta/2$ 范围内，如果目标角度 θ 超过这一角度范围时称为被测角度过域，此次测量得出的角度测量值无效，应将相控阵天线波束指向相邻波束位置，重新进行测量。

如果两波束最大值之间的角间距 $\Delta\theta$ 等于天线波束半功率点宽度 $\Delta\theta_{1/2}$，则由式(3-51)与式(3-52)可以推导出，只要满足下列条件，即可作出被测角度过域的判决。

判目标位置 $\theta \leq \theta_1$ 的条件：

$$K(\theta) = \frac{F_1(\theta)}{F_2(\theta)} \geq e^{1.386} \approx 4 \tag{3-56}$$

判目标位置 $\theta \geq \theta_2$ 的条件：

$$K(\theta) = \frac{F_2(\theta)}{F_1(\theta)} \geq e^{1.386} \approx 4 \tag{3-57}$$

3.5.3 和差波束幅度比较方法

目前，多数相控阵雷达均采用单脉冲测角方法。图 3-23 是接收波束及和差信号示意图。差信号描述了角度误差的大小，差信号与和信号的相位差描述了角度偏转的方向。

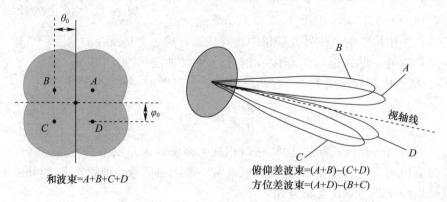

图 3-23 接收波束及和差信号示意图

令目标回波方向与天线主轴方向方位角和俯仰角偏差为 (θ, φ)，目标回波信号如下：

$$\phi_R(t) = \phi_T(t-\tau) e^{j2\pi f_d t} \left[\frac{\lambda^2 \sigma}{(4\pi)^3 R^4 L} \right]^{1/2} F_T(\theta, \varphi) F_R(\theta, \varphi) \tag{3-58}$$

式中：$F_T(\theta, \varphi)$ 为发射天线的方向图；$F_R(\theta, \varphi)$ 为接收天线的方向图。

对于和差波束幅度比较测角，需要分别得到和波束以及方位差波束和俯仰差波束，和波束接收信号为

$$\phi_\Sigma(t) = \phi_T(t-\tau)\mathrm{e}^{\mathrm{j}2\pi f_d t}\left[\frac{\lambda^2\sigma}{(4\pi)^3 R^4 L}\right]^{1/2} F_T(\theta,\varphi)F_\Sigma(\theta,\varphi) \tag{3-59}$$

方位差接收波束信号为

$$\phi_{\Delta\theta}(t) = \phi_T(t-\tau)\mathrm{e}^{\mathrm{j}2\pi f_d t}\left[\frac{\lambda^2\sigma}{(4\pi)^3 R^4 L}\right]^{1/2} F_T(\theta,\varphi)F_{\Delta\theta}(\theta,\varphi) \tag{3-60}$$

俯仰差接收波束信号为

$$\phi_{\Delta\varphi}(t) = \phi_T(t-\tau)\mathrm{e}^{\mathrm{j}2\pi f_d t}\left[\frac{\lambda^2\sigma}{(4\pi)^3 R^4 L}\right]^{1/2} F_T(\theta,\varphi)F_{\Delta\varphi}(\theta,\varphi) \tag{3-61}$$

其中

$$\begin{cases} F_\Sigma(\theta,\varphi) = F_A(\theta,\varphi) + F_B(\theta,\varphi) + F_C(\theta,\varphi) + F_D(\theta,\varphi) \\ F_{\Delta\theta}(\theta,\varphi) = F_A(\theta,\varphi) + F_D(\theta,\varphi) - F_B(\theta,\varphi) - F_C(\theta,\varphi) \\ F_{\Delta\varphi}(\theta,\varphi) = F_A(\theta,\varphi) + F_B(\theta,\varphi) - F_C(\theta,\varphi) - F_D(\theta,\varphi) \end{cases} \tag{3-62}$$

式中：$F_A(\theta,\varphi)$、$F_B(\theta,\varphi)$、$F_C(\theta,\varphi)$、$F_D(\theta,\varphi)$ 分别是图 3-23 中 4 个接收波束的方向图函数。

先后经过混频放大、自动增益控制、和差通道幅相校正之后，分别得到方位和俯仰的差通道鉴相器输出为

$$S_{\Delta\theta}(t) = \frac{\phi_{\Delta\theta}(t)}{\phi_\Sigma(t)} = \frac{F_{\Delta\theta}(\theta,\varphi)}{F_\Sigma(\theta,\varphi)} \tag{3-63}$$

$$S_{\Delta\varphi}(t) = \frac{\phi_{\Delta\varphi}(t)}{\phi_\Sigma(t)} = \frac{F_{\Delta\varphi}(\theta,\varphi)}{F_\Sigma(\theta,\varphi)} \tag{3-64}$$

由图 3-23 所示，4 个子波束相对于中心轴的方位和俯仰向偏角分别为 θ_0 和 φ_0，采用简化方式，即

$$F(\theta,\varphi) = F(\theta)F(\varphi) \tag{3-65}$$

4 个子波束的方向图函数即可简化为

$$\begin{cases} F_A(\theta,\varphi) = F_\theta(\theta_0-\theta)F_\varphi(\varphi_0-\varphi) \\ F_B(\theta,\varphi) = F_\theta(\theta_0+\theta)F_\varphi(\varphi_0-\varphi) \\ F_C(\theta,\varphi) = F_\theta(\theta_0+\theta)F_\varphi(\varphi_0+\varphi) \\ F_D(\theta,\varphi) = F_\theta(\theta_0-\theta)F_\varphi(\varphi_0+\varphi) \end{cases} \tag{3-66}$$

由于误差角 θ、φ 通常很小，这时利用泰勒公式简化为

$$\begin{cases} F_\theta(\theta_0-\theta) \approx F_\theta(\theta_0) - \dot{F}_\theta(\theta_0)\theta \\ F_\theta(\theta_0+\theta) \approx F_\theta(\theta_0) + \dot{F}_\theta(\theta_0)\theta \\ F_\varphi(\varphi_0-\varphi) \approx F_\varphi(\varphi_0) - \dot{F}_\varphi(\varphi_0)\varphi \\ F_\varphi(\varphi_0+\varphi) \approx F_\varphi(\varphi_0) + \dot{F}_\varphi(\varphi_0)\varphi \end{cases} \tag{3-67}$$

利用上述公式，简化为

$$\begin{cases} F_\Sigma(\theta,\varphi) \approx 4F_\theta(\theta_0) \cdot F_\varphi(\varphi_0) \\ F_{\Delta\theta}(\theta,\varphi) \approx -4\dot{F}_\theta(\theta_0) \cdot \theta \cdot F_\varphi(\varphi_0) \\ F_{\Delta\varphi}(\theta,\varphi) \approx -4F_\theta(\theta_0) \cdot \varphi \cdot \dot{F}_\varphi(\varphi_0) \end{cases} \quad (3-68)$$

由此可得方位和俯仰的差通道鉴相器输出为

$$\begin{cases} S_{\Delta\theta}(t) = \dfrac{F_{\Delta\theta}(\theta,\varphi)}{F_\Sigma(\theta,\varphi)} \approx -\dfrac{\dot{F}_\theta(\theta_0)}{F_\theta(\theta_0)}\theta = \mu_\theta \cdot \theta \\ S_{\Delta\varphi}(t) = \dfrac{F_{\Delta\varphi}(\theta,\varphi)}{F_\Sigma(\theta,\varphi)} \approx -\dfrac{\dot{F}_\varphi(\varphi_0)}{F_\varphi(\varphi_0)}\varphi = \mu_\varphi \cdot \varphi \end{cases} \quad (3-69)$$

式中：μ_θ、μ_φ 分别为方位和俯仰面天线方向图函数位于 θ_0、φ_0 的归一化斜率值。该值在天线方向图函数确定后即可计算得到。

由此目标回波方向相对于天线主轴方位和俯仰夹角 θ、φ 可得

$$\begin{cases} \hat{\theta} \approx S_{\Delta\theta}(t)/\mu_\theta \\ \hat{\varphi} \approx S_{\Delta\varphi}(t)/\mu_\varphi \end{cases} \quad (3-70)$$

3.5.4 相位比较单脉冲测角法

如同幅度比较单脉冲测角，在相位比较单脉冲时一个角坐标角度测量需要用两个天线波束。但这两个波束指向同一个方向，覆盖同一片空域，而不是偏置、指向两个不同的方向。在相位比较单脉冲中，为了使两个波束指向同一个方向，必须采用两个天线，信号的幅度是相等的，但相位不同，这正好与幅度比较单脉冲相反，如图 3-24 所示，它们的相位中心相距为 D。

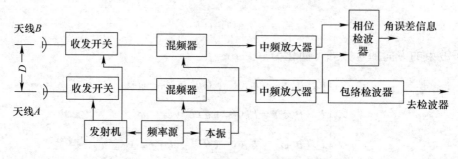

图 3-24 相位比较单脉冲测角原理框图

测量两个接收波束信号之间的相位 $\Delta\varphi$ 可以求出目标所在的角度。由于在机械扫描天线中必须将天线口径分为两部分（同时测量方位与仰角时，还要分为四部分），每个接收天线的波束被展宽，相应地天线增益下降，不利于信号检测与保证测量精度，因而应用较少。

在相控阵雷达中采用单脉冲比相法测角时，将整个天线阵面分为两部分或四部分较易实现，要利用整个接收阵面形成目标检测接收波束也较为容易，其原理框图如图 3-25 所示。图 3-25 中所示为一个 N 单元线阵，单元间距为 d，将线阵平分为两个子天线阵，两个子天线阵的相位中心间距为 D，这两个子阵所接收到的来自 θ 方向信号之间存在相位差 $\Delta\varphi$，有

$$\Delta\varphi = \dfrac{2\pi}{\lambda}D\sin\theta \quad (3-71)$$

式中:两个子天线阵相位中心间距为 D,在等分线阵条件下,有

$$D = Nd/2 \qquad (3-72)$$

因此,测量出 $\Delta\varphi$ 值后便可确定目标所在方向 θ_r。

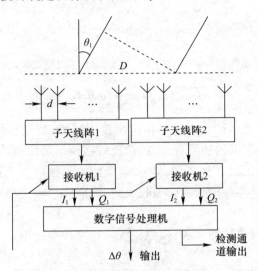

图 3-25 相位比较法测角接收系统原理框图

相控阵雷达接收系统完成两个接收通道信号之间相位差 $\Delta\varphi$ 的测量。测量方法有多种,图 3-25 中 $\Delta\varphi$ 值的测量是在数字信号处理机中实现的。为此,两个接收机的正交双通道 I、Q 输出经 A/D 变换后送入信号处理机。两个接收机输出信号的相位 φ_1 与 φ_2 分别为

$$\varphi_1 = \arctan Q_1/I_1 \qquad (3-73)$$

$$\varphi_2 = \arctan Q_2/I_2 \qquad (3-74)$$

$$\Delta\varphi = \varphi_2 - \varphi_1 \qquad (3-75)$$

相位比较法测角是直接进行相位比较的测角方法。为了实现对回波信号的检测,两个子天线阵的接收信号还应进行同相相加,使检测通道有最大的信噪比,因此,可在高频用功率相加网络进行相加,也可在数字式信号处理机内实现相加。

采用这种直接进行相位比较的测角方法,还需考虑消除相位测量的模糊问题。因此,必须利用相控阵接收天线波束半功率点宽度较窄这一特点。

设波束控制信号决定的天线波束指向为 θ_0,目标位置在 $\theta = \theta_0 + \Delta\theta$ 处,$\Delta\theta$ 小于半天线波束半功率点宽度,这时,式(3-71)可简化为

$$\Delta\varphi = \frac{2\pi}{\lambda} D\sin(\theta_0 + \Delta\theta) = \Delta\varphi_0 + \Delta\varphi' \qquad (3-76)$$

式中:$\Delta\varphi_0$ 为当目标位于接收波束最大值方向时的相位差,它可由波束控制器提供的波束控制数码求得,是以 2π 为模的相位值。

$$\Delta\varphi_0 \approx \frac{2\pi}{\lambda} D\sin\theta_0 \qquad (3-77)$$

式(3-76)中,$\Delta\varphi'$ 为 $\Delta\varphi$ 与 $\Delta\varphi_0$ 的差值,它与 $\Delta\theta$ 有关,即

$$\Delta\varphi' = \Delta\varphi - \Delta\varphi_0 \qquad (3-78)$$

$$\Delta\varphi' = \frac{2\pi}{\lambda} D\cos\theta_0 \sin\Delta\theta \qquad (3-79)$$

考虑到天线波束宽度很小,则

$$\sin\Delta\theta \approx \Delta\theta \qquad (3-80)$$

故可得目标偏离波束指向 θ_0 的角位置为

$$\Delta\theta = \frac{\lambda}{2\pi D} \cdot \frac{1}{\cos\theta_0}\Delta\varphi' \qquad (3-81)$$

考虑到 $\Delta\theta$ 的最大值为 $\Delta\theta_{1/2}/2$。而 $\Delta\theta_{1/2} \approx \lambda/(2D)$,将其代入式(3-79),可得

$$\Delta\varphi' \approx \pm\frac{\pi}{2}\cos\theta_0 \qquad (3-82)$$

因此,$|\Delta\varphi'| \leq \pi/2$,故用这种方法进行相位比较法测角,$\Delta\varphi'$的测量不存在模糊问题。这表明,对在天线波束半功率点范围内的目标,用相位比较法测角可以消除相位测量的模糊问题。在接收系统构成上,按这种相位比较法测角,要求整个接收天线阵分为两部分,要有两套接收机。对在方位和仰角上均需进行测角的相控阵接收天线,则应将接收天线阵面分为4块,要有4套接收机。

相对于流行的幅度比较单脉冲方法,相位比较单脉冲很少应用。

3.6 有源相控阵波束控制技术

波束控制系统(简称波控系统)是相控阵雷达的一个特有的分系统,它代替了传统机械扫描雷达伺服机构的作用,主要功能是在雷达主机的控制下,根据波束指向和工作频率,计算阵面上每个阵元的移相量,并转换成波束控制命令码,驱动相应阵元的移相器,完成波束指向的改变。

相控阵天线波束的快速扫描和波束形状的捷变能力是相控阵雷达对工作环境、目标环境具有高度自适应能力的技术基础,但是波束快速扫描和波束形状捷变都需要依赖于波束控制设备来实现。为了保证相控阵雷达的有效工作,波束控制系统需要具备以下几个主要功能:

1. 对天线波束指向的定位

对天线波束指向的定位是相控阵雷达波束控制系统的最基本要求,根据接收到的角度信息计算相控阵雷达每个天线单元所需要的波控数码,产生相应的控制信号,并将波控数码数据传送给T/R模块,从而实现对天线波束的控制。

2. 对波束形状变化的控制

天线波束形状的捷变能力是相控阵雷达的特点之一,它提高了雷达的自适应性能。例如,相控阵雷达在搜索和跟踪两种不同的状态下,数据率、观测范围和测量精度等方面存在矛盾。在搜索时,往往需要将天线波束变宽,以更快地发现目标;在跟踪的状态下,又需要将天线波束变窄,以提高跟踪的精度。这种情况下,就可以利用波控系统改变波控数码的方式来改变天线各阵元的相位分布,实现大线波束形状的变化。

3. 对天馈线相位误差的补偿

相控阵天线由很多天线单元构成,各天线单元之间的不一致性、互耦效应以及其他一些情况会引起各天线单元的幅度和相位误差,而且完全消除这些误差是不可能的,这会对阵列天线波束的副瓣性能产生影响,为了尽可能提高相控阵天线的性能,需要严格控制各阵元的幅度和相位误差。天馈线的相位误差补偿,可以通过改变波控数码来修正。

4. 频率捷变后天线波束指向的修正

频率捷变是提高雷达抗干扰能力的有效手段,但是当相控阵雷达信号的频率改变以后,数字

移相器的相移值并不会随着信号频率的改变而变化,这就导致相控阵天线的波束指向发生偏转。由频率捷变产生的天线波束指向的误差也可以通过改变波控数码来修正。

5. 虚位技术及随机馈相

相控阵雷达采用数字移相器后,会因为控制信号位数的限制,导致实际的移相量不是连续的,而是一系列离散值。这一离散性会影响最终的波束指向,导致其实际波束指向会有一定的跳跃。为了减小这种跳跃,使波束近似连续扫描,可采用虚位技术,即根据移相器的控制位数和系统精度要求,在计算时,增加一定的位数参与波控码的计算。在计算完成后,根据移相器的实际控制位数对计算结果进行截位,得到最终的移相控制码,这样可提高相位计算精度。但虚位技术的应用会抬高天线副瓣电平,随机馈相可以有效克服由虚位技术给天线副瓣电平带来的影响。

3.6.1 波束控制系统的原理与组成

3.6.1.1 基本功能

根据要求的相控阵天线波束最大值指向的位置,计算每一个天线单元移相器所要求的波束控制数码,经传输、放大,传送至每一个移相器,控制每一个移相器相位状态的转换,产生天线阵面复照射函数的相位分布,即与波束指向相对应的相位分布,这是波束控制器的基本功能。如果各单元通道或子阵通道中有幅度可调装置,则产生幅度调整信号也是波束控制系统的基本功能。

相控阵雷达处于搜索状态时,波控计算机根据数据处理后的有关目标的空域坐标,计算并控制天线单元的移相量,得到各个阵元移相器需要的控制数码,使天线波束指向预定空域。在搜索空域发现目标后,需要求解波控数码对应的目标位置,以便对它进行跟踪。跟踪处理后,计算机算出目标下一时刻的预测位置,并告知波控系统在下一时刻的波束指向。

3.6.1.2 基本原理

相控阵天线实现波束扫描的基本原理是:由移相器提供产生的阵内相位差来抵消相邻阵元之间因波束指向而产生的空间相位差,从而使得波束最大值指向指定方向。这样,只需要计算得到每个移相器的移相量,并驱动其产生对应的移相量,就可以控制天线波束的指向。

如图 3-26 所示,天线阵面在 (y,z) 平面上,共有 $M \times N$ 个天线单元,阵元间距分别为 d_1(沿 y 轴方向)和 d_2(沿 z 轴方向)。

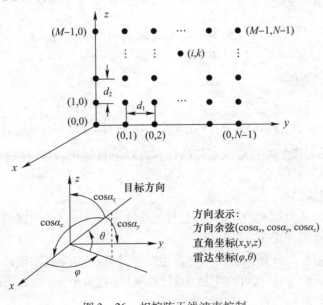

图 3-26 相控阵天线波束控制

天线波束方向图最大值的方向余弦为 $(\cos\alpha_x, \cos\alpha_y, \cos\alpha_z)$,则相邻阵元的空间相位差为

沿 y 轴方向:

$$\phi_y = \frac{2\pi}{\lambda} d_1 \cos\alpha_y \quad (3-83)$$

沿 z 轴方向:

$$\phi_z = \frac{2\pi}{\lambda} d_2 \cos\alpha_z \quad (3-84)$$

第 (i,k) 阵元相对于第 $(0,0)$ 阵元的空间相位差为

$$\phi_{ik} = i\phi_y + k\phi_z \quad (3-85)$$

根据空间相位差等于阵内相位差原理,可以求出阵列相位差

$$\phi_{Bik} = i\alpha' + k\beta' \quad (3-86)$$

其中

$$\begin{cases} \alpha' = \phi_y = \dfrac{2\pi}{\lambda} d_1 \cos\theta\sin\varphi \\ \beta' = \phi_z = \dfrac{2\pi}{\lambda} d_2 \sin\theta \end{cases} \quad (3-87)$$

采用数字移相器,波控数码 $C(k,i)$ 为 1 时,相对应的最小计算相移量为 $\varphi_{B\min} = 2\pi/2^K$,$K$ 为数字移相器的位数,此时第 (k,i) 阵元移相器的波控数码为

$$C(k,i) = i\alpha + k\beta \quad (3-88)$$

式中:α 为行相移基码;β 为列相移基码,其值分别为

$$\begin{cases} \alpha = \phi_y / \phi_{B\min} = \dfrac{d_2}{\lambda} 2^K \cos\theta\sin\varphi \\ \beta = \phi_z / \phi_{B\min} = \dfrac{d_1}{\lambda} 2^K \sin\theta \end{cases} \quad (3-89)$$

整个阵面的阵内相位矩阵 $[\phi_{Bik}]_{M \times N}$ 为

$$\begin{bmatrix} 0+0 & 0+\alpha & \cdots & 0+(N-1)\alpha \\ \beta+0 & \beta+\alpha & \cdots & \beta+(N-1)\alpha \\ 2\beta+0 & 2\beta+\alpha & \cdots & 2\beta+(N-1)\alpha \\ \vdots & \vdots & & \vdots \\ (M-1)\beta+0 & (M-1)\beta+\alpha & \cdots & (M-1)\beta+(N-1)\alpha \end{bmatrix} \quad (3-90)$$

在编程时,还要针对指令特点对该矩阵的计算方法进行优化,以便在最短的时间内使波控计算机完成移相值计算。

3.6.1.3 系统组成

波束控制系统的组成有很大的灵活性,它与天线阵面的大小、移相器的差异有很大的关系。波束控制系统的组成框图如图 3-27 所示。

相控阵雷达的波束控制计算机接收来自雷达控制计算机的天线波束位置信息,并通常以波束控制数码 (α, β) 的形式给出,也可以雷达坐标 (φ, θ) 或直角坐标点 (x, y, z) 给出。此时,波束控制数码由波束控制计算机通过计算后给出。

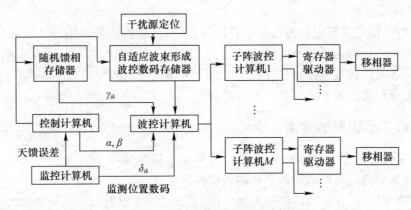

图 3-27 波束控制系统的组成框图

各种相位修正需要的存储器及其计算测试设备也是波束控制系统的重要组成部分。寄存器和驱动器的负载是移相器,在有的波束控制系统中,寄存器和驱动器可以由同一电路完成。由于集成电路技术的进步,目前已可将其设计成专用集成电路(Application Specific Integrated Circuit, ASIC),可以为一个或多个移相器设计相应的 ASIC 电路。

波束控制计算机可以分散至多个天线子阵,即每一个天线子阵有一个波束控制计算机。每一个天线子阵波束控制计算机与雷达总的波束控制计算机之间的信号传输由波束控制信号的传输分配总线实现。在大型二维相控扫描的相控阵雷达中,传输分配总线已开始采用光纤来实现。

在图 3-27 所示的波束控制系统组成框图中还包括一个自适应波束形成波束控制数码存储器,它的作用是根据干扰源定位设备测出的外来干扰的方向,提供预先计算好的波束控制数码,在干扰方向形成接收波束凹口。这是一种对干扰方向的开环跟踪方式,用于降低更精确的自适应干扰方向跟踪的收敛时间。

3.6.1.4 系统类型

根据计算波控数码的模式,波束控制系统可以分为查表法、集中式波控系统和分布式波控系统。

1. 查表法

查表法主要的思想是事先计算得到每个波束指向和不同频率下,所有阵元移相器的控制命令码,并将其存储在控制系统中。在系统工作时,根据波束指向和工作频率,通过查表得到每个阵元移相器的控制命令码,然后送入移相器的驱动模块中,实现波束命令码的生成和天线波束的扫描。

查表法一般采用全硬件的设计方法,适用于系统简单、功能单一、指向角较少、指向精度要求不高的场合。其优点是系统简单、可靠性高、成本低;缺点是随着阵元数目的增加和指向角的增多,存储的数据量大大增加,且难以实现大型阵列高指向精度和复杂工作模式的场合。

2. 集中式波控系统

集中式波控系统的主要思想是接收到控制指令后,波控数码计算设备统一计算整个天线阵列所有移相器的波控数码,然后按照特定的协议将求得的波控数码传送给每个阵元的移相器。相控阵雷达阵面较小或者具有某些特定的形状时,比较适合采用集中式波控系统,它的优点是运算的速度非常快,阵面的线路结构简单,稳定可靠。随着电子技术的快速发展和数据传输技术的进步,集中式波束控制系统的并行数据传输方式逐渐被高速的串行数据传输所替代,其应用也越来越广泛。集中式波束控制系统主要应用于机载和星载相控阵雷达等,这类雷达天线阵面比较小。

3. 分布式波控系统

分布式波控系统的主要思想是当接收到控制指令后,将指令分发给每个子阵的波控数码计算模块,由子阵单独计算该子阵所需的波控数码,并配合控制信号将波控数码传送给子阵中每个阵元的移相器,各子阵的数据传输是并行的。由于分布式波控系统非常灵活,同时运算速度也非常快,所以非常适合大型相控阵雷达的波束控制。

3.6.2 数字移相器的波束跃度

因为是数字化必然产生相位的量化,因此分析数字移相器带来的相位变化对阵列性能的影响至关重要,并为如何正确地选用数字移相器提供依据。

采用数字移相器时,移相器的波控码是二进制形式的,所以波束扫描是离散跳跃变化的。当选取 K 位数字移相器时,则移相器的最小移相值为

$$\Delta = 2\pi/2^K \tag{3-91}$$

天线波束的最大值指向取决于天线阵内相位差,而阵内相位差是步进的,它只能是 Δ 的整数倍,天线阵列可实现的第 p 个天线波束指向角 θ_{Bp} 与 Δ 的关系为

$$\phi_B = \frac{2\pi}{\lambda}d\sin\theta_{Bp} = p\Delta, \quad p = 0, \pm 1, \pm 2, \pm 3, \cdots \tag{3-92}$$

则

$$\sin\theta_{Bp} = \frac{p\lambda}{2\pi d} \cdot \Delta = \frac{p\lambda}{2^K d} \tag{3-93}$$

当阵内相邻阵元之间的相位步进由 $(p-1)\Delta$ 变化到 $p\Delta$,即阵内相位差增加一个最小移相值 Δ 后,波束指向由 $\theta_{B(p-1)}$ 调转到 θ_{Bp} 时,波束指向的角度的增量称为"波束跃度"$\Delta\theta_p$,其值为

$$\Delta\theta_p = \theta_{Bp} - \theta_{B(p-1)} \tag{3-94}$$

因为

$$\sin\theta_{Bp} = \sin(\theta_{B(p-1)} + \Delta\theta_p) \tag{3-95}$$

由于波束跃度 $\Delta\theta_p$ 很小,故有

$$\sin\theta_{Bp} = \sin\theta_{B(p-1)}\cos(\Delta\theta_p) + \cos\theta_{B(p-1)}\sin(\Delta\theta_p)$$
$$\approx \sin\theta_{B(p-1)} + \Delta\theta_p \cdot \cos\theta_{B(p-1)} \tag{3-96}$$

则

$$\Delta\theta_p \approx \frac{\sin\theta_{Bp} - \sin\theta_{B(p-1)}}{\cos\theta_{B(p-1)}} = \frac{\lambda}{2^K d} \cdot \frac{1}{\cos\theta_{B(p-1)}} \tag{3-97}$$

令

$$\Delta\theta_{p=1} = \Delta\theta_1 = \frac{\lambda}{2^K d} \tag{3-98}$$

$\Delta\theta_1$ 为天线波束由法线向旁边扫描第一个波束位置,也就是 q 由 0 变到 1 的波束跃度。因此,波束跃度 $\Delta\theta_p$ 可以表示为

$$\Delta\theta_p = \frac{\Delta\theta_1}{\cos\theta_{B(p-1)}} \tag{3-99}$$

以上分析说明,采用数字移相器,相控阵天线的波束指向是离散跳跃变化的,而且随着波束

指向角度的增大,波束跃度 $1/\cos\theta_{B(p-1)}$ 增大。很有趣的是,天线波束扫描过程中波束跃度的变化与波束宽度的变化规律是一致的。

相控阵雷达处于不同的工作方式时,对波束跃度有不同的要求,跟踪工作方式下要求波束跃度比搜索工作方式小。在相控阵雷达多目标跟踪时,希望天线波束方向图最大方向对准目标的预测位置,若波束跃度过大,除信噪比有损失外,跟踪精度也受影响,且容易丢失目标。为了保证雷达的检测性能,需要减少雷达波束覆盖造成的损失,这时需降低波束跃度。

阵元间距 $d = 0.5\lambda$、1.0λ、1.5λ 的相控线阵天线,法向波束跃度 $\Delta\theta_1$ 与数字移相器位数 K 的关系如表 3-2 所列。

表 3-2 法向波束跃度 $\Delta\theta_1$ 与数字移相器位数 K 的关系

K	$\Delta\theta_1(d=0.5\lambda)/(°)$	$\Delta\theta_1(d=1.0\lambda)/(°)$	$\Delta\theta_1(d=1.5\lambda)/(°)$
3	14.3239	7.1620	4.7746
4	7.1620	3.5810	2.3873
5	3.5810	1.7905	1.1937
6	1.7905	0.8952	0.5968
7	0.8952	0.4476	0.2984
8	0.4476	0.2238	0.1492
9	0.2238	0.1119	0.0746
10	0.1119	0.0560	0.0373

由于现代雷达应用对雷达的要求越来越高,在跟踪方式下的要求是天线的波束跃度小于波束宽度的一半,而在搜索方式下最基本的要求是天线的波束跃度小于波束宽度,并由此可得出移相器位数选取的标准:

$$\Delta\theta_p = \frac{\lambda}{2^K d} \cdot \frac{1}{\cos\theta_{B(p-1)}} \leq \theta_B = \frac{0.886\lambda}{Nd\cos\theta_{B(p-1)}} \quad (搜索方式) \tag{3-100}$$

$$\Delta\theta_p = \frac{\lambda}{2^K d} \cdot \frac{1}{\cos\theta_{B(p-1)}} \leq \frac{\theta_B}{2} = \frac{0.886\lambda}{2Nd\cos\theta_{B(p-1)}} \quad (跟踪方式) \tag{3-101}$$

于是有

$$K \geq \log_2(N/0.886) \quad (搜索方式) \tag{3-102}$$

$$K \geq \log_2(N/0.443) \quad (跟踪方式) \tag{3-103}$$

由式(3-102)可得移相器位数在搜索方式下的一个选取标准,移相器位数的最小值是规律地随天线阵元个数的增加而增加,若移相器位数不满足此条件,则波束扫描的角空间覆盖不到整个要求扫描的角空间。

3.6.3 数字移相器的虚位技术

为了用较低位数移相器来提高天线的波束跃度,可以采用虚位技术。

1. 虚位技术原理

假设数字移相器的位数为 m,但计算移相器所需的相移值时,按照 K 位来计算,则虚拟的位数 $b = K - m$ 位,以 $K = 8$,$m = 6$ 为例,虚位技术原理如图 3-28 所示。

当 $p = 1$ 时,也就是天线波束向法线右侧偏移一个波束位置时,天线的阵内相位矩阵 $[\Delta\phi_{BK}]_N$ 的表达式为

$$[\Delta\phi_{BK}]_N = \Delta\phi_{Bmin}[0\ 1\ 2\ 3\ 4\ 5\ 6\ 7\ 8\ 9\cdots(N-1)] \tag{3-104}$$

采用虚位技术后,实际的移相器位数为6,舍去了低两位,所以实际的天线阵内相位矩阵 $[\Delta\phi_{BK}]'_N$ 的表达式为

$$[\Delta\phi_{BK}]'_N = \Delta\phi_{Bmin}[0\ 0\ 0\ 0\ 4\ 4\ 4\ 4\ 8\ 8\ 8\ 8\ \cdots] \quad (3-105)$$

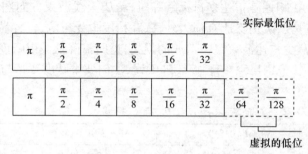

图 3-28 虚位技术原理

通过比较,可以得出阵内相位误差矩阵

$$[\Delta\phi_{BK}]_N - [\Delta\phi_{BK}]'_N = \Delta\phi_{Bmin}[0\ 1\ 2\ 3\ 0\ 1\ 2\ 3\ 0\ 1\ 2\ 3\ \cdots] \quad (3-106)$$

当天线的波束指向由 $p=0$ 指向 $p=1$ 时,采用虚位技术以后,相当于每四个阵元组成了一个子阵,并且带来了馈相的误差。同理,p 为其他值时,理想的相位分布和虚位后实际的相位分布如表3-3所列,其中阵内相位以 $\Delta\phi_{Bmin}$ 为单位。

表 3-3 阵内相位差比较

p		阵内相位分布理想相位($\Delta\phi_{Bmin}$)
1	理想相位	0 1 2 3 4 5 6 7 8 9 …
	虚位相位	0 0 0 0 4 4 4 4 8 8 …
	阵内相位差	0 1 2 3 0 1 2 3 0 1 …
2	理想相位	0 2 4 6 8 10 12 14 16 18 …
	虚位相位	0 0 4 4 8 8 12 12 16 16 …
	阵内相位差	0 2 0 2 0 2 0 2 0 2 …
3	理想相位	0 3 6 9 12 15 18 21 24 27 …
	虚位相位	0 0 4 8 12 12 16 20 24 24 …
	阵内相位差	0 3 2 1 0 3 2 1 0 3 …
4	理想相位	0 4 8 12 16 20 24 28 32 36 …
	虚位相位	0 4 8 12 16 20 24 28 32 36 …
	阵内相位差	0 0 0 0 0 0 0 0 0 0 …
5	理想相位	0 5 10 15 20 25 30 35 40 45 …
	虚位相位	0 4 8 12 20 24 28 32 40 44 …
	阵内相位差	0 1 2 3 0 1 2 3 0 1 …

从表3-3可以得出以下结论:①采用虚拟技术后的相位差是一个周期函数,周期为 2^b,$p = n \cdot 2^b + i(n = 0,1,2,\cdots;i = 0,1,2,\cdots;2^b - 1)$,如当 $b = 2$ 时,$p = 1,5,9,\cdots$ 的相位差是一样的,$p = 2,6,10,\cdots$ 的相位差也是一样的;②在同一周期内的相位差是不一样的,其中 $p = n \cdot 2^b$ 是没有相位差的,而 $p = n \cdot 2^b + 1$ 时的相位差是最大的;③虚拟位数 b 越大,当 $p = n \cdot 2^b + 1$ 时,波束指向误差越大,具体量值可参见式(3-107);④虚拟位数 b 越大,虚拟子阵内天线单元数量越大,子阵之间的间距也越大,故综合因子方向图量化栅瓣之间的间隔就越密集。

2. 虚位技术对波束指向的影响

由上节内容可知,采用虚位技术后相较于实际位数为 K 的移相器来说,会带来一定的馈相误差,虚位相位误差分布如图 3-29 所示。可以看出,相当于每 4 个阵元组成一个子阵,在子阵内部,每个阵元的相位是相同的,因此子阵的波束最大指向为线阵的法线方向。但是各个子阵之间存在相位变化,导致综合因子方向图存在偏移,向线阵法线的一侧偏移一个角度。两个方向图合成以后,天线的波束指向的幅度将略微减小。

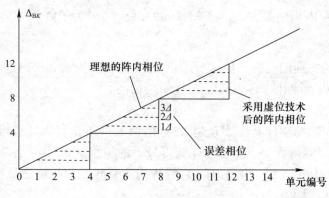

图 3-29 虚位相位误差分布

以 $K=8$、$m=6$、$d=\lambda/2$,阵元个数 $N=8$ 为例,当 p 分别为 $21\sim24$ 时,不同 p 值天线波束指向角度如表 3-4 所列。可以看出,当 $p=21$ 时,采用虚位技术后天线波束的指向有很小的偏移,$p=24$ 时,采用虚位技术后天线波束的指向未发生变化,这是因为此时 p 为 $2^b(b=K-m)$ 的整数倍。

表 3-4 不同 p 值天线波束指向角度

p	未虚位角度/(°)	虚位后角度/(°)	角度偏差/(°)
21	9.4428	9.3344	0.1084
22	9.8965	9.8531	0.0434
23	10.3519	10.3302	0.0217
24	10.8072	10.8072	0

虚位技术对波束指向偏差的影响,对于等幅分布的线阵,虚位技术引起的波束指向误差计算公式为

$$\varepsilon = \frac{\Delta\theta_p' - \Delta\theta_p}{\Delta\theta_p} = \frac{2^{2b}-1}{N^2-1} \times 100\% \tag{3-107}$$

式中:$\Delta\theta_p'$ 为采用虚位技术后的第 p 个波束位置;$\Delta\theta_p$ 为不采用虚位技术时的第 p 个波束的指向;b 为采用虚位技术舍去的移相器位数。

当线阵中单元数目 N 很大时,如 $N=100$,则第 p 个波束的相对指向误差 ε 很小,如 $N=100$,$b=3$,$\varepsilon=2.55\%$。

3. 虚位技术对天线副瓣电平的影响

虚位技术对副瓣电平有不良影响,考虑到由虚位决定的子阵方向图没有扫描,只有综合因子方向图才进行扫描,因此,根据乘法定理,天线方向图函数应为子阵因子方向图与综合因子方向图的乘积。

对于等幅分布线阵,当 $p=1,1\times2^b+1,2\times2^b+1,\cdots$ 时,由于虚位舍去了 b 位,由 2^b 个单元构

成的子阵方向图没有扫描,只有综合因子方向图才进行扫描,故天线方向图应表示为

$$|F(\theta)| = \frac{\sin\left[\frac{2^b}{2}\left(\frac{2\pi d}{\lambda}\sin\theta\right)\right]}{\sin\frac{1}{2}\left(\frac{2\pi d}{\lambda}\sin\theta\right)} \cdot \frac{\sin\left[\frac{m}{2}\left(\frac{2\pi}{\lambda}2^b d\sin\theta - \Delta\phi_m\right)\right]}{\sin\frac{1}{2}\left(\frac{2\pi}{\lambda}2^b d\sin\theta - \Delta\phi_m\right)}$$

$$= |F_1(\theta)| \cdot |F_2(\theta)| \tag{3-108}$$

式中:$\Delta\phi_m$ 为子阵间阵内相位差,$\Delta\phi_m = \frac{2\pi}{\lambda}2^b d\sin\theta_m$;$|F_1(\theta)|$ 为子阵的方向图函数;$|F_2(\theta)|$ 为综合因子方向图函数。

可以看出,子阵的方向图没有扫描,综合因子方向图会因为相邻子阵的相位差而扫描,同时根据式(3-108)可以估计到栅瓣会引起副瓣电平的抬高。

4. 波控数码最大计算位数

为了降低波束跃度,希望计算位数 K 越大越好,但 K 并不是可以任意增大的。假设 K 增大到 M 时,天线阵列中只有最后一个阵元才能获得最小的相移量 Δ,其余各阵元的移相器得到的相移量都为零。此时,如果 K 继续增大 $M+1$,线阵内所有阵元的相移量都将为零,所以 M 就是移相器计算位数 K 的最大值。

移相器的计算位数为 K,按计算位数最小的相移量 $\Delta\phi = 2\pi/2^K$,而实际的移相器能提供的最小相移量为 $\Delta\phi_m = 2\pi/2^m$,需保证

$$\Delta\phi_m \leqslant (N-1)\Delta\phi \tag{3-109}$$

可推出

$$K \leqslant m + \log_2(N-1) \tag{3-110}$$

可以看出,计算位数 K 的取值跟天线单元个数 N 和移相器 M 的位数有关。假设线阵阵元个数 $N=100$,移相器的实际位数 $m=6$,可以推出最大计算位数 $K \leqslant 12.63$,所以取 K 为 12。

3.6.4 随机馈相技术

幅度、相位和时延量化误差产生电平较高的量化栅瓣(也称量化瓣)将使雷达系统增益损失、副瓣抬高、波束指向发生偏差和抗干扰性能降低。因此,抑制和防止量化栅瓣是相控阵天线设计师面临并需要解决的问题。

这几种误差都具有周期性、相关性和量化的共同特点,因此可采用破坏周期性、去相关和随机化的手段降低、弱化、抑制和防止量化栅瓣的出现和生成,有关子阵抑制量化栅瓣的技术在第5章中有较为详细的讨论,这里不再赘述。本节主要介绍通过随机馈相技术可以有效缓解因采用虚位技术而导致的寄生栅瓣(也称寄生副瓣)增加的问题。

采用"虚位技术",可以降低波控码的位数,同时增大寄生栅瓣电平带来的不良后果。"随机馈相"技术可以适当减小最小波束跃度,是一种降低寄生栅瓣的方法。

随机馈相的出发点是把因移相器相位量化引起的指向系统误差变为随机误差去处理。具体办法是:每一个单元的相位量化误差不一定按统一的办法舍尾或进位,而是按一定的概率分别对每一单元进行处理,是舍尾还是进位由概率函数决定。由此方法组成若干组相位分布,即形成了若干个波束指向,而使其波束指向的均值具有极小的误差。随机馈相打破了相位量化形成的周期性相位误差,因而对于抑制量化寄生栅瓣是有好处的。

当移相器位数为 n 位时,寄生栅瓣电平是 $-n \times 6$dB。在同时要求节省移相器位数和降低副

瓣电平的情况下,采用随机馈相方法,对于无限阵列可以使寄生电平降低到 $-12 \times n$ dB。

由式(3-108)可见,天线波束不扫描时,综合因子方向图的主瓣与子阵方向图的零点位置重合;当综合因子方向图往左或往右扫描时,由于子阵方向图不扫描,将会产生由栅瓣引起的副瓣,亦即寄生栅瓣。如果能使子阵方向图随综合因子方向图往左或往右偏移,则栅瓣最大值位置与子阵方向图零点位置将会重合,子阵方向图与综合因子方向图相乘的结果,使寄生栅瓣电平不会提高。但是,虚位技术产生的子阵方向图是不随综合因子方向图移动的,这是因为在子阵内,各单元移相器的相位只要小于 $\Delta = 2\pi/2^n$(例如,4位移位器,$n=4$,$\Delta = 25.5°$)就用 $0°$ 代替的缘故。如果子阵内各单元的阵内相位以一定概率随机地选取 0 或 Δ,那么,各个子阵的方向图,其指向将在综合因子方向图偏移方向的附近作随机偏移,既可能往左偏移,也可能往右偏移。若能使平均的子阵方向图的相位零点与综合因子方向图栅瓣的最大值重合,则可能达到降低寄生栅瓣的效果。

随机馈相的实现依赖于波束控制系统,下面以图3-30所示情况为例说明。

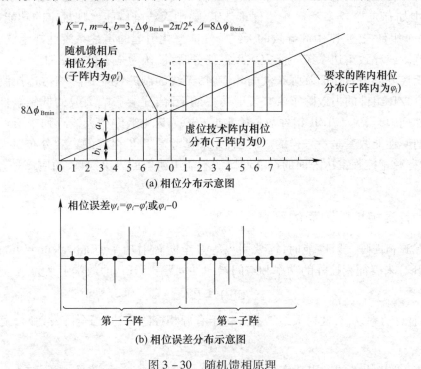

(a) 相位分布示意图

(b) 相位误差分布示意图

图3-30 随机馈相原理

第 i 个天线单元的移相器要随机地增加一个 ψ_i,ψ_i 值的选取公式为

$$\psi_i = \begin{cases} a_i = \varphi_i - \varphi_i' & (\text{概率 } p_i) \\ b_i = \varphi_i - 0 & (\text{概率 } q_i = 1 - p_i) \end{cases} \quad (3-111)$$

当按此确定 ψ_i 值后,相控阵雷达波束控制分系统应产生相应的波束控制数码。令随机馈相后第 i 单元的相位误差 ψ_i 与最小计算相移 $\Delta\phi_{Bmin}$ 之比为 γ_i,则

$$\gamma_i = \frac{\psi_i}{\Delta\phi_{Bmin}} \quad (3-112)$$

对于面阵,第 (k,i) 单元的波束控制数码应为

$$C(k,i) = i\alpha + k\beta + \gamma_{ki}$$
$$\gamma_{ki} = \pm \psi_{ki}/\Delta\phi_{Bmin} \quad (3-113)$$

当(k,i)单元的相位误差按式(3-113)取a_i状态时,γ_{ki}为正值;当取b_i状态时,γ_{ki}为负值。

由于γ_{ki}是随机的,对各个天线单元是不同的,且还可能会随雷达信号工作频率与波束扫描角的变化而变化,在波束控制系统中,必须要有一个γ存储器,用于存储各个移相器按不同情况预先算出的波束控制修正数码γ_{ki}。

3.7 有源相控阵雷达可靠性分析

有源相控阵雷达由于采用了大量的T/R组件,虽然其基本可靠性不高,但由于T/R组件易于做到冗余设计,天线阵的任务可靠性能够大幅度的提高,即相控阵雷达能够在T/R组件出现故障的情况下依然保持高性能的运行,它所拥有的高度可靠的孔径能够保证系统在整个生命周期内不受影响。有关有源相控阵雷达天线阵的任务可靠性模型,一直是雷达工程师关注的焦点。

传统的有源相控阵雷达天线阵可靠性模型,是n中取m的表决模型,即在天线阵总数为n的T/R组件中如有m个或多于m个组件正常工作,则天线阵应能实现规定的功能。相反地,如有多于$n-m$个组件失效,则由此导致的天线阵性能恶化引起的雷达系统性能下降,会超出失效判据的允许范围或导致雷达系统不能完成预定任务时,被认为是不可接受的。

当有源相控阵测量雷达面临强杂波的环境时,天线的副瓣性能是影响雷达探测和目标跟踪的主要指标。T/R组件的失效除了带来发射功率的下降,还会影响天线的低副瓣性能。在有源相控阵雷达阵列中,当失效T/R组件数量确定时,失效T/R组件在天线阵列中所处的不同位置带来的天线副瓣性能改变是不一样的。所以,如果要考虑T/R组件的失效分布对天线阵副瓣性能的影响,则有源相控阵雷达阵面的可靠性模型不能用简单的表决模型,而应该是有约束条件的新模型。

3.7.1 有源相控阵阵面的可靠性模型

在表述有源相控阵发射性能时,需要引入等效全向辐射功率(Equivalent Isotropically Radiated Power,EIRP)来表征相控阵的功率和空间指向性问题。EIRP的数学定义为

$$\text{EIRP} = P_t G_t \tag{3-114}$$

式中:P_t为发射总功率;G_t为发射天线增益。对于有源相控阵雷达,当全阵发射时,发射总功率为

$$P_t = NP_e/L \tag{3-115}$$

式中:P_e为每个T/R组件的输出功率;L为天线辐射损耗;N为阵元数量。

天线阵增益为天线方向图函数乘以系数获得,其最大值与阵元数量N成正比,可表述为

$$G_t = NG_e(\varphi_0,\theta_0)\varepsilon_T \tag{3-116}$$

式中:ε_T为锥形效率系数;$G_e(\varphi_0,\theta_0)$为每个阵元天线的增益函数;N为阵元数量。

$$\text{EIRP} = N^2 G_e(\varphi_0,\theta_0) P_e \varepsilon_T/L \tag{3-117}$$

可以看出,有源相控阵雷达的EIRP与N^2成正比。

通过上述讨论可知,决定EIRP大小的因素有阵元数量、T/R组件功率和相控阵单元天线增益。在相控阵产品设计上,EIRP的设计余量是决定产品可靠性因素的重要原因,因为在功率余量内,阵元的损失是允许的;导致功率余量不足的阵元损失则可以认为是相控阵的失效状态。然而,过多的设计余量不仅会导致产品复杂度大幅上升,还会增加成本和体积。通常情况下20%~30%的等效功率设计余量是比较合理的,当然这需要由实际的用户需求和工程情况来确定。

在允许有部分阵元损失而仍然能够满足有效使用功率的系统中,有源相控阵雷达的可靠性模型是表决模型,可靠性框图如图3-31所示。

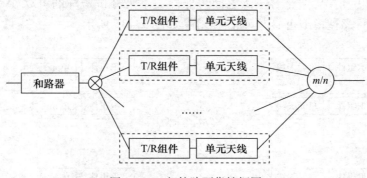

图3-31 相控阵可靠性框图

该可靠性框图对应的可靠性数学模型为

$$R_s(t) = \sum_{i=0}^{m} C_n^i R(t)^{n-i} [1-R(t)]^i \tag{3-118}$$

式中:$R_s(t)$为有源相控阵雷达阵面的可靠度;$R(t)$为每个阵元的可靠度;n为总的阵元数量;m为可损失的阵元数量;C_n^i为排列组合,$C_n^i = \dfrac{n!}{i!(n-i)!}$。

为对比其基本可靠性,在这里也给出全串联结构的基本可靠性数学模型:

$$R_s(t) = R^n(t) \tag{3-119}$$

对于电子产品来讲,其寿命一般服从指数分布,因而有

$$R(t) = e^{-\lambda t} \tag{3-120}$$

式中:λ为失效率;t为任务时间。

假设某64阵元有源相控阵产品EIRP值的设计余量为20%,每个阵元(含T/R组件和单元天线)的失效率为0.000025次/h,那么按EIRP公式计算其可损失的阵元数量为7。按上述公式,利用MATLAB进行仿真可得出此产品的基本可靠性(全串联模型)和任务可靠性(表决模型)可靠度曲线,如图3-32所示。由图可看出,相对于基本可靠性,有源相控阵任务可靠性是非常高的。

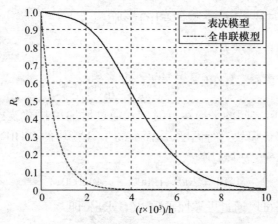

图3-32 全串联及表决模型下可靠度曲线

当有源相控阵以全阵和子阵方式来实现其产品功能时,不能简单地将本分析方法应用在全阵可损失阵元数量上进行迭代分析,因为可靠性是和产品规定功能相关的。因此,应针对具体功能分析各子阵可损失情况,结合各子阵之间可靠性关系来分析全阵的可靠性。一般情况下,全阵、子阵工作模式可靠性模型可参考可靠性框图,如图3-33所示。

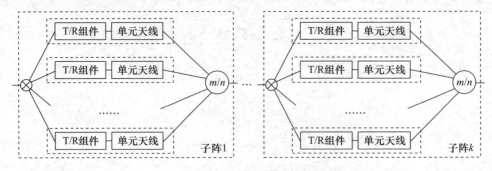

图3-33 全阵、子阵模式可靠性框图

对于有源相控阵雷达,通常处于天线阵中间部位的T/R组件的幅度和相位对天线波瓣主副比的贡献大,其失效后对波瓣主副比的影响也较大;而处于天线阵两端的T/R组件对天线波瓣主副比的贡献小,其失效后对波瓣主副比的影响也较小。这一结论与天线阵幅度采用45dB泰勒加权时中间部位T/R组件的贡献大致吻合。针对这类天线阵,在工程上建立可靠性模型时,可以取处于中间部分的一半T/R组件,对其失效数约束程度严格些,而四周的一半T/R组件,其失效数多一些也能够接受。因此,在低副瓣有源相控阵天线的可靠性建模时,就必须注意具体的幅度加权方式带来的影响。

根据以上分析,可将T/R组件位置分为两个区域:重点区域和非重点区域。设总的T/R组件个数为n,允许失效的总的T/R组件个数为m,重点区域T/R组件个数为n_1,重点区域允许失效T/R组件个数为r,则该天线阵列系统可靠性模型可表示为

$$R_s(t) = \sum_{i=0}^{r} \left\{ C_{n_1}^i R(t)^{n_1-i} [1-R(t)]^i \cdot \sum_{k=0}^{m-i} C_{n-n_1}^k R(t)^{n-n_1-k} [1-R(t)]^k \right\} \quad (3-121)$$

根据模型式(3-121),取参数n为200,m为4,n_1为100,r为1,$R=0.99$,最终计算的结果为$R_s(t)=0.7277$,而不考虑T/R组件失效位置的限制时$R_s(t)=0.9483$。所以一旦考虑失效的T/R组件位置的约束,系统的可靠度要下降很多。

3.7.2 模块故障对平均无故障时间的影响

T/R组件的MTBF可以表示为

$$\text{MTBF} = \frac{\text{所有单元的总运行时间}}{\text{使用阶段的故障次数}} \quad (3-122)$$

MTBF是两次相邻故障之间的平均运行时间。通过增加单片微波集成电路的集成度,可以提高制造加工工艺或者降低模块运行温度,从而提高T/R模块的MTBF。例如,如果有200个单元运行了10000h,共出现5次故障,则

$$\text{MTBF} = 200 \times 10000/5 = 400000 (\text{h}) \quad (3-123)$$

T/R组件的MTBF还可以通过可靠性函数$R(t)$求出,即

$$\text{MTBF}_e = \int_0^{\infty} R(t)\,\mathrm{d}t \quad (3-124)$$

式中：$R(t) = e^{-\lambda_e t}$，λ_e 为 T/R 组件的失效率。

等式可推导为

$$\text{MTBF}_e = \int_0^\infty e^{-\lambda_e t} dt = 1/\lambda_e \tag{3-125}$$

假设 $R_a(t)$ 是阵列的可靠性函数，$R(t) = e^{-\lambda_e t}$ 是阵元（模块）的可靠性函数，则

$$R_a(t) = \sum_{i=0}^m C_n^i R(t)^{n-i} [1 - R(t)]^i \tag{3-126}$$

式中：n 为总的阵元数量；m 为可失效的阵元数量。天线阵列的 MTBF 为

$$\text{MTBF}_a = \int_0^\infty R_a(t) dt \tag{3-127}$$

式(3-127)经过处理后，简化为

$$\text{MTBF}_a = \frac{1}{\lambda_e} \sum_{i=0}^{n-m} \frac{1}{n-i} \approx \frac{1}{\lambda_e} \frac{F}{n} = \text{MTBF}_e \frac{F}{n} \tag{3-128}$$

式中：λ_e 为阵元的故障率；$F = n - m$ 为允许失效的 T/R 单元数；F/n 为允许的故障比例。

因此，天线阵列的 MTBF 正比于阵元的 MTBF 和阵元的故障比率。例如，如果阵元的 MTBF $= 10^6$ h，则 $\lambda_E = 10^{-6}$/h，如果允许的故障率为 5%，天线阵列的 MTBF $= 10^6 \times 0.05 = 50000$(h)。

3.7.3 模块故障对天线性能的影响

有源相控阵雷达采用分布式 T/R 组件模块的一大优点是其性能降级的程度随时间变化非常平缓，所有模块在同一时间出现故障的概率非常小。当故障发生时，天线的增益通常会降低，而副瓣电平升高。在系统设计和试验阶段，具备对故障引起效果的建模能力很有用。

对一个 $N(列) \times M(行)$ 的矩形平面阵，为控制副瓣电平，在阵面上实施一定的幅度加权，理想的波瓣函数为

$$E_0(u,v) = \sum_{n=1}^N \sum_{m=1}^M I_{mn} \exp j(nu + mv) \tag{3-129}$$

式中：I_{mn} 为第 (m,n) 单元权系数。

$$u = \frac{2\pi d_x}{\lambda}(\sin\theta\cos\varphi - \sin\theta_s\cos\varphi_s) \tag{3-130}$$

$$v = \frac{2\pi d_y}{\lambda}(\sin\theta\cos\varphi - \sin\theta_s\cos\varphi_s) \tag{3-131}$$

式中：d_x、d_y 为单元间距；(φ_s, θ_s) 为波束扫描角。

从理论上讲，在对主瓣宽度不作特定要求的情况下，$E_0(u,v)$ 的副瓣电平可设计得任意低。现假设有若干单元失效，由此定义随机变量为

$$X_{mn} = \begin{cases} 1, & \text{第}(m,n)\text{单元正常} \\ 0, & \text{第}(m,n)\text{单元失效} \end{cases} \tag{3-132}$$

$X_{mn}(m=1,2,\cdots,M; n=1,2,\cdots,N)$ 彼此独立，显然阵中正常工作的单元数等于 $\sum_m \sum_n X_{mn}$。

现假设在某个工作时间 t，$N_a = N \cdot M$ 个单元中有 N_d 个单元失效，且各单元失效概率相等，则

$$X_{mn} = \begin{cases} 1, & \text{概率 } 1-\rho \\ 0, & \text{概率 } \rho \end{cases} \tag{3-133}$$

式中:$\rho = N_d/N_a$ 为失效率。这样第(m,n)单元的权系数亦变成一个随机变量 J_{mn}:

$$J_{mn} = X_{mn} I_{mn} \tag{3-134}$$

本节通过 MATLAB 仿真,对几种情况下的天线方向图进行了计算,考虑的情况包括随机数量的阵元出现故障,或者是系统的子阵列出现故障以及子阵列的放大器出现故障等情况。

假设阵列天线有 1600 个阵元,并以 $d/2$ 的间隔均匀分布在一个矩形网格上,阵元的位置分布如图 3-34 所示。天线单元的方向图按照 $\cos^{1.35}\theta$ 建模。

归一化的天线二维方向图如图 3-35 所示,其中天线方位扫描的方向图如图 3-36 所示。从方向图中可以看出,距离主瓣最近的副瓣峰值较主瓣低 13dB,这和理论值相符。

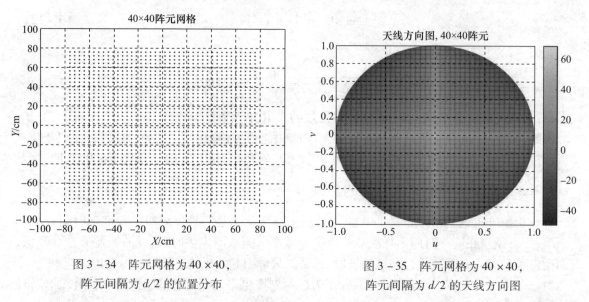

图 3-34 阵元网格为 40×40,阵元间隔为 $d/2$ 的位置分布

图 3-35 阵元网格为 40×40,阵元间隔为 $d/2$ 的天线方向图

在图 3-37~图 3-39 给出的例子中,假设系统中随机的 10% 阵元出现了故障。在图 3-37 中,故障阵元用圆形进行圈注。与图 3-35 中没有故障的二维方向图相比,图 3-38 所示的方向图在对角线区域的增益变大。图 3-39 中的方位向剖面没有进行归一化,从图中可以看到,在 $u=0$ 处,由于故障阵元的影响,其增益减小。

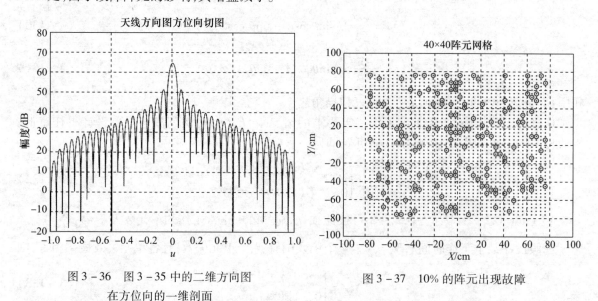

图 3-36 图 3-35 中的二维方向图在方位向的一维剖面

图 3-37 10% 的阵元出现故障

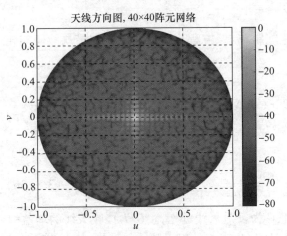

图3-38 有10%阵元出现故障时的方向图

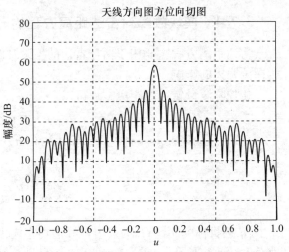

图3-39 阵列在10%阵元故障情况下,
在方位上的一维剖面图

下面,将天线阵面的结构分为若干子阵,每一个子阵都由 8×8 的阵元组成,分析其出现故障时的性能。这样分割以后,天线在俯仰和方位向共有 5×5 个子阵。将功率放大器移到子阵的后方,使所需的组件减少,从而降低系统成本。如果一个子阵的功率放大器出现故障,子阵中的所有阵元将不能工作。这个例子中的天线方向图如图 3-40 ~ 图 3-42 所示。系统中的阵元如图 3-40 所示,图中被圈起来的阵元是出现故障的阵元。二维方向图的结果如图 3-41 所示。方位向的主平面剖面与没有故障情况下的基准图相比,差异不是很大。天线方向图的主要变化是在对角线平面上。

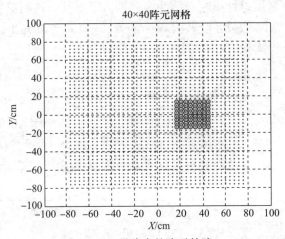

图3-40 子阵中的阵元故障
(在此次分析中,被圈起来的阵元不工作)

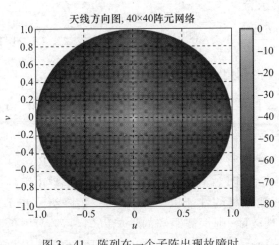

图3-41 阵列在一个子阵出现故障时
方位上的二维天线方向图

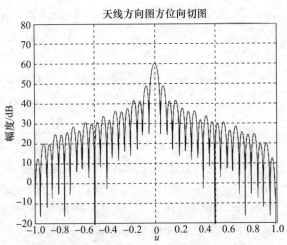

图3-42 阵列在一个子阵出现故障时
方位上的一维剖面图

3.7.4 模块故障对雷达距离方程的影响

雷达距离方程主要用于估计雷达的探测和跟踪距离,该方程也可以用于研究模块故障对雷达探测距离的影响。

相控阵测量雷达的距离方程可以定义为

$$R^4 = \frac{P_t G_t G_r \sigma \lambda^2 T_p N_p}{(4\pi)^3 L_s k T_s (S/N)} \tag{3-135}$$

或

$$S/N = \frac{P_t G_t G_r \sigma \lambda^2 T_p N_p}{(4\pi)^3 L_s k T_s R^4} \tag{3-136}$$

式中:R 为目标的距离;P_t 为发射机峰值功率输出;G_t 为发射天线的增益;G_r 为接收天线的增益;λ 为发射脉冲波长;σ 为雷达截面积;T_p 为脉冲持续时间;N_p 为相干积累脉冲的数量;L_s 为总的系统损耗;k 为玻耳兹曼常数;T_s 为系统噪声温度;S/N 为信噪比。这种形式的雷达距离方程适用于采用脉冲压缩或脉冲多普勒波形以及未调制单脉冲情况下的雷达系统。

假设系统共有 N 个阵元,其中 F 个阵元出现故障。由于故障,该阵元的信号发射和接收都已无效,发射功率变为

$$P_t = P_E(N-F) \tag{3-137}$$

发射增益与发射阵元的数量成正比,可表示为

$$G_t = \frac{4\pi A_t}{\lambda^2} = \frac{4\pi}{\lambda^2} A_E(N-F) \tag{3-138}$$

接收增益与接收阵元的数量成正比,可表示为

$$G_r = \frac{4\pi A_r}{\lambda^2} = \frac{4\pi}{\lambda^2} A_E(N-F) \tag{3-139}$$

根据式(3-135),如果 S/N 不变,则 R^4 可表示为

$$R^4 = \frac{P_E A_E^2 \sigma T_p N_p}{4\pi L_s k T_s \lambda^2 (S/N)} (N-F)^3 \tag{3-140}$$

根据式(3-137),如果 R 不变,则 S/N 可表示为

$$S/N = \frac{P_E A_E^2 \sigma T_p N_p}{4\pi L_s k T_s \lambda^2 R^4} (N-F)^3 \tag{3-141}$$

阵元故障情况下的作用距离与无故障情况下的作用距离之比为

$$\frac{R(\text{故障})}{R(\text{无故障})} = \left(1 - \frac{F}{N}\right)^{3/4} \tag{3-142}$$

收发模块的故障可能存在多种情况,发射失效的单通道模块会使射频孔径丧失其对发射功率产生和发射增益的贡献,而接收失效的模块会降低有效接收天线孔径面积。若 T/R 组件中发射和接收模块均出现问题,就会导致探测距离性能以 $(1-F/N)^{3/4}$ 倍降级。若 T/R 组件中接收模块能够正常工作,仅发射模块故障,则探测距离的性能以 $(1-F/N)^{2/4}$ 倍降级。若 T/R 组件中发射模块能够正常工作,仅接收模块出现故障,则探测距离的性能以 $(1-F/N)^{1/4}$ 倍降级。图3-43所示为均匀照射条件下有源相控阵天线在 T/R 组件出现故障时的作用距离比值。

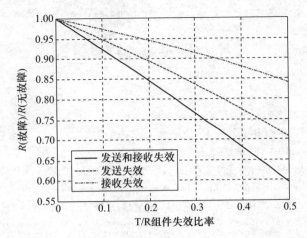

图 3-43 均匀照射条件下有源相控阵天线在 T/R 组件出现故障时的作用距离比值

阵元故障情况下的 S/N 与无故障情况下的 S/N 之比为

$$\frac{S/N(\text{故障})}{S/N(\text{无故障})} = \left(1 - \frac{F}{N}\right)^3 \tag{3-143}$$

故均匀照射阵列的所有单元级故障造成的信噪比损失公式为

$$L_{\text{fail}} = -10i\lg\left(\frac{N-F}{N}\right) = -10i\lg(1-P) \tag{3-144}$$

式中:P 为一个天线单元故障的对应概率;$i=1$ 对应于 T/R 组件的接收通道故障;$i=2$ 对应于 T/R 组件的发射通道故障;$i=3$ 对应于 T/R 组件发射和接收通道同时出现故障。

这种关系以均匀照射阵列为前提,若对加权孔径应该对其进行修改。故障损耗应根据预期的故障统计进行计算,并包括在标称系统损耗系数中。

如图 3-44 所示,对于均匀照射分布,假设在有源相控阵雷达出现最坏的故障机制,即给定的 T/R 组件发送和接收模块均出现故障,当 20% 的模块出现故障时,雷达灵敏度降低约 3dB。除了由于发射和接收链路的并行工作而导致的这种固有的适度降级之外,固态元件与速调管相比的寿命显著提高,同时固态低压电源相对于发射速调管所需的高压电源的可靠性提高了组件的平均无故障时间。

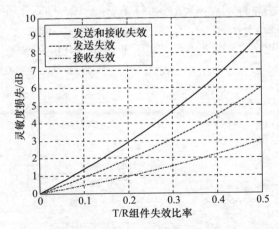

图 3-44 均匀照射条件下天线单元失效造成的故障损耗

参 考 文 献

[1] 张光义. 相控阵雷达原理[M]. 北京:国防工业出版社,2009.
[2] 张光义,赵玉洁. 相控阵雷达技术[M]. 北京:电子工业出版社,2006.
[3] 张明友,汪学刚. 雷达系统[M]. 4版. 北京:电子工业出版社,2013.
[4] Mailloux R J. 相控阵天线手[M]. 南京电子技术研究所,译. 2版. 北京:电子工业出版社,2007.
[5] MAILLOUX. Phased Array Antenna Handbook[M]. 3rd ed. Norwood,MA:Artech House,2018.
[6] 布朗(Brown,A. D.). 电扫阵列:MATLAB 建模与仿真[M]. 汪连栋,孔德培,乔会东,等译. 北京:国防工业出版社,2014.
[7] BROWN A D. Electronically Scanned Arrays – MATLAB Modeling and Simulation[M]. Boca Raton:CRC Press Taylor & Francis Group,LLC,2012.
[8] SKOLNIK M I. 雷达系统导论[M]. 左群声,徐国良,马林,等译. 3版. 北京:电子工业出版社,2006.
[9] SKOLNIK M I. Introduction to Radar System[M]. 3rd ed. New York:McGraw – Hill Companies Inc,2001.
[10] 丁鹭飞,耿富录,陈建春. 雷达原理[M]. 5版. 北京:电子工业出版社,2014.
[11] 郭崇贤. 相控阵雷达接收技术[M]. 北京:国防工业出版社,2009.
[12] STIMSON G W. 机载雷达导论[M]. 吴汉平,等译. 2版. 北京:电子工业出版社,2005.
[13] STIMSON G W. GRIFFTHS H D,BAKER C J,et al. Introduction to Airborne Radar[M]. 3rd ed. Edison:SciTech Publishing,2014.
[14] WILLIAM L. MELVIN,JAMES A. SCHEER. Principles of Modern Radar(Vol. Ⅲ):Radar Applications[M]. Eedison:SciTech Publishing,2014.
[15] SKOLNIK M I. 雷达手册[M]. 王军,林强,米慈中,等译. 2版. 北京:电子工业出版社,2003.
[16] 周万幸. 宽禁带半导体功率器件在现代雷达中的应用[J]. 现代雷达,2010(12):1 – 6.
[17] 张光义,王炳如. 对有源相控阵雷达的一些新要求与宽禁带半导体器件的应用[J]. 现代雷达,2005(2):1 – 4.
[18] 郭亮. 雷达接收机动态范围的研究[J]. 现代雷达,2012(1):76 – 78.
[19] 将庆全. 有源相控阵雷达技术发展趋势[J]. 国防技术基础,2005(4):9 – 11.
[20] 邵春生. 相控阵雷达研究现状与发展趋势[J]. 现代雷达,2016(6):1 – 4,12.
[21] 保的. 相控阵二维和差测角方法及其实现研究[D]. 西安:西安电子科技大学,2010.
[22] 刘安龙. 二维相控阵典型信号处理和数据处理算法研究[D]. 成都:电子科技大学,2014.
[23] 葛佩. 基于子阵划分的自适应波束形成技术[D]. 西安:西安电子科技大学,2012.
[24] 吕大鑫. 舰载相控阵雷达波控技术研究与实现[D]. 哈尔滨:哈尔滨工程大学,2007.
[25] 陈旭. 有源相控阵雷达子阵波束控制系统研究[D]. 哈尔滨:哈尔滨工业大学,2015.
[26] 尚仁超. 有源相控阵天线波控系统设计[D]. 南京:南京理工大学,2015.
[27] 邓林,邓明,张成伟,等. 有源相控阵可靠性分析及设计[J]. 装备环境工程,2012(2):21 – 24,37.
[28] 张良. 低副瓣固态有源相控阵天线可靠性分析[J]. 现代雷达,1992(6):97 – 105,79.
[29] 熊年生,黄正英. 机载有源相控阵天线阵的可靠性研究[J]. 雷达科学与技术,2009(4):250 – 252,266.

第4章 有限扫描相控阵雷达

4.1 概　　述

　　为了设计高增益、低成本、高效费比的有源相控阵天线,本章将介绍有限扫描宽带阵列系统。在进行有限扫描宽带阵列系统设计时,一种可能的替代方案是使用宽带波束开关技术,如等馈线长度的 Blass 矩阵或 Rotman 透镜等,这样的系统都是基于反射面和透镜系统的多波束特性,因而从这类光学系统所提供的聚焦中能获得高增益,但对于二维扫描,这些技术会变得非常复杂;另一种可行的技术是使用子阵技术。本章将主要介绍基于子阵技术的大间距有限扫描宽带阵列系统的设计以及栅瓣的抑制。

　　相控阵天线根据扫描范围可以分为宽角扫描、有限扫描和一般扫描,扫描范围大于 ±45°的称为宽角扫描,小于 ±15°的称为有限扫描,其余的称为一般扫描。随着大型二维固态有源相控阵雷达的研制,发现移相器和 T/R 组件的成本几乎占据了整个雷达造价的 70%~80%,因此,为了降低成本,在确保天线性能的前提下,尽量减少阵列单元数目在工程应用中显得意义重大。有限扫描是相控阵技术中的一个重要组成部分,是为避免雷达造价高、设备量大和系统复杂应运而生的一种折中相扫技术,一般最大扫描范围为 ±5°~±15°,有限电扫描和二维机械扫描相结合,仍然可以实现波束的全空域覆盖。大间距有限宽带扫描相控阵雷达的优点是单元数少,对于相控阵雷达天线而言就意味其制造成本低、天线阵面重量轻、功耗热耗小、通风散热好。它的缺点是当天线单元间距大于一个波长时,即使波束不扫描,阵列的远场方向图也会出现栅瓣,且扫描后一般伴随着主瓣增益降低、栅瓣抬高等现象,同时还不可避免地出现接收模糊等问题。另外,为了提高相控阵天线的瞬时带宽,需要采用子阵技术,但子阵技术会导致量化栅瓣(或量化瓣,也有文献称为宽带栅瓣)。这就需要采用一定的办法来抑制由于大间距引起的栅瓣以及采用子阵技术引起的量化栅瓣。好在无论是抑制栅瓣还是量化栅瓣,所采用的主要技术都是一样的,即采用子阵非周期排列等方法。

　　早在 20 世纪 70 年代开始,许多专家、学者就开始研究大间距阵列的栅瓣抑制,当时主要是用于设计卫星地面站有限扫描相控阵天线。目前,大间距阵列栅瓣的抑制主要从两个方面考虑:一方面采用非周期的阵列排布,分散栅瓣的能量;另一方面利用单元方向图,抑制栅瓣的能量,通过两种方法结合使用,共同实现最优的栅瓣抑制效果。

4.2　有限扫描阵列单元间距以及子阵尺寸确定

　　在有限扫描相控阵雷达的设计中,扫描范围是其中一个重要的基本指标,在工作频率已明确的情况下,栅瓣位置是单元间距和扫描角的函数,而单元间距又和扫描范围息息相关,因此,如何通过工作频率和扫描范围等系统指标,合理确定单元间距等阵列参数是相控阵天线设计的重要内容。

　　单元间距的选择直接关系到相控阵天线的性能和造价。一部性能良好的相控阵天线,当天线单元数相同时,若单元间距越大,则天线单元互耦越小、天线增益越高。举例来说,若单元间距增大12%,天线单程增益将提高1dB;相反,当孔径尺寸一定时,若单元间距越大,则孔径内需要的天线单元数越少,相应的T/R组件数量及馈电网络、微波电路的复杂性和规模将越小;若单元间距增大12%,在孔径尺寸不变的前提下,天线单元数将减少20%。

扫描范围作为相控阵天线的一个重要指标,一般来说,扫描范围大,天线单元间距小、数量多、成本高;而扫描范围小,天线单元间距大、数量少、成本低。在系统设计中,需要综合平衡,确定天线的电扫描范围,而在相控阵天线的设计中,需要根据电扫描范围、扫描增益下降以及对栅瓣抑制的要求共同确定天线的单元间距。

针对相控阵天线单元间距的确定准则,虽然大部分文献都有所提及,但总体来讲,分析得不够透彻,本节旨在分析单元间距、扫描角和栅瓣位置之间的关系基础上,提出单元间距确定的通用准则,并针对不同的相控阵设计和应用需求,提出多种单元间距确定的特殊准则,而且提供了整个数学推导过程,以便于读者理解。另外,本节还分析了子阵尺寸确定的相关内容。

4.2.1 阵列方向图合成

构造相控阵天线的重要理论基础之一是方向图乘积定理,相控阵天线的方向图函数等于单元方向图EP与阵列因子AF的乘积。由子阵组成的阵列因子AF的方向图函数等于子阵因子AF_{SA}与子阵综合因子AF_p的乘积。单元方向图EP只表示每个天线单元的辐射特性,与阵列的组织方式无关;阵列因子AF仅取决于单元位置、单元激励的幅度和相位,与天线单元的形式无关。

线性阵列(简称线阵)广泛应用于一维扫描的相控阵天线之中。一个二维扫描的平面相控阵天线可看成多个线性阵列的组合。当平面阵等幅分布时,其天线方向图可以看成两个线阵天线方向图的乘积。

为了便于读者理解,下面首先简要推导了线阵远场方向图合成公式,因为它是分析单元间距、扫描角和栅瓣位置之间关系的基础。

假定一个由N个天线单元组成的一维线阵,单元方向图是全向性的,则线阵远场方向图函数为

$$E_a(\theta) = \sum_{n=0}^{N-1} a_i e^{jn\left[\frac{2\pi d}{\lambda}\sin\theta - \Delta\phi_0\right]} \quad (4-1)$$

式中:$\Delta\phi_0$为相邻天线单元之间的馈电相位差(阵内相移值),$\Delta\phi_0 = (2\pi d/\lambda)\sin\theta_0$,$\theta_0$为天线波束最大值指向。令$\Delta\phi = (2\pi d/\lambda)\sin\theta$表示相邻天线单元接收到来自$\theta$方向信号的相位差,可称为相邻单元之间的空间相位差。

若令$\Delta\phi - \Delta\phi_0 = X$,对均匀分布照射函数,$a_i = E_0$,可得

$$E_a(\theta) = E_0 \frac{1-e^{jNX}}{1-e^{jX}} \quad (4-2)$$

由欧拉公式,可得

$$E_a(\theta) = E_0 \frac{\sin(NX/2)}{\sin(X/2)} e^{j\frac{N-1}{2}X} \quad (4-3)$$

当$\theta = \theta_0$时,各分量同相相加,场强幅值最大,即

$$E_a(\theta)|_{\max} = NE_0 \quad (4-4)$$

定义归一化方向性函数为

$$E'_a(\theta) = \frac{E_a(\theta)}{E_a(\theta)|_{max}} = \frac{\sin(NX/2)}{N\sin(X/2)} e^{j\frac{N-1}{2}X} \tag{4-5}$$

对于远场阵列场强方向图，确定公式为

$$|E'_a(\theta)| = \left|\frac{\sin(NX/2)}{N\sin(X/2)}\right| = \left|\frac{\sin\left[\frac{\pi N d}{\lambda}(\sin\theta - \sin\theta_0)\right]}{N\sin\left[\frac{\pi d}{\lambda}(\sin\theta - \sin\theta_0)\right]}\right| \tag{4-6}$$

由式(4-6)可知：当$(\pi Nd/\lambda)(\sin\theta - \sin\theta_0) = 0, \pm\pi, \pm2\pi, \cdots, \pm m\pi$($m$为整数)时，分子为0，若分母不为0，则有$|E'_a(\theta)| = 0$。当$(\pi d/\lambda)(\sin\theta - \sin\theta_0) = 0, \pm\pi, \pm2\pi, \cdots, \pm m\pi$时，分子分母同时为0，由洛比达法则(L'Hôpital's rule)得$|E'_a(\theta)| = 1$。由于满足$|E'_a(\theta)| = 1$的θ值可能有多个，故$|E'_a(\theta)|$为多瓣状，即当$m = 0$时称为主瓣，其余称为栅瓣。

4.2.2 单元间距确定准则

假设线阵天线的最大扫描范围是$[-\theta_m, +\theta_m]$，且有$0° < \theta_m \leq 90°$，θ_0为电扫范围内任意一个角度，$-\theta_m \leq \theta_0 \leq \theta_m$；假设线阵天线的栅瓣盲区(没有栅瓣的区域)是$[-\gamma_G, +\gamma_G]$，且有$0° < \gamma_G \leq 90°$，$\gamma$为栅瓣盲区内任意一个角度，$-\gamma_G \leq \gamma \leq \gamma_G$，如图4-1所示，一般来说，$\gamma_G \geq \theta_m$，其含义为不能在电扫描范围内出现栅瓣。

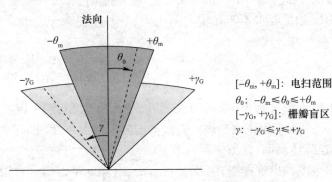

图4-1 线性阵列无栅瓣范围和扫描范围示意图

由式(4-6)可知，线性阵列在栅瓣盲区$\pm\gamma_G$内出现第一栅瓣的临界条件是$(\pi d/\lambda)(\sin\gamma - \sin\theta_0) = \pm\pi$；出现第二栅瓣的临界条件是$(\pi d/\lambda)(\sin\gamma - \sin\theta_0) = \pm 2\pi$；第三、第四栅瓣的情况以此类推。

若$-\theta_m \leq \theta_0 \leq \theta_m$，$-\gamma_G \leq \gamma \leq \gamma_G$，且满足条件：

$$|(\pi d/\lambda)(\sin\gamma - \sin\theta_0)| \leq |\pm\pi| \tag{4-7}$$

则等式$(\pi d/\lambda)(\sin\gamma - \sin\theta_0) = 0, \pm\pi, \pm2\pi, \cdots, \pm m\pi$仅在$m=0$时$\gamma$有唯一解($\gamma = \theta_0$)，自然不会出现栅瓣。

为了提出能够满足式(4-7)的单元间距确定准则，首先假设

$$(\pi d/\lambda)(\sin\gamma_G + \sin\theta_m) \leq \pi \tag{4-8}$$

式中：由于$0° < \theta_m \leq 90°, 0° < \gamma_G \leq 90°$，$\sin\gamma_G$和$\sin\theta_m$均为正数。

如果能证明式(4-8)成立，则式(4-7)必然成立的话，就可以用式(4-8)作为单元间距确定的通用准则，下面分别在天线阵面坐标系和正弦空间分别进行证明。

方法1：在天线阵面坐标系进行证明

由图4-1可知,由于正弦函数在0°~90°范围内是单调递增函数,当$\gamma_G \geq |\gamma|$, $\theta_m \geq |\theta_0|$时,有

$$\sin\gamma_G \geq |\sin\gamma|, \sin\theta_m \geq |\sin\theta_0| \qquad (4-9)$$

故有

$$|(\pi d/\lambda)(\sin\gamma_G + \sin\theta_m)| \geq (\pi d/\lambda)(|\sin\gamma| + |\sin\theta_0|) \qquad (4-10)$$

又根据绝对值不等式公式$|a-b| \leq |a| + |b|$,有

$$(\pi d/\lambda)(|\sin\gamma| + |\sin\theta_0|) \geq (\pi d/\lambda)(|\sin\gamma - \sin\theta_0|) \qquad (4-11)$$

所以如果式(4-8)成立,式(4-7)也必然成立。所以,现在可以定义在$[-\theta_m, +\theta_m]$范围内扫描时,在$[-\gamma_G, +\gamma_G]$区域内不出现栅瓣的一般条件为

$$\frac{d}{\lambda} \leq \frac{1}{\sin\gamma_G + \sin\theta_m} \qquad (4-12)$$

同样,可以定义在$\pm\theta_m$范围内扫描时,在$[-\gamma_G, +\gamma_G]$范围内允许出现第一栅瓣,但不允许出现第二以及后续栅瓣的一般条件为

$$\frac{d}{\lambda} \leq \frac{2}{\sin\gamma_G + \sin\theta_m} \qquad (4-13)$$

$[-\gamma_G, +\gamma_G]$是天线仅允许有第一栅瓣的区域,其余的情况以此类推。

通过更进一步细化,如果要求不能在实空间出现栅瓣,则要求$\gamma_G = 90°$,这样就可以推导出避免栅瓣出现时单元间距的公式:

$$\frac{d}{\lambda} \leq \frac{1}{1 + \sin\theta_m} \qquad (4-14)$$

式(4-14)即为大多数文献中描述的在实空间不出现栅瓣的基本公式,其实它仅是式(4-12)的一个特例,但很难用该式来确定有限扫描阵列的大单元间距和分析栅瓣问题。

对于有限扫描相控阵体制而言,由于天线单元间距一般要大于等于一个波长,必然会出现栅瓣,但是应避免在电扫范围内出现栅瓣,则要求$\gamma_G = \theta_m$,这样就可以得到有限扫描相控阵天线单元间距确定的公式:

$$\frac{d}{\lambda} \leq \frac{1}{2\sin\theta_m} \qquad (4-15)$$

如果要求在实空间只能出现第一栅瓣,不能出现第二以及后续的栅瓣,则只要将式(4-13)中的$\gamma_G = 90°$即可,则

$$\frac{d}{\lambda} \leq \frac{2}{1 + \sin\theta_m} \qquad (4-16)$$

图4-2是确定单元间距与扫描角度和栅瓣位置之间的关系图。

在图4-2中,$d/\lambda = 1/(\sin\gamma_G + \sin\theta_m)$是在不同无栅瓣范围($\gamma_G$分别为90°、60°、45°、30°、20°、15°、10°)时d/λ与扫描角度θ_m的曲线,每条曲线的左下区域为无栅瓣区域(栅瓣盲区),右上区域为有栅瓣区域;$d/\lambda = 1/(2\sin\theta_m)$是在扫描区域内无栅瓣的曲线图,它是有限扫描相控阵雷达选择最大天线单元间距的重要依据;$d/\lambda = 2/(1 + \sin\theta_m)$是扫描时实空间内仅有第一栅瓣的曲线图,它也是有限扫描相控阵雷达选择单元间距的依据之一,左下区域为在实空间仅有第一栅瓣的区域,右上区域为有第二以及后续栅瓣的区域。

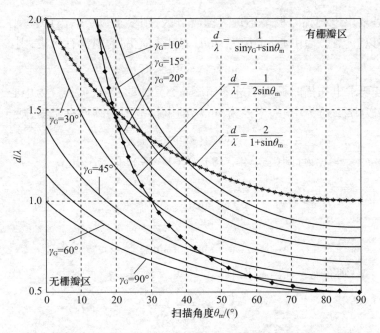

图4-2 单元间距与扫描角度和栅瓣位置的关系

从图4-2可以计算得出,当曲线 $d/\lambda = 1/(2\sin\theta_m)$ 和曲线 $d/\lambda = 2/(1+\sin\theta_m)$ 相交时有 $\sin\theta_m = 1/3$(对应 $\theta_m = 19.5°$),由此可以得到有限扫描相控阵天线在实空间只能出现第一栅瓣的天线单元间距确定的公式:

$$\frac{d}{\lambda} \leqslant \begin{cases} \dfrac{2}{1+\sin\theta_m}, & \theta_m \leqslant 19.5° \\ \dfrac{1}{2\sin\theta_m}, & \theta_m \geqslant 19.5° \end{cases} \quad (4-17)$$

另外,从在图4-2中的曲线 $d/\lambda = 2/(1+\sin\theta_m)$ 可以看出,当 $d/\lambda \geqslant 1.5$ 且最大扫描角大于 19.5°,必然出现第二栅瓣,或者可以进一步表达为 $d/\lambda \geqslant 1.5$,为了不出现第二栅瓣,最大扫描角不能大于 19.5°。

方法2:在正弦空间进行证明

如果在正弦空间进行证明将要直观和简单得多。如图4-3所示,其中电扫范围所示圆半径为 $\sin\theta_m$,栅瓣盲区所示圆半径为 $\sin\gamma_G$。

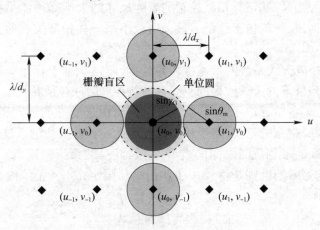

图4-3 正弦空间的矩形网格分布的栅瓣示意图

在 u 轴上,若要求电扫描时栅瓣不进入栅瓣盲区,则要求以 (u_0,v_0) 为中心、半径为 $\sin\gamma_G$ 的栅瓣盲区的圆与以 (u_1,v_0) 为中心、半径为 $\sin\theta_m$ 的电扫范围的圆没有交集,则

$$\sin\gamma_G + \sin\theta_m \leq u_1 \tag{4-18}$$

在 v 轴上,若要求电扫描时栅瓣不进入栅瓣盲区,则要求以 (u_0,v_0) 为中心、半径为 $\sin\gamma_G$ 的栅瓣盲区的圆与以 (u_0,v_1) 为中心、半径为 $\sin\theta_m$ 的电扫范围的圆没有交集,则

$$\sin\gamma_G + \sin\theta_m \leq v_1 \tag{4-19}$$

由于 $u_1 = \lambda/d_x, v_1 = \lambda/d_y$,则由式(4-18)、式(4-19)可分别得

$$\frac{d_x}{\lambda} \leq \frac{1}{\sin\gamma_G + \sin\theta_m} \tag{4-20}$$

$$\frac{d_y}{\lambda} \leq \frac{1}{\sin\gamma_G + \sin\theta_m} \tag{4-21}$$

假设 $d_x = d_y = d$,则有 $v_1 = u_1 = \lambda/d$,则

$$\frac{d}{\lambda} \leq \frac{1}{\sin\gamma_G + \sin\theta_m} \tag{4-22}$$

同样,可以定义在 $[-\theta_m, +\theta_m]$ 范围内扫描时,在 $[-\gamma_G, +\gamma_G]$ 范围内允许出现第一栅瓣,但不允许出现第二以及后续栅瓣的一般条件为

$$\sin\gamma_G + \sin\theta_m \leq 2u_1 \tag{4-23}$$

$$\sin\gamma_G + \sin\theta_m \leq 2v_1 \tag{4-24}$$

假设 $d_x = d_y = d$,则有 $2v_1 = 2u_1 = 2\lambda/d$,则

$$\frac{d}{\lambda} \leq \frac{2}{\sin\gamma_G + \sin\theta_m} \tag{4-25}$$

其余内容同方法1。

4.2.3 子阵尺寸确定准则

对于大型阵列雷达而言,子阵划分技术是连接阵列天线与雷达信号处理的桥梁。相关的研究既涉及天线设计,又涉及阵列信号处理。可以说,子阵划分技术是整个阵列雷达系统中的核心关键技术之一,它与阵列雷达的具体应用、信号处理方法紧密相关,直接影响了雷达系统的性能。

子阵划分的基本原则是:基于移相器控制的子阵尺寸的大小必须满足相控阵雷达的瞬时带宽限制的要求。换句话说,子阵技术就是通过采用减小基于移相器控制的子阵天线孔径来满足带宽和扫描角的要求。

根据2.8节对相控阵天线系统的带宽特性的分析,阐述了基于移相器波束控制的相控阵雷达在非垂直方向入射条件下的天线波束的空间色散特性和时间色散特性。前者会带来天线波束的增益损失;后者会带来各单元信号聚焦时的损失,同时由于脉冲的展宽还损失了距离分辨率。换句话说,随着信号瞬时带宽的增大,基于移相器控制的相控阵天线的系统性能会显著降低。

为了确保在信号瞬时带宽范围内,由于空间色散特性(波束指向偏离)引起的增益降低限定在一个合理的范围内,通常的准则是将 $|\Delta\theta_0/\theta_m(扫描)|$ 限定在 1/4 范围内,即

$$\left|\frac{\Delta\theta_0}{\theta_m(扫描)}\right| = \frac{1.13}{F_2}\left(\frac{\Delta f}{f_0}\right)\left(\frac{L}{\lambda}\right)\sin\theta_0 \leq 1/4 \tag{4-26}$$

同时,为了在信号瞬时带宽范围内,由于时间色散引起的损失限定在一个合理的范围,通常

的准则是将 $|\Delta\tau/\tau|$ 限定在 1/2 范围内,即

$$\left|\frac{\Delta\tau}{\tau}\right| = \frac{2}{F_2}\left(\frac{\Delta f}{f}\right)\left(\frac{L}{\lambda}\right)\sin\theta_0 \leq 1/2 \quad (4-27)$$

根据瞬时绝对带宽 $B = 2\Delta f, \lambda f = c$,根据式(4-26)和式(4-27),可得

$$L \leq \frac{F_2}{2.26}\frac{c}{B\sin\theta_0} \quad (4-28)$$

$$L \leq \frac{F_2}{2}\frac{c}{B\sin\theta_0} \quad (4-29)$$

式中:B 为绝对带宽;F_2 为加权系数,由于加权系数一般都大于 1,为了稳妥起见,在进行瞬时带宽或子阵尺寸估算时,一般取 $F_2 = 1$。

通过比较,式(4-28)和式(4-29)有高度的相似性,并无本质差别。为了稳妥起见,在进行子阵尺寸确定时采用了式(4-28),可得

$$L_{sa} \leq \frac{F_2}{2.26}\frac{c}{B\sin\theta_0} \quad (4-30)$$

对于二维面阵,可以很容易将子阵的线性尺寸 L_{sa}(假设子阵的二维尺寸是一样的)、子阵数目 N_T、面阵的孔径面积 A 联系起来,即

$$N_T = A/L_{sa}^2 \quad (4-31)$$

将式(4-30)代入,可得

$$N_T \geq 5.1A\left(\frac{B\sin\theta_0}{F_2 c}\right)^2 \quad (4-32)$$

式(4-32)表明,一个宽带相控阵面阵的子阵数目与天线面积、信号带宽的平方、最大扫描角正弦的平方成正比。

4.2.4 实例分析

下面以有限扫描相控阵雷达为例介绍如何运用特定条件的准则确定天线单元间距以及进行子阵划分设计。

首先,假设需要设计一个二维(方位和俯仰)平面阵列,且方位和俯仰的波束宽度相等且不大于 0.3°,工作中心频率为 9.5GHz,信号瞬时带宽为 1.3GHz,最大扫描范围为 ±15°,不允许在扫描空间内出现栅瓣,且只允许在实空间出现第一栅瓣,试设计并计算该平面阵的阵面尺寸、单元间距、单元数目、子阵尺寸、子阵数目以及栅瓣位置分布情况。

第一步:计算天线阵面尺寸。

由于工作频率为 9.5GHz,则波长 $\lambda = 0.03158$m。根据波束宽度计算公式:

$$\theta_B(°) = \frac{50.8\lambda}{D} \quad (4-33)$$

可以计算得到平面阵的阵面尺寸:

$$D = \frac{50.8\lambda}{\theta_B(°)} = \frac{50.8 \times 0.03158}{0.3} \approx 5.35(\text{m}) \quad (4-34)$$

第二步:计算天线单元间距。

在确定单元间距时,当阵列波束指向接近最大扫描角时,由于高次栅瓣即将进入实空间可能

会带来单元驻波的严重失配,因而阵列设计时一般使用比最大扫描角大 5°~10°的扫描范围值,故这里取 20°扫描范围进行单元间距核算。

由于该平面阵允许扫描空间出现栅瓣,且只允许在实空间出现第一栅瓣,所以首先用式(4-15)计算最大单元间距:

$$d_1 = \frac{\lambda}{2\sin\theta_m} = \frac{31.58}{2\sin20°} \approx 46.17(\text{mm}) \tag{4-35}$$

再根据式(4-16)计算在实空间不会出现第二以及后续栅瓣的最大单元间距:

$$d_2 = \frac{2\lambda}{1+\sin\theta_m} = \frac{2\times31.58}{1+\sin20°} \approx 47.06(\text{mm}) \tag{4-36}$$

因为要求 $d \leq d_1$,且 $d \leq d_2$,故选 $d = 45\text{mm}$。

第三步:计算天线单元个数。

由于该平面阵列方位和俯仰的扫描范围是一致的,所以它是一个正方形阵面,则每个方向所需的天线单元数是一致的,所以有

$$N_1 = N_2 = \frac{D}{d} = \frac{5.35}{0.045} \approx 119 \tag{4-37}$$

为了便于阵面设计安装,这里选 $N_1 = N_2 = 120$,于是可以计算天线单元个数:

$$N = N_1 N_2 = 14400 \tag{4-38}$$

第四步:子阵尺寸确定。

根据式(4-30),可得

$$L_{sa} \leq \frac{1}{2.26} \times \frac{3\times10^8}{1.3\times10^9 \sin15°} \approx 0.395(\text{m}) \tag{4-39}$$

由于 $d = 45\text{mm}$,由此可计算每个子阵的单元数应小于 8.7 个,这里取 8。并由此可得出该阵面需要 225 个子阵。

第五步:栅瓣位置分布。

通过上面分析,该平面阵仅有第一栅瓣,则

$$(\pi d/\lambda)(\sin\gamma - \sin\theta_0) = \pm\pi \tag{4-40}$$

故第一栅瓣位置为

$$\gamma = \arcsin(\pm\lambda/d + \sin\theta_0) \tag{4-41}$$

当 $\theta_0 = 0°$,栅瓣位置为 $\pm44.57°$;当 $\theta_0 = 15°$,栅瓣位置为 $73.86°$ 和 $-26.3°$;当 $\theta_0 = -15°$,栅瓣位置为 $-73.86°$ 和 $26.3°$。

4.3 相控阵雷达栅瓣问题分析

4.3.1 大间距周期阵栅瓣的形成

栅瓣的产生、出现与相控阵天线的设计有着密切关系。相控阵天线的设计通常不得不考虑如下要求:单元间距选择、扫描范围确定、单元排布方式、天线子阵划分、栅瓣引起的天线副瓣电平、允许栅瓣带来的能量损失大小等。因此,研究相控阵栅瓣抑制技术,对改善其阵列辐射性能指标等具有重要意义。

下面以一维线阵为例来介绍大间距周期阵栅瓣问题,其参数与 4.2.4 节中的例子是一致的,雷达工作频率为 9.5GHz,扫描范围为 $\pm15°$,$d/\lambda = 1.425$,天线单元数 $n = 120$,可以将该线阵划

分为 15 个子阵,每个子阵有 8 个天线单元,为了进行仿真,这里假设天线单元的方向图函数为表 2-8 中的辛克函数:

$$F(\theta) \approx \left| \frac{\sin b\theta}{b\theta} \right| \approx \left| \frac{\sin(2\pi\theta/\theta_0)}{2\pi\theta/\theta_0} \right| \qquad (4-42)$$

式中:$b = 2\pi/\theta_0 (\text{rad})$,$\theta_0$ 为零功率波束宽度,通过调整匹配,$\theta_0 = 89.14°$(法向时栅瓣位置角度乘以 2 时能很好地抑制固定栅瓣。

图 4-4 和图 4-5 是将线阵划分为 15 个子阵时,扫描角为 0° 与 15° 的线阵的阵列因子 AF、子阵因子 AF_{sa} 和子阵综合因子 AF_p($AF = AF_{sa} \times AF_p$)。通过仿真分析表明:无论子阵如何划分,只要等间距规则排列,在单元间隔大于一个波长,必然产生栅瓣,且对均匀分布照射函数,其幅值与主瓣是一样的。

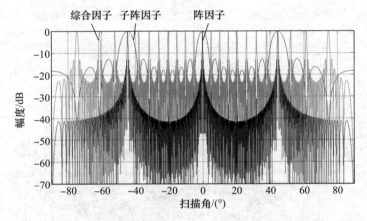

图 4-4 当 $\theta_0 = 0°$ 时,阵列因子、子阵因子、子阵综合因子方向图

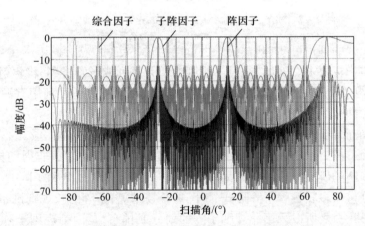

图 4-5 当 $\theta_0 = 15°$ 时,阵列因子、子阵因子、子阵综合因子方向图

图 4-6、图 4-7 是将线阵扫描角为 0° 和 15° 时,阵列因子 AF、单元方向图 EP 和线阵方向图 PAT(PAT = EP × AF)。通过仿真分析表明:采用天线单元方向图来抑制栅瓣只对法向方向的固定栅瓣有效,如果进行波束扫描后,其抑制效果就很差了,具体抑制效果与单元方向图有很大关系,图 4-7 中对左侧的栅瓣抑制效果只有约 4dB,对右侧的栅瓣抑制约为 13dB。

通过以上仿真分析可以得出:大间距周期阵栅瓣是由于阵列的规则排布引起的,无论是否采用子阵或对子阵如何进行划分,都是无法抑制栅瓣的,所以大间距相控阵不能采用常规的设计方法设计。

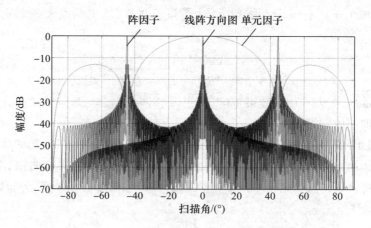

图 4-6 当 $\theta_0=0°$ 时，阵列因子、单元方向图、线阵方向图

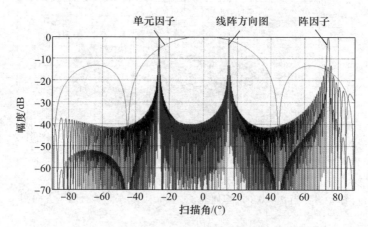

图 4-7 当 $\theta_0=15°$ 时，阵列因子、单元方向图、线阵方向图

根据相控阵天线的理论可知，栅瓣的产生可以通过一定的方法、措施尽量规避，最终满足阵列天线工作的所需指标要求。例如，通过不规则的单元排列或子阵排列，将辐射场的栅瓣能量分散，最终达到抑制栅瓣电平的目的。另外，根据方向图相乘原理，还可利用有源单元方向图来压低阵列栅瓣。栅瓣抑制的主要方法如下：

1. 非周期化阵面单元布局以抑制栅瓣

为了压低和规避栅瓣的出现，可采取优化天线阵面排布，阵元形成非周期排列。目前，针对大间距阵列栅瓣抑制的研究方法大致分为两类，即非规则子阵的划分和子阵的非规则排布，其中非规则子阵的划分包括多联骨牌子阵形式、子阵重叠技术等，子阵的非规则排布又可以细分为旋转、平移、错位等形式。之所以采用非规则子阵的划分或排布，是因为规则子阵的划分和排布使得方向图在扫描过程中受到子阵阵因子栅瓣的影响，而非规则子阵的划分或排布打乱了子阵相位中心的周期性，目的就是再次分散栅瓣的能量，能对栅瓣起到较好的抑制作用。

2. 采用高效阵列单元的方向图抑制栅瓣

若阵列中天线单元的方向图零点位置与阵列因子栅瓣位置对应，则可达到栅瓣抑制作用，因此要求设计合适的单元形式，而且阵列单元尺寸和形式的选择由扫描空域范围及最大扫描角扫描时所允许的增益下降值决定。所谓高效阵列单元（也称高增益天线单元），顾名思义，在满足阵列单元高增益的同时，尽量使副瓣低，并且阵中单元方向图的有限扫描区域内比较平缓，而在扫描区域外则迅速下降，其理想方向图形状为"门"字形，这样能有效地抑制栅瓣。采用高效阵列单元方向图抑制栅瓣的原理是方向图相乘原理,即相控阵的阵列因子与阵列高效单元方向图相乘以压低或抑制栅瓣。

4.3.2 相控阵量化栅瓣的形成

为了减小有限扫描阵列雷达的成本(如在卫星天线中),只在子阵级采用移相器可以极大减少所需控制阵元组件的数量,如图4-8(a)所示。但由于子阵的间隔往往超过一个波长,甚至达到几个波长,扫描方向图将出现不可容忍的量化栅瓣。同样,对于宽带相控阵雷达而言,在每个阵元后面都使用延时器的成本太高,但如果在每个阵元后面只使用移相器,则在波束扫描时将会出现波束指向"偏移"(Squint)。但如果在阵元级采用移相器,同时在子阵级采用延时器可以减少所需延时模块的数量,还可以得到非常好的扫描性能,而且成本也是可以接受的,如图4-8(b)所示。此时,在有限带宽内,在波束扫描时波束指向偏移量将大大减小,但与每个阵元后面都使用移相器一样,扫描角度比较大时也将出现大量的量化栅瓣。

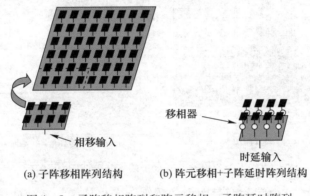

(a) 子阵移相阵列结构　　(b) 阵元移相+子阵延时阵列结构

图4-8　子阵移相阵列和阵元移相+子阵延时阵列

图4-8表示的是微带天线单元阵列,其中图4-8(a)主要适用于卫星通信系统、飞机进场雷达、武器火控雷达以及其他一些应用。这些系统仅需要扫描一个很小的角度(一般为5°或10°),并且只要在每个子阵后面使用一个移相器。图4-8(b)主要应用于大型宽带阵列,该阵列在不使用延时器时会出现严重的波束指向偏移。该系统主要应用于大型的地基、天基以及卫星通信系统。在该系统中,阵元级采用移相器,而在子阵级采用延时器。

针对上述两种应用需求,一个显而易见的解决方案是在子阵后面采用等信号功率分配器,但该方法由于采用邻接子阵而导致产生大量的量化栅瓣。图4-9显示的是由16个(含32个阵元)子阵组成的"阵元移相+子阵延时"线性阵列。在该应用中,即使工作频率偏移中心频率2.5%,系统也将产生大量的量化栅瓣。量化栅瓣将出现在 $u = u_0 + p\lambda/D$,其中 D 是子阵之间的间距。之所以称它们为"量化栅瓣或量化瓣"(Quantization Lobes),而不是"栅瓣"(Grating Lobes),是因为量化栅瓣是由于对子阵进行幅度、相位、时延量化造成的,与栅瓣不同,量化栅瓣的幅度要比主瓣小得多。

图4-10阐述了图4-8所示的子阵移相以及阵元移相+子阵延时两种情况下量化栅瓣的形成。图4-10(a)和图4-10(c)分别表示一个长度为 L 的线性阵列,当波束扫描到 θ 角时,对子阵相移而言,其离散的相位变化量为 $0 \sim 2\pi(L\sin\theta/\lambda)$,而对子阵延时而言,其时延变化量为 $0 \sim L\sin\theta/c$。图4-10(b)和图4-10(d)分别表示由8个子阵组成的阵列,其中子阵内的单元间距为 $\lambda/2$,子阵阵元数为8,阵列采用均匀照射。图4-10(a)表示子阵相移系统量化栅瓣产生的原因。由于阵列需要一个线性连续相移,但由于子阵阵元上没有移相器,实际的阵元相位为间距为 D_x 的阶梯状离散相位值。相移残余误差曲线显示在图的右侧。既然间距 D_x 远大于一个波长,

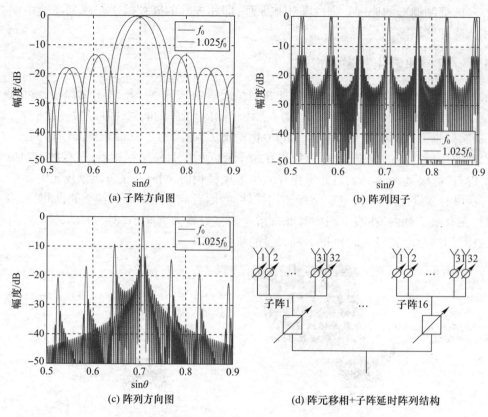

图 4-9 大型相控阵的波束指向偏移特性（扫描 45°）

所以会导致在图 4-10(b) 中间的两幅图中的阵列因子出现了一系列的栅瓣。在图 4-10(b) 中，左边三幅图表示 $u_0 = 0$ 时的子阵因子（左上）、子阵综合因子（左中）、阵列因子（左下）；右边三幅图表示阵列扫描 $u_0 = 0.1(5.74°)$ 时的子阵因子（右上）、子阵综合因子（右中）和阵列因子（右下）。左边最上面的是由 8 个阵元组成的子阵因子，最大值在侧射方向（$u_0 = 0$），两边的第一零点在 $u_0 = \pm 0.25$ 的位置。左边中间是子阵综合因子的方向图，栅瓣位置出现在 $u_p = u_0 + p\lambda/D_x$，其方向余弦分别为 -0.25 和 0.25，而主波束在 $u_0 = 0$ 的位置。左边最下面是合成的阵列因子，它是子阵因子和子阵综合因子的乘积。需要说明的是，图中阵元方向图被忽略了，目的是强调子阵因子的影响。左边最下面是阵列因子是一个均匀照射的理想辛克（Sinc）方向图，其子阵综合因子的栅瓣完全被子阵因子零点所抑制。右边的三幅图显示了阵列的扫描行为，子阵因子未改变（因为在子阵中没有移相器），而子阵综合因子扫描到峰值 $u_0 = 0.1$ 的位置。此时，右下的合成阵列因子出现了明显的量化栅瓣，同时伴随着主瓣峰值的减小。量化栅瓣出现的原因是因为子阵因子零点在扫描过程中至始至终没有变化，所以无法消除子阵综合因子的栅瓣。

针对在子阵上加时延控制进行宽带宽角扫描的阵列，出现量化栅瓣的过程与上面的分析类似。如图 4-8(b) 所示，在每个阵元上使用移相器，在子阵输出端使用延时器。图 4-10(c) 中，入射波的入射角为 θ，虚线代表需要的时延量。图 4-10(c) 下面表示加在每一个阵元上施加的相位量（未包含 2π 整数倍相位）以匹配所需要的时延斜坡曲线。图 4-10(c) 右下面表示当加上时延量后，结果是一个能够近似表示实际时延量的锯齿状波形。时延量残余误差导致出现了图 4-10(d) 所示的阵列量化栅瓣。

图 4-10(d) 左边表示扫描到 $u_0 = 0.5$ 时中心频率的方向图。由于子阵上每一个阵元都有移相器，子阵因子（左上）的零点与子阵综合因子的栅瓣（左中）正好对准，合成的阵列因子（左

下)依然是一个没有量化栅瓣的完美的 p-Sinc 函数。图 4-10(d)右边表示扫描到 $u_0 = 0.5$ 时,频率 $f = 1.15f_0$ 的方向图。此时子阵综合因子几乎看不出有所改变,其峰值依然在 $u_0 = 0.5$ 的位置,不过子阵综合因子的波束变得更窄,同时两边的栅瓣稍微向主瓣靠近了一些。而子阵因子出现了明显向左边的偏移,此时子阵因子的零点不再与子阵综合因子的栅瓣对准。所以,合成的阵列因子(右下)出现了明显的量化栅瓣。

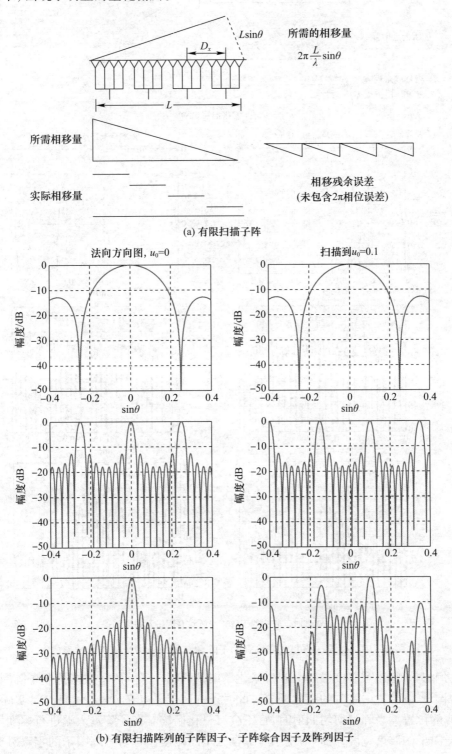

(b) 有限扫描阵列的子阵因子、子阵综合因子及阵列因子

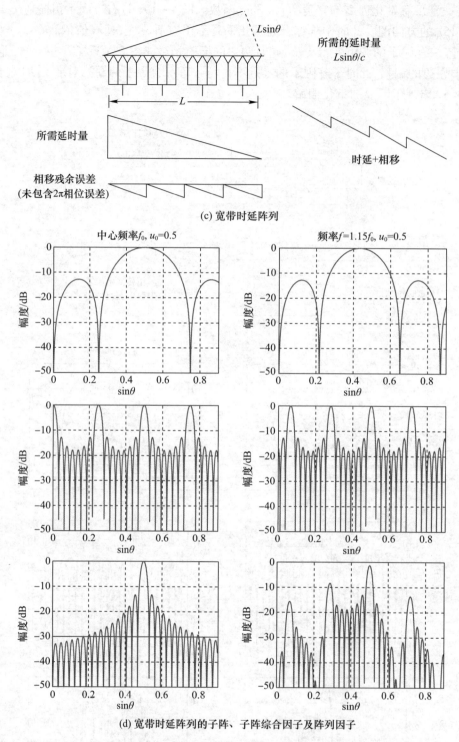

图4-10 有限扫描和宽带阵列的子阵和阵列因子中量化栅瓣的形成

上述两个例子阐述了邻接子阵会产生量化栅瓣的原因。子阵因子仅能抑制子阵因子零点与子阵综合因子峰值位置一致时的量化栅瓣。此时子阵因子零点在 $u = u_0 \pm p\lambda/D_x$,实际上就是量化栅瓣对应的位置。当阵列均匀照射时,将不会有量化栅瓣。在子阵输入端进行幅度加权,将展宽子阵综合因子的波束宽度,此时即使子阵综合因子的栅瓣位置与子阵因子的零点对准,依然会存在未能完全对消的量化栅瓣。

针对如何抑制量化栅瓣已开展很多研究,并提出许多特殊的子阵结构来减小或消除扫描中的量化栅瓣问题,这些方法主要分为以下两类。

第一类方法使用周期性等间距子阵,但通过改变子阵因子(也可称为子阵方向图)使其变窄来抑制量化栅瓣。为了使子阵方向图变窄(接近"门"形方向图),仅仅使用邻接子阵是不够的,该方法必须重新构造比邻接子阵尺寸更大,且子阵间隔不变的新子阵。构造该子阵的方法有子阵交替和子阵重叠两种。

第二类方法主要通过消除阵列的周期性来抑制量化栅瓣:一是使用相同的子阵但通过在阵面上随机化确定子阵的位置;二是在整个阵面上使用不规则子阵;三是使用一种或几种非规则子阵,并将它们非周期性地安装在整个阵面上。

4.3.3 相控阵寄生栅瓣的形成

本节对子阵级周期矩形阵和均匀矩形阵(均匀矩形阵是周期矩形阵的一个特例)的远场方向图进行分析。子阵级周期矩形阵的阵面结构如图 4-11 所示,其中阵面布局采用的均匀子阵由 $M \times M = 4 \times 4 = 16$ 个阵元组成,矩形阵包括 $N \times N = 12 \times 12 = 144$ 个子阵。

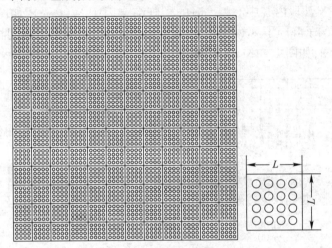

图 4-11 子阵级周期矩形阵的阵面结构

利用方向图乘积定理来分析周期矩形阵的辐射特性是较为方便的。阵列方向图相乘原理可由图 4-12 形象地给出,图 4-12(a)所示的平面阵远场阵列因子 $S(\theta,\varphi)$ 可表示为

$$S(\theta,\varphi) = S_1(\theta,\varphi) \times S_2(\theta,\varphi) \tag{4-43}$$

式中:$S_1(\theta,\varphi)$ 表示图 4-12(b)所示的子阵综合因子;$S_2(\theta,\varphi)$ 表示图 4-12(c)所示的子阵因子。

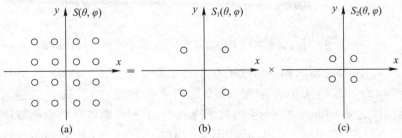

图 4-12 阵因子合成示意图

若子阵综合因子是等间距 L 排列的均匀阵,$S_1(\theta,\varphi)$ 可直接写成闭合的分式形式,即

$$S_1(\theta,\varphi) = \frac{\sin(Nu_x'/2)}{\sin(u_x'/2)} \cdot \frac{\sin(Nu_y'/2)}{\sin(u_y'/2)} \qquad (4-44)$$

其中

$$\begin{cases} u_x' = (2\pi/\lambda)L(\sin\theta\cos\varphi - \sin\theta_0\cos\varphi_0) \\ u_y' = (2\pi/\lambda)L(\sin\theta\cos\varphi - \sin\theta_0\cos\varphi_0) \end{cases} \qquad (4-45)$$

由于子阵是等间距 d 排列均匀阵,$S_2(\theta,\varphi)$ 可直接写成闭合的分式形式,即

$$S_2(\theta,\varphi) = \frac{\sin(Mu_x/2)}{\sin(u_x/2)} \cdot \frac{\sin(Mu_y/2)}{\sin(u_y/2)} \qquad (4-46)$$

其中

$$\begin{cases} u_x = (2\pi/\lambda)d(\sin\theta\cos\varphi - \sin\theta_0\cos\varphi_0) \\ u_y = (2\pi/\lambda)d(\sin\theta\cos\varphi - \sin\theta_0\cos\varphi_0) \end{cases} \qquad (4-47)$$

如图 4-11 所示,在周期矩形阵上取子阵间距 $L=190$mm,单元间距 $d=40$mm。由式(4-44)计算得到 X 波段内某中心频率时的子阵综合因子 $S_1(\theta,\varphi)$,如图 4-13(a)所示;由式(4-46)计算得到的子阵因子 $S_2(\theta,\varphi)$,如图 4-13(b)所示;根据方向图相乘定理可得合成阵列因子 $S(\theta,\varphi)$ 方向图;如图 4-13(d)所示。

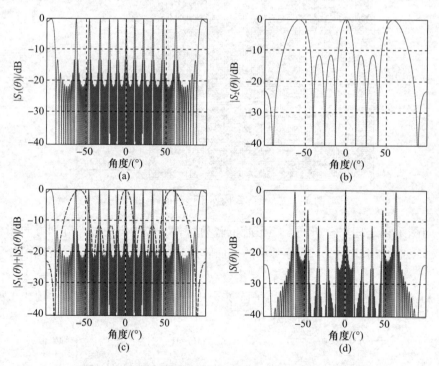

图 4-13 子阵级周期矩形阵水平面(或垂直面)方向图

在图 4-13(a)中,其主瓣两侧各出现了 6 个与主瓣电平等高的栅瓣,这是由于子阵间距过大($L=190$mm)所致。方格间距 L 越大,栅瓣越向主瓣靠近,而且栅瓣数还可能继续增加;图 4-13(b)是间距为 $d=40$mm 的 4×4 均匀子阵因子,主瓣两侧各有 1 个栅瓣;图 4-13(d)为周期矩形阵合成方向图,它是图 4-13(a)和图 4-13(b)的合成,主瓣两侧各有一个与主瓣高度

接近的栅瓣,其余的称为寄生栅瓣(低于栅瓣的次栅瓣,也有文献称为寄生副瓣),它是由子阵因子方向图作用在子阵综合因子方向图的栅瓣上所形成的。

子阵级均匀矩形阵是周期矩形阵的一种特例,其阵中各个单元之间的间距完全一致。如图4-11的矩形阵取 $L=160\mathrm{mm}$,在中心频率,可以得到该均匀矩形阵的方向图如图4-14所示。可见,阵列方向图共出现了三个等幅度的大波瓣,其中中间的波瓣为主瓣,两端的波瓣为栅瓣。此处栅瓣的出现是因为均匀矩形阵的单元间距 $d>\lambda$ 造成的。随着间距 d 越大,栅瓣越向主瓣靠近,甚至还会有多个栅瓣的情况出现。此外,由图4-14可见,均匀矩形阵没有了寄生栅瓣的出现,寄生栅瓣均被子阵因子零点抑制,而且副瓣电平高度将受口径分布函数控制。

如果阵列采用高效阵列单元,且单元的方向图比较理想,则子阵级均匀矩形阵的一次栅瓣是可以被单元方向图零点抑制的。但进行波束扫描后,其抑制效果将急剧恶化,如4.3.1节所述。

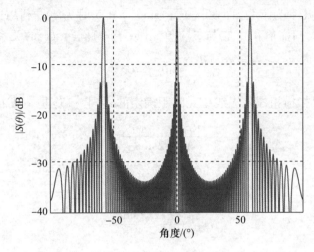

图4-14 均匀矩形阵水平面(或垂直面)方向图

4.4 有限视场系统的天线技术

人们针对需要使高增益天线波瓣在有限扇形空间上扫描的专用系统已经开发出了许多种技术。一般来说,这些技术都当作波束形成馈源来讨论,不仅应用于有限视场系统,而且还用于宽带扫描系统。概括起来说,这些方法可以分为两大类:第一类方法是采用相同的子阵来构建周期性阵列,但需要采用重叠子阵并通过改变子阵方向图来抑制量化栅瓣方向的辐射能量;第二类通过使用非周期子阵或交错非规则子阵(类似于稀疏阵)来打破阵列的周期性。

4.4.1 最少的控制个数

在天线方向图已知的情况下,研究在预定扇形区扫描时所必需的理论上最少的控制个数是一个值得探讨的问题。确定一个阵列在频率 f 情况下扫描到给定角度 θ_0 时的最大单元间距的准则,可以令在该间距上产生的最近一个栅瓣在实空间上得到

$$\frac{d}{\lambda} \leq \frac{1}{1+\sin\theta_0} \tag{4-48}$$

按照式(4-48),在不产生栅瓣的条件下,阵列单元的间距有一个不得超过最大值。当单元间距超过最大值时,如果不用单元方向图加以抑制,这些栅瓣就会与主波束一样大。式(4-48)给出的最大间距是基于使栅瓣在整个扫描覆盖区中处于实空间之外的。采用这个间距时,一个

长度为 L 的线阵的最小单元数为

$$N_{\min} = \frac{L}{d_{\max}} = \frac{L}{\lambda}(1 + \sin\theta_0) \tag{4-49}$$

式中：$d_{\max}$ 为单元间距。

如果扫描是有限的,虽然从式(4-49)中可以得出的单元数较少,但这仍然是一个限制条件,即便阵列不扫描,也可以得出每平方波长面积的绝对最少单元数为 1;若要扫描至 ±90°,则每平方波长面积的单元数为 4。

但是,如果阵列是周期性的,那么有一种方法可降低天线单元(或子阵)的数目,这种方法可以在天线单元(或子阵)间用特别大的间距同时抑制所出现的栅瓣。利用一些能产生近似平顶(或称为"门"形)的单元(或子阵)方向图的网络可以实现这一目标,这些方向图在 $|(d/\lambda)\sin\theta| \leqslant 0.5$ 时几乎为常数,而在 $|(d/\lambda)\sin\theta| > 0.5$ 时为零。利用这种单元间距(一维)可以将阵列扫描至最大扫描角 $\theta_{\max}$,它与最大单元(或子阵)间距 $d_{\max}$ 的关系为

$$\frac{d_{\max}}{\lambda}\sin\theta_{\max} = 0.5 \tag{4-50}$$

式(4-50)与有限扫描相控阵天线单元间距确定的式(4-15)是一致的,即

$$\frac{d_{\max}}{\lambda} = \frac{1}{2\sin\theta_{\max}} \tag{4-51}$$

在这种条件下,对于一个长度为 L 的一维阵,若其波束宽度为 $\sin\theta_B = \lambda/L$,它的最小控制数为

$$N_{\min} = \frac{L}{d_{\max}} = \frac{2\sin\theta_{\max}}{\sin\theta_B} \tag{4-52}$$

产生这种天线单元(或子阵)方向图的网络和电路将在 4.4.4 节中叙述,它们有许多特点,其中有些特点趋近于理想的单元方向图,这种近似平顶的方向图是通过一种称为"重叠子阵法"(Overlapped Subarray)技术而产生的。大多数实际系统要求具有式(4-52)给出的最小单元数的数倍的单元,不过,如果扫描是有限的,那么相对一个设计成宽角扫描的系统来说,所需阵列单元数要小得多。利用这些特点的阵列技术称为"有限视场"或"有限扫描系统",与常规阵列相比,这种技术比较复杂。

对于一个矩形二维阵,最小控制数是式(4-52)的两个数的乘积:

$$N_{\min} = \frac{2\sin\theta_{\max}}{\sin\theta_B} \cdot \frac{2\sin\varphi_{\max}}{\sin\varphi_B} \tag{4-53}$$

式中：$\theta_{\max}$、$\varphi_{\max}$ 分别表示二维阵列的最大扫描范围;θ_B、φ_B 分别表示对应的波束宽度。

因为 $N_{\min}$ 是可达到的最小数目,所以定义一个"单元利用系数" $N/N_{\min}$ 是很方便的,它是该阵列针对这一标准的度量。一个单元间距为 d_x 和 d_y 的阵列的单元利用系数为

$$\frac{N}{N_{\min}} = \frac{0.25Q}{(d_x/\lambda)\sin\theta_{\max} \cdot (d_y/\lambda)\sin\varphi_{\max}} \tag{4-54}$$

式中：假定每个单元需要 Q 个控制。

因此,对阵列单元利用因子的估值直接与阵列在 $(d/\lambda)\sin\theta$ 空间内扫描的最大角度有关。然而,在式(4-54)中,显然,如果在两个平面中可让阵列扫描到 $(d/\lambda)\sin\theta_{\max} = 0.5$,并且每个单元只有一个控制,那么单元利用因子为 1。

当单元间距 d_x 大于一个波长时,一个周期性线阵在实空间内将具有栅瓣。当间距更大时,

可能会有许多这样的栅瓣辐射。由于阵列因子要乘以单元方向图,故栅瓣将受到单元方向图抑制,但最靠近侧射的栅瓣被抑制得很小,因为它位于单元波瓣的主瓣内。然而,如果能够设计一种能够抑制栅瓣的理想单元方向图,那么就可以采用较大的单元间距和较少的阵列单元。这样一种理想方向图(图 4 - 15)在直到最大扫描角 θ_{max} 的范围应具有近似常数的电平,而在外边则为 0,从而能够抑制栅瓣。这种单元方向图具有陡峭的边缘,可以采用最大单元间距,因而使单元和控制数最少。对于理想单元方向图和大型阵列来说,如果栅瓣正好位于单元方向图的外边,那么它就会被抑制。这意味着理想单元方向图在

$$(d_x/\lambda)\sin\theta_{max} = 0.5 \tag{4-55}$$

以内为常数,而在该点以外为 0。这个条件给出了与栅瓣抑制相一致的最大间距 d_x,因而正好符合式(4-54)中单元利用因子为 1 的准则。因此,以上所述可被看作理解最少控制个数条件的另一种方法。

遗憾的是,要想用宽度为 d_x 的单个单元综合理想单元方向图是不可能的。例如,如果口径照射是连续的,作为理想方向图的逆变换,可以计算所要求的口径照射。理想方向图为

$$f(u) = \begin{cases} 1, & -u_{max} \leqslant u \leqslant u_{max} \\ 0, & |u| \geqslant u_{max} \end{cases} \tag{4-56}$$

此时,$u_{max} = -0.5/(d_x/\lambda)$,所要求的照射为

$$a(x) = \int_{-\infty}^{\infty} f(u) e^{-jxu2\pi/\lambda} du = u_{max} \frac{\sin[(2\pi/\lambda)xu_{max}]}{(2\pi/\lambda)xu_{max}} \tag{4-57}$$

该分布在图 4 - 15(c)中给出。其第一零点位于 $x = \lambda/(2u_{max}) = d_x$ 处,且照射函数上下振荡,并具有等间距的零点。因而,要想综合出一个理想的单元波瓣,就要求把振幅分布扩展到大量单元之上。邻近单元(或子阵)应具有与式(4-57)相同的口径照射,但峰值位于 $x = nd_x$ 处,n 为整数。

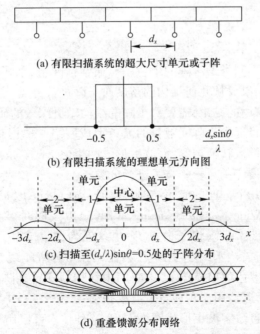

(a) 有限扫描系统的超大尺寸单元或子阵

(b) 有限扫描系统的理想单元方向图

(c) 扫描至 $(d_x/\lambda)\sin\theta = 0.5$ 处的子阵分布

(d) 重叠馈源分布网络

图 4 - 15 理想有限视场扫描系统的单元或子阵口径分布

只有建造一个网络,把每个端口同一个包含许多单元的子阵连接起来,才能综合出一个理想的单元波瓣。由于每个输入端都是这样做的,各个子阵重叠,于是可逼近图4-15(c)所示的复杂分布。目前,这种重叠子阵综合最成功的例子是用空间馈电子阵实现的,称为"双变换系统"。下面几节还将讲述其他子阵方案。一个特例是两个平面内间距都为0.5λ而且在半空间扫描的($\theta_{max}=90°$)普通满阵,其单元利用因子为1。

4.4.2 子阵技术的分类

子阵技术是整个阵列雷达系统中的核心关键技术,它与阵列雷达的具体应用、信号处理方法紧密相关,直接影响雷达系统的性能。显然,不同的分类标准可以得出不同的子阵类型,如"硬子阵"和"软子阵"是根据模拟信号和数字信号的差异进行区分的。根据子阵的几何形状,子阵可分为规则子阵和非规则子阵。根据子阵内部连接结构,又分为重叠子阵、邻接子阵、交错子阵等。子阵按不同标准的分类情况如图4-16所示。

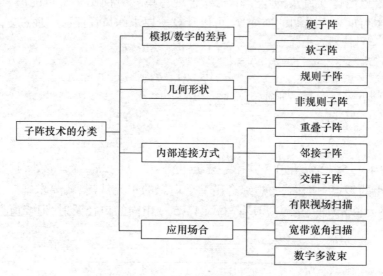

图4-16 子阵技术的分类

图4-17给出了几种不同类型子阵的示意图。通常情况下,从子阵的几何结构就能对这些子阵进行简单的区分,但如果仅从几何结构的角度对子阵进行分类,那么所开展的分析也就只停留在表象上,为了得到更有用的结论,需要对子阵的结构做更深入的研究。有文献指出子阵技术可以归结为一种控制端数目远少于阵元数目的波束形成网络。根据具体的应用,控制端的器件包括移相器、实时延迟器、模数转换器等,而波束形成网络(即子阵)的形式也与应用场合息息相关。下面以波束扫描的典型应用对子阵技术进行分类。

波束扫描主要有以下几个方面的应用:有限视场扫描(Limited Field of View,LFOV)、宽带宽角扫描(Wide-band and Wide-angle Scanning,WBWS)以及同时多波束(Multiple Simultaneous Beamforming,MSB)等。因此,可以将子阵实现方案分为图4-18所示的3种类型。其中,图4-18(a)为有限视场扫描技术,该应用中移相器只在子阵级实现,幅度加权作用在阵元级和子阵级;图4-18(b)为宽带宽角扫描技术,该应用中移相器安置在阵元级用于调整中心频率的波束指向,子阵级的实时延迟器用于实现宽带波束扫描;图4-18(c)为同时多波束技术,该应用中相位和时延控制可以通过数字波束形成网络实现,这种技术可以用于产生同时的接收多波束。另外,通过模/数转换器实现数字化后在设计上带来了更大的灵活性,如可以在每个数字通道上通过FIR滤波器的设计提高阵列的宽带响应性能。

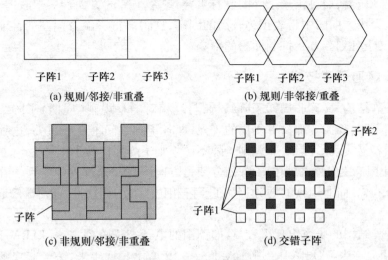

图 4-17 几种不同类型的子阵

图 4-18 所给出的分类方式更加关注子阵内部的实现细节,跟上述的子阵技术分类并不矛盾。在图 4-18 所示的不同应用中,子阵也可以按其几何形状进一步分为规则/非规则的子阵,或者按其内部连接结构进一步分为重叠/邻接/交叉的子阵。

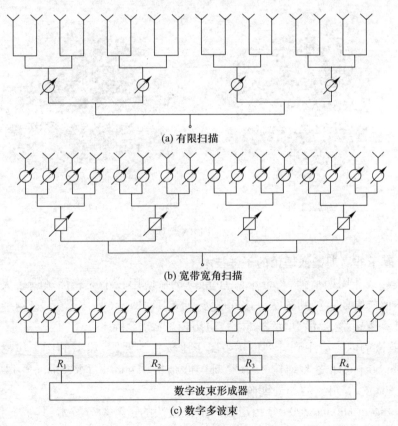

图 4-18 几种典型的子阵配置

值得指出的是,如果采用规则邻接的子阵划分,将导致子阵控制端之间的距离远大于半波长。根据对栅瓣现象的分析可知,当子阵相位中心间距超过一定限度后,子阵综合因子扫描时必然在可见区内出现栅瓣,而且由于子阵间没有重叠,单个子阵的方向性一般较差,子阵综合因子的栅瓣在最终的天线方向图中将表现为较高的副瓣,这将严重影响方向图的性能。通常采取非规则、重叠或交叉子阵划分方式抑制栅瓣的影响。

4.4.3 非规则子阵技术

非规则的子阵结构,又称非周期子阵结构,与之相对的是规则(周期)子阵结构。通常所指的规则和非规则子阵,阵面上都没有复用的阵元,即各子阵之间不存在重叠,这种结构的馈电网络相对来说比较容易实现。但是,非规则子阵不像规则子阵那样易于批量生产、拼接和组装。之所以采用非规则子阵,是因为规则的子阵划分使得方向图在扫描过程中受到子阵阵因子栅瓣的影响,出现量化栅瓣。而非规则的划分打乱了子阵相位中心的周期性,能对栅瓣起到较好的抑制作用。

非规则的子阵结构的研究出现得较早,如德国的电子扫描阵列雷达(ELRA)的接收、美国的GBR-P雷达、SBX雷达。ELRA天线阵面如图4-19所示。近年来,关于非规则子阵的研究主要集中在如何提高子阵工程实现的便利性上。工程应用中对于便于模块化的子阵结构较为青睐,这样的子阵利于制造、组装和维护。因此,通常希望子阵的种类尽可能的少,同时子阵的划分又要具备非周期的特性。相关的理论研究具有极强的跨学科性,下面从非周期镶嵌理论和多联骨牌(Polyomino)两个方面对非规则子阵技术进行介绍。

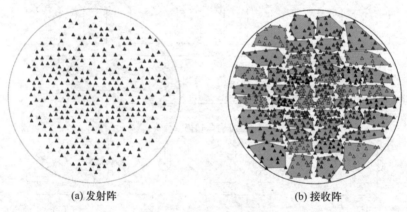

(a) 发射阵 (b) 接收阵

图4-19 ELRA天线阵面

4.4.3.1 基于非周期镶嵌理论的子阵技术

非周期镶嵌(或非周期平铺,Aperiodic Tilings)是指使用较小的表面填满较大的表面而不留任何空隙,且不形成周期重复的图案。该问题涉及应用物理学(晶体学、固态物理学)、纯粹数学与应用数学(计算逻辑学、离散几何学、群论、遍历理论)等学科。

将非周期镶嵌的内容应用到阵列雷达中属于比较新的课题,典型的例子包括钻石形镶嵌结构(Diamond Tile Shape,即菱形结构)、彭罗斯镶嵌结构(Penrose Tile Shape)、风车形镶嵌结构(Pinwheel Tile Shape)等组成的非周期阵。

日本学者Shigeru Makino 2009年提出钻石形镶嵌法的子阵划分技术,其基本步骤如图4-20(a)所示,首先将阵面口径以阵面中心为圆心划分为N个全等扇区,然后在每个扇区内以扇区的圆心角为菱形内角构造各个扇区的菱形划分。每个菱形包含5个阵元,构成一个子阵,阵元最小间距为半波长,图4-20(b)给出了扇区个数N等于4、11和15时单个子阵的构造方式。当扇区个数为11时,阵面的划分方式如图4-20(c)所示。通过对比不同扇区个数,阵列子阵级波束扫描的最大副瓣电平统计值,可以看出当 $N=11$ 时,副瓣电平最低,约为 $-18dB$。

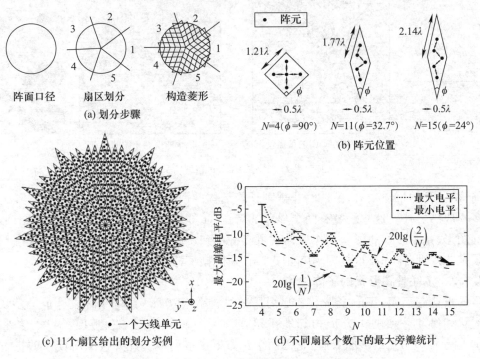

图 4-20 扇区划分 & 菱形子阵的子阵划分研究

通过多种基本图形的重复组合可以形成平面的非周期镶嵌,这些图形的存在性证明在 19 世纪 60 年代初期由计算逻辑学领域的专家完成。1974 年,著名的数学家、物理学家 Sir Roger Penrose(彭罗斯)发现只用两种基本图形就能实现非周期镶嵌,该结果在数学界享誉盛名,称为彭罗斯镶嵌(Penrose Tiling)。图 4-21 给出了两种典型的彭罗斯镶嵌,其中,图 4-21(a)中的两种基本图形称为 Kite 和 Dart,图 4-21(b)中的两种特殊菱形则为 36°菱形和 72°菱形。文献[14]分析了彭罗斯镶嵌给出的子阵天线的辐射特性。

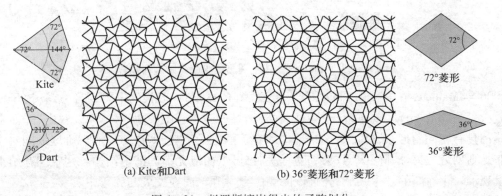

图 4-21 彭罗斯镶嵌得出的子阵划分

除上述几种非周期镶嵌外,还有 Octagonal、Ammann、Chair、Table、Sphinx、Danzer、Binary 等多种不同子图形。文献[14]分析了几类具有非周期镶嵌结构的阵面的方向图特性。类似于图 4-20(b),这些镶嵌结构中,通常每一个基本图形对应一个子阵。为了简化分析,上述的非周期镶嵌中阵元在子阵中的位置一般有三种设置方法:①阵元位于每个子图的顶点上;②阵元为子图顶点加上子图内部点,如图 4-22(a)所示;③阵元仅为子图内部点,如图 4-22(b)所示。

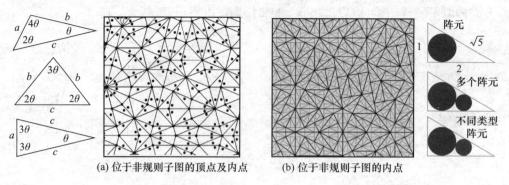

(a) 位于非规则子图的顶点及内点　　(b) 位于非规则子图的内点

图 4-22　非规则子阵中阵元布置方式示意图

目前,从公开的报道来看,上述的非规则子阵结构的研究尚停留在理论分析的层次,且研究还有许多不成熟之处。这些研究有两个显著的特点:①能够做到非周期镶嵌的基本图形都是非常特殊的图形,基本图形的形状稍作变动就可能得不到非周期镶嵌;②这些非周期镶嵌结构使得阵元必须是非规则分布的,这是因为阵元分布必须依赖于特殊的子阵形状。

4.4.3.2　多联骨牌形状的子阵结构

著名的雷达专家 Mailloux 首先将多联骨牌的结构引入阵列天线的子阵设计中。多联骨牌是指多个形状和尺寸一致的正方形相邻地拼接在一起所构成的图形(图 4-23)。多米诺骨牌(Domino)是一种最常见的多联骨牌,它由两个正方形拼接而成。此外按照所使用的正方形的个数可以进一步分为三联骨牌(Tromino)、四联骨牌(Tetromino)等。这些骨牌结构具有较为复杂的非规则性但却能保证阵元分布在矩形栅格上符合阵列雷达中传统的阵元分布特点,因此更贴近工程应用。

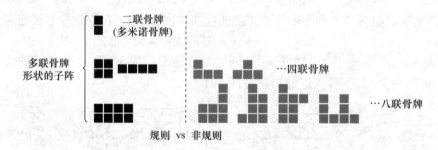

图 4-23　Mailloux 提出的典型的多联骨牌阵面划分

2006 年 Mailloux 在文献[15]提出了八联骨牌(Octornino)形状的子阵划分方法,该子阵结构能有效减少子阵的工程实现难度。其阵面划分结果如图 4-24(a)所示。可以看出,阵面中所有的子阵都具有相同的形状,这正是多联骨牌填充阵的巨大优势,即在降低实现难度的同时获得较优的非规则划分。另外,阵元个数为 2 的幂次时,可以构造无损的馈电结构。这些问题给雷达研究者呈现了一个崭新的学术领域,并且该问题的数学理论尚在发展与完善中。

近年来,研究人员针对多联骨牌阵面开展了深入的研究。该类型阵面的应用研究主要集中在波束形成方面,包括有限视场扫描和宽带宽角扫描技术。关键技术难点在于,利用给定形状的非规则子阵难以求出阵面的精确划分方案,精确划分是指填充阵面的所有子阵不重叠、不留空、不超出阵面边界。从图 4-24(a)中不难发现,首次提出的多联骨牌划分方案具有不整齐的边缘,阵面不整齐的边缘带来了工程实现上的不便。为了解决这一问题,针对阵面较小的情况(18×24),2009 年 Mailloux 在文献[16]中给出了一个阵面精确划分方案,如图 4-24(b)所示。然而,针对略

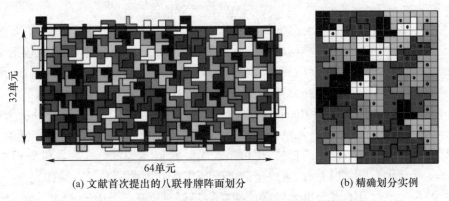

(a) 文献首次提出的八联骨牌阵面划分　　　(b) 精确划分实例

图 4-24　Mailloux 提出的典理的多联骨牌阵面划分

大的阵面,却很难找到精确划分方案。2012 年意大利学者 Rocca 和 Mailloux 在文献[17]中提出了使用遗传算法解决相关问题的方法,从其研究结果来看,精确划分方案依然难以找到,图 4-25 给出了针对 64×64 阵面的划分方案,从图中可以看出该方案虽然保证了边缘的整齐,但阵面内部却出现了许多未填满的空洞。

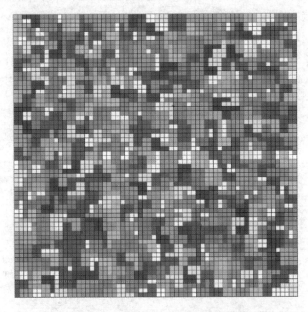

图 4-25　阵面划分方案中遗传算法搜索结果(64×64)

4.4.4　子阵重叠技术

对于具有子阵结构的阵列天线,影响最终天线方向图性能的主要因素包括子阵方向图和子阵综合因子。非规则的划分打乱了子阵的相位中心,通过影响子阵综合因子的栅瓣最终获得较低副瓣的天线方向图。重叠子阵技术是另外一种抑制栅瓣的子阵技术,它主要从控制子阵方向图的角度来影响最终的天线方向图性能。具体而言,重叠子阵一般采用规则的子阵结构,并允许子阵之间存在重叠,即有复用的阵元。与通常所说的(非重叠)规则子阵划分相比,重叠子阵一方面减少了子阵间的距离,从而增大了子阵综合因子栅瓣的间距;另一方面阵元的复用使得子阵内部阵元较多,能够形成具有"平顶波瓣"的子阵方向图("平顶波瓣"在极坐标系中表现为扇形,因此又称"扇形波瓣")。这两个方面使得最终的天线方向图也能有效地抑制栅瓣。

工程师们很早就发现阵列单元之间的电磁耦合可用于子阵方向图的整形,并根据这一现象研究了许多不同类型的重叠子阵结构以生成具有平顶方向图的子阵。这些研究包括空间馈电的阵列、波导缝隙耦合、微带天线、介质棒、八木单元、介质盘和纹波阵面等形式。目前,重叠子阵已在许多实际装备得到了应用,并且常作为新一代相控阵雷达阵面研制的备选方案,如美国的 MPAR(Multifunction Phased Array Radar)研制计划、欧洲宇航防务集团的通信卫星天线设计等。从理论上看,重叠子阵方案能够有效地降低波束扫描过程中的栅瓣效应,获得较低的副瓣水平,而且该技术既可以用于有限视场的扫描,也可结合实时延迟器等宽带实现器件获得宽频带内的低副瓣扫描波束。从工程实现上看,重叠子阵能保证组成阵面的所有子阵结构完全一样,只是在组装过程中引入一定数目的重叠单元以保证能获得良好性能的方向图。因此,这样的方案易于实现模块化,可以使用完全一样的子阵模块"拼接"出任意形状的大型阵面。下面介绍几种典型的重叠子阵实现方法。

4.4.4.1 基于 Butler 矩阵的重叠子阵

1965 年,Shelton 使用 Butler 矩阵构造了完全重叠的子阵结构。完全重叠的子阵是指每个子阵都包含了整个阵面的阵元。其原理图如图 4-26(a)所示,下半部分的 Butler 矩阵具有 M 个输入 M 个输出,其 M 个输入对应了 M 个子阵的输入端。上半部分的 Butler 矩阵具有 N 个输入 N 个输出(图中的结构只使用了 M 个输入),其 N 个输出对应了阵面的 N 个阵元,$N>M$。不同子阵输入端的输入信号在第一个 Butler 矩阵的输出端激励起等幅度线性相位的响应。最终在阵面上产生具有类似于 $\sin x/x$ 形状的激励(最大值的位置因相位的差异而发生平移),理论上,$\sin x/x$ 形状的激励恰好能产生平顶波瓣的子阵方向图。

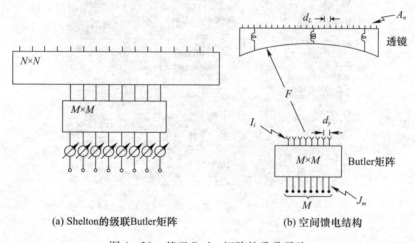

(a) Shelton 的级联 Butler 矩阵 (b) 空间馈电结构

图 4-26 基于 Butler 矩阵的重叠子阵

由于每个 Butler 矩阵输入输出具有傅里叶变换关系,这样的网络结构又称为"双变换"结构。阵元较多时,Butler 矩阵就会显得异常笨重。因此,有的设计将上半部分的 Butler 矩阵用透镜或者反射面替代,形成空间馈电结构,如图 4-26(b)所示。空间馈电的重叠结构是通过馈电端口辐射电磁波的空间重叠形成的,不同于强迫馈电,由于不需要辅助的馈线网络,实现相对简单,但是体积较大且笨重,一般应用于大型的地基雷达中。

4.4.4.2 Nemit 重叠结构

通过子阵的设计使得阵元上的相位加权等于子阵级相位加权的插值,因此可以极大地减小移相器的个数。典型的例子是 Nemit 发明的重叠结构,如图 4-27 所示。该设计将阵元分为两类：一类直接连接子阵级的移相器，另一类通过功分网络间接连接到相邻的子阵端口。图4-27中，子阵结构的重叠比为2:1，通过优化设计，只控制子阵级的移相器就能对阵面的每个阵元上激励起精确的线性相位值。通过调整功率分配网络的结构参数，也能形成接近于平顶形状的子阵方向图，但是效果并没有Butter矩阵的方法好。

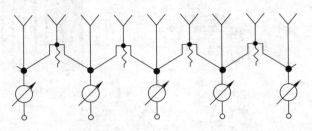

图4-27 Nemit重叠结构

4.4.4.3 Mailloux和Franchi重叠结构

文献[18]提出了应用效果较好的重叠子阵结构，如图4-28所示。该阵列由喇叭口天线、定向耦合器和功分器组成。一个子阵对应了三个喇叭口天线。子阵中心位置的喇叭主要为偶次模，边缘的喇叭偶次模和奇次模成分相当。调整定向耦合器的参数可以获得最优的激励幅度，控制喇叭的长度可以调整两种模式的相位差。在针对该结构的空域滤波器的研究基础上，文献[18]进一步讨论了如何在该结构下获得较好的栅瓣抑制性能的问题。

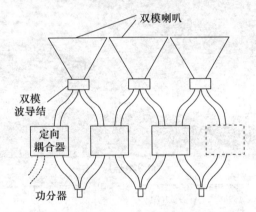

图4-28 Mailloux和Franchi重叠结构

4.4.4.4 Skobelev重叠结构

Skobelev提出了级联网络的重叠子阵实现方式，如图4-29所示。该实现方式中，定向耦合器以棋盘格形式排列，因此又称为棋盘网络。这种网络本身是一种模块化结构，每个模块由两个辐射单元构成（图中周期长度为a的部分即为一个模块，两个辐射单元的间距为$a/2$）。两个辐射单元由N个级联耦合器组成的对称双通道激励。电路由N个级联组成，每个级联包含两排耦合器：一排在模块内部连接两个阵元，另一排连接相邻的模块。这样的重叠子阵结构可以方便地扩展到一维扫描的二维阵列，将同样的结构沿着一个方向组装在一起即可，如图4-29(b)所示。

为了验证棋盘网络的优势，Skobelev利用波导缝隙耦合的方式设计了实验系统。波导缝隙的耦合示意图如图4-29(c)所示，实验系统的实物照片如图4-30(a)所示。图4-30(b)给出了该系统的实测方向图，激励端为处于中心部位的子阵端口，频率包括32GHz（中心频率）、31.5GHz和32.5GHz。可以看出，子阵方向图具有明显的平顶形状，而且在不同频率上平顶特征

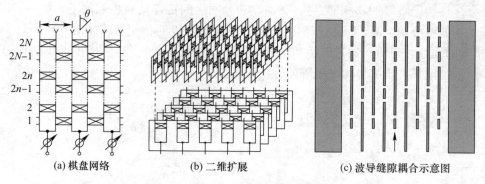

(a) 棋盘网络　　　　(b) 二维扩展　　　　(c) 波导缝隙耦合示意图

图 4-29　Skobelev 发明的重叠子阵

也较为稳定。

以上的重叠子阵结构包括了多种不同类型的硬件结构,研究工作偏向工程应用,但公开报道的理论研究工作较少,Bhattacharyya 在 2011 年指出已有文献缺乏对重叠子阵方向图的严格分析,进而建立起基于 Floquet 模式的重叠子阵及交叉子阵的方向图分析方法。Coleman 从数学及信号处理的角度建立了重叠子阵方向图综合原理,并提出了交替优化的子阵权值设计方法。这些关于重叠子阵的研究在理论和实践上都有待进一步的深入。

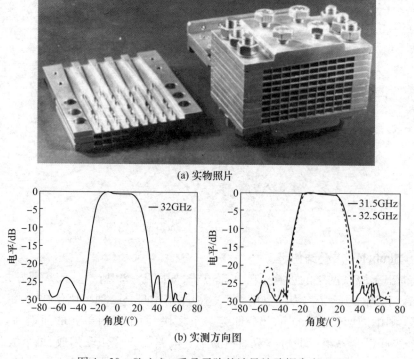

(a) 实物照片

(b) 实测方向图

图 4-30　Skobelev 重叠子阵的波导缝隙耦合实现

4.4.5　子阵交错技术

Stangel 和 Ponturieri 研究了随机交错子阵结构,由于这种结构具有非周期性栅格,故得到了低副瓣,又因为口径是完全填满的,所以口径效率也很高。

图 4-31(a) 和图 4-31(b) 解释了通过天线单元互联来形成交错子阵的技术,以及文中所讲的术语"交错"的含义。

图4-31(b)中每个方格中都填满了天线单元,而具有共同阴影的单元连接在一起,作为一个子阵同相馈电。子阵间距的选取使子阵中心构成有规则的栅格,但实际子阵结构的选取利用了随机数产生技术。图4-31(c)所示为利用这种方法以后与半波长间距规则栅格上的单元相比所得到的最大移相器减少百分数。该方法在每个子阵后面放置一个移相器,所以某种意义上,它与前面讨论的重叠子阵是相似的。交错子阵天线也可以用于完成共享口径应用的场合,不同的功能可以共享一个大型阵面。

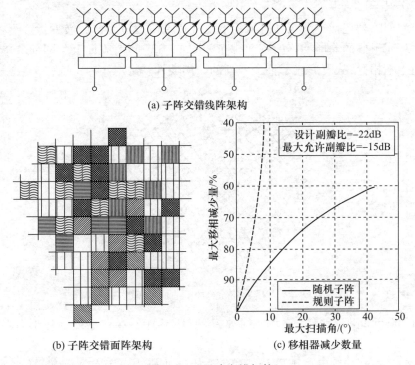

图4-31 子阵交错架构

4.5 大间距非周期阵列排布

传统的周期阵列为了避免在法向和扫描过程中出现栅瓣,要求单元间距限制在1个波长以内。随着单元间距的增大,栅瓣开始在实空间出现并逐渐靠近主瓣,使波瓣性能急剧恶化,并引起扫描增益下降,从而限制了扫描范围。

对于大间距相控平面阵天线,压低或避免栅瓣的形成有很多种方法。例如,通过在单元级或者子阵级进行非周期排列,将辐射场的栅瓣能量分散,最终达到抑制栅瓣出现的目的;根据方向图相乘原理,利用有源单元方向图也可压低阵列栅瓣。

单元级非周期排列形式实现了全阵列完全非周期化,在小型阵列情况下较易实现和控制,并可得到相对优良的波瓣性能;其缺点是阵面单元的无规则性提高了阵面的加工、制造难度系数,同时使阵面的馈电网络及波控实现等复杂化。稀疏排布阵列就是一种典型的单元级非周期排列阵列,此外还有环形阵、旋转变形阵、不等尺寸单元组成的不规则阵列等也属于单元级非周期范畴。单元级非周期结构排列平面阵的栅瓣电平可以做得很低。

子阵级非周期化程度一般情况下要低于单元级非周期化形式,子阵级非周期化抑制栅瓣的基本原理:通过子阵非周期形式优化,使各子阵的栅瓣出现在方向余弦空间中的不同位置,主波束指向同一方向而且出现在相同位置,从而使各子阵的栅瓣不能像其主波束一样在方向余弦空间中实现同相叠加,因此对于整个阵面,主波束的电平高度要远高于其分裂后的栅瓣高度。子阵级的非周期化目的即为子阵级非周期结构阵列抑制栅瓣的基本原理。其中,子阵内部单元排列一般采用周期性排列,以降低阵面的设计难度;若把子阵设计非周期化,则阵面结构形式介于单元级非周期与子阵级非周期之间。

4.5.1 单元级非周期阵列形式

单元级非周期阵列包括不等尺寸阵元组成的非周期阵、环形阵、旋转变形阵三种形式。

不等尺寸阵元组成的非周期阵的阵面排布如图4-32所示,阵面上不同部分单元大小不同,相当于单元间距不相等,从而形成了整个阵列的非周期性。

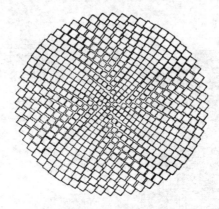

图4-32　不等尺寸阵元组成的非周期阵的阵面排布

环形阵相邻阵元间距不存在最大公约数,这使环形阵不存在栅瓣。环形阵的阵面排布如图4-33所示。

旋转变形阵是在环形阵基础上进行了调整。旋转变形阵也不存在栅瓣,适当选择参数和单元位置偏转函数可以获得较好的波瓣性能且能适应不同口径变化的需要。旋转变形阵的阵面排布仿真图如图4-34所示。

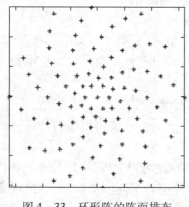

图4-33　环形阵的阵面排布

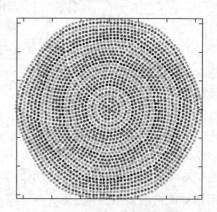

图4-34　旋转变形阵的阵面排布

4.5.2 子阵级非周期化阵列形式

在实际的工程应用中,天线阵面口径往往很大,单元数目成千上万,单元级非周期阵虽然能获得比较优良的波瓣性能,但会增加阵面的制造和加工难度,并使阵面的其他部分(如波控和馈电方式)的实现变得极其复杂。故研究适应于大型阵列的非周期阵列形式具有较大的工程应用价值。

子阵级的非周期结构排列平面阵,其子阵可以是周期结构(子阵为等间距排列)和非周期结构(子阵为不等间距排列、子阵旋转排列等)。子阵级非周期结构布阵形式包括环栅阵、旋转阵、子阵中心位置非周期阵等。

4.5.2.1 非周期环栅阵

环栅阵也称为圆饼形布阵,它由多种子阵组成,构成子阵级非周期结构平面阵。环栅阵一般用于空馈系统。

环栅阵是一种有效的非周期布阵形式,能有效抑制由大间距引起的栅瓣。环栅阵的布阵实现方式主要是单元级组成的环栅阵和子阵级组成的环栅阵。为了增强工程实用性,这里主要介绍子阵级的非周期环栅阵。环栅阵的子阵布阵形式有多种类型,如扇形插箱、三角形插箱和梯形插箱等。简单来说,梯形插箱是在扇形插箱的基础上将弧线改为直线形成的。扇形子阵组成的弧形环栅阵和梯形子阵组成的梯形环栅阵如图4-35所示。

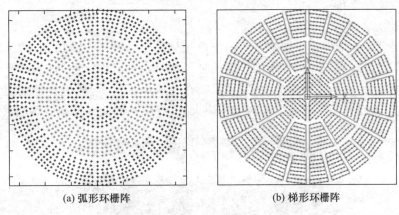

(a) 弧形环栅阵　　　　　　　(b) 梯形环栅阵

图4-35　环栅阵

通过对图4-35所示的大间距非周期环栅阵进行仿真分析,扇形子阵组成的弧形环栅阵的栅瓣大约在-15dB,而梯形环栅阵的栅瓣约为-18.5dB,较弧形环栅阵低3dB以上。梯形环栅阵的栅瓣位置出现在离阵面法线位置±50°左右处,主波束扫描10°时,该栅瓣出现在±35°区域,对主瓣性能影响相对较小,而弧形环栅阵栅瓣位置出现在离阵面法线位置±50°左右处,主波束扫描10°时,该栅瓣出现在±30°以内,对主瓣性能产生干扰。对于阵列副瓣较高这一点,可选择合适的口径照射函数来获得低副瓣,如圆口径泰勒激励分布。

不难发现,梯形子阵组成的环栅阵的阵因子辐射性能明显优于扇形子阵组成的环栅阵特性,工程中采用梯形子阵组成的环栅阵可以获得较优的辐射效果。对图4-35(b)所示的梯形环栅阵采用高效单元组阵,得到的天线辐射方向图如图4-36所示。

若阵列单元的方向图足够宽或假定单元方向图是全向的,在阵列天线波束扫描范围内可忽略其影响,即阵列天线辐射性能主要由阵列因子决定。若阵列单元设计成高增益、宽波瓣、低副瓣的高效单元,远区副瓣还能再度压低,但阵列天线只能进行有限扫描。

4.5.2.2 稀疏混合阵

稀疏混合阵由多种子阵组合而成,一般按照"中间密、四周稀"的规则进行排布,并配合统一的高增益、高效单元实现对大间距子阵的栅瓣抑制。多边形拼接结构可实现紧凑的工程设计,通

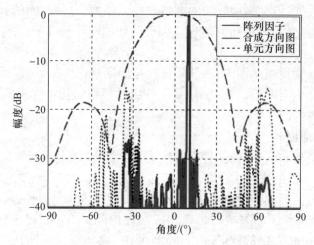

图4-36 梯形环栅阵采用高效单元组阵的辐射特性(扫描10°)

过遗传算法优化后,可易于实现模块化,且网络设计、标校设计等工程实现难度低。下面简要介绍几种不同的稀疏混合布阵方案。

1. 传统稀疏混合阵

传统稀疏混合阵中子阵排布图和子阵内部单元排布图如图4-37所示,传统稀疏混合阵的抑制栅瓣原理是通过改变子阵尺寸增加子阵的种类,使得不同尺寸的子阵的栅瓣出现在方向余弦空间的不同角度上,从而将栅瓣的能量分散,而在主波束指向上,通过合理赋相各个子阵的能量可以同相叠加,因此各栅瓣的能量相对于主瓣大大降低,从而达到抑制栅瓣的目的。

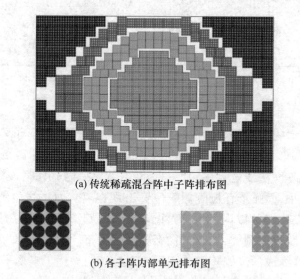

(a) 传统稀疏混合阵中子阵排布图

(b) 各子阵内部单元排布图

图4-37 传统稀疏混合阵中子阵排布图和子阵内部单元排布图

为了阐述稀疏混合阵抑制栅瓣的原理,图4-38给出了不同单元间距的均匀直线线阵阵因子和整阵阵因子。由图4-38(a)可以看出,4种线阵在法向方向均同相叠加,而且4种子阵第一栅瓣出现的角度各不相同。对单元间距为$d(d>\lambda_0)$的平面阵而言,单元辐射场同相叠加的角度满足:

$$(2\pi/\lambda)d\sin\theta = \pm 2n\pi, \quad n=1,2,3,\cdots \tag{4-58}$$

因此,当阵列不扫描时栅瓣出现的角度为

$$\theta = \arcsin(\pm n\lambda/d), n=1,2,3,\cdots \qquad (4-59)$$

由式(4-59)可以看出,单元间距 d 越大,则栅瓣出现的 θ 角度越小。

由图 4-38 可知,上述 4 种子阵的合成阵因子的栅瓣均得到抑制,栅瓣电平均约为 -12dB,这是由于每个子阵的栅瓣的能量约为主瓣能量的 1/4,即 $20\log(1/4) = -12$dB。因此,上述分析表明,紧凑型稀疏混合阵对栅瓣的抑制能力主要取决于子阵的种类数量,为了进一步提高栅瓣抑制能力,需要增加子阵种类。然而,子阵种类过多又会增加 T/R 组件、功分网络等部件的设计难度,显著提高设计和制造周期与成本。

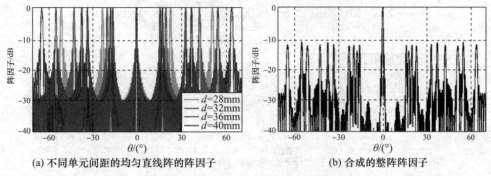

(a) 不同单元间距的均匀直线阵的阵因子　　　(b) 合成的整阵阵因子

图 4-38　不同单元间距的均匀直线阵阵因子和整阵阵因子

为了准确评估传统稀疏混合阵的栅瓣抑制能力,下面给出阵面在不同的扫描角度下全空域内的最高旁瓣,如图 4-39 所示。

通过分析图 4-39 可以得出以下结论:

(1) 当阵面工作在扫描 5°范围内,全空域内的最高旁瓣(包括栅瓣和近主瓣旁瓣)均低于 -15.1dB。

(2) 当阵面的扫描角逐渐增大时,全空域内的最高旁瓣逐渐增大,当扫描角达到 9°时,在 $\varphi = 0$°和 90°附近的全空域内的最高旁瓣约 -10dB。

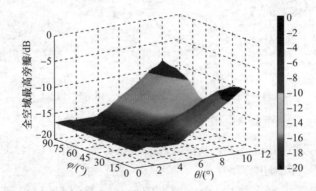

图 4-39　传统稀疏混合阵面扫描 10°范围内全空域最高旁瓣统计图

2. 改进型稀疏混合阵

针对传统稀疏混合阵中各子阵排布周期性很强导致阵列方向图出现高栅瓣,致使该阵面的栅瓣抑制和扫描能力局限性很强这一问题,研究表明采用"子阵错位"技术可以大幅改善传统稀疏混合阵的栅瓣抑制能力。

图 4-40 给出了所设计的子阵错位稀疏混合阵的详细排布图和子阵内部单元的分布。阵面由三种子阵组成,每种子阵均包含 4×4 个天线单元,且子阵内部天线单元呈均匀分布。改进型稀疏混合阵最显著的特点是各种子阵之间均存在错位,这种子阵错位排布方式可以打破传统稀

疏混合阵中子阵排布的周期性,从而显著抑制传统稀疏混合阵产生的高栅瓣。

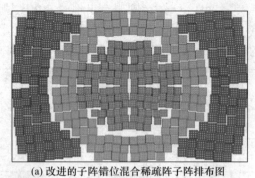

(a) 改进的子阵错位混合稀疏阵子阵排布图

(b) 各子阵内单元排布图

图4-40 子阵错位混合稀疏阵中子阵排布图和各子阵内部单元排布图

为了解释子阵错位技术对周期排布阵列的栅瓣抑制的工作原理,以图4-41中的排布平面阵为实例进行分析。图4-41(a)所示为矩形栅格均匀平面阵,该均匀平面阵中每个子阵包含 4×4 个天线单元,子阵内单元间距假定为 $3\lambda_0$,整个阵面共包含 8×8 个子阵。图4-41(b)所示为在每个 2×2 个子阵模块内进行错位,然后将每个错位后的子阵模块进行均匀排布。

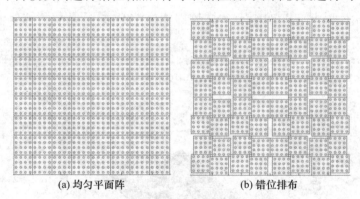

(a) 均匀平面阵　　　　　　　(b) 错位排布

图4-41 均匀平面阵及不同错位方式图示

下面给出阵面在不同的扫描角度下全空域内的最高旁瓣,如图4-42所示。

通过分析图4-42可以得出以下结论:

(1) 当阵面工作在扫描5°范围内,全空域内的最高旁瓣(包括栅瓣和近主瓣旁瓣)均低于-15.5dB。

(2) 当阵面扫描角逐渐增大时,全空域内的最高旁瓣变化较小;当扫描角增大至10°时,全空域内的最高旁瓣约-13.8dB,出现在 $\varphi=90°$ 附近空域。

因此,相比于传统稀疏混合阵,改进型稀疏混合阵的扫描范围显著增大,扫描范围超过10°,且栅瓣和旁瓣指标均优于前者。

3. 基于遗传算法优化的模块化子阵错位稀疏混合阵

改进型稀疏混合阵相比传统稀疏混合阵在栅瓣抑制能力上显著提升,但由于改进型稀疏混

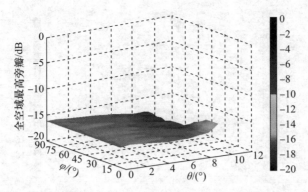

图 4-42 改进型稀疏混合阵扫描 10°范围内全空域内的最高旁瓣统计图

合阵内各子阵的排布没有规律性,这会导致工程实现中馈电网络和组件等器件的设计难度大大增加。为方便设计和工程实现,在改进型稀疏混合阵的基础上进模块化设计,通过将 2×3 排布的子阵组成一个模块,并采用遗传算法对模块位置进行优化设计,提出了模块化子阵错位稀疏混合阵,进一步改善了阵面的栅瓣抑制性能,扩展了扫描范围。图 4-43 给出了阵面中各模块排布图和模块内子阵和单元排布图。

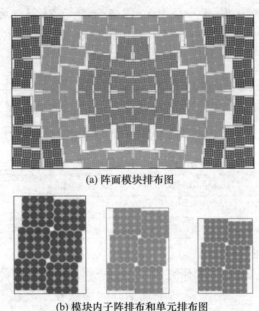

(a) 阵面模块排布图

(b) 模块内子阵排布和单元排布图

图 4-43 模块化子阵错位稀疏混合阵中排布图

为了评估模块化子阵错位稀疏混合阵的栅瓣抑制能力,下面给出阵面在不同的扫描角度下全空域内的最高旁瓣,仿真结果如图 4-44 所示。

通过分析图 4-44 可以得出以下结论:

(1) 当阵面工作在扫描 5°范围内,全空域内的最高旁瓣(包括栅瓣和近主瓣旁瓣)均低于 -15.3dB。

(2) 当阵面扫描角逐渐增大时,全空域内的最高旁瓣甚至略微降低;当扫描角增大至 10°时,全空域内的最高旁瓣约 -16.0dB。

因此,相比于之前两款阵面,模块化子阵错位稀疏混合阵的栅瓣抑制能力进一步增强,其栅瓣和旁瓣低于 -15dB 的空域范围超过 10°。

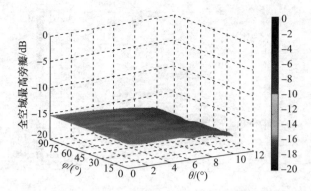

图 4-44 模块化子阵错位稀疏混合阵扫描 10°范围内全空域内最高旁瓣统计图

表 4-1 从单元数量、子阵种类、法向方向增益、扫描 5°和 10°范围全空域最高旁瓣电平、模块化程度、工程实现难度多个方面综合对比了三种阵面的性能,可以看出子阵错位稀疏混合阵和模块化子阵错位稀疏混合阵在单元数量、子阵种类上均优于传统稀疏混合阵;在法向方向增益方面,子阵错位稀疏混合阵和模块化子阵错位稀疏混合阵性能相近,均优于传统稀疏混合阵;在扫描 5°范围内,三种阵面的全空域最高旁瓣电平性能接近,但当扫描范围扩展到 10°时,传统稀疏混合阵已不能满足要求,而模块化子阵错位稀疏混合阵的全空域最高栅瓣最低,均低于 −15.3dB,这一特性有利于扩大系统的扫描范围。同时,该阵面方案的模块化程度最高,有利于降低设计难度、工程实现和设备维修。

表 4-1 3 种接收阵面性能综合对比

阵型名称	传统稀疏混合阵	子阵错位稀疏混合阵	模块化子阵错位稀疏混合阵
子阵种类	4	3	3
增益(法向)/dBi	57.91	58.10	58.09
扫描 5°内最高旁瓣/dB	−15.1	−15.5	−15.3
扫描 10°内最高旁瓣/dB	> −10	−13.8	−15.3
模块化程度	低	低	高
工程实现难度	难	难	易

4.5.2.3 非周期子阵栅格

Mark L. Goldstein、Palm Bay、FL 等研究了非周期子阵栅格组成的非周期阵列,如图 4-45 所示。这种非周期阵列形式在子阵级和单元级都打乱了可能造成高电平栅瓣的阵列周期性,使法向和扫描时的栅瓣和副瓣都能保持在比较满意的电平高度。

4.5.2.4 非周期扇形圆阵

采用扇形子阵组成的非周期圆阵是将整个阵面划分一定数目的扇形子阵,子阵大小可以相等也可以不等,相邻子阵间具有一定的间隔,但是间隔大小不相同,形成了整个阵列的非周期性。针对这种非周期阵形式,图 4-46 给出了仿真实例:整个阵面在径向划分为 22 个圆环,同时沿圆周方向将阵列分割为 8 个子阵。阵列法向波瓣图如图 4-47 所示。

如果采用优化算法对扇形子阵间的间距大小及子阵大小进行优化,副瓣和栅瓣电平可能降得更低。

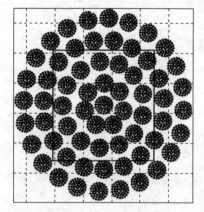

图 4-45 非周期子阵栅格

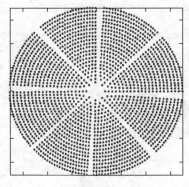

图4-46 扇形子阵组成的非周期圆阵

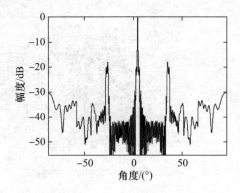

图4-47 阵列法向波瓣图

4.5.2.5 超级子阵旋转

旋转超级子阵形成非周期阵列是将整个阵面划分为几个超级子阵,对各个超级子阵进行不同程度的旋转,而每个超级子阵仍是周期性的,如图4-48所示。各个超级子阵旋转后的栅格排列取向不同,超级子阵栅瓣在空间的位置相互错开,无法叠加合成;而其主瓣在空间中的位置相同,能同相叠加合成全阵列的主波束。因此,全阵列的主瓣电平比栅瓣电平高很多,旋转超级子阵方法能有效抑制大单元间距阵列的栅瓣电平。

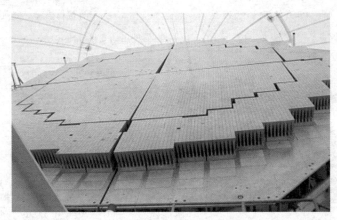

图4-48 超级子阵旋转阵面排布(GBR-P雷达)

采用此种非周期阵列方式的一个较为成功的例子是美国GBR-P雷达,根据文献中有关GBR-P天线阵面制造的数据,确定其有效口径大小为12.5m,单元间距为76mm(约2.7个波长),单元数目为16896个,单个组件输出功率(峰值)为10W。通过对GBR-P雷达天线阵面进行仿真分析,阵面排布及仿真结果如图4-49所示,扫描5°时栅瓣电平约-20dB,扫描12.5°时栅瓣电平约-10dB。

文献[9]针对某车载型天线阵面采用超级旋转方式设计并进行了仿真分析,整个阵面划分为4块,并绕中心做一定角度的旋转,阵面排布及阵列仿真结果如图4-50所示,扫描10°时栅瓣电平约-14.5dB,副瓣电平约-25.8dB。

超级子阵划分数目和旋转角度需要根据天线单元数量、栅瓣电平、副瓣电平等指标反复优化权衡确定。超级子阵旋转的难点在于由于阵列是非周期旋转排列,天线单元间并未位于理想的周期化格点上,相位关系为非线性递增关系,由于非周期天线阵列单元排列方向与阵面的主平面方向存在差异,确定阵面波控$\alpha\beta$码的方法复杂,同时阵面结构实现难度大、阵面网络走线布局复杂。

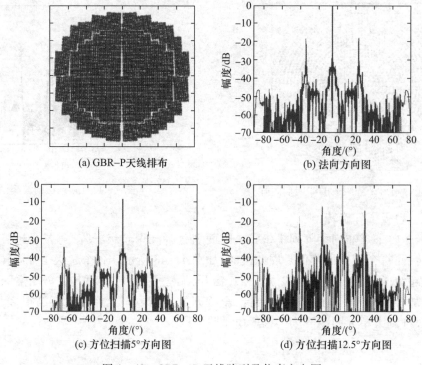

图 4-49 GBR-P 天线阵列及仿真方向图

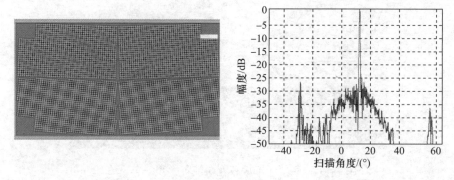

图 4-50 某车载天线阵列及仿真方向图

4.5.2.6 子阵平移错位

将全阵面划分为若干有源子阵并通过平移和错位的方式改变有源子阵的排列规则,破坏天线阵单元排列的周期性,实现栅瓣电平抑制。因此,子阵平移错位方式抑制栅瓣的本质即是通过优化阵因子进行。

子阵在水平和垂直方向上进行随机平移错位,可以使栅瓣在一定空域范围内散焦,达到降低栅瓣电平的目的。例如,美国的"洛伦岑"号导弹测量船上的 X 波段相控阵雷达,如图 4-51 所示。与超级子阵旋转相比,子阵随机错位后没有较大的子阵间隙,便于后端设备布局和走线,通过遗传算法优化子阵间错位距离,还可以使天线阵列的栅瓣电平优于 -20dB。

Toyama 设计了由 16 个子阵组成的用于小型移动地球站的非周期阵,并利用最速下降法对各个子阵位置进行了优化,如图 4-52 所示。作者又利用遗传算法和模拟退火算法对此非周期阵进行了优化,结果表明对栅瓣具有一定的压制作用。

在 Toyama 研究的基础上,利用改进的遗传算法和粒子群算法相结合对子阵中心位置进行优化,获得了较为满意的结果。子阵规模大小为 20×20 时波瓣性能如图 4-53 和图 4-54 所示。

图 4-51 子阵平移错位阵面排布

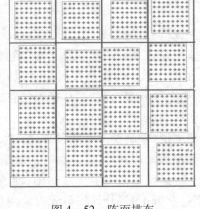

图 4-52 阵面排布

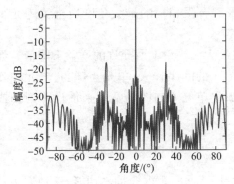

图 4-53 法向方向图

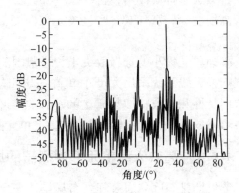

图 4-54 扫描 30°的方向图

由于阵列的非周期化,原来优异的低副瓣加权失效,使主瓣附近的副瓣抬高,可以考虑把加权与子阵位置进行同时优化,能够获得比较好的波瓣性能。此外,增大子阵尺寸时副瓣性能有一定的改善。

文献[7]中对一种大单元间距的八角形阵列进行了子阵平移错位排布,该阵面工作在 X 波段,单元间距不小于 40mm,子阵内部单元按 4×4 矩形排列。采用优化算法对子阵中心位置优化后,仿真在未考虑单元方向图时,天线阵面扫描 10°时阵列栅瓣电平低于 -16.5dB,如图 4-55 所示。

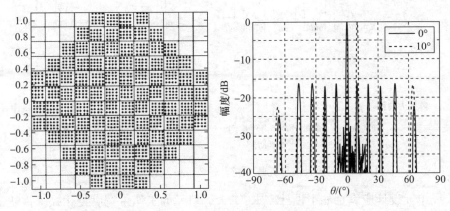

图 4-55 八角形阵列及仿真方向图

165

4.6 高效天线单元设计

在相控阵技术中,有限扫描天线系统是一个非常重要的研究领域。最引人注目的方法是在考虑天线增益、扫描范围、副瓣电平(含栅瓣)的情况下,使用最少的天线单元,或者说使用最少的T/R组件。常用的就是大间距有限扫描相控阵,但是单元间距增大到一定程度就会产生栅瓣,而栅瓣会导致多角度发射、接收信息模糊以及耗费能量,因此抑制栅瓣是有限扫描相控阵中重要的研究内容。

一般来说,抑制栅瓣有两种方法:第一种方法是采用阵列的非周期排列来分散栅瓣的能量,从而达到抑制栅瓣的效果,这种方法对远栅瓣的抑制比较明显,此方法已在4.5节进行了阐述;第二种方法是使用天线单元方向图,使方向图的波瓣零点正好在栅瓣出现的位置,以此抑制栅瓣,特别是靠近主瓣的栅瓣,单元方向图可以很好地抑制,本节主要对此方法进行介绍。要想用第二种方法来抑制栅瓣,对天线单元的设计要求很高,它与一般的天线单元的不同之处在于,其具有高增益、高效率的特性,且单元方向图似"门"字形。有限扫描的最大角度通常为阵元半功率的波束宽度。

阵列单元大小的选择取决于扫描范围的要求和在最大扫描角上所允许的增益下降值。如果有限扫描天线系统采用大尺寸单元非周期阵列形式,单元的间距较大,单元互耦弱,单元在阵中的方向特性和驻波特性与孤立单元非常接近;可以用孤立单元方向图的宽度来估计阵列扫描时天线增益的下降情况,并依据它来决定单元的大小。

4.6.1 高效天线单元抑制栅瓣的原理

非周期排布阵列通过阵列布局设计来分散栅瓣能量,从而实现栅瓣抑制功能,这种方法对远栅瓣的抑制较为明显。对于近栅瓣的抑制可以通过设计高效天线单元来进一步提升。

高效天线单元与普通单元的不同之处在于,它具有高增益、高效率的特性,阵元方向图似门限电路,即在扫描范围内比较平坦,在非扫描范围内快速下降实现抑制栅瓣。两种阵元阵列栅瓣抑制效果比对如图4-56所示。

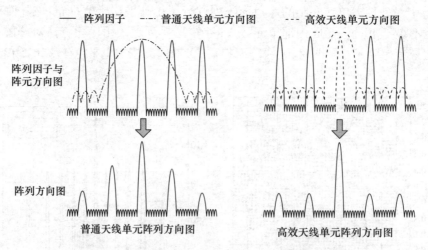

图4-56 高效天线单元阵列与普通阵元阵列栅瓣抑制效果比对

高效天线单元设计应满足如下设计需求:①天线单元的工作带宽满足相控阵雷达工作需求;②天线单元增益应当具有高增益,从而降低单元数目和通道规模;③天线单元的选择要考虑扫描范围要求和在最大扫描角上所允许的增益下降值,从而控制扫描增益的跌落,同时要求天线单元方向图对称性强,确保二维扫描性能稳定;④收发天线单元应当具备低副瓣包络特性,从而使得单元方向图与大间距阵列因子相乘后,可以压低大间距阵列因子的栅瓣;⑤收发天线单元具有优良的极化特性。

4.6.2 高效天线单元的选型

根据上节的需求分析,综合考虑增益性能、扫描范围和扫描性能、口径利用效率、单元造价以及安装复杂性等因素,可选择以下三种天线形式。

4.6.2.1 角锥喇叭天线

波导激励的喇叭单元是一种高效率、高功率辐射器,特别适用于有限视场系统。为了实现要求的效率和进行栅瓣抑制,它不是普通的角锥喇叭。理想喇叭阵列使其 E 平面栅瓣位置与 E 平面单元方向图零点相重合而达到抑制栅瓣的效果,但栅瓣随扫描而迅速增大,最近的一个栅瓣移动到喇叭主波束波瓣一边,并变得很大(-10dB 或更大),但通过控制孔径中的高次非对称模可以消除这种极其严重的栅瓣,其他栅瓣仍然近似地保持在喇叭单元方向图副瓣的水平上。基模激励的喇叭由于单元 H 面副瓣零点与栅瓣位置不重合,即便在不扫描时也会出现栅瓣,这可以通过介质来加载喇叭使 H 平面波瓣变窄,实现对 H 平面波瓣的某些改善,从而在法向辐射时获得栅瓣抑制。

下面以 X 波段大间距喇叭为例来简要介绍高效角锥喇叭的设计,其外形如图 4-57 所示,方向图如图 4-58 所示。普通角锥喇叭由于其口面场相位和幅度分布得不均匀,口径效率较低,其方向图的零点宽度较宽,位于阵因子方向图的栅瓣位置以外,不能有效抑制阵列栅瓣。针对普通角锥喇叭天线的不足,可采用金属隔板的多内腔设计,喇叭天线单元利用金属十字隔板隔成4个小喇叭,能有效抑制大单元间距阵列的一次栅瓣。喇叭天线口径上的4个小喇叭口径较小,辐射口面处填充聚四氟乙烯介质,能够保证喇叭口径内电磁场的单模传播,抑制球面传输,使得口面场相位分布更加均匀,提高喇叭口径效率。喇叭天线单元排列为紧密排列,天线单元间间隙小于1mm,并采用薄壁结构,充分利用阵列口径空间,提高喇叭天线单元增益,带内口径效率优于90%。

图 4-57 X 波段喇叭天线单元

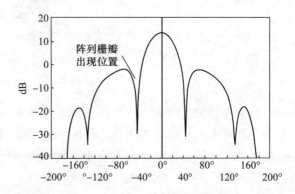

图 4-58 天线单元主极化方向图(9.5GHz)

4.6.2.2 引向器加载喇叭天线

在设计有限扫描相控阵时,为了在扫描范围内实现平顶辐射方向图,最吸引人设计、最简单的要数介质棒单元,这样的单元可用在 X 波段和 Ka 波段。为了更好地实现所需的技术指标,可在介质棒中嵌入金属小贴片来形成引向器,则效果更好。

引向器加载喇叭天线通过在喇叭口面上方增加引向器实现高效天线单元。引向器由一组嵌入介质棒中的金属小片组成，其金属片的直径各不相同，按特定的间距沿辐射方向放置，引向器的设计综合了八木天线引向器的原理以及介质加载天线的特点。金属片的存在会在喇叭口面前方形成新型的引导波传输，使波能量集中定向传输，形成行波天线特性，提升辐射效率。使用介质棒是为了更好地固定引向片，便于工程实现。引向器的能力与引向片的个数有关，一般不超过10个，如果超过一定的数量，引向片边缘的感应电流较弱，引向片无法形成"引向聚波"作用。

1. 圆极化喇叭天线单元

在有限扫描相控阵中，圆极化天线有很多优势，发射的圆极化波在穿透雨雾区时衰减不大，遇到障碍物反射时也影响不大，只会发生像左旋圆极化波反射后，变成右旋圆极化波的现象。虽然设计圆极化天线很复杂，但是它的高抗干扰能力和抗雨雾衰减能力，以及圆极化天线可以接收线极化波、椭圆极化波、圆极化波，使其可以用在侦查干扰信息对抗上。在实际应用中，圆极化雷达天线发挥着至关重要的作用。

如图 4-59 所示，圆极化喇叭天线由圆波导、金属隔板、圆锥喇叭和两个同轴端口 4 个部分构成。它的工作原理是 TEM 波通过一端的同轴线馈电进入圆波导，另一端的同轴线作为匹配，经过隔板圆极化器后，TEM 波分解成为两个正交的 TE_{11} 模式的正交电磁波，由于隔板圆极化器的选择合适这两个 TE_{11} 模的电磁波传播，且分解出来的两个波振幅相等，相位相差 90°，形成非常好的圆极化波。

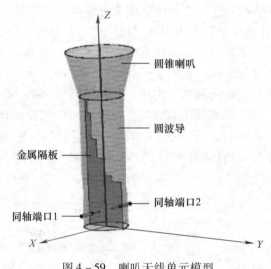

图 4-59　喇叭天线单元模型

在圆波导内无缝嵌入一个阶梯式金属隔板，正好将圆波导一分为二，最后在圆波导的顶端添加一个圆锥喇叭构成喇叭天线。同时，两个同轴激励端口分别位于圆波导的金属隔板左右两侧，馈电的两个金属探针对称且垂直于金属隔板。把金属探针和同轴线内外壁都设置为金属铜，而同轴线中填充介质为聚四氟乙烯。同轴端口 1、2 分别作为接收信号的输出端口和发射信号的输入端口，其中发射信号从同轴端口 2 输入，经圆极化喇叭天线转变为左旋圆极化波后向空间辐射，接收到的右旋圆极化回波信号经圆极化喇叭天线后馈入同轴端口 1。

2. 添加引向器圆极化喇叭高效单元

圆极化喇叭天线还不是高效单元，不具有高增益的特点。添加引向器对其进行适当的改进后就能变成高效阵列单元天线。

引向器由等间距的 8 个圆形金属片构成，中间用硬泡沫填充支撑，其介电常数为 1.15。引向器的作用是使单元方向图主瓣变窄,增益上升(约上升4dB),使其成为高效单元。金属片的厚度都为 $t=0.5\text{mm}$,贴片的半径不同,编号为1~5的金属片半径为4mm,其余3个金属片的半径为4.5mm。金属圆片之间的距离为9mm,第1个金属片与喇叭口径之间的距离为11mm。

用圆极化馈电喇叭作为单元的特点是:如果使用同轴端口1馈电,端口2不馈电时,它可以形成右旋圆极化波;如果使用同轴端口2馈电,端口1不馈电,则可形成左旋圆极化波。喇叭高效单元的天线模型如图4-60所示。

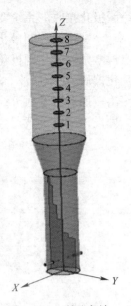

图4-60 喇叭高效单元的天线模型

喇叭高效单元的工作原理如下:根据一个线极化波可以分解成两个旋向相反、振幅相等的圆极化波的特性,利用同轴馈电将线极化波 TEM 通过台阶状的隔板,分配成幅度相等、相位相差90°的圆极化波 TE_{11}。当同轴输入端口1馈电,同轴输入端口2充当匹配负载时,形成右旋圆极化波,当同轴输入端口2馈电,同轴输入端口1充当匹配负载时,形成左旋圆极化波。然后通过引向器引导电磁波的传播,形成高增益的圆极化波。同轴输入端口的探针伸入的深度、喇叭的高度以及第一个金属圆片的口径与高度可以大幅影响驻波,其他贴片的半径、个数和之间的距离则大幅影响高效单元的增益,通过调整这些参数值可以得到最佳的辐射性能。喇叭高效单元天线在2GHz的带宽内驻波都小于1.35,它可以工作的带宽比较宽。图4-61为喇叭高效单元在中心频率时右旋增益辐射方向图。

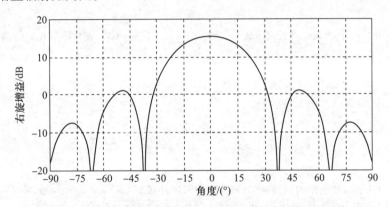

图4-61 喇叭高效单元在中心频率时右旋增益辐射方向图

不管是哪一个端口馈电,形成的是左旋圆极化还是右旋圆极化波,二者的差别很小,性能也很好。由此可以看到,这个喇叭高效单元具有高增益、较低副瓣的特点,在X波段有良好的工作特性,可以组成大间距阵列,也可以进行有限扫描,组成大间距阵列时还可以很好地抑制栅瓣。

与不加引向器的喇叭单元相比,添加引向器可以构成高效阵列的单元,增益增加了4dB,半功率波束宽度减少了15°。在中心频率它们的对比如表4-2所列。

表4-2 无引向器和有引向器的高效单元中心频率重要参数的对比

中心频率	增益/dB	3dB 波瓣宽度/(°)	副瓣/dB
无引向器	11.4	49	无
添加引向器	15.4	34	14.5

4.6.2.3 介质赋形加载喇叭天线

如图4-62所示,介质赋形加载喇叭由赋形介质杆、馈电波导、圆极化器组成。根据左右旋圆极化接收的系统要求,采用宽带膜片圆极化器实现频带内的左右旋圆极化辐射。

宽带膜片圆极化器结构简单,易于加工,在高精度机械加工的保证下,能够实现稳定的正交模激励。膜片圆极化器的结构示意图如图4-63所示,方形波导的两个正交模式经过膜片圆极化器后,在矩形波导端形成90°相差后合成,两个矩形波导端口分别对应左右旋两个圆极化输出。而对于发射天线,当系统仅需要左旋(或右旋)圆极化信号,可将另外一个旋向的输出端口处设计吸收负载。

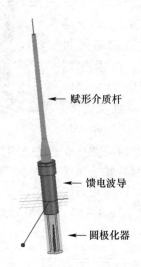

图4-62 介质赋形加载喇叭天线组成

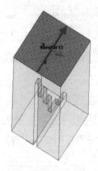

图4-63 膜片圆极化器的结构示意图

参考文献

[1] MAILLOUX R J. 相控阵天线手册[M]. 南京电子技术研究所,译. 2版. 北京:电子工业出版社,2007.
[2] MAILLOUX R J. Phased Array Antenna Handbook[M]. 3rd ed. Norwood,MA:Artech House,2018.
[3] 束咸荣,何炳发,高铁. 相控阵雷达天线[M]. 北京:国防工业出饭社,2007.
[4] MAILLOUX R J. Electronically Scanned Arrays[M]. San Rafael:Morgan & Claypool,2007.
[5] SKOBELEV S P. Phased Array Antennas with Optimized Element Patterns[M]. Norwood,MA:Artech House,2011.
[6] 熊子源. 阵列雷达最优子阵划分与处理研究[D]. 长沙:国防科学技术大学,2015.
[7] 罗天光 大间距相控阵天线栅瓣抑制方法研究[D]. 成都:电子科技大学. 2014.
[8] 朱瑞平,何炳发. 一种新型有限扫描窄馈相控阵天线[J]. 现代雷达,2003(6):49-53.
[9] 马静,刘明罡,倪迎红. 旋转超级子阵在车载机动式雷达天线中的设计应用[J]. 现代雷达,2016(11):66-70.
[10] 费阿莉,朱瑞平,马静. GBR-P天线性能分析[J]. 现代雷达,2010,32(2):71-75.
[11] 俞成龙. 子阵及栅瓣问题分析[J]. 舰船电子对抗,2014,37(5):42-46,82.
[12] 匡勇,于春国,聂晓初,等. 有限扫描固态相控阵天线[C]//中国电子学会天线分会. 2009全国天线年会论文集. 北京:电子工业出版社,2009:807-812.
[13] 任永丽. 有限扫描相控阵中高效单元的研究[D]. 电子科技大学,2014.
[14] PIERRO V,GALDI V,CASTALDI G,et al. Radiation properties of planar antenna arrays based on certain categories of aperiodic Tilings[J]. IEEE Transactions on Antennas and Propagation,2005,53(2):635-644.

[15] MAILLOUX R J,SANTARELLI S G,ROBERTS T M. Wideband arrays using irregular(polyomino) shaped subarrays[J]. Electronics Letters,2006,42(18):1019-1020.

[16] MAILLOUX R J,SANTARELLI S G,ROBERTS T M,et al. Irregular polyomino-shaped subarrays for space-based active arrays[J]. International Journal of Antennas and Propagation,2009.

[17] ROCCA P,CHIRIKOV R,MAILLOUX R J. Polyomino Subarraying Through Genetic Algorithms[C]//Proceeding of the 2012 International Symposium on Antennas and Propagation,2012:1-2.

[18] MAILLOUX R J,FRANCHI P R. Phased array antenna with array elements coupled to form a multiplicity of overlapped sub-arrays:US3938160[P/OL]. 1976-02-10[2022-01-15]. http://www.freepatentsonline.com/3938160.html.

[19] MAILLOUX R J,ZAHN L,MARTINEZ I A. Grating lobe control in limited scan arrays[J]IEEE Trans on Antennas and Propagation,1979,27(1):79-85.

[20] 习文. 相控阵雷达阵列天线子阵划分优化算法研究[D]. 北京:北京理工大学,2016.

[21] 张宙,杜彪,韩国栋. 非周期阵列天线辐射性能的研究[J]. 现代雷达,2013,35(3):50-54.

[22] 叶佳栩,李建新,邢英. 多联骨牌子天线阵列的波瓣性能研究[J]. 现代雷达,2017,39(2):79-82.

[23] 费阿莉,朱瑞平,刘明罡. 非周期阵列形式研究[C]//中国电子学会天线分会. 2009年全国天线年会论文集(上)北京:电子工业出版社,2009:714-717.

[24] MAILLOUX R J. A low-sidelobe partially overlapped constrained feed network for time-delayed subarrays[J]. IEEE Trans.,2001,49(2):280-291.

[25] RENGARAJAN S R,RAO J B L. Arrays of overlapping sub-arrays for improved sidelobe level performance[C]. Phased Array Systems and Technology. Dana Point,CA,USA,2000:497-500.

第 5 章　宽带数字阵列雷达

5.1　概　　述

随着雷达体制与雷达技术的不断发展,如今雷达至少经历了 3 个发展历程,即由机械扫描的传统雷达到电子扫描的相控阵雷达,由以主要使用模拟器件的雷达到大规模使用数字器件与数字信号处理技术的数字化雷达,由仅能处理窄带信号的窄带雷达到能同时处理窄带与宽带信号的宽带雷达。宽带数字阵列雷达(Wideband Digital Array Radar,WDAR)同时集成了有源相控阵雷达、数字化雷达与宽带雷达的优点,因此宽带数字阵列雷达是雷达发展的最新成果和必然趋势,与传统的模拟相控阵雷达相比,宽带数字阵列雷达具有如下特点与优势。

(1) 大动态范围。传统有源相控阵雷达在波束形成后进行模数(A/D)转换,其 A/D 转换器的无杂散动态范围有限,而宽带数字阵列雷达是对单元或子阵的输出进行 A/D 转换以后再进行增益综合,因此具有更大的动态范围。

(2) 波束控制更加灵活、准确,易实现多波束和多功能。宽带数字阵列雷达波束形成的加权矢量是数字信号,更加精确以及可被快速调整,同时各宽带 T/R 组件可单独产生不同信号,使得宽带数字阵列雷达不仅能快速、准确地产生波束,而且更容易做到收发多波束,雷达使用具备多样性、灵活性,从而实现多功能。

(3) 容易实现宽带大角度扫描。传统宽带有源相控阵雷达是通过模拟移相器和实时延迟线来实现宽带信号宽角度扫描,实现复杂而且精度较差。宽带数字阵列雷达可利用数字信号处理的方式对宽带数字信号进行精确延时,从根本上消除大角度扫描带来的孔径渡越效应的影响,使雷达具备相对更大的扫描角。

(4) 易于实现低旁瓣与自适应波束形成,目标探测能力与抗干扰能力更强。宽带数字阵列雷达容易通过数字信号处理的方式实现阵列校正与均衡以实现低旁瓣,同时其多波束能力可以增加波束驻留时间来获得对目标更长时间的相参积累,而且可采用自适应波束形成技术来对抗强干扰,从而提高雷达对强杂波、强干扰背景下微弱目标的探测能力。

(5) 高分辨率、高精度和目标识别能力强。宽带数字阵列雷达在需要的情况下发射、接收和处理宽带信号,从而提高雷达分辨率和对目标的参数测量精度,同时还可以对目标进行成像处理。

(6) 对雷达资源具有更高利用效率和管控能力。根据不同的环境、目标和任务,宽带数字阵列雷达控制器能够自适应选择发射信号、发射功率和数据率,同时由于其发射和接收多波束能力,宽带数字阵列雷达能够在一定时间内处理更多的雷达任务,使得雷达资源得到更合理充分的应用,而且还能够产生和发射复杂波形,提高雷达抗截获能力。

(7) 低功耗、高可靠、相对低成本和易于软件化、模块化。由于宽带数字阵列雷达相对于传统模拟相控阵雷达采用了更少的模拟器件,而且随着数字信号处理器件与平台以及高速数字信号处理技术的不断发展,信号采样可移至射频端以进一步减少模拟器件和提高雷达数字化程度,因此宽带数字阵列雷达将模拟器件体积大、功耗高、成本高和易受温度与环境影响等弊端减至最低,同时也更容易实现软件化和模块化。

目前,窄带数字阵列雷达相关技术已非常成熟,窄带数字阵列雷达得到了广泛的实际应用。国内外对宽带数字阵列雷达的研究也在逐渐深入展开,而且已取得了实质性进展,出现了不少具有理论研究意义与实际工程应用价值的试验和原型机系统,而且一些低波段(如 L 波段和 S 波段)的宽带数字阵列雷达系统已开始实际应用,而更高频段(如 C 波段和 X 波段)的宽带数字阵列雷达系统也有望在不久的将来投入使用。

宽带数字阵列雷达是一个复杂的电子系统,其关键技术包括总体系统架构设计、宽带数字 T/R 组件、高速数据传输、高性能信号处理机、宽带信号产生、阵列校正与通道均衡、宽带数字波束形成、资源管理与任务调度等。

5.2 数字阵列雷达简介

5.2.1 数字阵列雷达的基本结构

自 20 世纪 80 年代以来,数字集成电路技术的快速发展,数字波束形成技术得到广泛深入研究,相控阵雷达不断提高其数字化水平而且开始采用先进的阵列信号处理技术。

数字阵列雷达是一种接收和发射波束都采用数字波束形成技术的全数字阵列扫描雷达,基本结构如图 5 - 1 所示,数字阵列雷达一般包含天线阵列、数字 T/R 组件、数据传输系统、时钟、数字信号处理机等。与传统相控阵雷达相比,数字阵列雷达省去了复杂的馈线网络,系统结构简单紧凑,高速数据传输系统将数字信号处理系统与天线阵列模块(由天线单元与 T/R 组件组成)两个部分连接,而且天线阵列模块与数字信号处理系统两者可以在物理空间上实现较远距离的分隔,因此数字阵列雷达一方面可以明显提高雷达操作人员安全,另一方面使得系统具有很好的重构性。

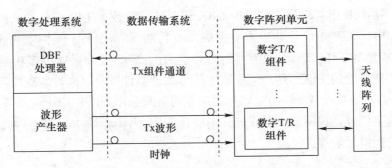

图 5 - 1 数字阵列雷达的基本结构

数字 T/R 组件是数字阵列雷达的核心部件,如图 5 - 2 所示,它将接收机、发射机、激励器和本振信号发生器集为一体,构成一个独立完整的接收机和发射机子系统,而且与数字信号处理机和雷达控制器通过高速数据传输系统进行数据与信息交换。在发射模式下,通过统一的时钟控制,数字 T/R 组件接收来自信号处理模块的控制信号,通过直接数字合成技术产生经过数字幅相加权的数字信号,经数字上变频器(包括 DAC)变换成射频模拟信号,再进行高功率放大后通过收发开关馈入天线;在接收模式下,数字 T/R 组件对接收的射频信号进行低噪声放大与带通滤波(Band Pass Filter,BPF),再经下变频和 A/D 变换后得到数字接收信号并传输给数字信号处理机完成接收 DBF。相比于传统的模拟射频 T/R 组件,数字 T/R 组件由于在组件内部采用数字技术可以方便地实现发射信号的移相和幅度加权,省去了模拟射频 T/R 组件中的移相器,同时由于数字 T/R 组件的幅相加权精度由 ADC 和 DAC 的位数决定,而且 ADC 和 DAC 的位数一般高于移相器的位数,因此数字 T/R 组件有更高的幅相加权精度。除此以外,通过 DDS 技术可以较容易地产生各种复杂的信号波形,从而实现雷达的多功能和低截获性能。

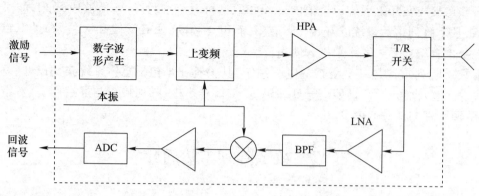

图 5-2 数字 T/R 组件基本结构示意图

为实现数字 T/R 组件模块与数字信号处理机之间的高速数据传输与信息交换,数据传输系统必须能够进行大容量高速数据传输。目前,有若干种方法来完成高速大容量数据传输,如使用低压差分传输(Low Voltage Differential Signaling,LVDS)和光纤传输,其传输速率均能达到几百兆比特每秒以上。LVDS 采用小振幅差分信号技术,用很低的幅度信号通过一对平衡电缆或差分印制电路板(Printed Circuit Board,PCB)走线来完成数据传输,而且能够实现单个信道的传输数据率达到数百兆比特每秒。同 LVDS 相比,光纤传输具有传输频带宽、传输距离远、容量大、体积小、重量轻、延迟低、损耗低、保密性好、抗电磁干扰等优点,其传输数据率可达千兆比特每秒以上。

数字信号处理机系统主要完成波束形成处理和通用信号处理。波束形成处理包括产生幅相控制字传输给数字 T/R 组件模块实现发射 DBF,同时接收各数字 T/R 组件输入的数字雷达回波信号完成接收 DBF。而通用信号处理需要完成波束控制、任务分配、产生时序、阵列校正、动目标显示、动目标检测等工作。因此,具有并行处理能力的高速、大容量通用多功能信号处理机是发挥数字阵列雷达潜能的关键部件。当今数字信号处理器件以及以高性能现场可编程逻辑门阵列(Field Programmable Gate Array,FPGA)和数字信号处理(Digital Signal Processing,DSP)为核心构建的高性能数字信号处理系统逐渐成熟并商业化应用,为构建成本可接受的高性能雷达数字信号处理机系统提供了条件。

5.2.2 数字阵列雷达的工作原理

数字阵列雷达探测目标基本原理与常规雷达一样,都是通过天线向空间辐射信号,信号遇到目标后反射到雷达,雷达通过接收目标回波检测目标。其与常规雷达工作原理的区别主要体现在实现过程上。

数字阵列雷达收发均没有波束形成网络与移相器,系统组成简单,具有很高的重构性;其基本工作原理是:发射模式下,由数字波束形成器给出发射波束扫描所需的幅度和相位控制字,并送数字阵列模块(Digital Array Module,DAM),DAM 在波形产生时预置相位和幅度,经上变频(频率较低时不需要)以及放大后由辐射单元发射出去,在空间进行功率合成;接收模式下,每个单元接收的信号经过下变频(频率较低时不需要)与数字接收后,信号送数字波束形成器,信号处理、数据处理单元进行数字处理。数字阵列雷达工作示意图如图 5-3 所示。

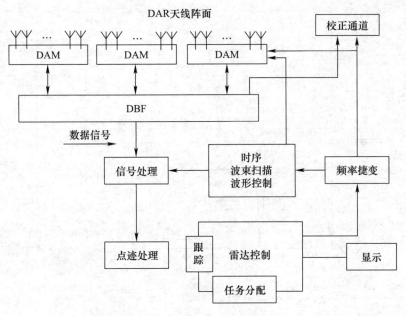

图 5-3 数字阵列雷达工作示意图

数字阵列雷达从波束形成到数据处理均以数字方式实现,具有幅相控制精度高、瞬时动态范围大、空间自由度高、波束形成灵活等典型特征。

5.2.3 数字阵列雷达的特性分析

1. 天线副瓣

相控阵雷达控制精度主要体现在对相位、幅度的控制精度上,传统相控阵雷达对相位的控制通过移相器实现,对幅度的控制通过衰减器实现。数字阵列雷达在发射与接收通道实现了数字化器件的全面应用,主要是用 DDS、A/D 代替了传统相控阵雷达的移相器、衰减器。

对传统相控阵雷达而言,其幅相精度由移相器(衰减器)位数决定,为

$$\Delta\phi_{\min} = 2\pi/2^k \tag{5-1}$$

式中:$\Delta\phi_{\min}$ 为最小相移量;k 为移相器位数。

对数字阵列雷达而言,其幅相精度由 DDS 控制位数或 A/D 位数决定,即

$$\Delta\phi_{\min} = 2\pi/2^n \tag{5-2}$$

式中:$\Delta\phi_{\min}$ 为最小相移量;n 为 DDS 控制位数或 A/D 位数。

以移相器典型位数 8 位,DDS 控制位数典型值 14 位为例计算,数字阵列雷达与传统相控阵雷达相比,相位控制增加了 6 位,发射控制精度提高了 64 倍。以衰减器/移相器典型位数 8 位,A/D 位数典型值 14 位为例计算,数字阵列雷达与传统相控阵雷达相比,幅相控制增加了 6 位,接收控制精度也提高了 64 倍。图 5-4 给出了不同误差下的波瓣比较,其中实线表示误差 5°,虚线表示误差 1°。

2. 瞬时动态分析

接收系统动态范围 D,定义为接收机的最大接收信号与最小接收信号功率之比,最小接收信号功率通常用接收机的内部噪声功率代替,因此动态范围为最大接收信号的功率与接收机内噪声的比值。

按此定义,以分贝数表示的目标信号的动态范围为

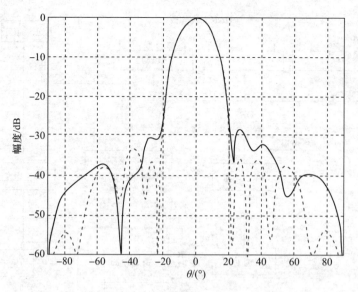

图 5-4 误差 1°/误差 5°的波瓣比较

$$D_r = D_R + D_{RCS} + D_{S/N} + D_F \tag{5-3}$$

D_R 为目标回波功率随距离变化引入的动态：

$$D_R = 10\lg(R_{max}/R_{min})^4 \tag{5-4}$$

D_{RCS} 为目标雷达截面积变化引入的动态：

$$D_{RCS} = 10\lg(\sigma_{max}/\sigma_{min}) \tag{5-5}$$

$D_{S/N}$ 为雷达检测目标所需的最低信噪比：

$$D_{S/N} = S/N \tag{5-6}$$

D_F 为接收机带宽与信号带宽失配要求的动态增加量，即实际带宽 B 超过信号带宽 B_n 的分贝数：

$$D_F = B/B_n \tag{5-7}$$

雷达接收到的回波大致分为三类：第一类是来自目标的回波信号；第二类是来自各种背景的回波信号，如地面、海洋和云雨等的回波信号；第三类是干扰信号，包括故意释放的有源干扰信号和干扰箔条的回波以及来自同波段的其他非敌意辐射源的干扰信号。

以目标信号为例进行分析，若雷达的作用距离最大值与最小值比值为 10，则要求 $D_R = 40dB$。若雷达观测目标包括 $RCS = 10m^2$ 以上的大型目标和 $RCS = 0.01m^2$ 以下的小型目标，RCS 变化范围为 30dB，则要求 $D_{RCS} = 30dB$。

从相控阵雷达信号检测与多目标跟踪出发，要求单个脉冲的信噪比为 10~20dB，则 $D_{S/N} = 10~20dB$。单考虑以上 3 项，接收机动态范围应在 80~90dB。如再考虑杂波和有源干扰，则对接收机的动态范围的要求还要增加。雷达的瞬时动态范围反映了雷达同时探测最远小目标和最近大目标的"包容"能力，瞬时动态范围越大，就越容易发现较远的小目标。雷达系统瞬时动态范围主要由单路接收机动态、接收机路数等因素决定。传统相控阵雷达通过模拟合成网络形成波束后通过接收机接收，接收通道数有限，通常为和波束通道接收机、方位/俯仰差波束接收机等，其瞬时动态范围由单路接收机决定。数字阵列雷达先接收后合成，每个天线单元都有一个接收机，在形成和波束、差波束时通过将每路接收信号进行不同的数字加权运算实现，因此，数字阵列雷达接收机路数比传统相控阵雷达多得多,由于波束形成是通过数字运算实现的,其运算位数可根据需要进行扩展,因此瞬时动态范围比传统相控阵雷达大得多。例如,以具有1000个天线单元的雷达为例,对于形成相同的接收和波束,数字阵列雷达接收机路数是传统相控阵雷达的1000倍,在单个接收机动态性能一致的情况下,数字阵列雷达瞬时动态范围理论上可比传统相控阵雷达大1000倍(30dB)。

3. 空间自由度分析

空间自由度反映的是雷达在空间维上可利用信息的多少,与天线单元数、接收通道数等有关。传统相控阵雷达天线单元数多,但通过模拟合成网络后,接收通道数有限;而数字阵列雷达的天线单元和接收通道通常是一致的,依靠发射波形进行发射多波束控制,提升发射波束的空间自由度,依靠接收波束的运算可形成独立的接收波束。例如,以具有1000个天线单元的雷达为例,对于传统相控阵雷达,通过模拟合成网络形成和波束、差波束,再送接收机后,其空间自由度就为和波束、差波束接收机数量;对于数字阵列雷达,每个天线单元后都有一个接收机,因此空间自由度达到了最大,即1000个。

5.2.4 数字阵列雷达的技术特点

1. 接收数字波束形成的主要优势

普通相控阵雷达依靠波束形成网络在射频或中频合成各路阵列信号,波束个数和波束形状决定了波束形成网络的复杂度及其可实现性。此外,波束形成网络会引入插入损耗,需要在前端进行增益补偿,以降低对波束形成后的目标信噪比的影响。而数字波束形成是通过对阵列各单元输出数字信号的数学运算方式形成波束,具有按照距离单元进行波束计算的能力,波束数和波束形状只和波束形成器的运算能力相关。波束形成的灵活性无与伦比,其主要特点如下:

(1) 在不损失信噪比的情况下,产生多个独立的可控波束。对于数字波束形成,信号一旦数字化后信噪比就确定下来(由接收模块确定)。在不降低信噪比的情况下,对接收信号进行数字处理便可形成多个同时的低副瓣密集波束,理论上可以产生无穷多个任意密集的波束,从而提供了同时检测与跟踪多目标的能力,这是模拟波束形成器所无法比拟的。

(2) 便于阵列单元方向图校准。阵列天线单元间存在互耦效应,导致阵列天线单元方向图不能实现一致,直接妨碍精确的系统方向图控制和超低副瓣电平的实现。采用数字波束形成可以很方便地校正这些影响,从而改善方向图的质量。实际工作中,互耦系数可以测量得出,然后计算互耦系数逆矩阵,并与数字化的阵列信号相乘,则可实现互耦的校正。

(3) 易于实现自校准和超低副瓣。接收信号的数字化使内置信号监测成为可能,接收通道可进行联机实时校准。校准的程序很容易实现通道幅相校正,并将校正系数送入数字波束形成系统中。因此,对接收通道的绝对误差的要求可降低,而只需系统稳定就可获得超低副瓣和高质量的天线性能。例如,瑞典国防研究院的12单元数字波束形成线阵就实现了-47dB峰值副瓣电平的高质量方向图,并可将单元之间由于互耦引起的幅度误差校正到± 0.1dB,而5MHz信号带宽内的带内起伏通过均衡可校到± 0.05dB,所有校正可维持两周的时间而保持良好的性能。

(4) 自适应方向图零位形成。在恶劣的电子战环境中,如何自动地抑制干扰源,将是一件十分有意义的事。自适应零位形成的基本思想是:自动收集干扰源信号的先验信息,并求出相应的自适应加权系数,加到数字波束形成处理器上,则可在干扰方向上形成零位,从而达到抑制干扰的目的。如何求解自适应权值属于自适应阵列处理的范畴,衡量自适应零位形成性能的主要指标有两项:一是零点深度;二是自适应权值的更新时间(它决定了对外界干扰信号变化的反应能力)。目前能做到的水平是:零深可达-60dB,权值更新则在微秒量级上。

（5）可获得超分辨率。众所周知,角分辨率受到波束宽度的限制(这就是著名的瑞利极限),而先进的超分辨处理用于数字波束形成则可分辨出超瑞利极限之外的点源。数字阵列雷达的天线阵列由一组相互独立的阵元组成,可以完成对回波信号的空间采样,邻近方向的不同目标会呈现不同的空域特性,通过对回波进行空间谱分析,就能得到目标精确的波达角。子空间分解类算法是具有代表性的超分辨谱估计算法,包括多重信号分类(Multiple Signal Classification, MUSIC)算法和旋转不变子空间(Estimation of Signal Parameters via Rotational Invariance Techniques,ESPRIT)算法。MUSIC算法的思想是将回波的协方差矩阵进行特征分解得到相互正交的信号子空间和噪声子空间,再通过谱峰搜索得到目标所在的位置;ESPRIT算法的思想是在获得信号的数据协方差矩阵之后,将它们分解成两个结构完全相同的子阵,通过获得两个子阵信号之间的固定相位差得到来波方向。MUSIC算法性能略优于ESPRIT算法,而ESPRIT算法处理实时性好。子空间分解类算法对于非相干源有很好的估计性能,而对于相干源还需要进行相应的解相干处理。目前,空间谱估计技术研究的重点在于如何在低信杂比的情况下获得良好的分辨率。

（6）灵活的雷达功率和时间管理。雷达功率和驻留时间是雷达的宝贵资源,而数字加权的灵活性允许对这些资源就各种功能作最佳配置,搜索和跟踪可以用不同的波束形式来完成；每个距离单元也可用不同的方向图接收,以便在诸如本地的杂乱回波或箔条的附近形成区域相关的方向图零点；在一般搜索状态检测到目标后,对重点目标还可用更高的天线增益和更长的照射时间进行跟踪测量。总之,数字波束形成技术可以根据环境的要求形成相应的波束,以适应于该瞬间特定的电子对抗环境,这是其他波束形成方法所不能想象的。

（7）自适应时空处理。数字阵列在一个相干处理间隔(Coherent Processing Interval,CPI)内接收的回波数据是一组多通道数据块,同一距离单元同一时刻在不同通道的回波数据构成空域采样,同一距离单元同一通道在不同时刻的回波数据构成时域采样。杂波的空时二维谱是一个与杂波单元的空时导向矢量有关的量,其中空时导向矢量为该单元的空域导向矢量与时域导向矢量的Kronecker积。杂波二维谱的能量被约束在角度 - 多普勒迹上,机载雷达杂波的角度 - 多普勒迹为一条对角线,而天基雷达的角度 - 多普勒迹由于受地球自转影响而呈现弯曲形状。机载雷达或空间雷达平台的移动会造成与方位有关的杂波回波多普勒频移,总的杂波回波所造成杂波谱的多普勒带宽会使低多普勒频移目标落在杂波带宽之内,当采用一维MTI滤波器时目标的检测性能会严重下降。空时自适应处理(Spatial Time Adaptive Processing,STAP)是在多通道雷达技术的基础上,为抑制分布在很大的多普勒频段上的地杂波而提出的一种新技术。STAP可以从角度域和多普勒域同时区分目标和杂波,在杂波的空时分布处形成很深的凹口,能有效地抑制杂波,同时拥有极低的最小可检测速度。机载雷达STAP技术运用已比较成熟,而天基雷达相对地面运行速度高、距离远、波束覆盖范围大,地杂波多普勒频率高、频谱扩展严重,杂波抑制难度较大,目前已成为国内外研究的热点。

（8）适合于多站工作。数字波束形成接收系统特别适合于双站或多站工作,以构成双/多基地雷达系统,国内外几个比较典型的现代意义的双基地雷达系统均采用了数字波束形成技术。

2. 发射数字波束形成的主要优势

上述接收波束形成的理论同样可以用到发射数字波束形成,因此下面只简要介绍发射数字波束形成及优点。发射数字波束形成是将传统相控阵发射波束形成所需的幅度加权和移相从射频部分放到数字部分来实现,从而形成发射波束。发射数字波束形成系统的核心是全数字T/R组件,它可以利用DDS技术完成发射波束所需的幅度和相位加权以及波形产生和上变频所必需的本振信号。发射数字波束形成系统根据发射信号的要求,确定基本频率和幅/相控制字,并考虑到低副瓣的幅度加权、波束扫描的相位加权以及幅/相误差校正所需的幅相加权因子,形成统一的频率和幅/相控制字来控制DDS的工作,其输出经过上变频模式形成所需的工作频率。

发射数字波束形成主要优点有:

(1) 发射波束的形成和扫描采用全数字方式,波束扫描速度更快更灵活。

(2) 通道的幅相校正易于实现,只需改变有关模块中DDS的相位、幅度控制因子,而无需专门的校正元器件。

(3) 幅度和相位可精确控制,易于实现低副瓣的发射波束和发射状态下的波束零点。

(4) DDS技术既能实现移相,又能实现频率的产生,因而,DDS控制阵列天线将无需宽带的本振功分网络而只需向每个模块送入单一的连续波时钟信号。

(5) 对大阵列、长脉冲信号而言,孔径的渡越时间是个难以克服的问题,而发射数字波束形成技术则可以在波形产生阶段通过内插的方式产生任意时延,实现孔径渡越的补偿。

5.2.5 数字阵列雷达的发展概况

DBF技术早在20世纪60年代就开始被研究,80年代至90年代集成电路与数字信号处理技术飞速发展,尤其是Adrian Garrod等于1995年首次提出了数字T/R组件的基本概念以来,采用DBF技术的数字阵列雷达开始被很多国家投入巨大资源进行研究实验,而且一大批实用化的数字阵列雷达开始投入使用。

就欧洲而言,不少实用化和很接近于实用化的窄带数字阵列雷达和其核心数字T/R模块已研发成功。荷兰的Thales公司研制的SMART系列全天候舰载三坐标雷达,该系列雷达能实现收发同时多波束,如2000年交付的SMART-L属L波段远程三坐标雷达,其面阵天线由24个水平带状线阵列组成。SMART-L采用机械扫描和DBF相结合的方式,利用数控高功率移相器来实现雷达发射波束形成,而且可以根据不同的工作模式合成不同的发射方向图。接收DBF是通过对24个通道的回波信号进行FFT来完成的,其方位向是宽度为2.2°的窄波束,而俯仰方向同时形成的16个(水平上方14个)宽度为8°波束来覆盖0°~70°的范围。SMART-L雷达具有自适应抗干扰能力,能够在严重的杂波与干扰环境中有效地应对飞机、导弹和海面威胁。

英国的Rake Manor研究中心首次提出数字T/R组件的概念后对高数字化水平的高性能、低成本、小体积和模块化的数字接收模块进行研究开发,如其研发的大量使用商业现成部件的S波段和具有单层构造的X波段数字接收模块。另外,英国宇航系统公司研发的Sampson多功能数字阵列雷达已装备于英国海军45型驱逐舰,该雷达采用自适应DBF技术,拥有强大的探测能力和抗干扰能力。

乌克兰从2009—2010年在尼古拉耶夫(Mykolayiv)造船中心完成对一部64通道的数字阵监视雷达系统的水上测试工作,成功实现了对海洋浮标、运动或静止的不同吨位的游艇与舰船的探测与连续跟踪。

美国在数字阵列雷达研究方面处于领先地位并取得最多成就。美国海军研究局(Office of Naval Research,ONR)早在20世纪80年代就开始了DAR的前期概念研究,为研究评估商业技术如无线与光纤通信技术、FPGA技术、高速VME处理器在L、S、X波段数字阵列雷达中的应用,ONR在2000年正式立项开展拥有全数字化波束形成架构的数字化有源阵列雷达系统实验样机的研究,提高雷达时能管理能力、信杂比、可靠性与研发周期成本控制等以解决舰载雷达在近海作战复杂环境中的小目标检测问题。负责研究的3个主要单位分别是麻省理工学院林肯实验室(MIT/LL)、美国海军实验室华盛顿哥伦比亚区(NRL/DC)和美国海军水面战中心达尔格仑分部(NSWC/DD)实验室。其中,顶层结构、天线阵列、T/R模块射频部分和现场演示的系统集成由林肯实验室完成,T/R模块数字部分、光纤链路、数字接收机、FPGA中时序与控制逻辑设计和

T/R板控制器设计由海军研究实验室承担,FPGA分析、DBF设计和自适应算法验证等任务则由NSWC/DD实验室负责。ONR数字阵列雷达是一个比较完整的实验样机系统,该系统构造如图5-5所示,有96个有源阵元,划分为12个T/R模块,每个T/R模块包含8个微波-数字T/R组件,信号处理机主要完成阵列通道校正和DBF等处理,进一步的数据处理在线下完成。不足的是,该系统有多级模拟变频滤波环节,信号的最大瞬时带宽仅为815kHz,并且大部分数据处理只能在线下完成。

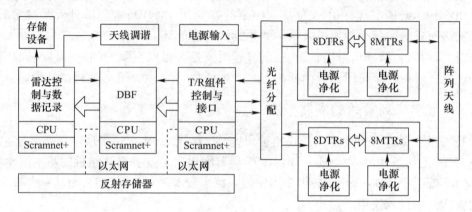

图5-5 ONR数字阵列雷达原型机构造

为满足美国海军未来执行弹道导弹防御、防空作战和海面搜索等多重任务以及濒海作战的需要,在完成窄带数字阵列雷达验证系统后,麻省理工学院林肯实验室在美国海军支持下又完成了一部S波段宽带数字阵雷达试验系统的研发,该试验系统用于评估美国海军未来雷达采用数字阵雷达技术的可行性,麻省理工学院林肯实验室于2003年完成了该S波段宽带DAR试验系统的测试。该试验系统由1个发射通道和16个接收通道组成,使用线性调频(Linear Frequency Modulation,LFM)信号,拥有宽带(500MHz)和窄带(10MHz)两种工作模式,动态范围超过90dB,采用了直接数字波形合成(Direct Digital Waveform Synthesis,DDWS)技术、模拟信号分配技术、拉伸处理(Stretch Processing)技术,取得了较好的试验结果。同时,通过线下处理器演示了数字下变频、时延波束控制和空时自适应处理等。此外,为补偿阵列接收通道间的微小差异以及通道带宽内的波动,每个通道均采用了一个时变均衡器来处理复数数字采样信号,均衡器功能框图如图5-6所示,包含中频均衡器、本振均衡器、射频均衡器和发射天线均衡器等4个均衡器以及时间延时处理和相位补偿。

图5-6 MIT林肯实验室S波段宽带DAR试验系统均衡器功能框图

美国天基雷达(Space Based Radar,SBR)项目是由美国国家航天局(National Aeronautics and Space Administration,NASA)和美国空军合作设计一个低轨道L波段(1.26GHz)天基雷达进行地球科学和情报搜集的联合技术验证。该雷达的预计设计孔径很大,为$2\times50m$,具有多个处理模块来实现SAR成像、干涉SAR成像以及动目标显示,其对地观测精度可达厘米级,该系统的特点是采用6b射频移相器加模拟与数字混合延时的方法来实现宽带数字波束形成(Wideband DBF,WDBF)。该雷达孔径很大而且SAR成像时信号带宽最高达80MHz,因此对阵列信号的时延补偿必不可少。用来实现粗延时的模拟延时线调节延时范围大于7ns,实现剩余部分精确数字延时的精度为0.25ns。最终该系统能够在MTI条件下(信号带宽3~10MHz)将最高波束旁瓣电平与平均旁瓣电平控制在-35dB和-50dB,在SAR成像条件下(信号带宽45~80MHz)将最高波束旁瓣电平与平均旁瓣电平控制在-13dB和-20dB。

美国除上述数字阵列雷达系统外,洛克希德·马丁公司开发了可扩展S波段固态雷达(S4R)工程样机,并在2008年成功演示实现了利用二维收发DBF技术进行目标检测和跟踪。普渡大学于2009左右研制了具有数字后端分级处理架构的16阵元数字阵列雷达原型系统,该系统可降低数字阵列雷达对雷达信号处理器件的要求和系统制造成本,并且完成了室内目标跟踪验证。

5.3 宽带数字阵列雷达系统架构

5.3.1 宽带数字阵列雷达基本结构

宽带数字阵列雷达系统的基本结构如图5-7所示,包括阵列天线、宽带数字T/R组件、光纤传输系统、信号与数据处理系统、雷达控制与显示系统等。其中,宽带数字T/R组件兼容窄带和宽带雷达信号,在发射模式下能利用DDS技术产生窄带或宽带数字信号并在中频/射频段实现数字上变频转换(Digital Up Converter,DUC),在接收模式下能实现雷达信号中频/射频采样和数字下变频转换(Digital Down Converter,DDC)。光纤传输系统实现宽带数字T/R组件模块和信号与数据处理系统间高速数据传输,而且由于光纤具有低传输损耗特性,其长度可为几十米、几百米甚至数千米,因此能够让雷达主机与操作人员和天线阵列远距离分隔,可显著提高雷达整体抗毁伤能力和操作人员安全。信号与数据处理系统主要完成雷达数字信号处理与数据处理,包括波形数据产生、收发数字波束形成、脉冲压缩、阵列校正与通道均衡、MTI/MTD、点迹形成、目标成像、目标识别等工作。控制与显示系统主要实现人机交互、雷达状态监测、目标结果显示、雷达资源管理与任务控制等。

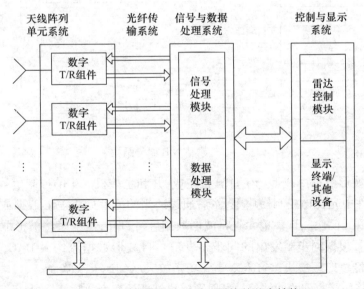

图5-7 宽带数字阵列雷达系统的基本结构

5.3.2 宽带数字T/R组件构成

考虑到相控阵雷达系统的幅度与相位误差是整个通道的幅相误差,所以幅度加权和相位控制可以在信号与天线阵之间整个传输通道的任意一级来加以实现。数字 T/R 组件可以将雷达信号产生和幅相控制融为一体，可以在中频甚至更低的频率上用数字的方法实现幅度加权和相位控制，从而真正地实现相控阵天线发射/接收波束的全数字控制。Elibrookner 曾指出：相控阵天线的移相最后可能变为一个数字过程。所以，利用现在的数字化技术可以实现发射/接收的数字波束形成。

数字 T/R 组件是数字阵列雷达的核心关键部件，因此射频宽带数字 T/R 组件对宽带数字阵列雷达的性能指标与研发进程起到决定性作用。数字 T/R 组件的主要功能包括：一是根据天线发射波束指向产生各阵元所需的不同延时的、具有一定功率的发射信号波形；二是从天线阵元接收雷达的回波信号，经 LNA、ADC 采样后送至信号处理器进行接收波束形成、脉冲压缩等处理。

与射频 T/R 组件相比，数字 T/R 组件有明显的优越性：①发射信号在组件内部采用数字技术产生，可以方便地实现发射信号的移相，从而省去射频部分中的移相器，并且提高移相精度；②每个数字 T/R 组件对应天线中的一个天线单元，这样可以省去有源相控阵雷达中复杂的馈线系统，简化系统；③容易产生复杂的信号波形，可以实现波形捷变；④采用数字波形产生技术后，可以实现实时延迟，并且更容易实现对发射信号的幅度与相位的调整，这对于克服相控阵雷达的孔径效应有很大意义。

5.3.2.1 射频宽带数字 T/R 组件基本结构

宽带数字阵列主要由成千上万个数字 T/R 组件构成，因此系统设计时应在保证系统整机性能的前提下，尽量简化组件的设计，以降低天线阵列的成本、功耗。常见宽带数字 T/R 组件由数字和射频两大部分组成，如图 5-8 所示。

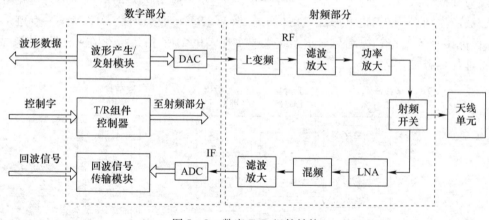

图 5-8　数字 T/R 组件结构

发射时，基带波形数据由波形产生计算机生成，并和主控机产生的控制信号通过上行光纤传送到数字 T/R 组件中光传输控制模块中，然后通过适当的处理后将波形数据或控制信号同时传给各个数字 T/R 单元模块。T/R 单元先将波形数据进行暂存，发射时将波形取出进行数字延时和发射预校正之后，根据同步器发出的同步触发信号将波形数据流送入 DAC，此时数字信号转换为模拟信号，再经过射频模块进行上变频和功率放大后到达天线阵面。

接收时，天线阵面接收到的回波信号经射频模块处理后变为中频信号（Intermediate Frequency，IF），并通过 ADC 进行中频采样得到数字信号。在数字模块中，在进行 DDC、均衡和数字延时滤波等处理后，接收信号与各数字 T/R 单元状态信息被送入光传输控制模块，复接成一路数据，并通过下行光纤传回雷达信号处理端进行处理。

射频宽带数字 T/R 组件中的 T/R 组件控制器是核心模块，如图 5-9 所示，它接收雷达控制机发出的控制信号和雷达信号处理机发出的数据,根据对应的时序和工作模式产生所需的控制信号对整个T/R组件各功能模块进行控制。例如,当雷达需要发射宽带信号时,控制T/R组件接收的宽带波形数据完成宽带数字信号产生,同时接收信号处理机计算的参数控制T/R组件完成发射通道均衡与发射信号精确数字延时与幅相加权;T/R组件控制器产生的射频控制信号控制模拟射频模块,使其完成收发通道切换、宽带窄带滤波器切换等。

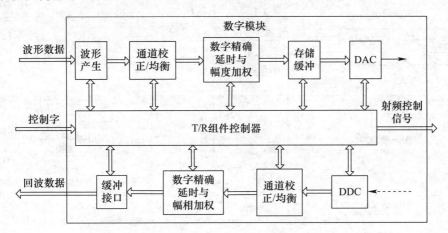

图 5-9 射频宽带数字T/R组件数字部分

射频宽带数字T/R组件不仅需要完成发射信号的产生和回波信号的接收,还要完成对ADC、DAC、光纤传输、存储器等高速器件的控制,以及实现通道校正与均衡、数字精确延时等数字信号处理算法等,因此设计射频宽带数字T/R组件需要考虑协同高速器件的工作和实现数字信号处理算法。一般可选择高性能的FPGA作为射频宽带数字T/R组件数字模块的核心器件,因为与DSP相比,FPGA有更丰富的硬件资源和更高的实时性,更适合于对高速器件的控制和相对简单数字信号处理算法的实现,即能够同时兼顾速度与灵活性。

5.3.2.2 射频宽带数字信号收发技术

根据雷达元器件发展的整体水平和成本等因素,数字阵列雷达为提高雷达数字化水平目前大都采用在中频进行A/D和D/A转换。对于A/D转换,雷达信号普遍被限制在频带范围(f_L, f_H)中,因此可以根据带通采样得到其采样频率f_s需满足:

$$f_s = \frac{2(f_L + f_H)}{2n+1} = \frac{4f_0}{2n+1} \quad (5-8)$$

式中:$f_0 = (f_H + f_L)/2$为中心频率,n取使得$f_s \geq 2(f_H - f_L)$成立的最大正整数,因此相对于Nyquist采样能明显降低模数采样率要求。

数字T/R组件主要由射频前端、数字收发模块、综合板、储能电容组等组成。射频前端完成发射信号的功率放大、接收信号的限幅和低噪声放大功能。数字收发模块主要完成射频信号的放大、滤波和变频,发射中频信号的产生,接收中频信号采样,数字下变频、预处理、打包等功能。综合板完成电源变换和发射控制保护功能,电源变换提供数字T/R组件内其他模块所需要的电源,发射控制保护对射频前端所需的控制信号进行过脉宽、过占空比等保护,并完成BIT信息汇总和上报。储能电容组主要用于确保长脉宽工作。例如,系统为双极化或变极化体制,T/R组件中通常集成极化器。

1. 工作原理

数字T/R组件原理框图如图5-10所示。发射工作状态时,接收来自阵面网络的时钟信号并功分后供给 FPGA、ADC、DAC 等器件。接收来自阵面网络的本振信号并功分后送给每个射频通道。根据控制单元发送的控制信号要求产生基带信号,数字正交上变频后经 DAC 产生中频信号并与本振信号混频后产生射频激励信号,送到每个射频前端。在射频前端中,激励信号通过开关进入发射通道进行功率放大,放大后的功率信号再经环行器输出至天线单元。

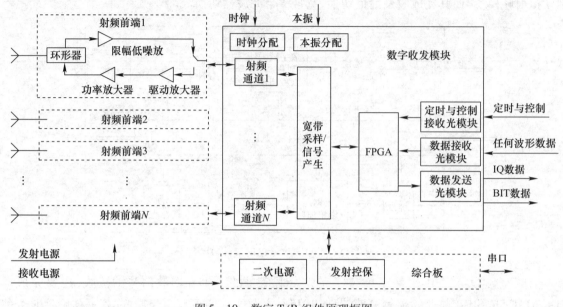

图 5-10 数字 T/R 组件原理框图

接收工作状态时,从天线单元接收到的微弱信号进入数字 T/R 组件后,依次经过环行器、限幅低噪声放大器、开关,进入数字收发模块。经数字收发模块放大、滤波和一次下变频转换为中频信号后,由 ADC 进行量化并送给 FPGA 预处理,最后将数字 I/Q 信号打包并转成光信号,输出至 DBF 单元。

2. 射频前端设计

射频前端具有接收和发射工作状态。在发射工作状态,射频前端将数字收发模块送来的小功率激励信号进行功率放大,放大到一定的功率电平后经环行器送往天线,完成射频信号的发射任务。在接收工作状态,射频前端将天线送来的微弱接收信号经环行器后进行低噪声放大,放大到一定的功率电平送往数字收发模块的模拟和数字通道,完成接收任务。射频前端根据控制信号分时工作。射频前端主要包括环行器、功率放大器、低噪声放大器、收发切换开关,以及控制电路、发射调制电路、馈电滤波电路。射频前端原理框图如图 5-11 所示。

在发射工作状态,数字收发模块送来的小功率激励信号进入射频前端后,经 T/R 开关切换到发射链路。发射链路包括三级功率放大器,信号经第一级和第二级放大器进行放大,再经电桥功分后分别进入两个功率管,再经电桥合成后,最终输出大功率射频信号。为提高集成度和可靠性,将射频开关、衰减、驱动放大器、调制电路等电路集成为一颗多功能芯片。

在接收工作状态,射频前端内的 T/R 开关切换到接收链路,从天线送来的接收信号经限幅低噪声放大器进行放大,再经 T/R 开关后送入数字收发模块的接收通道。

射频前端还集成了 T/R 开关控制电路、漏极调制和馈电电路,分别完成 T/R 开关的切换、GaAs 功率器件和 GaN 功率器件的漏极调制馈电和负压保护功能。

3. 数字收发模块设计

数字收发模块主要完成本振功分、时钟功分、发射信号产生、接收信号下变频、中频采样、数

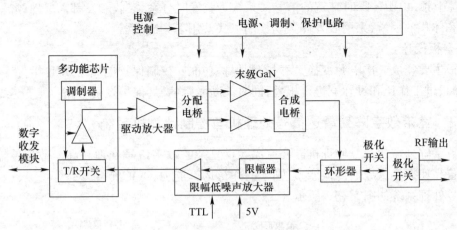

图 5-11 射频前端原理框图

字正交下变频、宽带均衡、数字延时等功能,同时具有通道一致性修正数据的存储功能,并为射频通道提供各类开关和调制的控制信号。数字收发模块采用多通道一体化、数模一体化设计,多通道数字收发集成在一块 PCB 上。

上行链路工作原理:数字收发模块接收来自阵面网络的本振信号和时钟信号,功分后送给每个射频通道。在 FPGA 内产生基带信号,并完成数字上变频,再经 DAC 产生中频信号。中频信号与本振信号混频后,产生激励信号,送给 T/R 组件的射频前端。对宽带信号,FPGA 内部进行宽带均衡、数字延时处理。参数化波形由 FPGA 产生,非参数化波形由阵面上行数据光纤提供。

下行链路工作原理:数字收发模块接收来自射频前端的接收信号,经过射频通道后,转换为中频信号,再经 ADC 采样、数字下变频后,对 I/Q 数据进行预处理及打包,并转换成光信号输出。对宽带信号,FPGA 内部进行宽带均衡、数字延时处理。若数字收发模块采样信号最大瞬时带宽为 350MHz,则根据奈奎斯特采样定理,采样频率必须高于 700MHz,采样频率可选择为 960MHz。

射频通道内部集成了射频集成电路(Radio Frequency Integrated Circuit, RFIC)、中频及射频滤波器组等多个功能电路,可实现信号上下变频、滤波、放大等功能。接收状态时,射频信号经过射频滤波器、数控衰减及低噪声放大器后,进入第二级射频滤波器,再下变频到中频并通过中频滤波器,经由中频变增益放大器(Variable Gain Amplifier, VGA)放大后,经末级中频滤波器送至 ADC 进行处理。发射状态时,中频信号从 DAC 进入中频滤波器,上变频至射频信号后,进入低通滤波器和射频滤波器,再经过两级功率放大器、一次射频滤波,输出至射频前端。

数字收发模块要实现数百兆宽频带工作需求,射频接收采用一次变频方案。下变频后的频率需要根据采样频率来定,采样频率由信号带宽决定。根据约束关系,首先选择时钟频率,并确定中频,再由中频选择本振。频率关系确定后,根据动态范围要求选择合适的 ADC 电路,满足采样时钟和视频带宽的需求。依据 ADC 性能指标、噪声系数和带宽要求确定射频链路增益。链路中滤波器、混频器和数控衰减器的放置综合考虑级联噪声系数和各器件的性能,放置在合适位置,保证在各种增益状态下,全动态范围内信号线性输出。

在时钟频率选定的情况下,采样中频频率的选择受带通采样定理的约束,由式(5-8)可知,被采信号为 $(2n+1)f_s/4$ 时,可获得最大采样带宽。若选定 960MHz 采样时钟,同时考虑到 ADC 器件的输入信号瞬时带宽大于 350MHz 等因素,中频选为 $(2×1+1)f_s/4 = 720$MHz。为了兼容设计,DAC 也用 960MHz 时钟,宽带模式时产生 720MHz 中频、350MHz 瞬时带宽的信号,窄带时产生720MHz中频、40MHz瞬时带宽的信号。系统为收发时分系统,收和发都需要射频滤波器。考虑到成本和体积的因素,采用收发开关切换的方式共用射频滤波器。

4. 综合板设计

综合板主要完成二次电源变换、发射控制保护功能。控制保护电路对T/R组件工作过程中出现的过温、过工作比和过脉宽进行报警,同时关断激励信号,保护发射电路。

5.3.3 宽带数字阵列雷达信号处理机与控制计算机系统

宽带数字阵列雷达信号处理机需要完成大量复杂的数字信号处理和高速数据传输交换,因此必须具备高速大容量数据传输能力、强大的并行运算能力、可扩展可编程等特点,一种高速通用并行信号处理系统如图5-12所示。

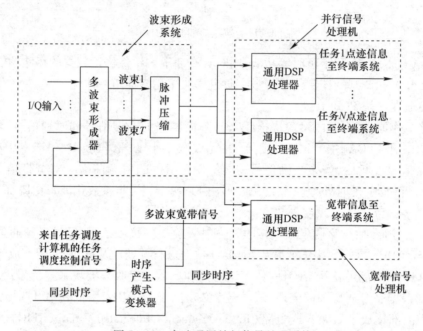

图5-12 高速通用并行信号处理系统

在结构上,宽带数字阵列雷达信号处理机一般包括高性能信号处理模块、高速光纤输入输出模块、内部高速信号传输总线系统与控制计算机的接口模块等。目前,VPX作为VME国际贸易委员会于2007年提出的新一代高速串行总线标准,引入了当前最新的串行总线技术,包括PCI-Express、RapidIO、万兆以太网等,支持更高的背板带宽,同时VPX还采用交换式结构,非常适合于多处理器系统。因此,结合宽带数字阵列雷达信号处理机要求和VPX总线的特点,基于VPX或其升级的OpenVPX平台适合于设计宽带数字阵列雷达信号处理机。

雷达控制计算机应能在有限的时间和能量等雷达资源条件下,根据雷达工作环境和任务需求,自适应调整雷达工作参数和选择执行任务。例如,改变发射波形、波形脉冲宽度、调制频率、波束形状、驻留时间、采样间隔以及根据战术要求和目标特性改变工作方式和完成任务切换等,雷达控制器结构原理框图如图5-13所示。相对于传统有源相控阵雷达,宽带数字阵列雷达波形选择具有更大的灵活性,同时采用了数字波束形成技术,可以同时多波束发射和接收,因此能够更加充分灵活地利用雷达时间、能量、频率等资源,如在使用脉冲交错技术来进行任务调度时,宽带数字阵列雷达能在相同的时间内执行更多的任务。采用先进的资源管理技术,包括先进的搜索/跟踪资源管理以及波束驻留自适应调度等,宽带数字阵列雷达控制器使雷达资源得到更充分的利用,而且在不同的雷达任务上得到最优分配,从而使宽带数字阵列雷达具有更强的多功能、多目标处理以及抗截获等能力。

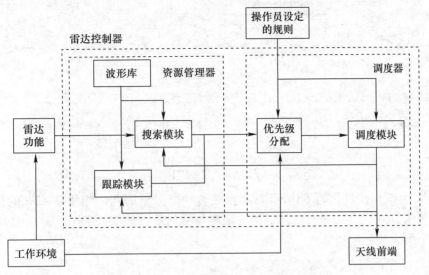

图 5-13 雷达控制器结构原理框图

5.4 数字阵列雷达的收发技术

5.4.1 直接数字波形合成技术

数字方式产生波形,就是直接数字合成技术(Direct Digital Synthesis,DDS),DDS 内置了一个周期的正弦幅度查值表,它是通过相位作为寻址地址,找对应的幅度值,也就是对模拟正弦波的采样、量化所得到的数字信号直接存放在表中,然后通过 DDS 内置的 DAC,把数字信号转化成模拟信号输出。其具体实现技术又分为直接数字波形合成与直接数字频率合成(Direct Digital Frequency Synthesis,DDFS)。

DDS 作为新一代数字频率合成技术,发展迅速,并显示了很大的优越性,已经在军事和民用领域得到了广泛应用,如在雷达领域的具有捷变频功能的相控阵雷达、低截获概率雷达,通信领域的跳/扩频通信,电子对抗领域的干扰和反干扰等方面。用 DDS 法产生 LFM 信号及其他复杂信号的技术日益受到重视,并得到广泛的应用。目前,DDS 时钟频率已高达 3.5GHz 以上,可编程输出基带 DC 至 1400MHz 的亚赫兹级分辨率的正弦信号。

1. 直接数字频率合成

DDFS 就是常说的 DDS,基本原理如图 5-14 所示。在参考时钟的控制下,相位累加器按频率控制字 K 进行累加,得到的相位码对波形存储器寻址,使之输出相应的幅度码,经过 N 位数模转换器得到相应的模拟输出。

理想的正弦波信号 $S(t)$ 可表示为

$$S(t) = A\cos(2\pi ft + \phi) \tag{5-9}$$

$$\phi(t) = 2\pi ft \tag{5-10}$$

将式(5-10)用对时间求导概念理解,利用 $\phi(t)$ 与时间 t 成线性关系的原理进行频率合成,在时间 $t = T_c$(就是参考时钟周期)间隔内,正弦信号的相位增量 $\Delta\phi$ 与正弦信号的频率 f 构成一

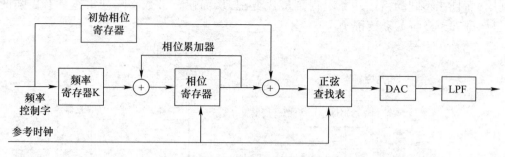

图 5 – 14 DDFS 基本原理

一对应关系：

$$f = \Delta\phi/(2\pi T_c) \tag{5-11}$$

为了说明 DDS 相位量化的工作原理，将正弦波一个完整周期内相位 $0 \sim 2\pi$ 的量化成 4 位，并用相位圆表示，如图 5 – 15 所示，其相位与幅度一一对应，即相位圆上的每一点 4 位相位码均对应输出一个特定的幅度值。

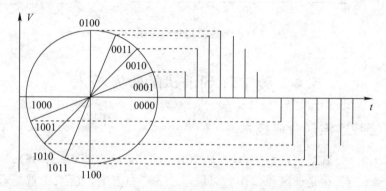

图 5 – 15 四位相位量化原理示意图

一个 n 位的相位累加器对应相位圆上个 2^n 相位点，其最低相位分辨率为 $\phi_{min} = \Delta\phi = 2\pi/2^n$。对应的也有个幅度值 2^n 个，在只读存储器(Read Only Memory, ROM)中写入 2^n 个正弦数据，每个数据为 D 位，再用高稳定时钟电路，提供 DDS 中各部件同步工作时钟。频率控制字 K 送到 n 位相位累加器中的加法器输入端，相位累加器在时钟频率的作用下，不断对频率控制字进行线性相位累加，当相位累加器累积到最大时就会产生一次溢出，累加器的溢出频率就是 DDS 输出信号的频率。由此可看出，相位累加器实际上是一个模数 2 为基准、随频率控制字 K 而改变的计数器，它累积了每一个参考周期 T_c 内合成信号的相位变化，这些相位值的高位对 ROM 寻址，输出正弦信号。于是 DDS 的输出频率 f_0 与频率控制字 K，参考时钟 f_c 的关系为

$$f_0 = \frac{K \cdot f_c}{2^n} \tag{5-12}$$

由式(5 – 12)可知，不同的频率控制字 K 导致相位累加器的不同相位增量，这样从 ROM 输出的正弦波形的频率不同。如果产生 LFM，只要随着时间线性递增(减)频率控制字 K，相位累加器给出不同的相位码(用其高位地址码)对波形存储器寻址，完成输出频率随时间的线性改变，最后经 DAC 变成阶梯正弦波信号，即得到模拟正斜率(负斜率)的 LFM 波形输出。DDFS 有以下特点：

(1) 极高的频率分辨率，最小输出频率为 $f_0 = f_c/2^n$，如时钟采用 1GHz，相位累加器的字长为

32位,频率分辨率可达0.23Hz。

(2) 输出频率相对带宽很宽,理论上 $0 \sim f_c/2$,工程上 $0 \sim 2f_c/5$。

(3) 频率捷变时的相位连续性。

(4) 数字调制功能,可以实现多种调制功能 LFM、相移键控(Phase Shift Keying,PSK)、频移键控(Frequency Shift Keying,FSK)等。

(5) 由于相位截断,有限字长导致对杂散抑制差。

(6) 波形数据在 ROM 中不可改变,产生信号种类单一,不能实现任意波形。

2. 直接数字波形合成

DDWS 的基本原理如图5-16所示,将一个或整数个周期的正弦波(或其他任意波形)幅度采样信息存放在波形存储器中,通过地址计数器寻址存储空间,将对应的幅度数据依次送入DAC 完成模拟信号的重构。如果存储器的容量满足要求,则 DDWS 可产生任意的周期或瞬态波形。

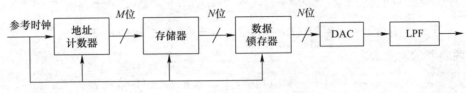

图 5-16　DDWS 基本原理

其中,由计数器实现循环的地址 M 位,波形存储器存有不同地址位所对应的波形数据,存储量为 $N \cdot 2^M$ bit,DAC 采用 N 位。其工作过程:随着地址的逐位累加形成地址,将 ROM 中的波形数据输出给 DAC 实现重构;简单点说就是 ROM 里存什么波形就产生什么波形,而波形的频率由驱动时钟、波形数据决定,如果用 DDWS 设计产生 LFM,就要根据 LFM 的带宽、时宽,选择合适的采样率产生数字波形数据放入存储器,选取合适的给 DAC 作参考时钟。

由于数字波形存储器中存储的波形数据可以随时更新或切换,输出波形的时宽、带宽、周期等都可以实时改变,因此具有广泛的应用。并且,该技术能够方便地对信号的幅度和相位进行预失真补偿,从而使输出波形达到或接近理想波形。

DDWS 有如下特点:

(1) 由于以地址寻址,所以没有了 DDFS 由相位到地址的产生电路,也就没有了相位截断误差的影响。

(2) 只要改变存储器中的数据就可以实现任意波形输出,是一个真正意义上的任意波形发生器,只要设计得当,可以具备 DDFS 的任何优点。

(3) 波形改变需要修改波形缓存器的数据,随着存储技术发展,现在完全可以选择大的存储器,多存几种波形,控制选择输出。

(4) 有频谱修缮的能力,由于 RAM 中存储的数据是可变的,可以将幅度相位预失真补偿的数据存入,再输出到 DAC,以此改善频谱的质量,而 DDFS 没有。

5.4.2　正交调制技术

正交调制技术是在雷达领域广泛应用的一种调制技术,下面以线性调频信号来说明正交调制的原理。利用 I/Q 两路基带信号相位的正交性,正交调制使两者的功率在中频处叠加,而两路基带信号中的随机杂散由于没有相位相关性而不存在叠加效果,从而可以提高中频信号的信噪比,这为产生宽带中频信号提供了一条有效途径。

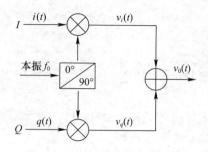

图 5-17 正交调制的原理

正交调制的原理如图 5-17 所示,$i(t)$、$q(t)$ 代表基带正交信号,$v_0(t)$ 代表正交调制输出信号。I/Q 正交调制器由混频器、正交功分器、功率合成器组成。本振信号(载波信号)通过正交功分器产生两个幅度相等、相位相差 90°的信号,分别与低频同相信号 I 和正交信号 Q 相乘后,再通过功率合成器,产生最终的调制信号。

以线性调频信号为例,I、Q 两路基带信号分别为

$$i(t) = \cos(2\pi \cdot kt^2/2) \qquad (5-13)$$

$$q(t) = \sin(2\pi \cdot kt^2/2) \qquad (5-14)$$

式中:$-T/2 \leq t \leq T/2$。

$i(t)$、$q(t)$ 分别与正交本振信号混频后得到 $v_i(t)$、$v_q(t)$,即

$$v_i(t) = A\cos[2\pi(f_0 t - kt^2/2)] + A\cos[2\pi(f_0 t + kt^2/2)] \qquad (5-15)$$

$$v_q(t) = A\cos[2\pi(f_0 t - kt^2/2)] - A\cos[2\pi(f_0 t + kt^2/2)] \qquad (5-16)$$

正交调制器的输出为

$$v_0(t) = v_i(t) + v_q(t) = 2A\cos[2\pi(f_0 t - kt^2/2)] \qquad (5-17)$$

正交调制器的输出信号的频谱质量主要受两个方面的影响:一是受 I、Q 两路幅相不平衡而产生的镜像成分的影响;二是受载漏的影响。由于级间滤波的作用,可以大大抑制掉信号带外的杂散和谐波,但载漏及镜像分量因其位于带内无法克服,因此载漏和镜像分量对信号最终质量的影响更让人关注。与理想情况相比,未做加权的脉压主副瓣比受镜像及载漏干扰的影响不大,而经加权后的脉压主副比则随着干扰幅度的加大而加大,为保证最终加权脉压结果不受大的影响,设计中至少应将镜像和载漏控制在信号电平的 -35dBc 以下。

认识到正交调制器的误差影响,就会想到中频直接实现数字化的好处,即直接由数字中频产生,这样避免了正交调制过程引入的误差,而这种方案对采用低中频、较小带宽脉压信号的雷达系统是可行的。另外,软件无线电技术中的数字化接收,可以舍去接收端的模拟正交解调器,这从根本上克服了两路正交信号分量不平衡引起的脉压性能劣化。

由于数字技术目前对大带宽基带信号的产生还有困难,若放弃正交调制,则产生大宽带信号就只有依靠更多的倍频级数,这种方案随着器件性能的改善依然会有广泛的应用。

5.4.3 数字下变频技术

软件无线电技术是数字无线电技术的延伸和发展,其信号的处理也是基于复信号处理理论。在复信号处理中,信号的解调是在基带上完成的,因此基于低通或带通采样得到的实数的数字中频信号都需要通过数字下变频技术转换为复数的数字基带信号,其正交性由数控振荡器输出的正交本振来保证。

数字下变频技术是数字中频接收机的核心技术之一,它包括数字混频正交变换、数字滤波及抽取等。数字混频正交变换实际上就是 A/D 转换后的数字序列 $x(n)$ 与两个正交本振序列 $\cos(\omega_0 n)$ 和 $\sin(\omega_0 n)$ 相乘,将信号频谱从中频搬移到基带。经过数字混频正交变换后的数字基带信号一般都处于过采样状态,由于接收机后端的数字信号处理器处理速度有限,为了实现对信号的实时处理,需要将高速率基带信号变成低速率基带信号,因此数字混频正交变换后一般都要做抽取处理,抽取之后的滤波一般通过数字低通滤波器来实现,整个数字下变频结构框图如

图5-18所示。由图可见,模拟信号数字化之后I路和Q路信号的处理过程是完全一致的,整个数字下变频过程包括数字混频、抽取和数字低通滤波三个步骤,其中数字低通滤波器的作用有两个:一是滤出变频后的高频成分;二是抗混叠滤波。所以,数字低通滤波器和抽取可以合并为一个完整的抽取滤波器。

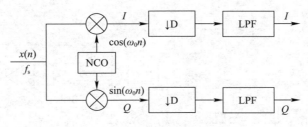

图5-18 数字下变频结构框图

5.4.4 雷达发射机技术

数字T/R组件的发展方向是使数字化靠近天线,但实际器件水平还没达到那么高,而且最终经过天线形成电磁波的还是模拟信号,所以数字T/R组件中必然有射频模块。雷达射频发射机系统主要是由低通滤波器、本振信号源、I/Q正交调制器、可变增益放大器、功率放大器、带通滤波器、双工器以及天线构成。目前,人们根据应用的需要不断完善和改进发射机的构造,出现了超外差结构、零中频结构、数字上变频结构、软件无线电等多种发射机。

1. 超外差结构

雷达收发系统大多工作于L波段以上波段(如S、C、X、Ku/Ka波段)。超外差结构是使用最广泛的结构,如图5-19所示,其基本电路由射频/中频带通滤波器、放大器、混频器、正交调制器、本振等组成。

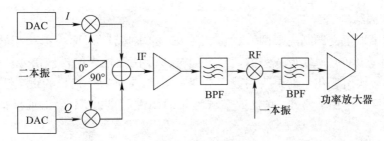

图5-19 超外差结构发射机

在超外差发射机中,滤波后的I/Q基带输入信号与正交的本振(Local Oscillator,LO)信号混频,然后产生一个恒定的中频信号。由于这是一个混合信号,故需要对其进行滤波,去除寄生信号以及谐波信号,再进行二次混频形成最终的满足信道要求的射频(Radio Frequency,RF)输出信号,经过滤波器的带限输出信号被送到末级功率放大器,从而完成前端发射。

基于模拟器件实现两次上变频功能,最大的优点是具有良好的选择特性。当采用两级或多级混频来上变频基带信号,可以使功率放大器的输出频率远离本振频率。由于发射的频率和本振频率相差很远,不易发生强信号对本振频率的牵引,而且也便于滤波器的设计,相对大带宽较合适。超外差发射机芯片制造工艺已经非常成熟,性能和集成度不断提高。其缺点是,上变频后必须采用滤波器滤除另一个不要的边带(镜像频率),为了达到发射机的性能指标,对这个滤波器的要求是比较高的。

2. 零中频结构

零中频发射机是超外差发射机的改进,模拟射频部分与超外差发射机相同,不同的是省去了模拟中频处理,直接进行上变频。这样结构上更为简单,但是对某些模拟器件性能要求更高,如图5-20所示。

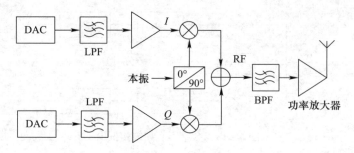

图 5-20 零中频结构发射机

在零中频发射机结构中,数字基带I/Q信号经过DAC转换变为模拟I/Q信号,模拟I/Q信号经模拟低通滤波器后,分别与正交的两路相参载频信号混频后进行叠加,转变为模拟射频调制信号。信道选择通过锁相环,改变射频本振信号频率保持与接收信号载频频率一致来实现。

由此可以看出,零中频发射机省去了昂贵的镜频抑制滤波器和信道滤波器,接收机前端仅需本振和锁相环,I/Q双通道上的基带低通滤波器很容易集成在芯片上,这些滤波器功耗低、占用芯片面积小,与外部有源带通滤波器有相同的选择性。由于没有中频带通滤波器的影响,在多载波应用中也比超外差结构更灵活。但是,本振频率与信号频率相同,如果混频器的本振端与射频端之间的隔离性能不好,本振信号就很容易从混频器的射频端输出,再通过功率放大器泄漏到天线,辐射到空间。这时的信号是强信号,很容易对本振产生影响,牵引本振频率,导致本振频率不稳,会影响发射机的各项性能指标。

3. 数字上变频结构

由于传统的模拟正交调制需要两个相位相差90°的本振信号,而模拟移相器很难做到很精确,混频后会产生多余的分量,形成镜像信号。同时,I/Q两路输入的模拟信号还会有幅度差,这样也会使中频信号输出恶化。如果改用数字上变频结构,本振数字信号的正交性完全可以保证,相位不平衡与幅度不平衡非常小,并且数字域混频的线性度良好,不会出现模拟混频中的谐波分量。

数字上变频结构如图5-21所示。它将发射端的DAC提高到中频,在发射端,基带信号经过内插、滤波、I/Q调制后,进行DAC转换,变成中频模拟信号。这种结构的优点是:减少了发射机的模拟器件,也就是减少了温度漂移等不良影响,增加了系统的可靠性和一致性,对混频部分进行数字处理,避免了模拟混频器件由于I/Q不平衡对系统造成的不良影响;减少模拟器件还利于设计过程中PCB板的布线,以及射频发射机的调制,这些都简化了雷达发射机的设计。

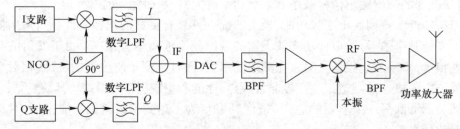

图 5-21 数字上变频结构发射机

中频处理器使用数字器件,多个信道可以共用射频前端,有利于提高集成度,降低费用。随着数字中频的提高,射频前端的压力转移到了数字处理器上,对数字处理器的处理速度要求提高。另外,一些模拟功能可以通过数字算法实现,如滤波和混频都是通过数字处理完成的,所以在低中频,这种结构已经广泛使用。

4. 软件无线电

软件无线电是1992年美国首次提出的一种实现无线通信的新的体系结构。它的基本概念是把硬件作为无线通信的基本平台,尽可能多的功能用软件实现。天线以下都要通过数字处理完成,同数字中频结构相比,是将DAC从中频搬移到了射频前端天线以下,典型的软件无线电结构如图5-22所示。实现数字射频需要硬件具有高的处理速度,目前在低频段技术上已经可以实现软件无线电,不过目前的数字处理器硬件水平还无法达到处理高频段射频所要求的处理速度。

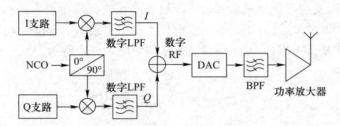

图5-22 软件无线电结构发射机

通过以上4种常见发射机结构的比较,在选择发射机结构时,要根据使用的频段、带宽以及周围环境、成本、功率等多因素综合选择;而且雷达是同频率分时发射、接收,所以一定要考虑接收端的下变频方式,以及收发通道之间的影响。

5.4.5 雷达接收机技术

根据不同系统要求的性能指标、复杂程度、功耗和成本,雷达接收机有超外差、零中频、镜像抑制、数字中频等结构方案,下面分别介绍常用的超外差、零中频和基于软件无线电的数字中频接收机结构及其特点。

1. 超外差式接收机

超外差体系结构在1917年由Armstrong发明,该结构使用了中频,因此又称为中频接收机。它具有成熟的理论基础和实践背景,获得了非常广泛的应用。超外差接收机系统结构如图5-23所示。

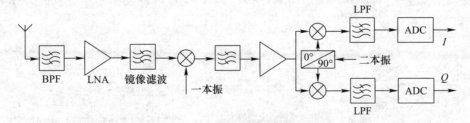

图5-23 超外差接收机系统结构

"超外差"是指将射频输入信号与本振信号相乘或差拍,即由混频器后的中频滤波器选出射频信号与本振信号频率两者的和频或差频。超外差接收机结构中,由天线接收的射频信号先经过射频带通滤波器、LNA和镜像干扰抑制滤波器后,进行第一次下变频,产生固定频率的中频信号,然后经过中频滤波器,将有用信道信号取出,经过中频放大器进行放大,再经过第二次模拟正交下变频得到所需的 I、Q 两路基带信号。LNA 之前的射频带通滤波器削减了带外信号,第二次下变频之前的镜像干扰滤波器用来抑制镜像干扰。下变频之后的中频带通滤波器用来选择信道,称为信道选择滤波器。镜像干扰滤波器和中频带通滤波器在提高接收机的选择性和灵敏度方面起着非常重要的作用。

当射频信号频率较高,特别是上升至微波甚至毫米波频段时,前述"灵敏度"和"选择性"之间的矛盾尤为突出,此时可以采用二次甚至多次变频的方法,以降低滤波器实现的难度,同时也保证了接收机的选择性和灵敏度。

2. 零中频接收机

让本振频率等于载频,即取中频为零,就不存在镜像频率,也就不会有镜像频率干扰。把载频直接下变频为基带的方案也称零中频方案。由于零中频接收机不需要高 Q 值带通滤波器,可以实现单片集成,因而受到广泛重视。其结构较超外差接收机简单许多。接收到的射频信号经滤波器和低噪声放大器放大后,与正交的两路模拟本振信号混频,产生 I、Q 两路基带信号,而通道选择和增益调整在基带上进行,零中频接收机结构如图 5-24 所示。

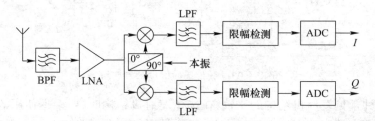

图 5-24 零中频接收机结构

零中频接收机最吸引人之处在于下变频过程中不需经过中频,且镜像频率即是射频信号本身,不存在镜像频率干扰,原超外差结构中的镜像抑制滤波器及中频滤波器均可省略。这样一方面有利于系统的单片集成,降低成本;另一方面降低了接收机所需的功耗。不过与超外差接收机结构相比,零中频结构存在着直流偏差、本振泄漏、正交失配和闪烁噪声等较严重问题,有效地解决这些问题是保证零中频结构正确实现的前提。

3. 基于软件无线电的数字中频接收机

基于软件无线电的数字中频接收机结构如图 5-25 所示,第一级下变频是模拟下变频,之后经过第一级变频和中频滤波放大以后的中频信号直接进行 A/D 转换,然后采用专用的数字信号处理器件,如数字下变频器,进行第二次下变频,即数字下变频,将中频数字信号变换成基带数字信号,降低数据流速率,再送到后级通用 DSP 进行处理,完成各种数据率相对较低的数字基带信号处理。

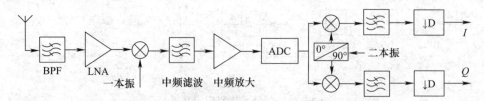

图 5-25 数字中频接收机结构

数字中频接收机结构有灵活、开放、便于系统集成等优点,目前也正朝着软件无线电的方向发展,即将 A/D 器件尽量靠近射频信号,使模拟信号数字化,通过对软件算法的修改就可以适用于各种调制解调方式,因此这种结构具有很强的发展潜力,数字中频接收机的主要难点在于对 A/D 转换器的要求较高。

通过以上几种接收机结构的比较可以看出,超外差接收机有动态范围大、灵敏度高、选择性高等突出优点,但是集成度低、功耗大和模拟正交下变频是其无法克服的缺点。而基于软件无线电的数字中频接收机除集中了超外差接收机的大部分优点之外,消除了功耗、正交性差等缺点,此外还具备软件无线电的灵活性特点。

5.5 相控阵雷达数字波束形成技术

5.5.1 数字波束形成的优点

数字波束形成由于其所具有的突出优点和潜在能力,在相控阵雷达系统中发挥了重要作用。DBF 的优点可概括如下:

1. 能形成同时独立多波束

雷达接收信号的信噪比与接收机的特性有关。一旦阵元接收信号被数字化后,在不损失信噪比的情况下,对接收信号进行数字化处理,便可同时形成多个独立可控的波束,而且每个波束完全适应于该瞬时的特定电磁环境,这便给雷达系统提供了同时检测和跟踪多个目标的能力。

2. 具有灵活的波束形状和空间指向

由于各个波束独立可控,因而可同时形成不同形状的多个波束,如常规波束、和波束、差波束等,而且每个波束的空间指向也是独立可控的。

3. 改善动态范围和相位噪声

现代雷达大多面临强杂波环境,因而要求具有很高的杂波抑制能力和更大的动态范围,特别对于那些必须在杂波环境下检测小 RCS 目标的雷达,需要有更大的动态范围。系统动态范围确定了接收机线性工作范围内处理功率电平的范围,强杂波时,雷达系统必须能处理强杂波回波而接收机不饱和。采用 DBF 的一个优势就是能提供比模拟波束形成系统大得多的动态范围。在模拟波束形成系统中,雷达采用集中式接收机,而在 DBF 结构中,有 N 个数字接收机(N 个单元或子阵)。因而在采用相同接收机的情况下,DBF 雷达的动态范围比 ABF 雷达的动态范围要高 $10\lg N$ 倍,只要每个接收机的噪声和失真在所有接收机之间不相关。另外,由于数字通道接收机之间相位噪声的去相关,因而相位噪声也改进 $10\lg N$ 倍。

4. 具有自适应调零能力和超分辨性能

在自适应状态下,自动的抑制干扰是通过改变阵元的加权矢量使合成的波束方向图在干扰方向形成零点来实现的。来自 N 个天线阵元的信号正交分解后转化成数字信号,从而保留了全部 N 维信号的信息。用阵列信号处理的理论和方法对这些信号进行处理,确定适当的自适应加权矢量,就能形成零点可控的天线波束方向图。先进的数字信号处理技术使所形成的波束具有比目前雷达天线技术可能达到的更高的分辨能力。对于一个 N 元的阵列,理论上可以做到 $N-1$ 个自适应零点可控的天线波束,因而可获得空间超分辨的性能。

5. 具有数字校正能力,实现低副瓣甚至超低副瓣的天线波束

天线阵元间的互耦、接收通道间的幅相不一致性,是影响波束副瓣电平的重要因素。采用 DBF 技术可以自适应地进行数字校准,获得超低副瓣电平的天线波束。发射 DBF 可使天线发射波束实现低副瓣,使反辐射导弹难于截获到雷达的发射信号,大大增加了雷达的生存能力;接收 DBF 技术,可实现接收波束的低副瓣和自适应零点的形成,有利于抑制干扰。

6. 便于灵活的功率管理和时间管理

雷达功率和驻留时间是雷达的宝贵资源,而数字加权的灵活性允许对这些资源就各种功能作最佳配置。DBF 所形成的波束形状和空间指向能随距离单元不同而快速捷变,达到零点几微秒的量级。这就为相控阵雷达提供了十分灵活的时间管理和能量管理,同时也便于实现灵活的时空二维信号处理。搜索和跟踪可以用不同的波束形式来完成,如对近距离目标可通过在发射时形成一个宽的扇形区域,而在接收时用一组密集的多波束来分辨它。另外,每个单元区域可用不同的方向图接收,以便在诸如杂波或箔条的附近形成区域相关的方向图零点。在一般搜索状态检测到目标后,对重点目标还可用更长的照射时间进行跟踪测量。

7. 发挥了软件无线电的技术优势

DBF 充分发挥了软件无线电的技术优势,将模块化、标准化的硬件单元以总线方式连接构成基本平台,并通过软件加载实现各种无线电功能的一种开放式体系结构。DBF 的最大优点体现在数字信号处理上,即 DBF 的许多功能是靠程序控制的方式实现的,通常不需要对硬件进行改动,这就为 DBF 更加灵活的应用提供了保证。

总之,DBF 技术是当前雷达技术的重要发展方向之一。DBF 技术适用于相控阵雷达、低截获概率雷达及电子对抗等系统,在通信、导航等领域也有广泛的应用前景。随着高速、大规模数字器件的应用和高速、实时数字信号处理技术的发展,DBF 将不断提高其性价比,更好地应用于相控阵雷达等系统中。

5.5.2 数字波束形成的原理

在阵列天线接收系统中,各阵元/子阵接收的高频信号 $r_n(t)$,首先经场放、混频、中放后,得到中频信号 $x_n(t)$,然后将中频信号经数字下变频就获得数字正交信号 $x_n = x_{In} + x_{Qn}$,最后对各阵元/子阵数字正交信号进行加权系数为 $w_n = w_{In} + w_{Qn}$ 的加权运算与求和,就能实现数字波束的形成。

5.5.2.1 阵列信号模型

在阵列信号处理中,窄带信号和宽带信号是相对阵列本身而言的,与之对应的是相干阵列(窄带阵列)和非相干阵列(宽带阵列)。相干阵列是指空间同一信号源(满足远场条件)到达阵列各个阵元的信号满足相干性,即不变可加性。如果阵列为相干阵列,则进行加权相加后,信号的频谱保持不变。因为加权只是乘以复幅度,不改变信号的频谱,每个阵元的接收信号频谱相同,故相加以后频谱保持不变。

若阵列和对于某一信号为相干阵列,为了满足不变可加性,则此信号到达各阵元的最大时差 τ_{max} 应远小于信号带宽的倒数($1/B_w$,B_w 为信号带宽),即

$$\tau_{max} \ll 1/B_w \tag{5-18}$$

式中:$\tau_{max} = L\sin\theta_0/c$,$L$ 为阵列天线的孔径,θ_0 为波束最大指向,c 为光速,τ_{max} 其实就是孔径渡越时间。式(5-18)还可以表述为

$$B_w \ll 1/\tau_{max} = c/(L\sin\theta_0) \tag{5-19}$$

由式(5-19)可知,假设阵列尺寸不变、最大波束指向确定的情况下,只有在信号带宽足够小时,阵列才能满足相干阵列(或不变可加性)条件,因此相干阵列也称窄带阵列,与此对应的信号称为窄带信号。相反,若信号带宽较宽,不满足不变可加性,则阵列信号不能直接进行加权相加,这样的信号称为宽带信号。而对于宽带信号的处理,可通过对每个通道加延时器的方法,实际上也是空时二维阵列处理。

为了更好地理解,雷达信号通常可用复解析信号的形式表示,即

$$x(t) = s(t)e^{j\omega_0 t} \tag{5-20}$$

信号的延迟 τ 反映在信号复包络和载波的变化是不一样的。

$$x(t-\tau) = s(t-\tau)e^{j\omega_0(t-\tau)} \tag{5-21}$$

在天线阵列尺寸 L 不是很大的条件下,如取阵列尺寸为9m,扫描范围为 ±30°,则电磁波在整个阵面上传播延迟 τ 约为15ns,其复包络的变化可以忽略不计,即 $s(t) \approx s(t-\tau)$,这就表明各阵元信号的复包络基本相同。但对于载波而言,由于载波频率远大于信号带宽(或信号频率),15ns 的传播时延在载波相位上的变化是不可忽略的。所以,对于窄带阵列信号,空间传播波信号的传播方向信息实际上是蕴含于载波项中而不是信号复包络上。对于窄带阵列,信号处理可以按空域一维信号处理来进行研究,即不关心信号的波形;而对于宽带阵列,则必须按空时二维信号处理来进行研究,这时就要考虑信号的波形了。

设阵列天线是由 N 个阵元组成的均匀线阵,阵元间距为 d,来自偏离法线方向角度为 θ 的平面波,其复信号表示式为

$$\tilde{r}(t) = a(t)e^{j\phi(t)}e^{j2\pi f_0 t} \tag{5-22}$$

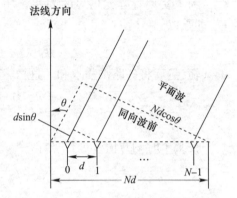

图 5-26 N 元均匀线阵接收信号示意图

它是窄带高频信号。参考图 5-26,以 0 号阵元为参考点,则平面波到达阵元 1 比阵元 0 的时间超前 $\tau = d\sin\theta/c$,平面波到达阵元 2 比阵元 0 的时间超前 $2\tau = 2d\sin\theta/c$,依次类推,平面波到达阵元 $N-1$ 比到达阵元 0 的时间超前 $(N-1)\tau = (N-1)d\sin\theta/c$。

在窄带条件下,接收的阵列信号可表示为

$$\tilde{r}(t) = \begin{bmatrix} \tilde{r}_0(t) \\ \tilde{r}_1(t) \\ \vdots \\ \tilde{r}_{(N-1)}(t) \end{bmatrix} = \begin{bmatrix} a_0(t)e^{j\phi(t)}e^{j2\pi f_0 t} \\ a_1(t)e^{j\phi(t)}e^{j2\pi f_0(t+\tau)} \\ \vdots \\ a_{N-1}(t)e^{j\phi(t)}e^{j2\pi f_0[t+(N-1)\tau]} \end{bmatrix} \tag{5-23}$$

式中:$2\pi f_0 \tau = 2\pi f_0 d\sin\theta/c = (2\pi d/\lambda)\sin\theta$,$\lambda = c/f_0$ 为雷达的工作波长;高频复指数载波调制因子 $e^{j2\pi f_0 t}$ 经接收机下变频处理而消失。这样,阵列信号变为

$$\tilde{x}(t) = \begin{bmatrix} \tilde{x}_0(t) \\ \tilde{x}_1(t) \\ \vdots \\ \tilde{x}_{(N-1)}(t) \end{bmatrix} = \begin{bmatrix} a_0(t)e^{j\phi(t)} \\ a_1(t)e^{j\phi(t)}e^{j\frac{2\pi d}{\lambda}\sin\theta} \\ \vdots \\ a_{N-1}(t)e^{j\phi(t)}e^{j(N-1)\frac{2\pi d}{\lambda}\sin\theta} \end{bmatrix} \tag{5-24}$$

如果进一步忽略阵元之间由于波程差所引起的接收信号幅度的微小差别,即认为 $a_n(t) = a(t)$($n=0,1,2,\cdots,N-1$),则阵列信号可写成

$$\tilde{x}(t) = a(t)e^{j\phi(t)}\begin{bmatrix} 1 & e^{j\frac{2\pi d}{\lambda}\sin\theta} & \cdots & e^{j(N-1)\frac{2\pi d}{\lambda}\sin\theta} \end{bmatrix}^T \tag{5-25}$$

对阵列中各阵元信号的一次同时采样称为快拍(Snapshot),在窄带信号条件下,一次快拍各

阵元信号的复包络 $\tilde{u}(t) = a(t)e^{j\phi(t)}$ 相同,其相位差才能唯一地反映出平面波的传播方向。

入射波到达方向信息是由载波相位项表示的,与信号波形无关,反映在式(5-25)矢量项中,则

$$s(\theta) = \begin{bmatrix} 1 & e^{j\frac{2\pi d}{\lambda}\sin\theta} & \cdots & e^{j(N-1)\frac{2\pi d}{\lambda}\sin\theta} \end{bmatrix}^T \quad (5-26)$$

称为导向矢量或方向矢量(Steering Vector)。导向矢量是由阵列天线的结构和信号的传播方向决定的,反映了窄带信号条件下,各阵元接收信号相位之间的相互关系。由于阵列天线的结构通常是固定的,所以导向矢量反映了信号的传播方向。

5.5.2.2 接收波束形成的原理

根据阵列信号模型,第 n 个阵元的接收信号一般地表示为

$$\tilde{x}_n(t) = a_n(t)e^{j\phi(t)}e^{jn\frac{2\pi d}{\lambda}\sin\theta} \quad (5-27)$$

为了实现各阵元信号的同相相加,以获得最大的输出响应,需对各路复数信号进行复数加权,即乘以

$$w_n(t) = b_n e^{j\phi_n}, \quad n = 0, 1, 2, \cdots, N-1 \quad (5-28)$$

的共轭,然后将各路乘积求和。这样,系统的输出为

$$y(t) = \sum_{n=0}^{N-1} a_n(t)e^{j\phi(t)}e^{jn\frac{2\pi d}{\lambda}\sin\theta}b_n e^{-j\phi_n} \quad (5-29)$$

在某个时刻对信号进行采样,令 $a_n(t)e^{j\phi(t)}$ 记为 $\tilde{a}_n$,结果 $y(t)$ 是 θ 的函数,故写成

$$y(\theta) = \sum_{n=0}^{N-1} \tilde{a}_n b_n e^{j(n\frac{2\pi d}{\lambda}\sin\theta - \phi_n)} \quad (5-30)$$

若希望接收波束的指向与法线方向的夹角为 θ_0,则 $|y(\theta)|$ 应在 $\theta = \theta_0$ 时达到最大值,故由式(5-30)得

$$\phi_n = n\frac{2\pi d}{\lambda}\sin\theta_0 \quad (5-31)$$

这样,系统的输出响应为

$$y(\theta) = \sum_{n=0}^{N-1} \tilde{a}_n b_n e^{j[n\frac{2\pi d}{\lambda}(\sin\theta - \sin\theta_0)]} \quad (5-32)$$

$|y(\theta)|$ 就是在 θ_0 方向所形成的接收波束。当 $\theta = \theta_0$ 时,阵列接收信号变成同相相加,系统的输出响应 $|y(\theta)|$ 最大。

5.5.2.3 数字波束形成的算法

如果记式(5-32)中的 $\psi_n = n(2\pi d/\lambda)\sin\theta$,$\phi_n = n(2\pi d/\lambda)\sin\theta_0$,将接收信号 $\tilde{a}_n e^{j\psi_n}$ 数字化,并表示为

$$\tilde{a}_n e^{j\psi_n} = \tilde{a}_n \cos\psi_n + j\tilde{a}_n \sin\psi_n = x_{In} + jx_{Qn}, \quad n = 0, 1, 2, \cdots, N-1 \quad (5-33)$$

将加权系数 $b_n e^{j\phi_n}$ 数字化,并表示为

$$b_n e^{j\phi_n} = b_n \cos\phi_n + jb_n \sin\phi_n = w_{In} + jw_{Qn}, \quad n = 0, 1, 2, \cdots, N-1 \quad (5-34)$$

则 $y(\theta)$ 可表示为

$$y(\theta) = \sum_{n=0}^{N-1} w_n^* x_n = \sum_{n=0}^{N-1}(w_{In}x_{In} + w_{Qn}x_{Qn}) + j\sum_{n=0}^{N-1}(w_{In}x_{Qn} - w_{Qn}x_{In}) \quad (5-35)$$

这时 $y(\theta)$ 就是在 θ_0 方向用数字技术所形成的单波束。

如果用矢量表示,令阵列天线接收信号矢量

$$\boldsymbol{x} = \begin{bmatrix} x_0 & x_1 & \cdots & x_{N-1} \end{bmatrix}^T \tag{5-36}$$

令加权矢量

$$\boldsymbol{w} = \begin{bmatrix} w_0 & w_1 & \cdots & w_{N-1} \end{bmatrix}^T \tag{5-37}$$

则 θ_0 方向的数字波束形成用矢量运算表示为

$$y(\theta) = \boldsymbol{w}^H \boldsymbol{x} \tag{5-38}$$

当需要在 M 个方向同时形成 M 个波束时,则根据每个波束要求的空间指向 $\theta_m (m=0,1,2,\cdots,M-1)$,由

$$\phi_{nm} = n\frac{2\pi d}{\lambda}\sin\theta_m, \quad n=0,1,2,\cdots,N-1; m=0,1,2,\cdots,M-1 \tag{5-39}$$

和

$$b_n e^{j\phi_{nm}} = b_n \cos\phi_{nm} + jb_n \cos\phi_{nm} = w_{Inm} + jw_{Qnm} \tag{5-40}$$

计算得到 M 个加权矢量 $\boldsymbol{w}_m(m=0,1,2,\cdots,M-1)$,其中 $\boldsymbol{w}_m$ 是形成指向 θ_m 的波束所需的加权矢量,即

$$\boldsymbol{w}_m = \begin{bmatrix} w_{0m} & w_{1m} & \cdots & w_{(N-1)m} \end{bmatrix}^T \tag{5-41}$$

用加权矩阵 $\boldsymbol{W}$ 表示这 M 个加权矢量,则有

$$\boldsymbol{W} = \begin{bmatrix} \boldsymbol{w}_0 & \boldsymbol{w}_1 & \cdots & \boldsymbol{w}_{M-1} \end{bmatrix}^T = \begin{bmatrix} w_{00} & w_{10} & \cdots & w_{(N-1)0} \\ w_{01} & w_{11} & \cdots & w_{(N-1)1} \\ \vdots & \vdots & & \vdots \\ w_{0(M-1)} & w_{1(M-1)} & \cdots & w_{(N-1)(M-1)} \end{bmatrix} \tag{5-42}$$

设阵列天线接收信号矢量为

$$\boldsymbol{x} = \begin{bmatrix} x_0 & x_1 & \cdots & x_{N-1} \end{bmatrix}^T \tag{5-43}$$

则同时形成 M 个波束用矩阵运算表示为

$$\boldsymbol{y}_m = \boldsymbol{W}^H \boldsymbol{x} = \begin{bmatrix} \boldsymbol{w}_0^H \boldsymbol{x} \\ \boldsymbol{w}_1^H \boldsymbol{x} \\ \vdots \\ \boldsymbol{w}_{M-1}^H \boldsymbol{x} \end{bmatrix} = \begin{bmatrix} y(\theta_0) \\ y(\theta_1) \\ \vdots \\ y(\theta_{M-1}) \end{bmatrix} \tag{5-44}$$

显然,在同时形成的 M 个波束范围内任一 $\theta_m(m=0,1,\cdots,M-1)$ 指向的雷达目标回波信号,都将在相应指向的波束通道获得最大输出响应信号,以便于目标信号的检测。

5.5.2.4 数字波束形成器的结构

由数字波束形成的算法可知,数字波束形成器是一个数字 FIR 复数滤波器。每个阵元的数字信号与加权系数的共轭相乘、求和,获得波束输出响应信号。根据这样的运算方式,数字波束形成器的结构有三种:并行结构、串行结构和串-并行结构。

图 5-27 所示为并行结构数字波束形成器的原理框图,每个阵元的数字信号与加权系数的共轭同时并行相乘,然后将各乘积求和。其特点是各接收通道的复数乘法运算是同时进行的。

并行结构的优点是波束形成时间短,捷变速度快;缺点是设备量大。

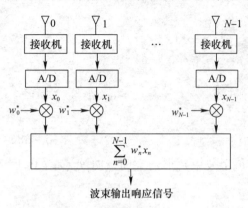

图5-27 并行结构数字波束形成原理框图

图5-27所示的是单波束形成原理框图。如果要同时形成 M 个波束,一种方案是将阵列信号矢量 x 分成 M 路,分别同时与各自的加权矢量 $w_m(m=0,1,\cdots,M-1)$ 的共轭并行乘加,得到的是 M 个同时多波束;另一种方案是将阵列信号矢量 x 分时与 M 个加权矢量 $w_m(m=0,1,\cdots,M-1)$ 的共轭并乘加,得到的是 M 个顺序多波束。显然,前者 M 个波束的形成时间近似为后者的 M 分之一,但设备量却近似为后者的 M 倍。

串行结构的数字波束形成器采用一个复数乘法累加器,按 $y(\theta) = \sum_{n=0}^{N-1} w_n^* x_n$ 串行完成相乘与累加,实现数字波束形成。如果要同时形成 M 个波束,可将阵列矢量信号 x 分成 M 路,分别同时与各自的加权矢量 $w_m(m=0,1,\cdots,M-1)$ 的共轭串行乘加,得到的是 M 个同时多波束。串行结构数字波束形成器的优点是设备量少,但波束形成的速度慢,特别是阵元数 N 较大时,需要采用高速的器件并进行认真的系统设计。

串-并行结构的数字波束形成器把 N 个阵元分成 L 组,组内的阵列信号与加权系数串行乘加,组间并行运算,最后将各组的运算结果再相加,实现数字波束形成。如果要同时形成 M 个波束,也可将阵列矢量信号 x 分成 M 路,各路并行运算,路内串-并行运算,形成 M 个同时多波束。其优缺点介于并行结构和串行结构之间。

除了上述数字波束形成器的基本结构外,实际上还有其他的实现结构,如采用快速离散傅里叶变换得到同时多波束响应。FFT的运算效率高,但它限制了自适应控制各个波束的灵活性,且所需要形成的波束数 M 一般小于阵元数 N,所以FFT算法实现数字波束形成较少采用。

5.5.2.5 数字波束形成系统

前面已经讨论了数字波束形成的算法和形成器的结构,作为实际的数字波束形成系统,还需要考虑波束形成加权矩阵 W 的实时生成,以便灵活控制波束的指向和形状,在线对系统进行校正等;波束形成器的输出信号也需要作进一步的处理。所以,数字波束形成系统的一般组成框图如图5-28所示。

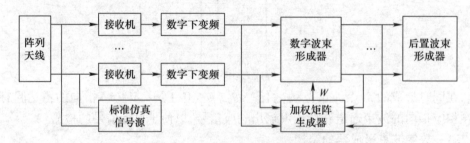

图5-28 数字波束形成系统组成框图

数字波束形成系统按功能分由阵列天线、接收机及数字下变频、加权矩阵 W 生成器、数字波束形成器、后置波束处理器和标准仿真信号源六个主要模块组成。加权矩阵 W 生成器取接收机通道和波束形成器输出通道的数字信号作为输入信号,实时生成能够控制波束指向和形状、对系统通道特性具有校正能力的加权矩阵 W。后置波束处理器对波束形成器输出信号可能进行脉冲压缩、动目标显示和动目标检测、恒虚警率检测、脉冲串信号积累等信号处理工作。标准仿真信号源用于数字波束形成系统的校正和调试。

5.5.3 数字波束形成的应用

5.5.3.1 单元级数字波束形成

为了实现空间信号处理的全部灵活性,最理想的数字波束形成是实现单元级数字波束形成,即在每一天线单元后面接上一路数字接收机(含 A/D 变换),实现信号数字化,然后在信号处理中实现波束形成。

单元级数字波束形成可以在任何需要的方向上提供任意数量的同时多波束(当然小于单元数 N)和所需要的波束形状。由于波束形成任务是在数字信号处理中实现,因而完全不需要移相器来驱动波束,真正使"相控阵"雷达(移相器控制)变成"数控阵"雷达(数字控制)。

图 5-29 给出了一个单元级数字波束形成的原理简图。

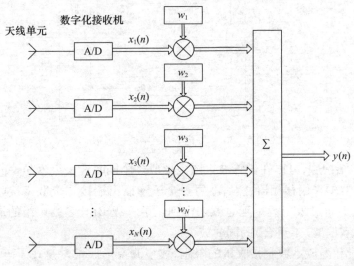

图 5-29 单元级数字波束形成的原理简图

N 个天线辐射单元中每一单元后面接一个数字通道接收机(含 A/D 变换),输出数字信号 $x_i(n)$。$x_i(n)$ 送至信号处理机进行加权(乘以权值 w_i),这些权值可以事先确定,也可以根据实时场景数据和设定的准则自适应计算,将加权过的信号根据需要进行组合,形成波束形成器的输出为

$$y(n) = \boldsymbol{w}^H \boldsymbol{x}(n) \tag{5-45}$$

式中:上标 H 代表共轭转置;$\boldsymbol{x}(n)$ 的转置矩阵 $\boldsymbol{x}^T(n) = [x_1(n) x_2(n) \cdots x_N(n)]$ 为 N 个单元在时间 n 接收的信号矢量;$\boldsymbol{w}^T = [w_1 \quad w_2 \quad \cdots \quad w_N]$ 为对各信号的权矢量。

5.5.3.2 大子阵级数字波束形成

虽然单元级数字波束形成可以实现空间处理的全部灵活性,但是对于一些大天线阵列来说,可能需要成千上万个数字接收机,还要解决海量数据的实时处理(特别对于宽带)等问题,因而难于实现。另外,在相控阵雷达实际应用中,也不大可能需要任意多个波束在任意方向上扫描。为此人们采用了子阵级 DBF,特别是大子阵级 DBF 方案。图 5-30 给出了一种大子阵级数字波束形成的技术方案。

大子阵级是指子阵中的天线单元数量大,因而数字接收机(含 A/D)的数量是天线单元数量大约百分之一的量级。例如,一个有 2000 个单元的阵列,大约有 20 个子阵数字接收机。显然,这个数字化的水平只能提供一定数量的先进空间处理特性,如自适应数字波束形成、到达角估值、抗杂波的空时二维信号处理等。这种子阵级 DBF,在子阵级内,波束形成和驱动仍然采用模拟方式(移相器)。当然对于宽带系统,子阵级上仍然要用延时器,即整个子阵级的波束形成和驱动仍然同时依靠移相和时延。

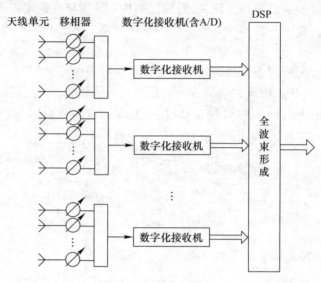

图 5 - 30　大子阵级数字波束形成

在子阵级 DBF 结构中,可以在子阵波束图内形成多个同时波束组(Cluster)。子阵级 DBF 在模拟子阵波束形成器中采用移相器,然后在每一个子阵输出端接一个数字接收机。而时间延迟控制可以在子阵级上通过采用数字延时器来得到。子阵级 DBF 多波束组的形成是通过子阵的输出组合来形成相互偏离(不重合)的同时波束。

由于体积、重量和高成本数字接收机的限制,数字波束形成常常是在子阵级,而不是在单元级实现。与单元级 DBF 相比,子阵级 DBF 的另一个优点是接收波束形成需要处理较少的数字数据,DBF 能提供更有效的时间和能量管理。

5.5.3.3　小子阵级数字波束形成

小子阵级数字波束形成是指子阵中的天线单元数量小,因而数字化接收机的数量是天线单元数量的 5% ~ 10%,其他与大子阵级 DBF 相同。

图 5 - 31 给出了一种小子阵级数字波束形成框图。值得注意的是,图中有一个"数字子阵波束形成"。这个数字波束形成的中间级反映出在大自由度上实现 DBF 的难度。这个中间级在全波束形成之前提供一个自由度的缩减。

小子阵数字波束形成的性能比大子阵 DBF 更接近于单元级 DBF。例如,采用小子阵级波束形成时,宽带线性调频相控阵子阵之间的时间延时器可以不用,而时延补偿在 DSP 中实现,大子阵级 DBF 方案中则必须采用模拟延时器件。

5.5.3.4　多个同时接收波束形成

现代相控阵雷达系统往往需要具备多任务、多功能能力,如防空战(Anti - air Warhead,AAW)、弹道导弹防御。BMD 要求雷达在远距离上鉴别小 RCS 的弹头,常常采用具有更大功率孔径积和低噪声温度的有源相控阵体制。在有源相控阵中,阵列每增加一个 T/R 模块,则不仅仅是增加了发射功率 P,同时也增加了接收孔径 A 和发射增益 G。初略估计,若相控阵雷达作用距离增加1倍,则所需的 T/R 单元数应增加到原来的 2.5 倍。因而典型的 BMD 功能要求雷达有大量的单元数目,因而具有大的天线孔径,然而大的天线孔径则形成窄的波束,这样 BMD 的搜索功能就需要扫描大量的波束位置。另外,要实现系统的强杂波抑制能力通常又要求雷达在低仰角位置上采用脉冲多普勒波形。这种波形往往是较长持续时间具有大量脉冲数的相参脉冲串,从而加大在每一个波束位置上的驻留时间。这种长的驻留时间和大口径窄波束带来的大量的波束位置,使单波束雷达的帧搜索时间很长。

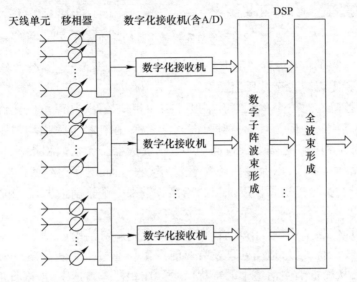

图 5-31 小子阵级数字波束形成框图

对有源相控阵跟踪测量雷达而言,尤其针对中、近程的目标而言,完全可以采用一组多个同时接收波束来减少体搜索帧时间。具体方法是:当采用多个同时接收波束时,发射波束可以通过波束分裂(Spoiling)展宽,使其 3dB 波束宽度大于均匀照射时的波束宽度。发射波束展宽降低了发射波束增益,但这个增益损失对于减小搜索帧时间是必要的。在接收方面,多个同时波束形成一个波束组覆盖发射波束区域,每一个接收波束具有全增益和相同孔径尺寸单波束阵列的波束宽度。在接收波束组中,每一个接收波束相对于发射波束中心向不同方向偏置。例如,若用单波束雷达覆盖一个四波束组的空域,将需要大约4倍长的时间,因为发射和接收波束必须顺序地扫过每一个波束位置。多个同时接收波束组可以有若干不同的方法形成,但都是"以能量换时间"。当需要较多同时多波束数时,人们更倾向于采用数字波束形成。

5.5.3.5 波束置零

相控阵天线可以设计成具有确定天线方向图,或者自适应的天线方向图。当不存在干扰信号时,具有确定天线波瓣图的相控阵天线通常采用相位加权来提供一个阵面上的线性相位波前和幅度加权以产生所需要的副瓣电平。天线的性能可以通过一些参数如天线波束宽度、增益、峰值和均方根副瓣电平等参数表征。故意的干扰信号(如干扰机发出的信号)、无意的干扰信号(如其他雷达信号),或者杂波可能会显著降低固定波瓣图相控阵天线的性能,因而人们提出了在干扰方向上将天线方向图设置零值的技术。如果说干扰是固定的,并且干扰方向已知,则可在这个特定方向上给天线波瓣图设置一个确定的射频零值。这种确定方向天线波瓣置零可以通过修改每一天线单元的权值来控制,这些修正权值可以是每个天线单元的幅度和相位,或者仅仅是相位。不管用的是幅度和相位置零或者仅相位置零,对于确定的射频置零,每一个天线单元的权值都是非时变的。形成确定射频零点的阵列结构如图 5-32 所示。在每一单元用幅度和相位控制形成确定射频零点比仅用相位控制的性能要好。

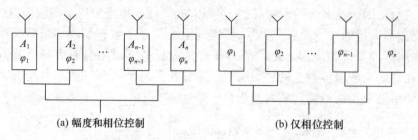

(a) 幅度和相位控制　　　　　(b) 仅相位控制

图 5 – 32　形成确定射频零点的阵列结构

采用确定射频零点的雷达系统,可以在发射和接收天线图都设置零点。对于发射,雷达可以在地杂波高的方向置零以减少杂波反射功率。

典型的有源相控阵在每一个单元都有幅度控制和相位控制,从而可以允许使用全幅相零点控制或者仅相位零点控制。但是对于发射而言,由于需要在孔径上采用均匀照射以获得最大的孔径效率,而且对有源相控阵还需要保持高功率发射放大器工作在饱和状态,因而当需要发射波瓣置零时,要求仅用相位零控,以保持孔径效率。在接收方面,为了得到所需要的低副瓣电平,典型地采用阵列幅度加权,当然这种幅度加权会给接收带来一个锥削损失,但接收不像发射那样关心效率。

自适应阵列处理代表了相控阵的发展,它最早始于副瓣对消器(Sidelobe Cancellation,SLC),即利用辅助天线接收干扰,经过适当处理就有可能产生与通过主天线副瓣进入的干扰信号具有相同的幅度和相位,从而抵消主信道中的干扰信号。在相控阵雷达中,可以将主天线阵列中的部分单元用作辅助天线,这可被视为一个既包含主天线也包含辅助天线的新的天线系统,从而使天线副瓣图形在干扰机方向形成零点,而保持主瓣方向不变。空时自适应处理(Space – Time Adaptive Processing,STAP)本质上就是对脉冲多普勒波形的"置零"处理,它提供移动平台对地面杂波和干扰机的自适应置零,即在移动平台上对杂波和干扰进行二维(多普勒和角度)置零。

5.5.4　自适应数字波束形成的原理

如果数字波束形成的加权矢量 $w = [w_0 \ w_1 \ \cdots \ w_{N-1}]^T$ 能够随雷达工作环境和系统本身特性的变化而自适应地调整为最佳加权矢量 w_{opt},使形成的波束满足某种最佳准则的要求,则称为自适应数字波束形成(Adaptive Digital Beam Forming,ADBF)。关于系统本身特性的变化,如阵元之间的互耦、接收通道之间的不平衡性等,可以通过对加权矢量的校正来消除;雷达工作环境的变化,如干扰信号及其波达方向的变化、噪声电平的起伏等,通过加权矢量的最佳化,使形成波束最大值指向目标方向 θ 的同时,尽可能地抑制干扰和噪声。自适应数字波束形成具有以下优点:①根据不同的场景及工作方式变化,可以自适应地实现单波束、多波束及波束组的相应变化;②实现自适应置零;③实现天线自校准和超低副瓣;④雷达功率和时间管理的灵活性。

自适应数字波束形成需要研究的主要问题是采用的最佳准则、最佳加权矢量 w_{opt} 与阵列信号统计特性的关系式和获得最佳加权矢量的合理算法。

5.5.4.1　自适应数字波束形成准则

自适应数字波束形成(ADBF)实际上是最佳数字滤波的问题,通常都是基于某种最佳准则,获得最佳加权矢量 w_{opt}。从不同的角度和要求出发,自适应数字波束形成主要有以下三个最佳准则:最小均方误差(Minimum Mean Squave Error,MMSE)准则、最大信噪比(Maximum Signal – to – Noise Ratio,MSNR)准则及线性约束最小方差(Linearly Constrained Minimum Variance,LCMV)

准则。

设 N 元阵列接收到来自 θ 方向的目标回波信号,并伴有干扰和噪声,阵列信号矢量为

$$\boldsymbol{x} = \begin{bmatrix} x_1 & x_2 & \cdots & x_{N-1} \end{bmatrix}^T \tag{5-46}$$

不失一般性,假定阵列信号 $\boldsymbol{x}$ 是 N 维平稳随机序列。加权矢量为

$$\boldsymbol{w} = \begin{bmatrix} w_1 & w_2 & \cdots & w_{N-1} \end{bmatrix}^T \tag{5-47}$$

则波束形成输出信号的平均功率为

$$P_x = E[y(\theta)y^*(\theta)] = E[(\boldsymbol{w}^H\boldsymbol{x})(\boldsymbol{w}^H\boldsymbol{x})^*] = \boldsymbol{w}^H \boldsymbol{R}_x \boldsymbol{w} \tag{5-48}$$

式中:$\boldsymbol{R}_x = E[\boldsymbol{x}\boldsymbol{x}^H]$ 为阵列信号矢量 $\boldsymbol{x}$ 的自相关矩阵,$\boldsymbol{x}^H$ 为阵列信号矢量 $\boldsymbol{x}$ 的共轭转置。因为自适应形成波束的最大值指向目标方向,同时尽可能地抑制干扰和噪声,这等价于在保证目标信号功率为一定值的条件下,使波束形成输出的总功率最小。因此,自适应数字波束形成可以一般地描述为使 $\boldsymbol{w}^H \boldsymbol{R}_x \boldsymbol{w}$ 最小化的自适应数字滤波。

1. 最小均方误差准则

设数字波束形成系统在第 k 时刻期望形成波束输出的信号为 d_k,而实际输出的信号为 $y_k = \boldsymbol{w}_k^H \boldsymbol{x}_k$,则误差信号为 $e_k = d_k - y_k$,其均方误差为 $E[|e_k|^2]$。寻求最佳加权矢量 $\boldsymbol{w}_{kopt}$ 使均方误差最小化,就是最小均方误差准则。下面求解最小均方误差准则的最佳加权矢量 w_{kopt}。

均方误差 $E[|e_k|^2]$ 为

$$\begin{aligned} E[|e_k|^2] &= E\{[d_k - \boldsymbol{w}_k^H \boldsymbol{x}_k][d_k - \boldsymbol{w}_k^H \boldsymbol{x}_k]^*\} \\ &= E[d_k d_k^*] + \boldsymbol{w}_k^H E[\boldsymbol{x}_k \boldsymbol{x}_k^H] \boldsymbol{w}_k - E[d_k \boldsymbol{x}_k^H \boldsymbol{w}_k] - E[\boldsymbol{w}_k^H \boldsymbol{x}_k d_k^*] \\ &= E[|d_k|^2] + \boldsymbol{w}_k^H E[\boldsymbol{x}_k \boldsymbol{x}_k^H] w_k - \{\boldsymbol{w}_k^H E[\boldsymbol{x}_k d_k^*]\}^* - \boldsymbol{w}_k^H E[\boldsymbol{x}_k d_k^*] \end{aligned} \tag{5-49}$$

式中:$\boldsymbol{x}_k^H$ 为阵列信号矢量 $\boldsymbol{x}_k$ 的共轭转置。考虑平稳随机信号,其平均统计量与计算时刻 k 无关,于是令

$$E[\boldsymbol{x}_k \boldsymbol{x}_k^H] = E[\boldsymbol{x}\boldsymbol{x}^H] = \boldsymbol{R}_x \tag{5-50}$$

$$E[\boldsymbol{x}_k d_k^*] = E[\boldsymbol{x} d^*] = \boldsymbol{r}_{xd} \tag{5-51}$$

式中:$\boldsymbol{R}_x$ 为阵列信号矢量 $\boldsymbol{x}_k$ 的自相关矩阵;$\boldsymbol{r}_{xd}$ 为阵列信号矢量 $\boldsymbol{x}_k$ 与期望形成波束输出信号 d_k 的互相关矢量。这样,均方误差 $E[|e_k|^2]$ 可表示为

$$E[|e_k|^2] = E[|d_k|^2] + \boldsymbol{w}_k^H \boldsymbol{R}_x \boldsymbol{w}_k - 2\mathrm{Re}[\boldsymbol{w}_k^H \boldsymbol{r}_{xd}] \tag{5-52}$$

使 $E[|e_k|^2]$ 达到最小的最佳加权矢量 $\boldsymbol{w}_{kopt}$,可以通过求 $E[|e_k|^2]$ 对 $\boldsymbol{w}_k$ 的梯度得到。利用梯度公式

$$\nabla_k = \frac{\partial}{\partial \boldsymbol{w}_k}(\boldsymbol{w}_k^H \boldsymbol{R}_x \boldsymbol{w}_k) = 2\boldsymbol{R}_x \boldsymbol{w}_k \tag{5-53}$$

$$\nabla_k = \frac{\partial}{\partial \boldsymbol{w}_k}(\mathrm{Re}[\boldsymbol{w}_k^H \boldsymbol{r}_{xd}]) = \boldsymbol{r}_{xd} \tag{5-54}$$

及式(5-52),可求出 $E[|e_k|^2]$ 对 $\boldsymbol{w}_k$ 的梯度,并由最佳加权矢量处的梯度等于零,可以得到

$$(2\boldsymbol{R}_x \boldsymbol{w}_k - 2\boldsymbol{r}_{xd})|_{\boldsymbol{w}_k = \boldsymbol{w}_{kopt}} = 0 \tag{5-55}$$

从而解得最佳加权矢量 $\boldsymbol{w}_{kopt}$ 为

$$\boldsymbol{w}_{kopt} = \boldsymbol{R}_x^{-1} \boldsymbol{r}_{xd} \tag{5-56}$$

由于在平稳随机信号情况下,$\boldsymbol{R}_x$、$\boldsymbol{r}_{xd}$ 与统计计算时刻 k 无关,所以最小均方误差准则的最佳

加权矢量也与计算时刻 k 无关。

基于最小均方误差的自适应数字波束形成要求已知参考信号,这时可以使用训练信号或使信号满足某些特征作为参考信号。

2. 最大信噪比准则

在有定向干扰加噪声的情况下,目标信号从偏离法线方向 θ 的角度入射到阵面上。若波束形成输出信号中目标信号的平均输出功率为 P_s,而干扰加噪声的平均输出功率为 P_v,寻求最佳加权矢量 w_{kopt} 使功率信噪比 SNR $= P_s/P_v$ 最大化,就是最大信噪比准则。下面求解最大信噪比准则的最佳加权矢量 w_{kopt}。

将第 k 时刻的阵元接收信号 $x_{nk}(n=0,1,2,\cdots,N-1)$ 表示为列矢量,则有

$$\begin{aligned} \boldsymbol{x} &= [x_{0k} \quad x_{1k} \quad \cdots \quad x_{(N-1)k}]^T = a_k [1 \quad e^{j\frac{2\pi d}{\lambda}\sin\theta} \quad \cdots \quad e^{j(N-1)\frac{2\pi d}{\lambda}\sin\theta}]^T + [v_{0k} \quad v_{1k} \quad \cdots \quad v_{(N-1)k}]^T \\ &= a_k \boldsymbol{s}(\theta) + \boldsymbol{v}_k \end{aligned} \tag{5-57}$$

式中:a_k 为各阵元接收目标信号复包络的样本 a_{nk},近似相同;$\boldsymbol{s}(\theta)$ 为目标信号导向矢量,它包含了阵元接收目标信号的方向信息,且与时间无关,$a_k \boldsymbol{s}(\theta)$ 为目标信号矢量;$\boldsymbol{v}_k$ 为零均值平稳的加性外部干扰加内部噪声矢量。阵列信号矢量 $\boldsymbol{x}_k$ 的自相关矩阵为

$$\begin{aligned} \boldsymbol{R}_x &= E[\boldsymbol{x}_k \boldsymbol{x}_k^H] = E\{[a_k \boldsymbol{s}(\theta) + \boldsymbol{v}_k][a_k \boldsymbol{s}(\theta) + \boldsymbol{v}_k]^H\} \\ &= E[a_k \boldsymbol{s}(\theta)\boldsymbol{s}^H(\theta) a_k^H] + E[\boldsymbol{v}_k \boldsymbol{v}_k^H] = \sigma_s^2 \boldsymbol{s}(\theta)\boldsymbol{s}^H(\theta) + \boldsymbol{R}_v = \boldsymbol{R}_s + \boldsymbol{R}_v \end{aligned} \tag{5-58}$$

式中:$\boldsymbol{x}_k^H$ 为接收信号矢量 $\boldsymbol{x}_k$ 的共轭转置;$\boldsymbol{s}^H(\theta)$ 为目标信号导向矢量 $\boldsymbol{s}(\theta)$ 的共轭转置,$\boldsymbol{R}_s = \sigma_s^2 \boldsymbol{s}(\theta)\boldsymbol{s}^H(\theta)$ 为目标信号矢量的自相关矩阵;$\sigma_s^2 = E[a_k a_k^H]$;$\boldsymbol{v}_k^H$ 为干扰加噪声矢量 $\boldsymbol{v}_k$ 的共轭转置,$\boldsymbol{R}_v = E[\boldsymbol{v}_k \boldsymbol{v}_k^H]$ 为干扰加噪声矢量的协方差矩阵;目标信号矢量 $a_k \boldsymbol{s}(\theta)$ 与干扰加噪声矢量 $\boldsymbol{v}$ 互不相关。

如果加权矢量为

$$\boldsymbol{w}_k = [w_{0k} \quad w_{1k} \quad \cdots \quad w_{(N-1)k}]^T \tag{5-59}$$

则加权后的阵列信号之和为波束形成输出信号,即

$$y_k(\theta) = \sum_{n=0}^{N-1} w_{nk}^* x_{nk} = \boldsymbol{w}_k^H \boldsymbol{x}_k = \boldsymbol{w}_k^H [a_k \boldsymbol{s}(\theta) + \boldsymbol{v}_k] \tag{5-60}$$

波束形成输出信号中目标信号的平均输出功率为

$$P_s = E\{[\boldsymbol{w}_k^H a_k \boldsymbol{s}(\theta)][\boldsymbol{w}_k^H a_k \boldsymbol{s}(\theta)]^*\} = \boldsymbol{w}_k^H E[a_k \boldsymbol{s}(\theta)\boldsymbol{s}^H(\theta) a_k^H] \boldsymbol{w}_k = \boldsymbol{w}_k^H \boldsymbol{R}_s \boldsymbol{w}_k \tag{5-61}$$

而干扰加噪声矢量 $\boldsymbol{v}_k$,其平均输出功率为

$$P_v = E[(\boldsymbol{w}_k^H \boldsymbol{v}_k)(\boldsymbol{w}_k^H \boldsymbol{v}_k)^*] = \boldsymbol{w}_k^H E[\boldsymbol{v}_k \boldsymbol{v}_k^H] \boldsymbol{w}_k = \boldsymbol{w}_k^H \boldsymbol{R}_v \boldsymbol{w}_k \tag{5-62}$$

这样,波束形成输出目标信号与输出干扰加噪声的功率比为

$$\text{SNR} = \frac{P_s}{P_v} = \frac{\boldsymbol{w}_k^H \boldsymbol{R}_s \boldsymbol{w}_k}{\boldsymbol{w}_k^H \boldsymbol{R}_v \boldsymbol{w}_k} \tag{5-63}$$

采用最大信噪比准则,使 SNR $= P_s/P_v$ 最大的加权矢量 $\boldsymbol{w}_k$ 就是最佳加权矢量 $\boldsymbol{w}_{\text{kopt}}$,它是 $\boldsymbol{x}_k$ 的自相关矩阵 $\boldsymbol{R}_x$ 对 $(\boldsymbol{R}_s, \boldsymbol{R}_v)$ 的最大广义特征值 $\lambda_{\max}$ 所对应的特征矢量,可表示为

$$\boldsymbol{R}_s \boldsymbol{w}_{\text{kopt}} = \lambda_{\max} \boldsymbol{R}_v \boldsymbol{w}_{\text{kopt}} \tag{5-64}$$

即

$$\sigma_s^2 \boldsymbol{s}(\theta) \boldsymbol{s}^H(\theta) \boldsymbol{w}_{\text{kopt}} = \lambda_{\max} \boldsymbol{R}_v \boldsymbol{w}_{\text{kopt}} \tag{5-65}$$

由此解得最佳加权矢量 w_{kopt} 为

$$w_{kopt} = \mu R_v^{-1} s(\theta) \tag{5-66}$$

式中:$\mu = \sigma_s^2 \dfrac{s^H(\theta) w_{kopt}}{\lambda_{max}}$;$R_v = E[v_k v_k^H]$ 为干扰加噪声矢量的协方差矩阵。事实上,μ 取任意非零的常数都不影响形成波束输出的功率信噪比和波束方向图。显然,当干扰加噪声为白噪声的情况下,$R_v = \sigma_v^2 I$,则最佳加权矢量 $w_{opt} = s(\theta)$,为普通波束形成的加权矢量。

在平稳随机信号情况下,最大信噪比准则的最佳加权矢量与计算时刻 k 无关,所以可表示为

$$w_{kopt\_MSNR} = \mu R_v^{-1} s(\theta) \tag{5-67}$$

3. 线性约束最小方差准则

若目标信号从偏离法线方向 θ 的角度入射到阵面上,并伴有干扰加噪声,则第 k 时刻的阵列信号矢量 x_k 可表示为

$$x_k = a_k s(\theta) + v_k \tag{5-68}$$

形成波束输出信号的平均功率为

$$P_x = E[|w_k^H x_k|^2] = E[(w_k^H x_k)(w_k^H x_k)^*] = w_k^H R_x w_k$$
$$= \sigma_s^2 E[|w_k^H s(\theta)|^2] + w_k^H R_v w_k \tag{5-69}$$

式中:$\sigma_s^2 E[|w_k^H s(\theta)|^2]$ 为来自 θ 方向目标信号的输出功率;$w_k^H R_v w_k$ 为干扰加噪声的平均输出功率。其中,σ_s^2 为单个阵元接收目标信号的功率。如果加权矢量变化时,固定目标信号的输出功率使它不变,而使干扰加噪声的平均输出功率最小,则形成波束输出的功率信噪比最大。由于 σ_s^2 与加权矢量 w_k 无关,所以可以约束 $w_k^H s(\theta)$ 为一定值,即固定信号分量,然后使形成波束输出信号的方差 $E[|w_k^H x_k|^2]$ 最小化,这就是线性约束最小方差准则。下面求解线性约束最小方差准则的最佳加权矢量 w_{kopt}。

利用拉格朗日乘子 λ,构造目标函数

$$F(w_k, \lambda) = w_k^H R_x w_k + \lambda[w_k^H s(\theta) - 1] \tag{5-70}$$

这里将 $w_k^H s(\theta)$ 约束为 1,即

$$w_k^H s(\theta) = 1 \tag{5-71}$$

将 $F(w_k, \lambda)$ 对 w_k 求偏导,得

$$\frac{\partial}{\partial w_k} F(w_k, \lambda) = 2R_x w_k + \lambda s(\theta) \tag{5-72}$$

在最佳加权矢量处,目标函数的导数等于零,即

$$2R_x w_k + \lambda s(\theta)|_{w_k = w_{kopt}} = 0 \tag{5-73}$$

由式(5-73)解得

$$w_{kopt} = -\frac{1}{2} \lambda R_x^{-1} s(\theta) \tag{5-74}$$

而由约束条件得

$$w_{kopt} = \frac{1}{s^H(\theta)} \tag{5-75}$$

所以,由式(5-74)可得

$$\lambda = -2\frac{1}{s^H(\theta)R_x^{-1}s(\theta)} \overset{\text{def}}{=\!=} -2\mu \quad (5-76)$$

其中

$$\mu = \frac{1}{s^H(\theta)R_x^{-1}s(\theta)} \quad (5-77)$$

这样,由式(5-74)得最佳加权矢量 w_{kopt} 为

$$w_{kopt} = \mu R_x^{-1}s(\theta) \quad (5-78)$$

在平稳随机信号情况下,线性约束最小方差准则的最佳加权矢量与计算时刻 k 无关,所以可表示为

$$w_{kopt\_LCMV} = \mu R_x^{-1}s(\theta) \quad (5-79)$$

4. 三个最优准则的比较

三个最优准则的比较如表 5-1 所列。

表 5-1 三个最优准则的比较

最优准则	MMSE	MSNR	LCMV
解的表达式	$w_{kopt} = R_x^{-1}r_{xd}$	w_{kopt} 是矩阵 (R_s, R_v) 的最大广义特征值对应的特征矢量	$w_{kopt\_LCMV} = \mu R_x^{-1}s(\theta)$
所需已知条件	已知期望信号 $d(t)$	已知信号自相关矩 R_s 和噪声自相关矩阵 R_v	已知期望信号的方向 θ_0
特点	需要矩阵求逆,计算量大,会产生信号之间的相互抵消	需要的样本数较大,广义特征值分解,计算量大	需要矩阵求逆,计算量大,均方误差导致失配问题,自由度损失
相同点		收敛速度快,最佳权矢量都可表示为维纳解	

以上介绍的自适应数字波束形成常用的三个最佳准则,虽然具有不同的表达形式和各自的优缺点,但是在共同的应用条件下,三个准则是等价的,即它们具有相同的最佳加权矢量 w_{opt}。

5.5.4.2 经典的自适应波束形成算法

统计最优波束形成需预先已知阵列接收信号的统计特性,如已知干扰噪声协方差矩阵。在实际情况下理想协方差矩阵不可能得到,因此,只能根据有限快拍数据来估计干扰噪声协方差矩阵,有限快拍数据下的波束形成称为自适应波束形成。"自适应"是指阵列权值对训练数据的自适应跟踪过程,自适应波束形成的权矢量则称为自适应权矢量。自适应波束形成根据权矢量更新的方式分为两大类:一类是块自适应处理,另外一类是连续自适应处理。块自适应波束形成利用 K 个快拍数据(组成数据块)来估计阵列接收数据的统计特性,从而计算阵列的自适应权矢量,块自适应的权矢量每隔 K 个快拍更新一次。连续自适应方法则是每接收一个快拍数据,自适应的权矢量就更新一次。

自适应波束形成一般情况下可分为两个过程,即训练过程和工作过程。训练过程是通过某种自适应算法对收到的数据求最佳权矢量,得到一组优化的权矢量,工作过程则是将权矢量加载到波束形成器中,形成输出波束。这两个过程有机的配合构成了完整的自适应波束形成系统。

相控阵雷达在同一个工作周期中的工作模式是先发射信号,发射完毕后再接收信号进行处理。在接收信号的整个过程中,干扰源和噪声一直存在,即使波束指向方向中没有期望信号,阵列接收的信号中都包括干扰信号和噪声信号。对训练过程中的接收信号进行采样,得到了自适应波束形成算法中所需的数字信号,其中既包含噪声信号和干扰信号,也有可能包含回波信号,

通过自适应算法计算自适应权矢量,再对阵列接收信号进行加权求和,可以达到抑制干扰信号、保留期望信号的目的。

1. SMI 算法

块自适应处理算法先由采样快拍数据计算采样协方差矩阵,然后计算自适应权矢量。典型的块自适应算法是采样矩阵求逆(Sample Matrix Inversion,SMI)算法,它是最小方差无失真响应(Minimum Variance Distortionless Response,MVDR)准则波束形成器的实际实现。SMI 算法的优点是收敛速度快,干扰抑制效果好,缺点是在采样数较少的情况下,自适应波束的副瓣性能大幅度下降,同时干扰和噪声的抑制能力也大幅下降,甚至会导致自适应主波束的畸变。该算法是基于最大信噪比准则的一种算法。由于最优权矢量的协方差无法准确得到,根据信号的时间平稳性,则可通过快拍数据得到其最大似然估计:

$$\hat{R}_v = \frac{2}{K} \sum_{k=1}^{K} x(nK+k) x^H(nK+k) = \frac{1}{K} xx^H \tag{5-80}$$

式中:$x = [x(nK+1), x(nK+2), \cdots, x(nK+K)]$ 是第 n 个快拍的数据块,每个块含有 K 个快拍。此处的 $\hat{R}_v$ 是噪声干扰协方差的估计量,即得 SMI 算法的自适应权矢量

$$w_{SMI} = \frac{\hat{R}_v^{-1} a(\theta_0)}{a^H(\theta_0) \hat{R}_v^{-1} a(\theta_0)} \tag{5-81}$$

可以看出,SMI 算法是采用开环算法(无反馈)的块自适应处理。SMI 算法求解权矢量时首先求解阵列的协方差矩阵 $\hat{R}_v$,再进行最优值估计。从而避免了收敛速度过分依赖特征值散布的问题,提高了收敛速度,但是由于需要做矩阵求逆运算,因此复杂度高。SMI 算法在低快拍数情况下也能保证 SNR 收敛,但为了满足系统对自适应波束副瓣的低电平要求,其快拍数不能偏低。

对于 SMI 算法在低快拍数情况下发生的协方差矩阵的小特征值抖动,从而产生的方向图畸变以及副瓣变高,这一问题可以通过采用对角加载方法解决。对角加载使得加载后的协方差矩阵小特征值散布程度变小,从而得到稳定的方向图和较低的副瓣。

2. RLS 算法

在广义副瓣相消器(Generalized Sidelobe Canceller,GSC)框架下,线性约束与自适应滤波分开进行,便于采用连续自适应处理算法来递推其框架下的自适应滤波权矢量,连续自适应处理对于每个快拍数据进行矢量的更新和应用,因此连续自适应处理适合应用于非平稳环境,但是由于其自适应权矢量的连续更新方式决定了难以得到不含期望信号的训练快拍数据,因此受导向矢量失配的影响较大。连续自适应处理算法可以采用开环的递推最小二乘算法和最小均方误差算法。递推最小二乘法(Recursive Least Square,RLS)算法是一种基于最小二乘准则的自适应算法。最小二乘准则,即寻求使 n 次累计平方误差性能函数为最小的最佳权矢量的准则。

RLS 算法是一种开环的连续自适应处理算法,它在求解最优权值时,是通过递推方式进行求解的,利用矩阵求逆引理,推导出的递推公式为

$$w(n) = w(n-1) + g(n)[d(n) - x^T w(n-1)] \tag{5-82}$$

式中:$g(n)$ 为增益系数矢量,在 $w(n)$ 更新过程中,$g(n)$ 同时进行递推更新。

3. LMS 算法

最小均方误差算法(Least Mean Square,LMS)算法是数字信号处理中常用的算法,其主要优点是能稳定收敛,而且结构简单,实现方便。该算法也是一种连续的自适应处理算法,它是基于最小均方误差准则的算法,与 RLS 算法不同,LMS 算法是一种闭环算法,即权矢量更新时要用到

输出端的反馈数据。最小均方误差准则是指使阵列实际输出和理想输出之差的均方位最小的准则。现以实信号为例，设 $d(n)$ 为期望信号，$X(n)$ 为阵列输入信号，R_{xx} 为输入信号协方差矩阵，r_{xd} 为输入信号和期望信号的相关矢量，通过该算法求加权矢量 W，使均方误差 ξ 最小。

$$\xi = E[e^2(n)] = E\{[d(n) - W^H X(n)]^2\}$$
$$= E[d^2(n)] - W^H r_{xd} - r_{xd}^H W + W^H R_{xx} W \tag{5-83}$$

依此算法求得的最优权矢量满足正则方程

$$R_{xx} W_{opt} = \frac{1}{2} r_{xd} \tag{5-84}$$

LMS 算法求解上式时，不采取直接计算的方法，而是采用与 RLS 相类似的递推方法求解最优权。LMS 算法的递推公式为

$$w(n+1) = w(n) + 2\mu e^*(n) x(n) \tag{5-85}$$

式中：μ 为步长因子。LMS 算法实现简单，缺点是收敛速度受到许多限制，算法性能对阵列信号协方差矩阵的特征值散布程度很敏感。当特征值散布范围较大时（例如存在某一强干扰信号和一些较弱的干扰信号时），算法收敛速度很慢。

从以上对 LMS 算法的分析可以看出，使用该算法的前提是已知一个接收信号的参考信号。这种参考信号通常只有在通信系统中才有，其参考信号是一个实际信号的近似信号。但是在雷达系统中，通常情况下不会有这样的信号。所以，LMS 算法通常用于改善通信系统的性能。

在实际应用中，通常要求副瓣很低，降低副瓣的方法是加窗处理，但加窗处理后再进行自适应波束形成，会使约束条件在一定程度上失效，副瓣形状会受到影响，不能达到期望的形状；另外，考虑到干扰的存在可能有多种形式，需要根据具体的情况得到满足具体要求的副瓣形状。

5.5.5 自适应数字波束形成的应用

5.5.5.1 基于单元级 DBF 的自适应数字波束形成

单元级数字波束形成可以实现空间信号处理的全部灵活性，可以在任何需要的方向上提供任意数量的同时多波束（当然小于天线单元数量）。同时，单元级 DBF 也为宽带相控阵提供了一种理想的构架，因为理论上当非垂直入射波入射时，单元接收信号之间的时间延迟无论有多大都可以在信号处理机中进行补偿，而无须采用笨重、昂贵的射频延时器。因此，可以构建一个图 5-33 所示的基于单元级 DBF 的宽带相控阵雷达自适应波束形成结构。

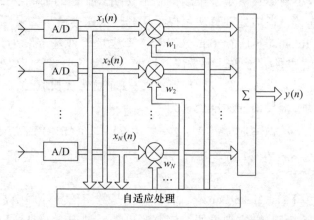

图 5-33 基于单元级 DBF 的宽带相控阵雷达自适应波束形成

在宽带条件下实现这个方案的困难是需要相当数量(与天线单数 N 相同)的数字接收机和 ADC,以及海量数据(并且随带宽增加而增加)的实时处理,因而实际上是很难实现的。

5.5.5.2 基于小子阵级 DBF 的自适应数字波束形成

为了减少硬件和降维的软件处理,一个较合理的方案是构建一个基于小子阵级 DBF 的相控阵雷达自适应数字波束形成的框架,如图 5-34 所示。

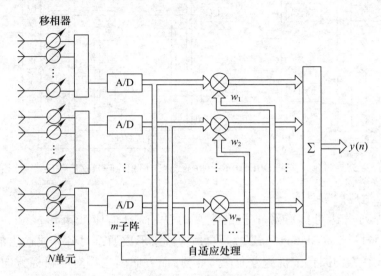

图 5-34 基于小子阵级 DBF 的相控阵雷达自适应数字波束形成

在这种结构中,N 个天线单元首先组成基于单元移相器控制的若干子阵,每个子阵后面接一路数字接收机,然后,m 路通道数据进行自适应数字波束形成。

与图 5-33 的基于单元级 DBF 的相控阵自适应数字波束形成框架相比,数字接收机由 N 个减少到 M 个,DBF 数字处理也由 N 维降到 M 维。例如,一个 $N=2000$ 的阵列。用 $M=200$ 的子阵进行 ADBF,则通道数字接收机和数据处理量比单元级 ADBF 要减少一个量级。

这种架构的前提条件是子阵不能太大,以确保在宽带大扫描角时,在子阵内入射波的时间延迟可不需要补偿,而子阵之间的入射波时间延迟可以在信号处理器中补偿。在实际应用中,这种方案仍然需要较多的数字接收机和较大的实时处理数据量,特别在宽带条件下,仍难以实现。

5.5.5.3 基于时延子阵与 DBF 子阵一体的线性调频相控阵 ADBF

基于单元级和基于小子阵级的 ADBF 方案,在理论上可以用于窄带和宽带 ADBF,但在宽带条件下要提供一致性、稳定性良好的众多数字接收机和海量数据的实时处理,目前是十分困难的。

克服上述困难的一条途径是,充分利用大多数宽带雷达采用线性调频信号并以去斜的方式进行接收信号处理的现实,采用基于时延子阵和 DBF 子阵一体的宽带相控阵 ADBF 方案,其框图如图 5-35 所示。

该方案简要说明如下:先根据时延子阵划分方法,将 N 个天线单元分成 m 个时延子阵,每个天线单元仍然基于移相器控制,在子阵级上接入延时器,即子阵波束基于延时控制;然后在每个延时子阵上引入线性调频去斜处理,去斜后信号进入数字接收机和 A/D 变换,后面便是各种加权、DBF、ADBF 等数字信号处理。

该方案的主要优点是引入线性调频去斜处理后,所有的数字通道接收机(包括 A/D 变换)都可以是窄带的,而且实时 ADBF 要处理的数据量也大大减少。大体上可以减少 1~2 个量级,有较好的现实性。

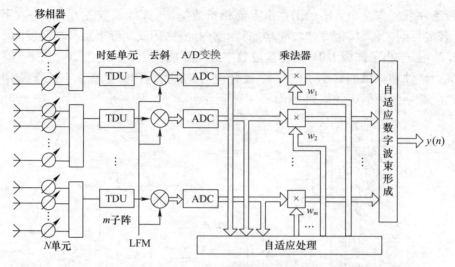

图 5-35 时延子阵与 DBF 子阵一体的线性调频相控阵自适应数字波束形成

5.5.5.4 自适应副瓣对消

目前,数字阵列雷达对抗有源干扰的主要方法有:自适应波束形成和自适应副瓣对消(Adaptive Side-Lobe Cancellation,ASLC)。自适应波束形成通过对各天线输出的信号进行加权合成,使合成的天线方向图在干扰源方向产生零点,而方向图主瓣对准目标方向,从而达到抑制副瓣干扰的目的。但这种方法存在许多弊端,首先加权在压低副瓣的同时会展宽天线的主瓣,造成角分辨率的下降和天线增益的损失;其次自适应波束形成方法,在干扰方向形成的零陷常常较窄以及各种原因所造成的失配,使干扰可能移出零陷位置,而不能被有效地对消,导致在很多应用环境中不能有效地抑制干扰;通过加宽干扰零陷,使得在干扰方向即使出现扰动情况,也始终处在零陷内。但运算量明显加大,目前在实际工程中应用难以实现。而自适应副瓣对消技术既能保证波束宽度,又可显著提高雷达对抗副瓣干扰的能力,且工程实现较容易。自适应副瓣对消引入辅助通道,将辅助通道接收的信号与主通道接收的信号加权求和,通过自适应的调整权值,使输出干扰功率趋于最小,从而抑制了副瓣干扰。

自适应副瓣对消系统由雷达主天线和辅助通道构成,辅助天线的个数取决于系统期望对消的干扰个数,通常 N 个辅助天线最多可以对消 N 个从空间不同方向入射的干扰。主通道可以是单个高增益天线,也可利用部分天线阵元或子阵方式,在信号方向形成的波束,具有高方向性。辅助通道为一个或多个全向天线,增益与主天线的第一副瓣增益相当。主天线方向图与副瓣抑制天线方向图之间的关系如图 5-36 所示。由于干扰较强,会有大量干扰剩余从副瓣进入主通道。系统根据主、辅天线接收的信号计算权系数,自适应调节辅助通道输出的幅度与相位,使主通道中的干扰剩余恰好与辅助通道中的干扰信号对消,从而达到抑制干扰的目的。其原理框图如图 5-37 所示。

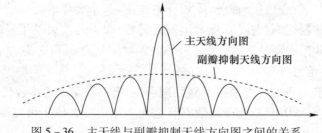

图 5-36 主天线与副瓣抑制天线方向图之间的关系

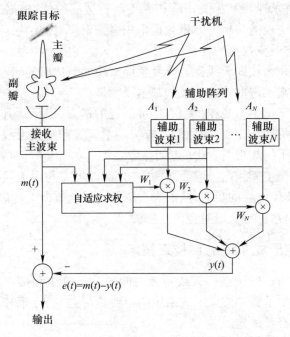

图 5-37 自适应天线副瓣相消器的原理框图

图 5-37 中,采用若干个辅助天线自适应加权求和得到 $y(t) = \boldsymbol{W}^H \boldsymbol{X}(t)$,而将雷达主天线输出信号 $m(t)$ 作为参考信号,相当于对辅助天线加权求和以预测雷达的主天线输出信号 $m(t)$。实际在自适应天线副瓣相消器的设计中,辅助天线的增益小,大致与主天线副瓣相当,因此希望辅助天线波束形成输出信号 $y(t)$ 中的目标信号可以忽略不计,而且仅含干扰噪声信号。将主、辅两大天线的输出信号 $m(t)$ 与 $y(t)$ 相减,相当于用辅助天线的干扰信号减掉主天线中所含的干扰信号,余下的误差信号就是目标信号。最终得到的自适应副瓣对消最优权值 $\boldsymbol{W}_{opt}$ 的矩阵为

$$\boldsymbol{W}_{opt} = \boldsymbol{R}_{xx}^{-1} \boldsymbol{R}_{xm} \tag{5-86}$$

式中:$\boldsymbol{R}_{xm}$ 表示主通道和辅助通道的互相关函数矩阵;$\boldsymbol{R}_{xx}$ 表示辅助通道和辅助通道的自相关函数矩阵。具体计算公式为

$$\boldsymbol{R}_{xx} = \begin{bmatrix} x_1 x_1^* & \cdots & x_1 x_N^* \\ \vdots & & \vdots \\ x_N x_1^* & \cdots & x_N x_N^* \end{bmatrix} \tag{5-87}$$

$$\boldsymbol{R}_{xm} = \begin{bmatrix} m x_1^* \\ m x_2^* \\ \vdots \\ m x_N^* \end{bmatrix} \tag{5-88}$$

这样,对消剩余功率的最小值为

$$P_{min} = m - \boldsymbol{W}_{opt}^H \boldsymbol{X} \tag{5-89}$$

式(5-89)是 Wiener-hopf 方程,由此式求出的最优权值,能保证干扰对消的剩余功率最小。根据式(5-86)~式(5-88)可知,要实现副瓣对消,需要同时对主通道的波束合成数据和辅助通道数据进行采样,然后计算主辅通道的互相关矩阵和辅助通道的自相关矩阵,并对自相关

矩阵进行矩阵求逆,矩阵求逆与互相关矩阵相乘得到自适应权值;根据式(5-89)可知,主通道波束合成数据减去自适应权值与辅助通道数据乘积得到副瓣对消结果。由以上分析可知副瓣对消的运算量大,特别是自适应权值的计算。

在阵列中抽取阵元作为辅助天线就会涉及辅助天线如何选取的问题。辅助天线的位置也是影响对消性能的重要因素。选取辅助天线的基本原则是：

（1）将辅助天线置于离主天线相位中心尽可能近的地方,以保证其获得的干扰信号取样与雷达天线副瓣接收的干扰信号相关,即数值上应满足主天线和辅助天线的相位中心间距与光速之比远小于雷达频带及干扰频带两者中的较小者。

（2）辅助天线应置于主天线之中或其周围,一方面以形成与主天线方向图副瓣形状相匹配的方图,另一方面缩短相位中心的距离,从而大大降低主辅通道内干扰信号之间的非相关性。

（3）辅助天线应非规则排列,以避免产生栅瓣。

5.5.6 数字波束形成系统的自校正技术

数字波束形成系统的自校正包括天线阵元之间的互耦校正和接收通道之间的不平衡性校正。形成波束的副瓣电平是数字波束形成系统的重要指标之一,互耦校正和不平衡性校正是降低形成波束副瓣电平的有效措施。

5.5.6.1 天线阵元之间的互耦校正

N元阵列天线中每个阵元输出端的信号由若干个分量组成。其中,由直接入射的平面波占主要分量,由入射到邻近阵元上的平面波散射引起的是若干个次要分量。这些次要分量使得阵元输出端信号的幅度和相位发生变化,因而得不到最佳加权的形成波束性能。每个散射分量都可用入射到阵元上的平面波和接收阵元与散射阵元之间的互耦系数来表示。设第n个接收通道没有阵元之间互耦时的输出信号为x_n,第n个阵元与其他阵元之间的互耦系数为c_{nm}($n=0,1,2,\cdots,N-1;m=0,1,2,\cdots,N-1$),其中$c_{nn}=1$。考虑阵元之间互耦时的输出信号为$x_{nc}$,则$x_{nc}$是$x_m$($m=0,1,2,\cdots,N-1$)的线性组合,即

$$x_{nc} = c_{n0}x_0 + c_{n1}x_1 + \cdots + x_n + \cdots + c_{n(N-1)}x_{N-1} \tag{5-90}$$

定义N维列矢量

$$\boldsymbol{x}_c = \begin{bmatrix} x_{0c} & x_{1c} & \cdots & x_{(N-1)c} \end{bmatrix}^T \tag{5-91}$$

和

$$\boldsymbol{x} = \begin{bmatrix} x_0 & x_1 & \cdots & x_{N-1} \end{bmatrix}^T \tag{5-92}$$

而由阵元之间互耦系数构成的互耦矩阵为

$$\boldsymbol{C} = \begin{bmatrix} c_{11} & c_{12} & \cdots & c_{1(N-1)} \\ c_{21} & c_{22} & \cdots & c_{2(N-1)} \\ \vdots & \vdots & & \vdots \\ c_{(N-1)1} & c_{(N-1)2} & \cdots & c_{(N-1)(N-1)} \end{bmatrix} \tag{5-93}$$

则有

$$\boldsymbol{x}_c = \boldsymbol{C}\boldsymbol{x} \tag{5-94}$$

因此,去互耦后的所需信号矢量为

$$\boldsymbol{x} = \boldsymbol{C}^{-1}\boldsymbol{x}_c \tag{5-95}$$

所以,互耦校正是由互耦矩阵之逆 $\boldsymbol{C}^{-1}$ 与接收信号矢量 $\boldsymbol{x}_c$ 相乘来完成的。

阵列天线阵元之间的互耦系数 $c_{nm}(n=0,1,2,\cdots,N-1;m=0,1,2,\cdots,N-1)$ 是通过实测得到的。计算出逆矩阵 $\boldsymbol{C}^{-1}$ 后,乘以数字化的接收阵列信号矢量 $\boldsymbol{x}_c$ 即可实现天线阵元之间的互耦校正。为了方便,实际实现时互耦校正一般不是对阵列信号矢量 $\boldsymbol{x}_c$ 进行的,而是通过对加权矢量的预先校正来等效实现的,即

$$\boldsymbol{w}_c = \boldsymbol{C}^{-1}\boldsymbol{w} \tag{5-96}$$

式中:w 为没有互耦时的加权矢量。接收信号与校正后的加权系数之加权和,就是互耦校正后的系统输出信号。

如果互耦校正是通过加权矢量的校正来实现的,那么加权系数的位数 b_w 将影响校正的效果。计算机仿真结果表明,在存在某个互耦矩阵时,即使理论上按 $-60{\rm dB}$ 副瓣电平设计的数字波束形成系统,若 $b_w=10$,则存在互耦时的校正效果只能达到 $-50.10{\rm dB}$,具体如表 5-2 所列。

表 5-2 阵元之间的互耦影响及仿真校正结果

设计的副瓣电平/dB	有互耦时的副瓣电平/dB	理想校正的副瓣电平/dB	$b_w=12$ 校正的副瓣电平/dB	$b_w=10$ 校正的副瓣电平/dB
-60	-35.98	-59.96	-58.43	-50.10

5.5.6.2 接收通道之间的不平衡性校正

实际系统中,由于带宽、增益、相位、延时及噪声电平等多种因素的影响,阵元各接收通道之间的不平衡性总是存在的,这将影响形成波束的形状,限制形成波束副瓣电平的降低。所以接收通道之间的不平衡性校正是必要的。

接收通道之间的不平衡性校正常用的有两种方法:标准模拟信号法和远场信号法。

1. 标准模拟信号法

标准模拟信号法用于通道校正时,将信号源所产生的标准模拟信号(例如高频正弦信号)经电子开关同时馈到 N 路接收机的高频输入端,经高功率放大器、混频、A/D 变换后变换为数字信号 $x_1,x_2,\cdots,x_{N-1}$。如果 N 路接收通道完全一致,则有 $x_1=x_2=\cdots=x_{N-1}$。实际上这是不可能的,所以需要校正。接收通道之间的不平衡性可归结为通道信号之间幅度和相位的不一致性。这样,若选择第 n 个通道信号为标准参考信号,而其余 $N-1$ 个通道信号为被校正信号,设

$$x_n = a_n e^{j\psi_n} \tag{5-97}$$

$$x_m = a_m e^{j\psi_m}, \quad m=0,1,2,\cdots,n,\cdots,N-1 \tag{5-98}$$

令

$$k_m = \frac{a_m}{a_n}, \quad m=0,1,2,\cdots,n,\cdots,N-1 \tag{5-99}$$

$$\Delta\psi_m = \psi_m - \psi_n, \quad m=0,1,2,\cdots,n,\cdots,N-1 \tag{5-100}$$

则 k_m、$\Delta\psi_m$ 分别为幅度校正系数和相位校正量。系统工作时,将第 m 个通道的接收信号 x_m 进行如下运算

$$\frac{x_m}{k_m} e^{j\Delta\psi_m}, \quad m=0,1,2,\cdots,n,\cdots,N-1 \tag{5-101}$$

就实现了接收通道之间的不平衡性校正。

实际实现时,是通过对加权系数的校正来等效对通道信号的校正,即对各通道对应的加权系数 w_m 进行如下运算

$$\frac{w_m}{k_m}\mathrm{e}^{\mathrm{j}\Delta\psi_m}, \quad m=0,1,2,\cdots,n,\cdots,N-1 \tag{5-102}$$

获得的结果作为数字波束形成系统的加权系数,与对通道信号的校正效果是一样的。

2. 远场信号法

远场信号法是在阵列天线法线方向足够远的地方设置一相参信号源,接收通道之间不平衡性校正时,接收其发送的信号作为校正用信号,校正方法同标准模拟信号法。

标准模拟信号法可实现准实时的校正,但该法仅对接收通道之间的不平衡性进行了校正,不包含天线和馈线部分。远场信号法实现了从天线到接收机输出的整个接收通道之间的不平衡性校正,但通常不能实时进行,不过,由于接收通道之间的不平衡性是慢变的,所以该方法是实际可行的。

5.6 宽带数字阵列雷达的关键技术

宽带数字阵列雷达要求阵面系统中各组成单元均采取宽带化设计,宽带数字阵列雷达的关键技术除包括宽带数字 T/R 组件的收发技术外,还包括以下内容:

(1) 宽带数字阵列同步。宽带数字阵列同步技术是宽带数字阵列雷达系统设计中的关键技术。瞬时带宽达到数百兆赫兹时,必须采用吉赫量级的高速采样时钟,优于 100ps 的时钟同步精度才能保证数字阵列雷达的性能。数字 T/R 组件设计采用了可编程器件 FPGA 和高速 ADC、DAC,存在时钟分频和多相数据结构,硬件链路的延时不确定,需要通过系统同步校准实现宽带数字阵列的多通道同步。

(2) 高精度数字延时。为实现任意宽带信号的波束形成,采用真实延时单元补偿各个阵列通道信号的阵列延时成为一种主流的方法。对于模拟宽带雷达,大多采用在射频段应用模拟器件来实现延时功能,这种方法存在成本高、体积大、延时性能易受温度环境因素影响等缺点。宽带数字阵列雷达需要采用数字器件和数字处理的方法来实现宽带信号延时,传统的数字时延方法有过密采样法、数字时域内插法、频域线性相位加权方法等,但这些方法存在无法实现宽带信号任意时延或延时精度受 FFT 点数的限制等缺陷。有文献提出使用整数延迟线和分数延时滤波器相结合的方法来提供大带宽和高精度延时。分数延时滤波器能够较好实现任意延时,而且精度高、比较容易工程实现。常用的分数延时滤波器设计算法包括理想冲激响应加窗法、最大平坦准则逼近法和基于 Farrow 结构的可变分数延时法等。数字延时的精度和模拟延时的指标要保持一致甚至更优,瞬时数百兆赫兹带宽信号的通道延时精度需要控制在皮秒量级。

(3) 宽带数字均衡。阵列通道失配会在很大程度上影响宽带数字阵列雷达的数字波束形成、脉冲压缩和旁瓣对消等性能,因此阵列通道均衡技术是保证宽带数字阵列雷达充分发挥自身潜能的关键技术。数字阵列雷达各阵列通道中的元器件尤其是模拟器件以及它们所构成的电路特性存在差异,且这种差异还会随着时间、温度、环境等因素变化而变化,最终导致通道传输特性失真以及各通道间频率特性不同。与窄带雷达在某一频点通过阵列校正保证该频点阵列通道幅频特性一致不同,宽带数字阵列雷达有较大的工作带宽,必须通过阵列通道均衡处理保证各阵列通道幅频在整个雷达工作频带内保持一致,而且这种均衡处理还应具有自适应性。

目前，宽带通道均衡的工程实现一般是通过在各阵列通道内加入 FIR 均衡滤波器来修正各阵列通道的幅频特性，这需要完成阵列通道幅频特性测量、FIR 均衡滤波器系数计算、FIR 均衡滤波器硬件实现等。根据均衡滤波器系数的计算方法不同，通道均衡方法可分为时域均衡和频域均衡。频域均衡通过傅里叶变换方法先算出各通道均衡滤波器的期望频率响应，再根据最小二乘算法使得 FIR 滤波器的频率响应逼近它。时域算法简单易于实现，而频域算法的均衡频带可以人为控制，具有更大的灵活性，而且精度更高。

5.6.1 数字阵列同步技术

时钟和定时的一致性是阵面系统同步的基础。对传输至阵面各组件的上行定时光纤与时钟分配网络时延差要求小于 100ps，才能保证各路定时信号传输路径时延的一致性。定时信号由雷控通过阵面高速光纤网络发送至阵面各数字 T/R 组件，光定时传输采用频率综合器产生的雷达整机基准信号作为参考时钟，并通过相位锁定技术控制传输时钟相位，以确保光定时信号传输时延的确定性和稳定性，满足各数字 T/R 组件对定时信号的一致性要求。

由于硬件链路的延时存在一定差异，通过自适应系统闭环校准技术实现通道间信号同步。利用标校信号，通过校准网络，经模拟接收通道和 ADC 形成数字信号，再经数字下变频、通道均衡、数字延时处理后，送至 DBF 模块，在后端对标校信号进行分析处理，计算不同通道间的延时差，通过雷达控制将延时差反馈给数字延时器，各通道根据补偿参数进行调整，实现多通道下行同步功能，如图 5-38 所示。

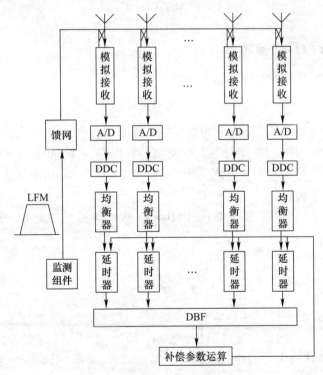

图 5-38 下行同步原理框图

同理，对上行通道进行同步校准。数字 T/R 组件各通道基带数据经过数字延时、通道均衡、数字上变频后送给 DAC，DAC 产生校准信号，经校准网络送给监测组件，监测数据经过 DBF 模块送给后端进行分析处理，计算各个通道的补偿参数。系统通过雷控将补偿参数发送给数字延时器，控制通道调整上行延时，实现多通道的上行同步功能，如图 5-39 所示。

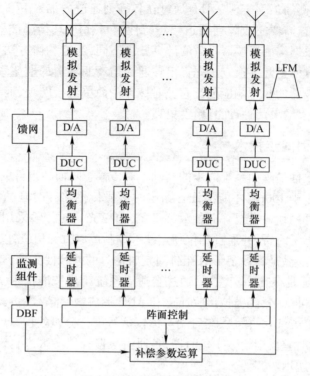

图 5-39 上行同步原理框图

5.6.2 数字分数延时技术

阵面宽带扫描对通道延时要求的最大延时量为

$$T_m = L\sin\theta_m / c \tag{5-103}$$

式中：L 为阵面口径；θ_m 为最大扫描角；c 为光速。若阵面口径为 10m，最大扫描角为 60°，则 $T_m =$ 29ns。若采样率选择 960MHz 时，则对应 I、Q 支路的数据率为 480MHz，阵面宽带扫描对通道延时中的整数延时部分采用移位寄存方式实现，步进为 $1/T_s = 2.08$ns，小于 2.08ns 的高精度延时采用数字分数延时技术实现。

数字延时滤波器是一个 FIR 滤波器，假设其阶数为 N，则系数矢量可以表示为

$$\boldsymbol{a} = \begin{bmatrix} a_0 & a_1 & \cdots & a_N \end{bmatrix}^{\mathrm{T}} \tag{5-104}$$

而延时为

$$T = nT_s + T_1 \tag{5-105}$$

即延时包括了 n 倍的采样周期和小于一个采样周期的值 T_1。在数字系统中，延时采样周期的整数倍时间是很简单的，通过时钟控制非常容易。所以，设计一个延时参数小于采样周期的延时滤波器，是滤波器设计的主要工作。这样的延时滤波器，又称"分数延时滤波器"。定义延时参数为

$$d = T_1/T_s \in [-0.5, 0.5] \tag{5-106}$$

利用时域和频域设计方法，都可以得到延时滤波器系数矢量 $\boldsymbol{a}$，而且不同的延时得到不同的滤波器系数。但相控阵天线的延时参数是实时变化的，为了实现不同的延时则必须重新设计滤波器系数。如果利用 FPGA 或者 DSP 实现滤波器设计，无论采用时域还是频域设计方法，都无法

保证系数更新的实时性。C. W. Farrow 于 1988 年提出了一种离线计算系数,可实时实现时延连续可变的 FIR 滤波器实现结构,被称为 Farrow 结构,并得到了广泛应用。

根据宽带数字阵列雷达的应用需求,采用基于 Farrow 结构的 FIR 滤波器是一种有效的实现方法。在确定了通带范围和纹波波动的情况下,可以离线计算分数延时滤波器系数,在实际工作时,只需输入要进行时间延迟的数据,就能实时实现可变的时延。

一个理想分数时延滤波器的频率响应满足等式:

$$H_d(\omega, d) = e^{-j\omega d} \quad (5-107)$$

式中:ω 为归一化角频率,d 为所需时延,$\omega \in [0, \alpha\pi]$,$d \in [0,1]$,$\alpha$ 为 0~1 之间的小数,它确定了滤波器的带宽。理想时延滤波器用 N 阶 FIR 滤波器实现时的各级系数 $h_n(d)$ 可由 d 的 M 阶多项式来逼近,即

$$h_n(d) = \sum_{m=0}^{M} a(n,m) d^m, \quad n = 0, 1, 2, \cdots, N \quad (5-108)$$

由此对应于不同时延的 FIR 滤波器传递函数可表示为

$$H(z,d) = \sum_{n=0}^{N-1} h_n(d) z^{-n} \quad (5-109)$$

将式(5-108)代入式(5-109)中,可得

$$H(z,d) = \sum_{n=0}^{N-1} \sum_{m=0}^{M} a(n,m) d^m z^{-n} = \sum_{m=0}^{M} C_m(z) d^m \quad (5-110)$$

其中

$$C_m(z) = \sum_{n=0}^{N-1} a(n,m) z^{-n} \quad (5-111)$$

式(5-110)和式(5-111)给出的 FIR 滤波器传递函数形式适合用 Farrow 结构来实现,如图 5-40 所示。在具体实现时,可根据需要达到的时延补偿精度,选择 K 个时延取值 d_k,预先计算并存储对应的 K 组 $a(n,m)$ 数值。在调整系统时延补偿量时,仅需修改 d_k 取值,就能实时地改变系统频率响应 $H(\omega, d_k)$,得到所期望的相位延时(群延时)特性,对输入信号完成指定的分数时延,满足宽带数字阵列雷达实时切换波束指向角度以便快速扫描空域的需求。

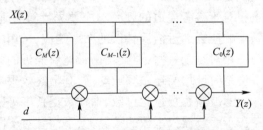

图 5-40 Farrow 结构示意图

确保分数延时滤波器能高精度地实现任意连续时延的关键是求解出最优多项式系数 $a(n,m)$,使通带内频率响应误差函数达到最小。

5.6.3 宽带数字均衡技术

数字阵列雷达各通道中的元器件尤其是模拟器件以及其构成的电路特性存在差异,且这种差异还会随着时间、温度、环境等因素变化而变化,最终导致通道传输特性失真以及各通道间频

率特性不同,即通道失配。分析表明,对于单个通道内的失配,带内起伏会导致脉冲压缩旁瓣电平的提高、脉压结果不对称等影响,而通道失配对于数字波束合成、旁瓣对消等阵列信号处理会造成各项性能的恶化。

宽带数字阵列雷达有窄带和宽带两种工作模式,因此必须同时考虑对阵列通道进行窄带工作模式下校正与宽带工作模式下均衡。阵列校正与均衡可分为远场校正与均衡和内部校正与均衡,内部校正与均衡需要单独考虑开关、天线等误差,因此相对复杂。远场阵列校正与均衡分别包括发射通道和接收通道的校正与均衡,如图5-41所示。以发射通道为例,校正与均衡 T/R 通道位于数字阵雷达的远场区域,分别由 T/R 通道1到 T/R 通道 N 逐一发射测试信号,由校正与均衡 T/R 通道逐一接收,测得各个通道的实际频率响应。若以 T/R 通道1作为校准与均衡的标准,其他各个通道对于这个标准通道存在的频率响应差异相应地在发射通道作出补偿,以实现通道间的频率响应一致。

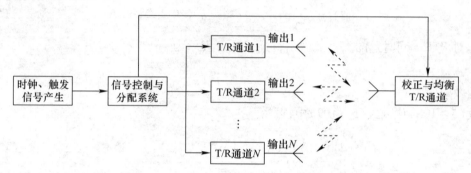

图5-41 远场阵列通道校正与均衡原理

对于窄带工作模式,只需要对阵列通道某一频点幅相特性进行补偿,可直接通过幅相加权完成;宽带模式下需要保证阵列通道在整个工作频带内的频率特性一致,此时需要用 FIR 均衡滤波器来实现各阵列通道频率响应补偿,根据均衡滤波器系数的求解方法,可分为时域均衡和频域均衡。

时域均衡是让测试信号通过被均衡通道和参考通道的输出在某种标准下相差值最小,而且还需要具有自适应性。常用的算法有最小均方误差算法、递推最小二乘算法等,该方法不需要具体计算各参考通道的频率响应,实现相对简单,但由于均衡频带不可控,算法性能受到影响。频域均衡需先根据各阵列通道相对于参考通道的频率响应差异计算各通道需要补偿的频率响应,然后设计均衡滤波器使其频率响应去逼近需要补偿的频率响应,常用的算法有最小二乘算法、加权最小二乘算法等。频域均衡相对复杂一些,但其均衡带宽和逼近的频率响应可控,因此具有更好的均衡性能和灵活性。不论是时域均衡还是频域均衡,其最终效果都受到通道失配程度、测试信号信噪比、均衡滤波器阶数、滤波器系数量化位数、采样数据长度等因素的影响。

均衡滤波器设计的难点在于滤波器权系数的计算上,下面针对不同的均衡滤波器设计方法,重点分析各方法的基本原理。

1. 通道均衡基本原理

在数字阵列雷达的信号处理中,假定共有 K 个通道,那么第 i 条接收通道的频率响应为 $C_i(\omega)$,构造的均衡滤波器的频率响应为 $H_i(\omega)$,经过均衡后的频率特性为 $C_i^*(\omega)$,则

$$C_i^*(\omega) = C_i(\omega)H_i(\omega), \quad i=1,2,\cdots,K \tag{5-112}$$

为了使各通道的频率特性达到一致,要选取一条参考通道,其固有频率特性表示为 $C_{\text{ref}}(\omega)$,使得所有通道的频率特性等于参考通道的频率特性,即

$$C_1^*(\omega) = C_2^*(\omega) = \cdots = C_K^*(\omega) = C_{\text{ref}}^*(\omega) \qquad (5-113)$$

那么就实现了通道均衡,故均衡滤波器的频率特性为

$$H_i(\omega) = \frac{C_{\text{ref}}(\omega)}{C_i(\omega)} \qquad (5-114)$$

2. 时域最小二乘拟合法

时域均衡算法的基本思想是利用均衡滤波器产生的响应波形去补偿失配通道的波形,使最终的波形逼近参考通道的波形。

图 5-42 中,校正信号源向各通道发送一定带宽的线性调频信号,信号通过参考通道 $C_{\text{ref}}(\omega)$ 后输出的信号序列为 $y_{\text{ref}}(n)$。而经过待均衡通道 $C_i(\omega)$ 后的信号是有失配误差的。于是,在待均衡通道中加一个 L 阶的均衡滤波器,其中滤波器抽头输入信号矢量为 $\boldsymbol{x}(n) = (x(n), x(n-1), \cdots, x(n-L+1))^{\text{T}}$,滤波器权系数矢量为 $\boldsymbol{w} = (w_0, w_1, \cdots, w_{L-1})^{\text{T}}$。经过均衡滤波器的输出序列为 $y_i(n)$,时域最小二乘方法就是在最小二乘准则下用 $y_i(n)$ 去逼近 $y_{\text{ref}}(n)$。两通道输出误差为

$$e(n) = y_{\text{ref}}(n) - y_i(n) \qquad (5-115)$$

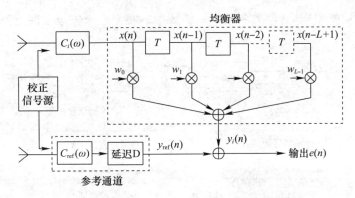

图 5-42 时域通道均衡原理

由于各通道输入信号相同,使通道输出的均方误差最小,即

$$E[|e(n)|^2] = E[|y_{\text{ref}}(n) - y_i(n)|^2] \qquad (5-116)$$

接着就可以得到均衡滤波器的权系数最优解方程

$$\boldsymbol{Rw} = \boldsymbol{r} \qquad (5-117)$$

其中

$$\boldsymbol{R} = E[\boldsymbol{x}(n)\boldsymbol{x}^{\text{H}}(n)] \qquad (5-118)$$

$$\boldsymbol{r} = E[\boldsymbol{x}(n)y_{\text{ref}}(n)] \qquad (5-119)$$

式中:$\boldsymbol{y}_{\text{ref}}(n) = (y_{\text{ref}}(n), y_{\text{ref}}(n-1), \cdots, y_{\text{ref}}(n-L+1))^{\text{T}}$ 为参考通道输出数据矢量。

当 $\boldsymbol{R}$ 满秩时,可以直接利用矩阵求逆得到权系数最优解。由整个算法的计算过程可以发现,权系数的求解需要输入信号的序列以及通道响应序列。

通过建立均衡效果的评价指标,可以发现,对于一定失配程度的通道,当滤波器的阶数足够时,通道频率响应能够得到迅速的改善。但是随着失配程度越发严重,也就是通道频率响应波动越发剧烈,系统对于滤波器阶数的要求就越高。在工程实践中,就自适应权系数算法的运算量以及构建滤波器所需的存储容量而言,阶数的增多意味着对硬件要求就越高,从而使得实时运算几

乎不可能。

为了解决实时运算与硬件资源之间的矛盾,有文献提出一种基于带宽分割的自适应通道补偿方法:把每个通道带宽均匀分割成 K 个子带,然后在不同通道相对应的子带内作自适应的时域通道均衡,最后把带内均衡结果相加得到总的均衡输出。将宽带信号分割成窄带信号后,每个子带所需的均衡滤波器的阶数变小,使得自适应权系数求取的运算量大大减少,算法的实时性有了较大的提高。但是,多个滤波器同时并行处理会增加整个硬件设计的复杂度。

时域均衡算法在时域上利用通道输出的差值进行自适应时域滤波器的权系数求解,属于间接方式。在时域上进行求解,工程实现上较为方便,但是时域方法的精度不够,毕竟时域采集的序列并不能完全表示通道的特性。时域滤波器权系数主要取决于输入信号与参考通道特性,而不能根据需求灵活地设计滤波器,并且该方法对于信号的信噪比要求较高。数字阵列雷达对于通道特性的一致性要求较高,对于通道失配这类随频率变化的缓变误差,均衡滤波器的设计不能被输入信号与参考通道的特性所局限,所以时域最小二乘拟合法在数字阵列雷达上的应用较为局限。

3. 频域最小二乘拟合法

相比较时域方法而言,频域最小二乘拟合法利用参考通道与待均衡通道的实际频率响应得到均衡滤波器的期望频率响应,接着利用实际滤波器的频率响应去逼近期望频率响应,具体原理如图 5-43 所示。

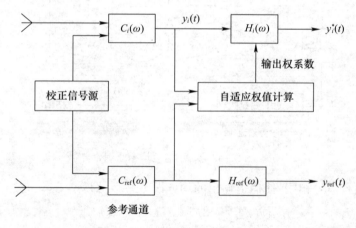

图 5-43 频域通道均衡原理

根据式(5-114)得到滤波器期望响应 $H_i(\omega)$,然后设 N 阶 FIR 滤波器的频率响应为

$$E(\omega) = \sum_{k=1}^{N} h(k) e^{-j\omega(k-1)\Delta} = \boldsymbol{a}^{\mathrm{T}}(\omega)\boldsymbol{h} \tag{5-120}$$

式中:$\boldsymbol{a}(\omega) = (1, e^{-j\omega\Delta}, \cdots, e^{-j\omega(N-1)\Delta})^{\mathrm{T}}$ 为相移矢量;$\boldsymbol{h} = (h_1, h_2, \cdots, h_N)^{\mathrm{T}}$ 为 N 阶 FIR 滤波器的权系数。

为了使滤波器能够提高在重要频点处的拟合精度,有文献提出了频域加权最小二乘拟合法,即使得最佳权向量 $\boldsymbol{h}$ 满足方程:

$$\min_{\boldsymbol{h}} \| \boldsymbol{W}(\boldsymbol{A}\boldsymbol{h} - \boldsymbol{b}) \| \tag{5-121}$$

式中:$\boldsymbol{b} = (H_i(0), H_i(1), \cdots, H_i(M-1))^{\mathrm{T}}$,$M$ 为第 i 路均衡器频率响应 $H_i(m)$ 在均衡频带内的测量值个数,$H_i(m) = H_{\mathrm{ref}}(m) C_{\mathrm{ref}}(m)/C_i(m)$;$\boldsymbol{A}$ 为频率因子矩阵;$\boldsymbol{W}$ 为加权矩阵,$\boldsymbol{W} = \mathrm{diag}(w_0, w_1, \cdots, w_{M-1})$。

$$A = \begin{bmatrix} a_{0,0} & a_{0,1} & \cdots & a_{0,N-1} \\ a_{1,0} & a_{1,1} & \cdots & a_{1,N-1} \\ \vdots & \vdots & & \vdots \\ a_{M-1,0} & a_{M-1,1} & \cdots & a_{M-1,N-1} \end{bmatrix} \qquad (5-122)$$

式中：$a_{m,n} = \exp\left[-j\dfrac{2\pi(m-1)(n-1)}{M}\right]$。

加权矩阵 W 的作用是对每一个频点的拟合误差进行加权，使得不同点的拟合误差在总误差中所占比例不同，这样可使有限的 FIR 滤波器能够在需要的频带上进行有效的均衡。加权矩阵的对角元素值可选取合适的加权函数，如切比雪夫加权等。在比较各类加权函数的基础上，有文献提出将参考通道的幅度响应作为其对角元素的值，可有效抑制带外误差对均衡性能的影响，相比于切比雪夫加权以及 Hamming 加权，幅度响应加权的均衡效果更佳。

根据式(5-121)得到满足由于最小二乘拟合法在解算时需采用广义求逆法，即

$$h = R^{-1}d \qquad (5-123)$$

式中：$R = A^H W^H W A$；$d = A^H W^H W b$。

频域最小二乘拟合法在某种意义可以看作期望响应已知的条件下对实际滤波器权系数的求解。该类方法的设计过程较为复杂，但是整体设计的灵活性较高，不用过分依赖输入信号与通道特性，并且利用频域方法设计的滤波器的精度较高。可以看出，该方法的主要研究热点集中于如何利用算法使实际滤波器的响应更加逼近期望响应和对于最小二乘法求解过程中广义逆的求解问题以及面对极端条件下，如何解决滤波器阶数、硬件资源与均衡效果之间的矛盾。

4. 傅里叶变换法

基于傅里叶变换通道均衡算法的基本思想是根据式(5-114)对 $H_i(\omega)$ 进行傅里叶逆变换得到均衡器的时域响应

$$h_i(n) = \text{IFFT}[H_i(\omega)] \qquad (5-124)$$

信号的带宽较大，采样频率较高，因此得到的时域采样点数非常大，如此高阶的滤波器对于硬件实现起来较为困难，因此通常是利用截取其中的一部分作为时域 FIR 滤波器的系数。通过理论分析以及实验数据表明，频域最小二乘算法所求的实际 N 阶均衡器的权系数即为 $H_i(n)$ 的前 N 个系数。

由算法本身可以发现，这类方法的步骤较其他方法简单，但是该基本算法受到许多实际因素的影响导致算法性能的严重下降。通过大量实验数据表明噪声段的频谱幅度比差异大于 8 时，获得的时域系数不再准确。解决此问题的关键是保证被均衡通道与参考通道的输入信号信噪比。为了提高信噪比，在保证前端放大器不限幅的情况下，尽量增大输入端的信号，并在中频放大加入衰减。同时，带宽与采样率之间的关系也对通道均衡的效果有很大影响，当采样率正好等于带宽时，由于线性调频信号在带外下降时有一定的过渡段，会造成频谱混叠。于是通过将通道均衡模块置于中频数字正交模块中，既满足了带宽与采样率的需求，也使得通道均衡效果有所保障。

傅里叶变换法作为频域最小二乘拟合法的延伸，在继承了频域最小二乘拟合法的精度高特点的基础上，其最大的优点就是在工程上算法简单易于实现，这也是目前大多数数字阵列雷达均衡器设计实例选择该方法的原因。除了上述优点以外，对于傅里叶变换法而言，带外噪声会影响系数的截取，进而影响均衡器的设计与均衡结果，所以对于带外噪声的处理以及系数截取方式这

两方面仍需进一步研究。

5. 数字 T/R 组件的均衡滤波器权系数

在数字 T/R 组件的测试和生产过程中,会对每个组件的每个通道进行均衡滤波器权系数的计算和提取:将标准 LFM 信号注入通道,根据实际接收数据,计算各通道频率响应,和理想参考通道的频率响应做最小二乘法拟合,完成滤波器系数的计算和提取,并将系数存入数字 T/R 组件。

雷达整机系统会根据需要对全阵面所有通道进行监测和校准,重新计算权系数,并在线加载和写入,以补偿和修正多通道的带内幅度平坦度和线性相位误差。

采用信号源产生标准线性调频信号输入组件通道端口,经过混频滤波放大等电路处理后,中频输出信号频谱,经过数字下变频处理后进行均衡滤波处理,可以将接收通道的宽带内幅频波动补偿到小于 ±1.5dB,线性相位误差小于 ±10°,脉压主副瓣比优于 35dB。图 5-44 所示为均衡前后信号幅频特性图。

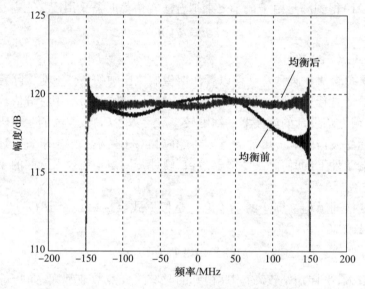

图 5-44　均衡前后信号幅频特性图

参 考 文 献

[1] 张明友. 数字阵列雷达和软件化雷达[M]. 北京:电子工业出版社,2008.
[2] 葛建军,张春城. 数字阵列雷达[M]. 北京:国防工业出版社,2017.
[3] 张明友,汪学刚. 雷达系统[M]. 4 版. 北京:电子工业出版社,2013.
[4] 陈伯孝,等. 现代雷达系统分析与设计[M]. 西安:西安电子科技大学出版社,2012.
[5] 赵树杰. 雷达信号处理技术[M]. 北京:清华大学出版社,2010.
[6] RICHARDS M A. 雷达信号处理基础[M]. 邢孟道,王彤,李真芳,译. 北京:电子工业出版社,2008.
[7] SKOLNIK M I. 雷达系统导论[M]. 左群声,徐国良,马林,等译. 3 版. 北京:电子工业出版社,2006.
[8] 王德纯. 宽带相控阵雷达[M]. 北京:国防工业出版社,2010.
[9] 李陶. 宽带数字阵列雷达关键技术研究[D]. 成都:电子科技大学,2017.

[10] 邹林. 宽带数字阵列雷达关键技术研究[D]. 成都:电子科技大学,2013.
[11] 李玮. 宽带数字 T/R 组件接收通道关键技术研究[D]. 成都:电子科技大学,2009.
[12] 成超. 宽带数字 T/R 组件发射通道实现技术研究[D]. 成都:电子科技大学,2009.
[13] 曹刚. 宽带数字 T/R 组件中通道均衡理论及实现研究[D]. 成都:电子科技大学,2010.
[14] 龚博文,姚志成,杨剑,等. 数字阵列雷达通道均衡技术研究[J]. 现代防御技术,2018(5):75-81.
[15] 王伟. 一种 Farrow 结构数字延时滤波器的设计[J]. 电讯技术,2018(5):601-606.

第6章 宽带相控阵 ISAR 成像技术

6.1 概 述

雷达作为一种先进的探测工具,具有全天时、全天候、远距离获取目标信息的能力。早期雷达的功能只是检测和估计目标的位置与运动信息,分辨率很低,分辨单元比目标还大,故将观测目标视为"点"目标。

成像雷达的出现大大扩展了原有雷达的概念,它以宽带微波发射和接收为基础,结合先进的现代雷达信号处理技术(包括脉冲压缩和合成孔径技术),获取径向和横向距离分辨率远小于目标尺寸的微波雷达图像,使雷达功能由对目标检测、定位和跟踪拓展到对目标和场景的成像识别。

成像雷达可分两种:如果雷达移动,目标固定不动,则为合成孔径雷达;相反,若雷达固定不动,目标移动,则为逆合成孔径雷达。由于它们均利用了雷达和观测目标之间的相对运动形成的虚拟孔径进行合成孔径高分辨成像,所以其成像的基本原理是相同的。

虽然 ISAR 雷达和合成孔径雷达一样利用雷达和目标之间的相对运动获得横向距离高分辨率,但是,合成孔径雷达在运动平台上对固定目标和场景进行成像,其自身运动规律是可知或基本可知的,而 ISAR 一般针对非合作目标进行成像,目标运动的不确定性给运动补偿带来困难。尤其对于现代军事目标,包括强机动的战斗机、旋翼转动的直升机、具有进动及自旋的导弹、自旋稳定的卫星,以及具有偏航、俯仰及翻滚的三维旋转运动的舰船以及地面颠簸运动的车辆目标等,其运动的复杂性给 ISAR 成像带来了较大挑战。

ISAR 雷达由于具有很高的信息获取能力,是当前成像雷达一个重要发展方向之一。ISAR 雷达获得的距离-方位二维高分辨图像可以刻画目标大小、形状、结构及姿态等细节,为雷达目标特征提取、分类及识别提供丰富的信息。因此,ISAR 成为空间目标监视、战略防御以及天体观测等现代军用和民用领域的重要传感器,具有显著的应用价值。

自从美国的 C. C. Chen 和 Andrew 发表了经运动补偿获得实测飞机的 ISAR 图像后,国内外研究机构对 ISAR 运动补偿和成像算法进行了大量、深入的研究,促进了雷达成像技术的蓬勃发展。随着技术的发展进步,雷达带宽越来越大,给高分辨率精细化成像创造了条件,在高分辨率成像中,不仅要补偿目标平动运动还要对目标转动引入的包络和高次相位进行补偿,另外在高分辨率 ISAR 成像中,图像自聚焦也是提高图像质量的一个重要方法。下面主要就 ISAR 成像模型、平动补偿、转动补偿及自聚焦等几个方面分别对 ISAR 成像相关技术进行介绍。

6.2 ISAR 成像基本原理

根据 ISAR 的基本定义,在成像过程中雷达是不动的,目标是运动的。目标的运动包括平动分量和转动分量。对方位向分辨有贡献的是转动分量,而平动分量对方位向分辨是没有贡献的,必须补偿掉。补偿掉平动分量以后,成像目标就只剩下了转动分量,此时,目标就等效为转台目标。这是一种理想目标模型,利用转台目标成像原理可以清楚地说明 ISAR 横向分辨的基本原理。

ISAR 的横向方位分辨率也可用多普勒分辨来解释,如图 6-1(a)所示。以转台目标为例,并将目标以散射点模型表示,若转台相对雷达顺时针方向转动,目标上各散射点的多普勒值是不同的。位于轴线(轴心至雷达的连线)上的散射点没有相对于雷达的径向运动,其子回波的多普勒值为零,而在其右侧或左侧的多普勒值分别为正或负,且离轴越远多普勒绝对值越大。因此,将各个距离单元的回波序列分别通过傅里叶分析变换到多普勒域,只要多普勒分辨率足够高,就能将横向分布表示出来。

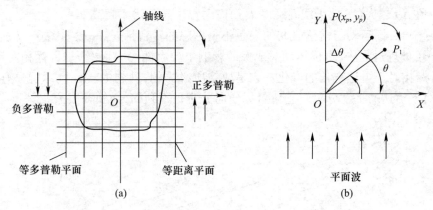

图 6-1 转台目标成像示意图

如图 6-1(b)所示,设在相邻两次观测中目标相对于雷达视线转过了一个很小的角度 $\Delta\theta$,目标上某一散射点从 $P(x_p,y_p)$ 点转动到了 P_1 点,则其纵向位移为

$$\Delta y_p = r_p \sin(\theta - \Delta\theta) - r_p \sin\theta = -x_p \sin\Delta\theta - y_p(1 - \cos\Delta\theta) \tag{6-1}$$

式中:x_p、y_p 为散射点 P 相对于转台轴心的坐标,且 $x_p = r_p\cos\theta$,$y_p = r_p\sin\theta$。纵向位移引起的子回波相位变化为

$$\Delta\varphi_p = -\frac{4\pi}{\lambda}\Delta y_p = -\frac{4\pi}{\lambda}\left[-x_p\sin\Delta\theta - 2y_p\left(\sin\frac{\Delta\theta}{2}\right)^2\right] \tag{6-2}$$

若 $\Delta\theta$ 很小,则式(6-2)可近似为

$$\Delta\varphi_p \approx \frac{4\pi}{\lambda}x_p\Delta\theta + \frac{4\pi}{\lambda}\cdot\frac{1}{2}y_p(\Delta\theta)^2 \tag{6-3}$$

式中:当 $\Delta\theta$ 非常小时,式(6-3)中的第二项才可以忽略不计,即在目标做匀速旋转时,两次回波相位差正比于散射点横距 x_p 的常数。从第二项还可以看出,y_p 越大的点,即目标在雷达射线方向的两端的散射点,对两次回波相位差的影响越大,使 $\Delta\varphi_p$ 产生加速变化,即产生多普勒走动。

因此,当 $\Delta\theta$,y_p 都较小时,两回波的相位差可近似为

$$\Delta\varphi_p \approx \frac{4\pi}{\lambda}x_p\Delta\theta \tag{6-4}$$

式(6-4)表明,两回波的相位差正比于横距 x_p。当转台连续转动时,子回波相位变化表现为多普勒,且具有相同横距的散射点形成一组平行于由目标转轴与雷达视线方向形成的平面的等多普勒平面,见图 6-1(b)。x_p 越大,则该散射点子回波的多普勒频率也越高。该散射点相邻两个周期的回波相差一个相位旋转因子 $\exp\left(j\frac{4\pi}{\lambda}\cdot\Delta\theta\cdot x_p\right)$。

假如目标匀速转动,并在观测过程中接收到 M 次回波,即总转角为 $\Delta\beta = M\Delta\theta$,当两散射点的横向距离差为 Δx 时,两散射点子回波总的相位差为

$$\Delta\psi_M = \frac{4\pi}{\lambda}\Delta\beta \cdot \Delta x \tag{6-5}$$

用多普勒变换作多普勒分析时,只要 $\Delta\Psi_M \geq 2\pi$,两点即可分辨,这时的横向方位分辨率为

$$\rho_A = \frac{\lambda}{2\Delta\beta} \tag{6-6}$$

式(6-6)表明,目标横向分辨率 ρ_A 与雷达波长 λ 以及转角 $\Delta\beta$ 有关,雷达载频越高,分辨率越高;目标转角 $\Delta\beta$ 越大(等效天线孔径越大),横向方位向分辨率越高。

但在实际中,目标运动与雷达之间的关系不是理想的转台情况,一般如图 6-2 所示,这决定了在实际 ISAR 处理过程中,目标运动对成像的影响主要有两个方面:一是目标相对于雷达的转动分量,即目标相对于雷达视角的变化。它是成像所必需的,理想的转台目标就只有这一分量。二是目标相对于雷达的平动分量。它对目标横向分辨是不利的,必须补偿掉。

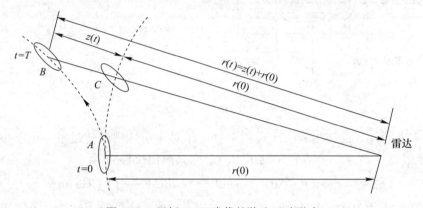

图 6-2 目标 ISAR 成像的普遍运动形式

如图 6-2 所示,目标在成像时间内由 A 点运动到 B 点,指定目标上任意一点为参考点,$r(t)$ 为参考点到雷达之间的距离。在这种运动模式下,目标相对于雷达的运动可以分解为三个部分:一是目标上参考点相对于雷达的转动,旋转半径始终为 $r(0)$;二是参考点沿雷达视线方向的平动;三是目标绕自身参考点的转动。目标绕自身的转动是 ISAR 处理提高横向分辨的基础。

在中等分辨率 ISAR 处理中,对从雷达接收机获得的目标回波进行预处理后,首先完成对目标回波的运动补偿,即包括包络对齐和相位补偿,然后进行方位压缩,最后得到目标的 ISAR 像。

6.3 目标平动补偿技术

平动补偿是 ISAR 成像的关键和难点,平动补偿一般包括包络对齐和相位补偿两部分,包络对齐是粗补偿,相位补偿是精补偿。目标经过平动补偿处理后可等效为转台成像。

6.3.1 包络对齐

包络对齐的目的是消除一维像在相邻脉冲间的错位,也是进行后续相位补偿的前提。因相位补偿是调整相同距离单元内各次回波的相位关系,如果包络对齐精度差,距离像参差不齐,则无法有效地进行相位补偿。

6.3.1.1 包络对齐的相关性准则

基于相关性准则的包络对齐方法有很多,如相邻相关法、积累相关法、限幅互相关法及全局相关法等。其中,相邻相关法是基础,其他几种方法都是针对不同情况对相邻相关法的改进。下面以相邻相关法为例介绍其原理。

相邻距离相关法假设目标在回波方位像的采样率相当高,相邻一维像的实包络变化比较小,可以利用互相关方法使其距离像对准。在高方位采样率的条件下,目标相邻回波的实包络十分相似,这种方法对目标回波特性的假设一般能够得到满足。可以想象得到,采用互相关法以其峰值相对应的时延作补偿,可使相邻实包络实现很好的对齐。

最基本的相关包络对齐方法是相邻两个脉冲进行相关。若相邻一维距离像的回波包络分别为 $x_i(t)$ 和 $x_{i+1}(t)$,则相邻距离像的互相关函数为

$$R(\tau) = \int x_{i+1}(t+\tau)x_i(t)\mathrm{d}t \tag{6-7}$$

可见,以不同的时延 τ 对相关函数 $R(\tau)$ 进行搜索,并以相关函数最大对应的 τ 值(τ_0)作为包络最终的时延值。为此,可求出包络的平移量

$$\tau_0 = \max_{\tau} R(\tau) \tag{6-8}$$

式(6-8)中对 τ 进行搜索,得到其相关值最大所对应的时延,即可实现包络对齐,用相邻相关法进行包络对齐处理,通常情况下都能获得较好的效果,相邻相关法包络对齐结果如图6-3和图6-4所示。

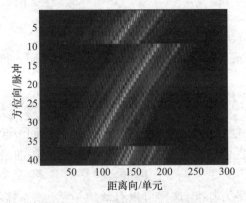

图6-3 包络对齐前一维像序列

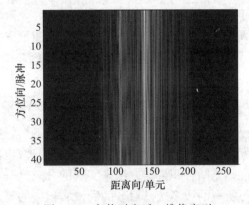

图6-4 包络对齐后一维像序列

但在实测数据的处理中发现相邻相关法也存在两个问题:一是由误差的积累造成的包络漂移。虽然相邻两个包络之间对齐误差较小,但还是存在,且后一次回波的对齐是以前一次回波精确对齐为基础的,所以很小的误差通过几百次的积累后,很可能出现大的漂移。二是由于一两次回波的异常造成的包络突跳。

积累相关法由相邻相关法演变而来,解决了相邻相关法对相邻回波强相关性要求的不足。积累相关法是将一次回波与前面几次回波的加权作相关,以减小因逐次相关而导致误差积累的漂移。

在具体应用时,积累相关将待对齐的第 $N+1$ 个脉冲 $x_{N+1}(t)$ 与相邻的前 N 个已对齐的脉冲的积累结果进行相关,得到其相关值最大所对应的时延,即

$$R(\tau) = \int \left[\sum_{i=1}^{N} x_i(t)\right] x_{N+1}(t+\tau)\mathrm{d}t \tag{6-9}$$

其中，N 为积累脉冲数。积累相关包含两部分：一部分是脉冲中前 N 个已对齐的脉冲的相关函数和(求和即积累)；另一部分是回波中已对齐的 N 个脉冲积累与待对齐脉冲相关函数之和。由于待对齐脉冲变化是随机起伏的，这部分的叠加基本上是功率相加。这说明利用相关函数的积累可有效地消除目标脉冲中起伏部分对运动补偿的影响，可提高对齐精度。

6.3.1.2 包络对齐的最小熵准则

最小熵准则作为包络对齐的一种常用准则，其基本原理为将相邻两个距离像相加得合成距离像。当距离像未对齐而求和，因波形的"峰"与"谷"都错开相加，其结果使合成距离像波形钝化，故可用距离像求和后波形锐化度作为对齐的准则。而锐化度的度量可以通过统计学中"信息熵"的概念来衡量，波形锐化度越高，则其熵值越小。因此，可以用最小熵的概念作为包络对齐的准则。

以相邻回波实包络对齐为例，设第 1 次回波实包络向量和时延 τ 后的第 2 次回波实包络向量分别为 $\boldsymbol{X}_1 = [x_{11} \ x_{12} \ \cdots \ x_{1N}]^T$ 和 $\boldsymbol{X}_{2\tau} = [x_{2\tau 1} \ x_{2\tau 2} \ \cdots \ x_{2\tau N}]^T$，将两个向量相加得到合成向量 $\boldsymbol{X}_\tau = [x_{1\tau} \ x_{2\tau} \ \cdots \ x_{N\tau}]^T$，可见合成向量的形状随时延 τ 的变化而变化。合成向量波形熵可表示为

$$H(\tau) = -\sum_{i=1}^{N} x'_{i\tau} \ln x'_{i\tau} \tag{6-10}$$

其中

$$x'_{i\tau} = x_{i\tau} \Big/ \sum_{i=1}^{N} x_{i\tau}, \quad i = 1,2,\cdots,N \tag{6-11}$$

而 $\boldsymbol{X}'_\tau = [x'_{1\tau} \ x'_{2\tau} \ \cdots \ x'_{N\tau}]^T$ 为合成向量 $\boldsymbol{X}_\tau$ 归一化后的值。

由上可知，以不同的时延 τ 对熵值 $H(\tau)$ 进行搜索，并以熵值最小对应的 τ 值 (τ_0) 作为包络最终的时延值。为此，可求出包络的平移量

$$\tau_0 = \min_{\tau} H(\tau) \tag{6-12}$$

用最小熵准则进行包络对齐处理，通常情况下都能获得较好的效果。但是，若目标回波起伏较大，且仍只是用相邻回波逐个进行处理，也可能出现包络漂移和突跳误差。因此，实用的最小熵准则是结合积累的方法来实现的，即合成向量中，不只是以前一次回波实包络为参考，而是以前面所有的或多次已对齐的回波实包络的平均实包络为基准，这样可以有效地消除包络漂移和突跳误差。

理论上，合成回波向量波形熵随包络时延的不同而变化，当时延为零时，熵值最小，在邻近最小熵附近，熵值变化较快，距离越远，熵值变换越平缓，且随时延的增大，熵值也增大。

6.3.2 相位补偿

6.3.2.1 初相校正的单特显点法

假设回波信噪比较高，如果某距离单元(设为第 p 个单元)只有一个孤立的散射点，则第 p 个距离单元的子回波复包络可简写成

$$s_p(m) = \sigma_{1p} e^{(\varphi_{1p0} + \frac{4\pi}{\lambda} m x_{1p} + \gamma_m)}, \quad m = 0,1,2,\cdots,M-1 \tag{6-13}$$

这是一相位受干扰的等幅复正弦波，其相位历程为

$$\Phi_p(m) = \varphi_{1p0} + \frac{4\pi}{\lambda} m x_{1p} + \gamma_m, \quad m = 0,1,2,\cdots,M-1 \tag{6-14}$$

式(6-14)中的起始相位 x_{1p0}(即 $m=0$ 时刻的相位)是未知常数,为了去除它的影响,可利用相邻两次回波的相位差 $\Delta\Phi_p(m) = \Phi_p(m) - \Phi_p(m-1)$,于是

$$\Delta\Phi_p(m) = \frac{4\pi}{\lambda}x_{1p} + \Delta\gamma_m, \quad m = 1,2,\cdots,M-1 \tag{6-15}$$

式中:$\Delta\gamma_m = \gamma_m - \gamma_{m-1}$ 为第 m 次和第 $m-1$ 次回波的初相差。

如果将该孤立散射点的位置作为转台的轴心(即 $x_{1p}=0$),则该散射点子回波的相位应不随 m 改变,它的相邻相位差为0,这时式(6-15)表现出的相位差是由初相误差 $\Delta\gamma_m$ 造成的。于是,由该距离单元计算得到的相邻相位差 $\Delta\Phi(m)(m=1,2,\cdots,M-1)$ 可认为是孤立点位于转台轴心时随机初相造成的。将实测回波序列用该 $\Delta\gamma_m$ 逐个校正(相当于以第一次回波为准,将各次回波的初相校正为同样数值),便可将各次的随机初相校正,而使该单元各次子回波的初相均成为 x_{1p0}。

实际上,所有初相为同一数值 x_{1p0} 与所有初相为零对这里的成像结果没有影响。这时的初相校正可简化为将各次回波序列里所有距离单元的相位减去该孤立散射点距离单元同一次回波的实测相位 $\Phi_p(m)(m=1,2,\cdots,M-1)$,即各次初相均为零。

初相不正确会使图像散焦,基于数据消除初相误差称为自聚焦,这里是将图像中的某一孤立点作自聚焦处理,而实现整个图像的自聚焦。

在实际应用里,理想的孤立散射点单元几乎是不存在的,但在某些距离单元里只有一个特强的散射点(称为特显点),其余还有众多的小散射点(称为杂波),此外还有噪声,但杂波和噪声之和的强度远小于特显点强度的情况还是经常存在的。于是,可以借助于这些特显点单元的回波数据,而采用上述方法作初相校正,即以该单元各次回波相位 $\Phi_p(m)(m=1,2,\cdots,M-1)$ 来校正初相。这样做当然不可能将初相完全校正好,但在信噪比较高时仍能得到较好的效果。

若第 p 个距离单元为特显点单元,这时该单元子回波的表示式仍相似,只是小杂波和噪声会对该回波的幅度和相位产生小的调制,即

$$s_p(m) = \sigma_{1p}(m)\mathrm{e}^{\mathrm{j}(\varphi_{1p0} + \frac{4\pi}{\lambda}mx_{1p} + \psi_{1p}(m) + \gamma_m)}, \quad m = 0,1,2,\cdots,M-1 \tag{6-16}$$

式中:$\sigma_{1p}(m)$、$\Psi_{1p}(m)$ 表示小杂波与噪声产生的幅度和相位小的调制。

若以该特显点的位置作为转台轴心(即 $x_{1p}=0$),则子回波的相位历程为

$$\Phi_p(m) = \varphi_{1p0} + \gamma(m) + \psi_{1p}(m), \quad m = 0,1,2,\cdots,M-1 \tag{6-17}$$

如果仍采用孤立点时散射点的方法作初相校正,即将各次回波所有距离单元数据的相位分别减去特显点单元的实测相位 $\Phi_p(m)$,则从式(6-17)可知,随机初相值 γ_m 被正确消除,同时还要减去 x_{1p0},上面已经提到 x_{1p0} 为一常数,对这里的成像结果没有影响,问题是会引进相位 $\Psi_{1p}(m)$,这相当于将已校正好的各距离单元的回波序列乘以序列 $\mathrm{e}^{\mathrm{j}\psi_{1p}(m)}$。因此,它对各距离单元横向像的影响相当于正确校正了的横向像与 $\mathrm{IDFT}[\mathrm{e}^{\mathrm{j}\psi_{1p}(m)}]$ 的卷积。由于 $\Psi_p(m)$ 是一个小的变化量,所以 $\mathrm{IDFT}[\mathrm{e}^{\mathrm{j}\psi_p(m)}]$ 呈现为展宽了的尖峰(主要由 $\Psi_{1p}(m)$ 的低次项引起),同时有一定的小的副瓣(主要由 $\Psi_{1p}(m)$ 的高次项引起),它与横向像卷积的结果会降低图像波形的锐化度,也就是使图像散焦,而副瓣会使原图像产生小的模糊。

如上所述,特显点单元应当是一个例外,该单元数据序列的相位均为零,杂波和噪声产生的小的相位调制也被补偿掉。确实如此,但幅度调制没有被补偿,这一距离单元的杂噪影响只是有所削弱,且纯幅度调制干扰为双边谱,即在原干扰相对于图像中心的另一侧出现新的干扰。

通过上面的讨论可知,如果目标回波一维距离像序列中存在信噪比很强的特显点距离单元,用上述特显点初相校正法可以得到好的效果。但是,如何判断实测数据里有没有特显点距离单

元,以及如何找到这些单元,需要加以研究。实际上,在完成平动补偿的第一步包络对齐后,虽然各距离单元子回波序列的相位历程由于随机初相存在而仍然混乱,但幅度变化已基本正确。杂波和噪声对信号的影响是杂乱的,它会在幅度和相位两方面同时表现出来,只存在孤立的特显点时,回波序列的幅度为常数,杂波和噪声的影响使幅度产生起伏,所以可挑选幅度变化起伏小的距离单元作为特显点单元。Steinberg 提出用归一化幅度方差来衡量,其定义为

$$\overline{\sigma_{un}^2} = \overline{(u_n - \bar{u}_n)^2} / \overline{u_n^2} = 1 - \bar{u}_n^2 / \overline{u_n^2} \tag{6-18}$$

式中:符号上的横线表示对该单元内的各元素取平均值;$\bar{u}_n$ 为第 n 个距离单元回波序列幅度的均值,$\overline{u_n^2}$ 为其均方值。

当归一化幅度方差 $\overline{\sigma_{un}^2}$ 小于 0.12 时,特显点法一般可获得较好的成像结果。$\overline{\sigma_{un}^2}$ 小于 0.12 相当于该单元特显点的回波功率比杂波、噪声之和大 4dB 以上。在对外场实测数据的处理中发现,许多场合确实可以找到一些具有满足上述条件的数据,但在一幅图像的数据里找不到满足上述条件的特显点单元的情况也并不罕见,这时要寻找另外的初相校正方法。

6.3.2.2 多特显点综合法

从上一节的讨论可知,在同一次回波里,所有距离单元的数据具有同样的初相序列 $\gamma(m)$($m = 1, 2, \cdots, M - 1$)。只要选用一个特显点单元估计出 $\gamma(m)$,就可对全部数据作初相校正。实际上,在一幅图像的数据里,信噪比较强的特显点单元一般有多个,将它们作综合处理,加大等效信噪比,就可以提高初相误差的估计精度。

将多个数据综合处理来提高信噪比是信号处理常用的方法,当杂波和噪声呈高斯分布时,宜采用最大似然(Maximum Likelihood,ML)法,而杂波和噪声作其他不规则分布时,宜采用加权最小二乘(Weighted Least Squares,WLS)法。在这些方法里,都需设法将各个数据里的信号分量调整成同相相加。

设某一幅图像的数据里可以挑选出 L 个特显点单元,即使它们不满足 $\overline{\sigma_{un}^2} < 0.12$ 的条件,它们还是可以表示为同样的形式。为了使 L 个单元里的特显点信号同相相加,首先应去除式中因多普勒频率不同而产生的随慢时间变化各异的相位分量 $(4\pi/\lambda)mx_{1p}$,这可以将各距离单元的横向像中的峰值移至图像中心(相当于转台的轴心线,这时 $x_{1p} = 0$)。图像作圆平移,相当于数据序列的相位增加一个线性项 $-(4\pi/\lambda)mx_{1p}$。此外,特显点回波的起始相位 φ_{1p0} 是随机的,为实现不同距离单元中的信号分量同相相加,也要把它估计出并加以补偿。通过这样的预处理,L 个特显点单元的回波复包络可分别表示为

$$s'_p(m) = e^{-j(\varphi_{1p0} + \frac{4\pi}{\lambda}mx_{1p})} s_p(m) = \sigma_{1p}(m) e^{j(\psi_{1p}(m) + \gamma_m)}, \quad p = 1, 2, \cdots, L \tag{6-19}$$

上述各子回波的相位历程为

$$\Phi'_p(m) = \psi_{1p}(m) + \gamma_m, \quad p = 1, 2, \cdots, L \tag{6-20}$$

式中:$\Psi_{1p}(m)$ 为杂波、噪声调制引起的小的相位起伏调制。

为了能较精确地从式(6-20)的 L 个方程的 $\Phi'_p(m)$ 估计出初相误差 γ_m,最好采用加权最小二乘法,即将 L 个方程作加权和:起伏分量小的,予以大的权重;相反,起伏分量大的,予以小的权重。

上述方法理论上可以得到好的效果,但由于要通过烦琐的预处理,运算量大。特别是当多普勒中心和起始相位估计不准时,很难达到预期的效果。实际上用得更多的是初相的相位差估计法。将第 m 次回波与第 $m-1$ 次回波作共轭相乘,即

$$s_p(m)s_p^*(m-1) = \sigma_{1p}(m)\sigma_{1p}(m-1)e^{j\left(\frac{4\pi}{\lambda}x_{1p} + \Delta\psi_{1p}(m) + \Delta\gamma_m\right)}, \quad m=1,2,\cdots,M-1 \quad (6-21)$$

式中:$\Delta\gamma_m = \gamma_m - \gamma_{m-1}$ 为相邻的初相误差相位差;$\Delta\Psi_{1p} = \Psi_{1p}(m) - \Psi_{1p}(m-1)$ 为相邻相位起伏分量之差。从式(6-21)可见,特显点回波的起始相位 φ_{1p0} 被剔除,而多普勒相位变成与 m 无关的常量。

6.3.3 船摇运动补偿

船载相控阵测量雷达对空间目标成像的情况下,目标相对于雷达之间的运动不仅包括目标本身的运动,还包括船舶的平移运动以及其在海浪和风力等作用下的艏摇、横摇、纵摇三维转动。由于船舶吨位较大,船摇周期较长、幅度较小,相对比较平稳,其三维转动对波束指向的影响主要通过系统层面加以解决,确保波束始终指向被成像目标,雷达成像主要考虑的是其脉内的幅相调制和脉间的幅度调制。

对于船舶平台三维转动产生的影响主要通过以下两种途径加以解决:

(1) 对于脉内幅相调制,首先测试宽带系统在偏离法线方向不同角度时的系统幅相特性并提取补偿系数,若在一定范围内幅相特性变化不大,可按照法线方向统一补偿,若变化较大,则按俯仰角分区域补偿。

(2) 由于船舶摇摆周期较长,利用数据估计船舶的运动特性,自动选择船舶运动比较平稳的时间段进行成像,避免波束指向有大的变化,引起较大的脉间幅度调制。

由于在轨空间目标本身运动非常平稳,主要表现为沿轨道方向的平移运动,基本不存在旋转运动。船舶则由于海浪的起伏和风力的作用等,存在艏摇、横摇、纵摇三维旋转运动,这些旋转运动经安装在阵面上的捷联惯导测量并补偿后,残余少量的旋转运动,加上船舶慢速航行本身产生的平移运动,叠加空间目标沿轨道方向的平移运动,共同组成目标相对于雷达视线方向的总运动。运动补偿需要解决的问题是补偿目标相对于雷达总的运动中对成像无益的平移运动分量,保留用于实现方位成像的旋转运动分量。这与地面 ISAR 雷达对飞机类目标成像没有本质差别(飞机目标的运动除了沿航线方向的平移运动,也存在偏航、横滚、俯仰三维旋转运动),因此现有运动补偿算法可满足船载雷达对空间目标成像运动补偿的需要。

6.4 目标转动补偿技术

在 ISAR 成像中,目标回波经过平动补偿后,转化为转台目标,如果在雷达观测目标期间,目标上的各个散射点移动不会超越各自的距离单元,可直接进行方位向傅里叶变换完成成像。但是由于平动补偿的包络对齐方法只能够校正平动分量产生的距离走动,难以校正由转动分量产生的距离走动,如果目标较大,或者需要的分辨率较高,则转动引起的包络距离走动和高次相位不能忽略。下面分别介绍两种高分辨率 ISAR 成像方法,6.4.1 节将介绍基于 ICPF(Integrated Cubic Phase Funcyion)的 ISAR 成像,在平动补偿后,利用 Keystone 变换对转动分量引入的包络一次走动进行补偿,在忽略包络二次弯曲后,采用 ICPF 算法对各距离单元信号中的二次转动相位进行估计并补偿,获得高分辨率成像结果。6.4.2 节将介绍基于极坐标格式处理算法(Polar Reformatting Algorithm,PFA)的 ISAR 成像,在平动补偿后,在方位和距离频率域进行极坐标插值,实现高分辨率 ISAR 成像。

6.4.1 基于 ICPF 的 ISAR 成像

在 ISAR 成像中,设发射信号为

$$s(\hat{t}, t_m) = \text{rect}\left(\frac{\hat{t}}{T_p}\right)\exp\left[j2\pi\left(f_c t + \frac{1}{2}\gamma \hat{t}^2\right)\right] \tag{6-22}$$

设 $R_i(t_m)$ 为第 i 个散射点到雷达的距离，接收到的第 i 个散射点回波信号为

$$s_{iR}(\hat{t}, t_m) = A_i \text{rect}\left(\frac{\hat{t} - 2R_i(t_m)/c}{T_p}\right)\exp\left[j2\pi\left(f_c\left(t - \frac{2R_i(t_m)}{c}\right) + \frac{1}{2}\gamma\left(\hat{t} - \frac{2R_i(t_m)}{c}\right)^2\right)\right] \tag{6-23}$$

设目标测得距离为 $R_s(t_m)$，则参考信号为

$$s_{\text{ref}}(\hat{t}, t_m; R_s(t_m)) = \exp\left[j2\pi\left(f_c\left(t - \frac{2R_s(t_m)}{c}\right) + \frac{1}{2}\gamma\left(\hat{t} - \frac{2R_s(t_m)}{c}\right)^2\right)\right] \tag{6-24}$$

解线调频后的差频输出为

$$\begin{aligned}
s_i(\hat{t}, t_m) &= s_{iR}(\hat{t}, t_m) s_{\text{ref}}^*(\hat{t}, t_m; R_s(t_m)) \\
&= A_i \text{rect}\left(\frac{\hat{t} - 2R_s(t_m)/c}{T_p}\right)\exp\left[-j\frac{4\pi}{c}\left(f_c + \gamma\left(\hat{t} - \frac{2R_s(t_m)}{c}\right)\right)(R_i(t_m) - R_s(t_m)) + \right. \\
&\quad \left. j\frac{4\pi\gamma}{c^2}(R_i(t_m) - R_s(t_m))^2\right] \\
&= A_i \text{rect}\left(\frac{\hat{t} - 2R_s(t_m)/c}{T_p}\right)\exp\left[-j\frac{4\pi}{c}\gamma\left(\hat{t} - \frac{2R_s(t_m)}{c}\right)R_\Delta\right] \cdot \exp\left[-j\frac{4\pi}{c}f_c R_\Delta\right]\exp\left[j\frac{4\pi\gamma}{c^2}R_\Delta^2\right]
\end{aligned} \tag{6-25}$$

对式(6-25)进行傅里叶变换，得到频域表达式：

$$s_i(f_i, t_m) = A_i T_p \text{sinc}\left[T_p\left(f_i + 2\frac{\gamma}{c}R_\Delta\right)\right]\exp\left(-j\frac{4\pi}{c}f_i R_\Delta\right) \cdot \exp\left(-j\frac{4\pi}{c}f_c R_\Delta\right)\exp\left(-j\frac{4\pi\gamma}{c^2}R_\Delta^2\right) \tag{6-26}$$

乘以式(6-27)补偿 RVP 和包络斜置相位：

$$H(f_i) = \exp\left(-j\frac{\pi}{\gamma}f_i^2\right) \tag{6-27}$$

$$s_i(f_i, t_m) = A_i T_p \text{sinc}\left[T_p\left(f_i + 2\frac{\gamma}{c}R_\Delta\right)\right]\exp\left(-j\frac{4\pi}{c}f_c R_\Delta\right) \tag{6-28}$$

对 RVP 和包络斜置相位补偿后的式(6-27)进行逆傅里叶变换到时域：

$$s_i(\hat{t}, t_m) = A_i T_p \text{rect}\left(\frac{\hat{t}}{T_p}\right)\exp\left[-j\frac{4\pi}{c}(f_c + \gamma\hat{t})(R_i(t_m) - R_s(t_m))\right] \tag{6-29}$$

令 $f = \gamma\hat{t}$，有

$$s_i(\hat{t}, t_m) = A_i T_p \text{rect}\left(\frac{f/\gamma}{T_p}\right)\exp\left[-j\frac{4\pi}{c}(f_c + f)(R_i(t_m) - R_s(t_m))\right] \tag{6-30}$$

$R_\Delta = R_i(t_m) - R_s(t_m)$，经平动补偿后 $R_\Delta = x_i \sin\theta(t_m) + y_i \cos\theta(t_m)$，对 R_Δ 进行泰勒展开忽略高次项，$R_\Delta = x_i \omega t_m + y_i\left(1 - \frac{1}{2}\omega^2 t_m^2\right)$，式(6-30)可写成

$$s_i(f,t_m) = A_i T_p \text{rect}\left[\frac{f/\gamma}{T_p}\right] \exp\left[-j\frac{4\pi}{c}(f_c+f)\left(x_i\omega t_m + y_i\left(1-\frac{1}{2}\omega^2 t_m^2\right)\right)\right] \quad (6-31)$$

首先去除包络中的走动分量,对式(6-31)进行 Keystone 变换,即令 $t_m = \tau_m f_c/(f_c+f)$。假设包络中的二次弯曲可以忽略,keystone 变换后还存在空变的二次相位,会影响 ISAR 成像聚焦效果,在 Keystone 变换后还需要并对空变二次相位系数进行估计。

在二次相位系数估计中,介绍一种基于三次相位函数的算法。三次相位函数是二维双线性变换,三次相位函数可同时实现三阶相位调制信号和线性调频信号的参数估计,三次相位函数的定义可表示为

$$\text{CPF}(n,\Omega) = \sum_{l=0}^{N} S(n+L)S(n-l)e^{-j\Omega l^2} \quad (6-32)$$

式中:n 为信号采样点;N 为信号总长;l 为时移长度且取值范围为 0;N、Ω 获取的是信号的瞬时频率变化率(Instantaneous Frequency Rate,IFR),IFR 可定义为

$$\text{IFR}(n) = \frac{d^2\phi(n)}{dn^2} \quad (6-33)$$

式中:n 为信号的相位,IFR 即为相位的二次求导函数。

对于单分量三阶相位信号

$$x(t) = b_0 e^{j\phi(t)} = b_0 e^{j(a_0+a_1t+a_2t^2+a_3t^3)} \quad (6-34)$$

式中:$\{a_0,a_1,a_2,a_3,b_0\}$ 为任意参数;$\phi(t)$ 为信号相位,信号的瞬时频率为

$$\text{IFR}(n) = \frac{d^2\phi(n)}{dn^2} = 2(a_2+3a_2 t) \quad (6-35)$$

由此可知,三阶相位信号在三次相位函数下的瞬时频率变化率沿着 $2(a_2+3a_2t)$ 这条斜线形成峰值线。瞬时调频率通过

$$\text{IFR} = \underset{\Omega}{\text{argmax}}[\text{CPF}(t,\Omega)] \quad (6-36)$$

可以看出,当信号只有一个分量时,通过峰值检测可以得到调频率的估计。然而当信号包含多个分量时,由于 CPF 中信号交叉项的影响,会出现干扰尖峰。

将 CPF 沿着时间轴进行积分,从而抑制伪峰和杂乱峰的影响,定义为

$$\text{ICPF}(\Omega) = \int_0^{+\infty} |\text{CPF}(t,\Omega)|^2 dt \quad (6-37)$$

$$\text{IFR} = \underset{\Omega}{\text{argmax}}[\text{ICPF}(t,\Omega)] \quad (6-38)$$

在距离走动校正后,通过 ICPF 估计各距离门中信号的 IRF,为了提高估计的稳健性,对各距离单元估计的 IRF 进行多项式拟合得到估计的空变二次项系数 K_r,各距离单元补偿的相位为

$$\phi = \frac{1}{2}K_r t_m^2 \quad (6-39)$$

对二次项补偿后的信号进行方位向 FFT 完成高分辨 ISAR 成像。

下面利用美国海军实验室公开仿真米格 25 数据进行验证,数据为仿真的转台目标去斜采样数据,距离向 64 个单元,方位向 512 点。图 6-5 所示为距离向 FFT 后得到的一维像序列,由于转角较大,存在转动分量带来的距离走动。图 6-6 所示为方位向直接 FFT 后获得的成像结果,

可以看出目标存在散焦。

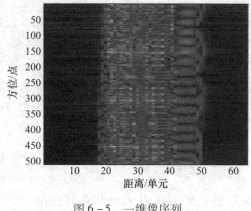

图 6-5　一维像序列

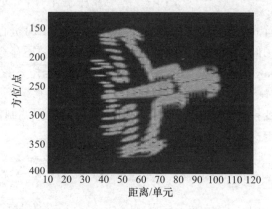

图 6-6　方位向直接 FFT 成像结果

图 6-7 所示为对一维像序列进行 Keystone 变换校正距离走动后结果。图 6-8 所示为距离走动校正后,方位向进行 FFT 成像结果,和图 6-6 比较聚集得到了改善,但是还存在散焦,是由于转动分量引入的二次相位没有补偿。

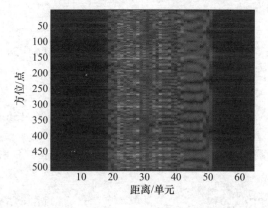

图 6-7　Keystone 变换后一维像

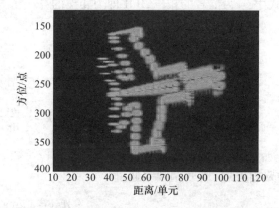

图 6-8　Keystone 变换后成像结果

在 Keystone 变换走动补偿的基础上,估计利用 ICPF 估计每一个距离单元中二次相位系数,并进行曲线拟合如图 6-9 所示。图 6-10 所示为二次空变转动相位补偿后成像结果,可以看出各散射点得到了聚焦。

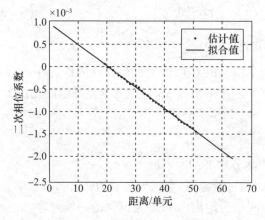

图 6-9　二次相位系数估计结果

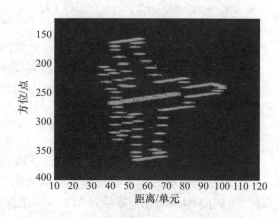

图 6-10　二次相位补偿后成像结果

6.4.2 基于 PFA 的 ISAR 成像

设 $p(t)$ 为雷达发射的信号,位于空间 (x,y) 域 (x_n,y_n) 的一组反射率为 σ_n 的目标回波信号为

$$s(t,u) = \sum_n \sigma_n p\left[t - \frac{2\sqrt{x_n^2 + (y_n - u)^2}}{c}\right] \qquad (6-40)$$

式中:u 为方位向孔径;c 为光速,相对于快时间 t 的傅里叶变换为

$$s(w,u) = P(w) \sum_n \sigma_n \exp\left[-j2k\sqrt{x_n^2 + (y_n - u)^2}\right], \quad k = w/c \qquad (6-41)$$

假设场景中心位于 (X_c,Y_c),参考信号为

$$s_0(w,u) = P(w)\exp\left[-j2k\sqrt{X_c^2 + (Y_c - u)^2}\right] \qquad (6-42)$$

通过慢时间信号处理

$$s_c(w,u) = s(w,u)s_0^*(w,u) \approx |P(w)|^2 \sum_n \sigma_n \exp[-jk_x(w,u)x_n - jk_y(w,u)y_n] \qquad (6-43)$$

其中

$$\theta_0(u) = \arctan\left(\frac{Y_c - u}{X_c}\right), \quad k_x = 2k\cos\theta_0(u) \quad k_y = 2k\sin\theta_0(u)$$

式中:(x,y) 代表了空间点的位置;(k_x,k_y) 表示的是二维的空间频域。可见,只需要对回波数据进行二维 FFT 就可得到目标的像。$(2k,\theta_0(u))$ 则是对应于直角坐标系 (k_x,k_y) 的极坐标系。在雷达回波数据采集的过程中,不同的方位采样时刻对应了不同的角度,所采集的是对应 k 方向上的数据。因此,回波数据在直角坐标系 (k_x,k_y) 中是以极坐标形式分布的。直接对极坐标格式数据进行 FFT 处理,是线性距离多普勒算法,由于傅里叶变换的非等间隔问题,会导致散射点出现散焦。将数据从极坐标格式到直角坐标格式的插值转换也就是由回波数据得到 (k_x,k_y) 坐标系内均匀采样的矩形区域数据,通过 FFT 得到高分辨率图像。

下面利用美国海军实验室公开仿真米格-25 数据进行验证,数据为仿真的转台目标去斜采样数据,距离向 64 个单元,方位向 512 点。图 6-11 所示为二维插值前数据,图 6-12 所示为极坐标插值后数据,图 6-13 所示为极坐标插值后数据二维 FFT 后结果,需要注意的是在 ISAR 中应用时需要对成像时间段目标相对于雷达的转角及转动中心进行估计。

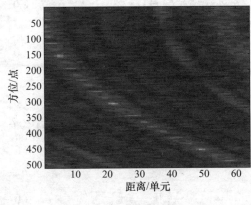

图 6-11 二维插值前数据

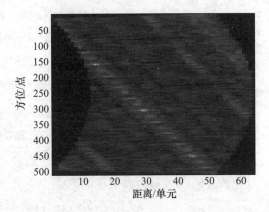

图 6-12 极坐标插值后数据

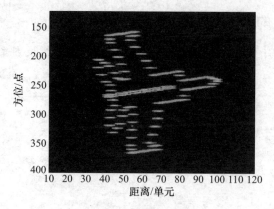

图 6-13 成像结果

6.5 图像自聚焦技术

在 ISAR 成像的一维像包络对齐和相位补偿后,会存在一定的剩余相位误差,直接进行方位向 FFT 难于获得高质量图像,自聚焦处理基于雷达数据自动调整补偿参数,可以生成高质量图像,是 ISAR 成像中不可缺少的一个步骤。下面分别介绍常用的相位梯度自聚焦(Phase Gradient Autofocus, PGA)和基于最小熵的自聚焦算法。

6.5.1 相位梯度自聚焦算法

相位梯度自聚焦算法广泛应用于 SAR 图像自聚焦中,是为了稳健估计散焦 SAR 图像中相位误差而研发的。PGA 算法具有以下特点:首先 PGA 算法所处理的相位误差函数仅是方位向上的一维函数,即所有的距离门在方位向均含有相同的相位误差函数;其次 PGA 算法所处理的输入数据是成像之后的复数图像域数据。

对于含有一个强散射点的距离单元,从图像域返回数据域其信号可表示为

$$g(t) = a\exp\{j[\omega_0 t + \phi_0 + \phi_e(t)]\}, \quad -\frac{T_a}{2} \leq t \leq \frac{T_a}{2} \quad (6-44)$$

式中:a、ω_0 和 ϕ_0 分别为散射点信号的幅度、频率和起始相位;T_a 为合成孔径时间;$\phi_e(t)$ 为相位误差。对信号进行方位傅里叶变换,得到

$$G(\omega) = aT_a \mathrm{sinc}[T_a(\omega - \omega_0)] e^{j\phi_0} \otimes E(\omega) \quad (6-45)$$

式中:$E(\omega)$ 为 $\exp[j\phi_e(t)]$ 的傅里叶变换;$\otimes$ 表示卷积。利用加权函数 $W(\omega)$ 加窗得

$$G_w(\omega) = W(\omega - \omega_0) aT_a \mathrm{sinc}[T_a(\omega - \omega_0)] e^{j\phi_0} \otimes E(\omega) \quad (6-46)$$

将加窗处理后的信号关于 $\omega - \omega_0$ 作傅里叶变换得到

$$g_w(t) = ae^{j\phi_0} e^{j\phi_e(t)} \otimes w(t) \quad (6-47)$$

式中:$w(t)$ 为 $W(\omega)$ 的傅里叶反变换。若窗的长度足够,$G(\omega)$ 的大部分能量都落在窗内,有

$$g_w(t) \approx ae^{j\phi_0} e^{j\phi_e(t)} \quad (6-48)$$

把式(6-48)写为离散域的形式

$$g_w(m) \approx ae^{j\phi_0} e^{j\phi_e(m)}, \quad m = 1, 2, \cdots, M \quad (6-49)$$

式中:M 为方位脉冲数。实际中常采用对相邻两个方位时刻的数据进行内积的方法,以求取相

位误差的差分

$$\Delta\phi_e(m) = \phi_e(m) - \phi_e(m-1) = \angle g_w(m) \cdot g_w^*(m-1) \qquad (6-50)$$

具体操作步骤为：

第1步：散射点排序。将各像素点的幅度进行排序，确定门限值。

第2步：散射点的初步挑选。根据门限值选取其中值最大的若干个像素点的方位位置和距离位置。

第3步：对初步挑选结果的预处理。孤立特显点由于散焦会在SAR图像中有一些拖尾，受这些拖尾的影响，最后得到的像素点质量评估值也会呈现孤立特显点位置中心其值较大，沿方位向两边有一些拖尾的现象。为避免这些拖尾影响对特显点的选取，需要对初步挑选的结果进行预处理，其算法如下：如果某一距离单元只选出了一个特显点，则保留该特显点；如果某一距离单元选出了多个特显点，则对每个特显点的方位位置进行判断。对于某个方位位置，如果该距离单元所有其他特显点的方位位置都与其相距较远，则保留该特显点；如果该距离单元某个特显点的方位位置与其相距较近，则对这两个特显点的质量评估值进行比较，丢弃质量评估值较小的散射点。

经过预处理后，挑选出的散射点是整个图像中质量最好的特显点，但其质量最好是相对的，对一些对比度不高的场景，有可能这些散射点中有一部分其质量仍是不高的，因此在操作中可设定一个门限，丢弃质量评估值低于门限的散射点。

第4步：各孤立特显点相位误差估计。挑选出孤立特显点后，可按常规步骤把各特显点圆移到中心，加窗，再分别估计相位误差。

第5步：相位误差校正，改变窗长，重复第4步。

6.5.2　最小熵自聚焦算法

常用的自聚焦算法做了目标存在强反射点等类似假定，而这类假定在实际应用中往往得不到满足，因此这些算法的鲁棒性不理想，而且它们聚焦效果依赖于雷达数据，这些算法对于存在强反射点且强反射点周围的反射点相对很弱的数据是有效的。而对于那些对比度不强、不包含明显强点目标的数据，通常不能正确估计相位误差，因此不能得到理想的聚焦图像。从直观视觉的角度出发发现，实际图像的聚焦程度与图像熵的波动程度之间存在如下关系，由于亮度均匀分布的一幅图像的熵比较大，而一幅自聚焦较好的图像的熵比较小，图形熵可以反映图像聚焦深度，图像聚焦深度越高，图像熵越小。

假设目标ISAR图像的复散射强度$I(n,k)$构成二维像I，其中k是距离单元标号，n是方位单元标号，图像优化时的代价函数可以采用熵函数表示成$E(I)$，并定义为

$$E(I) = -\sum_{n=1}^{N}\sum_{k=1}^{K} D(n,k) \cdot \ln[D(n,k)] \qquad (6-51)$$

像的散射强度密度为

$$D(n,k) = \frac{|I(n,k)|^2}{s(I)} \qquad (6-52)$$

总能量为

$$s(I) = \sum_{n=1}^{N}\sum_{k=1}^{K} |I(n,k)|^2 \qquad (6-53)$$

由于亮度均匀分布的一幅图像的熵比较大，而一幅自聚焦较好的图像的熵比较小，根据这个

原理,可以通过减小图像的熵使图像达到较好的自聚焦效果,所以利用式(1)可进行二维 ISAR 像的聚焦效果估计。

设包络第 n 次回波对齐后的距离像为

$$G(n) = [G(n,1) \quad G(n,2) \quad \cdots \quad G(n,K)]^T \tag{6-54}$$

在计算中未补偿的相位误差用 $\theta(n)$ 表示,并令 $\theta(1)=0$,相位补偿即意味着对 $\theta(n)$,$n=2,3,\cdots,N$ 进行估计,估计量可以表示为

$$\hat{\theta}(n) = \arg\min[E(I)] \tag{6-55}$$

当对 $\theta(n)$,$n=2,3,\cdots,N$ 进行补偿时,采用公式为

$$G'(n) = G(n) \cdot \exp(-j \cdot \hat{\theta}(n)) \tag{6-56}$$

理想情况下应通过减小熵函数 $E(I)$ 来确定 $\theta(n)$ 的值,将熵函数 $E(I)$ 对 n 次距离像的未补偿相位 $\theta(n)$ 作偏导运算,即

$$\frac{\partial E}{\partial \theta(n)} = -\sum_{q=1}^{N}\sum_{k=1}^{K}\{1+\ln[D(q,k)]\} \cdot \frac{\partial[D(q,k)]}{\partial \theta(n)} \tag{6-57}$$

相位误差 $\hat{\theta}(n)$ 可以通过下式得到

$$\frac{\partial E}{\partial \theta(n)} = 0 \tag{6-58}$$

$$\frac{\partial[D(q,k)]}{\partial \theta(n)} = \frac{2}{s(I)}\text{Re}\left[I^*(q,k) \cdot \frac{\partial[I(q,k)]}{\partial \theta(n)}\right] \tag{6-59}$$

可以通过对 $G'(n)$ 进行关于 n 的离散傅里叶变换得到每个距离门的 $I(q,k)$ 与 $\theta(n)$ 之间的关系

$$I(q,k) = \sum_{m=1}^{N}\{G(m,k)\exp[-j\theta(m)]\} \cdot \exp\left[-j \cdot \frac{2\pi}{N}(m-1)(q-1)\right] \tag{6-60}$$

由于 $\theta(n)$,$n=1,2,\cdots,N$ 是非相干的,因此有

$$\frac{\partial[I(q,k)]}{\partial \theta(n)} = -jG(n,k)\exp[-j\theta(n)]\exp\left[-j\frac{2\pi}{N}(n-1)(q-1)\right], \quad n=1,2,\cdots,N \tag{6-61}$$

$$\exp[-j \cdot \hat{\theta}(n)] = \frac{w^*(n)}{|w(n)|} \tag{6-62}$$

其中

$$w(n) = \sum_{k=1}^{K}G(n,k) \cdot \left\{\sum_{q=1}^{N}\ln(|I(q,k)|) \cdot I^*(q,k)\exp\left[-j\frac{2\pi}{N}(q-1)(n-1)\right]\right\} \tag{6-63}$$

可以利用式(6-62)进行相位误差估计。实际上,式(6-63)中的部分计算可以通过 FFT 算法实现。

最小熵算法的具体操作步骤如下:

第 1 步:对相位误差值 $\hat{\theta}_l(n)$,$n=1,2,\cdots,N$,$l=1$ 作初始化,l 为迭代次数。

第 2 步:采用 $\exp[-j \cdot \hat{\theta}(n)]$ 代替 $\exp[-j \cdot \theta(n)]$,$n=1,2,\cdots,N$,对每一个距离像函数

$G(n)$ 的相位误差进行补偿,然后对补偿后的距离像的每一距离单元进行 FFT 变换,得到二维 ISAR 图像 I_l。

第 3 步:计算 I_l 的熵函数 $E_l(I)$。如果 l 等于或者大于 1,并且 $E_l(I) - E_{l-1}(I)$ 大于临界值,如经验值 10^{-4},则转第 4 步;否则运算停止。

第 4 步:对二维结果 $\ln|I_l(n,k)| \cdot I_l^*(n,k)$ 沿距离向进行 FFT,并将结果表示为 $R_l(n,k)$。

第 5 步:根据公式 $w(n) = \sum_{k=1}^{K} G(n,k) \cdot R_l(n,k)$,计算 $w_l(n)$。

第 6 步:更新 l 为 $l = l+1$,同时更新相位补偿量 $\exp[-j \cdot \hat{\theta}_l(n)], n=1,2,\cdots,N$ 为 $\exp[-j \cdot \hat{\theta}_l(n)] = \dfrac{w_{l-1}^*(n)}{|w_{l-1}(n)|}, n=1,2,\cdots,N$。

参 考 文 献

[1] 张光义. 相控阵雷达原理[M]. 北京:国防工业出版社,2009.
[2] 王德纯. 宽带相控阵雷达[M]. 北京:国防工业出版社,2010.
[3] 保铮,邢孟道,王彤. 雷达成像技术[M]. 北京:电子工业出版社,2005.
[4] 周万幸. ISAR 成像系统与技术发展综述[J]. 现代雷达,2012(9):1-7.
[5] CANER ÖZDEMIR. Inverse Synthetic Aperture Radar Imaging with MATLAB Algorithms[M]. Hoboken,N J:John Wiley & Sons,2012.
[6] 刘永坦. 雷达成像技术[M]. 哈尔滨:哈尔滨工业大学出版社,2014.
[7] CHEN V C,MARTORELLA M. Inverse Synthetic Aperture Radar Imaging,Principles. Algorithms and Applications[M]. Edison. N J:SciTECH publishing,2014.
[8] PERRY R P,DIPIETRO R C,FANTE R L. SAR imaging of moving targets[J]. IEEE Transactions on Aerospace and Electronic Systems,1999,35(1):188-200.
[9] ZHANG W C,CHEN Z P,YUAN B. Rotational motion compensation for wide-angle ISAR imaging based on integrated cubic phase function[C]. IET International Radar Conference 2013,April 14-16,2013,Xian,China.
[10] 李宏,秦玉亮,李彦鹏,等. 基于积分二次相位函数的多分量 LFM 信号分析[J]. 电子与信息学报,2009,31(6):1363-1366.
[11] 李东,占木杨,粟嘉,等. 一种基于相干积累 CPF 和 NUFFT 的机动目标 ISAR 成像新方法[J]. 电子学报,2017,45(9):2225-2232.
[12] WAHL D E,ELCHEL P H,GHIGLIA D C,et al. Phase gradient autofocus-a robust tool for high resolution SAR phase correction[J]. IEEE Transactions on AES,1994,30(3):827-835.
[13] 邱晓晖,ALICE H W C,YAM Y S. ISAR 成像快速最小熵相位补偿方法[J]. 电子与信息学报,2004,26(10):1656-1660.

第 7 章 相控阵雷达资源管理技术

7.1 概 述

相控阵雷达波束的无惯性快速扫描能力,为相控阵雷达工作的灵活性创造了条件,同时又导致相控阵雷达任务执行对资源管理的依赖性。

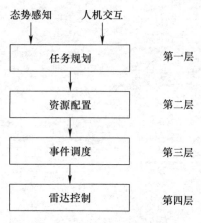

图 7-1 相控阵雷达资源管理层次结构

相控阵雷达资源管理可以描述为一个系统或处理过程,是在一个动态的不确定环境中,寻求管理或控制使用相控阵雷达的一种策略,以提升雷达系统的性能。相控阵雷达资源管理的主要内容可分解为四个层面,分别为任务规划、资源配置、事件调度和雷达控制,如图 7-1 所示。

第一层为任务规划层。任务规划层的主要任务是以任务需求为依据制定搜索策略、搜索参数、跟踪策略、跟踪参数的过程。由于相控阵雷达所完成的任务具有多样性、时变性,相控阵雷达任务规划可分成两部分:一是根据任务中心要求和空间目标运行规律等情况制定相控阵雷达观测任务计划表;二是根据目标特性制定相控阵雷达工作模式,由于不同观测任务需要一整套相应的搜索、跟踪策略和雷达控制参数与之配合,为了实现不同观测任务间的快速切换,通常根据观测目标的特性,针对性地预先将搜索跟踪策略及雷达控制参数设计好,并封装成相应的雷达工作模式,以便通过调用来实现雷达工作模式的快速切换。从相控阵雷达资源管理的角度来看,任务规划的重点是相控阵雷达工作模式设计,其主要内容包括:一是制定具体的搜索方案,如搜索空域与搜索方式、搜索数据率与目标截获概率、搜索控制参数与搜索执行时间等;二是明确具体的跟踪方案,如测量参数、测量精度、跟踪数据率、跟踪控制参数和目标容量等。

第二层为资源配置层。资源配置层既是任务规划层细化设计的延续,又是任务规划层所提目标要求能否实现的能力分析与资源调配过程。其主要内容包括能量资源调度和时间资源配置。能量资源调度是根据目标 RCS 特性、作用距离、天线增益、脉压增益、脉间积累效率等因素通过阵面调节、脉宽调节和驻留调节等手段最大限度地满足搜索跟踪任务需求。在 TAS(Tracking and Searching,搜索加跟踪)方式下,时间资源通常是指搜索间隔时间(搜索数据率的倒数),又称工作模式帧周期(简称帧周期)。在帧周期内,相控阵雷达既要完成规定空域的搜索任务,又要完成规定容量的目标跟踪任务。因此,时间资源配置主要包括两个方面:一是搜索时间资源与跟踪时间资源的配置,是固定配置还是动态配置;二是充分利用时间、能量资源的转换关系,合理调节探测能力和时间资源的使用。另外,在多任务、多目标情况下,相控阵雷达信号处理通道分配、计算能力资源配置也是资源配置层需要考虑的重要内容。

第三层为事件调度层。在任务规划和资源配置基础上,搜索、跟踪任务都可分解为独立的、离散的、具有时效性约束的雷达事件。事件调度层的任务是为申请等待中的雷达事件建立一个串行执行的时间序列,以确定相控阵雷达在每一个时刻具体执行哪个事件。在多任务、多目标情况下,事件调度中不可避免地会出现多个事件竞争同一时间槽的问题,由此引出了两个方面的问题。一是时间槽长度如何选择的问题,是固定时间槽长度还是动态时间槽长度。若以最大事件长度来定义固定时间槽,则意味着短周期事件时将存在时间资源浪费的问题;若以最小事件长度来定义固定时间槽长度,则意味着长周期事件的多次调度需求,这时又存在长周期事件多次调度间耦合的处理问题;若采用动态时间槽长度,则必然导致事件调度的规划性和算法实现更加复杂。二是时间槽竞争如何处理的问题。若采用预先编排事件执行顺序(固定模板)来回避时间槽竞争问题,则存在适应能力差等问题;若采用自适应的方法,则存在事件优先级处理、事件调度策略和算法实现等问题。

第四层为雷达控制层。雷达控制层是关于事件执行时雷达具体工作参数的控制问题。实际上,在每个事件执行时,除了需要根据事件的重要性和时间的紧迫性对事件进行合理列队排序之外,还需要考虑发射、接收、信号检测的参数控制等内容。例如,发射参数控制包括信号周期、信号脉宽、信号带宽、信号频率、多波束与波控码、波束驻留数等;接收参数控制包括滤波器频率与通带控制、本振频率、ADC 采样频率等;信号处理参数控制包括多目标多波束、与发射对应的脉压、与驻留对应的脉间积累、与环境对应的恒虚警检测等。这些雷达控制关系都必须在每个被调度事件的控制属性参数中明确地描述。事件执行的控制属性参数描述越具体,雷达事件的多样性、灵活性以及控制性就越好。由此可见,雷达控制层是事件调度的具体执行者,既关系到雷达工作参数的控制,又关系到相控阵雷达潜能性能的发挥。

相控阵雷达资源管理是相控阵雷达任务执行的基础和保障。在相控阵雷达资源管理的层次结构中,自上而下是雷达任务分解的过程,上层是下层的框架和要求,下层是上层的分解和细化。上层规划要充分考虑下层的能力,下层设计要尽量满足上层分配的任务要求。最终具化为一整套相对最优且可操作执行的具体方案。在此过程中,有些内容可采用基于数学建模和优化准则来实现在线求解,有些内容可采用基于预案规划的离线设计方法。

从技术的角度,相控阵雷达资源管理包括六个方面,即波位编排、波位能量调节、波束能量调度、时间资源管理、工作模式规划和事件调度。

7.2 相控阵雷达监视空域划分与波位编排

7.2.1 相控阵雷达监视空域划分

一般而言,监视空域是雷达搜索扫描的区域,它是由距离、方位角、俯仰角所组成的空间区域。确定和划分监视空域的主要原则是雷达系统所要监视和防御对象的目标运动特性及其空域分布。

7.2.1.1 监视空域划分的目的意义

监视空域的优化研究包括两部分内容:一是如何充分利用先验信息,在尽量不发生遗漏的情况下使相控阵雷达的监视空域最小化;二是把监视空域划分为多个子空域或者扇区,在合理分配各个子空域的搜索间隔时间的条件下使搜索过程达到最优化,即发现目标概率最大或者发现目标平均时间最短。作为相控阵雷达监视性能的重要指标之一,搜索间隔时间定义为对给定的波位进行连续两次搜索照射的时间间隔;搜索间隔时间越长,对于这种非连续照射所带来的发现目标距离的损失就越大。

搜索间隔时间主要受到四个因素的影响:一是需要监视的空域大小,二是雷达波束宽度,三是在每个波位的驻留时间,四是其他高优先级任务的影响。

为搜索完一个规定的空域,若用 φ、θ 分别表示方位和仰角的搜索范围,φ_B、θ_B 分别表示搜索波束的半功率点宽度,则搜索时间 T_s 可近似地表示为

$$T_s = \frac{\varphi\theta}{\varphi_B\theta_B} \cdot NT_r \tag{7-1}$$

式中:T_r 为雷达信号重复周期;N 为在每个波位上的平均驻留波束数量。因此,NT_r 为在一个波束位置上的平均驻留时间。

由于相控阵天线波束宽度是随天线波束的扫描角度而变化的,在扫描过程中相邻天线波束的间隔(波束跃度)也不一定正好是波束的半功率点宽度,因此,更为准确的 T_s 计算公式为

$$T_s = K_\varphi K_\theta \cdot NT_r \tag{7-2}$$

式中:K_φ、K_θ 分别为覆盖整个方位搜索范围所需的波束位置数目和仰角平面上的波束位置数目,两者也分别与式(7-1)中的 φ/φ_B 和 θ/θ_B 相近。$K_\varphi \cdot K_\theta$ 简称搜索"波位"数目。从式(7-1)与式(7-2)可见,减小监视空域搜索范围的大小能够有效减少搜索波位数目,从而有效地缩短搜索帧周期,提高搜索数据率。

7.2.1.2 远程相控阵雷达的监视空域划分

远程(或战略)相控阵雷达的探测距离都在几千千米以上,相应每个波位的驻留时间长达十几毫秒,甚至几十毫秒。如果监视空域过大,波位数目过多,搜索帧周期的长度过长,则难以保证对目标的正常截获,所以搜索屏是其通常采用的监视方式,其基本假设有两点:一是弹道式目标发射升空后,必然穿越远程相控阵雷达事先设置的、由若干重叠的波位组成的搜索屏;二是目标本身的 RCS 足够大,以保证穿越搜索屏的累积检测概率接近1。

图 7-2 所示为美国雷声公司生产的 AN/FPS-115 型"铺路爪"雷达的搜索屏设置图。该雷达主要用于探测跟踪美国东、西海岸从舰船和潜艇上发射的弹道导弹,其在3°仰角方向设置了一道水平搜索屏。

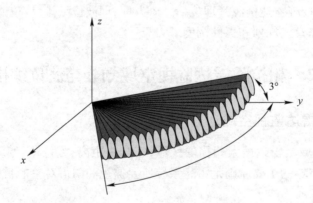

图 7-2 美国 AN/FPS-115 型"铺路爪"雷达的搜索屏设置图

实际上,在雷达探测资源满足的条件下,远程相控测量阵雷达的搜索屏设置比较灵活,可以依据以下的一些基本原则进行设置:①对于探测距离范围内发射的、沿径向射来的弹道导弹目标,搜索屏仰角设置得越低越好,越低可越早地截获目标;②对于探测距离外发射的、沿径向射来的弹道导弹目标,搜索屏仰角不宜设置太低,应根据具体弹道进行仿真后设置;③对于发射点在探测区内、横穿探测区的目标,可采用设置横(水平)、竖(垂直)双屏的方式来截获目标,竖屏设置方位应在发射点方位上,横屏可设置一低仰角屏;④对于发射点在探测区外、横穿探测区的目标,应在探测区搜索边界上设竖屏,以尽早截获目标;⑤如果没有目标的任何先验信息,可以设置

高低仰角双屏,以保证可靠地截获目标。

7.2.1.3 近程相控阵雷达的监视空域划分

对近程(或战术)相控阵雷达的测量对象既包括空气动力目标(如飞机、巡航导弹和空地导弹等),也包括自由段以及再入段的弹道导弹,由于不能事先确定突防目标 RCS,简单固定式的搜索屏的扫描方式不再适合。

1. 无指示信息下的监视空域

一般而言,无指示信息下的监视空域是近程相控阵雷达天线的最大扫描范围和目标来袭角度范围的几何交集。考虑一部多功能雷达,设其探测距离范围为 $0 \sim R_{max}$,高度范围为 $0 \sim H_{max}$。假想敌方目标为飞机、空对地导弹和地对地导弹。该多功能雷达具有警戒、对空引导,为火控系统提供目标指示和/或为地对空导弹提供制导等功能。多功能雷达正常工作时会受到环境因素的影响,高空飞行目标主要受到干扰信号的影响,低空运动目标主要受到地面杂波或海杂波的影响,同时需考虑多径效应。基于上述考虑,设计搜索屏时,需首先对整个监视空域进行分层,这个分层是立体的。为简化起见,这里仅考虑距离和仰角二维的扇区分层处理。采用这种方法,可使得多功能雷达能够根据雷达环境(包括目标、有源/无源干扰和各种杂波)进行自适应的工作模式选择,对特定扇区采取最佳的处理模式。对上述各项因素进行综合权衡,监视区域划分示意图如图 7 – 3 所示,搜索屏区域划分及功能如表 7 – 1 所列。

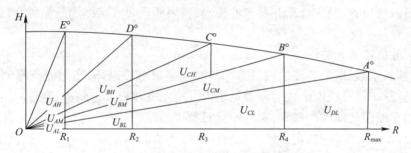

图 7 – 3 监视区域划分示意图

表 7 – 1 搜索屏区域划分及功能

搜索屏序号	搜索屏半径	搜索屏仰角范围	搜索屏功能	
1	R_1	$0° \sim E$	U_{AL}(仰角 $0° \sim A$)	低空拦截
			U_{AM}(仰角 $A \sim C$)	中空拦截
			U_{AH}(仰角 $C \sim E$)	高空拦截
2	R_2	$0° \sim D$	U_{BL}(仰角 $0° \sim A$)	低空拦截
			U_{BM}(仰角 $A \sim B$)	中空拦截
			U_{BH}(仰角 $B \sim D$)	高空拦截
3	R_4	$0° \sim A$	U_{CL}(仰角 $0° \sim A$)	低空拦截
	R_4	$0° \sim C$	U_{CM}(仰角 $A \sim B$)	中空拦截
	R_3		U_{CH}(仰角 $B \sim C$)	高空拦截
4	R_{max}	$0° \sim A$	U_{DL}(仰角 $0° \sim A$)	远程空域监视和截获

2. 有指示信息条件下的小窗口监视空域模型

在弹道导弹突防背景下,战术相控阵雷达的指示信息来自弹道导弹预警系统。弹道导弹预警系统主要由空间预警系统和早期预警雷达网等部分组成,其主要功能是用于早期发现来袭的弹道导弹，并根据测得的来袭导弹的运动参数实时预测弹头的落点和被打击目标。同时给已方反导弹武器指示来袭导弹的发射阵位及空间位置，以便迅速作出主动防御的反击措施。

弹道导弹预警系统所预报的内容主要包括目标的各种运动参数和特性参数以及发射点、落点预报和时间预报等。一般而言，预警系统与战术相控阵雷达之间的交接班主要有两种方式：一种是单波束方式，即预警雷达直接引导战术相控阵雷达波束照射目标，后者不需要进行额外的搜索工作，这要求预警系统测角误差必须小于战术相控阵雷达波束宽度的 1/2；另一种是小窗口方式，即制导雷达在由预警系统提供的预测位置和预测误差构成的小窗口中完成搜索。需要指出的是，两种方式下的指示信息都是随着弹道目标的推进而时变的，而且预警系统一直跟踪目标以引导战术相控阵雷达，直到后者能够发现截获目标为止。

7.2.2 波位编排

相控阵雷达波位编排的功能是对一个给定的区域进行波束编排，为相控阵雷达的波位扫描提供搜索波位表。相控阵雷达在探测目标时，存在问题如下：①天线波束宽度会随扫描角变化，导致波束排列不均匀；②阵面调节导致波束宽度变化；③波束的移动是离散的，存在最小波束跃度。

对于以上问题，都需要进行预先的波位编排，才能使雷达性能达到指标要求。另外，通过波位编排，确定各波位位置，预先计算并存储波控码，波束调度时直接调用波控码，可以提高波控响应速度。

7.2.2.1 波位排列方法

对于给定搜索空域，所需的波位数目除了与波位参数有关以外，还与波位排列方式有关，波位排列方式的选择应该在波位个数与覆盖范围内的平均增益损失之间进行折中。在设计波位排列时，邻近的两个波位之间距离越大，雷达完成对整个所需扫描区域扫描的时间就越短，但是会有更多区域会被漏检，使得所指定区域平均波束增益损失较多。图 7-4 中，假设雷达方位和俯仰的波束宽度相同，都为 θ_B，按此给出了波位排列的三种形式的示意图。

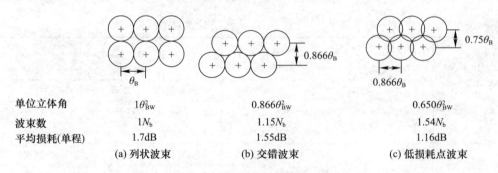

	(a) 列状波束	(b) 交错波束	(c) 低损耗点波束
单位立体角	$1\theta_{BW}^2$	$0.866\theta_{BW}^2$	$0.650\theta_{BW}^2$
波束数	$1N_b$	$1.15N_b$	$1.54N_b$
平均损耗(单程)	1.7dB	1.55dB	1.16dB

图 7-4 雷达波束在空间堆积方法

三种波位编排各有优点，列状波位编排所需的波位数目最少，但是其覆盖率较低，当相控阵资源是矛盾的主要方面时，或者目标分布密度小的区域可以考虑使用；低损耗点波位编排虽然覆盖率高，但重叠率也高，容易造成目标的冗余探测，限制了其应用范围；交错波位编排的 3dB 覆盖率达到 90% 左右，同时重叠率为 0，两种性能达到了较好的平衡，是一种常见的波位编排样式。

在实际应用中，相控阵雷达往往会得到各种预警系统的支援。后者提供的目标分布及目标类型等信息将有助于相控阵雷达优化搜索过程。采用了数字多波束形成的相控阵雷达的一种典型优化搜索算法就是使各个搜索区域重要性加权系数与目标分布密度和重要性系数正相关。具体而言,在目标分布密度大或者目标重要性程度高的区域内,采用较小的搜索间隔时间、较高增益的波束或者相对更加紧凑的编排样式,相反,采用较大的帧扫描周期、较低增益的波束或者相对稀松的编排样式。这种方式可以实现雷达资源的合理分配,达到减小雷达发现目标平均时间的目的。例如,相控阵雷达针对预警系统提供的预报弹道建立高威胁度的小窗口区域,分配更多的时间和能量进行监视,同时又可以在其他威胁度相对较小的区域进行低数据率的监视。

7.2.2.2 波位编排仿真

波位编排的一般步骤描述如下:①在单位球面上确定探测空域轮廓;②将轮廓边界映射到正弦坐标空间;③在正弦空间排列波位,获得各波位中心坐标;④将各波位中心坐标变换到雷达阵面坐标;⑤生成波位表。

波位编排实现流程如图 7 - 5 所示。

下面给出具体的实例对不同的波位排列方式进行仿真。假设雷达搜索空域方位角范围为 $-60°\sim60°$,俯仰角范围为 $-30°\sim30°$,阵面倾斜角 $20°$,则俯仰扫描范围为 $-20°\sim40°$,雷达天线的最小波束宽度为 $3°\times3°$。在正弦空间坐标系下运用三种波束排列方式进行编排,编排结果如图 7 - 6 ~ 图 7 - 8 所示。

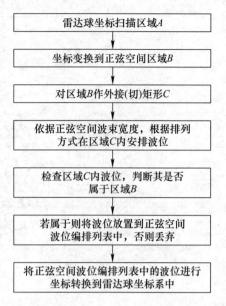

图 7 - 5 波位编排实现流程

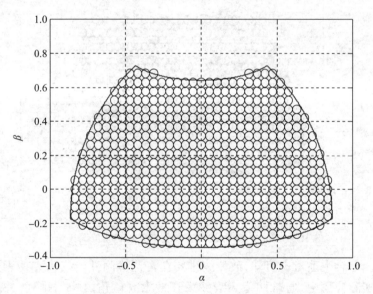

图 7 - 6 列状波束下正弦空间的波位编排

经计算可知列状况位编排重叠率为 0,扫描全空域所需波位数目最少,约为 541 个,但其覆盖率最低(约78.5%);低损耗点波位编排波位数目约为 839 个,可达 100% 覆盖,不会造成漏检,但有重复探测,浪费能量;交错波位编排的 3dB 覆盖率达到 90.7% 左右,重复率为 0,波位数目也较少,约为 630 个。

相控阵雷达处于搜索工作状态时,要对搜索空域立体角进行扫描并形成目标检测报告。为提高对搜索空域中目标的检测概率,一般希望搜索空域立体角内排列的波束不宜过松;另外,为了提高雷达的搜索数据率,又要求搜索空域立体角内排列的波束不宜过于紧密,波位数目不宜过多;此外,天线波位排列过密还会增加雷达的冗余检测,导致雷达在目标航迹相关、滤波预测等数

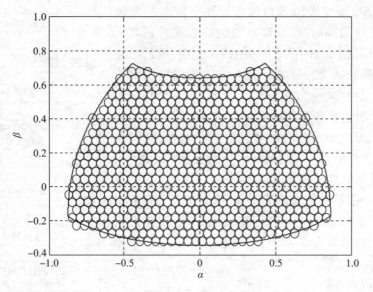

图 7-7　交错波束下正弦空间的波位编排

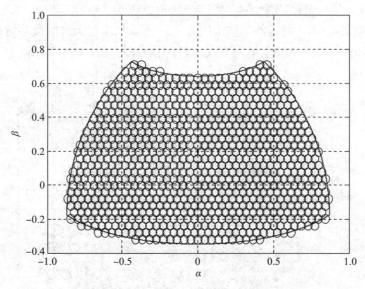

图 7-8　低损耗点波束下正弦空间的波位编排

据处理负担增加。综合上述考虑可知,波位编排要在雷达检测性能损失和搜索数据率之间寻求折中。在大多数实际应用中,通常期望天线波束在搜索立体角内均匀排列,并且根据不同的要求,天线波位序列排列的紧密程序也有所不同。

7.3　相控阵雷达波位能量调节

相控阵雷达的能量资源调度方法与主要约束关系如图 7-9 所示。

相控阵雷达波位能量调节主要包括三个方面:一是阵面重构能量调节;二是发射脉宽能量调节;三是波束驻留能量调节。能量调度依据是满足检测概率、虚警概率约束条件下的雷达最大作用距离的要求。

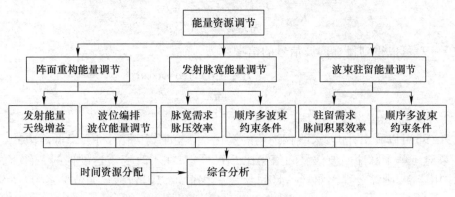

图7-9 相控阵雷达的能量资源调度方法与主要约束关系

7.3.1 发射脉宽能量调节

发射脉宽能量调节是相控阵雷达能量调节中最方便灵活的能量调节手段,它是以雷达的脉冲压缩功能为基础的调节方法。发射脉宽能量调节在波位能量调节和目标跟踪能量调节中发挥了重要作用。相控阵雷达探测能力与波束指向有关,阵面法向波位的探测能力最强,随着波束指向偏离法向角度的增大,探测能力会逐渐下降。因此,为维持各波位上探测能力的一致性,可通过调节发射脉宽来补偿大角度波位上的能量。

1. 发射脉宽能量调节原理

雷达距离方程的基本形式为

$$R_{\max}^4 = \frac{P_t G_t A_r \sigma}{(4\pi)^2 L_s S_{\min}} \tag{7-3}$$

式中:P_t为雷达发射机峰值功率;G_t为雷达发射天线增益;σ为目标有效反射面积;A_r为雷达接收天线有效面积;L_s为雷达系统(包括发射与接收天馈线与信号处理)损耗;$S_{\min}$为最小可检测信号,$S_{\min}=kT_eB(S/N)$,其中:$k=1.38\times10^{-23}$ J/K 为波耳兹曼常数,B为信号带宽,T_e为接收系统的等效噪声温度,即$T_e=T_A+(L_rF-1)T_0$,T_A为天线噪声温度,T_0为室温,L_r为接收天线及馈线损耗,F为雷达接收机噪声系数,S/N为信噪比。

将$S_{\min}$代入式(7-3),可得常用雷达方程的另一表达式为

$$R_{\max}^4 = \frac{P_t G_t \sigma A_r}{(4\pi)^2 L_s kT_e B(S/N)} \tag{7-4}$$

若考虑到天线增益与天线面积的关系,则

$$G_r = \frac{4\pi}{\lambda^2} A_r \tag{7-5}$$

$$G_t = \frac{4\pi}{\lambda^2} A_t \tag{7-6}$$

若天线波束指向为(φ,θ),则等效天线面积为

$$A_{r(\varphi,\theta)} = A_r \cos\varphi\cos\theta \tag{7-7}$$

$$A_{t(\varphi,\theta)} = A_t \cos\varphi\cos\theta \tag{7-8}$$

将式(7-7)、式(7-8)代入式(7-4),可得

$$R_{\max}^4 = \frac{P_t A_t A_r \sigma (\cos\varphi\cos\theta)^2}{4\pi\lambda^2 L_s k T_e B(S/N)} \quad (7-9)$$

由式(7-9)可以得到目标回波信号的信噪比为

$$S/N = E/N_0 = \frac{P_t A_t A_r \sigma\tau (\cos\varphi\cos\theta)^2}{4\pi\lambda^2 L_s k T_e R_{\max}^4} \quad (7-10)$$

式中:τ 为信号脉宽,$\tau = 1/B$。

由式(7-9)可以看出,随着天线扫描角的变化,雷达的作用距离将会降低。由式(7-10)可以看到,如果对于单个脉冲回波信号的信噪比 S/N 恒定,在不改变雷达硬件的条件下,要维持雷达的最大作用距离,则需要提高雷达信号的脉宽 τ,因此可以得到脉宽调节关系为

$$\tau_{(\varphi,\theta)} = \frac{\tau_{(0,0)}}{(\cos\varphi\cos\theta)^2} \quad (7-11)$$

式中:$\tau(0,0)$ 为天线阵面法向脉冲宽度;$\tau(\varphi,\theta)$ 为天线扫描角为 (φ,θ) 时脉冲宽度。例如,当相控阵雷达天线阵面法向脉冲宽度为 3ms 时,为了维持探测能力不变的情况下,在方位平面上扫描角为 60°时,有 $\tau_{(60°,0°)} = 12$ms,为法向脉冲宽度的 4 倍;如果在方位平面和仰角平面均扫描 60°时,有 $\tau_{(60°,60°)} = 48$ms,为法向脉冲宽度的 16 倍。

因此,在相控阵雷达中通常使用大时宽脉冲信号为脉宽能量调节打下基础,如大时宽线性调频信号、相位编码信号、准连续波信号等。

2. 发射脉宽能量调节的约束条件

发射信号脉冲宽度取决于雷达发射机的平均功率,因此在进行雷达能量调节时并不能一味地提高发射信号脉冲宽度,即意味着采用发射脉宽能量调节方式受到了多种因素的约束。

(1) 发射脉冲信号最大占空比的约束。雷达发射机输出功率可分为峰值功率 P_t 和平均功率 P_{av},如果雷达发射信号脉宽为 τ,雷达信号的重复周期为 T_r,则有

$$P_{av} = P_t\tau/T_r = P_t Q \quad (7-12)$$

式中:Q 为雷达信号的工作比或占空系数,它表示的是信号脉宽在整个信号重复周期所占的比例。例如,美国 AN/FPS-115 雷达,其占空系数 Q 值不超过 30%,在进行远程跟踪时雷达重复周期 $T_r = 54$ms,最大脉宽 $\tau \leq 16.2$ms,因此需要采用发射顺序多波束形式合理分配信号能量。

(2) 脉宽调节对时间顺序多波束的约束。在相控阵雷达中采用时间顺序多波束产生多个发射波束可以满足扩大发射监视空域范围、提高数据率的要求,采用这种方法也有利于合理使用雷达信号能量以及提高跟踪目标的数目。在使用时间顺序多波束时,脉宽需要根据不同的探测范围进行合理调整。例如,当扫描角度较小时,可以采用脉宽较窄的时间顺序多波束;当扫描角度较大时,则应选用脉宽较宽的时间顺序多波束。

同时应该注意,采用时间顺序多波束目标跟踪时存在目标组合问题。由于被跟踪目标的特性有差异、出现有先后、退出有先后、距离有远近、精度有高低等客观原因,多波束目标跟踪是一种动态规划问题。为实现多波束方式下的快速、合理的目标组合,需要制定切实有效的动态规划准则。

(3) 脉宽调节对近距离盲区的约束。雷达在实际运用时存在雷达最小作用距离,近距离盲区对发射信号的脉宽调节也存在一定影响。通常相控阵雷达采用近程探测和远程探测的分区模式,在近程探测时,需要根据近距离盲区(雷达最小作用距离)合理设计脉宽调节的大小。

7.3.2 波束驻留能量调节

波束驻留能量调节是一种通过脉冲串积累来提高雷达目标探测能力的重要方法,也是典型

的时间换能量的调节方法。这种时间与能量的转换关系,既提高了资源管理的灵活性,又增加了资源管理的复杂性,是相控阵雷达具有多任务能力的重要基础之一。与脉宽调节相比,波束驻留能量调节具有能量调节范围大、后端处理方法灵活多样等特点。另外,波束驻留为杂波抑制提供了更多方法和手段。目标探测环境会影响回波信噪比(或信杂比),如弹道导弹目标和飞机目标,这两者在多普勒谱上信噪比差别非常大,前者速度快、背景杂波低,目标回波信号在多普勒谱的洁净区,因此,回波信噪比高、作用距离远。若波束角度变化带来的能量损失用脉冲宽度来调节,则由满阵工作时 5ms 脉宽在法线方向的作用距离为 5000km 的条件,通过仿真可得脉冲宽度随波束扫描角度的关系,当扫描角度大于一定范围时,调节能量资源所需的脉宽将急剧上升,换言之,在此方向上相控阵雷达的探测能力是有限的。

波束驻留的波位间能量关系主要是从天线增益的变化来考虑的,即可以通过改变波束驻留数目 N 或者波束驻留时间 NT_r 来实现。对相控阵雷达而言,无论在搜索工作方式还是在跟踪工作方式,这都是易于改变的一个参数。对于相控阵雷达而言,要对多目标进行高数据率采样跟踪,因此,无论在搜索还是跟踪工作状态中,波束驻留数 N 通常均不可能很大。N 的增减对相控阵雷达探测性能影响较大,应力求合理利用这一控制参数。

N 的选择主要从以下几个方面考虑:

(1)随波束扫描方向的改变补偿天线增益变化。天线的增益是随扫描角增大而降低的,将会导致作用距离减小和测量精度误差加大,一种可行的补偿方法便是增大波束驻留数目 N。

以一维相位扫描天线为例,因天线有效口径及天线增益随波束扫描角增大而降低,因此在扫描角为 $\varphi_{\max}$ 的情况下,相控阵雷达的信噪比将由不扫描(波束指向天线法线方向)时的 S/N 降低至 $(S/N)_s$:

$$(S/N)_s = \cos^2\varphi_{\max} S/N \tag{7-13}$$

为了克服因波束扫描造成的信噪比的降低,需增加波束驻留时间,由原来的 N_0 增加至 N_s,即

$$N_s = N_0/\cos^2\varphi_{\max} \tag{7-14}$$

当 $\varphi_{\max}$ 分别等于 45°与 60°时,可以看到 N_s 应增加至 $2N_0$ 与 $4N_0$。

(2)如果以搜索工作方式为主,则从搜索时间、搜索间隔时间和跟踪时间与跟踪间隔时间考虑来选择合适的波束驻留数目,目的是节省雷达的时间资源,提高雷达数据率。

(3)如果以跟踪工作方式为主,则从维持和调整跟踪目标数目考虑来选择合适的波束驻留数目。目的是通过调整波束驻留时间,在多个跟踪目标之间合理分配时间和能量资源。

(4)如果要兼顾搜索和跟踪两种工作方式,则从分配和调整搜索与跟踪状态的信号能量角度考虑来选择合适的波束驻留数目。目的是确保重点搜索区域的搜索和对重点目标的跟踪测量。

(5)从降低探测信号的总能量考虑。在每一个搜索或跟踪方向上,天线波束的驻留数目 N 最小等于 1,也可为等于或大于 2 的整数。当 $N=1$ 时,表示单脉冲检测,采用匹配滤波器即可在一个重复周期内实现全相参处理,因此不需要在各重复周期间进行相参积累;当 N 为大于 1 的整数时,若脉冲间不能实现全相参积累,则会存在 N 个脉冲进行非相参积累造成的损失。N 越大,这种非相参积累损失越大。因此,影响波束驻留数目 N 的选择的另一因素便是如何提高探测信号的积累效率。

天线波束驻留数目 N 的计算首先要满足雷达探测距离的要求。考虑到 N 较小,在重复周期之间接收信号进行相参积累带来的损失不是很大,这时 N 的计算过程可简要叙述如下:

首先在满足同样的单脉冲发现概率 P_d 和虚警间隔时间 T_f 的情况下,可分别求出与不同的 N 相对应的单脉冲的发现概率 P_d 和虚警概率 P_f,并由此定出要求的单个脉冲的信噪比 SNR。若波

束驻留数目为 N，则总信噪比为 $N \cdot \text{SNR}$。若按通常情况，N 个重复周期内发射信号的脉冲宽度相同，均为 τ_N 时，则在每一波束位置上总的信号脉冲宽度为 $N\tau_N$。显然，从合理使用信号的能量角度考虑，应这样选择 N，在 $N \cdot \text{SNR}$ 满足检测要求的基础上使它对应的 $N\tau_N$ 最小。

7.3.3 阵面重构能量调节

阵面重构能量调节主要有三种用途：一是用于调节空域搜索的执行时间，在搜索空域覆盖不变的情况下，波束宽度越宽则搜索时间越短；二是用于调节搜索屏厚度，搜索屏厚度关系到目标穿屏时间，而目标穿屏时间将影响搜索数据率的选择；三是用于功能性阵面分割情况，如将阵面分割为一大一小两个子阵面，分别用于中远程和中近程目标探测，或者一个用于目标搜索跟踪、一个用于通信或二次雷达等。

值得注意的是，搜索屏厚度的选取是目标穿屏速度和扫屏周期的综合，通常搜索屏厚大于全孔径波束宽度，因此在方案选择上有三种方法：一是采用全孔径收发阵面，搜索屏厚度通过波束扫描的多层结构来调节；二是搜索屏厚度由天线孔径调节，搜索屏为单层结构，能量资源通过脉宽和波束驻留来调节；三是搜索屏厚度由天线孔径和多层结构联合调节。由 3° 搜索屏仿真可得维持 5000km 探测距离脉宽随扫描角的变化关系，如图 7-10 所示，其中，图 7-10(a) 为全孔径情况下，脉宽随波束扫描角增大而增大的变化关系，可见随着波束扫描角从 0° 变化至 60° 时，脉宽由 6ms 调节至 24ms；图 7-10(b) 为发射阵面重构为部分阵面时，脉宽调节补充能量资源的仿真曲线，脉宽由 12ms 调节至 48ms。由此可以看出，对于远距离探测不宜采用阵面重构方式。虽然全孔径时搜索屏为多层结构，但波束驻留比脉宽调节时间资源消耗大得多，若再考虑利用时间顺序多波束扫屏的情况，则全孔径工作方式的时间资源优势更大。因此，远距离搜索屏设置一般选择天线阵面全孔径方式。

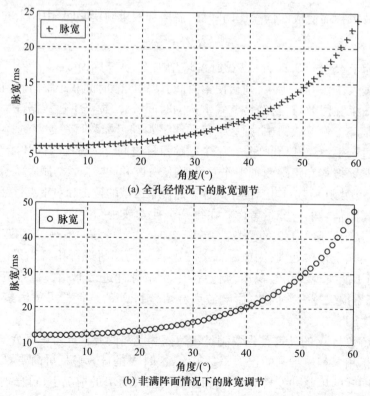

(a) 全孔径情况下的脉宽调节

(b) 非满阵面情况下的脉宽调节

图 7-10 满阵与非满阵工作时脉宽随扫描角的变化

阵面重构用于能量调节时需要注意的问题：一是发射阵面和接收阵面可以独立地进行阵面调节，但应注意收发波束的相互覆盖和后端接收处理问题。如图7-11所示，发射阵面口径收缩为原阵面的1/3，接收阵面不变，则一个发射波束需要9个接收波束来覆盖。因此，阵面重构调节后收发波位需要重新编排。二是阵面调节不仅影响发射功率，而且影响天线增益。因此，阵面重构调节后各波位上的目标探测能力需要重新评估和调整。

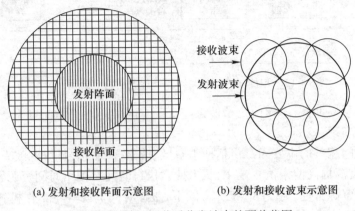

(a) 发射和接收阵面示意图　　　　(b) 发射和接收波束示意图

图7-11　阵面调节后收发波束的覆盖范围

7.4　相控阵雷达时间资源管理

从雷达任务执行能力的角度看，单位时间内相控阵雷达任务执行能力是有限的，这就是相控阵雷达的时间资源问题。根据相控阵雷达搜索与跟踪的关系，相控阵雷达有两种工作方式：搜索加跟踪方式和边搜索边跟踪(Track While Scan，TWS)方式。其中，TAS方式是二维相控阵雷达的典型工作方式，具有时间分割、资源调节等明显的技术优势。在TAS方式下，相控阵雷达有两种基本工作状态，即搜索工作状态和跟踪工作状态。而在TWS方式下，相控阵雷达只有搜索状态，目标跟踪由雷达数据处理完成。本节重点介绍TAS方式下的资源管理。从TAS工作方式的角度看，相控阵雷达资源管理可分为搜索状态下的资源管理和跟踪状态下的资源管理。从更为基础的角度看，相控阵雷达资源管理又可分为能量资源管理、时间资源管理、事件调度与雷达控制三部分。本节将围绕相控阵雷达时间资源管理问题，从搜索状态和跟踪状态两个方面，叙述相控阵雷达时间资源管理的基本理论与方法。

7.4.1　时间资源配置约束因素

相控阵雷达时间资源的概念是从单位时间内的执行任务能力的角度引出的。广义地讲，相控阵雷达时间资源管理是关于如何在单位时间内提高相控阵雷达任务执行能力的方法与措施。此处的"单位时间"通常是指工作模式帧周期，简单讲就是搜索间隔时间。相控阵雷达时间资源管理方法与主要约束关系如图7-12所示，主要分搜索时间资源管理和跟踪时间资源管理两个方面。

(1) 搜索时间资源管理。搜索时间资源管理主要涉及搜索间隔时间(搜索数据率)的选择与搜索执行时间的计算等任务。合理选定搜索间隔时间的重要性体现在：一是搜索间隔时间直接关系到搜索截获概率指标的实现；二是搜索间隔时间是导出相控阵雷达工作模式帧周期的基础，在搜索无分区的情况下搜索间隔时间与工作模式帧周期相等。工作模式帧周期的确定使得

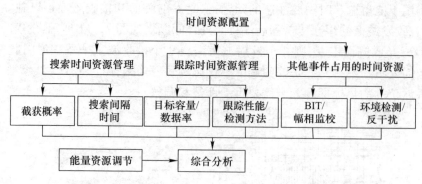

图 7－12 相控阵雷达时间资源管理方法与主要约束关系

相控阵雷达工作有了周期性，不仅简化了搜索与跟踪之间的时间资源配置关系，而且有利于事件调度和雷达控制的实现。

与搜索执行时间相关的主要因素包括搜索空域、搜索方式、信号周期、波束驻留、多波束搜索等，优化利用雷达资源提高搜索执行效率、减少搜索执行时间是搜索时间资源管理的重要内容。

（2）跟踪时间资源管理。在 TAS 工作方式下，跟踪时间资源等于工作模式帧周期减去搜索执行时间，即 $T_t = T_{si} - T_s$。换言之，搜索执行所占用时间越多则目标跟踪所拥有时间越少。这就是搜索与跟踪之间的时间资源配置问题。相控阵雷达时间资源的自适应动态配置是提高相控阵雷达任务执行能力的重要手段，也是相控阵雷达资源管理研究的热点问题之一。

在跟踪时间资源给定的情况下，跟踪时间资源管理主要考虑以下问题。一是跟踪数据率与跟踪性能的关系。原则上，数据率高则跟踪精度高。实际中，跟踪数据率可根据目标机动性、目标重要性和跟踪阶段等因素进行合理调节，这就是所谓的变数据率目标跟踪问题。二是跟踪数据率与目标容量的关系。原则上，数据率高则目标容量小。实际中，目标容量估计还需考虑跟踪多波束的运用、序列检测方法的运用、参数测量扩展方法（如 PD 测速、ISAR 成像等）的运用等因素。另外，在资源受限情况下的多目标跟踪是一个值得关注的问题。此问题可简单表述为：在跟踪资源不能满足所有目标的跟踪数据率要求时，下一个跟踪波束如何分配的问题。

（3）其他事件占用的时间资源。除搜索和跟踪占用时间资源之外，相控阵雷达阵面监校、机内自检、干扰监测和反干扰实施等也会占用少量的时间资源。

7.4.2 搜索状态时间资源管理

在相控阵雷达资源管理中，搜索数据率是指对同一空域相邻两次搜索的时间间隔（或其倒数）。搜索数据率与目标搜索截获概率紧密相关。

相控阵雷达搜索分为两种情况：一是无引导信息下的自主搜索，即对固定空域按规定程序进行搜索以发现新目标；二是目标引导信息下的目标捕获搜索，如雷达间的同一目标观察任务的交接，以及目标确认搜索和目标失跟搜索等。这两种搜索的主要区别：一是搜索区域的大小不同，二是搜索屏的时效性不同。无引导信息下的自主搜索是没有目标引导信息，既不知道何时出现目标，也不知道目标会在什么方向出现，因此为有效捕获各种可能情况下的目标，在搜索屏设置时考虑因素更周全、空域覆盖范围大，搜索屏的时效性长。目标信息引导下的目标捕获搜索大约知道目标出现的时间、地点，因此搜索屏的空域覆盖范围小，搜索屏的时效性短。

7.4.2.1 搜索数据率与帧周期

1. 搜索数据率与搜索截获概率

二维相扫相控阵雷达搜索屏是由针状波束依次扫描实现的，因此，搜索屏在实现过程中必然存在时间缝隙。衡量搜索屏时间缝隙大小的重要指标就是搜索数据率。搜索数据率越低(搜索间隔时间越长),搜索屏的时间缝隙越大,则搜索截获概率越低。例如,若搜索屏时间缝隙过大,则可能出现波束扫描至搜索屏右侧时目标从搜索屏左侧穿越的情况,从而导致目标穿越搜索屏时未被发现。换言之,只有当搜索间隔时间足够短,在目标穿屏期间必有波束照射到目标时,甚至多次照射到目标时,才能保证穿屏目标被有效截获。由此可见,搜索数据率必须由搜索截获概率导出,才能满足战术性能的要求。从指标分解的角度看,搜索数据率估算的指标分解关系如图7-13所示。

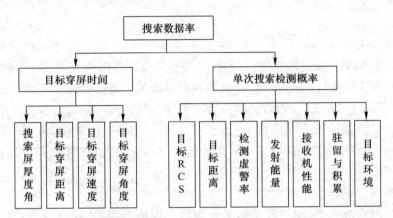

图7-13 搜索数据率估算的指标分解关系

目标穿屏时间不仅与搜索屏厚度角、目标穿屏距离有关,而且与目标穿屏速度、目标穿屏角度有关,如图7-14所示,穿屏时间 T_c 计算公式为

$$T_c = \frac{\alpha R_T}{v_T \cos\beta} \tag{7-15}$$

式中:α 为搜索屏的厚度角(rad);R_T 为目标穿屏距离;v_T 为目标穿屏速度;β 为目标穿屏角。

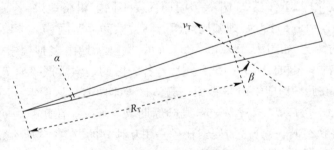

图7-14 目标穿屏与时间估算

实际中,目标穿屏距离、穿屏速度、穿屏角度等参数是与布站位置、目标特性等因素紧密相关的,因此,存在较大的不确定性。一般地,目标穿屏时间可通过调节搜索屏厚度角来控制,搜索屏厚度调节有两种方法:一是通过调节天线阵面垂直口径来控制垂直波束宽度,从而实现搜索屏厚度的调节,此方法是以损失阵面能量为代价的方法;二是通过多层波束结构来调节搜索屏厚度,此方法是以消耗时间资源为代价的方法。这两种方法的选取需视雷达具体情况而定,若雷达能量资源充足,则选前者;若时间资源充裕,则选后者。

搜索截获概率与目标穿屏时间、雷达检测概率的关系为

$$P_D = 1 - (1 - P_d)^n \tag{7-16}$$

式中:P_d 为单次搜索检测概率;P_D 为要求的搜索截获概率;n 为目标穿屏期间被搜索到的次数。由于 n 只取正整数,所以式(7-16)可表示为

$$n = [\log_{(1-P_d)}(1-P_D)] \tag{7-17}$$

式中:[·]符号为舍入取整计算符。需要注意的是,在雷达中单次搜索检测概率 P_d 是变化的,且影响因素较多,主要包括目标大小、远近、姿态、检测环境等。

在目标穿屏时间 T_c 和穿屏期间搜索次数 n 确定的情况下,通过简单计算可得搜索间隔时间

$$T_{si} = T_c/n \tag{7-18}$$

式中:T_{si} 为搜索间隔时间。需要注意的是,按上述步骤计算的搜索间隔时间(或搜索数据率)是在距离 R_T 处的计算结果。按此数据率进行搜索,若目标穿屏距离比 R_T 近,则搜索屏厚度变薄、目标穿屏时间变短、被搜索到的次数减少,搜索截获概率降低。若目标穿屏距离比 R_T 远,则搜索屏厚度变厚、目标穿屏时间变长、被搜索到的次数增多,搜索截获概率提高,即若远近搜索数据率保持一致,则搜索屏上的截获概率远处高、近处低;若远近搜索截获概率保持一致,则要求搜索数据率远处低、近处高。在实际应用中,通常采用远近分屏搜索,近搜索屏数据率高,远搜索屏数据率低。

2. 搜索数据率与工作模式帧周期

在传统机械扫描雷达中,帧周期是指天线旋转一周所对应的时间间隔,它与搜索跟踪数据率、杂波图检测等有密切关系。在二维扫描相控阵雷达中,工作管理机制是实时任务申请、事件调度下的流水作业机制,似乎没有严格的帧周期概念。相控阵雷达搜索数据率与目标特性等紧密相关,在具有多任务、多目标探测能力的相控阵雷达中,帧周期是随目标类型和工作模式变化的,因此,帧周期概念在相控阵雷达中通常称为工作模式帧周期(简称帧周期)。工作模式帧周期是指完整地执行一遍规定空域的搜索任务和规定容量的目标跟踪任务所需的时间长度。对帧周期概念的理解,有两点值得注意:

(1)帧周期是变化的,工作模式不同,帧周期长度不同。粗略地讲,若搜索空域内各处的搜索数据率相同,如图7-15(a)所示,则帧周期(T_z)与搜索间隔时间(T_{si})相等。若搜索空域中存在不同数据率分区的情况,如图7-15(b)、(c)所示,则帧周期由多种搜索数据率综合产生,通常取它们的最小公倍数。例如,图7-15(b)中,若各分区的搜索数据率为 $T_{sia} = 2T_{sib} = 3T_{sic} = 6s$,则帧周期取 $T_z = 6s$。在此帧周期中,a 区搜索一遍,b 区搜索两遍,c 区搜索三遍。又如图7-15(c)中,若各区的搜索数据率为 $2T_{sia} = 3T_{sib} = 6s$,则帧周期取 $T_z = 6s$。在此帧周期内,a 区搜索两遍,b 区搜索三遍。在任务执行时,各分区的搜索任务是相互独立的,在各自搜索数据率约束下独立申请待执行事件,并由雷达控制器统一调度执行。

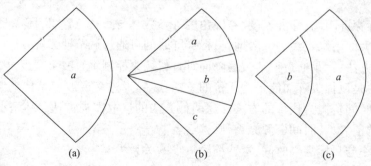

图7-15 帧周期与搜索数据率的关系

定义相控阵雷达工作模式帧周期的意义在于使得相控阵雷达工作具有了时间上的重复性。这有利于降低相控阵雷达事件调度和雷达控制的复杂性,对简化搜索跟踪时间资源动态配置、任务容量估计等具有重要意义。

(2) 帧周期内时间资源分配。在相控阵雷达资源管理中,可以将工作模式帧周期称为一个时间资源段,相控阵雷达工作是在帧周期基础上的重复。在 TAS 方式下,帧周期内既要完成空域的搜索又要完成目标跟踪,即搜索执行时间与目标跟踪时间之和应小于等于帧周期时间,表示为

$$T_s + T_t \leqslant T_z \tag{7-19}$$

式中:T_z 为工作模式帧周期;T_s 为总的搜索执行时间;T_t 为总的目标跟踪时间。在等数据率搜索情况下,式(7-19)可表示为更熟悉的形式,即

$$T_{si} = T_s + T_t \tag{7-20}$$

式(7-20)清晰地表明了搜索与跟踪之间存在时间资源的配置问题。搜索执行占用的时间资源越多,则目标跟踪拥有的时间资源越少,相应地,目标跟踪能力越会下降。

在 TWS 方式下,由于目标跟踪是由数据处理实现的,没有真实的目标跟踪波束,因此,搜索数据率等于跟踪数据率,帧周期时间被搜索任务独占。

7.4.2.2 搜索状态下的控制参数

搜索间隔时间(或帧周期)是由雷达战术指标"搜索截获概率"决定的,在测量几何关系和目标特性已知的情况下搜索间隔时间是不能随意调整的,因此,在以下的讨论中不妨假设搜索间隔时间为定值,且雷达工作在 TAS 方式。此时,从时间资源的角度看,搜索执行时间是关系到搜索与跟踪之间时间资源配置的重要参数。为保证相控阵雷达有足够的目标跟踪能力,在帧周期中应预留足够的时间资源用于目标跟踪,即应尽量减小搜索执行时间在帧周期中的比重,这也是制定搜索策略的重要依据。

搜索执行时间(T_s)是关系到搜索、跟踪时间资源分配的重要参数。计算搜索执行时间必须要明确三个参数:一是搜索空域中精确的波位数,这与波位编排方法和波束最小步进间隔(波束跃度)有关;二是每个波位上的波束驻留数,这与能量调度有关;三是信号重复周期,这与作用距离有关。另外,还要明确多波束应用方法,如时间顺序多波束、交错多波束。

1. 搜索空域波位数的计算

为了直观,不妨设搜索空域为图 7-16 所示的扇形区域,水平方位覆盖 $\pm \varphi_m$,仰角方向覆盖 $\theta_m = E_{max} - E_{min}$,若 φ_B、θ_B 分别为相控阵天线法向波束的水平和垂直波束宽度。

具体波位计算过程如下:

(1) 在搜索空域波位计算中,首先在概念上应理清以下三点:一是相控阵天线波束宽度是随波束指向而变化的,因此,波位编排必须在正弦空间中以法向波束宽度进行编排。二是波束移动是离散跃进的,这与二进制移相控制有关。波束移动的最小步进间隔称为波束跃度。

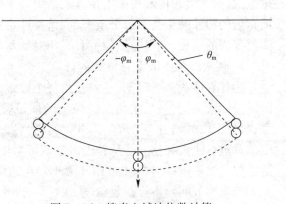

图 7-16 搜索空域波位数计算

因此,在波位编排时可能出现相邻波位不能实现刚好相切排列的情况。为确保相邻波位刚好能相切排列,必须保证波束宽度是波束跃度的 2 的整数倍关系,如波束跃度为波束宽度的 1、1/2、

1/4、1/8 等。换言之,在波位编排中波束宽度应以波束跃度来衡量。三是虽然波束跃度的大小也与波束指向角有关,波束指向角越大则波束跃度越大,这种波束跃度随波束指向角增大而增大的变化规律与波束宽度随波束指向角增大而展宽的变化规律相一致。因此,在正弦空间中波束跃度与波束宽度一样都是固定不变的。

(2)在正弦空间中,扇形搜索区的水平方向覆盖范围为 $2\sin\varphi_m$,仰角方向覆盖范围为 $\sin E_{max} - \sin E_{min}$(水平线搜索约为 $\sin\theta_m$),即单位半径扇形搜索区在阵面上的投影。若波束跃度与波束宽度相等,则在正弦空间中的波束宽度可以用波束跃度表示为

$$\varphi_B = \frac{k\lambda}{d2^K}(\text{rad}) \tag{7-21}$$

式中:k 为波束宽度因子;λ 为波长;d 为单元间距;K 为数字移相器位数。

由此可得搜索空域水平方向波位为

$$K_\varphi = \frac{2\sin\varphi_m}{\phi_B} = \frac{d}{k\lambda}2^{K+1}\sin\varphi_m \tag{7-22}$$

搜索空域垂直方向波位为

$$K_\theta = \frac{\sin E_{max} - \sin E_{min}}{\phi_B} = \frac{d}{k\lambda}2^K(\sin E_{max} - \sin E_{min}) \tag{7-23}$$

因此,搜索空域的总波位数为 $K_\varphi K_\theta$。

例如,搜索空域为 $\varphi_m = \pm 60°$、$\theta_m = 3°$(水平线搜索),设波束宽度为 $\varphi_B = \theta_B = 1.5°$,且波束跃度能满足相邻波位相切的排列条件,则搜索空域总波位数为

$$K_\varphi K_\theta = \left(2\frac{\sin 60°}{1.5°(\pi/180)}\right) \cdot \left(\frac{\sin 3°}{1.5°(\pi/180)}\right) \approx 67 \times 2 = 134 \tag{7-24}$$

有些文献中给出了一种简单的搜索空域波位数的近似计算方法

$$K_\varphi K_\theta = \frac{2\varphi_{max}}{\varphi_B} \cdot \frac{\theta_{max}}{\theta_B} \approx 80 \times 2 = 160 \tag{7-25}$$

以上两种波位数计算方法是有差异的,但并非近似计算方法完全不可取,其理由是:随着波束指向角的增大,一方面波束宽度在展宽,另一方面天线增益在下降。若采用相邻波束相切的编排方式,则在大角度波位上雷达探测能力在下降;若波位编排采用等间隔排列,则大角度上波束展宽后的相邻波束是有部分重叠的,这种波束重叠刚好用于补偿大角度波位上由于天线增益下降而损失的能量,使得各波位上具有相对均衡的探测能力。

2. 搜索波位上波束驻留数的计算

为计算搜索执行时间,还需获得每个搜索波位上的波束驻留数。各波位上的波束驻留数由两方面因素决定:一是大角度波位上的能量补偿问题。正如 7.3 节所述,随着波位指向角的增大,收发天线的增益会下降。因此,为获得各波位上基本相同的目标探测能力,需要根据波位角度位置进行能量补偿。能量补偿方法既可采用脉宽能量调节,也可采用波束驻留调节,具体可灵活掌握。二是根据潜在目标 RCS 大小和雷达作用距离对搜索波位进行能量或时间调节。在此,关于能量调节问题不再重复叙述。

显然,在各搜索波位能量调节分析的基础上,可以获得各搜索波位上的平均驻留脉冲数。不妨设各搜索波位上的平均波束驻留时间为 NT_r,其中 T_r 为信号重复周期,可根据搜索屏半径 R 来确定,通常在最大不模糊距离所对应时间的基础上再加 10%~20% 的余量。例如,$T_r = (1 + 10\%)2R_{max}/c$。

3. 在搜索截获概率约束下的远近分区

在上述分析计算的基础上,计算搜索执行时间的公式为

$$T_s = K_\varphi K_\theta \cdot NT_r \tag{7-26}$$

式中:$K_\varphi K_\theta$ 为搜索波位数;T_r 为雷达信号重复周期;N 为各波位上的平均波束驻留次数;NT_r 为各波位上的平均驻留时间。但实际中还需考虑两个问题:一是解决搜索屏远近搜索截获概率不一致的问题,即采用不同数据率远近分区搜索的方法;二是解决顺序多波束与近距盲区约束的问题,采用时间顺序多波束必然导致总发射脉宽的增大,而发射脉宽的增加势必导致近距盲区的增大。实际上,这两个问题都可通过远近分区搜索得到很好的解决。

通过对搜索截获概率的讨论已知,搜索屏远近厚度不一致是搜索屏远近截获概率不一致的根本原因。若目标穿屏期间,不管目标远近都能维持相同的搜索次数,则可消除远近搜索屏截获概率不一致的问题。若在满足搜索截获概率的条件下已导出搜索屏半径 R_0 处的搜索间隔时间为 T_{si0},则由式(7-15)穿屏时间与目标穿屏距离间的线性比例关系,可得维持截获概率不变的情况下搜索屏半径 R_1 处的搜索间隔时间 T_{si1} 为

$$T_{si1} = \frac{R_1 T_{si0}}{R_0} \tag{7-27}$$

例如,若已知 $R_0 = 800\text{km}$,$T_{si0} = 10\text{s}$,在维持截获概率不变的情况下,可分别求得500km 和 3000km 处的搜索间隔时间为6.25s 和 37.5s。图7-17 所示为等截获概率情况下的搜索间隔时间随距离变化的关系,由图可见,若将搜索屏按 1300km 分为远屏和近屏,则近屏为 400~1300km,远屏为 1300~3000km,近屏搜索数据率取5s,远屏搜索数据率取15s。在此分屏情况下,帧周期取15s,帧周期内远屏搜索1次、近屏搜索3次。

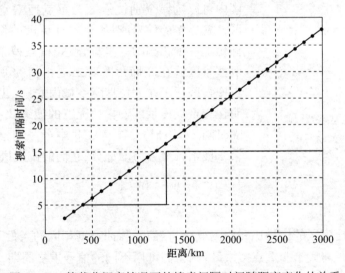

图 7-17 等截获概率情况下的搜索间隔时间随距离变化的关系

在搜索屏远近分区的过程中,需要把握以下几点:一是分区不宜太多,以2、3 分区即可。从表面上看,分区多则时间资源利用率高。以图7-17 中的近区搜索为例,若1300km 处(以15s 间隔时间搜索)目标穿屏能被搜索到2次,能满足搜索截获概率,则在2400km(以15s 间隔时间搜索)以外目标穿屏期间能被搜索到4次以上,这等价于搜索过度,造成时间、能量资源的浪费。但实际上,分区多将使事件调度关系复杂,造成时间资源利用率的下降。二是远近分区的搜索数据率应成倍数关系,以便帧周期的综合和简化搜索控制关系;三是远近分区要考虑信号脉宽、多

波束应用、作用距离、近距盲区等因素之间的约束关系。从雷达方程可知,理论上作用距离缩短一半,则脉冲宽度可缩减16倍,显然,这为近屏搜索中多波束应用和缓解近距盲区约束创造了有利条件。对远屏搜索而言,由于近距盲区的远推,同样为多波束应用和缓解近距盲区约束创造了有利条件。

在搜索屏远近分区的基础上,可以方便地设计两种信号重复周期 T_{r1} 和 T_{r2},以及相应的脉宽和顺序多波束编排情况。为提高时间资源的利用率,通常将多种重复周期间设计成整数倍关系,如 $T_{r1} : T_{r2} = 1 : 3$。至此,可以在更加符合实际情况的基础上来计算搜索执行时间。若搜索屏分远近两个区搜索,则搜索执行时间为

$$T_s = K_\varphi K_\theta \cdot (N_1 T_{r1}/m_1 + N_2 T_{r2}/m_2) \tag{7-28}$$

式中:$K_\varphi K_\theta$ 为搜索波位数;T_{r1}、T_{r2} 分别为远、近屏搜索信号的重复周期;N_1、N_2 分别为远、近搜索时各波位上的平均波束驻留次数;m_1、m_2 分别为远、近搜索时采用的顺序多波束数目。

7.4.2.3 常用搜索方式

根据相控阵雷达承担的任务,充分利用相控阵天线波束的捷变能力与信号波形的多样性,可以获得多种搜索工作方式。为了编制搜索工作方式的控制程序,可以对每一子搜索区分别进行设置。为此,可以从搜索程序总的控制参数表中针对每一子搜索区建立一些临时的搜索控制参数表。例如,对搜索信号形式,则应包括搜索信号的重复周期 T_s、脉冲宽度、调制方式、带宽等。

1. 重点空域数据率分区搜索

利用相控阵天线波束扫描的灵活性,可以将整个搜索区域分为多个子搜索区,每个子搜索区内可按不同重复周期、不同信号波形及不同的波束驻留时间来安排搜索时间及不同的搜索间隔时间。在若干子搜索区内可以选择个别搜索区为重点搜索空域,对该重点搜索区分配更多的信号能量,以保证更远的作用距离。例如,对仰角上一维相扫的三坐标雷达,重点搜索区放在低仰角,一般搜索区放在高仰角。对二维相扫的战术三坐标雷达,重点搜索区还可在方位搜索空域内安排。以图7-18为例,说明在有重点搜索区安排情况下的搜索执行时间 T_s 与搜索间隔时间 T_{si} 的计算。图7-18中第一搜索区为重点搜索区,第二搜索区又分为两部分,它们的搜索执行时间分别为

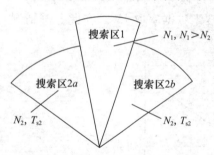

图7-18 重点空域及提高其搜索数据率的示意图

$$T_{s1} = K_{\varphi 1} K_{\theta 1} \cdot N_1 T_{r1} \tag{7-29}$$

$$T_{s2} = K_{\varphi 2} K_{\theta 2} \cdot N_2 T_{r2} \tag{7-30}$$

为了增加重点搜索区的信噪比和检测概率,在信号脉冲宽度相同的条件下,$N_1 > N_2$;如要求的重点搜索区作用距离大于非重点搜索区,则它们可用不同的信号重复周期,$T_{r1} > T_{r2}$。

如果要求对重点搜索区增加搜索数据率,即减少搜索间隔时间,可使 $T_{si1} < T_{si2}$。例如,当要求第 $2a$、$2b$ 两个搜索区搜索完一遍(假设所需时间为 T)之后,第一搜索区应搜完两遍,即第一搜索区的搜索数据率比第二搜索区高1倍,这时,两个搜索区的搜索间隔时间分别为

$$T_{si1} = T_{s1} + T_{s2}/2 = T \tag{7-31}$$

$$T_{si2} = T_{s2} + 2T_{s1} = 2T \tag{7-32}$$

2. 远近分区和时间交错多波束搜索

有些相控阵雷达要观察的目标种类多、数量也多,需充分利用雷达的时间资源,同时对远区

及近区目标进行搜索,如在船载相控阵三坐标雷达中,在观察远区飞机的同时还需观察海面目标及其他近程空中目标。

三坐标相控阵雷达在搜索远距离目标时,重复周期长,所需信号能量大,所以信号脉冲宽度也较宽;当预计搜索目标所在的距离,只在重复周期的后半部或后 $T_r/3$ 时间段内时,可将对这类目标的搜索距离波门安排在重复周期的后半部或后 1/3 时间段内,而将重复周期的前半段时间或前 2/3 段时间用于对近距离目标进行搜索,这将有利于充分利用雷达的时间资源,可部分地克服远程相控阵雷达由于作用距离很远而带来的提高搜索数据率和跟踪数据率的困难。

图 7-19 所示为在一个重复周期内同时对远区及近区进行搜索的示意图。图 7-19(a)所示的低仰角和高仰角搜索区分别为远程和近程搜索区。图 7-19(b)所示的 T_{r1} 为雷达最大作用距离决定的重复周期,远距离搜索区的搜索波门只占 T_{r1}/n,为了方便,可设 n 为大于 1 的整数,如 $n=3$。

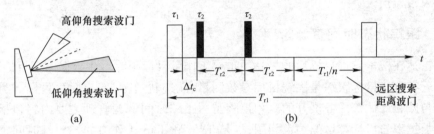

图 7-19　在一个重复周期内同时对远区及近区进行搜索的示意图

令远距离搜索脉冲宽度为 τ_1,在重复周期余下的时间里,若安排脉宽为 τ_2,长度为 m 的窄脉冲串信号,则近程探测时,其重复周期为

$$T_{r2} = \frac{(1-1/n)T_{r1} - (\tau_1 + \Delta t_c)}{m} \tag{7-33}$$

根据式(7-33),可计算第二搜索区的最大作用距离。以 $n=3$, $m=2$ 为例,远区搜索波门安排在 T_r 的后 1/3,搜索波门宽度为 $T_{r1}/3$,则

$$T_{r2} = [(2/3)T_{r1} - (\tau_1 + \Delta t_c)]/2 \tag{7-34}$$

如 $\tau_1 = T_{r1}/20$(远程探测信号工作比接近 5%)。当设 $\Delta t_c = \tau_1$ 时,可得 $T_{r2} = 0.28T_{r1}$,即可在远距离搜索波门到来之前,安排对近程搜索区进行搜索。

3. 时间顺序多波束搜索

为了降低搜索间隔时间或提高搜索数据率,除了降低波束驻留时间 N 以外,在中近距离快速目标搜索时,可采用顺序发射三波束接收同时多波束的搜索方式加快搜索速度,减少搜索占用的系统资源,实现目标的快速截获。发射顺序三波束同时使用 10 个接收波束覆盖发射空域的实现方式如图 7-20(a)所示,对于该种方式,较适用于单目标或目标较少情况下的搜索,对于多目标的情形,由于同一回波信号可能同时出现在多个交叠的波束,带来检测相关的问题。对于有多个目标的搜索,可将顺序发射的波束在空间上间隔一个波位,如图 7-20(b)所示,减少波束交叠带来的检测相关问题。由于顺序发射的多个波束之间间隔一个波位,经过两次顺序发射三波束的过程就可以满足发射空域的无缝覆盖。

与机械扫描雷达不同,相控阵天线波束指向不能连续移动(扫描),只能按一定波束跃度做离散移动。搜索过程中天线波束的扫描方式有两种:一种与机械扫描雷达天线波束的扫描相似,当驻留数 N 较大时,每个重复周期天线波束以较小的波束跃度在角度上移动;当 N 较小时,如 $N=1$,则相邻搜索波束间距只能大致上与波束半功率点宽度相一致,当 N 较小时搜索将存在较

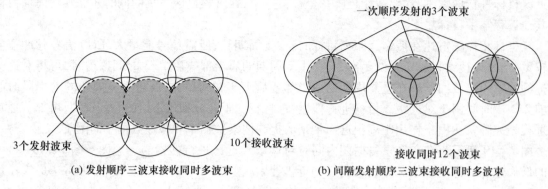

(a) 发射顺序三波束接收同时多波束　　(b) 间隔发射顺序三波束接收同时多波束

图 7-20　时间顺序多波束搜索示意图

大的天线波束覆盖损失。

7.4.3　跟踪状态时间资源管理

相控阵雷达在搜索发现目标后的另一项重要工作是目标跟踪。多数据率多目标跟踪是相控阵雷达的显著特点。目标跟踪是围绕目标参数测量、航迹轨道测量与预报、目标分类与识别、目标态势分析与威胁评估等任务展开的。相控阵雷达跟踪时间资源管理主要内容包括：一是时间资源对跟踪数据率与目标容量的约束问题；二是 TWS 和 TAS 工作方式与跟踪时间资源管理；三是目标特性与跟踪阶段对跟踪数据率的需求问题；四是多波束、多目标跟踪问题。本节主要针对二维相扫相控阵雷达讨论目标跟踪状态下的时间资源管理。

7.4.3.1　数据率与目标容量

1. 目标跟踪数据率

目标跟踪数据率是指对同一目标相邻两次跟踪采样间隔时间的倒数，也可直接采用跟踪采样间隔时间来表示。跟踪数据率对相控阵雷达多目标跟踪性能有很大的影响。正确选定跟踪采样间隔时间对确保跟踪的连续性(不丢失目标)和跟踪精度有重要意义。从时间资源管理的角度看，目标容量、跟踪精度、跟踪数据率之间是相互牵制的关系。提高目标跟踪精度可通过提高跟踪数据率和增加观测时间来实现，由此雷达将付出更多的时间资源。在时间资源恒定的情况下，跟踪精度和数据率的提高是以降低目标跟踪容量为代价的。同样，提高目标跟踪数据率意味着相同批数的目标在相同时间段内需要更多的跟踪波束，即相对地降低了目标跟踪容量。因此，在数据率和跟踪精度的选取上应根据目标特性具体分析，既不可所有目标都采用高数据率和高精度跟踪，也不可所有目标都选取低数据率、低精度跟踪。合理的解决途径：利用相控阵天线波束扫描的灵活性，对不同类别的目标选用不同的跟踪数据率。

原则上，跟踪数据率选取分三种情况：一是不同跟踪阶段对跟踪数据率选取的影响，一般在初始跟踪阶段数据率高、稳定跟踪阶段数据率低；二是目标飞行特性对跟踪数据率选取的影响，高速、高机动、高威胁目标需要高数据率跟踪；三是时间能量资源约束对跟踪数据率选取的影响，资源约束不仅体现在搜索状态与跟踪状态之间的时间资源分配问题上，而且体现在多目标、多数据率情况下实现雷达任务容量的最大化问题上。例如，对观测卫星的相控阵雷达来说，在观测轨道参数已知或稳定的卫星时，跟踪数据率可以降低，而轨道参数不稳定的或新发现的卫星，跟踪数据率则应该提高。当相控阵雷达的时间、能量资源有较大冗余时，也可相应提高跟踪数据率。

简单的跟踪数据率估算。设同一目标的相邻两次跟踪目标采样间隔时间为 T_{ti}，目标运动速度为 v。当还不知道目标的飞行方向时，在 T_{ti} 时间内目标一定限制在以 $T_{ti}v$ 为半径的球形空间

内,此球形空间对应的角度范围 $\Delta\varphi_t$、$\Delta\theta_t$ 为

$$\Delta\varphi_t = \Delta\theta_t = 2T_{ti}v/R_t \tag{7-35}$$

式中:R_t 为目标距离。相应地,目标的距离波门宽度为

$$\Delta R_t \geqslant 2T_{ti}v \tag{7-36}$$

当跟踪一段时间后目标飞行方向已知,则方位、仰角与距离跟踪波门的宽度都应相应地减小,跟踪波束必须控制在预测的目标位置上,以其为中心,覆盖 $\Delta\varphi_t$、$\Delta\theta_t$ 决定的范围,距离跟踪波门大于 $T_{ti}v$。这样,跟踪采样间隔时间 T_{ti} 越长,跟踪天线波束要覆盖的范围 $\Delta\varphi_t$、$\Delta\theta_t$ 就越宽,跟踪数据录取的波门宽度也越宽,录取的数据则越多,跟踪数据的处理工作量也就越大。对于必须跟踪多个目标的情况,T_{ti} 的增大将增加多目标位置相关和航迹相关处理的难度。

在多目标跟踪,特别是高速目标跟踪时,可能出现目标航迹交叉的情况,这时两个目标位于同一天线波束内,如无其他分辨措施(如速度分辨等),则为了使两个距离间隔 ΔR 内的目标经过 T_{ti} 后,不至于发生航迹错接现象,跟踪采样间隔时间公式为

$$T_{ti} \leqslant \frac{\Delta R}{2v} \tag{7-37}$$

2. 目标跟踪容量估算

目标跟踪容量是相控阵雷达的重要战术指标。相控阵雷达的多目标、多数据率跟踪能力导致了在目标容量估计中存在诸多不确定因素。一是跟踪信号周期的不确定性。为节省时间资源,在跟踪过程中通常远目标用长周期、近目标用短周期,但具体有多少近目标、多少远目标是不确定的。二是跟踪数据率的不确定性。跟踪数据率是随跟踪精度、跟踪阶段、目标速度和机动性等情况而动态变化的,但具体有多少高速高机动目标、各目标所处的跟踪阶段是随机的。三是波束驻留的不确定性。目标远近、RCS 大小、目标方位以及干扰环境对波束驻留都有影响。因此,目标容量估计只能是在某种假设前提下的粗略估计。

1) 等数据率、等重复周期、单波束假设下的目标容量估计

设信号重复周期为 T_r,跟踪状态平均波束驻留数为 N_t,跟踪采样间隔时间为 T_{ti},搜索间隔时间和搜索执行时间分别为 T_{si} 和 T_s,目标跟踪容量用 n_t 表示,则目标跟踪容量推导过程如下:

(1) 总的目标跟踪时间资源为 $T_t = T_{si} - T_s$。
(2) 在搜索间隔时间段内每个目标需跟踪的次数为 T_{si}/T_{ti}。
(3) n_t 目标跟踪一遍所需时间为 $n_t N_t T_r$。
(4) 若跟踪时间资源的利用率为 η。

显然存在如下关系:

$$n_t N_t T_r \frac{T_{si}}{T_{ti}} \leqslant (T_{si} - T_s)\eta \tag{7-38}$$

即

$$n_t \leqslant \eta \frac{(T_{si} - T_s)}{T_{si}} \cdot \frac{T_{ti}}{N_t T_r} \tag{7-39}$$

式中:$T_{si} - T_s$ 为搜索间隔时间与搜索执行时间之差,即可用于跟踪的时间 T_t;$(T_{si} - T_s)/T_{si}$ 为总跟踪时间在搜索间隔时间里所占的比例。提高 $(T_{si} - T_s)/T_{si}$ 或 T_{ti} 均可增加目标跟踪容量,降低对每一个目标的跟踪波束驻留时间 $N_t T_r$ 也有利于提高目标跟踪容量。

2) 复杂跟踪状态下的跟踪目标数目计算

以四种跟踪状态为例,每种跟踪状态所对应的跟踪间隔时间分别以 T_{tia}、T_{tib}、T_{tic}、T_{tid} 表示,跟

踪波束驻留时间分别以 T_{ta}、T_{tb}、T_{tc}、T_{td} 表示,波束驻留次数分别以 N_a、N_b、N_c、N_d 表示,则四种状态的跟踪时间分别表示为

$$T_{ta} = N_a T_r, \quad T_{tb} = N_b T_r, \quad T_{tc} = N_c T_r, \quad T_{td} = N_d T_r \quad (7-40)$$

先看跟踪时间 T_t 与跟踪目标数目的关系。设在一个重复周期内有 m 个脉冲可用于跟踪 m 个方向的目标,在一个重复周期内,能跟踪的平均目标数目为 $m_p (m_p \leq m)$。处于四种跟踪状态的目标数分别为 n_{ta}、n_{tb}、n_{tc}、n_{td} 时,则用于四种不同跟踪状态目标的跟踪时间分别为

$$T_{ta} = \frac{n_{ta} N_t}{F_r m_p} \quad (7-41)$$

$$T_{tb} = \frac{n_{tb} N_t}{F_r m_p} \quad (7-42)$$

$$T_{tc} = \frac{n_{tc} N_t}{F_r m_p} \quad (7-43)$$

$$T_{td} = \frac{n_{td} N_t}{F_r m_p} \quad (7-44)$$

式中:N_t 为每次跟踪所用的脉冲数,即重复周期数,极限情况下,$N_t = 1$;F_r 为雷达信号的重复频率。若设搜索间隔时间 T_{si} 与跟踪间隔时间 T_{tij} 之比为 p_j,j 为跟踪状态的代号 a、b、c、d,于是有

$$p_j = T_{si} / T_{tij} \quad (7-45)$$

则搜索间隔时间为

$$T_{si} = T_s + p_a T_{ta} + p_b T_{tb} + p_c T_{tc} + p_d T_{td} \quad (7-46)$$

式中:T_s 为搜索执行时间;p_a,p_b,p_c,p_d 分别表示在搜索间隔时间里对 a、b、c、d 的四种跟踪状态的目标需要进行跟踪的次数。

如果搜索时间和最大允许的搜索间隔时间是给定的,那么,允许的最大跟踪目标数目便完全确定,其计算公式为

$$n_{ta} \cdot p_a + n_{tb} \cdot p_b + n_{tc} \cdot p_c + n_{td} \cdot p_d \leq (T_{si} - T_s) \cdot F_r m_p / N_t \quad (7-47)$$

则能跟踪的目标总数为

$$n = n_{ta} + n_{tb} + n_{tc} + n_{td} \quad (7-48)$$

式(7-47)表明,跟踪目标数目与重复频率及每个周期内能独立跟踪的目标数 m_p 成正比,而与用于跟踪的重复周期数 N_t 成反比。若用于搜索的总搜索时间 T_s 越小,且允许的搜索间隔时间 T_{si} 越大,则跟踪目标数据将因 $T_{si} - T_s$ 的增大而增加。

提高目标容量和数据率的有效途径是采用多波束目标跟踪。在固态有源数字阵列雷达中,多波束方式通常采用时间顺序多波束方式,因此,雷达的多波束能力主要受雷达 DBF 通道数和实时信号处理能力的限制。仅从时间资源的角度,多波束跟踪时需考虑目标分组组合问题。在多波束跟踪时,不同数据率、不同测量精度的目标应分别管理;远距离和近距离目标也应分别管理,即只有数据率要求相同、距离远近在同一等级的目标才能采用时间顺序多波束进行目标跟踪。

7.4.3.2 工作方式与时间资源管理

相控阵雷达工作方式对时间资源管理的影响主要体现在两个方面。一是相控阵雷达工作方式对时间资源配置的影响。相控阵雷达工作方式分为边跟踪边搜索方式和跟踪加搜索方式,两者在目标跟踪管理上采用了两种完全不同的方法,因此在时间资源配置上也存在明显差异。二

是目标搜索确认与目标失跟处理等对时间资源利用率的影响。由于搜索与跟踪在时间上是交错轮换的关系，两者没有本质上的先后关系，而且搜索确认和失跟处理从波束"重照"形式和"重照"间隔时间控制的角度，与目标跟踪具有相似性，因此不妨将其放在跟踪方式中讨论。

1. 搜索跟踪过渡期的目标跟踪

搜索波束发现目标后，首先需要在原波束指向上再进行一次或两次探测照射以确认目标的真实性，再转入跟踪。由于在搜索发现与目标确认期间，目标的飞行方向、飞行速度尚不确知，在过渡过程中，雷达的采样率应比较高，如两次跟踪采样的间隔时间要比正常跟踪情况高 2~5 倍。跟踪采样间隔时间越短，确认波门就越窄，丢失目标的概率越低，产生新虚警的概率就越低，越容易进行目标的相关处理，但跟踪过渡所花费的时间和信号能量就越多。以空间目标监视相控阵雷达为例，若正常跟踪时的跟踪采样间隔时间取 1s，则跟踪过渡过程中的跟踪采样间隔时间取 0.2~0.5s，便能实现可靠的跟踪过渡。搜索跟踪过渡期的目标确认过程如图 7-21 所示。

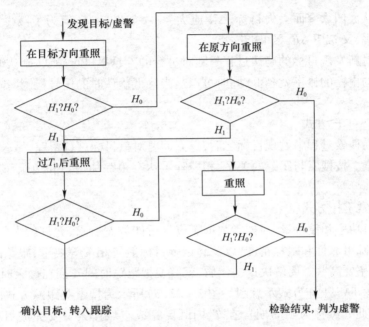

图 7-21 搜索跟踪过渡期的目标确认过程

在搜索过程中一旦发现目标，即给出目标存在的标志，便将目标位置（方位、仰角和距离）以及录取时间送入相控阵雷达控制器。雷达控制器首先需要确认其是真目标还是接收机噪声或外来干扰引起的虚警。为此，雷达控制器通过给波束控制器提供"重照"指令，暂时中断搜索过程，在原发现目标的波束位置上再进行一两次探测照射，并以原发现目标的距离为中心，形成一个宽度较窄的搜索确认距离波门，目标确认只在此波门中进行。因为距离波门比搜索半径小得多，所以目标确认时产生虚警的概率很小。因此，若在此波门内连续一两次发现目标，则确认目标为真实存在。

图 7-21 中，H_1 表示有目标，H_0 表示无目标，如按此图所示逻辑，最短的确认时间要求重照两次，最长的确认时间为重照四次。当然，可能根据不同情况，设置不同的目标确认过程的判断逻辑，如用更多的重照次数。但必须考虑到，当存在较多虚警及多目标的情况下，用于重照次数的增加将导致雷达时间资源与信号能量资源的浪费，雷达的数据处理量也将大幅度上升，使雷达数据率（搜索数据率和跟踪数据率）大为降低。为了降低从搜索发现目标到正式启动跟踪所需的确认重照对雷达时间资源的占用，可以考虑在重照时增大雷达信号能量，适当增加重照脉冲的

宽度,用以换取减少重照次数。例如,在实现一次重照后,无论检测到目标 H_1 或未检测到目标 H_0,均不再重照。

用于搜索确认的距离波门宽度 ΔR_c 与目标最大飞行速度 $V_{\max}$、从发现目标到实施重照的时间差 ΔT_c 及搜索时的测距误差 $\Delta \tau$ 等有关,因此距离波门宽度为

$$\Delta R_c \geqslant k_{RG} V_{\max} (\Delta T_c + \Delta \tau) \quad (7-49)$$

式中:k_{RG} 为大于 1 的系数,用于考虑第一次重照时尚不知道目标的运动方向;$\Delta \tau$ 为测距误差,它包括采用线性调频脉冲压缩信号在观察运动目标时存在的回波信号多普勒频移与目标距离之间存在的耦合误差 $\Delta \tau_{LFM}$,它与 LFM 信号的带宽 ΔF 及脉冲宽度 T 有关,即

$$\Delta \tau_{LFM} = \frac{f_d T}{\Delta F} \quad (7-50)$$

为了不因确认波门太窄而丢失目标,ΔR_c 应大一些,如 $k_{RG} \geqslant 5$,但为了减少接收机噪声和外界干扰引起的虚警,又希望 ΔR_c 尽可能缩小。

相控阵雷达对新发现目标的确认过程是随时进行的。越早进行确认,确认波门就越窄,在确认过程中产生新的虚警的概率就越低,同时可以适当降低确认时的信号检测门限,用以提高确认概率。

2. TWS 与 TAS 工作方式

相控阵雷达在搜索过程中发现目标之后,一方面要对该目标进行跟踪,另一方面还要继续对监视空域进行搜索。按搜索与跟踪的关系,相控阵雷达有跟踪加搜索和边跟踪边搜索两种工作方式。

1) 跟踪加搜索工作方式

为了节省发射功率和设备量,对搜索数据率应尽可能放宽要求,允许较大的搜索间隔时间;但是,为了保证跟踪可靠性和跟踪精度,以及满足多目标航迹相关等要求,跟踪间隔时间却又应小些,即跟踪数据率要高些。要解决这一矛盾,就需要把跟踪时间安插在搜索时间内。图 7-22 所示为相控阵雷达 TAS 工作方式示意图。图 7-22(a) 所示为搜索与跟踪方式的时间分配。T_{si} 为搜索间隔时间(此处可称为帧周期),在 T_{si} 内既要完成空域搜索又要完成目标跟踪,即 $T_{si} = T_s + T_t$。为满足搜索、跟踪各自的数据率要求,搜索时间和跟踪时间必须相互交错安排。如图 7-22(a) 所示,$T_{si} = T_{s1} + T_{s2} + T_{s3} + T_{s4}$,用于完成一遍空域搜索任务;$T_t = T_{t1} + T_{t2} + T_{t3} + T_{t4}$,用于跟踪两个目标,如图 7-22(b) 所示,$T_{t1}$、$T_{t3}$ 用于跟踪目标 1,T_{t2}、T_{t4} 用于跟踪目标 2。显然,这两个目标的跟踪数据率相等,均为 $T_{ti} = T_{si}/2$,即在 T_{si} 内,每个目标均跟踪采样了两次。由此可见,TAS 工作方式是基于相控阵雷达波束扫描的灵活性和时间分割原理实现的。

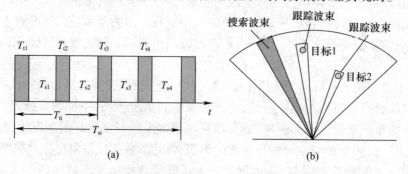

图 7-22 相控阵雷达 TAS 方式工作示意图

TAS 工作方式为相控阵雷达目标跟踪的灵活性创造了条件,也为搜索、跟踪任务调度增加了复杂度。如图 7-23 所示,有四个目标分别采用 0.5s、1.0s、2.0s、4.0s 四种数据率,搜索间隔时间为 $T_{si}=4.0s$,则有多种跟踪状态情况下搜索时间与跟踪时间的关系图。

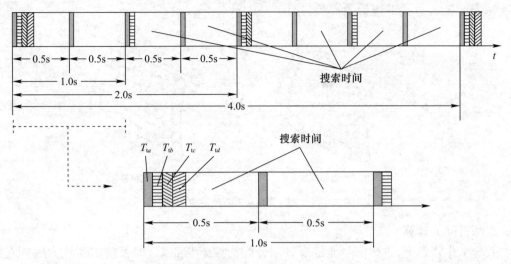

图 7-23 有多种跟踪状态情况下搜索时间与跟踪时间的关系

2) 边跟踪边搜索工作方式

传统机械扫描雷达都采用 TWS 工作方式。相控阵雷达 TWS 工作方式如图 7-24 所示,波束始终以固定的顺序对空域进行周期性的搜索,搜索间隔时间为 T_{si}。在搜索过程中,发现目标后,只作录取记录,不作波束跟踪,搜索状态维持不变,即检测新目标与跟踪老目标是以同样的搜索方式进行的。目标跟踪由雷达数据处理系统根据搜索过程中的目标记录由计算机软件来实现的。

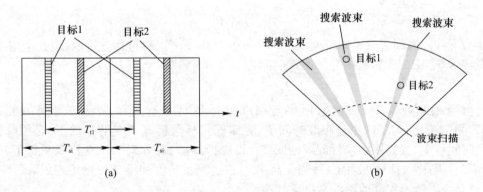

图 7-24 相控阵雷达 TWS 工作方式示意图

与 TAS 工作方式相比,TWS 工作方式的特点:一是只有搜索波束,没有跟踪波束;二是搜索数据率等于跟踪数据率,等于搜索间隔时间 T_{si} 的倒数。TWS 工作方式的不足:一是不能根据目标特性灵活调节跟踪数据率,因此,对高速高机动目标的精密跟踪是有困难的;二是 TWS 工作方式下目标参数是基于搜索波束获得的,而搜索波束往往是窄带信号,因此,距离分辨率低,杂波噪声大。

另外,表面上看似乎 TAS 工作方式既要完成规定空域的搜索任务又要完成目标跟踪任务,而 TWS 只需完成规定空域的搜索任务,因此,可能会感觉 TAS 方式比 TWS 方式的资源利用率要低一些。其实不然,TAS 通常采用空域边界搜索策略,而 TWS 只能采用满空域逐行扫描策略。

如图 7-25 所示,其中图 7-25(a)为 TAS 工作方式下的空域边界搜索,即当目标穿越搜索边界时被发现截获,然后转入目标跟踪;图 7-25(b)为 TWS 工作方式下的满空域搜索,即反复地对整个探测区域进行逐行扫描,目标跟踪由数据处理系统根据搜索获得的目标数据来实现。显然,从某种角度讲,TAS 方式下搜索的资源利用率更高。

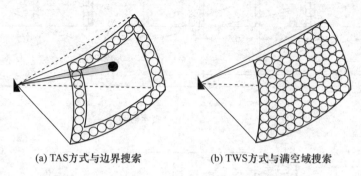

(a) TAS 方式与边界搜索　　　　(b) TWS 方式与满空域搜索

图 7-25　TAS 和 TWS 两种搜索方式

3. 跟踪时间的计算

在 TAS 工作状态下,雷达信号能量要分别分配给搜索与跟踪,即要将雷达观测时间在搜索方式与跟踪方式之间进行分配。当跟踪目标数目增多,同时又要按高跟踪采样率进行跟踪时,有可能不得不将全部时间资源与信号能量都用于跟踪,这就会挤占搜索所需的时间和信号能量,即使在完全停止搜索状态之后,也有可能无法保证按要求的跟踪数据率对所有目标进行正常跟踪。总的跟踪时间计算过程说明如下。

这里讨论在搜索间隔时间 T_{si} 之内所花费的总的跟踪时间(T_t)。对 n_t 个目标进行一次跟踪采样所要求的跟踪时间决定于跟踪波束驻留时间 $N_t T_r$、跟踪采样间隔时间 T_{ti},对比较简单的跟踪状态,当只有一种跟踪状态,在每一跟踪目标方向上都用相同的波束驻留时间 $N_t T_r$ 时,则每个目标跟踪一遍所需时间为

$$T_{t0} = n_t N_t T_r \tag{7-51}$$

由于搜索间隔时间远大于跟踪间隔时间 T_{ti},在 T_{si} 内要多次对目标进行跟踪,在 T_{si} 内的总的跟踪次数应为 T_{si}/T_{ti},则在 T_{si} 内总的跟踪时间为

$$T_t = T_{t0} \cdot T_{si}/T_{ti} \tag{7-52}$$

由此得到跟踪数据率、搜索数据率与跟踪目标数目及有关跟踪参数之间的关系。从式(7-52)可以看出,为了减小总跟踪时间 T_t,在跟踪目标数目 n_t 不变的条件下,必须降低跟踪波束驻留时间 $N_t T_r$,提高跟踪采样间隔时间 T_{ti}(即降低跟踪数据率)。N_t 在极限条件下,只能降低到 1,降低 T_r 则视目标远近而定;适当提高 T_{ti} 对雷达测量精度和维持目标稳定跟踪影响不大。总之,没有必要一味追求高的跟踪数据采样率。

调节总跟踪时间的另一个措施就是将被跟踪目标按重要性、威胁度、距离远近等分为不同跟踪状态的目标,对它们给予不同的跟踪时间和跟踪采样率。降低跟踪时间的另一个措施是在一个重复周期内,同时向 m 个不同方向的跟踪目标发射信号;接收时,按目标距离差异,分别对 m 个方向的目标按距离先后进行接收,如此,可将跟踪时间降低为原来的 $1/m$。但由于每个方向发射信号能量降低了 $1/m$,跟踪信号的信噪比相应降低为原来的 $1/m$。这种方式适合跟踪较近距离的多批目标。

7.4.4　时间与能量资源的调节

时间与能量资源的调节,目的是合理分配雷达时间与能量资源以适应各种探测工作模式,实

现相控阵雷达任务容量的最大化和时间与能量资源的高效利用。

7.4.4.1 能量调节的主要参数与措施

相控阵雷达资源包括时间资源、能量资源、信号处理资源和计算机运算资源等。在相控阵雷达设计定型后的应用过程中，资源调节主要集中在时间资源与能量资源的调节方面。从"能量＝功率×时间"的角度看，传统所讲的能量资源实际上应该称为功率资源，且可用相控阵天线的有效功率孔径积（$P_{av}G_tA_r$）来表示，而时间资源和功率资源的乘积才可称为能量资源。

1. 与能量资源调节有关的参数

相控阵天线的有效功率孔径积可以分解为三项：发射天线面积、接收天线面积和发射平均功率。发射阵面的调节既影响发射通道数又影响发射天线增益，还影响发射波束的宽度。接收阵面的调节既影响接收阵天线的面积又影响接收波束的宽度。发射信号平均功率既与天线单元发射信号幅度有关又与发射通道数有关，还与发射信号占空比有关。这是从相控阵雷达硬件角度可采取的能量资源调节措施。

从目标探测任务角度，相控阵雷达能量资源调节的主要因素包括搜索空域、TAS/TWS 工作方式、搜索间隔时间、搜索执行时间、跟踪数据率、信号带宽、波束驻留、多波束运用等。表 7 - 2 中列出了 14 种能量资源调节有关的调节参数。

表 7 - 2 相控阵雷达能量资源的调节参数

序号	调节措施与控制参数	序号	调节措施与控制参数
1	搜索间隔时间 T_{si}	8	阵面重构调节 S
2	搜索执行时间 T_s	9	雷达信号重复周期 T_r
3	目标跟踪时间 T_t	10	发射脉冲宽度 τ
4	目标搜索空域 Ω	11	发射信号带宽 B
5	最大搜索半径 R_{smax}	12	波束驻留数 N
6	跟踪间隔时间 T_{ti}	13	多波束跟踪 m_p
7	最大跟踪距离 R_{tmax}	14	工作为式选择（TAS/TWS）

从雷达作战效能的角度，相控阵雷达战术指标有 7 项，包括空域覆盖范围、测量参数、测量精度、分辨率、目标容量与数据率、干扰对抗与生存能力、应用与保障能力。除了第 7 项外，其余 6 项战术指标均与表 7 - 2 中的能量调节措施有关。

（1）空域覆盖范围：包括方位覆盖范围、仰角覆盖范围和距离覆盖范围。空域覆盖范围与搜索空域是两个不同的概念，空域覆盖范围是指雷达的整个探测空域，而搜索空域是指用于搜索发现和截获目标的空域大小。因此，搜索空域的大小由搜索策略设计决定，是一项可调整的参数。与空域覆盖范围相关的调节参数有工作方式选择（TAS/TWS）、阵面重构调节 S、搜索空域 Ω、搜索半径 R_{smax}、搜索间隔时间 T_{si}、搜索执行时间 T_s 等。

（2）测量参数、测量精度和分辨率：测量参数包括位置参数、运动参数等。与其相关的调节参数有工作方式选择（TAS/TWS）、信号重复周期 T_r、信号脉宽 τ、信号带宽 B、搜索数据率（$1/T_{si}$）、跟踪数据率（$1/T_{ti}$）、阵面重构调节（S）等。

（3）目标容量与数据率：与其有关的调节参数有工作方式选择（TAS/TWS）、搜索间隔时间 T_{si}、目标跟踪时间 T_t、跟踪间隔时间 T_{ti}、最大跟踪距离 R_{tmax}、阵面重构调节 S、信号重复周期 T_r、发射脉冲宽度 τ、波束驻留数调节 N、多波束跟踪 m_p 等。

（4）干扰对抗与生存能力：与其有关的调节参数有阵面重构与低副瓣、信号带宽与低截获、频率分集多波束等方法措施。从适应目标特性的角度，能量调节的主要方法有按目标远近分配能量、按目标 RCS 大小分配能量、按目标威胁度或重要性分配能量、按空域中实际目标数量分配能量、按测量参数(如测速、宽带合成等)分配能量、按目标环境和检测方法分配能量等。

2. 与能量调节有关的措施

1) 按目标远近、大小进行的能量调节

若雷达方程中最大作用距离 R_{max} 是按目标有效反射面积 σ_d 设计的,则在安排相控阵雷达的搜索工作方式时;若雷达能获得引导数据或分区/分段搜索时可预计目标的出现距离为 R_t,目标反射面积为 σ_t,则可根据式(7-53)表达的调节系数 K_R 来调整搜索信号的能量。按雷达方程不难得出调节参数 K_R 的表达式为

$$K_R = \frac{R_t^4/\sigma_t}{R_{max}^4/\sigma_d} \tag{7-53}$$

搜索控制软件按 K_R 大小在必要时可实现搜索信号的能量管理。

当雷达处于跟踪状态时,目标跟踪距离为已知,目标回波的有效反射面积 RCS 可以从回波信号的信号噪声比估计得出(尽管有 1~3dB 的估计误差),因而系数 K_R 可以在雷达信号数据处理中得出其估值,并用作控制分配跟踪信号能量的一个依据。跟踪状态时最重要的是雷达的测量精度,因此这时的调节参数往往不是其跟踪作用距离,而是回波信号的信噪比,它是用于信号能量调节必要性与调节方向判决的参数。表 7-2 中针对该项目的主要调节措施有跟踪间隔时间 T_{ti}、最大跟踪距离 R_{tmax}、雷达信号重复周期 T_r、发射脉冲宽度 τ、发射信号带宽 B 和波束驻留数 N。

2) 搜索和跟踪状态之间的能量分配

(1) 搜索与跟踪能量的分配系数。在跟踪加搜索工作方式情况下,总的搜索间隔时间 T_{si} 包括搜索执行时间 T_s 与对所有已跟踪目标的总的跟踪时间 T_t。最简单的情况是对所有 n_t 个目标均按同一种跟踪采样间隔时间 T_{ti},同样的跟踪波束驻留时间 N_tT_r 来安排跟踪。由于跟踪目标数目 n_t 等的变化,T_t 是经常变化的,这使得相控阵雷达控制程序要不断在搜索状态和跟踪状态之间进行信号的能量分配。

设 $T_s = K_sT_{si}$,$T_t = K_tT_{si}$,则 $T_{si} = T_s + T_t$,可改写为

$$\begin{cases} T_s = K_sT_{si} \\ T_t = K_tT_{si} \\ K_s + K_t = 1 \end{cases} \tag{7-54}$$

式中:K_s、K_t 为搜索与跟踪状态的能量分配系数。

在搜索和跟踪状态之间分配信号能量就是要根据不同的目标状况,如目标数目多少、目标空间分布的远近、目标 RCS 的大小、目标的重要性与威胁度、目标是否有先验知识及对目标测量精度的不同要求等,来合理选择 K_s 或 K_t。

(2) 搜索阶段与截获阶段的能量分配。当还没有发现目标,雷达完全处在搜索状态,因而无须安排信号用于跟踪时,因 $K_t=0$,所以 $K_s=1$,此时搜索执行时间允许全部占用搜索间隔时间。相控阵雷达在搜索阶段有两种情况:一种是没有目标引导数据,这时搜索方式可按对预定的搜索空域、搜索时间、搜索间隔时间进行安排,即从若干典型的搜索区与搜索方式中选择一种或若干种进行搜索;另一种是有引导数据,对要搜索目标的出现时间和空间位置有先验知识,因而搜索空域的大小和允许的搜索时间、最大允许的搜索间隔时间均可预先设定,在不超过发射机平均输出功率的条件下,信号波形可灵活设置。

在搜索过程中一旦发现目标,便应启动目标确认程序,并在截获目标后启动跟踪程序。为了

缩短目标确认时间,提高目标确认的准确率,可增加用于目标确认与截获的信号能量,如在缩短"搜索确认"距离波门的同时,增加观察脉冲数目或增加信号脉冲宽度等。

(3) 同时进行搜索和多目标跟踪时的能量分配。当相控阵雷达搜索到目标,并转入正常跟踪之后,这时雷达的工作方式通常以跟踪方式为主,搜索方式为辅,在两种工作方式的能量分配上,取 $K_t > K_s$(例如,$K_t = 0.8$,$K_s = 0.2$)。对一些精密跟踪相控阵雷达,如果不能确信已跟踪上的目标是预计要观测的目标,这时可以在目标飞行轨迹周围安排一个随时间移动的搜索区域,分配一定的用于搜索的信号能量,以便确保不会因跟踪错误目标而丢失预定跟踪目标,并可在出现目标跟踪丢失后,实现快速重捕。

如果相控阵雷达以空间监视为主,这时尽管已跟踪上多批目标,但仍应继续搜索以便发现可能出现的新目标。这时在搜索与跟踪之间的能量分配是在保证最小搜索时间,即 $K_s \geq K_{smin}$ 条件下,通过调整跟踪数据率来实现对所有目标的跟踪,即按实际跟踪目标数目通过调整跟踪采样间隔时间,使 $K_t \leq 1 - K_{smin}$,即在保证必要的搜索条件下,将剩下的能量分配给跟踪工作方式。

3) 波束驻留数的选择与能量管理

波束驻留调节是最能体现时间资源与能量资源之间转换关系的一种易用、有效的调节方式,也是资源管理优化的重要内容之一。如图 7-26 所示,波束驻留是消耗时间来换取能量资源的调节关系,这种调节关系的影响:一方面将减小相控阵雷达的任务执行容量,如搜索空域大小、目标容量与跟踪数据率等;另一方面将提高搜索跟踪的作用距离和小目标探测能力,同时又引出了波束驻留中的能量资源利用率的问题,如相参积累、非相参积累、多门限序列检测等方法的运用。

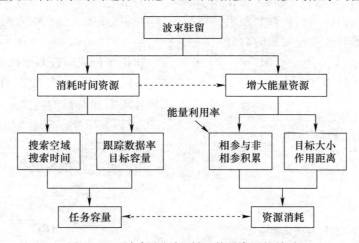

图 7-26 波束驻留与时间、能量资源的关系

7.4.4.2 能量调节主要约束关系

1. 相控阵雷达能量资源对作用距离的约束

1) 搜索空域与搜索时间对作用距离的约束

相控阵雷达搜索方程为

$$R_s^4 = \frac{P_{av}A_r\sigma}{4\pi L_s kT_e(E/N_0)} \cdot \frac{T_s}{\Omega} \tag{7-55}$$

式中:Ω 为搜索空域,以波位数表示为 $\Omega = K_\varphi K_\theta \Delta\Omega$,其中 $K_\theta = \theta/\theta_B$,$K_\varphi = \varphi/\varphi_B$ 分别为垂直和水平方向波束数,θ_B 和 φ_B 分别为垂直和水平方向波束宽度;$E/N_0 = n_s TB(S/N)$ 表示在 n_s 个脉冲串积累条件下满足 P_f、P_d 所需的检测信噪比,T_s 为给定的搜索时间。由此可见:在功率孔径积($P_{av}A_r$)和搜索时间(T_s)给定的情况下,雷达搜索的作用距离与搜索空域成反比。实际上,功率孔径积

与搜索时间的乘积就是相控阵雷达的能量资源。若不考虑阵面调节措施,则能量资源是相对固定的,搜索空域越大则搜索半径越小。

2) 跟踪时间资源与目标容量对作用距离的约束

相控阵雷达的目标跟踪雷达方程为

$$R_{tr}^4 = \frac{P_{av} A_r G_t \sigma}{(4\pi)^2 L_s k T_e (E/N_0)} \cdot T_{tr} \qquad (7-56)$$

式中:$T_{tr} = n_{tr} T_r$ 为一次跟踪的波束驻留时间;$E/N_0 = n_{tr} TB(S/N)$ 表示在 n_{tr} 个脉冲串积累条件下满足 P_f、P_d 所需的检测信噪比。在跟踪雷达方程中,有效功率孔径积($P_{av} G_t A_r$)与跟踪波束驻留时间(T_{tr})的乘积就是跟踪单个目标给定的能量,能量大则目标跟踪距离远。在多目标跟踪时,若总的目标跟踪时间为 T_t,则理想状态下,目标跟踪的平均作用距离为

$$\bar{R}_{tr}^4 = \frac{P_{av} A_r G_t \sigma}{(4\pi)^2 L_s k T_e (E/N_0)} \cdot \frac{T_t}{n_t} \qquad (7-57)$$

式中:n_t 为跟踪目标数量。在目标跟踪的总能量一定的情况下,跟踪目标数量越多,平均作用距离越小。

2. 目标飞行特性对波束驻留的约束

总体上,波束驻留可以提高相控阵雷达的作用距离,其机理是通过波束驻留期间的多脉冲积累来改善回波信噪比,以达到提高雷达作用距离的目的。由于脉冲积累效率与目标飞行特性和脉冲积累方法有关,目标飞行特性对波束驻留数与脉冲积累方法是存在约束关系的。

1) 非相参积累对波束驻留数的约束

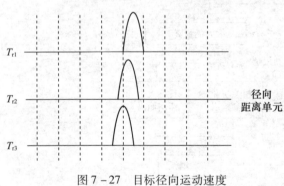

图7-27 目标径向运动速度对非相参积累脉冲数的约束

非相参积累通过多个回波信号的幅度相加来改善回波信噪比,提高雷达作用距离。非相参积累对波束驻留数的约束关系,如图7-27所示,即波束驻留期间目标回波的径向移动应小于半个距离单元。

由此可得非相参积累对波束驻留数的约束关系为

$$n \leqslant \frac{c}{4BT_r |v_{rmax}|} \qquad (7-58)$$

式中:v_{rmax} 为目标最大径向速度;B 为信号带宽;T_r 为信号重复周期;n 为波束驻留数;c 为光速。因此,在目标径向速度和信号带宽给定的情况下,非相参脉冲积累数是有约束条件的。例如,$v_{rmax} = 1500 \text{m/s}$,$B = 1\text{MHz}$,$T_r = 50\text{ms}$,则 $m = 1$。显然,如卫星、导弹等高速目标是不能采用非相参积累来处理波束驻留的。

2) 相参积累对波束驻留数的约束

相参积累方法可缓解上述约束问题,但相参积累是通过多种相位补偿方法实现的,因此,必然存在相位补偿精度和滤波器长度间的约束关系:

$$L \geqslant \frac{2\pi f_{dmax} T_r}{\Delta \phi_{min}} \qquad (7-59)$$

式中:L 为相参积累滤波器长度;f_{dmax} 为最大多普勒频率($f_d = 2v/\lambda$);$\Delta\phi_{min}$ 为相位补偿精度;T_r 为

雷达信号重复周期。例如,若目标最大径向速度为2000m/s、信号波长0.5m、雷达重复周期取50ms、相位补偿精度取$2\pi/16$,则相参积累匹配滤波器长度可达6400。显然计算量是巨大的,实际中,通常采用基于测速后的相位补偿方法。原则上,测速精度越高则相参积累所需滤波器长度越短。以上例参数为例,若测速精度为± 10m/s,则相参积累匹配滤波器长度$L=64$,双脉冲积累的计算量为4096次复数乘法和4032次复数加法,而n脉冲相参积累的计算量为双脉冲积累计算量的$n-1$倍。相控阵雷达大多采用短脉冲串积累,因此,测速基础上的相参积累对波束驻留数已基本无约束。但是这种基于速度估计的相参积累方法对目标变速和机动是敏感的,只有在积累期间目标径向速度保持基本不变的情况下,相参积累才能达到预期的效率,即目标飞行特性对相参积累时间存在约束关系。

3. 波束宽度对波束驻留数的约束

目标跟踪波束的指向控制是在目标位置预测的基础上实现的,在波束跃度允许的情况下,跟踪波束的最佳指向应该是波束中心刚好对准预测的目标位置。因此,波束宽度对波束驻留的限制主要体现在波束驻留期间目标的横向运动距离应小于半个波束宽度,即约束关系为

$$n \leqslant \frac{\theta_B R_T}{2T_r |v_{c\max}|} \tag{7-60}$$

式中:n为波束驻留数;$v_{c\max}$为目标最大横向速度;θ_B为波束宽度;T_r为信号重复周期;R_T为目标距离。

波束宽度对波束驻留数的约束,在波束较宽、目标较远的远程相控测量阵雷达中体现得并不明显,只有在采用增程工作方式("烧穿"方式)和步进频率宽带合成工作方式下对近距离高速目标(如临近空间目标)时才体现得较为明显。但是在波束宽度较窄的目标成像识别雷达中这种约束关系就会明显地表现出来。例如,若$\theta_B=0.15°$、$T_r=20$ms、$R_T=500$km、$v_{c\max}=5000$m/s,则波束驻留数应满足$n \leqslant 6$。若进一步考虑跟踪目标的位置预测误差和波束跃度等因素,则允许的波束驻留数将更小。

7.5 相控阵雷达事件调度

相控阵雷达系统可以同时对多个目标交替执行搜索、跟踪等任务,但由于每种任务会占用不同的雷达资源,所以在接收到任务事件请求之后,相控阵雷达主控计算机需要根据整个雷达系统的操作优先级和当前的时间、能量资源约束,来决定在什么时刻执行什么任务或者丢弃什么任务,这样才能使系统在实现不同功能的同时,合理高效地利用各类有限资源,并使不同功能之间的相互影响降低到可以接受的程度。在雷达资源与设计条件约束范围内,根据整个雷达系统的操作优先级划分,选择若干由雷达执行的独立操作的过程就是事件调度。能否充分发挥相控阵雷达波束无惯性捷变的优势,事件调度程序的设计最为关键。

7.5.1 任务调度原则

在具体设计各种任务调度算法时应遵循以下三个原则:

1. 优先级原则

当申请调度的驻留任务中出现多个任务竞争同一个时间段时,优先调度相对优先级较高的驻留任务。优先级原则保证雷达资源无法满足所有请求时,将可用资源分配给相对优先级较高的任务,如果优先级较低的任务不能在某个合理的周期内被调度时,则要延时或是放弃这些任务。

2. 时间利用原则

$$\left(\mathrm{SI} - \sum_{i=1}^{N} \mathrm{lt}_i\right) \to 0 \qquad (7-61)$$

式中:SI 为调度间隔;N 为当前调度间隔内调度成功的驻留任务个数;lt_i 为任务驻留时间长度。时间利用原则要求相控阵雷达在一个调度间隔内尽可能安排更多雷达任务,使得其空闲时间尽可能少,提高雷达时间资源利用率。

3. 期望时间原则

$$|\mathrm{dt}_i - \mathrm{st}_i| \to 0 \qquad (7-62)$$

式中:dt_i 为任务期望执行时刻;st_i 为任务实际执行时刻。期望时间原则要求雷达波束请求的实际执行时刻尽可能靠近其期望执行时刻。

一般情况下,调度算法应首先满足优先级原则,其次是时间利用原则和期望时间原则,也可根据侧重点不同而有所调整。

7.5.2 调度性能评估

在调度原则基础上,定义性能评估指标,用于评估调度算法的性能和有效性。其主要包括调度成功率(Schedule Success Ratio,SSR)、时间利用率(Time Utilization Ratio,TUR)、平均时间偏移率(Average Time Shift Ratio,ATSR)。

1. 调度成功率

$$\mathrm{SSR} = \frac{N}{N_{\mathrm{total}}} \qquad (7-63)$$

式中:N 为调度任务个数;N_{total} 为相应任务总个数。此指标用以描述各种任务调度情况,并用于评估调度算法对优先级原则的遵循程度。

2. 时间利用率

$$\mathrm{TUR} = \frac{1}{T} \sum_{i=1}^{N} \mathrm{lt}_i \qquad (7-64)$$

式中:T 为总时间;lt_i 为调度成功任务的驻留时间长度。此指标用以描述调度算法对雷达时间的利用情况,并用于评估其对时间利用原则的遵循情况。

3. 平均时间偏移率

$$\mathrm{ATSR} = \frac{1}{N} \sum_{i=1}^{N} \frac{|\mathrm{st}_i - \mathrm{dt}_i|}{w_i} \qquad (7-65)$$

式中:N 为调度成功任务个数;st_i 为任务实际执行时刻;dt_i 为任务期望发生时刻;w_i 为任务时间窗长度。此指标用以描述任务实际执行时刻与期望执行时刻的偏移程度,并用以评估调度算法对期望时间原则的遵循程度。

7.5.3 事件调度策略

当相控阵雷达工作时,它对每个目标(或空域)采取的每一种搜索或跟踪工作方式都是通过事件调度程序的调度发生的。事件调度程序驻留在雷达系统计算机内,接收任务事件请求,根据雷达当前的时间、能量资源决定可调度执行的雷达事件和丢弃事件,并将调度执行的雷达事件序列送给雷达硬件设备(波控计算机和激励器)。相控阵雷达事件调度的实现途径按照雷达作用功能可以设计出不同的资源调度策略。调度策略是指调度程序按什么准则和方法处理各种可能的波束请求,安排在一个调度间隔内的事件序列。按照雷达事件调度的功能调度策略大致可以分为以下四种:固定模板调度策略、多模板调度策略、部分模板调度策略和自适应调度策略。

7.5.3.1 固定模板调度策略

固定模板调度策略是一种最为简单的调度方法。根据这种方法,首先要为雷达所执行的事件预先分配一个固定的调度间隔,在每个调度间隔内预先分配相同的时间槽,用于一组固定组合雷达事件的调度。图 7-28 所示为固定模板调度策略的一个实例,按照该模板,在每个调度间隔内调度程序依次安排雷达执行七个事件,分别是确认、跟踪、跟踪、跟踪、搜索、搜索、搜索。雷达系统在上述调度策略的控制下,周期性地执行上述七个任务事件,当雷达外部环境中没有目标时,雷达系统在确认事件和跟踪事件所分配的时间槽内将不执行任何任务。

图 7-28 固定模板调度策略的一个实例

由此可以看出,该方法虽然简单,但是它不能灵活运用于多样化的外部动态环境。同时,就雷达时间和能量资源的利用情况而言,这种调度策略也是最低效的。因为固定模板的设计,即每个调度间隔内时间槽的数量和顺序的安排,是与极限工作环境相匹配的,对于其他环境而言必然是低效的。

现以某火控雷达为例,说明固定模板是如何设计的。假定某火控雷达最多可同时跟踪 20 批目标,并准备同时攻击其中 4 批目标。为了获得对导弹引导所需的目标精度,假定被准备攻击目标的数据更新率为 4Hz,其他目标的数据更新率根据目标的威胁度和目标特性,分别假定为 2Hz、1Hz 和 0.5Hz。雷达工作在时间槽方式,即每一个搜索的波束驻留时间为 T_s,对目标的跟踪波束驻留时间为 T_r,$T_r = n \cdot T_s$,n 为 1 或 2。不失一般性,假定令 $T = T_r = T_s = 10\text{ms}$。为了实现设计满足上述工作方式的模板,把时间按 2s 的间隔进行分割,每个时间间隔定义为一个模板。模板时间分割示意图如图 7-29 所示,每一个时间 T 定义为一个时间片,一个模板上总共有 200 个这样的时间片。200 个时间片再分为 8 个时间段,每个时间段定义为 $C_n(n=1 \sim 8)$。每个时间段内各有 25 个时间片,用 S_m 表示,$m = 1 \sim 25$。

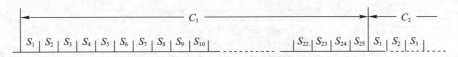

图 7-29 模板时间分割示意图

对被跟踪目标的批号按照目标的数据更新率分类,并重新进行编号,目标编号的定义如下:
数据更新率 4Hz,目标编号为 $T_i(i=1,2,3,4)$;
数据更新率 2Hz,目标编号为 $T_j(j=1,2,3,4)$;
数据更新率 1Hz,目标编号为 $T_k(k=1,2,3,4)$;
数据更新率 0.5Hz,目标编号为 $T_m(m=1,2,3,4,5,6,7,8)$。
每个时间段的前 8 个时间片用于跟踪目标。上述的各个目标分别分配在固定的跟踪时间片,时间片和目标编号的对应关系定义如下:

每个时间段上的时间片 $S_i(i=1,2,3,4)$ 分别用于跟踪目标编号为 T_i 的目标;时间段 C_1、C_3、C_5、C_7 上的时间片 S_5 和 S_6 分别用于跟踪目标 $T_j(j=1,2)$;时间段 C_2、C_4、C_6、C_8 上的时间片 S_5 和 S_6 分别用于跟踪目标 $T_j(j=3,4)$;时间段 C_k、C_{k+4} 上的时间片 S_7 分别用于跟踪目标编号为 T_k 的目标($k=1,2,3,4$);时间段 C_m 上的时间片 S_8 分别用于跟踪目标编号为 T_m 的目标($m=1,2,\cdots,8$);每个时间段的最后一个时间片 S_{25} 用作雷达的自检和校准,其余 16 个时间片用于搜索工作方式。当某个时间片上分配的跟踪目标批号不存在时,这个时间片用于搜索。在上面的模板中,最多可以同时跟踪具有 20 个不同数据更新率的目标,这可以满足一般机载火控雷达的要求。

7.5.3.2 多模板调度策略

为了克服上述固定模板的局限性,可采用多模板调度策略,即设计一组固定模板,使每一个模板与一种特定的雷达环境相匹配。因此,多模板设计方法是固定模板的一种推广,这种方法有一定的灵活性和自适应能力,它主要是通过针对相应的雷达环境设计多种固定模板,再通过一定的准则以及相应的环境来使用这些固定模板。固定模板的数量主要是由预期操作环境的多样性、期望的操作效率和选择逻辑的复杂程度决定的。图 7 – 30 所示为多模板调度策略示意图。

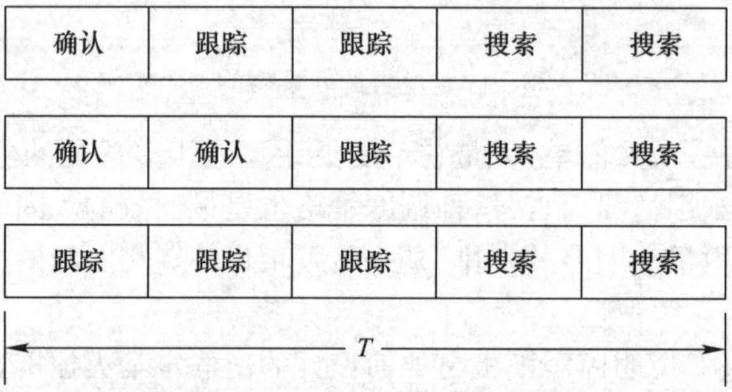

图 7 – 30 多模板调度策略示意图

下面以"铺路爪"雷达为例介绍多模板调度模型。该雷达的发射脉冲是按每个任务的优先级及这些任务的能量要求分配到特定任务的。在事件调度中,时间被分成为 54ms 的许多间隔,每个 54ms 间隔称为"资源",每个"资源"相继用于监视、跟踪、校准和性能及干扰的监视,如图 7 – 31 所示。

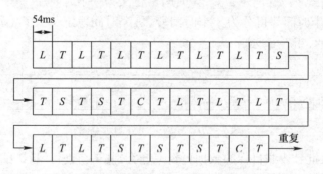

图 7 – 31 "铺路爪"雷达多模板调度模型

图 7 – 31 中,L 表示远程监视,S 表示近程监视,T 表示跟踪或确认,C 表示校准和性能监测。这样,模板按 $38 \times 0.054s = 2.052s$ 周期性地重复。实际上,L 既包括远程搜索,也包括对远程目标进行的失跟处理;S 包括中、近程监视及相应的失跟处理,而 T 包括确认任务及不同数据率的跟踪任务。在正常工作中,约 95% 的资源用于监视,其余的用于校准及性能和干扰的监视。在有重要跟踪任务期间,监视的资源百分比减少到约 50%。

采用多模板调度方式时,模板之间的切换是一个关键问题。一种解决方案是根据跟踪类型任务(跟踪与确认事件)的数量来切换模板的。切换的准则是一个调度间隔中要求占用的跟踪资源数目。

7.5.3.3 部分模板调度策略

多模板设计方法适合于对外部目标以及雷达环境具有一定先验知识的情况。但随着模板种类的增加,对计算机的处理要求也随之增加,并且即使模板种类增加非常多,也难以达到与外部环境自适应匹配的程度。因此,人们又提出了部分模板的设计方法,部分模板在每个调度间隔内预先安排好一个或多个事件,以维持某个最小程度的操作,对调度间隔内的其他时间,则根据剩余事件的优先级来进行选取,如图7-32所示。

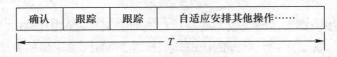

图7-32 部分模板策略示意图

7.5.3.4 自适应调度策略

部分模板设计方法具有雷达运用效率高、有利于波形和能量调整、对环境有中等程度的灵活性和适应性的优点,在实际的雷达系统中得到广泛的应用。要进一步提升雷达控制器的调度性能,拓展调度算法的灵活性,就需要使用自适应调度策略。自适应调度策略是指在满足不同工作方式优先级的条件下,在雷达设计范围内,实时地平衡各种雷达波束请求所要求的时间、能量和计算机资源,为一个调度间隔选择一个最佳雷达事件序列的一种调度方法。在自适应调度设计中根据雷达约束及操作优先级决定接受或拒绝被选雷达任务,因此自适应调度算法是调度策略设计中最灵活和最有效的设计方法。自适应调度算法功能框图如图7-33所示。

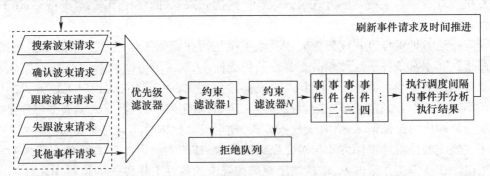

图7-33 自适应调度算法功能框图

自适应调度满足以下的几条自适应准则:①与动态的雷达环境即变动的波束请求环境相适应;②与规定的不同工作方式优先级相适应;③使时间、能量和计算机资源得到尽可能充分的利用,同时又不超出它们的约束范围;④在雷达设计条件的约束范围内;⑤波束请求安排在时间上尽可能均匀,以免出现峰值资源要求。

自适应调度算法的优点:①相控阵雷达得到非常有效的使用;②具有与环境相匹配的能力;③对波形和能量调整灵敏。其缺点是设计复杂,并且在计算机时间和存储器使用方面开销较高。当应用在多功能相控阵雷达系统中时,自适应调度算法是最灵活和最有效的设计方法。

7.5.4 影响调度策略的主要因素

调度策略是设计调度算法时应遵循的准则,在设计过程中要考虑的因素太多,不可能面面俱到,所以重点考虑以下三方面的因素:各种工作方式的相对优先级、调度间隔(Schedule Interval,SI)的选取和雷达资源与设计条件约束。

7.5.4.1 各种工作方式的相对优先级

在多目标环境中,处于TAS状态下的雷达调度程序总是面临着多种事件请求,而且这些请求的事件可能竞争同一个时间槽。但是受到各种资源和雷达设计条件的约束,这些请求不可能同时都得到满足。因此,系统设计师必须为相控阵雷达的设计规定各种工作方式的相对优先级。

由于雷达的每一种工作方式都是相对于特定的目标(或空域)而采取的,所以每种工作方式的相对优先级主要取决于相应目标(或空域)的相对重要性和时间紧迫程度,而且与系统设计师的经验和主观判断有关。但一般而言可按递减的顺序,把各种可能的工作方式分为以下五个级别:

(1) 专用工作方式:指雷达为完成某些特殊功能而必须采取的工作方式。

(2) 关键工作方式:如对拦截导弹的跟踪即属此类。此外,对于那些要求多个脉冲收发波形的工作方式,如果在以前的调度中已把它置于较低的优先级,则为完成剩余波束驻留时间,也可能要赋予它以特别高的优先级。

(3) 近距离跟踪与搜索:由于它们的时间较为紧迫,因而应置于较高的优先级。

(4) 远距离跟踪与搜索:置较低的优先级。

(5) 测试与维修:与雷达系统的可靠性和可维修性有关,一般置于最低的优先级。

但是,对于一个具体的雷达系统而言,所设置的优先级个数应视其任务而定。显然,优先级个数越多,系统的作战效率越高;但也同时增加了对计算机的处理与存储要求。因此,优先级个数应是作战效率与计算机要求间的折中。对此,Richard A. Baugh 给出了一个经验法则:主要的优先级个数等于或小于12个;并对一个战术防空系统规定了10个优先级,按优先级递减的顺序依次为专用方式、拦截、关键时间方式、特殊请求、高优先跟踪、低优先跟踪、水平搜索、仿真、诊断与空操作。

相控阵雷达各种工作方式优先级的相对性不仅是指在正常工作条件下它们的相对重要性,而且也是指在非正常条件下这种相对重要性的可变性。

为描述这种可变性,可引入工作方式的表征参数概念,并定义它为相应工作方式的完成程度。对于不同的工作方式定义不同的表征参数。例如,对于跟踪方式,定义其表征参数是在一个调度间隔内被调度的跟踪请求数;对于搜索方式,则定义帧扫描时间为它的表征参数。

除了在规定各种雷达工作方式相对优先级的同时,还应对各种工作方式的表征参数规定相应的门限值。在正常工作条件下,雷达调度程序按规定的各种工作方式的相对优先级调度雷达事件。但是,当由于这种调度使处于较低优先级工作方式的表征参数远大于(或小于)其门限值,以致使系统难以在整体上发挥最大效能时,就应该减少对较高优先级工作方式的请求调度,并相应地增加对较低优先级工作方式的请求调度。其等效作用是改变了它们的相对优先级。

7.5.4.2 调度间隔的选择

调度间隔定义为系统控制程序调用调度程序的时间间隔。仅当其受到调用时,调度程序才对即将发生的调度间隔内的雷达事件作出安排。调度间隔是雷达任务系统的重要参数,其决定了雷达系统内重要子程序的执行频率,从而决定着相控阵雷达任务处理的能力极限。显然,调度间隔不可选择得太长。如果太长了,就无法实现系统对某些工作方式的频度(或响应时间,或数据率)要求。但是,调度间隔也不可选择得太短,因为太短了就会额外地增加计算机的资源和内部处理程序的开销。因此,调度间隔应在满足系统对响应时间要求的条件下尽可能选择得长一些。

在每个调度间隔内,计算机必须完成如下两项任务:
(1) 调度雷达在下一时间间隔内执行的事件。
(2) 对雷达设备在前一执行间隔内采集的数据进行检测和跟踪处理。

调度间隔的长度选取有两种思路:一种是取时间长度等于系统中最短的跟踪控制回路闭合时间的1/4,然后安排雷达事件;另一种是取调度间隔等于N个雷达事件所占用的时间(N是固定的),由于不同的雷达事件的驻留时间不同,对于不同的雷达事件,调度间隔的时间长度也就不是完全固定的。下面对第一种选取思路进行详细描述。

根据计算机和雷达设备执行操作的时序可知,首先保证当下一个间隔开始时有雷达事件(指令)可用是实现调度操作的一个切实可行的设计方法。而且这样做有可能把未来间隔的雷达指令和由前一个间隔得到的雷达回波数据都缓冲到计算机存储器中去。根据图7-34所示的雷达工作时序图可见,当第一个调度间隔结束时,天线前端与主控计算机进行数据交换,它将接收到的目标C的信号传送给控制器,以便于在第二个调度间隔中对其进行数据处理;同时处理器将任务A的驻留指令传送给天线端,在第二个调度间隔中,天线端则根据指令信息,在给定的执行时刻调度执行驻留任务A。而任务C的下一个调度指令,必须在接收到第二个调度间隔期间处理好的数据C后才能在控制器中产生,即在第三个调度间隔中产生驻留指令。因此,任务C的下一个波束驻留最早将在第四个调度间隔中调度执行。因此,这种体系结构所允许的最快的跟踪回路响应时间为4个调度间隔,即

$$SI \leq T_{hmin}/4 \qquad (7-66)$$

式中:SI为调度间隔;T_{hmin}为跟踪控制回路最小响应时间。例如,如果要求目标的跟踪校正速率最快为每秒10次,即最快响应时间为100ms,则可选择的调度间隔应小于$100/4 = 25$ms。

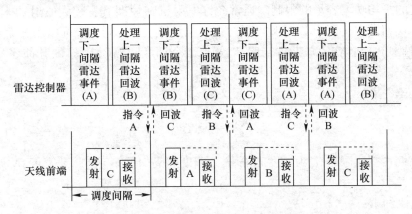

图7-34 相控阵雷达操作时序图

7.5.4.3 雷达资源与设计条件约束

由于每一种工作方式都要消耗一定的雷达资源,而雷达系统所拥有的资源是有限的,为有效地使用可用的雷达资源,首先应确定约束雷达操作的因素。相控阵雷达的约束条件主要体现为时间资源约束、能量资源约束、计算机资源约束以及雷达设计条件约束。

1. 时间资源约束

任何一个雷达事件的发生,从波束定位到事件完成,都要求雷达有相应的动作时间,而调度间隔一旦选定之后,即使不考虑其他约束,在一个调度间隔内可能安排的雷达事件数量也是有限的。

相控阵雷达的多目标、多功能特性基于其时间分割复用技术,调度程序在调度间隔内把时间分割为很小的时间片段,每一片段完成一项雷达功能。由于时间有限,调度程序在一定时间内只能满足一定数量请求。用时间占用率 RT 来表征时间约束情况:

$$\mathrm{RT} = \sum_{j=1}^{k} \frac{N_j(T_{r,j} + T_{\mathrm{beam}})}{T_{\mathrm{si},j}} + \sum_{l=1}^{n} \frac{M_l(T_{r,l} + T_{\mathrm{beam}})}{T_{\mathrm{tr},l}} \leqslant 1 \qquad (7-67)$$

式中:等号右侧第一项表示搜索时间占用率;$T_{\mathrm{si},j}$ 为第 j 个子空域的搜索帧周期;N_j 为第 j 个子空域的波位数;$T_{r,j}$ 为第 j 个子空域的波位驻留时间;T_{beam} 为波位计算与转换时间;等号右侧第二项表示各种跟踪状态的跟踪时间占用率;$T_{\mathrm{tr},l}$ 为第 l 个跟踪状态的采样周期;M_l 为该跟踪状态的目标数目;$T_{r,l}$ 为该状态波位驻留时间。总的时间占用率必须小于 1,否则系统将出现时间过载。时间占用率在宏观上(如一个搜索帧周期)描述了搜索或跟踪所占的时间比例,可以用来分析多目标容量,但无法实际应用于调度设计。在实际调度系统设计中,往往是以一个调度间隔为时间限制,运用事件优先级和时间窗的方法来进行时间资源的优化分配。

2. 能量资源约束

与时间资源约束一样,任何一个雷达事件的发生,都要求雷达发射机发射一个或多个形状不同的脉冲,即消耗一定的能量。特别是对那些距离远或处于干扰环境中的目标,为保证足够的探测质量,可能要消耗更多的发射机能量。

由于不同的工作方式通常要求不同的脉冲波形,即对应于不同的占空比,所以,在考虑调度策略设计时,应取在某个固定时间区间(一个或多个调度间隔)上一个脉冲序列的平均占空比,即综合占空比。根据申请事件的类型和参数,雷达发射机发射一定形式的脉冲信号,即消耗一定的能量。不同的事件要求发射的脉冲形式不同,能量消耗也有差异。由于雷达发射机功率有限,必然对雷达能力形成制约。能量约束可以转化为发射机占空比约束,即各雷达事件的安排必须服从发射系统的平均功率容量的限制。通常允许发射机在短期具有较大发射功率,因此可以用短期占空比和长期占空比两个条件来共同约束。当调度间隔较小时,可以用一个调度间隔(如 50ms)的脉冲序列占空比作为短期占空比,以及若干个调度间隔(如 1s)的脉冲序列占空比作为长期占空比。

短期占空比约束:

$$\sum_{i=1}^{N} \frac{\tau_i}{I_L} \leqslant \mathrm{DC_s} \qquad (7-68)$$

式中:$\mathrm{DC_s}$ 为短期占空比限制;I_L 为调度间隔;τ_i 为调度间隔内的第 i 个脉冲宽度;N 为调度间隔内脉冲的个数。

长期占空比约束:

$$\frac{M \bar{\tau}_{\mathrm{tr}}}{T_{\mathrm{tr}}} + \frac{N \bar{\tau}_{\mathrm{s}}}{T_{\mathrm{si}}} \leqslant \mathrm{DC_L} \qquad (7-69)$$

式中:$\mathrm{DC_L}$ 为长期占空比限制;M 为跟踪目标的数量;N 为搜索空域的波位数;$\bar{\tau}_{\mathrm{tr}}$、$\bar{\tau}_{\mathrm{s}}$ 分别为跟踪波束和搜索波束的平均脉宽;T_{tr}、T_{si} 分别为跟踪采样周期和搜索帧周期。

3. 计算机资源约束

在每一个雷达事件结束之后,雷达回波要经信号处理机处理后再送到雷达系统计算机进行数据处理,因而要占用相应的计算机处理与存储资源。一般而言,跟踪方式较搜索方式占用更多的计算机资源。但是,为方便起见,通常认为前者为后者的 1.5 倍,并把计算机约束统一表示为在单位时间内允许的最大跟踪波位数。

4. 雷达设计条件约束

雷达设计条件约束是指某些硬件设计所造成的限制。例如，对于一部采用封闭型铁氧体移相器的雷达来说，移相器的材料本身就规定了单位时间内允许的最大波束位置改变次数，因而也就限制了在两个调度间隔时间内可调度的工作方式数量。

7.5.5 自适应调度算法

7.5.5.1 雷达事件综合优先级

在相控阵雷达事件调度中，如何安排各种波束请求需要遵循一定的调度准则，事件调度中使用最多的是基于事件优先级的高低来确定事件的执行顺序的准则。当雷达事件产生时，指派一个优先级，进入事件队列。在事件队列中，优先级最高的事件排在第一位，由高到低顺序排列，依次进行调度。这样，可以使得在雷达资源过载时，将资源优先分配给优先级较高的事件。

相控阵雷达调度的事件是动态变化的，因此对雷达事件单纯采用7.5.4.1节划分的相对优先级进行调度并不适用，应采用综合优先级的计算方法进行事件调度。综合优先级调度模型包括以下几种：截止期方式优先级(Earliest Deadline First,EDF)调度模型、修正 EDF(Modify Earliest Deadline First,MEDF)调度模型、MEDF 推广模型等。

EDF 调度模型将调度处理中截止期越早的事件定为越高的优先级。根据事件的抢占特性，可以将 EDF 调度算法划分为抢占式 EDF 调度模型和非抢占式 EDF 调度模型。抢占式 EDF 调度算法的基本思想为：当前请求的事件按最终要求完成时间分配优先级，要求越早完成的优先级越高。这个算法能够保证在出现某个事件的最终期限不能满足之前，不存在处理器的空闲时间。非抢占式 EDF 调度算法适用于周期性和非周期性任务。一个事件一旦执行就要执行完成，期间不能被其他雷达事件所中断。调度程序只是在一个事件执行完毕后才决定下一个要执行的事件，这与抢占式调度中在每个时钟单位都要重新确定要执行的任务不同。从相控阵雷达系统任务事件调度的特点来看，系统每个事件对应着雷达波束在某个方向上一段时间的驻留，而在波束照射的时间内是不会被其他事件所中断的，所以说相控阵雷达系统的事件调度属于非抢占式调度问题。

EDF 调度模型本质上属于优先级驱动的调度策略，即在调度分析的各个时刻总是选取优先级最高的事件来调度执行。在这种调度模型中，事件的优先级完全由事件的时间属性决定，即事件的截止期限。但是对于相控阵雷达系统而言，系统中各个雷达事件还有自身的工作方式优先级属性，在这种混合的事件调度模型中，截止期越小的事件并不一定越优先调度执行，此时需要综合事件的多种属性来判断事件最终的优先级。MEDF 调度模型根据事件的截止期属性和事件的工作方式优先级属性来进行调度分析。对于其他的属性参数或者是三个以上的属性参数的情况可以依次类推。MEDF 调度模型可分为以下种类：修正工作方式优先级调度(Modified Highest Priority First,MHPF)、工作方式优先级—截止期调度(Highest Priority Earliest Deadline First,HPEDF)；截止期—工作方式优先级调度(Earliest Deadline Highest Priority First,EDHPF)。其中，MHPF 为修正的工作方式优先级准则，此准则把工作方式优先级作为首要考虑的因素，截止期为次要考虑的因素，即进行优先级排序时先按照工作方式优先级排序，工作方式优先级相同则按照截止期优先级进行排序。HPEDF 为工作方式优先级—截止期调度准则。这种准则的实质是，首先按照综合优先级对任务进行排序，综合优先级相同则按照工作方式由高到低进行排列。EDHPF为截止期—工作方式优先级调度准则。这种调度策略，与 HPEDF 类似，在对任务事件进行优先级排序时，首先按照综合优先级排序，综合优先级相同则按照截止期最早进行排序。

MEDF 调度模型本质上属于单处理器多任务调度的范畴。在实际的应用系统中可能会存在单个任务在一部分资源中执行的情况，即系统可以在同一时刻并行地执行多个任务。此时就需要将上述 MEDF 调度模型推广到更一般的情况,即对每个任务增加一个参数来表示其资源消耗因子(或该任务所占系统总资源的比率)。在这种任务模型的调度分析中,对于单个任务仍然是采用上述 MEDF 调度模型,不同之处在于每次调度分析的不再是一个任务,而是多个资源消耗因子之和不大于系统总资源的任务集。调度处理过程为从已到达的任务中按照 MEDF 调度模型根据优先级从高到低依次调度各个任务,对于调度成功的任务从系统总资源中减去,重复上述调度过程直至系统没有可以利用的资源或者是所有的任务都已经调度处理完毕。MEDF 推广模型算法的基本思想:将当前时刻到达的所有任务根据其最终优先级的大小依次添加到执行任务链表中,同步地将雷达可用资源中减去每个任务所消耗的雷达资源,对于那些由于雷达资源不够而无法安排的任务,推迟其至雷达资源变化(增大)的时刻。在上述过程中,还需不断地将任务请求中超出截止期的任务删除,对于已安排的且达到其执行结束时刻的任务要释放所占用的雷达资源。

多目标情况下,雷达事件的综合优先级由目标威胁估计、事件优先级、数据率、积累时间、截止时间、工作方式的性能估计等因素决定。一个调度间隔时间内的第 i 个雷达事件的优先级 y_i 的表达公式为

$$y_i = f(A_i, P_i, d_i, C_i, \Delta t_i, t_{ei}) \tag{7-70}$$

式中:$f(\cdot)$ 由目标威胁估计 A_i、事件优先级 P_i、数据率 d_i、工作方式的性能估计 C_i、相干积累时间 Δt_i、截止剩余时间 t_{ei} 等因素决定。然后通过线性加权求出雷达事件的优先级估计,即

$$f(A_i, P_i, d_i, C_i, \Delta t_i, t_{ei}) = w_1 A_i + w_2 P_i + w_3 d_i + w_4 C_i + w_5 \frac{1}{\Delta t_i} + w_6 \frac{1}{t_{ei}} \tag{7-71}$$

式中:w_1、w_2、w_3、w_4、w_5、w_6 分别为凭专家经验和理论分析给出的加权系数。需说明的是,各个组成因素仍可进一步分解,再利用层次分析法进行更为深入的分析。雷达事件重要性排序问题的层次结构如图 7-35 所示。

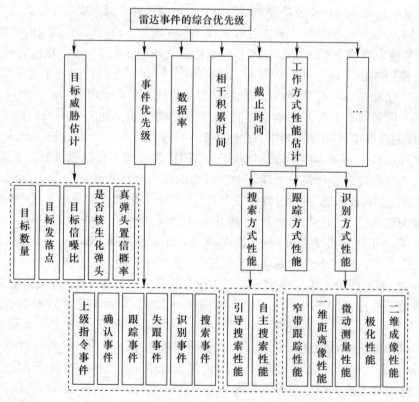

图 7-35 雷达事件重要性排序问题的层次结构

7.5.5.2 无时间窗的自适应调度算法

无时间窗的调度算法要求当前雷达事件请求与已调度事件在时间上不能有任何重叠,调度算法为当前事件分配的实际执行时间必须与期望执行时间严格对准,即当多个事件请求竞争同一时间槽时,各事件请求将按照优先级、期望执行时间、目标速度和距离信息的加权进行排序,只有那些优先级高的、期望执行时间早、目标高速运动且距离近的事件请求将被允许执行,其余与之冲突的请求一概被丢弃。这样当出现多个事件请求竞争同一个时间槽时,调度算法只能将时间槽分配给优先级高的雷达事件,优先级低的雷达事件将被丢弃。

相控阵雷达是按照调度间隔进行事件的调度,即当前调度间隔内调度分析下一个调度间隔内的驻留请求。假设下一个调度间隔 $[t_a, t_a+\mathrm{SI}]$ 内有 L 个驻留请求,将其按到达时刻排序后组成事件申请队列 $q=\{q_1, q_2, \cdots, q_L\}$,则在该调度间隔内无时间窗的自适应调度算法的实现步骤如下:

步骤1:得到该调度间隔的起始时间指针 $t_p(t_p \geq t_a)$,令 $i=1$。

步骤2:将 q 中截止期减去其驻留时间后小于 t_p 的请求(假设有 n_i 个),添加到删除队列中,并从队列 q 中删除,令 $i=i+n_i$。

步骤3:从 q 中选出到达时刻小于 t_p 的所有事件,记为 $q^i=\{q_1^i, q_2^i, \cdots, q_{Q_i}^i\}$。利用前面介绍的优先级计算方法计算其综合优先级,记为 $p^i=\{p_1^i, p_2^i, \cdots, p_{Q_i}^i\}$。

步骤4:从 q^i 中选出综合优先级最大的驻留请求,并检查各类约束条件及资源限制是否满足。若不满足,则跳过此请求考虑次优先级的请求。依次找到满足的请求,假设为 q_j^i(若结果不唯一,则选择最先到达的请求)。将 q_j^i 添加到调度执行任务队列中,并从 q^i 中删除。

步骤5:令 t_p 等于 q_j^i 的完成时刻,$i=i+1$。如果 $t_p>\mathrm{SI}+t_a$ 或 $i>L$,则执行步骤6;否则回到步骤2。

步骤6:该调度间隔的调度结束,得到调度执行队列、删除队列以及时间指针 t_p。

在多目标环境中经常出现多个雷达事件竞争同一个时间槽的情况,如果按无时间窗调度算法调度执行,将造成大量雷达请求事件被丢弃,雷达大多处于空闲状态,资源利用率很低。

7.5.5.3 时间窗的合理性

A. G. Huizing 于1996年在雷达自适应调度算法仿真的过程中提出了时间窗的概念,其具体含义是波束驻留的实际执行时间在期望执行时间前后能移动的有效范围,如果超出这个范围,波束驻留仍未被执行,则认为此雷达波束请求失败。加入时间窗考虑后,可将波束驻留的实际执行时间在期望执行时间的时间窗范围内移动。

雷达一般有两种工作方式:搜索和跟踪。雷达在搜索状态下,在没有任何先验信息和目标指示数据时,雷达需要搜索整个空域中可能出现的新目标,显然,此时搜索事件请求不包括期望执行时间信息,对搜索事件加时间窗的约束是合理的;雷达在跟踪状态下,目标飞过分辨单元的时间较长,可根据滤波的位置、速度和分辨单元求出目标通过分辨单元的时间,根据此时间设计跟踪任务的时间窗也是合理的。

显然,时间窗的存在对调度效率和雷达时间的利用率有很大的影响。在自适应调度算法设计时,加入时间窗概念,对雷达事件进行调度时将有一个范围和准则对雷达事件(特别是优先级低的雷达事件)的实际执行时间进行调整,使原本在时间上有冲突的雷达事件经过时间窗调整后也可以被调度执行,这将大大提高雷达事件请求的调度效率和雷达资源的利用率。

7.5.5.4 有时间窗的自适应调度算法

有时间窗的自适应调度算法对各种雷达事件请求进行分析后,将满足不同条件的雷达事件分别送入执行链表、延迟链表和删除链表中。执行链表中的雷达事件为相对优先级较高、期望执行时间较早的任务;延迟链表中的雷达事件满足事件相对优先级较低、期望执行时间相对较晚,最晚可执行时间满足在下一个调度间隔内执行;删除链表中的雷达事件满足事件相对优先级较低、期望执行时间相对较晚,最晚可执行时间不满足在下一个调度间隔内执行。可见,由于时间窗的存在,被冲突的低优先级或是期望执行时间较晚的雷达事件不一定被删除,它有可能被送入延迟链表并在下一个调度间隔内再考虑被调度执行。假设调度间隔$[t_a, t_a + SI]$内有N个驻留请求,有时间窗的自适应调度算法步骤具体描述如下:

步骤1:初始化调度程序,清空各类事件队列并查询雷达事件申请队列。

步骤2:将申请事件队列中期望执行时间在本调度间隔内的事件取出进行分析,根据各事件的综合优先级,按照综合优先级从大到小排序,得到该调度间隔的雷达事件申请队列$T = \{T_1, T_2, \cdots, T_N\}$,置$i = 1$。

步骤3:取事件T_i,判断其驻留时间T_{dwell}是否满足小于调度间隔的剩余时间,若满足则根据该事件的时间窗分配任务实际执行时刻t_p,且任务在该时刻执行不会与已调度执行的事件在时间上产生冲突,将事件送入执行队列转入步骤5;当不满足调度间隔剩余时间或事件可分配执行时刻与其他已调度事件时间冲突时则转入步骤4。

步骤4:判断事件最晚可执行时间是否满足在下一调度间隔内执行,若满足则将事件送入延迟队列,否则送入删除队列。

步骤5:$i = i + 1$,若$i > N$则判断调度任务是否结束,未结束转入步骤2,否则转入步骤6;若i不大于N则转入步骤3。

步骤6:该调度间隔的调度结束,得到调度执行队列、删除队列以及时间指针t_p。

7.5.5.5 基于变长度调度间隔的自适应资源调度算法

前面描述的有时间窗与无时间窗的自适应调度算法的调度间隔都是固定时间长度的,当目标机动时或其他需要高跟踪数据率的场合,调度间隔相应很短,而在其他一些情况下,如进行目标特征提取时则需要较长的相干积累时间,这时需要较大的调度间隔以处理多批目标。

基于变长度调度间隔的自适应资源调度算法允许在调度处理过程中根据数据率和积累时间调整调度间隔的时间长度,以便合理地安排高数据率跟踪事件和与目标识别有关的事件。其软件设计非常灵活,一种软件设计流程如图7-36所示。

根据图7-36,给出基于变长度调度间隔的自适应资源调度算法的模型求解的过程如下:

(1)将数据处理提出的任务请求加入到相应的请求链表中。

(2)根据典型工作模式,先确定一个一般情况下的调度间隔时间长度,计算本次调度的开始时间和结束时间。

(3)进行调度预处理,删除请求链表中截止时间大于调度开始时间的请求,延迟排序预计调度时间小于调度结束时间的低数据率的请求。

(4)在优先级滤波器中,根据一系列因素计算各请求的重要性函数,按照重要性从大到小的顺序对请求链表进行排序。

(5)依次取出请求,根据数据率和相关积累时间等微调调度间隔,调度结束时间调整为本次调度开始时间加上微调后的调度间隔,利用约束滤波器,判断请求是否满足时间约束和能量约束,将满足要求的请求置于事件链表,并对事件的数据结构赋值。

(6)当请求链表为空,或请求不满足时间约束和能量约束时,本次调度处理结束,建立起一个待执行的雷达事件链表。

(7)相控阵雷达控制器将雷达事件链表按照特定的指令格式发送给相关的雷达分系统,由数据处理分析执行结果。

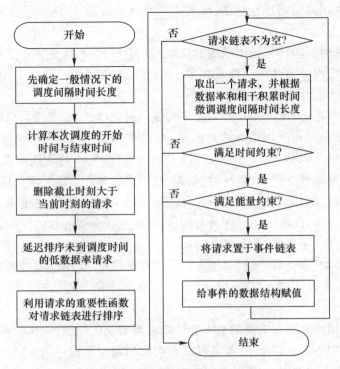

图 7-36 变长度调度间隔自适应算法的软件设计流程

（8）时间推进，刷新任务请求链表，进行下一次自适应资源调度处理。

7.6 相控阵雷达的资源调度

资源调度是相控阵雷达系统实现多任务、多目标灵活探测的核心，在调度系统中，设计了决策中心，根据要求进行任务规划，感知环境和干扰，结合综合态势分析和评估结果，动态调整时间和能量资源，实现系统多任务的动态管理。图 7-37 是相控阵雷达资源调度原理框图。

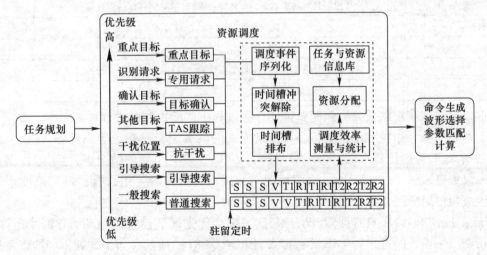

图 7-37 相控阵雷达资源调度原理框图

相控阵雷达接收上级下达的任务指令、工作参数，由资源调度决策中心综合各任务需求、目标态势及干扰/杂波等环境感知评估结果，进行综合调度决策，然后采用最小期望时间和时间槽优先占用原则的最优调度策略进行调度,形成波位控制参数,向雷达发送控制指令,完成雷达系统调度控制。

最小期望时间和时间槽优先占用原则的最优调度策略模型,既能满足实时性和灵活性,又可达到优化调度的目的,保证雷达灵活高效的多任务、多目标探测能力。

1. 基于最小期望时间的资源调度

通过离线仿真和在线调度两个步骤完成。事先通过离线仿真,模拟目标环境和工作参数,分析达到所需跟踪测量精度和识别指标所需的脉冲(或驻留)频率、间隔周期和持续时间,分析各种工作方式和目标环境下的期望调度间隔时间。在线调度时,将各种探测任务、搜索需求,结合在跟目标探测状态、跟踪航迹区及群目标控制需求,形成各种调度缓冲区。能量调度模块响应周期性调度信号,根据期望时间最小原则,查询各缓冲区形成调度队列,根据调度对象的驻留时间分配到相应时间槽。对时间槽占用存在冲突的情况,根据任务优先级解除冲突。

2. 基于优先级的时间槽冲突解除机制

对于按基于最小期望时间排入时间槽存在重叠冲突的情况,调度器将根据优先级定义,将优先级高的任务优先占用时间槽。对于同一优先级下有多个调度单元时,采用"轮转"策略,保证任务均衡执行。

表7-3所列为相控阵雷达定义的基本能量调度类型及优先级,它作为系统调度策略库的一部分,资源调度决策中心在此基础上,对各种能量类型的调度参数自动生成、动态调整,进行基于优先级的自适应雷达资源调度。

表7-3 基本能量调度类型及优先级定义表

类型	优先级	用途说明
时间关键请求能量	1	为满足与窄带跟踪交替要求的重点目标专用能量请求(如识别、测速、穿插的辐射等),抢占式
重点目标(群)跟踪	2	重点目标跟踪
专用请求能量	3	用作手动建批等紧急请求调度
验证	4	可疑目标的确认
等待点搜索	5	有搜索时间要求的等待点区域搜索,包括重要目标的引导搜索
补救搜索	6	丢失再跟踪重捕获搜索屏
一般目标(群)跟踪	7	目标群跟踪维持
引导搜索	8	有搜索时间要求的小区域集能搜索,包括重要目标的引导搜索
普通搜索	9	普通(可随动)搜索能量

下面以导弹截获跟踪任务为例简要描述任务过程中的能量调度过程:

(1)初始捕获。相控阵雷达支持多种搜索方式的灵活组合。对于导弹任务,接收上级中心的引导数据,这时一般优先采用"随动引导搜索"方式,在没有引导的情况下,也可以根据预知的大概方向设置自主的TAS搜索屏。这两种搜索方式也可以同时使用,在设置后,调度系统会自动处理生成两种对应搜索波位表。

由于在任务初始阶段只有搜索,没有跟踪,系统会优先保证设置的随动引导的小范围搜索,其余能量则用于设置的自主的TAS普通搜索,如图7-38(a)所示。当上述搜索屏搜索发现目标后,如图7-38(b)所示,系统会调度"验证"能量对目标进行确认,收到确认检测回波结果后,实现目标的快速捕获。对于成功确认的目标,系统会按初始的预置数据率调度其跟踪能量,实现目标的持续跟踪测量。

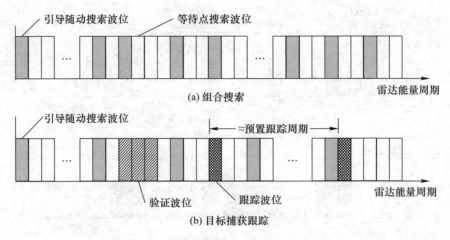

图 7-38 初始捕获能量调度序列示意图

通过上述组合搜索调度,即能在任务初始阶段灵活地实现引导随动搜索与等待点搜索的组合搜索功能,保证快速而可靠的目标发现能力。

雷达跟踪目标后,将自动实现边跟踪边扫描调度,搜索模式可以调整为重点目标随动搜索,在重点目标周围设置小搜索屏,以实现对重点目标周边形成持续搜索,如图 7-39 所示。

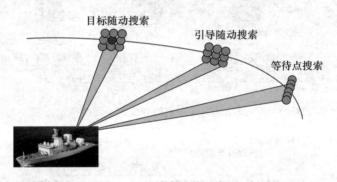

图 7-39 搜索捕获示意图

(2) 稳定跟踪 + 分离目标。对于稳定跟踪的重点目标,系统将自动对其跟踪波束内的相邻目标实施相关检测,实现群目标跟踪;当目标分离时,进行分离目标独立跟踪。图 7-40、图 7-41 所示为对目标分离跟踪过程的能量调度序列、波位演变序列示意图。

(3) 宽带特性测量。在对任务目标形成稳定跟踪后,根据宽带测量策略,结合目标初步的识别结果及跟踪质量评估结果,可自动或手动启动宽带成像测量。宽带成像测量采取宽窄带交替方式,实现跟踪和宽带测量,窄带信号用于目标跟踪,宽带信号用于宽带特性测量。窄带与宽带信号分配的资源默认按照 1∶4(或者 1∶6)进行分配,若目标的运动特性(如速度快、转角速度慢等)满足不了宽带成像或测速的要求,系统会自动根据反馈结果策略性增加宽带测量能量。

图 7-42 所示为在跟踪两个目标后,对主目标(实际按目标编号控制)实施宽带测量后的能量调度序列图。

以上以宽带测量为例,其他识别能量类型也类似。"基于优先级和最小期望时间"的相控阵雷达资源调度模型具有足够的灵活性与适应性,能够根据目标态势、探测环境的评估结果及任务执行反馈结果进行系统资源动态调整,满足相控阵测量雷达多任务、多目标灵活探测跟踪、识别等需求。

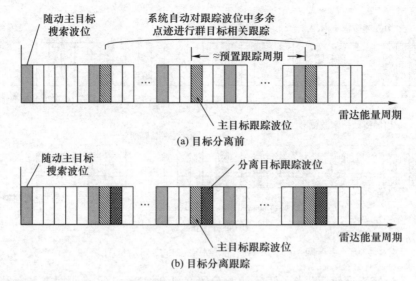

图 7-40　目标分离捕获跟踪能量调度序列示意图

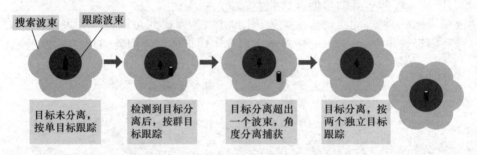

图 7-41　随动搜索及分离捕获跟踪空间波位示意图

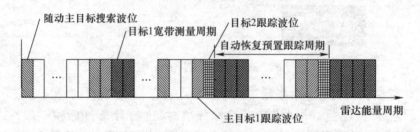

图 7-42　目标进行宽带测量后能量调度序列示意图

资源调度软件响应显控台的操作控制包括：对雷达进行工作方式控制，对雷达能量进行统一调度，对截获、跟踪、识别、反干扰、标校、测试等进行过程控制，并对波形参数、接收增益、波控码进行实时闭环控制；根据干扰分析结果和对抗措施进行反干扰控制。生成的控制指令字在定时控制下通过雷达控制器实时分发给各受控分系统。

参 考 文 献

[1] 毕增军,徐晨曦,张贤志,等. 相控阵雷达资源管理技术[M]. 北京:国防工业出版社,2016.

[2] 胡卫东,郁文贤,卢建斌,等.相控阵雷达资源管理的理论与方法[M].北京:国防工业出版社,2010.
[3] MOO P W,DING Z. Adaptive Radar Resource Management[M]. London:Academic Press,2015.
[4] 张光义.相控阵雷达原理[M].北京:国防工业出版社,2009.
[5] 张光义,赵玉洁.相控阵雷达技术[M].北京:电子工业出版社,2006.
[6] 蔡庆宇,薛毅,张伯彦.相控阵雷达数据处理及其仿真技术[M].北京:国防工业出版社,1997.
[7] 卢建斌.相控阵雷达资源优化管理的理论与方法[D].长沙:国防科学技术大学,2007.
[8] 胡培晓.相控阵雷达数据处理和资源调度仿真[D].西安:西安电子科技大学,2009.
[9] 陈大伟.相控阵雷达自适应调度算法研究[D].成都:电子科技大学,2011.
[10] 张立韬,李盾,王国玉.相控阵雷达搜索参数研究[J].现代雷达,2008(10):20-25.
[11] 邓桂福,刘华林,胥雷.远程相控阵雷达搜索参数优化设计[J].雷达科学与技术,2012(1):32-36.

第 8 章 相控阵雷达战技指标与总体设计

8.1 概 述

船载相控阵测量雷达为完成赋予它的多种任务,必须具有多种不同的工作方式,它们对相控阵测量雷达的设计有着重大影响。尤其对于空间探测相控阵雷达来说,由于其系统复杂程度高、研制成本巨大等原因,合理安排雷达工作方式,正确选定雷达的指标是极其重要的。相控阵雷达的指标可分为战术指标与技术指标两大类。战术指标一般由使用方提出,技术指标则主要由雷达设计师根据战术指标分解进行论证。

本章在介绍相控阵雷达的主要战术指标、技术指标以及雷达距离方程等的基础上,以船载相控阵测量雷达为例介绍相控阵雷达总体设计方面的知识,以便让读者对相控阵测量雷达的波段选择、威力需求与估算、雷达和阵面体制、扫描范围、极化选择、雷达控制以及工作方式等方面的知识有一定的了解。

8.2 相控阵雷达指标

相控阵雷达指标体系论证是正确开展船载相控阵测量雷达总体设计的重要内容。与机械扫描雷达相比,相控阵雷达在战术与技术指标体系上并没有本质的变化,其差异主要来自相控阵天线具有的波束捷变扫描能力和自由度,使得相控阵雷达具有工作模式的多样性及与工作模式相关的战术指标的可变性。由于战术指标主要由使用方提出,而技术指标主要由雷达设计师分解确定,必须明确战术指标与技术指标之间的关系,并且在技术指标最终确定之后,阐明战术指标所受到的限制及能达到的极限值。

8.2.1 相控阵雷达主要战术指标

相控阵雷达战术指标体系与雷达的主要功能息息相关,同时决定了雷达的技术指标、研制周期和成本。

雷达主要战术指标首先决定于雷达要完成的各项任务。雷达要完成的基本任务是目标检测和目标参数测量(亦即目标参数估计)。雷达战术指标是这些基本任务能力的必要条件。随着雷达观测目标的进展,雷达要完成任务的增加,雷达工作环境的复杂化及雷达技术本身的进步,雷达的战术指标越来越高,这也是促进采用相控阵天线的原因。由于不同用途、不同类型的相控阵雷达有不同的战术指标,故以下讨论的主要是一些公用指标。

8.2.1.1 雷达探测空域

雷达探测空域包括方位探测范围、仰角探测范围和雷达作用距离。相控阵雷达通常用于三坐标测量,既要完成搜索任务也要完成跟踪任务,因此有时需细分为搜索探测空域与跟踪探测空域。

1. 雷达作用距离

作为雷达最重要的战术指标之一,雷达作用距离包括最小作用距离(R_{min})和最大作用距离

（R_{max}）。R_{min} 主要由雷达最小工作脉宽决定。

由于相控阵雷达一般要完成多种功能，因而要观察的目标种类较多，各类目标的有效散射面积变化很大，要分别对不同雷达功能、不同目标提出不同的 R_{max} 要求。在系统设计时，一般按雷达主要功能、主要目标的 RCS 及其他要求，如发现概率、平均虚警间隔时间等确定雷达的最大作用距离，再分别讨论在其他工作模式下，按不同观察目标的 RCS 分别计算雷达的作用距离，并确定相应的信号波形和时间能量资源分配。

由于相控阵雷达波束扫描的快速性和信号能量分配的灵活性，雷达作用距离可以在相当大程度上进行调整。但必须注意到其调整范围是受雷达功率孔径积（$P_{av}A_r$）或有效雷达功率孔径积（$P_{av}G_rA_r$）限制的，在某种工作方式下雷达作用距离提高了，其他指标可能会降低。

影响雷达作用距离的因素很多，搜索状态下与跟踪状态下的作用距离也各不相同，这将在后面相控阵雷达作用距离计算与雷达威力估算的讨论中叙述。

2. 探测空域

当天线阵面不动时，相控阵雷达探测空域是指天线波束在方位和俯仰上的扫描范围，通常以 $\pm\varphi_A$、$\pm\theta_E$ 表示。三坐标雷达的一个重要发展方向是采用二维相位扫描的平面相控阵天线，这时天线波束在方位与仰角上均做相位扫描，同时有的相控阵天线在方位和俯仰上还做机械转动。如果相控阵天线能在方位和俯仰上转动，则这时在方位和俯仰上的波束扫描范围可以适当降低，如可要求方位扫描范围为 $\pm45°$，俯仰扫描范围为 $\pm30°$。

在相控阵精密测量雷达中，常采用有限角度范围扫描的相控阵天线，天线波束在方位与仰角上的角度扫描范围不大，如 $\pm5°\sim\pm15°$，此时需要天线阵面能够进行机械方位和俯仰转动，实现对大部分空域进行测量。在这种情况下相控阵雷达的探测空域可用电扫范围和机扫范围两个指标来描述，图 8-1 所示为其在俯仰上的观测范围示意图。

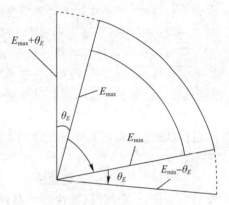

图 8-1 机扫+电扫在俯仰上的观测范围示意图

对方位而言，假设机械转动范围为 360° 无限制，则无论相控阵天线的电扫描范围是多少，方位综合观察范围都是无限制的，即使针对船载站也是如此。

假设相控阵天线的俯仰电扫范围为 $\pm\theta_E$（如 $\pm15°$），相控阵天线的机扫范围为 $E_{min}\sim E_{max}$（如 $5°\sim80°$），则相控阵雷达可能实现的俯仰综合观察范围为 $E_{min}-\theta_E\sim E_{max}+\theta_E$，通过计算可得俯仰综合观察范围为 $-10°\sim95°$。针对船载站而言，如果再进一步考虑船摇（如 $\pm5°$），则船载相控阵测量雷达最终的俯仰观测范围为 $-5°\sim90°$（大地坐标）。

对常规典型平面相控阵天线来说，最大扫描角 θ_{max} 除与阵列中天线单元的方向图有关外，主要决定于天线单元间距 d，由相控阵天线原理可知，在满足实空间不出现栅瓣的条件下，单元间距 d 应满足：

$$d \leq \frac{\lambda}{1+|\sin\theta_{max}|} \tag{8-1}$$

对于某个频率而言，扫描角 θ_{max} 越大，则单元间距 d 越小，同样天线口径情况下，天线单元数目就越多。如果有两个同样口径的相控阵天线，对它们在方位上的扫描范围要求分别为 φ_{A1max} 和 φ_{A2max}，在俯仰上的扫描范围要求分别为 θ_{E1max} 和 θ_{E2max}，则它们的天线单元数目 N_1 与 N_2 的比值为

$$r_N = \frac{N_1}{N_2} = \frac{1+|\sin\varphi_{A1\max}|}{1+|\sin\varphi_{A2\max}|} \cdot \frac{1+|\sin\theta_{E1\max}|}{1+|\sin\theta_{E2\max}|} \qquad (8-2)$$

8.2.1.2 雷达测量参数

信号检测与目标参数测量是雷达要完成的两大任务。雷达观察空域中最大作用距离这一指标在很大程度上取决于雷达信号检测的能力,雷达的最大跟踪作用距离及测量精度则反映雷达的参数测量能力。相控阵雷达要测量的目标参数大体上分为三类。

1. 目标位置参数

对相控阵三坐标测量雷达,目标位置参数包括观测目标所在位置相对于雷达站位置的方位(A)、仰角(E)和距离(R),或者经坐标变换后在新的坐标系里的三维坐标参数。目标位置参数的描述对相控阵雷达与机械扫描雷达是一样的。从前面讨论相控阵雷达波束控制系统中可以看出,对于地基固定阵面的相控阵雷达,目标位置参数也可以用波束控制数码(α,β)与雷达测量距离R来表示,即用(α,β,R)来描述目标所在位置。当然,雷达输出给上级指挥所或雷达网中其他雷达的目标数据应按约定的坐标系统来表示。

2. 目标运动参数

目标运动参数即反映目标运动特性的参数,主要包含目标的径向速度、径向加速度、方位和俯仰角速度、角加速度或有关目标航向、航速及其变化的参数。测量这些参数对维持目标的稳定跟踪,确定目标轨道有重要作用。对战术三坐标雷达来说,由于目标的机动性较高,其轨迹变化大,测量目标的速度和加速度等更高阶数的参数对维持目标稳定跟踪有重要意义,但目前大多数战术三坐标雷达的目标运动参数均只是经过对目标(A,E,R)的多次测量数据处理后得出的。相控阵雷达在测量目标运动参数和维持目标的稳定跟踪上做的一个主要贡献是利用天线波束扫描的灵活性,提高对目标进行观察的采样率,即提高数据率,因此在系统设计时需要将选择合适的测量参数、系统的应用场景以及所带来的代价等综合考虑。

对观察外空目标的远程或超远程相控阵三坐标测量雷达来说,测量目标运动参数对确定空间目标轨迹(如确定卫星目标的六个轨道参数)、确认目标变轨,对空间目标进行重访和编目是必不可少的。

外空目标距离远、飞行速度快,远程/超远程相控阵雷达对定轨精度要求很高,因此,在信号波形与工作方式设计时往往要求有直接测量目标回波多普勒频移及其变化率,即测量目标速度与加速度的能力。

3. 目标特征参数

目标特征参数主要是指相控阵雷达测量的反映目标构造、外形、姿态、状态、用途(如是否为失效载荷)及其他目标特性的特征参数。要测量的这些特征参数一般都是从目标回波信号的幅度、相位、频谱和极化特性及它们随时间的变化率中提取的。这一类参数主要用于对空间目标进行分类、识别或用于对目标事件,如有关目标交会与分离(一个目标变为两个或多个目标)、目标爆炸等事件进行判断与评估。精密跟踪测量雷达、空间目标监视雷达、弹道导弹防御相控阵雷达等对测量这些特征参数的需求最为强烈。对战术三坐标相控阵雷达,也有目标分类、识别的要求,如需要区分单架飞机或机群目标、大飞机或小飞机、飞机类型等。相控阵雷达测量多种特征参数的能力,不仅能大大改善防空系统的作战效能,而且也有利于提高雷达的工作性能,如有利于解决多批高机动目标航迹交叉时的混批问题及对友机的误伤问题。

8.2.1.3 测量精度

作为战术指标提出的雷达测量精度是与在接收机噪声背景中进行测量时所能达到的最小测量误差相对应的,即它是指雷达的潜在测量精度,当存在无源杂波与有源干扰情况下,对雷达测量精度要求应另行规定。

一般战术相控阵三坐标雷达只测量方位、仰角与距离,因此,在战术指标中也只提距离、方位和仰角的测量精度要求,或者经过换算得出的距离、方位、高度三个参数的测量精度要求,其中高度精度决定于仰角和距离的测量精度。

对于可机械转动的具有二维相位扫描能力的战术三坐标雷达,相控阵天线波束扫描的快速性及波束形状的捷变能力,使其具有更多的功能及更多的工作方式,如可以对重点目标进行测速等,这时战术指标中应包括测速精度要求。

用于观测外空目标的空间探测控阵雷达,其主要任务是要精确测量空间目标的轨道参数(轨道倾角、长半轴、短半轴、偏心率、近地点赤经、升交点辐角)。通过测量目标在飞行轨迹中一个弧段上不同时刻的位置参数,即可获得空间目标的六个轨道参数。据此可判断或区分目标属于卫星还是弹道导弹,若是弹道导弹则可预报导弹落点与发射点,因此对测量精度有很高的要求。雷达测量的目标飞行轨迹的弧段越长,在这一弧段上采样次数越多,每一次测量所获得的有关目标方位、仰角、距离数据的精度越高,对空间目标的定轨精度就越高。

雷达对目标距离的测量精度主要取决于信号的瞬时带宽及信噪比。

雷达对目标角度测量精度,决定于天线波束宽度和信噪比。天线波束越窄,雷达测角精度越高。从提高数据率、测角精度和抗角度欺骗干扰能力考虑,多数战术三坐标雷达和超远程相控阵雷达均采用单脉冲测角方法,即通过形成两个天线方向图,对它们所收到的回波信号的幅度或相位进行比较,再通过内插运算来确定目标偏离中心位置的角度。不管采用何种单脉冲测角方法,其角度单次测量的极限误差(决定于回波信号的信噪比 S/N)都可近似表示为

$$\sigma_{\Delta A} = \frac{\varphi_B}{K_m \sqrt{2n \cdot (S/N)}} \tag{8-3}$$

$$\sigma_{\Delta E} = \frac{\theta_B}{K_m \sqrt{2n \cdot (S/N)}} \tag{8-4}$$

式中:φ_B、θ_B 分别为方位和俯仰的半功率波束宽度;K_m 为单脉冲测角时的差斜率,它与天线方向图形状及天线加权函数等有关。例如,当以高斯函数逼近天线方向图主瓣,用于进行比较的两个波束的最大值间隔为波束半功率点宽度时,可推导得出 $K_m = 1.38$;在其他文献中根据实测值,取 $K_m = 1.58$,或 $K_m = 1.6$。

如果在一个波束位置上用多个重复周期进行测量,如以 n 个脉冲信号进行测量,则这一随机误差可改善 $\sqrt{n}$ 倍。相控阵雷达可通过在重点目标方向上增加天线波束驻留时间,即增加观测次数 n 来提高测角精度。

8.2.1.4 雷达的分辨率

1. 角度分辨率

空间探测相控阵雷达一般均为二维相位扫描的相控阵雷达,战术相控阵三坐标雷达的天线波束一般在方位与仰角方向上均为针状波束,因此雷达的空间分辨率便取决于雷达天线波束在方位与仰角上的半功率点宽度 φ_B 与 θ_B。波束宽度的确定除了角度分辨率的考虑外,往往更多地取决于获得更高天线增益、更高测量精度的要求。

2. 距离分辨率

相控阵雷达的距离分辨率与机械扫描雷达一样,决定于所采用的信号瞬时带宽。当采用脉冲压缩信号,如线性调频脉冲压缩信号时,持续时间很宽的信号也可具有很大的信号瞬时带宽,不会因为采用宽带信号而降低雷达信号的平均功率,因而不会影响雷达的搜索和跟踪距离。若

信号瞬时带宽为 B,则距离分辨率 ΔR_r 为

$$\Delta R_r = \frac{c}{2B} \tag{8-5}$$

3. 横向距离分辨率

目前,产生和处理具有大的瞬时带宽的雷达信号已无理论和工程上的困难。采用大的瞬时带宽信号不仅使雷达在距离维具有高分辨能力,而且通过对运动目标的长时间观察,利用逆合成孔径雷达成像的原理,还可对目标进行二维成像,提高雷达横向距离分辨率,为目标分类、识别提供重要的技术条件。

一些先进的战术三坐标雷达由于对其有目标分类、识别、拦截效果评估等要求,因而采用二维相位扫描的平面相控阵天线,同时保留在方位和俯仰上可做机械转动,调整天线阵面朝向的能力。

对 TMD/NMD 及空间监视系统中应用的远程/超远程相控阵雷达,必须实现目标分类、识别,故对目标的分辨率要求至关重要。在采用高瞬时宽带信号的前提下,可以利用目标自身的旋转或目标围绕雷达视线的旋转产生的目标上各散射点的多普勒频率差,获得目标的横向距离分辨率为

$$\Delta R_{cr} = \frac{\lambda}{2\Delta\theta} \tag{8-6}$$

式中:$\Delta\theta$ 为目标在观察时间 T_{obs} 内目标视角的变化;若目标的角旋转速率为 ω,则

$$\Delta\theta = \omega T_{obs} \tag{8-7}$$

通常在雷达系统设计时希望目标的横向距离分辨率(ΔR_{cr})与目标的纵向距离分辨率(ΔR_r)一致,则在信号瞬时带宽 B 已确定的情况下。由式(8-5)和式(8-6),对目标的转角为

$$\Delta\theta = \lambda B/c = B/f \tag{8-8}$$

式(8-8)说明,在要求横向距离分辨率与纵向距离分辨率相等时,当纵向距离分辨率 ΔR_r 确定之后,即信号带宽 B 确定之后,采用较高的信号频率可降低对转角 $\Delta\theta$ 的要求。也可将式(8-8)转换成对雷达观察时间 T_{obs} 的要求,即

$$T_{obs} = \frac{\lambda B}{c\omega} = \frac{B}{f\omega} \tag{8-9}$$

4. 速度分辨率

对空间探测相控阵雷达来说,径向速度分辨率也是一个重要指标。目标回波的多普勒频移 f_d 取决于目标的径向速度 V_r,即

$$f_d = 2V_r/\lambda \tag{8-10}$$

空间监视系统中的相控阵雷达所要观察的目标都具有比现有飞机高得多的速度,因此其多普勒频移和多普勒频移的变化率也更为显著。

通常采用距离-多普勒($R-f_d$)滤波方法来提取目标回波的多普勒频移,即将 n 重复周期内同一距离单元回波的抽样进行快速傅里叶变换,亦即对长度为 n 的回波脉冲串信号进行相干处理。FFT 的 n 路输出即为该距离单元的多普勒滤波器组的输出。每一个滤波器的频带宽度在不考虑为抑制副瓣而采取加权的情况下,是总观察时间 T_{obs} 的倒数,即

$$\Delta f_d = 1/T_{obs} \tag{8-11}$$

式中:$T_{obs} = nT_r = n/F_r$,T_r、F_r 分别为雷达信号的重复周期和重复频率。

与目标回波多普勒频移的分辨率相对应,目标径向速度的分辨率 ΔV_r 为

$$\Delta V_r = \lambda \Delta f_d / 2 \tag{8-12}$$

8.2.1.5 处理多批目标的能力

相控阵雷达的一个特点是具有实时跟踪多个空间目标的能力。当雷达在搜索状态发现目标,作出目标存在的报告后,必须对其进行确认、截获,然后转入跟踪状态;在对已截获的目标进行跟踪的同时,继续在搜索空域内进行搜索,以期发现新的目标。

对战术相控阵三坐标雷达来说,处理多批目标的必要性不仅来自雷达要完成多种功能,需要观察监视空域中实际可能存在的多批目标,而且还因为这类雷达通常都会受到敌方有源干扰与无源干扰的对抗。这时,为保持一定的检测和跟踪能力,雷达要处理的虚假目标数目将显著增加。

检测过程中产生虚警之后,必须启动跟踪程序中目标确认与截获过程。这一过程结束之后,滤除了大部分虚警,未被滤除的,被当成目标。对这些虚假目标形成"跟踪启动",这时需要在随后的航迹跟踪过程中将其剔除。剔除虚假航迹可能导致相控阵雷达要处理的目标数目显著增加和雷达信号能量与时间资源的消耗。

对远程/超远程相控阵雷达及靶场远程相控阵雷达,多目标处理能力与真假弹头识别等有关。对空间监视相控阵雷达来说,由于正常工作的空间目标、已失效的空间目标及空间碎片的存在,空间目标数量逐年增多,所以相控阵雷达具备同时跟踪多批目标、实时处理多批目标轨迹的能力是完全必要的。

相控阵雷达处理多批目标的能力对相控阵雷达工作方式的设计、雷达在搜索和跟踪状态下的数据率、跟踪精度等都有重要影响,在技术上与雷达控制计算机和雷达数据处理机的能力有关,即与计算机的运算速度、存储容量等有关,但最终还是取决于雷达能提供的信号能量。被跟踪的目标数目越多,用于跟踪照射的信号能量就越多。因此根据相控阵雷达要完成的不同任务,合理确定雷达要跟踪的目标数目并对跟踪目标进行分类是雷达系统设计的一个重要内容。

8.2.1.6 数据率

数据率是相控阵雷达的一个重要战术指标,它体现了相控阵雷达一些重要指标之间的相互关系,对相控阵雷达系统设计有重要影响。

数据率 D 定义为在 1s 内对目标进行数据采样的次数,其单位为"次/s"。在雷达中也常用数据率的倒数,即数据采样间隔时间来表述。

以作 360°旋转的机械扫描两坐标雷达为例,若其转速为 6r/min,则天线波束每扫掠 360°需要 10s,即采样间隔时间为 10s,数据率 $D = 0.1$ 次/s。

相控阵雷达既要完成搜索,又要实现多目标跟踪。因此,需要区分搜索数据率和跟踪数据率,它们分别是搜索间隔时间与跟踪间隔时间的倒数。由于相控阵雷达需要搜索的区域可以按重要性等分为多个搜索区,如重点搜索区、非重点搜索区。因而可以在不同的搜索区分配不同的搜索时间,总的搜索时间是在各个搜索区所花费的搜索时间之和。此外,在搜索过程中还要不断加上跟踪所需的时间,这将导致对同一空域进行搜索的间隔时间加长,因而导致搜索数据率的降低。在多目标跟踪情况下,按目标重要性或其威胁度可以有不同的跟踪采样间隔时间。这些情况使得数据率这一指标在相控阵雷达信号资源分配和工作方式安排中起着十分重要的作用。

8.2.1.7 抗干扰能力和生存能力

在当今电子战和信息战(Information Warfare,IW)快速发展的背景下,各种相控阵雷达均需

要满足在复杂战场环境与电磁环境下的工作能力和生存能力。即使是空间探测相控阵雷达,它除了用于空间技术研究外,还具有军事应用的潜力,因此也面临同样的要求。在进行相控阵雷达系统设计时,雷达使用方和设计方均不得不考虑提高雷达的抗干扰能力、抗反辐射导弹等要求。所有在战术雷达及其他相控阵雷达中采用的有效措施在不同类型的空间探测相控阵雷达中均可考虑采用。相控阵雷达在提高其抗干扰能力与生存能力上有更大的潜力。

8.2.1.8 使用性能与使用环境

相控阵雷达使用性能除包括一般雷达对可维护性、可靠性等的要求外,还需要对雷达的气候条件、电磁兼容、防雷、雷达开关机的最小时间及人员操作岗位需求等有关使用问题予以特别关注。

对大型地基固定式相控阵雷达,有关使用环境的问题之一是正确选择雷达工作的地理位置即站址,如雷达所在纬度、雷达天线法线方向的朝向、雷达观察区域内在仰角上的遮挡角大小、雷达高功率辐射对周围区域内企业与居民的影响等。对观测外空目标的远程/超远程相控阵雷达而言,站址选择时还需要对所在地区的气候条件,如年高低温度、湿度、降雨量、沙尘含量、风速等。对于低频段相控阵雷达而言,为了保证雷达的测量精度必须考虑电波传播修正问题,因而必须对雷达站址所在地区的大气折射、电离层状况进行定期的观测与监视,有必要建立相应的电离层观测站。雷达防护罩及雷达前是否需要建立屏蔽栅网,也常常是大型相控阵雷达使用环境要求中一项需考虑的战术指标。

对于大型船载相控阵测量雷达,除了需要考虑与地基雷达相似的情况之外,还需要考虑船舶供电、海上防雷、船摇影响、船舶振动、三防(防霉菌、防潮湿、防盐雾)设计等诸多问题,同时由于船上电子设备众多,电磁兼容也是船载相控阵测量雷达在设计和使用过程中必须重点考虑的一个难点问题。另外,在海上如何对设备进行标校测试也是需要考虑的一个问题。

8.2.2 相控阵雷达主要技术指标

相控阵雷达的主要技术指标分为两类:一类为分配给相控阵雷达各个分系统的指标,另一类为有关雷达系统方案的技术指标。

第一类技术指标主要取决于雷达要完成的任务、雷达要观察的主要目标种类。雷达技术指标体系为雷达设计师与雷达使用方所熟悉;只要考虑相控阵天线的技术特点及其带来的实现战术指标上的潜力,将机械扫描雷达的技术指标转移至相控阵雷达是容易的。这些技术指标通常都是严格的数值指标,如天线口径、发射功率等。

第二类与雷达系统方案有关的技术指标则多半不以严格的数值来表示,如雷达工作波段、极化形式、天线扫描方式、发射机种类等,但这类技术指标在其选定过程中常常需要经过严格的分析、计算、反复比较,要在第一类指标中的各个单项指标之间进行折中,多次迭代,因此这类指标主要是定性指标。但它们的确定过程是离不开定量分析的,在系统设计的初期阶段显得十分重要。第二类技术指标主要包括工作波段的选择、相控阵天线方案、雷达发射机的形式、信号波形和测角方式等。

8.2.2.1 工作波段的选择

对各种相控阵雷达,正确选择波段往往是雷达系统初步设计中的首要问题。影响波段选择的因素很多,因此常常需要反复比较才能最后确定。在选择雷达工作频段时需要考虑以下五种主要因素。

1. 雷达要观测的主要目标

不同目标的雷达有效散射面积(RCS)与雷达信号波长(λ)有关。对构成目标的一些基本形状的金属物体表面,雷达反射面积与波长的关系是不同的。在雷达视线上具有同样投影物理尺寸的不同目标,其 RCS 相差可能达到几十万倍。

由于不同形状和尺寸的目标 RCS 与雷达波长有密切关系,故应将雷达方程中的 σ 看成信号频率或波长的函数,即 σ 应表示为 $\sigma(f)$ 或 $\sigma(\lambda)$。

为了正确选定波长,针对设计中的相控阵雷达要观察的主要目标,需要作目标 RCS 的电磁仿真计算,必要时还应进行模型测试。

2. 雷达测量精度和分辨率要求

在同样天线口径尺寸条件下,采用较短的信号波长,可以获得更高的角度测量精度和角度分辨率。

为了提高测量精度和识别目标,要求相控阵雷达具有高的距离分辨率,而对目标进行一维或二维成像,必须采用较大的瞬时信号带宽(B)或者利用算法合成较大的带宽。瞬时信号带宽越大,雷达工作频率(f_0)也应越高,否则由于百分比带宽 B/f_0 的增加,会给雷达设计带来困难,在 L 和 S 波段的相控阵雷达中,瞬时信号带宽已分别可做到 200MHz 和 300MHz 以上,而在 X 波段,瞬时信号带宽则可做到 1GHz 以上。

3. 雷达的主要工作方式

如果相控阵雷达以空域监视为主,即主要工作方式为搜索工作方式时,雷达探测距离主要取决于发射天线辐射的平均功率与接收天线口径面积的乘积($P_{av}A_r$),而对以跟踪方式为主的相控阵雷达,跟踪距离与发射天线增益有关,即取决于($P_{av}G_tA_r$),搜索与跟踪的不同要求在一定程度上也影响着雷达工作波段的选择。

如果相控阵雷达以对远区目标进行搜索为主,它承担的任务是向别的具有更高测量精度的雷达如火控雷达、制导雷达提供引导数据,则根据增大雷达作用距离要求,波长选择考虑的主要因素是 $\sigma(\lambda)$ 的大小。如果相控阵雷达主要完成跟踪任务,它可以接收其他雷达或传感器提供的引导数据,则选用较短的波长是有利的,因为在同样大小天线口径条件下,提高信号频率可以提高雷达发射天线的增益(G_t),相应地可增大跟踪作用距离,提高测量精度。这就是为什么大多数火控雷达、制导雷达都工作在较短波长的原因。

对以担任搜索任务为主的相控阵雷达,由于监视空域大,作用距离远,要处理的目标数量多,宜选用较低的雷达工作频率。例如,目前,国际上多数空间目标监视相控阵雷达,由于其作用距离均在数千千米以上,多采用超高频(Ultra High Frequency,UHF)波段和 L 波段,以便充分利用其波束宽度进行大空域的目标搜索同时在加大天线阵面口径后,天线单元总数还控制在允许的范围之内,已公开报道的苏联的大型空间监视相控阵雷达,多采用甚高频(Very High Frequency,VHF)波段。

4. 雷达的研制成本、研制周期与技术风险

降低成本是推广相控阵雷达应用的关键。考虑到相控阵雷达比机械扫描雷达复杂,在相控阵雷达的预先设计阶段,必须充分考虑研制和生产的现实条件,而不应盲目追求个别分系统的先进指标。在这方面要考虑的一个重要问题是采用何种类型的高功率发射机及其关键器件,而高功率微波器件的输出功率水平与雷达工作频段有密切关系。波长较长时,采用固态功率器件较容易;波长较短时,采用大功率电真空器件则较易解决雷达的高功率要求。相控阵雷达系统中的馈线分系统与雷达信号波长关系也很密切。波长较长时,在中、低功率电平上可以采用的传输线形式较多,如可以选用同轴线;而很短的波长,则必须采用波导,否则传输线损耗将给设计带来难题。

采用较长的信号波长,整个相控阵天线各天线单元之间的幅度、相位公差易于控制和调整,

因而也是降低生产成本、缩短研制周期和减少技术风险的一种措施。

5. 电波传播及其影响

能量损耗是大气影响微波传播的一个主要效应。由于受对流层中氧分子、水蒸气分子和云雾雨雪的吸收和散射,受到电离层中自由电子和离子的吸收,微波在大气中传播时要造成能量损耗。这种损耗与电波频率、波束仰角和气候条件密切相关。频率越高,由云雾雨雪造成的衰减越严重,由此造成的损耗在大气损耗中所占比例越大;当频率低于1GHz时,大气损耗主要来源于电离层的吸收,且频率越低,电离层吸收衰减越严重。因此,频率在300MHz~10GHz之间的微波,大气损耗较小,适合于穿越大气的传播。

电波弯曲折射是大气影响微波传播的另一个主要效应。大气内折射指数的变化,使电波传播速度不同于光速,并引起射线弯曲。电波的弯曲折射效应将导致测速、测距和俯仰测角误差。对频率小于100GHz的微波而言,对流层可以视为非色散介质,折射指数只随高度变化,而不随电波工作频率变化,所导致的弯曲折射效应也与工作频率无关;电离层则是色散介质,测距、测速误差的大小与微波工作频率的平方成正比。所以,适当提高微波工作频率可减少电波弯曲折射导致的传播误差,最终减少测量误差。

8.2.2.2 相控阵天线方案

与机械扫描雷达相比,相控阵雷达的特殊性和复杂性在很大程度上反映在相控阵天线上,因而天线形式的选择对相控阵雷达系统设计有较大影响。相控阵雷达天线方案的选择,有以下几个方面值得认真考虑。

1. 天线扫描范围

对二维相位扫描的平面相控阵雷达要注意区分方位和仰角上扫描范围的要求。对安装在方位上可转动或方位和仰角上均能转动的平台上的相控阵天线,可以考虑降低对相位扫描范围的要求,这有利于降低相控阵雷达的成本。

对用作多目标跟踪的二维相位扫描雷达,如靶场多目标精密跟踪测量雷达,首先要确定是全空域相位扫描天线还是有限相位扫描天线。能用有限相位扫描天线,便不一定要用全空域相位扫描天线。这可降低阵面内天线单元的总数,从而大大降低这类相控阵雷达的成本。

2. 馈电方式

相控阵天线有强制馈电与空间馈电两种馈电方式。强制馈电方式采用波导、同轴线和微带线等进行功率分配,将发射机产生的信号功率传送到阵面每一个天线单元上;接收时,功率相加网络将各天线单元接收到的目标回波信号传送到接收机。空间馈电方式也称光学馈电方式,这种馈电方式实现在空间进行信号功率的分配与相加的功能。采用光纤传输收发信号也属于强制馈电的方式。两种馈电方式各有优、缺点,视雷达工作波段、发射机类型、天线阵承受功率、孔径大小、对天线波束副瓣电平的要求等而定。

3. 馈相方式

馈相方式主要是指采用何种移相器。实现移相器的方案很多,但主要有半导体开关二极管(PIN管)实现的数字式移相器与铁氧体器件实现的移相器。近年来,随着微电子机械(Micro Electro Mechanical,MEM)技术的发展,以各种MEM开关实现的移相器开始受到广泛重视,并已有了相应演示验证系统的研制项目。

4. 有源/无源相控阵天线

在相控阵天线方案的选择中,需要考虑的一个重要问题是选择有源相控阵天线还是无源相控阵天线。

有源相控阵天线的每一个天线单元通道上均有一个T/R组件,它给相控阵雷达带来一些新的优点,包括:①降低相控阵天线中馈线网络,即信号功率分配网络(发射)与信号功率相加网络(接收)的损耗;②降低馈线系统承受高功率的要求;③易于实现共形相控阵天线;④有利于采用单片微波集成电路和混合微波集成电路(Hybrid Microwave Integrated Circuit,HMIC),可提高相控阵天线的宽带性能,有利于实现频谱共享的多功能天线阵列,实现综合化电子信息系统(包括雷达、ESM 和通信等);⑤采用有源相控阵天线后,有利于与光纤及光电子技术相结合,实现光控相控阵天线和集成度更高的相控阵天线系统。

有源相控阵天线虽然具有许多优点,但在具体的相控阵雷达中是否采用,要从实际需求出发,既要看雷达应完成的任务,也要分析采用有源相控阵天线的代价,考虑技术风险及对雷达研制周期和研制生产成本的影响。

5. 实现低副瓣天线的方法

相控阵天线的副瓣性能是雷达系统的一个重要指标,它在很大程度上决定了雷达战术指标中的抗干扰与抗杂波的能力,也与雷达探测性能、测量精度等有关。

相控阵雷达天线包括成千上万个天线单元,在信号功率分配网络与信号相加网络中包括众多的微波器件,各天线单元之间信号的幅度与相位由于制造和安装公差、传输反射等原因难以做到一致,存在幅度与相位误差,这一幅度和相位误差还会随着相控阵天线波束的扫描而变化,给修正幅相误差带来一定困难。因此,与机械转动的天线相比,实现低副瓣/超低副瓣要求的难度更大,特别是在宽角扫描情况和宽带相控阵天线中更是如此。在相控阵雷达系统设计中,正确选择天线照射函数的加权方案是完全必要的。可采用的加权方法有幅度加权、密度加权和相位加权三种方法,也可采用混合加权方法。

8.2.2.3 发射机形式

相控阵雷达采用电真空器件或半导体功率器件来实现对发射功率的要求。相控阵雷达天线具有用多部发射机在空间实现功率合成的优点。因此,在选择相控阵雷达发射机形式的问题上,有相当大的灵活性。

在相控阵雷达系统设计之初,首先考虑的往往是在雷达作用距离等战术指标得以满足的前提下,尽量选择现有的大功率器件,确保在要求的研制周期里完成任务。如果有提供固态功率器件的条件,提高雷达系统的可靠性和可维护性,降低整个雷达发射机系统要求的初级电源,可优选固态发射机;相反,要是不具备或不完全具备大批量固态功率器件及固态发射组件的生产能力,则偏向采用电真空器件实现的发射机。

有源相控阵天线主要采用固态功率放大器件,而无源相控阵天线则主要采用电真空器件的发射机。采用电真空器件的发射机要设法克服它的一个主要缺点,即阵列中功率分配网络的损耗。这可通过采用多部发射机的方案,使每部发射机只为一个子天线阵提供信号功率,从而减少在功率分配网络中的损耗。采用多部发射机,必须保证多部发射机输出信号相位的一致性,为此要对多部发射机输出信号的相位进行监测和调整。

在选择相控阵雷达发射机类型时,与其他雷达发射机一样,发射机总效率、能提供的信号带宽、放大增益、相位噪声电平、调制方法、冷却方式、对初级电源的要求、工作寿命、可靠性、全寿命周期成本、体积和重量等的一些指标都有可能影响对发射机形式的选择。

8.2.2.4 信号波形

雷达信号波形与雷达各分系统的技术指标关系密切,发射机、接收机、信号处理、终端显示均与其有密切关系。雷达信号波形的选择取决于许多因素,选择原则是应在充分保证工作方式需要的前提下尽可能地减少不必要的信号波形种类,这有利于简化设计,减少不必要的软件开销,提高系统工作的可靠性。

1. 影响雷达信号波形选择的主要因素

雷达信号波形的选择主要受以下五种因素的影响：①相控阵雷达的多功能、多工作模式；②雷达分辨率和测量精度；③测速要求；④目标识别要求；⑤电波传播修正要求。

不同信号脉冲宽度、重复频率、信号瞬时带宽和不同编码方式及其相互组合后的变化，便于按雷达完成功能和工作方式的不同而进行变化，可以有效实现相控阵雷达信号能量的最佳管理。

雷达处于搜索状态时，宜采用大时宽和较窄带宽的信号，这有利于提高雷达回波信号的信噪比。信号瞬时频带宽度较低，可减少在整个搜索区内要处理的距离单元数目，从而减少信号处理的计算工作量。

当雷达处于跟踪状态时，采用具有大时宽带宽乘积的信号，可获得高的测距精度和距离分辨率，而信号处理所需的计算工作量，也因在一个雷达重复周期内只需处理位于较窄跟踪波门内的回波而不会明显增加，因而可保持与搜索状态工作时信号处理运算量的大体平衡。

2. 相控阵雷达的抗干扰能力

从提高相控阵雷达抗干扰能力的角度，希望将信号设计成具有低截获概率性能，这有利于推远被敌方电子情报侦察设备侦测与定位的距离。大瞬时带宽信号、捷变信号、频率分集信号对提高雷达抗干扰能力有重要意义。

3. 测速要求

如果对相控阵雷达有测速要求，则脉冲多普勒信号形式、连续波信号、准连续波信号形式的采用是相控阵雷达系统设计中应考虑的因素。

4. 发射机形式

如果采用高功率电真空发射机，除非是专门设计的高工作比发射管，一般信号工作比均较小；而以固态器件实现的功率放大器，更有可能获得大工作比信号，因此有利于实现长脉冲信号。

5. 雷达作用距离的要求

一般来说，对近程相控阵雷达的作用距离有严格的要求，这与远程、超远程相控阵雷达有很大不同。例如，对 BMD 系统、空间监视系统中的相控阵雷达来说，要求的雷达作用距离远，目标分布范围广，因此对远距离目标应该要用大时宽信号进行搜索，用大瞬时带宽信号进行跟踪，而对近距离目标则用短脉冲信号。对 RCS 大的目标，可用脉冲宽度较窄的信号；对 RCS 小的目标，则应采用宽脉冲信号。观测目标所用信号能量的调节除了改变脉冲宽度以外，还可通过改变重复频率，改变波束驻留时间，即改变发往同一观测方向的脉冲串长度等来实现。

8.2.3 相控阵雷达作用距离计算

相控阵雷达作用距离是雷达的一个重要指标。相控阵雷达作用距离计算按雷达方程进行。雷达方程除用于计算作用距离外还可用来表达雷达各分系统指标对雷达系统性能的影响。其在很大程度上反映了雷达战术指标与雷达技术指标之间的联系。根据雷达方程合理分配各个分系统的指标，获取最佳的系统设计，充分发挥相控阵雷达天线带来的优势及潜力。

相控阵雷达要完成多种功能和跟踪多批目标，需要用搜索作用距离与跟踪作用距离来分别描述雷达在搜索与跟踪状态下的性能。基于相控阵雷达天线波束扫描的灵活性，可在不同搜索区域内灵活分配信号能量，因而可得出不同的搜索作用距离。在跟踪状态下，同样可对不同目标按其所在距离的远近、目标的威胁程度、目标类型的差异及跟踪目标数目来合理分配信号能量得出不同的跟踪作用距离。

根据分别用于搜索和跟踪的时间比例的不同，或者根据分别用于搜索和跟踪的信号能量分配的不同，在相控阵雷达中可灵活调整搜索工作与跟踪工作之间的关系。

8.2.3.1 脉冲雷达作用距离的形式

相控阵雷达作用距离公式的推导过程与常规脉冲雷达的作用距离公式是一致的，两种形式的差异主要在于，前者还与决定相控阵雷达不同工作方式的有关控制参数，如搜索空域、搜索时间、搜索数据率、跟踪目标数目、跟踪时间、跟踪数据率、搜索与跟踪模式之间在时间与信号能量上的分配方式等密切相关。

首先回顾一下常规脉冲雷达的作用距离公式。在雷达方程中，将雷达最大作用距离 R_{max} 定义为雷达接收到的、从位于该距离处目标的回波信号功率 P_r 等于接收机最小可检测信号功率 S_{min} 时的作用距离，由此可得

$$R_{max}^4 = \frac{P_t G_t A_r \sigma}{(4\pi)^2 L_s S_{min}} \tag{8-13}$$

式中：P_t 为发射机峰值功率；G_t 为发射天线增益；σ 为目标有效反射面积；A_r 为雷达接收天线有效面积；L_s 为雷达系统损耗（包括发射与接收天馈线损耗与信号处理损耗等）；S_{min} 为最小可检测信号，即

$$S_{min} = kT_e B(S/N) \tag{8-14}$$

其中，$k = 1.38 \times 10^{-23}$ 为玻耳兹曼常数；B 为信号带宽；T_e 为接收系统等效噪声温度，即 $T_e = T_a + (L_r \cdot F_n - 1)T_0$，$T_a$ 为天线噪声温度，L_r 为接收天线及馈线损耗，T_0 为室温，F_n 为雷达接收机噪声系数；S/N 为信噪比。

将 S_{min} 代入式（8-13），得常规雷达方程的另一表达式为

$$R_{max}^4 = \frac{P_t G_t A_r \sigma}{(4\pi)^2 L_s kT_e B(S/N)} \tag{8-15}$$

若考虑到天线增益与天线面积的关系，则

$$G_r = \frac{4\pi}{\lambda^2} A_r, \quad G_t = \frac{4\pi}{\lambda^2} A_t \tag{8-16}$$

式（8-15）可变为

$$R_{max}^4 = \frac{P_t G_t G_r \sigma \lambda^2}{(4\pi)^3 L_s kT_e B(S/N)} \tag{8-17}$$

或

$$R_{max}^4 = \frac{P_t A_t A_r \sigma}{(4\pi) L_s kT_e B(S/N)} \times \frac{1}{\lambda^2} \tag{8-18}$$

这三个雷达作用距离公式在形式上略有不同，主要表现在信号波长对作用距离的影响，但它们反映的物理过程与公式的本质是一样的。式（8-17）表达了当天线增益一定时，信号波长的选择对作用距离的影响；而式（8-18）反映的是发射天线面积 A_t 与接收天线面积 A_r 一定时，信号波长对作用距离的影响。如若希望按式（8-17）通过增大波长来提高作用距离，为保持 $G_t G_r$ 不变，应增大天线面积；若希望按式（8-18）通过降低波长来提高作用距离，则会因为 $A_t A_r$ 不变，天线波束会变窄，要搜索完同样的空域，就要增加搜索时间。这种结果是因为这三个公式没有对受限制条件加以说明，它反映的是单个发射脉冲从目标反射回来后被雷达接收天线接收到的功率，应是雷达接收机内噪声的 S/N 倍；当雷达是单脉冲工作时 S/N 表示是单个接收回波的信噪比，当雷达工作方式采用多脉冲处理时，它还取决于在探测方向发射多少个脉冲或天线波束在观察方向的驻留脉冲数，以及脉冲之间是否可进行相参积累等因素。

8.2.3.2 相控阵雷达的搜索作用距离

对一般的两坐标机械扫描脉冲雷达来说,一旦确定天线波束宽度 θ_B、天线转速 ω 与雷达重复周期 T_r,则用于照射目标的脉冲数 n 便完全确定了,即

$$n = \frac{\theta_B}{\omega} F_r \tag{8-19}$$

根据照射脉冲数 n,按照要求的总的发现概率和虚警概率,考虑 n 个脉冲之间是否进行相参积累处理,先求出单个脉冲的发现概率与虚警概率,然后便可确定雷达方程中的 S/N。当天线转速固定时,由于机械扫描雷达用于搜索探测的时间是固定的,因而其搜索作用距离也是固定的;但对相控阵雷达来说,照射脉冲数 n 是不固定的,可按不同要求加以调节,因此其作用距离也就不同。

下面着重讨论影响相控阵雷达搜索作用距离的主要因素及其表达式。

1. 搜索状态下雷达作用距离与搜索空域及搜索时间的关系

预定搜索空域大小和允许的搜索时间是影响相控阵雷达搜索作用距离的两个主要因素。当相控阵雷达处于搜索状态时,设它应完成的搜索空域的立体角为 Ω,雷达天线波束宽度的立体角为 $\Delta\Omega$,发射天线波束在每一个波束位置的驻留时间为 t_{dw},则搜索完整空域所需的时间 t_s 应为

$$t_s = \frac{\Omega}{\Delta\Omega} t_{dw} \tag{8-20}$$

考虑到发射天线增益 G_t 可用波束宽度的立体角 $\Delta\Omega$ 来表示,即

$$G_t = \frac{4\pi}{\Delta\Omega} = \frac{4\pi}{\Omega} \cdot \frac{t_s}{t_{dw}} \tag{8-21}$$

将式(8-21)代入式(8-15),得

$$R_{\max}^4 = \frac{P_t A_r \sigma}{4\pi L_s k T_e B(S/N) t_{dw}} \cdot \frac{t_s}{\Omega} \tag{8-22}$$

对脉冲雷达来说,波束驻留时间为

$$t_{dw} = n_s T_r \tag{8-23}$$

式中:T_r 为信号重复周期;n_s 为天线波束在该波束位置照射的重复周期数目。这表明,为了检测目标,必须使用 n_s 个重复周期,当一个重复周期内只有一个脉冲时,即用 n_s 个脉冲进行探测。这也表明,需要在一个波束指向上使用 $n_s P_t$ 的信号总功率,故在波束驻留时间内的信号能量 E_{dw} 为

$$E_{dw} = P_t n_s T \tag{8-24}$$

式中:T 为信号脉冲宽度,即为了检测目标,需使用的信号能量为 E_{dw}。

又因为

$$\frac{P_t n_s}{B t_{dw}} = \frac{P_t n_s T/(n_s T_r)}{BT} = \frac{P_{av}}{BT} = \frac{P_{av}}{D} \tag{8-25}$$

或

$$\frac{P_t}{B t_{dw}} = \frac{P_{av}}{D n_s} \tag{8-26}$$

式中:D 为信号的时间带宽乘积,当信号为脉冲压缩信号时,D 即为脉冲压缩比,故式(8-22)变为

$$R_{\max}^4 = \frac{(P_{av}A_r)\sigma}{4\pi L_s kT_e(E/N_0)} \cdot \frac{t_s}{\Omega} \quad (8-27)$$

式中:E/N_0为n_s个脉冲信号能量与噪声能量之比,它与信噪比(S/N)的关系为

$$E/N_0 = Dn_s(S/N) \quad (8-28)$$

由相控阵雷达搜索方程可知:

（1）在给定功率孔径积($P_{av}A_r$)和目标 RCS 情况下,作用距离的 4 次方与给定的搜索时间(t_s)成正比,与搜索空域大小成反比。若搜索执行时间固定,搜索空域越小则作用距离越远。这就是相控阵雷达"烧穿"工作模式（或增程工作模式）的工作原理。其实质是在给定的搜索执行时间内,搜索波位越少则每个波位上允许的波束驻留数越多、作用距离就越远。

（2）由式（8-27）可见,相控阵天线的功率孔径积是提高搜索作用距离的决定性因素。功率孔径积是从发射平均功率的角度给出的,因此,一方面说明了发射信号占空比对相控阵雷达功率孔径积有重要影响;另一方面说明了相控阵天线的实时功率孔径积是可变的。这就是相控阵雷达可实现脉宽能量调节的原因。

（3）式（8-28）中E/N_0表示为在满足虚警率(P_f)和检测概率(P_d)条件下回波信号所需达到的信噪比。例如,当$P_d = 0.9$、$P_f = 10^{-6}$时,要求回波信噪比达到$E/N_0 = 20$倍（13.0dB）。而关系式$E/N_0 = n_s D(S/N)$恰巧反映了波束驻留数(n_s)和脉压增益(D)对实测回波信噪要求的降低。

2. 以波束驻留时间表示的相控阵雷达搜索距离

为进一步阐明雷达搜索距离与相控阵搜索工作方式的有关控制参数之间的关系,最好能在搜索距离方程中能将波束驻留时间($n_s T_r$)的影响直接表达出来。

进行搜索的立体角可以定义为

$$\Omega = \varphi_c(\sin\theta_{\max} - \sin\theta_{\min}) \approx \varphi_c \theta_c \quad (8-29)$$

式中:φ_c、θ_c分别为方位搜索空域和俯仰搜索空域;$\theta_{\max}$、$\theta_{\min}$分别为俯仰搜索范围的最大和最小范围。

单个发射波束的立体角范围约为$\Delta\Omega = 4\pi/G_t \approx \varphi_B \theta_B$,其中$\varphi_B$和$\theta_B$为方位和俯仰半功率波束宽度。因此,完成对搜索空域的扫描所需波束的数量为

$$K = \frac{\Omega}{\Delta\Omega} = \frac{\Delta A(\sin E_{\max} - \sin E_{\min})G_t}{4\pi} \approx \frac{\varphi_c \theta_c}{\varphi_B \theta_B} \quad (8-30)$$

于是有

$$\frac{t_s}{\Omega} = \frac{Kt_{dw}}{\Omega} = \frac{n_s T_r}{\Delta\Omega} \quad (8-31)$$

将式（8-31）代入式（8-27）,得

$$R_{\max}^4 = \frac{(P_{av}A_r)\sigma}{4\pi L_s kT_e(E/N_0)} \times \frac{n_s T_r}{\Delta\Omega} \quad (8-32)$$

在计算远程相控阵雷达作用距离或按雷达方程用迭代方法选择雷达性能参数时,可采用含有天线增益或有效面积的雷达方程,可得

$$R_{\max}^4 = \frac{(P_{av}A_r G_t)\sigma}{(4\pi)^2 L_s kT_e(E/N_0)} \times (n_s T_r) \quad (8-33)$$

$$R_{\max}^4 = \frac{(P_{av}A_r A_t)\sigma}{4\pi L_s kT_e(E/N_0)} \times \frac{n_s T_r}{\lambda^2} \quad (8-34)$$

初看起来,按式(8-33),雷达搜索距离的4次方与发射天线增益成正比,而按式(8-34),搜索距离的4次方与信号波长的平方成反比,降低波长会提高雷达搜索时的作用距离,这似乎与前面讨论式(8-27)时的结论(搜索最大作用距离与搜索时间t_s成正比,与搜索空域Ω成反比,而与波长无关)相矛盾。其实并非如此,因为在Ω及t_s一定的条件下,波束驻留时间$n_s T_r$是受到严格限制的,由式(8-29)和式(8-30)可得

$$\frac{t_s}{\Omega} = \frac{n_s T_r}{\varphi_B \theta_B} = 常量$$

故在式(8-33)中增加G_t与在式(8-34)中降低λ都将导致搜索波束驻留时间$n_s T_r$的相应降低,因而搜索作用距离R_{max}将保持不变。

8.2.3.3 相控阵雷达的跟踪作用距离

跟踪多目标是相控阵雷达的一个重要特点,由于相控阵雷达在对一定空域进行搜索的条件下还要对多批目标按时间分割原则进行离散跟踪,故与采用机械转动天线的雷达只对波束内的目标进行跟踪的情况有所区别。

1. 跟踪一个目标时的跟踪作用距离

先讨论最简单的情况,即相控阵雷达只对一个目标进行跟踪时的情况。与一般机械扫描跟踪雷达不同,相控阵雷达一般不将全部的时间资源,即全部信号能量都用于跟踪一个目标,而用于跟踪一个目标的时间只能为t_{1r},这一时间是雷达对一个目标方向进行一次跟踪采样所需花费的时间,即在一个目标方向上的跟踪波束驻留时间为

$$t_{1r} = n_{1r} T_r \tag{8-35}$$

考虑到

$$\frac{P_t}{B} = \frac{P_{av}}{n_{1r} BT} n_{1r} T_r = \frac{P_{av}}{n_{1r} D} n_{1r} T_r \tag{8-36}$$

由式(8-15),可推导出相控阵雷达在对单个目标进行一次跟踪采样时的最大作用距离为

$$R_{1r}^4 = \frac{P_{av} A_r G_t \sigma}{(4\pi)^2 L_s k T_e (E/N_0)} n_{1r} T_r \tag{8-37}$$

如果将G_t用发射天线口径A_t来表示,则式(8-37)又可表示为

$$R_{1r}^4 = \frac{P_{av} A_r A_t \sigma}{4\pi L_s k T_e (E/N_0)} \times \frac{n_{1r} T_s}{\lambda^2} \tag{8-38}$$

式(8-37)与式(8-38)表示的跟踪距离方程和式(8-33)与式(8-34)表示的搜索距离方程的形式是一样的。式(8-37)表明,相控阵雷达在对一个目标进行一次跟踪照射(采样)时,其作用距离的4次方R_{1r}^4与有效雷达功率孔径积($P_{av} A_r G_t$)及跟踪驻留时间$n_{1r} T_s$成正比,它不仅与雷达功率孔径乘积$P_{av} A_r$有关,而且还与发射天线增益G_t有关。式(8-38)则说明,跟踪作用距离的4次方R_{1r}^4与雷达信号波长的平方成反比,这是由于在跟踪状态下,没有前面提到的对搜索时间和搜索空域的限制,故在天线面积一定的条件下,降低信号波长有利于提高雷达发射天线的增益。

2. 跟踪多目标时的跟踪作用距离

式(8-37)或式(8-38)反映的是雷达用n_{1r}个周期的信号对一个目标进行一次跟踪照射(采样)情况下的跟踪作用距离。R_{1r}^4与跟踪照射时波束驻留时间$n_{1r} T_r$成正比,当相控阵雷达进行多目标跟踪时,能允许的跟踪次数n_{1r}是有限的,因而相控阵雷达的跟踪距离与要跟踪的目标

数目 N_t 密切相关。

令对所有 N_t 个被跟踪目标进行一次跟踪照射所花费的时间为 t_t，即对 N_t 个目标的总跟踪时间或总的波束驻留时间为 t_t，在最简单的跟踪控制方式下，假设对所有 N_t 个目标均采用 n_{tr} 次跟踪照射，对它们的跟踪采样间隔时间（即跟踪数据率的倒数）均一样，且雷达重复周期 T_r 也一样，这时有

$$t_t = N_t n_{tr} T_r \tag{8-39}$$

故每次跟踪照射次数为

$$n_{tr} = \frac{t_t}{N_t T_r} \tag{8-40}$$

显然，要跟踪的目标数目 N_t 越多，用于在每一目标方向进行跟踪照射的次数 n_{tr} 就越少。

如果相控阵雷达将全部信号能量都用于对 N_t 个目标进行跟踪，则跟踪间隔时间（跟踪数据率的倒数）t_{ti} 必须大于或等于跟踪时间 t_t，这时 n_{tr} 应满足：

$$n_{tr} \leq \frac{t_{ti}}{N_t T_r} = \frac{t_{ti} F_r}{N_t} \tag{8-41}$$

n_{tr} 至少应为 1。例如，令重复频率 $F_r = 300\text{Hz}$，跟踪采样间隔时间 $t_{ti} = 1\text{s}$，跟踪目标数目 $N_t = 100$ 个，则 $n_{tr} = 3$；如果 N_t 超过 300 个，则 n_{tr} 将小于 1，不能保证在每一个目标方向哪怕只有一个重复周期的跟踪照射时间。

由式（8-41）可见，相控阵雷达特别是远程或超远程相控阵雷达在跟踪多批目标的情况下，能用于对一个目标进行跟踪的照射次数 n_{tr} 或跟踪驻留时间 $n_{tr} T_r$ 是很小的，因而，目标跟踪数目与跟踪采样间隔时间（或跟踪数据率）是限制雷达跟踪距离的主要因素，在多目标跟踪情况下，跟踪距离与 $N_t^{1/4}$ 成反比。

如果搜索与跟踪时的波束驻留时间相等，即 $n_s T_r = n_{tr} T_r$ 且要求的信噪比一样，则跟踪作用距离与搜索作用距离完全相等，从而可实现两者的平衡。

8.2.4 相控阵雷达宽带指标分析

近年来，地基、海基、空基、天基监视以及各类作战武器系统的试验评估对雷达系统提出了越来越苛刻的要求。这些要求包括：远程、高数据率、多目标的探测能力，更加精密的目标参数跟踪测量能力，更高的角度、距离和多普勒分辨和目标成像能力，更好的目标特征感知和识别能力，灵活多变的雷达工作模式和抗杂波、抗干扰能力等。要同时满足上述多种功能任务要求，仅仅依靠常规（机械扫描天线）的宽带雷达（包括 SAR 和 ISAR 雷达）显然已经不够，而必须同时采用宽带雷达技术和灵活的相控阵雷达技术，即所谓的宽带相控阵雷达技术。

从功能上讲，宽带相控阵雷达的基本特征就是同时具备相控阵雷达和宽带雷达的技术优势和功能特点，即具备相控阵雷达的快速波束扫描和波束形成能力、密集目标的检测跟踪能力、远距离目标探测能力，还同时具备宽带雷达的高分辨目标成像能力、高精度目标特性测量能力等。

宽带相控阵技术主要用于高分辨雷达。高分辨一维成像（距离维高分辨成像）、二维成像（SAR、ISAR）是解决多目标分辨、分类、识别和属性判别等难题的重要技术途径。此外，这一技术还可用于提高雷达电子反对抗能力、抗反辐射导弹能力、实现低截获概率雷达等。宽带/超宽带相控阵雷达还可具有远程无源探测、电子支援措施、电子对抗、通信等功能，使相控阵雷达天线成为共享孔径的天线系统。

宽带相控阵雷达有两种宽带要求：一是雷达工作的调谐带宽大，二是大的瞬时信号带宽工作

能力。当相对瞬时信号带宽大于中心频率的25%时,称为超宽带相控阵雷达。要实现宽带相控阵雷达,除必须解决宽带相控阵天线(包括宽带辐射单元)外,还要解决相控阵天线的实时时间延迟波束控制、馈电网络幅度和相位的均衡及大瞬时信号带宽。

1. 工作频率

从宽带雷达的发展过程可以看出,其宽带雷达的工作频率(波段)选择经历了一个从低频到高频的变化过程,先后试验过 S、C、X、Ka、Ku、W 等波段。目前,用于弹道导弹防御和低轨空间目标识别的宽带雷达主要选择在 X 波段。其主要原因在于,相对弹道目标和空间目标而言,X 波段雷达工作在光学区,可实现1GHz以上的瞬时信号带宽,能够满足空间目标高分辨与识别的需要,且与 Ka、Ku、W 波段相比,X 波段大功率的器件水平较为成熟,易于实现较大作用距离。

2. 信号带宽与分辨率

雷达探测的距离分辨率 ΔR 与雷达信号的绝对带宽 B 的关系为光速与两倍信号带宽的比值,因此,雷达信号的绝对带宽 B 越宽,则其距离分辨率 ΔR 越高,而与信号的中心频率大小无关。

但增加带宽不是提高分辨率的唯一手段,美国利用带宽外推、带宽合成等信号处理技术将 Haystack 雷达(X 波段,瞬时带宽1GHz,距离分辨率0.25m)、Haystack 辅助雷达(Ku 波段,瞬时带宽2GHz,距离分辨率0.12m)的分辨率提高到3cm,Haystack 雷达经过升级可以达到1cm的分辨率。此外,毫米波雷达带宽在升级过程中由于资金的不确定和限制而进展缓慢,之后美国就不再开发具有更大带宽的雷达,转而选择1GHz或1.3GHz带宽。目前,美国在导弹防御系统中建造的宽带雷达带宽均设计为1GHz左右。这表明一味地增加带宽来提高分辨率是不适宜或者没有必要的,原因可能是成本和技术的局限性,或者是带宽增加到一定程度后雷达分辨率的提高并不明显,又或者效费比太低等。对于主要用于弹道导弹防御和低轨空间目标识别的宽带雷达来说,带宽可在 1～1.5GHz 范围内选择,确定带宽后,再采用先进的信号处理技术提高分辨率,使雷达具备对较小空间目标成像的能力。

3. 宽带波形

宽带波形的选择通常可考虑线性调频信号、步进频率信号、相位编码信号。由于空间目标运动速度很快,对雷达回波信号影响大,不适合采用大周期或对多普勒频移敏感的信号,故线性调频信号是最佳选择。林肯实验室先后研发的几部宽带雷达中,只有 TRADEX 雷达(S 波段,瞬时带宽250MHz,距离分辨率1m)的 S 波段系统采用了频率步进信号,其他的如 ALCOR 雷达(C 波段,瞬时带宽512MHz,距离分辨率0.5m)以及 TRADEX 雷达之后的宽带雷达(包括 GBR、SBX 雷达,均为 X 波段)均采用线性调频信号波形,这也充分说明了线性调频信号在宽带雷达应用中具有无可比拟的优势。

4. 作用距离与成像距离

雷达的作用距离和成像距离在很大程度上表征了雷达的功能和用途。目前,美国 ALCOR 雷达和毫米波雷达可获得近地和再入返回目标的宽带成像数据;Haystack 远距离成像雷达能对低轨、高轨目标进行探测和跟踪,是目前世界上作用距离最远的雷达,能获得在轨卫星图像;Haystack辅助雷达可获得深空目标的二维 ISAR 像;X 波段雷达则主要探测中低轨目标,对低轨目标成像。

5. 波束宽度

波束宽度(测角精度与角分辨能力)表征了雷达的角分辨能力,同时也直接影响测角精度。从宽带雷达的一些相关指标可以看出,波束越窄,测角精度和角分辨能力就越高,而且波束展宽会使天线增益下降。空间目标的远距离和密集度需要雷达具备较高的角分辨能力,因此宽带雷达一般都具有很窄的波束。

6. 极化方式

极化捷变和分集技术的迅速发展使得变极化技术成为抑制干扰、增强信号的一个重要手段。大多数宽带雷达都具有灵活的极化特性,采用多极化变极化方式,比较典型的是以圆极化为基础的变极化方式,即发射一个右旋圆极化波,同时接收左旋、右旋圆极化信号。

7. 发射功率

空间目标尺寸较小,距离较远,要求雷达具备较高的灵敏度,因此需要采用高功率发射机、大型天线和宽脉冲技术来最大化平均发射功率。远距离成像雷达约需要峰值 400kW、均值 200kW 的高功率。有源相控阵雷达易于获得大的平均功率,功率孔径积大(作用距离远),这是因为每个天线单元都有它自己的功率源,虽然功率不大,但天线单元的数目很多,因此能获得很大的总平均功率。雷达发射功率具体选择依赖于实际需要、器件水平及成本等因素。

8. 工作方式

宽带雷达较小的波束宽度通常限制了其在目标捕获和导弹综合评估中的应用。宽带和窄带交替工作有利于实现目标的窄带尺度测量和宽带特性测量,因此,目前大多数宽带雷达均选用这种工作方式。其中,窄带脉冲搜索范围大,在发现目标上灵活性强,主要用于目标捕获,也可用于距离和角跟踪;宽带脉冲用于目标观测和距离跟踪,获取宽带特征数据。

9. 天线

天线设计主要考虑灵活性、实用性及成本等因素。目前,大部分单脉冲宽带雷达一般采用反射面天线或阵列天线,同时增大天线口径以提高发射和接收增益,减小波束宽度,改善测角精度和角分辨能力。相对而言,反射面天线的优点是结构紧凑、制作方便,同时成本比较低,存在的不足是多目标跟踪能力比较差,而且数据率比较低;而相控阵雷达具有多目标跟踪、数据率高、扫描精度高、作用范围大、易于获得较大功率等优点,存在的不足是制作复杂、成本昂贵,不过随着雷达技术、微电子技术以及计算机技术的不断发展,为充分发挥相控阵雷达的技术优势奠定了坚实的技术基础。

8.3 船载相控阵测量雷达总体设计

上一节介绍了相控阵雷达的主要战术指标、技术指标以及雷达距离方程等基本知识,本节以船载相控阵测量雷达为例进行总体设计介绍。

由于需要满足自主搜索和高精度测量,靠单波段雷达往往难以实现。通过构建双波段雷达可以更好提升效能,船载相控阵测量雷达一般由低波段的广域搜索和多目标跟踪雷达与高波段的精密跟踪和目标识别雷达组成。其中,船载广域搜索相控阵雷达主要用于对非合作目标的搜索截获实现广域探测,侧重于搜索发现目标和多目标跟踪;船载精密跟踪相控阵雷达主要用于实现重点目标高精度跟踪、特性收集和目标识别,侧重于精密跟踪、目标成像和目标识别。用于精密跟踪与目标识别的宽带相控阵雷达威力应与搜索雷达匹配。通过两部雷达协同工作,达到对非合作目标探测和优化时间资源分配,提升雷达工作效能的目的。

8.3.1 波段选择

按频带划分的相控阵雷达系统及其应用如表 8-1 所列。需要特别说明的是,只有小部分指定的波段可被雷达应用,任何雷达应用必须考虑电磁兼容性约束。

表8-1 按频带划分的相控阵雷达系统及其应用

波段	频率	频率	主要应用
HF	3~30MHz	超视距雷达	地基:移动式超视距雷达ROTHR、作战雷达网络JORN
UHF	30~300MHz	远程搜索	地基:Daryal(Pechora)和Voronezh大型相控阵雷达、NEBO
VHF	300~1000MHz	远程监视	地基:FPS-85、PARCS、铺路爪、弹道导弹预警系统BMEWS、中程增程防空系统(MEADS)监视
L	1~2GHz	远程监视	陆地:丹麦眼镜蛇(Cobra Dane) 机载:费尔康(PHALCON) 机载:MESA(Wedgetail)
S	2~4GHz	监视 远程跟踪	地基:G/ATOR 海基:"宙斯盾"(Aegis)AN/SPY-1 B/D、Cobra Judy、Cobra King S波段相控雷达、VSR、SAMPSON、CEAFAR 机载:APY-1/2、Erieye
C	4~8GHz	火控 精密跟踪	地基:"爱国者"AN/MPQ-53/65、多目标跟踪雷达MOTR 海基:欧洲多功能相控阵雷达(EMPAR)
X	8~12GHz	火控 导弹导引头 目标识别 机载遥感	地基:S-300/S300V等、TOR、MEADS火控、TPY-2、XBR 海基:SPY-3、APAR、Cobra King X波段相控阵雷达 机载:APQ-164、APY-7、APG-79、APG-80、APG-81、MP-RTIP
Ku	12~18GHz	近程火控 远程遥感	机载:APQ-181

集自主搜索和跟踪功能于一体的相控阵测量雷达往往集中在S波段和C波段,选择该波段也是权衡搜索和跟踪性能之后的折中,宙斯盾AN/SPY-1 B/D和爱国者AN/MPQ-53/65就是最好的例证。将不同的功能整合到一部雷达中,也会迫使对不同功能优化作出妥协。另外,与相控阵雷达多功能相关联的雷达资源需求对雷达控制过程提出挑战。通过集成低波段和高波段多功能相控阵雷达系统,提供更优化的搜索和跟踪性能,并增强空中和导弹防御性能。

一般来说,若考虑性价比,更倾向于选用低频段(UHF至L波段)用于远程防空和导弹防御以及空间监视。产生微波功率和构建天线孔径的成本往往随着频率的降低而降低。在天线孔径一定的情况下,较低频率可以提供相对较大的波束宽度,从而通过减少覆盖空域所需的波束数量来提高搜索能力。同时在低频段,对于飞机和导弹可以提供较大的目标雷达截面。对流层衰减引起的传播损耗随着频率的降低而减小,但是外部噪声环境却随着频率的降低而增加,这是由于天空噪声和人为干扰的组合降低了甚高频和超高频检测性能。对电离层传播效应的敏感性也随着频率的降低而显著增加,进一步影响了空间监视和导弹预警性能。

精密跟踪、目标识别和低仰角/近程跟踪有利于使用更高的频率(C波段及以上)。距离分辨率(可达到的波形带宽)和多普勒分辨率(对于给定的相干处理间隔)都随着频率的增加而提高。测角精度同样随着频率的增加而提高,因为对于给定的天线孔径,频率越高波束宽度越窄,则测角精度越高。多径抑制和杂波抑制都得益于使用较窄的波束宽度,通过增加天线孔径的频率来实现杂波的副瓣抑制。随着频率的增加,多径衰落可以在较短的时间间隔内去相关。通过增加频率来增强杂波抑制的多普勒滤波分辨率。电离层传播效应在导弹防御和空间目标态势感知中非常重要,随着载波频率的增加,电离层传播效应显著降低。

大量军用相控阵测量雷达的研制都选用X波段,主要原因是天线射频孔径更加紧凑,具有

可用于武器制导(即火控)、更高的分辨率和测量精度以及相对较宽的国际频率分配等优势。X 波段雷达特别适用于两种军事应用:

(1) 探测和跟踪被强杂波掩盖的小目标。
(2) 精确跟踪远程目标,以支持武器制导和高分辨率非合作目标识别。

现有 X 波段相控阵雷达的例子包括 F-18 E/F AN/APG-79、F-35 AN/APG-81、THAAD AN/TPY-2、美国海军 AN/SPY-3 舰载自卫雷达等。

美国"洛伦岑"号导弹测量船于2014年正式投入使用,上面安装的"眼镜蛇·王"主要包含三种设备:X 波段前端、S 波段前端和共用后端。其中,X 波段和 S 波段前端天线尺寸大小相近,都采用了有源相控阵技术以及机扫+电扫体制,作用距离约4000km,运用多种波形和带宽以获得操作灵活性和采集高质量的数据,同时能对多个目标执行搜索、跟踪与数据采集。S 波段前端电扫范围为方位 ±45°、俯仰 ±30°,主要任务是自主搜索、截获与跟踪所关注的目标,次要任务是收集所需求的中等分辨率数据。X 波段前端方位、俯仰扫描范围约 ±10°,成像分辨率约0.3m,主要任务是根据自动的用户定义配置提供所关注目标的高分辨率数据,次要任务是提供自主搜索、截获与跟踪能力来补充 S 波段前端。S 波段前端和 X 波段前端能执行多种任务并移交航迹,因此双波段结构在工作环境中实现了极佳的灵活性。

8.3.2 雷达威力需求

8.3.2.1 雷达站与空间目标的几何关系

空间目标探测相控阵雷达布设在地面(或海面),对不同轨道高度的目标在不同观测仰角情况下,观测距离不相同。根据监视空域的范围、空间目标的 RCS 可以估算出雷达系统的威力需求。

图8-2给出了雷达站与空间目标的几何关系,计算观测不同高度、不同仰角时空间目标的距离公式为

$$\beta(H,E) = \frac{\pi}{2} - E - \arcsin\left(\frac{R_e \cos E}{R_e + H}\right) \qquad (8-42)$$

$$R = \frac{(R_e + H)\sin\beta(H,E)}{\cos E} \qquad (8-43)$$

式中:β 为地心角;E 为雷达波束仰角;R_e 为地球半径;H 为目标轨道高度。

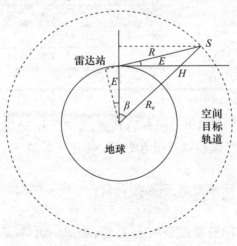

图 8-2 雷达站与空间目标的几何关系

8.3.2.2 目标起伏模型与 S/N 的关系

在相控阵雷达威力估算时，为满足指定的虚警概率 P_f 和检测概率 P_d，要根据所探测的目标起伏模型，确定出单次扫中所需的信噪比 S/N，而此 S/N 值反过来又直接影响雷达的规模。

表 8-2 列出了对于恒定幅度（斯威林 0 类目标模型）及其他几种斯威林目标模型所要求的单次扫中信噪比 S/N 与 P_d 和 P_f 的关系。

表 8-2 S/N 与 P_d、P_f 的关系

P_f	P_d	恒定幅度 S/N/dB	SW Ⅰ、Ⅱ S/N/dB	Δ/dB	SW Ⅲ、Ⅳ S/N/dB	Δ/dB
10^{-3}	0.05	2.4	1.1	-1.3	1.6	-0.8
	0.10	4.1	3.0	-1.1	3.4	-0.7
	0.20	5.7	5.2	-0.5	5.3	-0.4
	0.34	7.0	7.3	0.3	7.0	0
	0.50	8.1	9.5	1.4	8.7	0.6
	0.80	9.9	14.8	4.9	12.3	2.4
	0.90	10.8	18.1	7.3	14.4	3.6
	0.99	12.5	28.4	15.9	20.2	7.7
10^{-6}	0.05	7.8	5.4	-2.4	6.4	-1.4
	0.10	8.7	6.8	-1.9	7.6	-1.1
	0.20	9.7	8.7	-1.0	9.1	-0.6
	0.34	10.5	10.8	0.3	10.5	0
	0.50	11.2	12.8	1.6	12.0	0.8
	0.80	12.6	17.9	5.3	15.3	2.7
	0.90	13.2	21.1	7.9	17.3	4.1
	0.99	14.5	31.4	16.9	23.0	8.5
10^{-9}	0.05	10.4	7.7	-2.7	8.5	-1.9
	0.10	11.1	9.0	-2.1	9.6	-1.5
	0.20	11.8	10.8	-1.0	11.0	-0.8
	0.34	12.4	12.5	0.1	12.4	0
	0.50	13.1	14.6	1.5	13.8	0.7
	0.80	14.1	19.6	5.5	17.1	3.0
	0.90	14.7	22.9	8.2	19.0	4.3
	0.99	15.8	33.2	17.4	24.6	8.8

从表 8-2 的数据中，可得到以下结论：

(1) 对于所有斯威林目标模型以及所有的 P_f 值，在 $P_d \approx 0.34$ 时，起伏损失可以忽略。

(2) 对于所有斯威林目标模型以及所有 P_f 值，在 $P_d < 0.34$ 时，有起伏得益；而当 $P_d > 0.34$ 时则变为起伏损失。

(3) 对于所有斯威林目标模型以及所有 P_f 值，当 $P_d > 0.34$ 时，起伏损失随 P_d 的增加而增加。

(4) 对于所有斯威林目标模型以及所有 P_f 值，当 $P_d < 0.34$ 时，起伏得益随 P_d 的减小而增加。

(5) P_d(不等于0.34)一定时,起伏得益和起伏损失均随P_f的减小而增加。

8.3.2.3 导弹目标探测威力分析

对于船载相控阵测量雷达,目标弹道高度越高,目标的 RCS 越小,对雷达的探测威力要求越高;同时,导弹飞行中弹体姿态、位置持续变化,雷达波束将先后以不同角度方向照射弹体,由此呈现的 RCS 大小起伏也将直接影响雷达探测威力。因此,为完成雷达探测威力指标需求分析,需将不同弹道高度下雷达观测距离范围,以及不同照射角下目标 RCS 特性两类因素作为约束条件,首先根据不同弹道高度下导弹目标与雷达的相对位置关系,确定所需观测距离远近边界,再根据不同照射角下目标 RCS 值,进一步折算出对雷达探测威力的归一化指标要求(折算到$RCS = 1m^2$)。

1. 观测距离边界计算

探测距离大小边界由导弹飞行高度和船载相控阵测量雷达的观测仰角决定。导弹飞行过程中,对于指定目标高度(H),若将船载相控阵测量雷达抵近部署于弹下点附近,此时观测仰角将接近90°,虽可实现最短观测距离,但已达雷达工作范围极限,观测效果不佳,并且可能存在航区安全性问题,不宜作为常规观测阵位。为此,可考虑在弹道射面两侧,以观测仰角45°位置作为船载相控阵测量雷达常规部署位置,雷达探测威力应至少满足此时的观测距离要求;若船载相控阵测量雷达部署阵位移至地球曲率所允许的最远通视点,此时将达到极限视距R_{max},可据此得出雷达探测威力要求的上限。

以典型洲际弹道导弹为例,弹道中段最高点高度按照2000km考虑,头体分离点高度约400km,再入点高度约80km。按照空间几何关系,按照式(8-43)计算的观测距离要求如表8-3所列。

表8-3 不同高度下雷达观测距离要求　　　　　　　　　　　　　单位:km

特征点高度	25°仰角观测距离	35°仰角观测距离	45°仰角观测距离	最远通视距离
头体分离点400	844	660	550	2293
中段500	1032	815	683	2573
中段600	1213	967	815	2829
中段700	1389	1117	945	3067
中段800	1560	1264	1074	3291
中段900	1726	1408	1202	3504
中段1000	1889	1551	1329	3707
中段1100	2048	1692	1455	3902
中段1200	2204	1831	1580	4090
中段1300	2358	1968	1704	4273
中段1400	2508	2104	1827	4450
中段1500	2657	2238	1949	4622
中段1600	2803	2371	2071	4790
中段1700	2947	2502	2192	4955
中段1800	3089	2633	2312	5116
中段1900	3229	2762	2431	5274
中段2000	3368	2891	2550	5430
末段220	486	371	306	1689
再入点80	184	138	112	1013

2. 雷达探测威力的指标折算

对于弹头类目标,外形简单且为凸目标,S 频段以上弹径长度满足光学区近似要求(>10 个波长,处于光学区),频段越高,RCS 起伏越大,导致相同角度下 RCS 均值越低,即 S 频段 RCS 均值 > C 频段 > X 频段。不同频段 RCS 均值分布如表 8-4 所列。

表 8-4 不同频段 RCS 均值分布

频段	极化	0°~30°	30°~60°	60°~90°	90°~120°	120°~150°	150°~180°
S	HH	-14.20	-16.59	-1.09	-6.72	-22.25	2.15
S	VV	-15.07	-18.12	-1.06	-6.65	-21.30	2.17
C	HH	-18.72	-19.55	-3.92	-14.48	-25.87	-1.66
C	VV	-19.49	-20.27	-3.96	-13.99	-24.41	-1.67
X	HH	-19.01	-19.63	-4.53	-15.03	-27.16	-1.39
X	VV	-20.04	-20.15	-4.57	-14.80	-25.94	-1.40

注:RCS 均值的单位为 dBm。

根据上述 RCS 统计结果,假设导弹的 RCS 为 $-20\text{dBm}(0.01\text{m}^2)$,则可根据雷达方程,将表 8-3 的雷达探测威力折算至 $\text{RCS}=1\text{m}^2$,如表 8-5 所列。

表 8-5 不同高度下雷达观测距离要求(折算至 $\text{RCS}=1\text{m}^2$)   单位:km

特征点	25°仰角观测距离	35°仰角观测距离	45°仰角观测距离	最远通视距离
头体分离点 400	2669	2087	1739	7251
中段 500	3263	2577	2160	8137
中段高度 600	3836	3058	2577	8946
中段 700	4392	3532	2988	9699
中段 800	4933	3997	3396	10407
中段 900	5458	4452	3801	11081
中段 1000	5974	4905	4203	11723
中段 1100	6476	5351	4601	12339
中段 1200	6970	5790	4996	12934
中段 1300	7457	6223	5389	13512
中段 1400	7931	6653	5777	14072
中段 1500	8402	7077	6163	14616
中段 1600	8864	7498	6549	15147
中段 1700	9319	7912	6932	15669
中段 1800	9768	8326	7311	16178
中段 1900	10211	8734	7687	16678
中段 2000	10651	9142	8064	17171
末段高度 220	1537	1173	968	5341
再入点 80	582	436	354	3203

根据上述计算结果,若选择部署于最远通视点进行观测,大部分观测弧段的威力需求均超出了现有雷达装备的水平,并且此时仰角极低,探测效果也将受到大幅影响,故不合适将此极限需求作为雷达威力指标的约束条件。由于开阔海面上的可选择海域比较宽裕,针对重点观测弧段,

可通过抵近观测实现最佳的观测效果。同时在搜索探测模式下,考虑到导弹目标 RCS 起伏特征符合斯威林Ⅲ类目标模型,信噪比应达到 17.3dB($P_f = 10^{-6}$,$P_d = 0.9$),而在跟踪模式下,信噪比要求可适当降低。

8.3.2.4 太空目标探测威力分析

1. 低轨目标

船载相控阵测量雷达的监视对象主要是位于中低轨道的航天器和空间碎片。2017 年北美防空司令部(North American Aerospace Defense Command,NORAD)公开发布的空间目标编目数据中共有 12900 个轨道高度 2000km 以下低轨空间目标(含卫星、碎片、箭体等),其中卫星类目标 2536 个,轨道高度 – 数量分布如图 8 – 3、图 8 – 4 所示。由图可看出,90% 以上的低轨空间目标处于轨道高度 1500km 以下,在不同轨道高度和不同仰角下的探测距离如表 8 – 6 所列。由于太空目标的 RCS 起伏特征符合斯威林 0 类目标模型,信噪比应达到 13.2dB($P_f = 10^{-6}$,$P_d = 0.9$)。

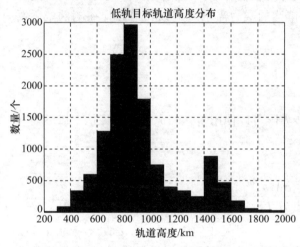

图 8 – 3 低轨空间目标轨道高度 – 数量分布   图 8 – 4 低轨卫星轨道高度 – 数量分布

表 8 – 6 在不同轨道高度下和不同仰角下的探测距离

探测距离/km		仰角										
		5°	10°	15°	20°	25°	30°	35°	40°	45°	50°	55°	60°
轨道高度	1000km	3193	2762	2408	2121	1889	1702	1551	1429	1329	1248	1183	1130
	1500km	4100	3646	3258	2931	2657	2428	2238	2080	1949	1841	1752	1680
	2000km	4903	4435	4026	3672	3368	3110	2891	2706	2550	2420	2312	2224
	2500km	5643	5165	4740	4367	4042	3761	3519	3313	3137	2989	2865	2762

2. 中高轨目标

随着相控阵测量雷达增程技术的应用,在不增大雷达规模的情况下,通过脉冲间回波信号的相参积累,能够获得足够高的能量和信噪比。从体系发展看,可对船载相控阵测量雷达配置中高轨目标探测功能,提高中高轨目标全天候探测能力。

8.3.2.5 临近空间、空中目标探测威力分析

临近空间、空中目标飞行高度较低,应获取尽可能长的跟踪弧段,应确保目标进入视距即可发现和跟踪。根据临近空间高度 20 ~ 100km,空中目标 20km 以下,得出临近空间最大视距为 1133km,空间目标最大视距为 505km,RCS 起伏特征符合斯威林Ⅰ类目标模型,信噪比应达到 21.1dB($P_f = 10^{-6}$,$P_d = 0.9$)。临近空间、空中目标在不同飞行高度和不同仰角下的探测距离如

表8-7所示。

表8-7 不同飞行高度和不同仰角下的探测距离

探测距离/km		仰角						
		0°	10°	20°	30°	40°	50°	60°	70°
飞行高度	100km	1133	477	277	196	154	130	115	106
	80km	1013	394	224	157	123	104	92	85
	60km	876	305	170	118	93	78	69	64
	40km	715	211	114	79	62	52	46	43
	20km	505	110	58	40	31	26	23	21

8.3.2.6 初步结论

通过对上述三种目标的相控阵测量雷达的威力需求进行分析，经过换算比较，其中对弹道导弹探测的威力要求最高，故最终确定相控阵测量雷达的威力需求时应以弹道导弹探测的威力需求为准。

8.3.3 雷达威力估算

8.3.3.1 雷达威力估算方程

船载相控阵测量雷达的基本搜索和跟踪性能界限可以使用雷达距离方程来评估。以下对在噪声条件下的搜索和跟踪能力的分析提供了一个性能上限。

相控阵测量雷达的距离方程可以定义为

$$R^4 = \frac{P_t G_t G_r \sigma \lambda^2 n_p T_p}{(4\pi)^3 L_s k T_s (S/N)} \qquad (8-44)$$

式中：R 为目标的距离；P_t 为发射机峰值功率输出；G_t 为发射天线的增益；G_r 为接收天线的增益；λ 为发射脉冲波长；σ 为雷达截面积；T_p 为脉冲持续时间；n_p 为相干积累脉冲的数量；L_s 为总的系统损耗；k 为玻耳兹曼常数；T_s 为系统噪声温度；S/N 为接收机输出信噪比。

这种形式的雷达距离方程适用于采用脉冲压缩或脉冲多普勒波形以及未调制单脉冲情况下的雷达系统。

8.3.3.2 噪声温度估算

如果天线噪声温度用 T_a 表示，接收传输线噪声温度用 T_r 表示，其损耗因子用 L_r 表示，接收机有效输入噪声温度用 T_e 表示，则以天线为系统输入端的系统输入噪声温度表示为

$$T_s = T_a + T_r + L_r T_e \qquad (8-45)$$

根据文献[7]有

$$T_a = 0.876 T_a' + 36 \qquad (8-46)$$

$$T_r = T_{tr}(L_r - 1) \qquad (8-47)$$

$$T_e = T_0(F_n - 1) \qquad (8-48)$$

式中：T_a' 可以查阅无损耗天线的噪声温度曲线（文献[7]中的图2.9）获得；T_{tr} 为热噪声温度，通常取 $T_{tr} = T_0 = 290K$；F_n 为噪声系数；T_0 为常温 290K。

系统噪声温度 T_s 也随天线仰角的变化而有小范围的变化，X波段天线噪声温度仰角2°时可以查得 $T_a' = 61.3$，假设 $L_r = 1.0dB$，$F_n = 3.5dB$，则

$$T_s = 0.876 T_a' + 36 + T_0(L_r F_n - 1) = 448.9(K) \qquad (8-49)$$

8.3.3.3 系统损耗计算

相控阵测量雷达的系统损耗 L_s 很难精确计算，一般需要通过测试确定或通过工程经验粗略估算。系统损耗 L_s 一般包括大气损耗、波束对准损耗、发射链路损耗、接收链路损耗、扫描损耗、信号处理损耗等。在法向方向进行跟踪时，X 波段相控阵雷达系统损耗计算如下：

大气损耗：$L_1 = 2.6dB$；

极化失配损耗：$L_2 = 0.5dB$；

脉压加权损耗：$L_3 = 1.5dB$；

CFAR 损耗：$L_4 = 1.4dB$；

带宽及波门失配损耗：$L_5 = 0.5$；

天线罩双向损耗：$L_6 = 1.0dB$

不可预见损耗：$L_7 = 0.5dB$；

各损耗项综合可得：X 波段雷达系统损耗为 8.0dB。

8.3.3.4 最大跟踪距离估算

下面以 X 波段为例来介绍相控阵测量雷达的作用距离估算，其中发射机峰值功率 P_t 可由天线单元总数乘以单个组件功率以及天线效率获得，发射天线增益可由天线单元总数乘以单个天线单元的增益获得，而接收天线若采用 30dB 泰勒加权，则其增益与发射天线相比将减小 1dB。相控阵测量雷达的最大跟踪距离估算如表 8 – 8 所列。

表 8 – 8 相控阵测量雷达的最大跟踪距离估算

符号	参数	单位	数值	分贝量
f	工作频率	GHz	9.5	—
L_e	阵元尺寸	m	0.043	—
P_e	组件功率	W	40	—
A_e	阵元面积 $= L_e \times L_e$	m^2	0.001849	—
N	阵元数量	—	16000	—
P_t	发射功率 $= P_e N$	W	640000	58.06
τ	脉冲宽度	ms	6	– 22.22
η	天线增益效率	—	0.6	—
G_t	发射增益 $= 4\pi N A_e \eta / \lambda^2$	dB	53.49	53.49
G_r	接收增益 $= G_t - 1$	dB	52.49	52.49
σ	RCS	m^2	1	0
λ^2	波长的平方	m^2	0.0010	– 30.01
$(4\pi)^3$	常量	—	1984.40	32.98
k	玻耳兹曼常数	J/K	1.38E – 23	– 228.60
T_s	系统噪声温度	K	448.9	26.52
S/N	信噪比	dB	13.2	13.2
L_s	总的系统损耗	dB	8	8
R_{max}（法向）	法线跟踪距离	km	3113	64.93
L_0	双向波束扫描损耗	dB	4.3	4.3
R_{max}（15°）	扫描 15° 跟踪距离	km	2430	63.86

8.3.4　雷达体制

为了保证快速搜索、捕获和跟踪测量目标,适应多目标跟踪、抗干扰测量、宽带成像及目标识别等多种任务需求,雷达系统设计一般采用数字阵列架构,选用相控阵体制。相控阵体制雷达一般有无源电子扫描阵列(PESA)和有源电子扫描阵列(AESA)两种。由于性能、可用性、技术基础和生命周期维护成本的相关优势,现代相控阵测量雷达通常采用固态有源电子扫描阵列,即固态有源相控阵体制。

T/R组件中使用的固态高功率放大器的峰值功率输出比速调管发射机低几个数量级。例如,目前,现货供应的产品在S波段超过200W,C波段超过160W,在X波段超过40W。AESA提高发射机峰值功率的方法有:

(1) 在单元级固态高功率放大器基础上,提供约$10\lg N$dB的自由空间功率组合增益,其中N是天线单元的数量。

(2) HPA和LNA一般直接对辐射元件馈电,循环器/接收器、保护器通常是唯一重要的插入元件,因此消除了与PESA波束形成器相关的损耗,采用无源相控阵时,天线效率一般只能做到45%。

(3) 固态高功率放大器通常有比大功率速调管有高得多的占空比,因此可以使用更长的持续时间波形来保持单次测量的灵敏度。

与机械扫描雷达相比,AESA提供了更高的可靠性和可用性,使平均致命故障间隔时间(Mean Time Between Component Failures,MTBCF)增加了一个数量级以上。PESA雷达的主要故障机制通常是发射机速调管、高压电源,而这两种机制都被AESA消除了,它使用分布式低压电源来支持其长寿命固态放大器。

对于性能水平相当的系统,现代AESA的购置成本和生命周期维护成本一般都低于PESA所需的成本。AESA的特性也有助于设计灵活的结构尺寸以满足特殊要求,这些要求包括低雷达反射截面积、重量轻、体积小和与平台共形。

在相控阵测量雷达中,AESA可能包含大约2/3的雷达研制成本,因此可以通过增加部件集成和其他手段促使技术发展来降低射频孔径成本。人们广泛致力于开发集成发射/接收射频和数字功能的"片上雷达"技术。

AESA设计便于数字波束形成(DBF),合成天线方向图是在信号处理子系统中数字形成的。与传统的模拟波束形成器不同,数字处理能够通过对接收信号迭代求和来生成多个波束,同时为每个波束保留了阵列的全部增益。DBF凭借其固有的处理能力,灵活运用不同加权方案生成多个同时接收波束,从而展示良好的效能。自适应数字波束形成通过集成副瓣对消(Cancellation)和副瓣消隐(Blanking),结合了自适应干扰抑制,同时提供有限的主瓣干扰抑制能力。

在AESA雷达系统的具体实例中,射频孔径的高成本决定了它不会在雷达系统的整个生命周期内进行改造,除非偶尔对包含故障部件的在线可更换单元(Line Replaceable Unit,LRU)进行翻新。然而,随着处理器升级,可以预期基于软件的系统能力会不断增强。另外,通过硬件升级以增加数据处理能力和带宽以及算法增强,DBF波束形成技术的发展呈现了螺旋式发展。

数字波束形成技术的优点并不仅仅体现在接收模式下,在发射模式下同样具有许多独特的优势。但针对宽带数字阵列雷达存在的主要问题包括:一是需要成千上万个数字转换器,二是需要处理海量的数据,三是需要馈送成千上万个本地振荡信号。就目前的技术水平而言,大部分远程相控阵测量雷达均已实现了窄带模式下子阵接收的数字化以及数字波束形成,但是宽带接收以及发射波束依然需要采用模拟波束形成技术。

8.3.5 阵面体制

从 AESA 阵面体制来说,存在常规满阵、子阵有源相控阵、大单元间距相控阵形式。需要从相控阵雷达中各自技术指标可实现性、天线阵面通道数、功耗和热耗、维修性、适装性等多方面进行比较分析,选择广域搜索雷达和精密跟踪雷达的最佳方案,实现系统最佳效费比。

常规有源相控阵天线的单元间距需要满足在扫描区域内不出现栅瓣的条件,尤其是满阵设计的数字阵体制,已成为相控阵发展的趋势,阵面全数字形成,损耗环节减少;自由度最大(单元级),多波束灵活性好,突破了原有模拟阵时间资源瓶颈,尤其针对饱和攻击方面,发挥优秀的能力;在抗干扰方面,自适应置零效果好,具有较强的抗干扰能力。其缺点在于相对成本较高。

子阵有源相控阵是指一个子阵(含多个辐射单元)共用一个有源 T/R 组件的方案。其相比常规满阵,天线孔径放大,收发增益提高,有源单元数减少,可降低成本;由于在 T/R 组件和天线单元间增加了移相器和功分器,传输链路损耗增加;此外,一般子阵有源方案为减少系统损耗,采用铁氧体移相器移相,这会引起天线阵面重量和系统惯量进一步增加。

对于大威力、大带宽、大口径的高波段相控阵测量雷达,在不要求大扫描范围时,大单元间距有限扫描天线阵方案是一种效费比高的选择,美国"洛伦岑"导弹测量船上的 X 波段相控阵测量雷达、美国海基 SBX 阵面均采用了非周期大单元间距有源相控阵体制。因此,天线单元可选用具有均匀口径分布的高增益喇叭天线,大单元间距使得单元效率提高,用较少的单元数实现了较高的阵列收发增益。为抑制大单元间距引起的栅瓣问题,需通过阵列非周期化技术实现栅瓣抑制。

若采用 S 波段雷达作为广域搜索雷达,需实现大范围扫描,可采用常规满阵或子阵有源相控阵。按照 200W 组件输出能力,针对中近程、中远程弹道导弹探测能力的两型雷达,对比性能和适装性如表 8-9 和表 8-10 所列。

表 8-9 广域搜索雷达(中近程弹道导弹)对比性能和适装性

阵面方案	满阵排列	子阵有源(四合一)
弹道导弹威力($0.01m^2$)	900km(法向)	900km(法向)
卫星威力($1m^2$)	4500km(法向)	4500km(法向)
带宽	2.7~3.5GHz	2.7~3.5GHz
扫描范围	电扫:方位、俯仰 ±30°;机扫:方位 ±180°、俯仰 0°~90°	
天线口径	12m×7m	15.6m×9.2m
天线单元数量	19200	32000
铁氧体移相器数量	—	32000
T/R 通道数量	19200	8000
组件输出功率	200W	200W
单元间距	56mm×63mm(三角形排列)	56mm×63mm(三角形排列)
发射功耗	2.9MW	1.2MW
阵面前端重量	250t	300t

注:阵面前端重量含阵面、天线舱和天线座。

针对中远程弹道导弹雷达威力大,有源通道数多,重量大,阵面口径进一步扩大,方位、俯仰二维伺服转动设计难度大,减重较难。考虑俯仰维全电扫,倾角 45°,电扫描 ±45°,方位维则采用机扫 + 电扫。

表 8-10 广域搜索雷达(中远程弹道导弹)对比性能和适装性

阵面方案	满阵排列	子阵有源(四合一)
弹道导弹威力(0.01m²)	1400km(法向)	1400km(法向)
卫星威力(1m²)	6300km(法向)	6300km(法向)
带宽	2.7~3.5GHz	2.7~3.5GHz
扫描范围	电扫:方位、俯仰±45°;机扫:方位±180°	
天线口径	12m×11.5m	15.5m×15.5m
天线单元数量	35000	60000
铁氧体移相器数量	—	60000
T/R通道数量	35000	15000
组件输出功率	200W	200W
发射功耗	5.25MW	2.25MW
天线座形式	燕尾式	燕尾式
预计阵面前端重量	预计约340t	预计约400t

注:阵面前端重量含阵面、天线舱和天线座

相比 S 波段数字阵雷达,采用子阵有源相控阵设计,有源通道数减少会降低经济成本,价格预计可降低一半,同时在耗电方面也明显减少。但重量和阵面尺寸增加,装船适应性也明显降低;此外,数字阵的多波束形成性能有利于改善时间资源,明显优于子阵有源体制,更适合多任务要求。因此,从整体性能上,S 波段雷达采用数字阵体制综合性能最佳。

若采用 X 波段雷达完成对重点目标的高精度跟踪和目标特征采集,一般不要求同时大扫描范围覆盖,可采用常规满阵、子阵有源相控阵和大单元间距相控阵,组件按照 40W 输出能力,对比性能和适装性如表 8-11、表 8-12 所列。

表 8-11 精密跟踪雷达(中近程弹道导弹)对比性能和适装性

阵面方案	大单元间距	子阵有源(四合一)	满阵排列
弹道导弹威力(0.01m²)	800km(法向)	800km(法向)	800km(法向)
卫星威力(1m²)	4000km(法向)	4000km(法向)	4000km(法向)
带宽	8~12GHz	8~12GHz	8~12GHz
扫描范围	电扫:方位、俯仰±15°;机扫:方位±180°,俯仰0°~90°		
天线口径	9m×6m	9m×6m	5.5m×5.5m
天线单元数量	19200	60000	33000
铁氧体移相器数量	—	60000	—
T/R通道数量	19200	15000	33000
组件输出功率	40W	40W	40W
单元间距	48mm×48mm(三角形排列)	28.6mm×24.8mm(三角形排列)	28.6mm×24.8mm(三角形排列)
发射功耗	0.77MW	0.6MW	1.32MW
天线座形式	燕尾式	燕尾式	叉臂式
预计阵面前端重量	预计约240t	预计约300t	预计约100t

注:阵面前端重量含阵面、天线舱和天线座

采用满阵排列和子阵有源相控阵设计,也能够满足天线阵面的技术指标要求,但满阵排列存在功耗大、阵面功率密度大等问题,子阵有源存在口径大、重量重、装船适应性下降等问题。对比分析表明,从完成特征测量角度,满足功率孔径积和最优效费比的条件下,非周期大单元间距有源相控阵方案综合性能最佳。

表8-12 精密跟踪雷达(中远程弹道导弹)对比性能和适装性

阵面方案	大单元间距	子阵有源(四合一)	满阵排列
弹道导弹威力(0.01m²)	1200km(法向)	1200km(法向)	1200km(法向)
卫星威力(1m²)	5700km(法向)	5700km(法向)	5700km(法向)
带宽	8~12GHz	8~12GHz	8~12GHz
扫描范围	电扫:方位、俯仰±15°;机扫:方位±180°,俯仰0°~90°		
天线口径	11m×7.6m	13.5m×7m	9m×6m
天线单元数量	30000	104000	60000
铁氧体移相器数量	—	104000	—
T/R通道数量	30000	26000	60000
组件输出功率	40W	40W	40W
单元间距	48mm×48mm(三角形排列)	28.6mm×24.8mm(三角形排列)	28.6mm×24.8mm(三角形排列)
天线座形式	燕尾式	燕尾式	燕尾式
预计阵面前端重量	预计约350t	预计约450t	预计约400t
发射功耗	1.2MW	1.04MW	2.4MW

注:阵面前端重量含阵面、天线舱和天线座

8.3.6 扫描范围

船载相控阵广域搜索雷达工作方式首先需要高概率截获目标,其搜索需要优先占用时间资源进行搜索,然后将剩余的资源划分给目标跟踪和识别等方式。因此,搜索资源占用直接影响对目标跟踪容量的提升。整体资源被占用的合理性是评判探测能力的重要要素之一。

假设雷达搜索时探测距离为R,穿屏距离为R',方位扫描$\pm\varphi_A$,方位波束宽度φ_B,俯仰波束宽度θ_B,脉宽为τ,光速为c,目标穿屏速度v。设置截获屏进行截获,扫描一层波位数为N;按照正弦空间进行排布$N = 2\sin\varphi_A/\sin\varphi_B$;穿屏时间$T = R' \cdot \sin\theta_B/v$;雷达工作周期需满足$t = 2R/c + \tau$($t$为探测基本周期);雷达需扫描空域时间的搜索时间$T_{搜索} = N \times t$;在弹道导弹一次穿屏事件中,总的穿屏时间为雷达搜索和跟踪等其他资源占用时间的上限。穿屏时间内搜索回扫目标次数越多,截获概率越大,截获概率$P_D = 1 - (1 - P_d)^n$,P_d为发现概率,n为扫中目标次数,则最大威力处的最大可跟踪目标数$N_{跟踪} = $雷达数据率$\times (T - T_{搜索})/t$。

为实现对弹道导弹类目标的稳定跟踪,需采用合理的跟踪滤波器,对数据率有严格要求,按照已有算法计算,1Hz及以上的数据率可以保证雷达实现对弹道导弹类目标的高精度稳定跟踪。因此有

$$N_{跟踪} = (T - T_{搜索})/t = \frac{R' \cdot \sin\theta_B/v - (2\sin\varphi_A/\sin\varphi_B) \cdot (2R/c + \tau)}{2R/c + \tau} \tag{8-50}$$

为充分考核雷达能力,对资源占用进行归一化处理。

雷达搜索资源占用率

$$P_{搜索} = T_{搜索}/T = \frac{(2\sin\varphi_A/\sin\Delta\varphi) \cdot (2R/c+\tau)}{R' \cdot \sin\Delta\theta/v} \quad (8-51)$$

雷达跟踪资源占用率为

$$P_{跟踪+其他} = 1 - P_{搜索} \quad (8-52)$$

通过以上分析,对于广域搜索雷达在同样搜索空域下,$P_{搜索}$ 越小越好,而 $N_{跟踪}$ 则越大越好。如果存在 $P_{搜索}$ 大于 1 或者 $N_{跟踪}$ 小于 1 的情况,表明雷达设计明显不符合战术要求。通过比对 $P_{搜索}$ 和 $N_{跟踪}$ 两个值,可以判断广域搜索雷达战术性能的优劣。

S 波段远程广域搜索雷达按照 1s 周期内,跟踪 40 批目标(1s 数据率),方位最大可扫描范围如表 8-13 所列。对于中远程弹道导弹,保证多目标能力的方位电扫范围约在 ±10°内,而对于中近程弹道导弹,保证多目标能力的方位电扫范围约 ±30°内。因此,在保证跟踪要求条件下,雷达可允许的搜索最大电扫描范围是受限的。跟踪目标越多,目标穿屏前允许雷达电扫范围越小。通过以上分析,雷达保证 ±30°扫描范围基本可以满足要求。当然,如果需要在方位上满足同时对多条弹道观测需求,以及在俯仰上满足同时对高低弹道的同时观测需求,通过仿真分析,方位电扫范围为 ±60°,俯仰电扫范围为 ±45°。

表 8-13 方位最大可扫描范围

对中近程弹道导弹	探测距离 700km 穿屏速度 4km/s		探测距离 1200km 穿屏速度 6km/s	
目标穿屏距离	700km	300km	1200km	500km
最大同时跟踪目标数	40(1s 数据率)	40(1s 数据率)	40(1s 数据率)	40(1s 数据率)
搜索范围	±31°	±27°	±13°	±11°
穿屏截获发现概率	99%(穿屏前扫中 2 次)	90%(穿屏前扫中 1 次)	99%(穿屏前扫中 2 次)	90%(穿屏前扫中 1 次)

精密跟踪雷达采用广域搜索雷达信息进行引导截获,搜索资源占用较少,主要时间资源用于跟踪和其他识别方式,故只考虑目标跟踪数量是否达到战术要求即可。在 1s 数据率条件下,其主要计算公式可简化为:最大威力处的最大可跟踪目标数 $N_{跟踪} = 1/t - N_{交接}$;t 为探测基本周期 ($t = 2R/c + \tau$),$N_{交接}$ 为与广域搜索雷达交接时需排波位数,其等于同时截获目标数乘以截获屏波位数。

以 X 波段雷达达到对中近程弹 700km 威力的阵面规模计算,如表 8-14 所列。若 X 波段雷达一次截获交接屏约 4 个波束,2 次达到 99% 截获概率,截获交接一批目标,预计需 8 个波束驻留时间。

表 8-14 多目标跟踪数量计算(对中近程导弹)

阵面方案	弹道导弹截获	卫星截获	备注
同时截获目标数	5	1	
截获距离	700km	4000km	
最大跟踪目标数(单脉冲)	100(1s 数据率)	52(2s 数据率)	不考虑目标识别

以 X 波段雷达达到对中远程弹 1200km 威力的阵面规模计算,如表 8-15 所列。若 X 波段雷达一次截获交接屏约 6 个波束,2 次达到 99% 截获概率,截获交接一批目标,预计需 12 个波束驻留时间。

表8-15 多目标跟踪数量计算(对中远程导弹)

阵面方案	弹道导弹截获	卫星截获	备注
同时截获目标数	5	1	
截获距离	1200km	4000km	
最大跟踪目标数(单脉冲)	59(1s数据率)	48(2s数据率)	不考虑目标识别

因此,就精密跟踪雷达而言,在不同观测距离上,±15°电扫能力能够满足导弹群目标空域散布覆盖的观测要求。实际上,如果还要考虑目标识别工作方式,最大跟踪目标数由于时间资源减少进一步降低。

8.3.7 极化选择

极化测量体制是雷达技术的基础性问题,对雷达系统的体积、重量、成本、复杂度、波形设计、信号处理以及系统工作性能都具有重要影响。一般而言,对于不同功能需求、应用背景和技术特点的雷达系统,会采用不同的极化测量体制。

为了获得更为全面的目标极化信息,国内外学者对全极化测量雷达体制进行了大量研究,分时极化测量体制雷达已成为目前极化雷达研制的主流。极化体制雷达以脉冲重复间隔(Pulse Repetition Interval, PRI)为周期轮流发射正交极化(H、V)信号,并同时接收H、V极化信号,利用连续两个脉冲测量得到完整的极化散射矩阵(Polarization Scattering Matrix, PSM),即第 $2k-1$ 个PRI测量得到 $s_{HH}[(2k-1)T_p]$ 及 $s_{VH}[(2k-1)T_p]$,第 $2k$ 个PRI测量得到 $s_{HV}(2kT_p)$ 及 $s_{VV}(2kT_p)$。这样,可得目标相干极化散射矩阵序列为

$$S(k) = \begin{bmatrix} s_{HH}[(2k-1)T_p] & s_{HV}(2kT_p) \\ s_{VH}[(2k-1)T_p] & s_{VV}(2kT_p) \end{bmatrix}, \quad k=1,2,\cdots,K \quad (8-53)$$

这种测量体制通常被称为分时极化测量体制,其系统结构框图如图8-5所示。分时极化测量雷达具有一路极化可变的发射通道、两路独立的正交极化接收通道,其发射信号波形和接收信号处理与传统极化雷达并无本质差别。

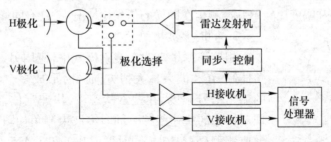

图8-5 分时极化测量雷达的系统结构框图

20世纪80年代中期,分时极化测量体制雷达的研制在美国、加拿大、意大利、德国、法国、俄罗斯、日本等国家受到高度重视和大力投入,已经有相当数量的该测量体制雷达研制成功,主要用于战场侦察与监视、防空反导、地理遥感、气象探测等。其包括美国的麻省理工学院研制的Ka波段机载SAR、密歇根大学环境研究所和海军航空武器发展中心联合研制的P-3多波段极化SAR雷达、德国的应用科学研究会/无线电和数学研究会研制的机载X波段极化SAR雷达、宇航中心研制的DLR多波段极化SAR雷达、意大利研制的S波段极化SAR雷达、法国的国家空间教育与研究局研制的RAMSES多波段极化SAR雷达、日本研制的L波段SAR系统等。

一般而言,分时极化测量雷达通过对多个脉冲的处理能够获得目标的完整极化散射矩阵,但

该种体制雷达存在以下固有缺陷：
(1) 对极化散射特性起伏快、非平稳目标(包括结构较为复杂或运动速度较快的飞机、导弹等)，该体制会造成目标 PSM 的两列元素测量值之间产生去相关效应。
(2) 由于目标运动引起的多普勒效应会造成目标 PSM 的两列元素测量值之间产生相位差，利用相位补偿技术难以达到理想的测量精度。
(3) 发射通道的极化切换器件存在固有的交叉极化耦合干扰，对极化测量精度产生不利影响。

船载相控阵测量雷达应优选双极化体制，通过分时双极化，录取典型目标的双极化特性，提取目标极化域特征，有利于目标识别、抗干扰及全极化特性测量，丰富综合目标库目标特性元素。

与电磁波传播速度相比，导弹自旋速度可忽略，不会对电磁波的空间电场方向产生影响，不会导致回波主极化大幅衰减。因此，无论是双圆极化还是双线极化，目标回波极化特性均以主极化分量为主。并且双圆极化和双线极化，可以通过理论模型推导，实现相互转换，对于获取目标极化特性角度来看，没有明显差异。

$$\begin{bmatrix} S_{RR} \\ S_{RL} \\ S_{LR} \\ S_{LL} \end{bmatrix} = \frac{1}{2} \begin{bmatrix} 1 & -j & -j & -1 \\ 1 & j & -j & 1 \\ 1 & -j & j & 1 \\ 1 & j & j & -1 \end{bmatrix} \begin{bmatrix} S_{VV} \\ S_{VH} \\ S_{HV} \\ S_{HH} \end{bmatrix} \tag{8-54}$$

8.3.8 测角体制

船载相控阵测量雷达作用距离远，重复频率较低，当探测空间目标数多达 30 个以上时，船载相控阵测量雷达的测角主要采用单脉冲测角方法，以保证目标高的测量精度，实现空间多目标的监视、编目、分类、识别。

1. 单脉冲测角

单脉冲角度测量可以采用相位比较单脉冲测角、幅度比较单脉冲测角。相位比较单脉冲雷达的角误差是通过提取回波相位信息获得的，幅度比较单脉冲雷达的角误差是通过提取回波脉冲幅度信息获取的。相控阵雷达利用对角度幅度(相位)标定误差电压，以开环的形式进行角度测量。相位比较单脉冲测角和幅度比较单脉冲测角在同样的信噪比情况下，具有同样的测角精度。

2. 同时多波束测角

相控阵测量雷达在搜索模式中，应用另外一种同时多波束测角体制，在和波束最大值方向同时形成多个波束，通过比较它们的输出信号幅度，在搜索状态下，快速定位，以减少验证波束，实现对目标的快速跟踪。同时多波束测角如图 8-6 所示，发射时，形成波束 0；接收时，同时形成 0、1、2、3、4、5、6 共七个波束。

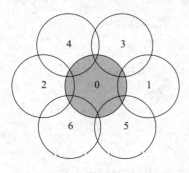

图 8-6 同时多波束测角

3. 发射顺序多波束，接收同时多波束测角

相控阵测量雷达多采用固态有源相控阵体制。由于固态组件平均功率大，为了充分发挥固态有源体制的特点，在发射时，顺序发射 0、1、2 三个波束，在接收时，同时形成 0、1、2、3、4、5、6 共七个波束，增大了搜索空域，减少了搜索时间。

8.3.9 雷达控制

资源管理通过雷达控制程序来实施，该程序规划和调度相控阵测量雷达的运行。规划包括制订一个行动计划,以实现特定的目标,同时满足操作和技术限制。任务要求和资源限制通常决定了行动计划的优先等级。规划器(planner)提供了一个粗略的雷达操作序列,该序列将在雷达资源能力范围内的指定时间段内执行,如电子波束控制、交错的资源密集型数据收集以支持目标识别或电子反干扰(Electronic Counter – Counter – Measure,EMCC)功能等。

调度(Scheduling)本质上是分配雷达资源来执行计划任务。调度程序根据任务要求和雷达技术特征规定的优化标准和约束条件运行。基于优先级的方法被用在现代相控阵测量雷达中,这与一些传统雷达系统不同,传统雷达一般使用循环调度器,其本质上是将搜索和跟踪动作分配给固定的时隙。调度器通常为雷达硬件和应用软件提供精确的动作命令序列,以在比计划间隔短得多的动作间隔或资源周期内实现。当由于资源限制或抢占而必须推迟或取消任务时,调度程序还应该有一种方法向规划者提供反馈。

现在已经研究了用于实现规划和调度的多种算法手段,包括模板技术、动态编程、竞争(Auctioning)和神经网络。规划和调度的计算复杂性以及支持实时雷达操作的需要,通常采用一种包含启发式部件的次优方法。必须在一系列空间目标和环境条件下进行广泛的软件测试,以在实时处理环境中建立稳定性和可靠性。

雷达控制程序还负责各种功能,包括雷达的健康和状态监控,以及与更高层级的协调。虽然雷达操作手的交互可以潜在地增强操作配置管理、对策缓解和性能监控,但是通过每秒发送和接收数百个到数千个驻留而同时保持对数十个到数百个目标的跟踪所进行综合决策速率大大超过了人工直接参与控制过程的能力。雷达控制程序必须为每次驻留定义波形特征、载波频率、波束指向、时隙分配和信号处理参数。

8.3.10 多目标跟踪

弹道导弹在自由飞行段和再入段能出现几十个目标,包括弹头、弹体体、诱饵、大量碎片等,真弹头长时间隐藏在伴飞的复杂群目标中,形成长度达几十米到数千米的目标群管道,随目标群飞行过程相对雷达视角变化,各目标间交汇、翻滚、遮挡现象,会导致跟踪过程中混批、跟错、漏跟,在再入大气时还会形成等离子鞘套,严重影响目标群的跟踪以及弹头的检测。需重点针对群目标检测、群目标跟踪相关方面开展相关研究。

防空和导弹防御经常会造成目标在很长一段时间内彼此之间或与杂波之间分辨不清的情况。为了在这些情况下保持雷达跟踪性能,可能需要利用波形具有更高的距离(更宽的带宽)或多普勒(更长的持续时间)分辨率,并在进行多目标跟踪时需要在距离、多普勒或角度上的联合分辨率,以确保强目标散射体或杂波的返回不会掩盖弱小目标散射体。即使存在充分分辨的目标回波,测量到跟踪的数据关联也可能对雷达处理提出挑战。机械扫描的单目标跟踪雷达有效地"凝视"目标,从而获得高数据速率。相控阵测量雷达以较低的速率更新航迹,但比旋转监视雷达的速率要高得多,因此一次更新驻留可以产生多个可能与给定航迹相关联的测量值。通过开发稳健的数据关联技术,以额外的处理需求为代价,可显著提高跟踪稳定性。

8.3.11 测试和评估

相控阵测量雷达的测试和评估比传统的单功能雷达系统要复杂得多。这种复杂性是由于需要同时交替完成多个搜索和跟踪任务以及充分发挥电子扫描阵列和支持子系统的全部性能的挑战造成的。

机械扫描的目标跟踪雷达可以通过跟踪一系列有代表性的目标进行很好的测试。相比之下，相控阵测量雷达的跟踪性能必须在有效的资源管理条件下进行评估，包括多个目标跟踪和搜索以及相关的验证和航迹起始。TAS跟踪（精跟）和TWS跟踪（粗跟）之间的适当交互也是非常重要的，以减轻跟踪负载或抑制对已跟踪目标错误关联。此外，相控阵测量雷达目标跟踪能力的测试必须解决波形选择和电子扫描与测量精度的相互作用。

为了证实相控阵测量雷达的性能，基于目标与环境的模拟测试是必要的。模拟产生环境杂波信号、干扰信号、弹道/轨道参数（A,E,R,f_d）等，用于雷达测量功能检查和性能测试；提供干扰信号源，用于抗干扰性能测试。目前，高逼真仿真测试工作面临的挑战是仿真由于目标位置不确定性和环境影响而造成的运行损失。相控阵测量雷达性能测试和评估应通过指标分析和测试数据分析的结合，努力确保雷达性能不会表现得过于乐观。

在成本大幅增加的情况下，相控阵测量雷达硬件测试回路配置可以包括全部或部分射频孔径，至少通过与射频孔径的结合能使波束控制系统和DBF子系统得以运行，包括确定在杂波条件下的性能以及了解系统对电磁干扰和电子攻击的敏感性。

8.3.12 动平台跟踪

船载相控阵测量雷达完成目标搜索、精密跟踪、目标识别、环境感知和威胁评估等任务。与地面大型雷达不同的是，涉及海上动平台的特点，增加了船载大型相控阵测量雷达的设计风险和保精度难度，需要在结构安装标定、快速误差校正、动平台补偿、点航迹滤波等多方面保证雷达跟踪精度。

1. 结构控制与标定

船载相控阵测量雷达阵面规模大、重量重、阵面平面度要求高，阵面安装精度和平面度直接影响雷达的性能。针对由于以上原因引起的天线方向图畸变、测角误差，应对阵面结构采取刚度设计，通过力学仿真，控制阵面在不同环境、不同姿态下载荷形变量，并满足指标分配要求，形成阵面骨架设计方案；通过制造精度控制技术，提高阵面制造装配精度，使其平面度误差满足高精度指向要求；通过微波暗室的高精度天线测试和相位补偿，保证天线高性能；结合完善的天线性能监测系统，通过结构变形补偿技术，保证日常使用中的天线高精度指向性能。

2. 系统误差校正

船载相控阵测量雷达长时间在海上执行任务，受海上风浪、气温变化等环境因素影响，结构上会存在轻微变形，精密跟踪测量雷达为了提高测量定位精度必须进行系统误差修正。海上动态条件下，快速标定和修正系统误差是减小系统误差的重要手段。

由于制造公差和天线互耦的影响，相控阵天线各通道会呈现出较大的幅相误差，需对天线进行校准，使性能达到设计要求。现阶段常用的天线校准方法有矩阵求逆法、近场扫描法、旋转矢量法、互耦校准法、换相法、中场校准法等。

针对系统误差，需要开展精度标校相关方法的研究，相控阵测量雷达与传统反射面雷达相比，天线在不同扫描角度下性能有差异，同时有源阵列天线口径大，无法在阵面中心附近安装光学高精度标校装置。现有标校手段通常有标定球、卫星标校、射电天文标校等。其中，卫星标校是一种有效手段，在地面大型雷达中已普遍采用，可完成距离测量误差、角误差、RCS、威力等方面标校。研究海上卫星标校技术，形成快捷、自动化、高精度的卫星标定方法，是系统误差校正的有效手段。

3. 实时阵姿态测量技术

船载相控阵测量雷达波位排布是在大地坐标系下，雷达测量是在阵面坐标系下，船舶在海上航行中，受风浪的影响会产生摇摆现象，摇摆的形式主要有横摇和纵摇两种，同时行进的航向也会相应变化。由于相控阵测量雷达波束窄,照射瞬间,如不进行当前阵姿态补偿,将无法保证探测区域覆盖,并影响测角精度,必须在雷达控制时实时提取阵姿态,对波束指向进行迅速的电补偿。

以往通过船惯导信息依靠刚性传递到雷达的方式,会引入传递误差,采用实时阵姿态测量的方式,有利于提高动平台补偿效率和精度,并减少过多刚性设计带来的重量,采用实时阵姿态测量设备是重要手段。

8.3.13 相控阵测量雷达工作方式

根据空间目标监视任务需求分析,船载相控阵测量雷达的主要任务模式包括海上空间态势感知、导弹航天发射活动监视、临近空间飞行器试验监视和海空目标探测四种。在不同任务模式中,可通过调用不同的工作方式,实现不同的任务目的,典型任务模式采用的工作方式如表8-16所列。

表8-16 船载相控阵测量雷达工作方式

工作方式	任务模式			
	海上空间态势感知	导弹航天发射活动监视	临近空间飞行器试验监视	海空目标探测
搜索方式	●	●	●	●
跟踪方式	●	●	●	●
引导方式	●	●	●	●
干扰信号接收方式	○	●	○	●
雷达辐射源方式	○	●	○	●
抗干扰跟踪方式	○	●	○	●
目标识别方式	●	●	●	●
增程方式	●	○	○	○

船载相控阵测量雷达工作方式包括搜索方式、跟踪方式、引导方式、干扰信号接收方式、雷达辐射源方式、抗干扰跟踪方式、目标识别方式和增程方式。

8.3.13.1 搜索方式

目标搜索主要用于各任务模式中目标初始发现、航迹起始,主要任务参数通过在控制台手工输入或由任务计划下达自适应执行,包括搜索区方位角范围、俯仰角范围、搜索距离范围、搜索区域优先级和搜索区域生效与结束时间等。搜索区域距离范围远近、角度范围大小、优先级高低决定了雷达搜索时间资源消耗,任务中,设置合理的搜索区域对相控阵测量雷达有效利用时间资源意义重大。目标搜索分为等待点搜索、引导随动搜索、搜索加跟踪三种方式。

1. 等待点搜索

等待点搜索主要用于有一定先验信息目标的搜索捕获,根据先验信息,设置方位、仰角、距离的搜索区域,雷达在搜索区域内搜索发现目标,如图8-7所示。

等待点搜索方式根据目标出现的距离通过手工设置或由系统自动选择搜索信号波形,根据目标出现的角度通过手工设置或以任务引导方式设置搜索景幅的大小,以及景幅数目及优先级,雷达可以在任务时刻自动生效,调度系统资源用于在等待点搜索区域内截获目标。

2. 引导随动搜索

引导随动搜索区域设置与等待点搜索相同,搜索区域中心随动外部引导数据源。外部的引导数据可以是理论弹道、其他设备的实时数字引导,如图8-8所示。引导随动搜索通常具有较精确的引导信息源,雷达根据引导信息精度设置距离范围、角度范围的搜索区域,随动引导信息,雷达在引导搜索区域内搜索截获目标。

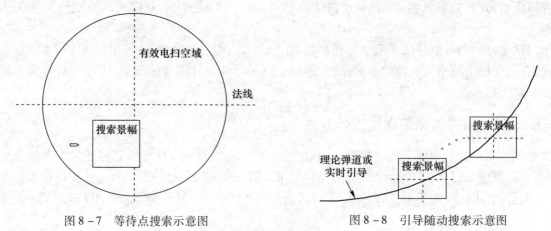

图8-7 等待点搜索示意图　　　　图8-8 引导随动搜索示意图

3. 搜索加跟踪

搜索加跟踪主要用于分离、交会等目标的搜索捕获以及设置方位、俯仰搜索区域。搜索中心随动已跟踪特定目标的运动轨迹,如图8-9所示。

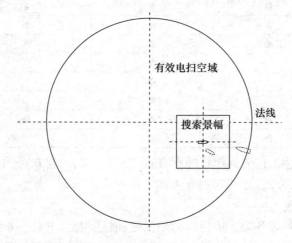

图8-9 搜索加跟踪示意图

8.3.13.2 跟踪方式

船载相控阵测量雷达跟踪方式包括单目标跟踪测量、多目标跟踪测量、群目标跟踪和记忆跟踪。

1. 单目标跟踪测量

目标捕获后,初始按单个目标全能量跟踪,为提高跟踪精度,降低目标丢失的概率,采用目标"复制"的工作模式,如图8-10所示,即同一个目标分配若干个跟踪目标号,并发射不同频率点跟踪的方法,通过若干个目标号的融合处理,抑制角闪烁;当"复制"目标中的某一个出现"丢失"情况时,可根据仍在"跟踪"状态的目标位置,及时进行目标"补救";当目标由于信噪比起伏、遮挡等原因"丢失"时,采用记忆跟踪和补救搜索的方式重新截获目标。该方式主要用于对单个目标的跟踪场合,如返回舱的跟踪。

2. 多目标跟踪测量

出现多目标时,雷达采用搜索加跟踪(TAS)时分方式实现对多目标的跟踪测量,每个目标的跟踪数据率根据目标回波信噪比、目标属性、威胁度等进行合理分配。

图 8-10 复制跟踪示意图

3. 群目标跟踪

导弹突防试验中,往往由弹头、各种诱饵、碎片组成复杂目标群,雷达可以针对特定目标群实施群目标跟踪方式,跟踪波束覆盖群目标,与较高的跟踪数据率整体相关,不断获取群内多目标的测量点迹,以 TAS 方式对群内特定目标进行跟踪,利用诸如多假设关联等群目标关联跟踪技术,形成群内目标的跟踪航迹。

4. 记忆跟踪

雷达跟踪目标过程中,可能因目标 RCS 起伏、信噪比等原因引起跟踪丢失。记忆跟踪工作方式是利用航迹、弹道外推记忆,根据已有数据、目标特性进行数据外推,并结合引导信息,设置补救搜索屏进行补救搜索。补救搜索屏大小与丢失前目标跟踪精度相关,随着补救搜索时间持续,搜索屏逐步扩大。当补救搜索截获目标时,与丢失前目标航迹相关,判定为同一目标时重新更新航迹,当补救搜索未截获目标且记忆跟踪时间结束,判断目标永久丢失,结束跟踪航迹,撤销补救搜索屏。在记忆跟踪工作方式中,针对不同的记忆时间间隔,应设计不同宽度的记忆搜索窗,任务执行过程中,可根据记忆时间长度和预测精度实际情况选择。

8.3.13.3 引导方式

船载相控阵测量雷达的主要引导方式有轨道根数引导、空间指向引导、数字引导和理论弹道引导。

1. 轨道根数引导

利用中心下发的空间目标的轨道根数或本地的轨道根数,生成雷达坐标系的过境预报,引导雷达沿过境航迹设置搜索窗口,在空间目标进入时刻截获目标。

2. 空间指向引导

针对导弹航天发射活动,根据发射靶场、射向、时间窗口、预定落区等空间指向引导信息,提前完成雷达部署,设置雷达值守搜索屏,及时截获跟踪航天导弹发射目标。

3. 数字引导

数字引导主要包括空间目标监视任务中心、空间目标信息处理平台、其他设备等传来的数字引导信息。

4. 理论弹道引导

理论弹道引导包括雷达本机、空间目标监视任务中心、空间目标信息处理平台下发的理论弹道引导信息。

8.3.13.4 干扰信号接收方式

雷达以自主搜索或引导随动方式角度跟踪干扰信号源,实现对干扰信号的接收、分析、记录。干扰信号分析利用宽带接收通道进行干扰信号分选和分析处理,采用信道化处理,对干扰信号进行时域与频域分析,获得干扰类型、频率、波形、调制形式等信息。

1. 自主接收

利用等待点搜索方式设置搜索区域,扫描预定空域,实现对干扰源的定向跟踪和信号接收。

2. 引导随动接收

雷达在外部信息引导下,扫描预定空域,实现对干扰源的定向跟踪和信号接收。

8.3.13.5 雷达辐射源方式

根据预先设置的区域或引导信息,实现对指定空域的特定信号辐射,信号波形、强度可根据要求进行灵活控制,主要用于模拟典型雷达的辐射特征,触发导弹试验中弹载突防掩护措施,以完成性能验证。

在搜索跟踪工作方式下,船载相控阵测量雷达均可以调用辐射源功能,穿插辐射一个或多个驻留的信号,用于对被跟踪目标或引导空域的干扰照射,如图8-11所示;也可利用阵面分集功能,利用一半阵面发射跟踪脉冲,同时另一半阵面发射一个频点、调制均与工作不一致的辐射信号用于欺骗干扰机,如图8-12所示。

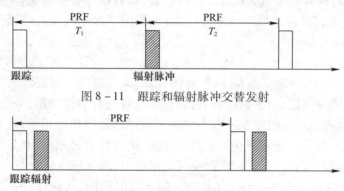

图8-11 跟踪和辐射脉冲交替发射

图8-12 跟踪和辐射脉冲脉内发射

8.3.13.6 抗干扰跟踪方式

弹道导弹弹载伴飞主瓣干扰在时、空、频三维均与目标回波高度重合,常规抗干扰方法和策略无法有效对抗干扰,船载相控阵测量雷达抗干扰跟踪首先完成干扰环境的感知,对干扰进行分类识别和建库,采用空域、频域、时域等多维度重构进行主瓣抗干扰。

1. 干扰环境感知

干扰侦收天线与主天线共面,形成高增益侦收天线,通过馈网功分同时工作,保证对干扰环境的实时、高质量感知。干扰环境感知时,天线接收的信号一分为二,一路进行子阵数字化,用于窄带跟踪;另一路进行宽带合成,形成宽带干扰接收通道,通过信道化处理实时感知干扰环境。

2. 多维度抗干扰

(1) 反侦察措施:导前掩护脉冲、复杂调制波形、频率捷变、重频参差抖动、波形捷变、波束捷变、上下分阵面辐射等。

(2) 抗转发干扰措施:前后沿跟踪、距离速度联合跟踪等。

(3) 副瓣抗干扰措施:DBF自适应置零抑制副瓣连续波干扰,副瓣匿影抑制副瓣脉冲干扰。

(4) 主瓣抗干扰措施:窄脉冲剔除,基于波形熵、盲源分离等抗干扰算法。

8.3.13.7 目标识别方式

针对导弹目标识别及建库需求,船载相控阵测量雷达采用弹道、RCS、高分辨距离像(High Resolution Range Profile,HRRP)、微动等特征进行目标分类识别,完成威胁度排序和碎片过滤、非弹头低威胁度目标剪除。具体的目标特性测量和识别手段包括弹道运动特征、RCS特征、HRRP及ISAR特征、微动特征。

1. 弹道运动特征

弹道运动特征包括目标弹道高度、预报落点、目标速度、加速度等。

2. RCS特征

RCS特征包括RCS均值特征、标准差特征、极差特征、平滑度特征等各类统计特征。

3. HRRP 及 ISAR 特征

发射宽带波形,利用高分辨宽带一维像和二维像,估计目标尺寸,进行目标识别,其中 HRRP 主要用于弹头类目标尺寸估计和识别,ISAR 主要用于空间目标二维成像和识别。

4. 微动特征

发射微动测量波形,提取微动信息,包括目标的自旋、进动、章动等微动特征。

8.3.13.8 增程方式

增程方式采用先进的回波补偿和积累算法,实现对中高轨空间目标的远距离探测。增程方式包括增程搜索及增程跟踪。

1. 增程搜索

增程搜索分为等待点搜索和引导搜索,采用长时间脉冲积累,实现中高轨超远距离目标积累检测的目的。

2. 增程跟踪

对于中高轨目标,一般采用单目标全能量"烧穿"积累跟踪方式,通过船摇补偿、距离相位补偿实现能量积累,完成目标增程跟踪。

增程工作方式的难点是船载动平台条件下回波能量的有效积累,首先需要解决船体扰动导致雷达目标回波相位扰动的问题。船载相控阵测量雷达在阵面上加装全球导航卫星系统(Global Navigation Satellite System,GNSS)天线阵列,将 GNSS 接收机的实时高精度定位数据融合惯导阵面姿态数据进行坐标转换,则可得到雷达相位中心相对定位数据,从而补偿雷达目标回波的相位扰动量。

在完成船摇导致的相位扰动补偿后,通过脉冲积累方式实现远距离中高轨目标的观测,脉冲积累的目的是使得每个回波淹没在噪声之下的信号能量能够累加起来。由于空间目标运动速度高,积累期间内目标的距离和相位发生剧烈的非线性变化,只有将这些效应补偿掉,才能实现有效的积累。其具体方法是:首先对目标进行距离对准,将回波的能量集中到同一个距离单元,距离对准的精度要求小于半个距离分辨单元。距离对准的具体方法是根据轨道信息来计算不同脉冲间距离的偏移值,其次对回波脉冲进行移位,移位过程中需要进行距离单元的细化内插,如图 8-13 所示。对于相位对准,需要利用目标的轨道约束,计算其回波的相位和多普勒轨迹,最后利用该信息对实际回波相位进行聚焦。

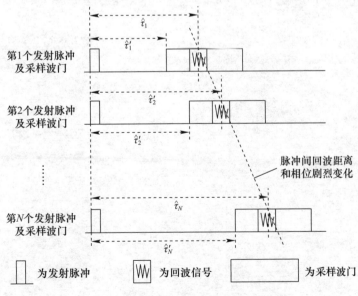

图 8-13 增程方式雷达回波积累示意图

参 考 文 献

[1] 张光义. 相控阵雷达原理[M]. 北京:国防工业出版社,2009.
[2] 张光义,王德纯,华海根,等. 空间探测相控阵雷达[M]. 北京:科学出版社,2001.
[3] 张光义,赵宝洁. 相控阵雷达技术[M]. 北京:电子工业出版社,2006.
[4] MELVIN W L,SCHEER J A. Principles of Modern Radar(Vol. Ⅲ):Radar Applications[M]. Edison. NJ:SciTech Publishing,2014.
[5] 李永祯,李棉全,程旭,等. 雷达极化测量体制研究综述[J]. 系统工程与电子技术,2013(9):1873 – 1877.
[6] 马林. 空间目标探测雷达技术[M]. 北京:电子工业出版社,2013.
[7] SKOLNIK M J. 雷达手册[M]. 王军,林强,米慈中,等译. 2 版. 北京:电子工业出版社,2003.
[8] P. J. 卡里拉斯. 电扫描雷达系统设计手册[M]. 锦江《ESRS 设计手册》翻译组,译. 北京:国防工业出版社,1979.

第9章 船载相控阵测量雷达特殊性问题

9.1 概　述

　　船载相控阵测量雷达是用于海基空间目标监视的广域搜索或精密跟踪测量雷达,主要用于太空目标(包含卫星、弹道导弹、临近空间飞行器和空间碎片等)的跟踪测量、雷达成像与目标识别。船载相控阵测量雷达除了需要满足海基设备所需的三防(防霉菌、防潮湿、防盐雾)、高可靠性(防止因船体振动而导致设备损坏或接触不良等问题)等要求外,还有许多其他特殊性问题。例如:因船体摇摆的影响,雷达波束不能稳定指向目标的问题;因船舶电网的功率容量有限,产生的电网冲击及谐波会导致电子设备不能正常工作以及发电机组解列甚至停机问题;因电磁兼容问题,导致雷达以及其他无线电设备不能正常工作甚至设备毁坏等问题。本章主要围绕船摇隔离、船舶供电以及电磁兼容等方面介绍船载相控阵测量雷达特殊性问题。

　　1. 船摇隔离的问题

　　船载相控阵测量雷达是安装在运动载体上的雷达。受海浪的影响,船舶存在着艏摇、横摇、纵摇等姿态的运动,甲板坐标系和以雷达天线阵面为基准的雷达坐标系也随之运动起来,导致甲板坐标系和雷达坐标系不再与大地坐标系一致,天线波束不能按预期要求稳定地指向目标,破坏了雷达的正常工作状态。船载相控阵测量雷达根据阵面的安装形式采取不同的方法对船摇进行补偿。若阵面采用固定安装,则只能采用电子波束稳定的方法;若采用二维"机扫 + 电扫"的体制,则可采用"伺服稳定 + 电子稳定"的方法隔离船摇。

　　2. 船舶供电设计

　　船载相控阵测量雷达输入供电功率波动主要是由于相控阵雷达在大脉宽发射工作时对供电功率需求大,接收时功率需求小,对供电输入功率的需求存在较大波动。与陆地大容量供电电网相比,船舶电网的功率容量有限,一般由多台发电机组并联运行,抗脉冲负载冲击能力较差,响应时间在秒级。当负载出现高频(ms 级)大范围功率波动时,发电机组不能及时响应,可能出现输出电压频率、机组励磁电流等参数超限,进而触发其保护门限而导致机组解列甚至停机,同时产生的电网谐波也会导致电子设备不能正常工作,因此有必要采取措施抑制供电功率波动。

　　3. 电磁兼容问题

　　船载相控阵测量雷达是大功率辐射设备,其电磁兼容问题主要表现在内部的电磁兼容性和相控阵雷达与其他船载无线电设备的电磁兼容性两个方面。保证船载相控阵测量雷达等无线电设备同时工作需要解决电磁兼容性和有效利用无线电频谱两个问题。其中,解决电磁兼容问题应采用"综合治理",即尽量采用成熟的技术和措施(具体包括隔离、接地、滤波、屏蔽),掌握任务时段的辐射干扰规律、禁用干扰频率,消除干扰传播媒介,实施各种"分割"(频率分割、时间分割、空间分割)。有效利用无线电频谱是通过任务合理规划、资源调度和全船电磁兼容管理设计,保证任务中不同设备的协同工作。在需要相控阵雷达与其他同波段设备协同探测时,通过船中心进行统一时间调度,采用分时工作或波束指向控制(尤其要避免两套设备主瓣对准的情况)的方法,避免互相干扰。

9.2 船载相控阵测量雷达伺服隔离船摇技术

为了补偿船舶摇摆运动的影响,船载相控阵测量雷达可以采用以下两种方法克服船摇对波束指向的影响:

(1) 采用"伺服稳定"(也称电气稳定)的方法隔离船摇。伺服稳定是指将惯性元件(如速率陀螺)安装在天线座架的适当部位,用以敏感船体的摇摆运动,其输出信号通过伺服系统控制天线向着与摇摆相反的方向运动,以保持天线波束指向不受船的摇摆运动影响。船载相控阵测量雷达一般采用方位-俯仰型天线座,利用该天线座进行稳定波束的方法称为两轴伺服稳定,该方法常用两种技术实现,即速率陀螺反馈稳定技术和船摇前馈稳定技术。

(2) 采用"电子稳定"的方法隔离船摇。电子稳定是利用相控阵雷达的电子波束快速扫描能力来进行船摇补偿。电子波束稳定技术是指船载相控阵测量雷达在计算天线波控码时,联合利用大地坐标系的测量角度信息及平台的姿态信息,首先根据相关算法获得大地坐标系下的波束指向,然后利用平台姿态信息将大地坐标系下的波束指向变换至雷达阵面坐标系,并据此计算相控阵天线波控码,从而确保无论平台如何摇动,相控阵雷达的电子扫描波束始终能够指向特定的角度,从而消除平台姿态带来的影响。

9.2.1 对船摇隔离指标的要求

船摇稳定的效果一般用船摇隔离度来表示,该指标体现船载雷达伺服系统抵消船摇、稳定天线大地指向的能力,一般用船摇角 θ_1(折算到方位和俯仰上)和天线指向剩余角 θ_2 之比的对数来表征,即

$$L = 20\lg K = 20\lg(\theta_1/\theta_2) \tag{9-1}$$

由式(9-1)可知,当比值 $K=20$ 时,$L=26\mathrm{dB}$;当比值 $K=400$ 时,$L=52\mathrm{dB}$。

船摇隔离是实现船载相控阵测量雷达高精度测量的基础,若仅采用"电子稳定"的方法隔离船摇,天线机械轴法线方向就会偏离目标,造成天线扫描增益下降,同时和差波束测角不能工作在线性最优区,从而降低雷达探测威力和精度。区别于常规船载脉冲雷达完全依靠伺服系统完成船摇隔离,相控阵雷达可充分利用波束捷变特性,采用"伺服稳定"和"电子稳定"相结合的方法,其中,"伺服稳定",也即机扫船摇隔离确保机械轴近法线随动跟踪目标,以获得天线最优性能;"电子稳定",也即电扫船摇隔离实现电轴高精度任意指向,确保目标雷达在和差最优线性区工作,保证船摇隔离性能更优。通过"机电(伺服稳定+电子稳定)联合船摇隔离"设计,可确保重点目标法线跟踪和成像,保证雷达探测威力最大,精度最优。

在进行"伺服稳定+电子稳定"的船摇隔离度指标分配时,总原则是在伺服性能允许的情况下,尽可能通过伺服的方法船摇隔离,降低相控阵雷达波束控制的难度,并有效增加电扫描空域的范围。假设要求"伺服稳定+电子稳定"的总船摇隔离度大于52dB,一般要求"伺服稳定"的船摇隔离度大于26dB。

船载相控阵测量雷达由于天线阵面和天线座转动惯量大,使传动系统结构谐振频率难于提高,进而限制了伺服系统的响应速度。在雷达伺服位置环不能满足船摇隔离要求时,可通过使用船摇前馈或陀螺稳定环的方法改善船摇隔离效果。另外,船载相控阵测量雷达没有传统机械雷达的自跟踪回路,它是通过"数字引导"方式跟踪目标的,所以进行船摇隔离度调试和测试时,可以直接在数引方式下进行。

下面主要介绍采用伺服稳定技术的隔离船摇的方法,主要包括陀螺稳定技术、船摇前馈技术

以及自抗扰控制（Active Disturbance Rejection Control，ADRC）技术。

9.2.2 陀螺稳定技术

船载相控阵测量雷达一般将速率陀螺安装在天线阵面上，通过将敏感转动轴的旋转角速率反馈于系统，使雷达阵面向着船摇反方向运动。

速率陀螺是稳定回路的关键器件，工作原理是利用陀螺效应敏感输入轴的角速率并以电压信号成比例地送出来，如果陀螺安装在天线座的俯仰轴上，使得输入轴和所要测量转动轴平行，就可以测出该转动轴的角速率信号，将该信号加入系统构成闭环，这样当船在摇动或者天线转动时，陀螺就有信号送出来，并调整信号极性使其为负反馈。当船摇时，信号的作用就是使系统中天线负载向着与扰动相反的方向转动，抵消扰动的影响，使天线阵面稳定在惯性空间。

陀螺安装示意图如图9－1所示。其中，一只陀螺的输入轴敏感俯仰轴，另外一只陀螺的输入轴敏感横轴（当仰角为0°时横轴与方位轴平行）。两只陀螺安装与敏感轴的平行度有一定的精度要求，否则就有交叉耦合，轻则影响精度，重则难以工作。

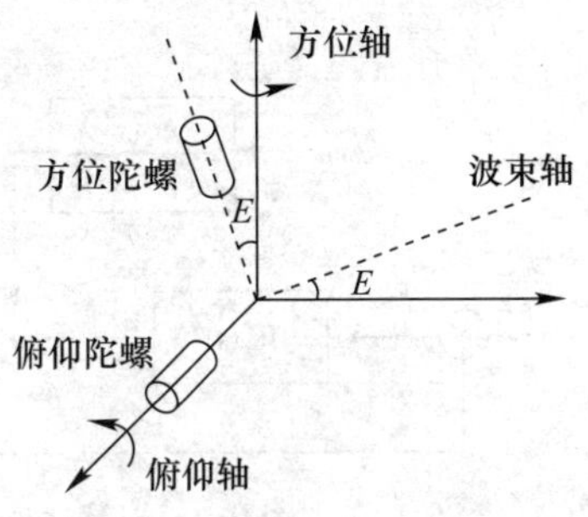

方位支路的陀螺安装在与波束轴和俯仰轴的面相垂直的横轴上，敏感的信号（ω_{AS}）换算到方位轴上（ω_A）与俯仰角的余弦成比例关系，即

$$\omega_{AS} = \omega_A \cos E \quad (9-2)$$

图9－1 陀螺安装示意图

因此，方位回路的开环增益就随着不同的仰角不断变化，这是我们不希望的。为此在回路加入补偿因子—正割函数 $\sec E$，这样回路的增益就不变。

为了分析具有陀螺稳定回路的船载雷达伺服系统船摇隔离性能，需要建立传递函数模型，如图9－2所示。目前，船载雷达伺服系统的位置环大多都设计为二阶无静差系统，而陀螺稳定回路设计为一阶无静差系统，而在对陀螺稳定回路进行建模分析时，可以将速度环等价为一个惯性环节。

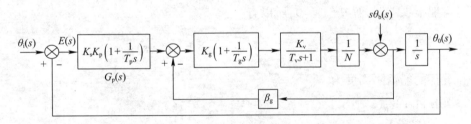

图9－2 主跟踪环＋陀螺稳定环结构框图

对图9－2作等效变换得图9－3。

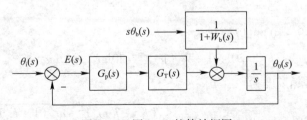

图9－3 图9－2的等效框图

图9－3中，陀螺环开环传递函数为

$$W_b(s) = \frac{K_T(T_g s + 1)}{s(T_v s + 1)} \tag{9-3}$$

陀螺环闭环传递函数为

$$G_T(s) = \frac{W_b(s)}{\beta_g[1 + W_b(s)]} \tag{9-4}$$

陀螺环开环增益为

$$K_T = \frac{K_g K_v \beta_g}{T_g N} \tag{9-5}$$

式中: K_g 为陀螺环比例增益; T_g 为陀螺环积分时间常数; K_v 为速度环增益; T_v 为速度环等效时常数; β_g 为陀螺环反馈系数; N 为减速比。

通过变换,可以将图 9-3 简化为图 9-4。图中, $W_p(s)$ 是包含陀螺稳定环的主跟踪环开环传递函数:

$$W_p(s) = G_p(s) G_T(s) \frac{1}{s} = \frac{K_a(T_p s + 1)(T_g s + 1)}{s^2[(T_v/K_T)s^2 + (T_g + 1/K_T)s + 1]} \tag{9-6}$$

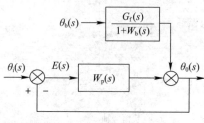

图 9-4 图 9-3 的等效框图

式中: K_s 为定向灵敏度; K_p 为位置环比例增益; T_p 为位置环积分时间常数; $1/\beta_g$ 为陀螺环闭环增益,有陀位置环环开环增益为

$$K_a = \frac{K_s K_p}{T_p \beta_g} \tag{9-7}$$

误差传递函数为

$$E(s) = \frac{1}{1 + W_p(s)} \cdot \theta_i(s) - \frac{1}{1 + W_p(s)} \cdot \frac{1}{1 + W_b(s)} \cdot \theta_b(s) \tag{9-8}$$

当只考虑船摇误差时,置 $\theta_i(s) = 0$,所以有

$$\frac{\theta_b(s)}{E(s)} = -[1 + W_p(s)] \cdot [1 + W_b(s)] \tag{9-9}$$

有陀位置环的船摇隔离度为

$$L_{11} = 20\lg|1 + W_p(s)|$$

$$= 20\lg \frac{\sqrt{[K_a - (1 + K_a T_p T_g)\omega^2 + (T_v/K_T)\omega^4]^2 + [(K_a T_p + K_a T_g)\omega - (T_g + 1/K_T)\omega^3]^2}}{\omega^2 \sqrt{[(T_v/K_T)\omega^2 - 1]^2 + [(T_g + 1/K_T)\omega]^2}}$$

$$\tag{9-10}$$

如果 $\omega \ll K_a$,则式(9-10)可以简化为

$$L_{12} = 20\lg|1 + W_p(j\omega)| \approx 20\lg K_a - 40\lg\omega \tag{9-11}$$

陀螺稳定环的船摇隔离度为

$$L_{21} = 20\lg|1 + W_b(s)| = 20\lg \frac{\sqrt{(K_T - T_v \omega^2)^2 + \omega^2(1 + K_T T_g)^2}}{\omega \sqrt{(T_v \omega)^2 + 1}} \tag{9-12}$$

如果 $\omega \ll K_T$,则式(9-12)可以简化为

$$L_{22} = 20\lg|1 + W_\mathrm{b}(s)| \approx 20\lg K_\mathrm{T} - 20\lg\omega \tag{9-13}$$

由此可得有陀位置环+陀螺稳定环的总船摇隔离度为

$$L_1 = L_{11} + L_{21} \tag{9-14}$$

如果 $\omega \ll K_\mathrm{a}, \omega \ll K_\mathrm{T}$，有

$$L_2 = L_{12} + L_{22} \approx 20\lg K_\mathrm{a} + 20\lg K_\mathrm{T} - 60\lg\omega \tag{9-15}$$

9.2.3 船摇前馈技术

对船载雷达伺服系统而言，船摇可以理解为一种伺服系统需要克服的外部干扰。对于消除干扰而言，如果干扰可测量，则前馈控制是消除干扰对系统输出影响的有效方法。采用前馈补偿，就是在可测量干扰的不利影响产生之前，通过补偿通道对它进行补偿，来控制和抵消干扰对系统的不利影响，它克服了反馈控制靠误差调节的不足。从补偿原理来看，因为前馈补偿实际上是采用开环控制方式去补偿可测量的干扰信号，所以前馈补偿并不改变反馈控制系统的特性。

如果将船摇前馈陀螺安装用在船载雷达伺服系统中，需要将陀螺安装在天线座面里，主要有两种安装方式，如图9-5所示。

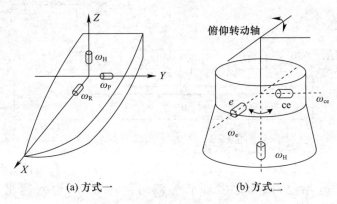

图9-5 前馈陀螺的安装方式

第一种安装方式如图9-5(a)所示，它是把三个陀螺安装在天线座内，陀螺敏感轴分别平行于船摇三个摇摆轴，然后经过以下的坐标运算加到系统中，即

$$\dot{A} = \omega_\mathrm{H} + (\omega_\mathrm{R}\cos A + \omega_\mathrm{P}\sin A)\tan E \tag{9-16}$$

$$\dot{E} = \omega_\mathrm{R}\sin A + \omega_\mathrm{P}\cos A \tag{9-17}$$

式中：ω_H 为艏摇角速度；ω_P 为纵摇角速度；ω_R 为横摇角速度；A,E 分别为方位和俯仰的甲板角，方位甲板角零位指向船头。

第二种安装方式见图9-5(b)，它是把两个陀螺安装在随方位大盘转动的箱体内壁上，一只平行于俯仰轴，另外一只垂直于俯仰轴并与方位大盘转动平面平行，可以随着大盘的转动而转动，艏摇的陀螺安装在方位底盘不动的部分上。船摇的角速度量换算到方位轴和俯仰轴上的角速度为

$$\dot{A} = \omega_\mathrm{H} + \omega_\mathrm{ce}\tan E \tag{9-18}$$

$$\dot{E} = \omega_\mathrm{e} \tag{9-19}$$

式中:ω_H为艏摇角速度;ω_e为船摇引起的俯仰轴转动角速度;ω_{ce}为船摇引起的垂直于俯仰轴的方位大盘摇摆角速度;E为俯仰甲板角。

为了分析加陀螺前馈时的船载雷达伺服系统船摇隔离性能,需要建立传递函数模型,如图9-6所示。目前,船载雷达伺服系统的位置环大多都设计为二阶无静差系统,同时可以将速度环近似为一个惯性环节。

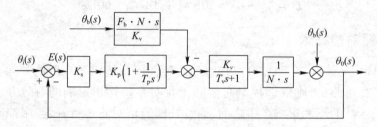

图9-6 无陀位置环+陀螺前馈的结构框图

对图9-6作等效变换得图9-7。

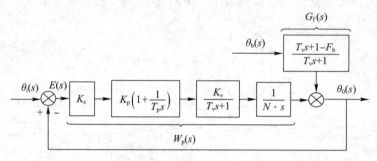

图9-7 图9-6的等效框图

图9-7中:K_s为定向灵敏度;K_p为位置环PI调节的比例增益;T_p为位置环PI调节的积分时间常数;K_v速度环闭环增益;T_v为速度环的等效时间常数;N为减速比;F_b为陀螺前馈的系数(0~1)。

$$W_p(s) = \frac{K_s K_p K_v}{T_p N} \frac{T_p s + 1}{s^2(T_v s + 1)} \tag{9-20}$$

$$G_f(s) = \frac{T_v s + 1 - F_b}{T_v s + 1} \tag{9-21}$$

图9-7所示系统的误差传递函数为

$$E(s) = \frac{1}{1 + W_p(s)}\theta_i(s) - \frac{G_f(s)}{1 + W_p(s)}\theta_b(s) \tag{9-22}$$

当只考虑船摇误差时,置$\theta_i(s) = 0$,所以有

$$E(s) = -\frac{G_f(s)}{1 + W_p(s)}\theta_b(s) \tag{9-23}$$

则无陀位置环+陀螺前馈的船摇隔离度为

$$L = 20\lg\left|\frac{\theta_b(s)}{E(s)}\right| = 20\lg\left|\frac{1 + W_p(s)}{W_T(s)}\right| = 20\lg|1 + W_p(s)| - 20\lg|G_f(s)| \tag{9-24}$$

式(9-24)表明,无陀位置环+陀螺前馈隔离船摇扰动由两部分组成:主跟踪环以及陀螺前馈环节。

无陀位置环的船摇隔离度为

$$L_{11} = 20\lg|1 + W_p(j\omega)| = 20\lg\frac{\sqrt{\omega^2(K_aT_p - T_v\omega^2)^2 + (K_a - \omega^2)^2}}{\omega^2\sqrt{(T_v\omega)^2 + 1}} \quad (9-25)$$

式中:ω 为船摇角频率(rad/s),$\omega = 2\pi/T$,T 为船摇周期(s)。

如果 $\omega \ll K_a$,则式(9-25)可以简化为

$$L_{12} = 20\lg|1 + W_p(j\omega)| \approx 20\lg K_a - 40\lg\omega \quad (9-26)$$

陀螺前馈的船摇隔离度为

$$L_{21} = -20\lg|G_f(j\omega)| = -20\lg\left|\frac{T_vs + 1 - F_b}{T_vs + 1}\right| = 20\lg\frac{\sqrt{(T_v\omega)^2 + 1}}{\sqrt{(T_v\omega)^2 + (1 - F_b)^2}} \quad (9-27)$$

如果 $\omega \ll K_a$,则式(9-27)还可以进一步简化为

$$L_{22} \approx -10\lg[(T_v\omega)^2 + (1 - F_b)^2] \quad (9-28)$$

由式(9-28)可以看出,船摇前馈的效果与陀螺前馈的系数 F_b 有关,当 $F_b = 1$ 时,船摇前馈的船摇隔离度主要取决于速度环的等效时间常数(或速度环带宽)和船摇的角频率(或船摇周期),速度环带宽越宽,船摇周期越大,则船摇隔离度越大。

由此可得无陀位置环+陀螺前馈的总船摇隔离度为

$$L_1 = L_{11} + L_{21} = 20\lg\frac{\sqrt{\omega^2(K_aT_p - T_v\omega^2)^2 + (K_a - \omega^2)^2}}{\omega^2\sqrt{(T_v\omega)^2 + (1 - F_b)^2}} \quad (9-29)$$

如果 $\omega \ll K_a$,则有

$$L_2 = L_{12} + L_{22} \approx 20\lg K_a - 40\lg\omega - 10\lg[(T_v\omega)^2 + (1 - F_b)^2] \quad (9-30)$$

9.2.4 自抗扰控制技术

将自抗扰控制技术运用到船载雷达伺服控制系统中也可以提高船摇隔离效果,其基本思路是取消陀螺稳定环,仅保留原来的速度环和电流环,同时用线性自抗扰控制控制器(Linear Active Disturbance Rejection Contrd,LADRC)来取代原来的位置环 PI 调节器。

自抗扰控制的精髓在于它的实时估计和及时补偿,利用扩张状态观测器进行实时估计补偿扰动作用,得到系统广义上的状态误差并对其扰动项进行前馈补偿,把原系统补偿成线性积分器串联型的过程称为动态补偿线性化。

ADRC 主要由跟踪微分器、扩张状态观测器和状态误差反馈律三部分组成。由于其采用了大量的非线性函数,参数调节非常复杂,而且物理意义不清晰,为了便于工程实施,可采用 LADRC,其基本思路是仅保留了 ADRC 中的扩张状态观测器,而且还取消了其中的非线性环节,变成了线性扩张状态观测器。此外,通过数学推导和仿真分析表明,线性自抗扰控制器是一个一阶无静差系统(I 型系统),比较适合于定值控制系统,但不能满足随动控制系统(如船载雷达伺服系统)的需要。在线性自抗扰控制器中增加积分环节可进一步提高船摇隔离效果,改善了伺服跟踪性能,改进后的线性自抗扰控制器组成框图如图 9-8 所示。

增加积分环节后,控制器的闭环传递函数为

$$\Phi(s) = \frac{k_p + (k_p/T_i)/s}{s^2 + k_ds + k_p + (k_p/T_i)/s} \quad (9-31)$$

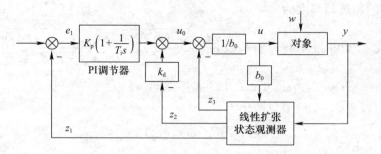

图 9-8 增加积分环节后的线性自抗扰控制器组成框图

单位反馈系统的开环传递函数为

$$G(s) = \frac{\Phi(s)}{1-\Phi(s)} = \frac{[k_p/(k_d T_i)](T_i s+1)}{s^2[(1/k_d)s+1]} \quad (9-32)$$

该系统为二阶无静差系统,加速度误差常数 $K_a = k_p/(k_d T_i)$。

LADRC 控制器参数整定非常简单,需要整定的参数主要包括 ω_c、b_0 和 ω_o。

(1) 控制器的参数整定:不考虑积分环节时,LADRC 控制器的特性方程为 $\lambda_1(s) = s^2 + k_d s + k_p$,取 $k_p = \omega_c^2$,$k_d = 2\xi\omega_c$,其中 ω_c 称为控制器带宽,ξ 为阻尼比(一般 ξ 取 1)。假设伺服控制器带宽为 f_b(Hz),则有 $\omega_c = 2\pi f_b/0.643$(rad/s),$k_p = \omega_c^2$,$k_d = 2\xi\omega_c$。

(2) 三阶线性扩张状态观测器(Linear Extended State Observer,LESO)的参数整定:三阶 LESO 的特征方程为 $\lambda_2(s) = s^3 + \beta_1 s^2 + \beta_2 s + \beta_3$,选取理想特征方程 $\lambda_2(s) = (s+\omega_o)^3$,则有 $\beta_1 = 3\omega_o$,$\beta_2 = 3\omega_o^2$,$\beta_3 = \omega_o^3$,式中 ω_o 称为观测器带宽,伺服带宽是观测器带宽的 3~5 倍。

(3) b_0 的参数整定:在原系统的位置环 PI 调节器参数整定时,获得一组比例积分参数 K_p,令 k_p/b_0 等于原始 PI 控制器的比例增益 K_p,则有 $b_0 = k_p/K_p$。

(4) 积分时间常数的参数整定:积分时间常数 T_i 一般可在实际测试验证中根据阶跃响应的超调来确定,原则上超调不能超过 30%,初始值可以取 $T_i = 1$,并逐渐变小,总之 T_i 减小 1 倍,K_a 值增大 1 倍,同时船摇隔离度增大 6dB。

需要说明的是,线性自抗扰控制器的阶跃响应的固有超调为 20% 左右,它主要是由于三阶线性扩张状态观测器以及扰动估计的不准确性造成的,加入积分环节后,阶跃响应超调明显增加,而采用非线性扩张状态观测器则可进一步发挥积分环节的作用,使船摇隔离效果和伺服跟踪性能将得到进一步提升。

9.3 船载相控阵测量雷达阵面姿态感知与补偿技术

传统的捷联惯导安装方式为天线基座(与甲板固联)安装,捷联惯导直接感知的是天线基座姿态,需要通过天线基座到阵面的坐标转换,才能获得阵面姿态,传统安装方式下阵面姿态无法精确测量,需对天线基座上面的天线座、阵面结构进行高刚强度设计保证轴系精度,增加了天线座的重量,同时需要轴系标定;如果直接将捷联惯导安装在阵面上,由捷联惯导直接测量阵面姿态,不但测量精度更高,而且还可以适当降低天线座刚度要求,有效实现天线减重,因此阵面安装为捷联惯导优选安装方案。

9.3.1 阵面捷联惯导工作原理

船载相控阵测量雷达阵面捷联惯导系统包含激光陀螺捷联惯导和卫导天线及接收机,主要用于船载相控阵测量雷达阵面姿态（包括航向、水平姿态）的实时测量，能够实现动平台高精度自主对准和实时姿态测量。

阵面捷联惯导安装于雷达阵面上，阵面配备有倾斜基座、电控箱以及 BD/GPS 卫导天线。阵面惯导通过倾斜基座与雷达阵面固联。捷联惯导的安装方向如图 9 – 9 所示。

图 9 – 9 捷联惯导的安装方向示意图

9.3.1.1 捷联惯导主体

捷联惯导主体主要由惯性测量单元（Inertial Measurement Unit，IMU）和单轴旋转机构组成，惯性测量单元直接安装在单轴旋转机构上。惯性测量单元直接敏感和测量惯性角速度、惯性加速度；单轴旋转机构实现单轴旋转误差补偿，可有效提高系统精度；通过导航解算，可实现对阵面三维姿态角、速度、位置的高精度测量。

惯导主体的核心部分采用捷联方式工作，导航解算的基本原理如图 9 – 10 所示。

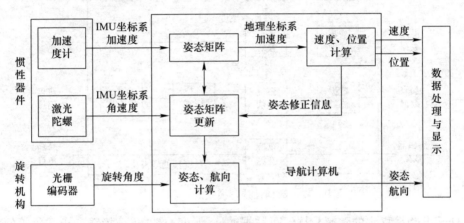

图 9 – 10 导航解算的基本原理示意图

IMU 主要由惯性器件组成。惯性器件主要由三个正交安装的激光陀螺和加速度计组成，通过精密安装装置使激光陀螺和加速度计的各方向敏感轴一一对应。载体运动过程中，激光陀螺和加速度计可以直接测量出 IMU 坐标系相对惯性坐标系的运动角速度和加速度。根据激光陀螺和加速度计测量得到的数据可计算 IMU 坐标系至大地坐标系（一般为"东北天"坐标系）的方向余弦矩阵（姿态矩阵）。通过姿态矩阵，可将加速度计测得的加速度投影变换至大地坐标系，通过积分解算可得到 IMU 在大地坐标系中的速度和位置。为了提高导航解算精度，在进行姿态、速度和位置更新计算时需要采用多种方法进行补偿，如圆锥效应补偿、划桨效应补偿和涡卷效应补偿等。

根据 IMU 测量输出的姿态数据和光栅编码器（单轴旋转机构）输出的转台旋转角度数据，可计算安装基座坐标系的实时姿态；IMU 测量的速度、位置即为船体的实时速度、位置。将阵面惯导基座坐标系与雷达阵面坐标系精确标定，阵面惯导直接输出雷达的实时姿态角。

9.3.1.2 导航信息处理单元

导航信息处理单元位于在捷联惯导主体内部的高性能嵌入式计算机上，是惯导设备的核心，其结构框图如图 9 – 11 所示，主要包括数据预处理、导航解算、电机控制、状态监测、数据存储、串口通信和网络通信。导航信息处理单元中的数据预处理模块的主要功能结构如图 9 – 12 所示。

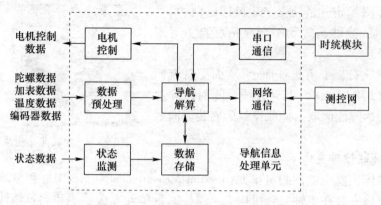

图 9-11 导航信息处理单元结构框图

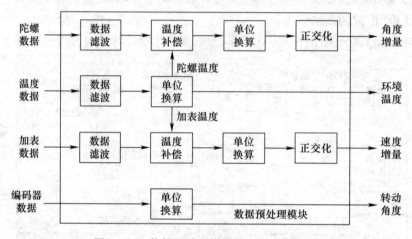

图 9-12 数据预处理模块的主要功能结构

信号处理电路采集到的陀螺数据经过数据滤波、温度补偿、单位换算和正交化等处理后可得到载体坐标系中的角度增量。加速度计数据经过数据滤波、温度补偿、单位换算和正交化等处理后可得到载体坐标系中的速度增量。温度数据经过数据滤波和单位转换可得到陀螺温度、加速度计温度和内部的环境温度（空气温度）。编码器数据经过单位换算可得到单轴旋转机构的转动角度。

导航解算模块是导航信息处理单元的核心部分，其主要作用是根据数据预处理模块输出的角度增量和速度增量数据进行初始对准和实时解算得到载体的姿态、速度和位置。初始对准的主要作用是确定载体相对于当地大地坐标系的初始姿态角。设备中采用卡尔曼滤波方法进行初始对准，和经典的频域控制对准方法相比具有对准速度快和对准精度高等优点。为了提高系统的测量精度，在姿态解算时进行了圆锥效应误差补偿，在速度解算时进行了划桨效应补偿，在位置解算时进行了涡卷效应补偿。数据存储模块的主要作用是在工作过程中实时存储姿态解算模块的输出结果和标准时等数据。状态检测模块的主要作用是实时检测各陀螺配套电路、加速度计配套电路、旋转机构配套电路和时统单元等的工作状态。电机控制模块的主要作用是根据光栅编码器数据和姿态数据产生电机控制数据。串口通信模块的主要作用是实时获取卫导的速度、位置和时间数据。网络通信模块的主要作用是向惯导显控台/测控网发送测量数据和设备状态信息，接收惯导显控台的控制信息。

9.3.2 雷达闭环跟踪测量原理

船载相控阵测量雷达要对目标进行稳定高精度的测量，需要实现阵面中心原点相关坐标系、惯导原点相关坐标系以及地心坐标系之间的转换。利用捷联惯导对阵面姿态实时感知，雷达接收目标回波，凝聚形成点迹测量信息，利用惯导输出对点迹测量信息进行姿态补偿后再转换到地心直角坐标系。数据处理在地心坐标系进行航迹相关、滤波、外推，然后根据阵面姿态，将目标的预测外推值转换到测量阵面坐标系，进行波束指向控制。船载相控阵测量雷达跟踪测量处理流程如图 9-13 所示。

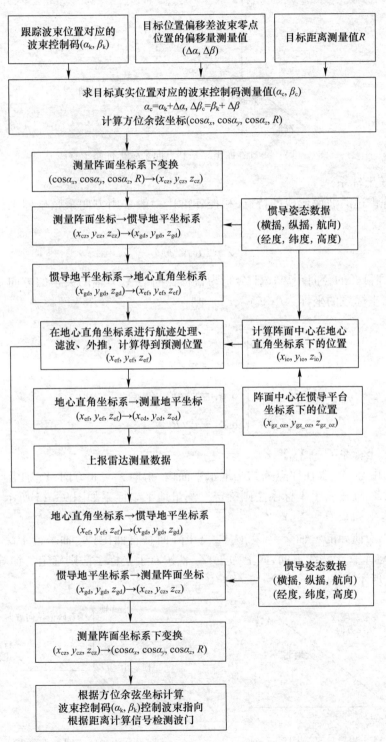

图 9-13　船载相控阵测量雷达跟踪测量处理流程

9.3.2.1 坐标系定义

1. 测量阵面坐标系 $O_z - X_{cz}Y_{cz}Z_{cz}$

O_z 位于阵面中心, $X_{cz}O_zY_{cz}$ 位于阵面的法向垂直面内; X_{cz} 轴平行于法线方向; Y_{cz} 轴垂直于法线方向, 向上为正; Z_{cz} 轴按右手坐标系法则确定。测量阵面坐标系如图9－14所示。

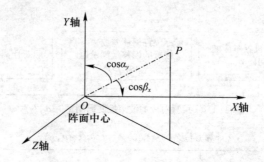

图9－14 测量阵面坐标系和方向余弦坐标系示意图

2. 方向余弦坐标系

由于相控阵雷达的波束形成的特点, 相控阵雷达一般采用方向余弦坐标系(图9－14)给出其测量值:

$$Z = (R, u, v)^T \tag{9-33}$$

式中: R 为原点到目标的径向距离; u, v 分别为目标径向与 X、Y 轴的夹角的方向余弦。设目标相对雷达测量阵面坐标系的坐标为 (x_{cz}, y_{cz}, z_{cz}), 则

$$\begin{cases} R = \sqrt{x_{cz}^2 + y_{cz}^2 + z_{cz}^2} \\ \cos\alpha_x = x_{cz}/R \\ \cos\alpha_y = y_{cz}/R \\ \cos\alpha_z = z_{cz}/R \end{cases} \tag{9-34}$$

3. 测量地平坐标系 $O_z - X_{cd}Y_{cd}Z_{cd}$

O_z 位于阵面中心; X_{cd} 轴在原点处的当地水平面内, 指向天文北方向; Y_{cd} 轴沿原点处当地的铅垂线, 向上为正; Z_{cd} 轴按右手坐标系法则确定。测量地平坐标系如图9－15所示。

4. 惯导平台坐标系 $O_g - X_{gz}Y_{gz}Z_{gz}$

坐标原点 O_g 为惯导的三轴交点, $X_{gz}O_gY_{gz}$ 位于阵面垂直面内; X_{gz} 轴平行于法线方向, 阵面正面方向为正; Y_{gz} 轴垂直于法线方向, 向上为正; Z_{gz} 轴按右手坐标系法则确定。惯导平台坐标系示意图如图9－16所示。

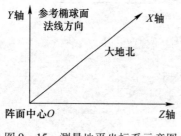

图9－15 测量地平坐标系示意图

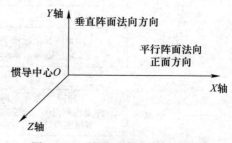

图9－16 惯导平台坐标系示意图

5. 惯导地平坐标系 $O_g - X_{gd}Y_{gd}Z_{gd}$

坐标原点 O_g 为惯导的三轴交点；Y_{gd} 轴与过原点的地球参考椭球法线重合，指向椭球面外；X_{gd} 轴在过原点垂直于 Y_{gd} 轴的平面内，指向大地北；Z_{gd} 轴按右手坐标系法则确定。惯导地平坐标系示意图如图 9 – 17 所示。

6. 地心直角坐标系 $O_e - X_{ef}Y_{ef}Z_{ef}$

坐标原点 O_e 为地球质心；Z_{ef} 轴由原点指向历元 2000.0 的地球参考极方向；X_{ef} 轴由原点指向格林尼治参考子午线与地球赤道面(历元 2000.0)的交点；Y_{ef} 轴按照右手坐标系法则确定。大地坐标 (L,B,H) 表示空间目标的大地经度 L、大地纬度 B 和大地高度 H。地心直角坐标系示意图如图 9 – 18 所示。

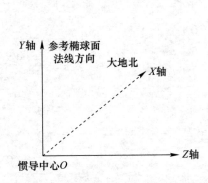

图 9 – 17　惯导地平坐标系示意图

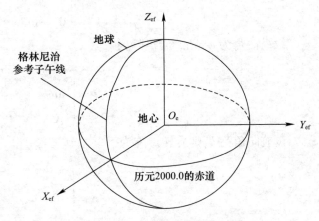

图 9 – 18　地心直角坐标系示意图

9.3.2.2　坐标系转换

1. 测量阵面坐标系 $(x_{cz}, y_{cz}, z_{cz}) \Leftrightarrow$ 方向余弦坐标系 (R, u, v)

$$\begin{cases} x_{cz} = R\cos\alpha_x \\ y_{cz} = R\cos\alpha_y \\ z_{cz} = R\cos\alpha_z \end{cases} \quad (9-35)$$

反之

$$\begin{cases} R = \sqrt{x_{cz}^2 + y_{cz}^2 + z_{cz}^2} \\ \cos\alpha_x = x_{cz}/R \\ \cos\alpha_y = y_{cz}/R \\ \cos\alpha_z = z_{cz}/R \end{cases} \quad (9-36)$$

式中：R 为阵面中心 O_z 到目标之间的距离。

2. 测量阵面坐标系 $(x_{cz}, y_{cz}, z_{cz}) \Leftrightarrow$ 惯导平台坐标系 (x_{gz}, y_{gz}, z_{gz})

惯导安装在阵面上，则惯导位置与阵面中心位置相对固定，设阵面中心 O_{cz} 在惯导平台坐标系 $(O_g - X_{gz}Y_{gz}Z_{gz})$ 的坐标为 $(x_{gz\_oz}, y_{gz\_oz}, z_{gz\_oz})$

$$\begin{pmatrix} x_{gz} \\ y_{gz} \\ z_{gz} \end{pmatrix} = \begin{pmatrix} x_{cz} \\ y_{cz} \\ z_{cz} \end{pmatrix} + \begin{pmatrix} x_{gz\_oz} \\ y_{gz\_oz} \\ z_{gz\_oz} \end{pmatrix} \quad (9-37)$$

反之

$$\begin{pmatrix} x_{cz} \\ y_{cz} \\ z_{cz} \end{pmatrix} = \begin{pmatrix} x_{gz} \\ y_{gz} \\ z_{gz} \end{pmatrix} - \begin{pmatrix} x_{gz\_oz} \\ y_{gz\_oz} \\ z_{gz\_oz} \end{pmatrix} \qquad (9-38)$$

3. 惯导平台坐标系(x_{gz}, y_{gz}, z_{gz})⇔惯导地平坐标系(x_{gd}, y_{gd}, z_{gd})

设载体的横摇角为θ,则旋转矩阵为

$$\boldsymbol{\Theta} = \begin{pmatrix} 1 & 0 & 0 \\ 0 & \cos\theta & -\sin\theta \\ 0 & \sin\theta & \cos\theta \end{pmatrix} \qquad (9-39)$$

设纵摇角为ψ,则旋转矩阵为

$$\boldsymbol{\Psi} = \begin{pmatrix} \cos\psi & -\sin\psi & 0 \\ \sin\psi & \cos\psi & 0 \\ 0 & 0 & 1 \end{pmatrix} \qquad (9-40)$$

设航向角为k,则旋转矩阵为

$$\boldsymbol{K} = \begin{pmatrix} \cos k & 0 & -\sin k \\ 0 & 1 & 0 \\ \sin k & 0 & \cos k \end{pmatrix} \qquad (9-41)$$

则有

$$\begin{pmatrix} x_{gd} \\ y_{gd} \\ z_{gd} \end{pmatrix} = \boldsymbol{K} \times \boldsymbol{\Psi} \times \boldsymbol{\Theta} \times \begin{pmatrix} x_{gz} \\ y_{gz} \\ z_{gz} \end{pmatrix} \qquad (9-42)$$

反之

$$\begin{pmatrix} x_{gz} \\ y_{gz} \\ z_{gz} \end{pmatrix} = (\boldsymbol{K} \times \boldsymbol{\Psi} \times \boldsymbol{\Theta})^{-1} \times \begin{pmatrix} x_{gd} \\ y_{gd} \\ z_{gd} \end{pmatrix} \qquad (9-43)$$

4. 地心直角坐标(x_{ef}, y_{ef}, z_{ef})⇔大地坐标(L, B, h)

$$\begin{cases} x_{ef} = (N+h)\cos B\cos L \\ y_{ef} = (N+h)\cos B\sin L \\ z_{ef} = [N(1-e^2)+h]\sin B \end{cases} \qquad (9-44)$$

其中

$$N = \frac{a}{(1-e^2\sin^2 B)^{1/2}} \qquad (9-45)$$

反之

$$\begin{cases} L = \arctan \dfrac{y_{ef}}{x_{ef}} + \begin{cases} 0, & \text{当 } x_{ef} > 0, y_{ef} > 0 \\ \pi, & \text{当 } x_{ef} < 0 \end{cases} \\ B = \arctan \dfrac{z_{ef}}{r(1-E)} \\ h = (r^2 + (z_{ef} + Ne^2 \sin B)2)^{1/2} - N \end{cases} \qquad (9-46)$$

其中

$$r = (x_{ef}^2 + y_{ef}^2)^{1/2} \qquad (9-47)$$

$$E = \dfrac{e^2}{1 + k\left(1 - \dfrac{e^2 z_{ef}^2}{R^2}\right)^{1/2}} \qquad (9-48)$$

$$R = (r^2 + z_{ef}^2)^{1/2} \qquad (9-49)$$

$$k = \dfrac{R}{a} - \dfrac{1-f}{\left(1 - \dfrac{e^2 r^2}{R^2}\right)^{1/2}} \qquad (9-50)$$

式中：f 为参考椭球变率；a 为参考椭球长半轴；e 为参考椭球第一偏心率。

5. 地平坐标系(x_{ni}, y_{ni}, z_{ni})⇔地心直角坐标系(x_{ef}, y_{ef}, z_{ef})

根据惯导中心和阵面中心，区别惯导地平坐标系和测量地平坐标系。

$\boldsymbol{R}_x(\theta)$——按右手法则绕 X 轴旋转角度 θ 的旋转矩阵：

$$\boldsymbol{R}_x(\theta) = \begin{pmatrix} 1 & 0 & 0 \\ 0 & \cos\theta & \sin\theta \\ 0 & -\sin\theta & \cos\theta \end{pmatrix} \qquad (9-51)$$

$\boldsymbol{R}_y(\theta)$——按右手法则绕 Y 轴旋转角度 θ 的旋转矩阵：

$$\boldsymbol{R}_y(\theta) = \begin{pmatrix} \cos\theta & 0 & -\sin\theta \\ 0 & 1 & 0 \\ \sin\theta & 0 & \cos\theta \end{pmatrix} \qquad (9-52)$$

$\boldsymbol{R}_z(\theta)$——按右手法则绕 Z 轴旋转角度 θ 的旋转矩阵：

$$\boldsymbol{R}_z(\theta) = \begin{pmatrix} \cos\theta & \sin\theta & 0 \\ -\sin\theta & \cos\theta & 0 \\ 0 & 0 & 1 \end{pmatrix} \qquad (9-53)$$

$$\begin{pmatrix} x_{ni} \\ y_{ni} \\ z_{ni} \end{pmatrix} = \boldsymbol{R}_Y(-90°)\boldsymbol{R}_X(B_i)\boldsymbol{R}_Z(L_i - 90°)\left(\begin{pmatrix} x_{ef} \\ x_{ef} \\ x_{ef} \end{pmatrix} - \begin{pmatrix} x_{io} \\ y_{io} \\ z_{io} \end{pmatrix}\right) \qquad (9-54)$$

反之

$$\begin{pmatrix} x_{ef} \\ y_{ef} \\ z_{ef} \end{pmatrix} = \begin{pmatrix} x_{io} \\ y_{io} \\ z_{io} \end{pmatrix} + \boldsymbol{R}_Z(90° - L_i)\boldsymbol{R}_X(-B_i)\boldsymbol{R}_Y(90°)\begin{pmatrix} x_{ni} \\ y_{ni} \\ z_{ni} \end{pmatrix} \qquad (9-55)$$

式中：(x_{io}, y_{io}, z_{io})为地平坐标系原点在地心直角坐标系下的坐标位置；L_i、B_i分别为地平坐标系原点的大地坐标经度和纬度。

9.3.2.3 点迹与航迹处理

捷联惯导输出信息包括横摇、纵摇、航向、经度、纬度、高度。雷达回波信息包括波束控制码(α_k, β_k)，回波IQ，距离测量值R_c。因为在船体摇晃时，天线角度存在较大变形误差，为此采用安装在阵面的捷联惯导信息作为阵面姿态数据可以有效提高测角精度。

1. 测角处理

根据雷达回波，进行比幅测角，通过查角敏函数表获得测角信息$(\Delta\alpha, \Delta\beta)$，然后计算目标真实位置对应的波束控制码测量值$(\alpha_c, \beta_c)$，结合点迹距离$R$，计算方位余弦坐标位置$(\cos\alpha_x, \cos\alpha_y, \cos\alpha_z, R)$。

2. 阵面姿态补偿

（1）将测量信息$(\cos\alpha_x, \cos\alpha_y, \cos\alpha_z, R)$转换到测量阵面坐标系$(O_z - X_{cz}Y_{cz}Z_{cz})$下，坐标位置$(x_{cz}, y_{cz}, z_{cz})$。

（2）转换到惯导平台坐标系$(O_g - X_{gz}Y_{gz}Z_{gz})$下的位置$(x_{gz}, y_{gz}, z_{gz})$。

（3）进行惯导姿态坐标转换，计算惯导地平坐标系下的目标位置(x_{gd}, y_{gd}, z_{gd})。

（4）转到地心直角坐标系$(O_e - X_{ef}Y_{ef}Z_{ef})$下的目标位置$(x_{ef}, y_{ef}, z_{ef})$。

3. 航迹处理

（1）在地心直角坐标系下采用基于轨道约束的交互多模滤波模型，对目标测量信息进行高精度滤波和外推。

（2）目标在地心直角坐标系的位置转换到测量地平坐标系$(O_z - X_{cd}Y_{cd}Z_{cd})$下，坐标的转换流程如下：

① 计算阵面中心在惯导平台坐标系下的位置坐标。

② 实时姿态转换，计算阵面中心在惯导地平的位置坐标，进而计算阵面中心的经纬高(L_z, B_z, h_z)。

③ 利用阵面经纬高，将地心坐标的目标位置进行坐标转换，得到测量地平坐标系的坐标(x_{cd}, y_{cd}, z_{cd})，进而可以转换到(A_{cd}, E_{cd}, R_{cd})。

9.3.2.4 搜索跟踪波束补偿控制

1. 跟踪波束控制

相控阵雷达按照一定数据率进行多目标跟踪，需要对目标轨道进行预测外推，将波束精确指向空间目标。

（1）在地心直角坐标系$(O_e - X_{ef}Y_{ef}Z_{ef})$下，对目标进行跟踪预测。

（2）将预测位置坐标转换到惯导地平坐标系$(O_g - X_{gd}Y_{gd}Z_{gd})$。

（3）根据惯导姿态数据进行坐标变换，计算预测位置在惯导平台坐标系$(O_g - X_{gz}Y_{gz}Z_{gz})$下的坐标。

（4）进行坐标平移，转换到测量阵面坐标系$(O_z - X_{cz}Y_{cz}Z_{cz})$。

（5）在测量阵面坐标系下，计算波束指向方位余弦坐标$(\cos\alpha_x, \cos\alpha_y, \cos\alpha_z)$，然后进行波束控制指向$(\alpha_k, \beta_k)$计算，实现跟踪波束指向控制。

2. 搜索波束控制

系统操作人员在显控界面设置搜索景幅，根据搜索方式，选择随动数据源，叠加搜索范围角度，转换到地心直角坐标系，然后按照跟踪波位的处理流程进行后续坐标变换、阵面姿态补偿，实现波束控制。如果搜索时没有距离先验信息，可以预设一个距离值，参与坐标转换，实现角度坐标的转换。

9.4 船载相控阵测量雷达供电设计

9.4.1 供电架构设计

采用天线阵列后连接 T/R 组件的有源相控阵雷达使系统的灵活性和可靠性大大提高，T/R 组件供电方式具有低电压、大电流的特征。由于受到体积、质量和海上特殊的工作环境条件等诸多因素的限制，电源系统的设计必须做到高可靠性、高功率密度和高效率。高功率密度、高可靠的低压大电流电源供电系统已成为有源相控阵雷达的关键技术之一。

9.4.1.1 电源架构

船载相控阵测量雷达电源系统主要是给天线面阵的 T/R 组件供电，电源系统基本架构有集中式供电和分布式供电，以及在两种基本电源架构的结合基础上产生的混合式供电。

1. 集中式供电

集中式供电是指在一套船载相控阵测量雷达设备中，作为一个独立的整件，电源系统采用 AC-DC 或 DC-DC 功率变换将船载输入源电压变换成负载所需的直流电压，通过直流输电线路将电压传送到负载处。集中式供电系统原理如图 9-19 所示。

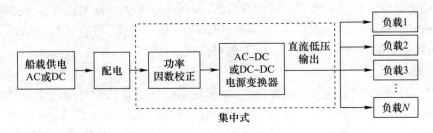

图 9-19 集中式供电系统原理

集中式供电系统的优点是架构简单，方便统一控制和管理供电（对于船载相控阵测量雷达而言，选用集中式供电可以相对减轻天线面阵的体积和质量），可实现冗余、高可靠性。集中式供电系统的缺点如下：

（1）热损耗大。面阵所需的电压低，总功率大，在大电流的情况下直流输电线路热损耗严重，输电线路上压降较大，降低电源系统效率。

（2）线缆布线复杂。整个供电都集中在一起，输入总功率大，低压输出电流大，输出线路多，线缆粗，走线复杂，而且线缆的重量大大地增加了整个雷达系统的重量。

（3）负载瞬态响应差。动态响应特性变差，容易引起电压超调，损坏 T/R 组件。从静态角度来看，传输线缆有一定的等效电阻，负载电流流经会产生压降。当压降大到一定量值时负载端电压过低。为了使负载电路能正常工作，需要调高电源的输出电压来补偿，降低了系统效率，对散热装置的要求也更加苛刻。从动态角度来看，传输线缆有一定的等效电感，若负载电流发生跃变，输出端将产生电压偏差，有时偏差过大，负载端电压无法通过供电电源及时调整。

2. 分布式供电

分布式供电系统典型应用架构如图 9-20 所示。

系统各电路的电源相对独立，减少了大电流传输线路，使系统的总效率有一定的提高。架构内通常包含一个 AC-DC 或 DC-DC 电源靠近配电。中间母线匹配一定的储能电容提高一次侧电源的动态响应。另用 DC-DC 模块放置在 PCB 板上或靠近负载点。隔离的 DC-DC 模块配

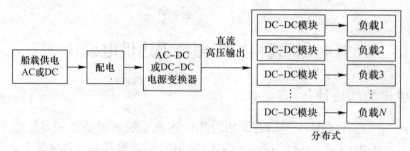

图 9-20 分布式供电系统典型应用架构

合负载工作。每个模块与周边器件组合能完成电磁干扰(Electromagnetic Interference,EMI)滤波、输入保护、隔离、稳压和变压等功能。

与集中式供电系统相比,分布式供电系统具有以下优点:

(1) 输出电压稳定性好,系统效率有一定的提高。由于减少了低电压、大电流直流输出线路,线路损耗低,系统效率必然提高。各个负载所需要的电源能就近产生,负载与电源距离近,减少了线路阻抗对电源性能的影响,也减少了干扰信号对负载的影响,因而输出电压稳定性较好。

(2) 适应性强,减少产品种类,便于标准化。由于将整个电源系统化整为零,各部分电源选择比较灵活,容易实现最佳配置,而且同一设计方案稍加调整就可用于其他系统。

(3) 电磁兼容性能优越。由于电源比较分散,抑制电磁干扰的方案比较容易实现。

由于分布式供电的一对一方式,一旦某个 DC-DC 模块故障,将直接导致后部负载无法工作,所以分布式供电的冗余技术难以实现,任务可靠性不高。

3. 混合式供电

由于集中式和分布式供电各有利弊,在实际船载雷达供电系统设计应用中选择集中式与分布式相结合的方式来得到最优供电方案,为天线面阵提供高品质电能。图 9-21 所示为集中与分布相结合的混合式供电原理。在船载配电附近(舱室内)将交流电经过一次变换,转换成高压直流进行电能输送,降低了输电线路传输的损耗,提高了系统效率。在天线面阵上进行二次功率变换,将高压直流转换成低压直流给 T/R 组件供电。

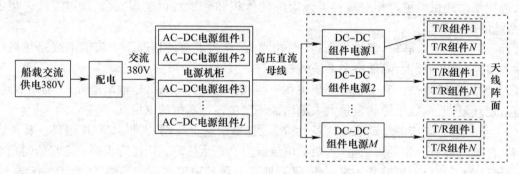

图 9-21 混合式供电原理

供电系统一次、二次功率变换都可以进行一定程度的冗余设计。一次电压变换采用通用电源机柜。电源机柜放置在舱室内,由多台 AC-DC 电源组件并联冗余输出。根据船载雷达功率量级不同可以灵活增减电源组件的个数。二次电压变换中每台 DC-DC 组件电源由多个模块并联冗余输出,给多台 T/R 组件供电,提高了整个供电系统的可靠性、灵活性和通用性。单台 AC-DC 电源组件包含有源功率因数校正(Active Power Factor Correction,APFC)电路设计,提高整个供电系统的电磁兼容性。舱室内环境相比舱室外要好很多,电源机柜可以实现高效电能质量管理、实时状态监控和显示,以及全面功能保护和安全防护。

9.4.1.2 关键技术分析

1. 一次电源系统的谐波电流和功率因数校正

船载三相交流供电进入一次电源后首先经过电磁滤波和三相整流,高次谐波丰富,谐波电流(Total Harmonic Distortion,THD)较大。这不仅污染整个船电网,还会导致用电设备之间的相互干扰。因此,为保证船载供电系统质量,更有效地利用电能,使得供电系统中的其他用电设备安全可靠地运行,必须采取途径抑制或消除AC/DC变换器交流侧的谐波电流,提高功率因数。目前,已实际应用的功率因数校正拓扑主要包括多脉冲整流和有源功率因数校正(Power Factor Correction,PFC)。

多脉冲整流就是利用不同的绕组连接方式(如三角形和星形连接等)构造得到相位不同的电压矢量,使得网侧电流由不同相位的电流矢量叠加而成,最终使得常规三相桥式整流电路网侧的方波电流变为叠加而成的阶梯波电流。与阶梯波合成逆变器的道理相同,根据阶梯波抵消原理,当合成电流波形的阶梯数越多,即相位不同的电压矢量数增加、整流脉冲数增多,则对应的电流波形中谐波成分越少,谐波电流越小。

有源功率因数校正技术是在整流桥和输出负载之间接入有源电路拓扑,通过控制拓扑中开关管的动作使得输入电流波形(幅值和相位)跟踪输入电压,从而达到提升输入功率因数的效果。目前,实际应用中有源功率因数校正一般采用智能编程DSP三相有源功率校正控制电路。此电路具有高功率因数校正值、低谐波电流值、效率高以及电磁干扰小的特点,同时零件应力较小,质量相对较轻,可以减轻电源的整体重量。

2. 脉冲负载的供电

T/R组件负载特性为脉冲负载,而且脉宽和重复周期均可变。射频脉冲发射期间,若以负载电流的有效值来设计电源是不合理的。通常的做法是该峰值电流由储能电容器提供,并且应尽量靠近功率放大器组件安装(最好放在功率放大器组件内部),以减小电路引线电阻和电感的影响。储能电容器和功率放大器组件作为电源的负载可以用一个电容C和一个串联的电阻R与开关S相并联来等效,其等效电路如图9-22所示。

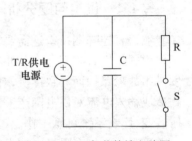

图9-22 T/R负载等效电路图

在发送脉冲期间,开关S是闭合的,负载R所需的很高峰值电流由储能电容C提供,电容C上产生电压降。在脉冲间隙内,开关S断开,电源对电容C进行再充电。在下个脉冲到来前,电容C上电压又重新被充电到原来的值,等待下一个脉冲到来。

相控阵雷达的实际脉冲波形及顶降定义如图9-23所示,d为脉冲顶降,其大小一般用dB表示,有时也以变化率(%)表示,顶降定义为

$$d = (E_1 - E_2)/E_1 \tag{9-56}$$

脉冲波形参数除顶降外,其他波形参数主要有:前沿上升时间t_r,后沿下降时间t_f,脉冲宽度D,脉冲周期T等参数。

C电容放电完毕时,电压降为

$$\Delta U(t) = U(t_0) - U(t) = \frac{1}{C}I_p\tau \tag{9-57}$$

式中:I_p为脉冲电流的峰值;τ为脉冲宽度。

当电源电压等于U_0时,顶部降落为

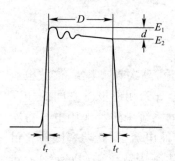

图 9-23 脉冲波形参数
及顶降定义

$$d = \frac{E_1 - E_2}{E_1} = \frac{\Delta U}{U_0} = \frac{I_p \cdot \tau}{C \cdot U_0} \quad (9-58)$$

当要求最大脉宽 τ_{max} 的顶降不大于 d 时,则有

$$C_{max} \geqslant \frac{\tau_{max} \cdot I_p}{d \cdot U_0} \quad (9-59)$$

式(9-59)表明,充电电容器容量能有效改善射频信号脉冲的顶降,当然实际选用时会受到体积及质量等限制。

脉冲包络顶降和波动会引起射频信号脉冲幅度和相位变化,直接影响发射机整机的改善因子和脉间相位噪声。如何尽量减小脉冲顶降以保证射频信号幅度和相位的稳定性是设计的难点。其具体的措施如下:

(1) 选择合适的尽量大的储能电容,减小引线电感,储能电容离馈电越近越好,同时增加旁路滤波,减小脉冲电压的纹波和高频尖刺噪声对射频信号的干扰,可有效减小脉冲顶降和改善脉冲频谱。

(2) 增加假负载,使开关管工作时负载电阻不再由"0"瞬时变化到"∞",改善脉冲顶降。

(3) 改变驱动器输入端的匹配状况,可通过串一个 RL 并联网络或并一个 RC 串联网络,这样同时也对顶峰进行了补偿,使得脉冲产生一定的顶升,从而来补偿输出脉冲波形的顶降。

(4) 对晶体管良好匹配,良好散热,避免晶体管输入信号产生过激励,提高晶体管的效率,来改善脉冲顶降。

9.4.2 供电问题分析

船载相控阵测量雷达需要完成的任务种类多,脉冲峰值功率高,波形设计复杂,在发射、接收工作模式切换时阵面存在脉冲功率波动,可能导致输出电压频率、机组励磁电流等参数超限,触发机组故障保护而导致停机,对供电系统稳定运行产生冲击。同时,阵面电源的无源整流开关模式造成输入电流对供电网产生谐波污染,对某些设备造成干扰,降低电能利用效率、产生电网电压畸变,影响系统可靠工作。

受限于船上有限供电功率容量和雷达阵面脉冲工作模式,需要对雷达系统供电功率波动和谐波治理进行优化设计,以保证船舶供电网络正常运行,优化设计的基本思路为:①采用电源+储能电容供电架构和电源功率管控设计,在长脉宽模式工作比变化时,通过调节电源输出功率(如阵面发射分时加/去电)来延长电容充电时间,保持供电功率稳定,达到抑制功率波动的效果;②采取谐波补偿装置来旁路和滤除负载所产生的谐波,有效抑制电流谐波分量。

9.4.2.1 输入供电功率波动分析

与陆地大容量供电电网相比,船舶电网的功率容量有限,一般由多台发电机组并联运行,抗负载冲击能力较差,响应时间在秒级,且有两级或三级加载要求。当负载出现高频(ms 级)大范围功率波动时,受限于机组自身的调速与调压性能,发电机组的输出电压或频率可能来不及恢复至额定值,使输出电压频率、机组励磁电流等参数超限,导致机组触发其故障保护而停机。

雷达 T/R 组件在脉冲工作时,常规采用电源加储能电容的设计方案,将高峰值功率延展至低平均功率。组件的峰值功率由储能电容和阵面电源共同提供,其中阵面电源在每个重频周期内近似按照(额定功率×工作时长)提供阵面组件所需的平均能量。组件工作比越大,阵面电源按照额定功率工作的时间越长;组件工作比越小,阵面电源按照额定功率工作的时间越短,出现断续工作状态,这是导致系统输入供电功率存在大范围波动的最主要因素。

图 9-24 所示为在长脉宽(6ms)满工作比和低工作比模式下的系统输入功率波形,其中蓝色波形为系统输入功率波形,紫色波形为阵面峰值功率波形。在长脉宽满工作比 20% 情况下,阵面电源近似按照额定功率在整个重频周期内提供阵面系统的平均功率,因此阵面电源为连续工作状态,系统输入功率不存在断续;在长脉宽小工作比 10% 情况下,阵面电源按照额定功率近似在半个重频周期内提供阵面系统的平均功率,因此阵面电源为临近断续工作状态,系统每个周期内存在从满功率到空载的输入功率波动,输入供电功率波动与阵面工作脉冲重复频率同步。

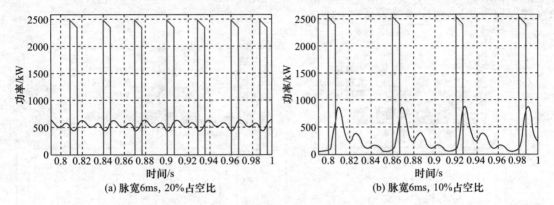

(a) 脉宽6ms, 20%占空比　　　(b) 脉宽6ms, 10%占空比

图 9-24　6ms 长脉宽不同工作比输入功率波形

9.4.2.2　电源谐波问题分析

阵面电源无源整流开关模式造成输入电流产生谐波畸变。对于六脉冲整流器,经过傅里叶分析,畸变电流除含有基波外,还含有丰富的高次谐波,其傅里叶级数展开式为(以 A 相为例)

$$i_A = \frac{2\sqrt{3}}{\pi}I_d\left(\sin(\omega t) - \frac{1}{5}\sin5(\omega t) - \frac{1}{7}\sin7(\omega t) + \frac{1}{11}\sin11(\omega t) + \frac{1}{13}\sin13(\omega t)\right.$$
$$\left. - \frac{1}{17}\sin17(\omega t) - \frac{1}{19}\sin19(\omega t) + \cdots\right) \tag{9-60}$$

式中:I_d 为三相整流输出直流电流。

由式(9-60)可知,电流波形中含 $6k \pm 1$(k 为正整数)次谐波,其中最主要的谐波成分是 5、7、11、13 次等谐波,并且各次谐波的有效值与谐波次数成反比。设 I_n 为第 n 次谐波电流,则电流的总谐波失真(Total Harmonic Distortion,THD)理论值为

$$THD_i = \sqrt{(I_5^2 + I_7^2 + I_{11}^2 + I_{13}^2 + I_{17}^2 + I_{19}^2 + \cdots + I_n^2)/I_1^2} \approx 31\% \tag{9-61}$$

电流谐波对电网造成严重的污染,其危害主要体现在以下几个方面:

(1) 使电能的产生、传输和利用的效率降低,系统功率因数降低。
(2) 谐波电流在输电线路上的压降使电压发生畸变,影响其他电子设备的正常工作。
(3) 谐波会对设备附近的通信设备产生干扰。

按照计算的电流谐波畸变率 31%,经仿真分析对应转换为船舶供电系统的电压畸变失真 THD_u 达到 8%,无法满足对系统电压畸变失真 THD_u 小于 5% 的规范要求。

9.4.3　供电优化设计

9.4.3.1　功率波动抑制设计

根据上述分析的功率波动原因,为抑制阵面脉冲工作模式引起的系统输入供电功率波动,采取以下措施:

(1) 电源功率管控设计:采用电源+储能电容供电架构,在长脉宽远距离探测模式工作比变化时,通过调节电源输出功率来延长电容充电时间,保持供电功率稳定,达到抑制功率波动的效果。图9-25所示为6ms脉宽,10%低工作比工作模式下,通过电源功率管控设计,有效将电源输入功率波动范围从40~850kW抑制到150~380kW。

(2) 阵面工作模式优化:通过工作模式优化,保持系统平均功率稳定,即远程探测结合判距离模糊和自动避盲技术,采用大脉宽大工作比渐变工作模式;近程探测小脉宽工作时,工作比切换设计为分挡变换,避免功率突变。

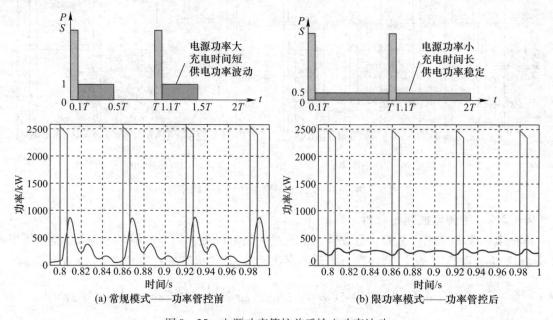

图9-25 电源功率管控前后输入功率波动

9.4.3.2 集约能耗管理设计

在船载相控阵测量雷达工作过程中,为适应不同任务需求,如当雷达探测近距离目标时,可通过开关控制T/R组件工作数量,划分阵面工作区域至2/3或1/3阵面,如图9-26所示,降低阵面辐射能量和系统总功率需求,从而减小阵面脉冲工作时输入端功率波动对发电机组的影响,同时实现系统降额使用、绿色运行,提高运行效费比和可靠性。阵面电源相应地根据不同工作区域,在线控制相应区域雷达阵面电源的工作状态。

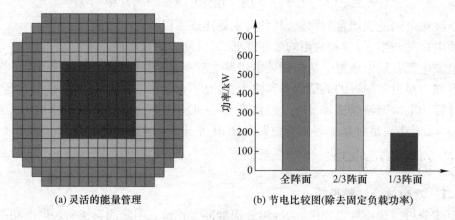

图9-26 阵面节电设计

9.4.3.3 谐波治理优化设计

为抑制电源谐波,可以采取谐波补偿装置来旁路或滤除负载所产生的谐波。谐波补偿方法可分为无源滤波和有源滤波两种:无源滤波一般采取 LC 调谐滤波器和多脉冲整流器,其主要优点是电路简单,成本低,可靠性高,不会产生额外的电磁干扰;缺点是体积大,重量重。有源滤波是采用注入与负载谐波电流大小相等、反相的谐波电流,来消除电网侧谐波电流,具有高度可控制和快速响应的特性,可以弥补无源补偿器的缺点,获得比无源滤波器更好的补偿特性,在相同功率情况下与无源谐波补偿装置相比,体积小,重量轻。

1. LC 调谐滤波器

LC 调谐滤波器是利用 LC 谐振原理,增加一条串联谐振支路,当 $\omega_n LC = 1$ 时,为希望消除的第 n 次谐波提供阻抗极低的通道,使之不注入电网。图 9 - 27 所示为一种较为经济实用的谐波滤波器。对三相桥式整流电路中的 5、7、11 次等谐波分别设置滤波器,使整流器产生的谐波电流大部分流入 LC 串联谐振回路,从而将流入电网的谐波电流抑制在允许值之内。不过,LC 调谐滤波器只能滤除特定频率的谐波电流,电感电容之间有大的充放电电流,对容性负载来说,滤波器的基波频率特性呈现为容性,会使系统的功率因数略有降低。

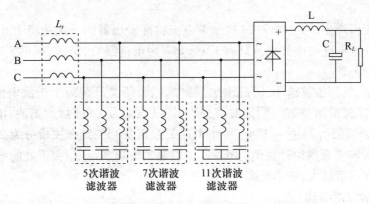

图 9 - 27　LC 调谐滤波器

2. 多脉冲整流器

多脉冲整流器是利用不同的匝比变换和绕组联结(如三角形联结和星形联结等)来构造得到相位不同的电压矢量,使得两侧电流由不同相位的电流矢量叠加而成,包含不同电压矢量的信息,最终使得常规三相桥式整流电路两侧的方波电流变为叠加而成的阶梯波电流。与阶梯波合成逆变器的道理相同,根据阶梯波抵消原理,当合成电流波形的阶梯数越多,即相位不同的电压矢量数越多,两侧电流阶梯数增多,电流波形越趋于正弦化,THD 越小。由于变压器中存在漏抗,阶梯波边沿变缓,实际的 THD 会略小于理论分析结果。目前,应用较多的有 12、18、24 脉冲整流器,图 9 - 28 所示为典型的 12 脉冲整流器原理。

图 9 - 28 中的 12 脉冲整流电路由两组三相整流桥组成,两组整流桥的交流侧分别接到变压器的两组二次绕组上,其中一个绕组是星形接法,另一个绕组是三角形接法,两者的线电压相位相差 30°。整流桥 V_2 的输入电压要超前整流桥 V_1 输入电压 30°,其 A 相输入电流 i_{a2} 的傅里叶级数展开式为

$$i_{a2} = \frac{2\sqrt{3}}{\pi} I_d \left(\sin(\omega t) + \frac{1}{5}\sin5(\omega t) + \frac{1}{7}\sin7(\omega t) + \frac{1}{11}\sin11(\omega t) + \frac{1}{13}\sin13(\omega t) + \right.$$

$$\left. \frac{1}{17}\sin17(\omega t) + \frac{1}{19}\sin19(\omega t) + \frac{1}{23}\sin23(\omega t) + \frac{1}{25}\sin25(\omega t) - \cdots \right) \quad (9-62)$$

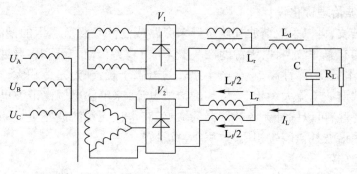

图 9-28 12 脉冲整流器原理

整流桥 V_1 的 A 相输入电流 i_{a1} 傅里叶级数展开式与式(9-60)相同，变压器初级绕组合成的 A 相电流为

$$i_A = i_{a1} + i_{a2} = \frac{4\sqrt{3}}{\pi}I_d\left(\sin(\omega t) + \frac{1}{11}\sin 11(\omega t) + \frac{1}{13}\sin 13(\omega t) + \frac{1}{23}\sin 23(\omega t) + \frac{1}{25}\sin 25(\omega t) - \cdots\right)$$

(9-63)

这样两组整流桥产生的 5、7、17、19 次谐波电流将在变压器的一次绕组上相移 180°，因而能互相抵消。这时注入电网的谐波电流只有 $12k \pm 1$（k 为正整数）次谐波，根据式(9-61)计算，电流 THD 理论值为 15.2%。

谐波次数越多，其幅值就越小，因此增加供电的相数便能显著减少谐波电流。如果采用 18 脉冲整流，每组电压矢量相差 20°，则谐波成分为 $18k \pm 1$（k 为正整数）次谐波，电流 THD 理论计算值为 10.1%。如果采用 24 脉冲整流，每组电压矢量相差 15°，则谐波成分为 $24k \pm 1$（k 为正整数）次谐波，电流谐波失真理论计算值为 6.8%。但是相数越多，移相变压器的结构越复杂，谐波抑制设备的体积和重量越大，成本越高。

3. 并联有源谐波滤波器

与无源滤波器相比，用脉冲宽度调制(Pulse Width Modulation, PWM)逆变器构成的并联有源滤波器(Active Power Filter, APF)是一种动态抑制谐波和补偿无功功率的电力电子装置，它能对频率和幅值都变化的谐波和无功进行自动补偿，具有高度可控和快速响应的特性，可以弥补无源补偿器的缺点，获得比无源滤波器更好的补偿特性。APF 能对变化的谐波进行实时动态跟踪补偿，可补偿多次谐波，同时提高负载的功率因数，并且在相同功率情况下与无源谐波补偿装置相比，体积小，重量轻。

并联 APF 的工作原理框图如图 9-29 所示，其中负载为雷达阵面供电系统的谐波源。电流传感器采样负载电流 i_l（含有基波电流 i_f 和谐波电流 i_h），经过指令电流运算电路检测出负载电流中的谐波电流 i_h 并得出补偿电流的指令信号 i_c^*，该信号经过电流跟踪电路调制后送给控制驱动电路，最后主回路逆变器根据驱动信号产生与 i_h 大小相等而方向相反的补偿电流 i_c，完全抵消负载所产生的谐波电流，从而使流入电网的电流 i_s 值仅含有基波分量 i_f。

APF 装置的工作机理是先检测再补偿，因此对周期性稳态谐波的补偿效果较好，而对于负载频繁变化的大动态负载，其补偿效果会由于不同 APF 装置的动态补偿响应速度不同而表现出差异，不同系统中的实际补偿效果需要根据负载特性进行评估。此外，由于采用了 PWM 变流器，APF 功率管的通断会产生电磁干扰信号，需要设计专门的电磁兼容性(Electro Magnetic Compatibility, EMC)滤波器对干扰信号进行抑制。

与无源滤波器相比，并联有源滤波器具有以下几个特点：

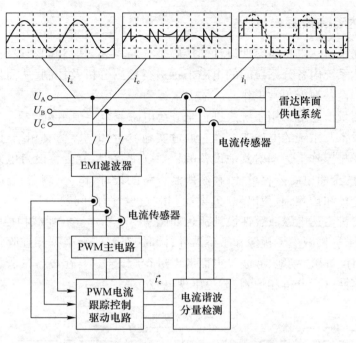

图 9-29 并联有源滤波器的工作原理框图

(1) 有源滤波器是一个谐波电流源,它的接入对原系统阻抗不会产生影响,不存在产生谐振的危害。

(2) 并联有源谐波滤波器能对变化的谐波进行实时动态跟踪补偿,可补偿多次谐波,同时提高负载的功率因数,在相同功率情况下,体积小,重量轻。

(3) 由于采用了 PWM 变流器,功率管的通断会产生电磁干扰信号,需要设计专门的 EMI 滤波器对干扰信号进行抑制。

并联型有源滤波装置采用并联的方式在负载的输入配电端口接入电网,无须改变系统原有的接线,即使滤波装置发生故障,只需将装置与电网断开,不会影响电网对负载设备的供电。

9.5 船载相控阵测量雷达电磁兼容设计

船载相控阵测量雷达需要安装在船舶平台上,其上含有导航雷达、测量雷达、气象观测、卫星通信等众多电子设备,工作频率覆盖非常广。对船载相控阵测量雷达而言,雷达将受到外部电子设备辐射的电磁兼容环境影响,为了使雷达能可靠工作,可以通过仿真分析和实地测量,获取准确的电磁数据,优化雷达受辐射电磁兼容设计;船载相控阵测量雷达对外辐射,包括同频、杂散、谐波频率等辐射引起的相应频段设备损坏、阻塞、干扰等问题,需进行电磁辐射仿真,结合其他设备接收机参数,进行杂散抑制、谐波抑制、工作方式等设计,减小对其他设备的干扰和影响,其中同频段导航雷达、测量雷达、气象雷达等系统是设计考虑的重点。另外,外界的有意干扰,包括其他船舶、飞机等平台载雷达、干扰机辐射,也是需要考虑防护的因素。

船载相控阵测量雷达电磁兼容性的基本要求,即系统与同一站内的其他电子电器设备之间相互无"有害"干扰。"有害"干扰是指对测量精度、误码率和其他主要性能有不利影响的干扰。设备具有良好的电磁兼容性,能经受实际工作环境中的其他设备所产生的电磁辐射,并对其他设备不产生干扰。

9.5.1 雷达电磁兼容设计

船载相控阵测量雷达电磁兼容性设计的核心是全船相邻频段和同频段设备间电磁干扰，以及相控阵测量雷达系统内各分系统间的电磁干扰进行预测分析及控制，从而保证船载相控阵测量雷达和其他探测设备都能正常工作。

船载相控阵测量雷达可采用系统法进行全系统电磁兼容性预测和分析。在产品研制初期就同步预测和分析设备及系统的电磁兼容性。通过实地测量和电磁仿真相结合的方式，获得相控阵雷达受辐射以及相控阵雷达辐射其他设备的辐射强度数据，分析各设备电磁兼容设计的薄弱环节，开展针对性的全船电磁兼容设计；在新研制设备的设计、试验、制造、装配过程中不断对其电磁兼容性进行分析和预测，避免出现"欠设计"和"过设计"的问题。

船载相控阵测量雷达电磁兼容性设计流程如图 9 – 30 所示。在船载相控阵测量雷达各分系统设备设计时，要求尽量减少干扰源和敏感器件；同时，在整体上根据相控阵雷达以及船载平台的特点，从系统设计、屏蔽、接地、滤波等方面考虑进行综合防护，在设备试验、制造、装配过程中不断对其电磁兼容性进行分析和预测，避免出现电磁互扰。

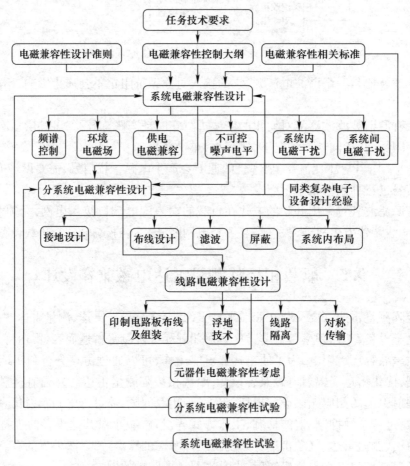

图 9 – 30　船载相控阵测量雷达电磁兼容性设计流程

9.5.2 全船电磁兼容分析

从全船电磁兼容性来看，干扰主要出现在发射机和接收机同频工作时，部分出现在谐波干扰的条件下。因此,采用综合性预测方法,研究分析"发射—接收"这一干扰对的预测分析模型,主要包括发射机模型、接收机模型和耦合途径模型,建立干扰裕量方程进行电磁兼容预测分析。

干扰裕量方程是用来衡量船载相控阵测量雷达与其他雷达或敏感设备之间电磁干扰的,用进入接收机输入端的有效干扰功率 P_i 与其灵敏度门限值 P_r 来确定,干扰裕量为

$$\mathrm{IM}(f,t,d,p) = P_i(f,t,d,p) - P_r(f,t,d,p) \tag{9-64}$$

式中:IM 表示干扰裕量;f 表示频率;t 表示时间;d 表示距离;p 表示天线的空间方向。若 IM > 0,表示存在干扰,值越大表示干扰越强;若 IM < 0,则处于电磁兼容状态,值越小表示电磁兼容性越好;若 IM = 0,则表示处于临界状态。

综合考虑发射与接收天线的增益、电磁波的传输衰减以及带宽因子,得到干扰裕量的通用表达式为

$$\mathrm{IM}(f,t,d,p) = P_t(f_t,t) + G_t(f_t,t,d,p) - L(f_t,t,d,p) + G_r(f_t,t,d,p) - P_r(f_r,t) + C_F(B_t,B_r,\Delta f) \tag{9-65}$$

式中:f_t 为发射机发射频率;f_r 为接收机响应频率;P_t 为发射机发射功率;G_t 为在接收天线方向上的增益;L 为收发天线间的传输损耗;G_r 为接收天线方向上的增益;P_r 为接收机的敏感度门限;C_F 为考虑发射机带宽 B_t 与接收机带宽 B_r 以及频率间隔 Δf 时的修正因子。

通过干扰裕量的计算,能够预测分析船载相控阵测量雷达是否与其他雷达或敏感设备之间存在电磁干扰以及干扰程度的大小,从而有针对性地采取措施减小或抑制干扰。

相邻频段雷达应该避免谐波对其他设备产生干扰,造成接收通道损坏、阻塞。同频段雷达应在空间上隔离放置,并且进行统一的电磁兼容管理,同时避免主瓣工作方向相互照射,利用副瓣/背瓣低增益特性、距离衰减特性,减少雷达间的相互干扰。

为了减小船载相控阵测量雷达产生的谐波和杂散对其他设备的影响,在雷达设计时采取各种有效抑制措施,包括采用带阻特性天线单元,在发射各级之间合理利用滤波器来减小乱真输出,对系统使用的时钟基准、本振、DDS 信号产生输出增加滤波器以抑制乱真输出,保证发射输出对谐波、杂散的有效抑制,将设备所有的乱真辐射控制在系统电磁兼容性设计要求的范围内,减小对其他设备的干扰。

9.5.3 全船电磁兼容管理

对船载相控阵测量雷达电磁兼容问题的解决途径一般采取接地、屏蔽、绝缘隔离的方法,这些方法有助于解决设备内部和分系统之间的电磁兼容问题,并不能从系统间的角度来解决全船电磁兼容问题。如果说接地、屏蔽、绝缘隔离是解决电磁兼容问题的硬措施,则全船电磁兼容管理是解决电磁兼容问题的软措施,它是在全船电磁兼容分析和测量的基础上,通过建立全船电磁兼容数据库,制定并优化全船电磁兼容管理策略。

为削弱船载相控阵测量雷达与其他敏感设备的电磁干扰,可以从频率、空间、功率和时间管理四个方面进行电磁兼容优化管理。

1. 频率管理

如果能够确定船载相控阵测量雷达与其他雷达或敏感设备之间的干扰仅存在于某些频段或频点,则可以对设备进行频率管理。如果雷达能够变频,则可以更换雷达的工作频率,同样也可以关闭接收设备某个频段。频率管理能保证相关设备的使用,不过事先需比较准确地预测干扰频点。

2. 空间管理

对于由于雷达照射时相互之间产生干扰的电磁设备,当其中一部天线为定向窄波束天线,且副瓣/背瓣足够小时,可以进行空间管理,使其分别工作于不同的空间区域,从而控制电磁干扰。空间管理首先要确定被管理设备的工作区域,确定进行空间管理的可行性,然后确定空间管理的限值。该值取决于发射天线的近场辐射强度和接收天线的副瓣/背瓣接收能力。

3. 功率管理

功率管理是对雷达或其他无线电设备的发射功率和接收灵敏度的管理,根据任务的阶段性对各雷达或无线电设备实施能量有效配置的过程。

4. 时间管理

对于由于雷达照射时相互之间产生干扰的电磁设备,若其处于下列条件:收发天线副瓣/背瓣较大,不易进行空间管理;收发天线工作于相同频段且均为宽带天线,无法进行频率管理;收发天线无法通过调整发射功率和接收灵敏度进行工作,则可以实施时间管理,使产生相互干扰的设备分时工作。这种管理方式虽然简便,但也是使被管理设备工作效能损失最大的管理方式。因此,仅适用于其他管理方式均不能有效实施的情况下。

在船全电磁兼容管理的具体实施过程中,首先需要对完成的任务进行电磁兼容性分析,分析船载相控阵测量雷达与其他设备的工作时序、频段及波束指向范围,研判设备之间电磁干扰情况,如果当前预案可通过电磁兼容管理解决干扰问题,则依据干扰设备分时工作、波束指向避开主瓣干扰的原则生成电磁兼容管理计划,在实时任务执行期间,交由电磁兼容管理模块控制设备分时、分区完成观测任务。生成的电磁兼容管理计划支持人工修改。如果分析当前预案存在严重干扰,无法通过当前的电磁兼容管理策略解决,即发布预案修订提示,并重新制定电磁兼容管理方法。

9.5.4 人员电磁防护要求

微波对人体的危害体现在两个方面:热效应和非热效应。热效应是在高强度微波辐射作用下产生的,是一种急性损伤;在低强度微波辐射作用下,产生的是非热效应,是一种慢性积累损伤。船载相控阵测量雷达等效辐射功率较大,对人体可产生较大伤害。因此,必须在雷达天线周边限制人员活动范围,防止在雷达工作期间产生微波辐射伤害事故。

根据微波对人体危害方式,将天线阵面辐射区域划分为禁入区、限制活动区和非居住区,禁入区是指在雷达工作期间禁止人员进入;限制活动区是指在雷达工作期间人员可在此区域内通行或短暂停留;非居住区是指在雷达工作期间人员可在此区域内工作,但不允许人员在此区域长期生活、居住。

暴露限值是指在特定的空间内允许的最大电磁辐射强度,一般用功率密度或电场强度表示。按 GJB 5313—2004《电磁辐射暴露限值和测量方法》中规定的作业区暴露限值要求,间断暴露最高允许限值是指在高强度微波辐射情况下产生热效应作用时允许的暴露限值,连续暴露平均功率密度是指在低强度微波辐射情况下产生非热效应时允许的暴露限值。

根据 GJB 5313—2004 规定,禁入区暴露限值为

$$f/80(\text{W}/\text{m}^2) \tag{9-66}$$

式中:f 为雷达工作频率(MHz)。

作业区暴露限值如表 9-1 所列,生活区暴露限值如表 9-2 所列。在此,以作业区间断暴露最高允许限值作为划定人员禁入区的标准,以作业区连续暴露平均功率密度暴露限值作为划定限制活动区的标准,以生活区微波脉冲波暴露限值规定的平均功率密度作为划定非居住区的标准。

表9-1 作业区暴露限值

频率f/MHz		连续暴露平均电场强度/(V/m)	连续暴露平均功率密度/(W/m²)	间断暴露一日剂量/(W·h/m²)
短波	3~30	$58.5/\sqrt{f}$	$9/f$	$72/f$
超短波	30~300	10.6	0.3	2.4
微波	$300~3\times10^3$	10.6	0.3	2.4
	$3\times10^3~10^4$	$0.194\sqrt{f}$	$f/10000$	$f/1250$
	$10^4~3\times10^5$	19.4	1	8

间断暴露最高允许限值:

3~10MHz 时为 $305/f$(V/m);

10~400MHz 时为 5W/m²;

400~2×10³MHz 时为 $f/80$(W/m²);

2×10³~3×10⁵MHz 时为 25(W/m²)。

表9-2 生活区暴露限值

频率f/MHz		平均电场强度/(V/m)	平均功率密度/(W/m²)
短波	3~30	$41/\sqrt{f}$	$4.5/f$
超短波	30~300	7.5	0.15
微波	$300~3\times10^3$	7.5	0.15
	$3\times10^3~10^4$	$0.137\sqrt{f}$	$f/20000$
	$10^4~3\times10^5$	13.7	0.5

根据船载相控阵测量雷达的工作频率以及各限制标准综合考虑可得以下结论:

(1) 禁入区以平均功率密度 25W/m²(2~300GHz)为界。

(2) 雷达间断作业区以平均电场强度 10.6V/m(S频段)和 18.9V/m(X频段)、平均功率密度 0.3W/m²(S频段)和 0.95W/m²(X频段)为界。

(3) 安全作业区以平均电场强度为 7.5V/m(S频段)和 13.35V/m(X频段)、平均功率密度 0.15W/m²(S频段)和 0.475W/m²(X频段)为界。

9.5.5 外界有意干扰设计

船载相控阵测量雷达可能遭遇的外界有意干扰可分为"前门"和"后门"两大类。"前门"干扰是从天线馈入,与雷达工作频段重叠,这类干扰需重点考虑接收系统被烧毁、阻塞和干扰的防护;"后门"干扰是指感应电流通过设备开口、缝隙等"后门"耦合到电子设备电路中,引起电子设备工作异常,这类干扰需重点考虑电子设备的屏蔽等防护设计。船载相控阵测量雷达对防护有意干扰的防护措施包括"前门"干扰防护和"后门"干扰防护。

1. "前门"干扰防护

(1) 利用天线单元低频截止性能,抑制低频干扰电平,最大抑制度大于10dB。

(2) 选用大功率限幅器、耐高功率器件,耐功率大于组件输出功率两倍,在满足防护自身T/R组件发射全反射的同时,可增强外界电磁抗烧毁能力,通过天线单元和耐功率限幅器设计可有效保证雷达接收系统不被有意干扰损坏。

(3) 其他的电磁干扰,包括压制连续波干扰、脉冲干扰等,通过设计完善的电子对抗措施确保雷达在有意干扰环境下工作。

2. "后门"干扰防护

重点对天线罩内的电子设备进行电磁干扰分析,对相应设备加强电磁兼容性设计,包括阵面电源、有源子阵、伺服等,确保各电子设备屏蔽、接地良好,使得船载相控阵测量雷达具有良好的"后门"干扰防护性能。

参 考 文 献

[1] 瞿元新. 航天测量船测控通信设备船摇稳定技术[M]. 北京:国防工业出版社,2009.
[2] 韩京清. 自抗扰控制技术:估计补偿不确定因素的控制技术[M]. 北京:国防工业出版社,2008.
[3] GAO Z. Q Scaling and bandwidth – parameterization based controller tuning[C]//Proceedings of the American Control Conference,June 4 – 6,2003,Denver,USA,2003:4989 – 4996.
[4] 袁东,马晓军,曾庆含,等. 二阶系统线性自抗扰控制器频带特性与参数配置研究[J]. 控制理论与应用,2013(18):1630 – 1640.
[5] 郭胜朝. 相控阵雷达脉冲电源设计与应用[J]. 探测与定位,2010(2):36 – 39.
[6] 钱倩云,孙超,张峻岭. 相控阵雷达的分布式供电设计[J]. 舰船电子工程,2016(10):176 – 180.
[7] 赵夕彬. 固态脉冲功率放大器脉冲波形顶降的研究[J]. 半导体技术,2009(4):381 – 384,392.
[8] 李刚,陈洁,吴珩,等. 舰载相控阵雷达电源系统技术研究[J]. 雷达与对抗,2018(3):16 – 19.
[9] 古志强. 谐波补偿技术在雷达电源系统中的应用[J]. 现代雷达,2013(4):81 – 85.
[10] 张厚,唐宏,丁尔启. 电磁兼容技术及其应用[M]. 西安:西安电子科技大学出版社,2013.
[11] 石岩,娄亮. 舰载雷达电磁兼容分析与电磁干扰抑制[J]. 海上靶场学术,2008(11):28 – 30.
[12] 郭予并,王祎,孙连宝. 水面舰艇武备系统电磁兼容控制与管理探究[J]. 海上靶场学术,2011(1):64 – 67.

第 10 章 船载相控阵测量雷达标校及测试诊断技术

10.1 概 述

本章主要介绍船载相控阵测量雷达的标校和测试诊断技术,相控阵雷达阵面监测也属于测试诊断范畴,但阵面监测系统是针对特定雷达且功能相对独立的专用测量系统,本章将对阵面监测作为专门的内容进行介绍。

相控阵测量雷达阵面监测技术随着有源相控阵天线技术的发展而不断进步。它的主要功能是保证有源相控阵天线在整个生命周期内有效工作性能、可靠性和可维修性,对有源相控阵天线进行故障判断、定位、性能评估、校准。阵面监测所涉及的技术涵盖了雷达电子技术的各个方面,如天线微波电磁场原理、接收机技术、信号处理(包括 A/D、数字电路)、数据处理、软件算法、软件编程技术等。

相控阵测量雷达的测试诊断系统具备故障自动检测和隔离能力,可用于雷达系统在执行任务前的准备工作,提高雷达系统的可靠性,及时发现故障,排除隐患;也可用于雷达系统监校模式下的故障诊断,缩短平均修复时间(Mean Time To Repair,MTTR)。测试诊断系统采用虚拟仪器、专用嵌入式仪表等方式,通过设置故障监测点和加入测试信号,对雷达各部分的主要工作状态、性能进行测试。工作方式分为在线检测和脱机测试两种。在线检测在雷达工作周期内进行,定期收集处理各分系统运行状态和工作参数,当雷达出现需操作手注意的情况或有故障存在时,面板指示灯点亮,报警器发出声音报警,同时通过网络发送故障信息。脱机测试在雷达维护状态下进行,主要用于故障定位和设备维护。

船载相控阵测量雷达标校的目的是通过一定的测量手段,建立统一的坐标系即坐标系取齐,确定雷达系统的误差修正模型系数,同时对雷达系统的工作参数进行校准。船载相控阵测量雷达与反射面雷达相比,天线口径大,在阵面中心附近安装高精度光学标校装置比较困难,同时大部分相控阵雷达天线需要安装在球形天线罩内,无法形成通视,故用常规的光学标校有诸多限制;相控阵测量雷达具备目标电磁散射特性测量和宽带成像功能,需要对雷达 RCS 和系统宽带幅相进行误差标定和补偿;阵面姿态采用高精度捷联惯导安装在天线阵面上直接进行测量的方式,该种方式的测量误差模型与常规方式差异大,需要设计合理可行的标校和应用方法。

10.2 相控阵天线测量与校准技术

相控阵天线的性能主要表现为频率带宽、扫描空域、波束宽度、方向性系数、方向图和副瓣电平、零深、指向精度等。设计之初根据性能指标要求设计相应带宽的天线单元,确定阵面的口径大小、有源通道数量、单元间距和排列网格、阵面加权方式、波束形成网络以及移相器的位数等。以上参数确定以后,天线阵面的工程实现便成为首要问题,由于存在天线单元加工和安装误差,T/R 组件有源通道间幅相误差、馈线网络适配的幅相误差等,此类误差都会造成相控阵天线方向性系数降低、波瓣的展宽、副瓣电平的抬高、差波束零深不达标、波束指向的偏差等一系列问题。

综上所述,相控阵天线的测试和校准是雷达出厂和雷达大修的一项重要环节。

本书中,相控阵天线测量技术主要对方向图、波束宽度、副瓣电平、差零深以及方向性系数和等进行测试;根据阵列天线理论,阵列的辐射场取决于每个天线单元的幅度和相位,因此,精确地测量与控制每个通道的幅度和相位可获得准确的天线方向图,相控阵天线校准技术就是对每个通道的幅度和相位误差进行校准。

常规天线测量技术基本上都可以应用到相控阵天线测量中。天线外部的场区分为口径场区、辐射近场区和辐射远场区,不同的天线测量方法可分别在上述不同的场区施行,如图 10-1 所示。这里特别定义相对于阵元为远场,相对于相控阵天线口径为辐射近场的一块区域为"中场"($2d^2/\lambda < R < 2D^2/\lambda$),其中 D 为阵面口径,d 为阵元尺寸。

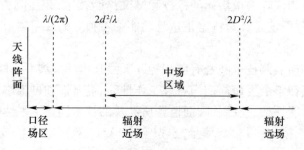

图 10-1 天线测量区域定义

相控阵天线的测量技术可分为两大类,即直接测量法和间接测量法。直接测量法比较直观,测试方法简明,数据处理工作量较少。间接测量法一般比较复杂,测试数据量和处理数据量大。任何一种测量方法都有各自的特点、适应性和局限性。直接测量法包括远场、缩距场、中场聚焦测试等,间接测量法包括平面近场、柱面近场和球面近场测试等。

由于制造公差和天线互耦的影响,相控阵天线各通道会呈现出较大的幅相误差,需对天线进行校准,使性能达到设计要求。现阶段常用的天线校准方法有矩阵求逆法、近场扫描法、旋转矢量法、互耦校准法、换相法、中场校准法等。Davis 提出的矩阵求逆法是一种远场校准方法,Shnitkin 将 BITE 耦合器系统加在被测通道与数字移相器之间,用 FFT 算法代替矩阵求逆得到通道的幅度和相位值。近场扫描法操作简单,但忽略阵元间存在的互耦效应,因此难以精确地修正通道间的幅相误差。高铁等提出的互耦校准技术(Mutual Coupling Technique,MCT)无须外场测量装置,但要求各阵元通道可以独立控制其工作状态,仅适用于相控阵天线的机内测试系统,基准单元的选取与逆推路径决定此方法校准精度。换相法通过引入 Walsh 函数、Hadamard 矩阵等生成特殊的控制矩阵,一次测量即可校准所有单元,此方法需补充先验信息(如测量探头的方向特性和位置),精度较高。旋转矢量法在探头位置、测量单元个数等方面选择灵活,但完成一次校准所需时间较长,计算量大,而且大型天线阵面中单个阵元相位的变化很难引起测试信号的明显变化。表 10-1 给出了各种天线校准方法的优点与局限性。

表 10-1 天线校准方法比较

方法	天线测量区域	效率
近场扫描法	近场	逐个单元测量
旋转矢量校准法	近场、远场、天线口径面	逐个单元,多个单元测量
换相测量法	近场、远场	多个单元测量
互耦校准法	机内	逐个单元测量
中场校准法	中场	逐个单元,多个单元测量

10.2.1 相控阵天线测量技术

10.2.1.1 远场测量

远场测量最为经典,是最早应用的天线测量手段,根据测量场地的不同,又分为室外远场和室内远场。

室外远场测量系统要满足最小测量距离要求,并尽量避免周围地形地物的影响,以便较真实地模拟自由空间,所以往往将收发天线架高,如架设在相邻的标校塔、楼顶或者山顶上,其主要分为高架测试场和斜天线测试场。

不过由于室外空间电磁环境的复杂化,人们把远场测量系统搬到了微波暗室内。室内远场原理上与外场测试并无不同,只是通过对暗室结构的合理设计以及吸波材料的使用,大大降低了室外远场测试所遇到的干扰问题,并增强了保密性。室内测试场又分为室内远场和紧缩场。

紧缩场技术是指在近距离将天线发出的球面波转换成平面波的技术。根据实现方式的差异,紧缩场有三种标准类型,包括全息型、透镜型以及应用最广泛的反射面型。三种类型的紧缩场各有所长,各自均获得不同程度的发展。其中,反射面型紧缩场(图10-2)因为原理简单,易于实现,成为发展最早也最为成熟的一类紧缩场类型。

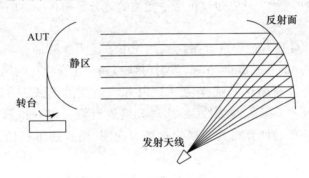

图10-2 反射面型紧缩场原理示意图

反射面紧缩场是利用反射面的物理特性,将天线发射的球面波反射成准平面。具体的测量系统又根据反射面的数量分为单反射面、双反射面以及三反射面。不过随着高频段天线技术迅速的发展,对反射面的精度提出了更加严格的要求,但由于受到加工水平的制约,高频段反射面的精度难以保证。

透镜紧缩场在高频段表现良好,在一定程度上解决了反射面表面精度不足的问题。但是,由于介电常数降低引起的透镜厚度的急剧增加以及透镜材料选择等一系列问题,透镜紧缩场并未取得较好的发展。

全息紧缩场是采用全息光栅板充当准直元件,其原理如图10-3所示。全息光栅板的加工工艺比较简单,与反射面的加工相比,其加工精度要低很多,制造成本也比较低。全息紧缩场工作频段可达太赫兹波段,不过由于光栅板频带较窄以及交叉极化差的固有缺陷,全息紧缩场的应用受到了不小的限制。此外,由于大尺寸单块全息光栅板制造水平有限,光栅板的拼接所造成的较大误差也成了全息紧缩场在高频应用中的短板。

10.2.1.2 近场测量

近场测量是用一个特性已知的探头(口径几何尺寸远小于1λ)在离开辐射体(通常是天线)$(3\sim10)\lambda$的距离上扫描测量(按照取样定理进行抽样)一个平面或曲面上电磁场的幅度和相位数据,然后基于严格的模式展开理论,确定天线的近场特性。最后,经近场—远场变换理论,由计

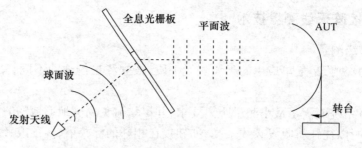

图 10 – 3　全息紧缩场原理示意图

算机编程进行变换处理,近似得到待测天线远场特性。

根据扫描面几何形状,通常采用平面近场(Planar Near – Field,PNF)、柱面近场(Cylindrical Near – Field,CNF)和球面近场(Spherical Near – Field,SNF)。当取样扫描面为平面时,则称为平面近场测量;若取样扫描面为柱面,则称为柱面近场测量;如果取样扫描面为球面,则称为球面近场测量。下面简要介绍平面近场测量。

平面近场测试基于波谱展开理论,在无源区内,任何正弦电磁波都可以表示为沿不同方向传播的一系列平面波分量的叠加,只要知道每个平面波的复分量与传播方向的关系,天线辐射场的空间特性就完全确定了。

借助于图 10 – 4 可对基本过程进行系统阐述如下。设天线阵面位于 $o-xy$ 平面,z 与之垂直。假定被测天线 AUT(Antenna Under Test)发射(接收)两个正交极化的场 $E_h(x,y)$ 和 $E_v(x,y)$,探头对其进行离散抽样。利用这些抽样值计算以方向余弦的形式表示的波谱 $A_h(k_x,k_y)$ 和 $A_v(k_x,k_y)$。由于它们包含了探头的特性,必须对波谱进行修正以获得修正波谱 $A'_h(k_x,k_y)$ 和 $A'_v(k_x,k_y)$。最后通过简单的计算将其变换为远场方向图,而且还可以估计出阵列天线的实际分布。

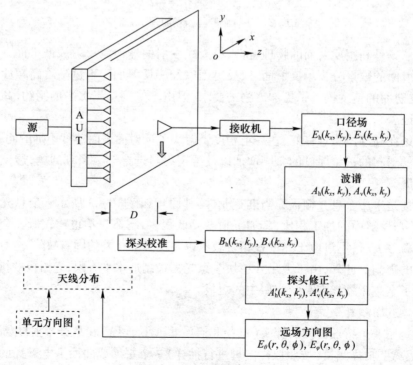

图 10 – 4　平面近场测试的基本过程

根据等效原理和唯一性原理，如果一个闭合面包含所有的辐射源，只要已知闭合面上的切向电场分量或切向磁场分量就可确定闭合面外部空间的辐射场。假定采用经过校准的探头测量了所需测试平面的切向电场，并且知道探头的精确位置即可计算远场。设矢量波数 K 为

$$K = k_x \boldsymbol{x} + k_y \boldsymbol{y} + k_z \boldsymbol{z} \tag{10-1}$$

远场方向图与所谓的平面波谱 $A(k_x, k_y)$ 密切相关。采用波谱构成的测试平面 $z = z_0 = D$ 处的切向电场为

$$\boldsymbol{E}_x(x,y,z_0) = \frac{1}{2\pi} \iint \boldsymbol{A}_x(k_x,k_y) e^{-j(k_x x + k_y y + k_z z)} dk_x dk_y \tag{10-2}$$

$$\boldsymbol{E}_y(x,y,z_0) = \frac{1}{2\pi} \iint \boldsymbol{A}_y(k_x,k_y) e^{-j(k_x x + k_y y + k_z z)} dk_x dk_y \tag{10-3}$$

相应的 Fourier 变换为

$$\boldsymbol{A}_x(k_x,k_y) = \frac{e^{-jk_z z_0}}{2\pi} \iint \boldsymbol{E}_x(x,y,z_0) e^{j(k_x x + k_y y)} dx dy \tag{10-4}$$

$$\boldsymbol{A}_y(k_x,k_y) = \frac{e^{-jk_z z_0}}{2\pi} \iint \boldsymbol{E}_y(x,y,z_0) e^{j(k_x x + k_y y)} dx dy \tag{10-5}$$

在已知平面波谱切向分量的情况下，由无源区 $\nabla \cdot \boldsymbol{D} = 0$ 可得

$$\boldsymbol{A}_z(k_x,k_y) = -\frac{k_x \boldsymbol{A}_x(k_x,k_y) + k_y \boldsymbol{A}_y(k_x,k_y)}{k_z} \tag{10-6}$$

根据频谱可确定距离 r 处的远场为

$$\boldsymbol{E}(r) = \frac{je^{-jkr}}{r} k_z \boldsymbol{A}(k_x,k_y) \tag{10-7}$$

式中：k 为波数 ($k = 2\pi/\lambda$)，且有

$$\boldsymbol{A}(k_x,k_y) = \boldsymbol{A}_x(k_x,k_y)\boldsymbol{x} + \boldsymbol{A}_y(k_x,k_y)\boldsymbol{y} + \boldsymbol{A}_z(k_x,k_y)\boldsymbol{z} \tag{10-8}$$

k_z 为实数，这是由于虚数 k_z 对应的凋落波不会传播到远区，$\boldsymbol{k}$ 的分量为

$$\begin{cases} k_x = k\sin\theta\cos\phi \\ k_y = k\sin\theta\sin\phi \\ k_z = k\cos\theta \end{cases} \tag{10-9}$$

由式 (10-9) 可知，$k^2 = k_x^2 + k_y^2 + k_z^2$，其中 $k^2 = \omega^2 \mu \varepsilon$，$\mu$，$\varepsilon$ 分别为媒质的介电常数和导磁率。

平面近场测试方法中除需要一个精度较高的扫描架，还必须有专门测量暗室，造价昂贵。为提高测试精度，还需对天线阵面测试系统探头误差、取样面截断误差、散射误差、转台机械误差等进行补偿。

10.2.1.3 中场聚焦法测量

在相控阵雷达阵面较大的情况下，无法进入暗室时（或在装船以后），还必须用到中场聚焦法测量。中场聚焦法测量主要原理是，在距阵面较近距离（对单个阵元满足远场条件）人为地改变天线单元的初始相位，使观察点距离各单元"等相"，相当于从无穷远处观察阵面，实现"聚焦"，则可观察到近似远场的方向图。

假定线性阵列由结构形状、电流分布和安装姿态都一样的相似元组成，阵列与 X 轴重合，如图 10-5 所示，则在 XY 面内的观察点 P 的场函数可表示为

$$F(\theta) = \sum_{n=1}^{N} \frac{k_n I_n f_n(\theta)}{r_n} e^{-jkr_n + j\varphi_n} \tag{10-10}$$

式中：k_n 为与 θ 无关的常数；$f(\theta)$ 为天线单元在平面内的方向图；r_n 为观察点到第 n 个单元的距离。当 r 足够远时，观察点和单元的距离差异对幅度影响可忽略，如图 10-6 所示；观察点到单元的射线接近平行线，提取公共部分可得到远场近似方向图函数，忽略掉常数，可得

$$F(\theta) = \sum_{n=1}^{N} I_n e^{j(knd\sin\theta + \varphi_n)} \tag{10-11}$$

设观察点 P 距离阵列的最短距离为 r_0，则观察点到第 n 个单元的距离 r_n 对幅度和相位的影响都不能忽略，将式(10-10)改写为

$$F_{\text{near}}(\theta) = \sum_{n=1}^{N} k'_n I'_n f_n(\theta_n) e^{j[k(r_n - r_0) + \varphi_n(\theta_n) + \varphi_n]} \tag{10-12}$$

式中：$k'_n = \frac{k_n}{r_0} e^{jkr_0}$ 为常数；$I'_n = \frac{r_0}{r_n} I_n$；$f_n(\theta_n)$ 为单元在 θ_n 方向增益；$\varphi_n(\theta_n)$ 为单元在 θ_n 相位因子。

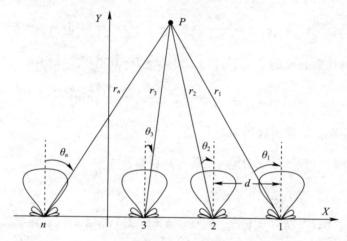

图 10-5　中场聚焦法示意图

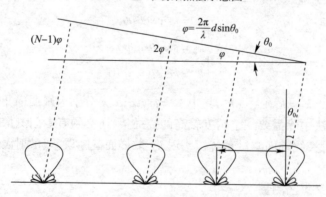

图 10-6　远场阵列天线方向图的形成原理

若令 $\varphi_n = -k(r_n - r_0) - \varphi_n(\theta_n)$，即可实现最大值在 P 点聚焦。组成直线的阵列各单元，经相位修正后，从观察点 P 来看，如同分布在 P 点为圆心的圆周上；各单元到辐射的相位波前，因"距离"相同，同时到达 P 点，实现聚焦。

当天线阵扫描时，如同远场条件下那样，各单元产生阶梯相位差，即 $\varphi_n = knd\sin\theta_s$，则可实现波束扫描。与远场扫描不同的是，阵列在 θ_s 方向不能观察到辐射最大值，这是因为，从圆弧上分

布的各点,依照惠更斯原理,在 θ_s 方向并不能严格同相叠加。但从 P 点来看,各单元辐射波顺次相差 $knd\sin\theta_s$,如同直线阵列在法向方向无穷远处观察阵列扫描到 θ_s 方向的情形一样。当中场聚焦法扫描时,P 点观察到的是一系列方向图的采样点。

$$F_{\text{near}}(\theta) = F_{\text{far}}(\theta_s - \theta) \tag{10-13}$$

当 θ_s 遍历需要的观察值,则可相应得到扫描方向图。

中场聚焦法所需要的条件:

$$R = \eta D, \eta \geqslant \sqrt[3]{D/8\lambda} \tag{10-14}$$

式中:R 为检测天线和阵列的垂直距离;D 为阵列长度;η 为系数。

10.2.2 相控阵天线校准技术

相控阵天线校准根据实现的技术途径又可以分为矩阵求逆法、互耦校准法、旋转矢量校准法、中场校准技术法、换相测量法等,本节主要介绍不同技术途径下的相控阵天线校准方法。

10.2.2.1 矩阵求逆法

矩阵求逆法是一种远场校准方法。该方法需要一个远距离测试场、辅助天线和转台系统,被测相控阵天线安装在一个精密定位的转台上,接收远场辐射信号,在 N 个预定的角位置,对天线总输出端口精确地测出幅度和相位,再通过矩阵求逆运算得到天线口径分布的幅度和相位值。

10.2.2.2 互耦校准法

互耦校准技术法需要各阵元通道可以自由控制收发状态,该方法主要适用于有源相控阵,不需要外加辅助源,利用阵列自身部件进行。互耦校准法(Mutual Coupling Method,MCM),基于大型阵列的阵中相邻单元的互耦系数是相同的这一基本原理,通过对阵列中相邻单元进行收发测试,由测试数据计算各有源通道的幅度相位信息,从而实现阵面监测功能,再根据理想分布进行阵列校准。

假设第 m 个单元发射信号,其相邻单元 $m-1$(或 $m+1$)接收,阵面其他单元关闭(置为负载状态),测量并记录接收单元接收到的幅度和相位,对所有单元重复这个过程。根据互耦系数的定义并利用测得的接收幅度相位信息,就能计算所有单元的发射、接收信号即阵面的口径分布。

设有一个包含 N 个单元的线阵,阵中相邻单元的互耦系数为 C,由互耦系数的定义可以得到,当第 m 个单元发射,第 $m-1$ 个单元接收时,有

$$R_{m-1}^m = T_m \cdot C \cdot U_{m-1} \tag{10-15}$$

式中:R_{m-1}^m 为单元 m 发射时在单元 $m-1$ 处接收到的信号;T_m 为单元 m 的发射信号;U_{m-1} 为单元 $m-1$ 的接收链路的传递函数。

当第 m 个单元发射,第 $m+1$ 个单元接收时,有

$$R_{m+1}^m = T_m \cdot C \cdot U_{m+1} \tag{10-16}$$

式中:R_{m+1}^m 为单元 m 发射时在单元 $m+1$ 处接收到的信号;U_{m+1} 为单元 $m+1$ 的接收链路的传递函数。

由以上方程组,可推出此阵列中所有单元的 U、T 关系,如当 N 为偶数时,有

$$U_m = \frac{R_m^{m+1}}{R_{m+2}^{m+1}} \cdot U_{m+2}, \quad m = 1, 2, \cdots, N-2 \tag{10-17}$$

$$T_m = \frac{R_{m+1}^m}{R_{m+1}^{m+2}} \cdot T_{m+2}, \quad m = 1, 2, \cdots, N-2 \tag{10-18}$$

由式(10-17)和式(10-18)可以看出,如果标定线性阵列的两个单元相邻,则可推算所有

单元的收发相对幅相。

如果将 MCM 法应用于线阵的校准过程推广至大型二维阵列,则当标定 4 单元时,就可得出所有单元的收发分布。与线阵相比,MCM 法校准应用于二维阵列时产生了一些新的特点,其中最重要的是对于某个单元来说存在多种推导方式。因此,用 MCM 法校准处理二维阵列时面临的问题之一便是如何选择、优化其推导方式以确定每个单元的最佳 U、T,使二维阵列口径分布更接近于理想分布。

下面列举两种比较容易想到的推导方式,如图 10-7 所示,方式 1 由标定单元推至中间两行单元,再由这两行推至全阵;方式 2 由标定单元推至中间两列单元,再由这两列推至全阵。

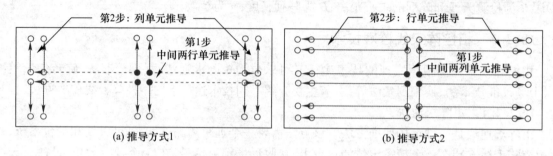

图 10-7 两种常用推导方式

由方式 1 推导出二维阵列电流分布,并进行水平、垂直副瓣统计时发现,俯仰面峰值副瓣非常集中,而方位面峰值副瓣波动较大。由方式 2 推导出二维阵列电流分布,并进行水平、垂直副瓣统计时发现,方位面峰值副瓣非常集中,而俯仰面峰值副瓣波动较大。通过分析可以看出,方式 1 把中间两行单元的误差带到了全阵,使方位面等效线源电流变化较大。方式 2 把中间两列单元的误差带到了全阵,使得俯仰面等效线源电流变化较大。很自然地,考虑将方式 1、方式 2 两种方式联合起来,即把两种方式推导的电流取平均,再进行副瓣统计时,方位面和俯仰面峰值副瓣电平的变化范围就变得非常一致了。

10.2.2.3 旋转矢量校准法

旋转矢量(REV)校准法是阵面全部通道均处于发射状态的一种校准方法。当各天线通道均处于发射状态时,探头所接收到的信号为被测通道发射信号以及其他通道发射的信号、噪声信号。各种干扰信号形成矢量叠加,使探头所接收到的数据无法准确地反映待测通道的幅相信息,因此需采用旋转矢量法进行校准。

旋转矢量校准法是改变某一单元的相位,根据探头所接收到的信号的变化与相位的关系求得该单元的幅相信息的过程,此方法探头无须移动,操作简单,但操作时间较长。旋转矢量法基本原理如图 10-8 所示。

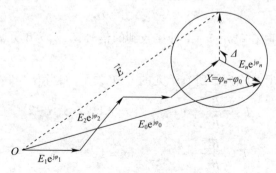

图 10-8 旋转矢量法基本原理

见图 10-8,合成场矢量的初始状态分别表示为 E_0、φ_0,第 n 个单元表示为 E_n、φ_n。当第 n 个单元的相位变化 Δ 时,合成场矢量则变为

$$\vec{E} = (E_0 e^{j\varphi_0} - E_n e^{j\varphi_n}) + E_n e^{j(\phi_n + \Delta)} \tag{10-19}$$

定义第 n 个单元的相对幅度和相对相位为

$$K = E_n / E_0 \tag{10-20}$$

$$X = \varphi_n - \varphi_0 \tag{10-21}$$

则有

$$\vec{E}/E_0 = e^{j\varphi_0} - K e^{j\varphi_n} + K e^{j(\varphi_n + \Delta)} \tag{10-22}$$

幅度归一化后的旋转矢量法示意图如图 10-9 所示,令

$$Y = |e^{j\varphi_0} - K e^{j\varphi_n}| \tag{10-23}$$

$$\tan\Delta_0 = \frac{\sin X}{\cos X - K} \tag{10-24}$$

则有

$$Y^2 = (\cos X - K)^2 + \sin^2 X \tag{10-25}$$

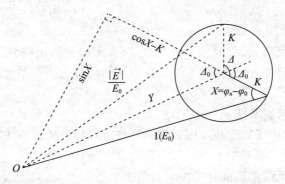

图 10-9　幅度归一化后的旋转矢量法示意图

式(10-19)根据余弦定理可改写为

$$Q = \frac{|\vec{E}|^2}{E_0^2} = (Y^2 + K^2) + 2KY\cos(\Delta - \Delta_0) \tag{10-26}$$

式(10-26)表明:当单元相位发生变化时,合成功率 Q 按余弦变化。当 $\Delta = \Delta_0$ 时,Q 值最大,当 $\Delta = \Delta_0 \pm \pi$ 时,Q 值最小,其比值为

$$\frac{Q_{\max}}{Q_{\min}} = \frac{(Y+K)^2}{(Y-K)^2} \tag{10-27}$$

令 $Q_{\max}/Q_{\min} = \gamma^2$,则有

$$\gamma = \pm \frac{Y+K}{Y-K}, \quad \gamma > 0 \tag{10-28}$$

再令 $\varGamma = \dfrac{\gamma - 1}{\gamma + 1}$。因 γ 为功率比总为正值,当 $Y > K$ 时,有 $K = \varGamma Y$,得到解 1#:

$$K_1 = \frac{\varGamma}{\sqrt{1 + 2\varGamma\cos\Delta_0 + \varGamma^2}} \tag{10-29}$$

$$X_1 = \arctan\left(\frac{\sin\Delta_0}{\cos\Delta_0 + \Gamma}\right) \tag{10-30}$$

当 $Y < K$,有 $K = Y/\Gamma$,得到解 2#:

$$K_2 = \frac{1}{\sqrt{1 + 2\Gamma\cos\Delta_0 + \Gamma^2}} \tag{10-31}$$

$$X_2 = \arctan\left(\frac{\sin\Delta_0}{\cos\Delta_0 + 1/\Gamma}\right) \tag{10-32}$$

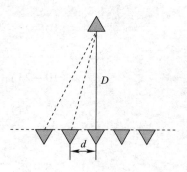

图 10-10 距离误差对天线单元相位的影响

由相对幅度 K 与相对相位 X 计算该单元的初始幅相,与参考单元进行比较,计算该单元幅度、相位。改变下一单元的相位,根据探头所接收到的信号计算初始幅相,重复此过程直至完成全部单元的校准并加载校准数据。由于待测天线各单元与探头之间的距离不同,会造成相位差,必须对采用旋转矢量校准法测量的数据进行修正,保证天线的聚焦。如图 10-10 所示,探头对准第 i 个天线单元,阵元与探头间距 D,阵元间间距 d,测得该单元相位为 φ_i,修正由距离产生的相位误差,则第 M 个单元的实际相位为

$$\varphi_i - \frac{2\pi(\sqrt{[(i-M)\cdot d]^2 + D^2} - D)}{\lambda} \tag{10-33}$$

采用旋转矢量法校准时,当合成矢量较大时,探头无法检测出被测信号的变化,因此旋转矢量法无法校准大型天线阵面。此外,由于探头接收到的信号为所有单元的发射信号,无法实时判别当前通道是否失效。

10.2.2.4 中场校准技术法

与互耦技术相比较,中场校准技术可看作一种与之对应的外场方法,它适用于各种均匀排列的平面相控阵天线,仅要求阵列中各单元方向图具有一致性。该技术适用于无法进行近场校正的大型固态有源相控阵天线系统的外场校正与测试。

固态有源相控阵天线具有单路收/发功能,即一个通道处于接收或发射状态时,其他通道处于关闭状态,且各通道之间相互隔离。该功能为中场校正技术提供了必要的手段。

中场校准技术是利用一个参考天线放在被测阵列前方一定距离处的几个特定位置上对阵列进行测试,通过数据相关处理获得校正参数。中场校准技术也可分为中场两点法、中场三点法等。

1. 中场两点法

图 10-11 所示为中场幅相测试的两点法原理,适用于一维扫描阵。

假设 M 个单元沿 x 轴均匀排列,单元间距为 d_x。测量点 a 和 b 是测试用天线在测量过程中需要放置的两个位置,两点之间的距离等于阵中单元的距离,两点的连线与线阵平行,并处于线阵的正前方,与线阵的距离 R 满足中场测试条件(一般 $R \approx 2D$)。若阵中单元波束宽度为 θ_B,线阵长度为 D,为了保证测试过程中信号电平起伏不大,应使测试用天线位于阵中任一单元的 3dB 波束宽度之内,此时,R 应满足:

$$R \geqslant \frac{D}{2}\cot\frac{\theta_B}{2} \tag{10-34}$$

对于线阵中的单元来说,该距离已属远场区,于是需用远场关系式来表示收发天线单元间的信号关系。测试用天线在 a 点发射信号,阵中第 i 号天线单元接收到的信号表示为

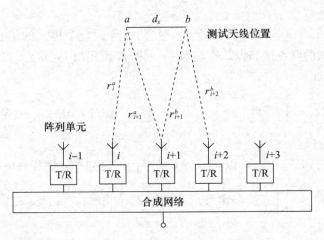

图 10 - 11 中场幅相测试的两点法原理

$$S_i^a = cf_r(\theta_r^a)f_i(\theta_i^a)I_i(e^{-jkr_i^a}/r_i^a) \quad (10-35)$$

测试用天线在 b 点发射信号,阵中第 $i+1$ 号天线单元接收到的信号表示为

$$S_{i+1}^b = cf_r(\theta_{i+1}^b)f_{i+1}(\theta_{i+1}^b)I_{i+1}(e^{-jkr_{i+1}^b}/r_{i+1}^b) \quad (10-36)$$

式中:$f_r(\theta)$、$f_i(\theta)$ 分别表示测试用天线和阵中第 i 单元的远场方向性函数;θ 表示测试用天线与阵中单元连线所对应的方向角;r 表示测试用天线与阵中单元之间的距离,其中上标表示参考天线位置,下标表示阵中单元位置;I_i 为第 i 号单元的激励电流复值;$k = 2\pi/\lambda$;c 为系数。

测试用天线由 a 点平移到 b 点以保证测试天线在 a 点测量第 i 单元与在 b 点测量第 $i+1$ 单元的测量状态完全相同,即 $\theta_i^a = \theta_{i+1}^b$,$r_i^a = r_{i+1}^b$,所以有 $f_r(\theta_i^a) = f_r(\theta_{i+1}^b)$,$e^{-jkr_i^a}/r_i^a = e^{-jkr_{i+1}^b}/r_{i+1}^b$。对于大型均匀排列的阵列天线而言,除边缘单元外,阵中单元方向图具有良好的一致性,可以假定 $f_i(\theta_i^a) = f_{i+1}(\theta_{i+1}^b)$,将式(10 - 36)与式(10 - 35)相比,得

$$I_{i+1}/I_i = S_{i+1}^b/S_i^a \quad (10-37)$$

式(10 - 37)表明采用两点法可以测出阵中任意两个相邻单元 i 和 $i+1$ 的激励电流之比。应用式(10 - 37)并以 S_1^a 进行归一化,则有

$$I_1 = 1, I_2 = S_2^b/S_1^a, I_3 = (S_2^b/S_1^a)(S_3^b/S_2^a)$$

于是获得线阵单元电流分布的递推公式:

$$I_i = \prod_{k=1}^{i-1} S_{k+1}^b/S_k^a, \quad i = 2,3,\cdots,M \quad (10-38)$$

2. 中场三点法

图 10 - 12 所示为中场测量的三点法原理,被测阵列为 $M \times N$ 矩形排列的均匀阵列,行单元与 x 轴平行,列单元与 y 轴平行,行单元间距为 d_x,列单元间距为 d_y。图中 a、b、c 三个点是测试用天线在测量过程中依次放置的三个位置,成直角排列,其构成的平面与阵面平行。

测量接收阵口径分布时,先将参考天线放在点 a 处,测量阵面上每个阵元的接收信号作为第 1 组数据,然后将参考天线移到点 b 处,测量第 2 组数据,最后在点 c 处测量第 3 组数据。测量发射阵口径分布时,阵元

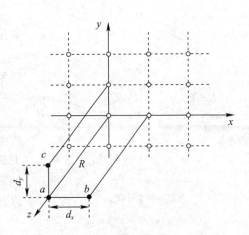

图 10 - 12 中场测量的三点法原理

依次发射,参考天线接收。

测试用天线分别置于 a、b、c 三点发射信号时,测得阵面每个单元的接收信号分别为 $S_{i,j}^a$、$S_{i,j}^b$ 和 $S_{i,j}^c$。仿效中场测试的两点法,若以 $S_{1,j}^a$ 进行归一化,应用式(10-38)可以获得与 x 轴平行的每行单元的相对电流分布

$$I_{i,j}^x = \prod_{k=1}^{i-1}(S_{k+1,j}^b/S_{k,j}^a), \quad i=2,3,\cdots,M; j=1,2,\cdots,N \tag{10-39}$$

式中:i 为列标;j 为行标。

同理,若以 $S_{i,1}^a$ 进行归一化。可以获得与 y 轴平行的每列单元的相对电流分布

$$I_{i,j}^y = \prod_{l=1}^{j-1}(S_{i,l+1}^c/S_{i,l}^a), \quad i=1,2,\cdots,M; j=2,3,\cdots,N \tag{10-40}$$

式中:i 为列标;j 为列标。

式(10-39)求出的每行单元电流分布是各自独立的,需要通过式(10-40)获得某一列(y 轴方向)的电流分布,就能将每行单元的电流分布相关起来,求出阵面各单元的相对电流分布。例如以第1列单元的电流分布作相关参数,便可获得阵列电流分布的计算公式

$$I_{i,j} = I_{1,j}^y \prod_{k=1}^{j-1}(S_{k+1,j}^b/S_{k,j}^a), \quad i=2,3,\cdots,M; j=1,2,\cdots,N \tag{10-41}$$

式中:i 为列标;j 为列标。

实际应用时应注意以下几点:①测试用天线置于阵中心法线附近,以减小阵中单元方向图不一致性引起的误差;②为了消除边缘效应的影响,应测量受到边缘效应影响的单元方向图,并与阵中单元方向图作比较,获得方向图校正数据;③为了减小测量误差,除采用多次测量取平均的方法外,还可以根据被测阵列的形式采用相应的多点测量来进一步增加测量数据;④为减小多路径散射对测量精度的影响,在散射影响较大的区域铺设吸波材料。

从三点测量法的原理可知,三次单点测量的数据与参考天线方向图、阵列单元方向图、收发程差及收发通道误差有关,但是,应用三点测量法原理,将三组测量数据进行相关处理,在计算过程中已消除了参考天线方向图、阵列单元方向图、收发程差和收发通道误差的影响。因此,应用三点测量法测出的天线阵面口径幅相分布与收发单元方向图、收发单元间距及收发通道误差无关,从而减少了测量的系统误差,提高了测量精度。

10.2.2.5 换相测量法

在进行外监测测量时,由于待测天线处于开放环境,受通道隔离度、单元互耦、周围环境和辅助天线位置等的影响,直接测量结果难以保证较高的精度,采用换相测量法可以解决这个问题。

换相测量法的测试原理如图10-13所示。假设待测天线阵面共有 N 个有源通道,当测试第 n 个通道时,该通道的真实值为矢量 A,若改变该通道的移相值,则 A 可在复平面上旋转形成一个圆,此时其他通道都在"负载"状态,所有其他通道的合成矢量是一固定值 H,A 和 H 合成信号为 A',可将各量间关系写成:

$$A' = A + H \tag{10-42}$$

$$A = a \cdot e^{j(\theta+\varphi)} \tag{10-43}$$

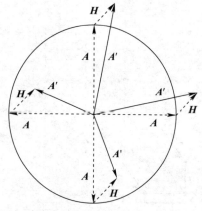

(图中4次换相分别为0°、90°、180°、270°)

图10-13 换相测量法的测试原理

$$H = h \cdot e^{j\phi} \tag{10-44}$$

式中：a、θ 分别为该通道的幅度和相位真实值；φ 为测试附加的相位，即"换相"值；h、ϕ 分别为其他通道合成矢量的幅度和相位值。

由此可见，式中有四个未知量，因此至少需要改变四次，如使 φ 分别等于 0°、90°、180°、270°，从而得到四个方程组成的方程组即可解出 a 和 θ。换相测量法也可以用相反的办法实施，即被测通道相位不变而其他通道改变，结果也是一样的。换相法的关键是每次"换相"所能达到的精度，也就是通道中移相器的移相精度。

10.2.3 相控阵雷达阵面监测技术

相控阵雷达阵面监测技术主要分为两个大类，即内监测技术和外监测技术。阵面内监测是在天线单元馈电端增加耦合器形成内监测网络，通过对有源通道的逐一切换完成阵面有源通道的测试和校准；阵面外监测是在有源阵面天线测量区域内架设外监测天线，通过对有源通道的逐一切换完成阵面有源通道的测试和校准。同相控阵测量技术相对应，外监测也分为近场、远场和中场校准方法，但船载相控阵测量雷达外监测一般都采用中场校准方法。

有源阵面可采用内监测加外监测相结合的方式实现阵面 T/R 通道的判故、校准，并辅助完成天线性能测量。天线单元组合的设计中集成了定向耦合器，实现监测信号的注入与接收。内外监测方式相结合，可以更加快速准确地进行阵面的故障诊断，指导工作人员进行定期维修。

这两种监测模式的工作原理类似，功能相近，下面简要阐述其优缺点。

1. 内监测的优缺点

优点：①技术成熟，可靠性高，性能稳定；②监测精度高，且容易校准；③可在雷达正常工作时进行在线监测；④内监测不受场地条件限制。

缺点：①监测结果不包括天线单元及其互相作用，所监测到的幅相数据与实际值有一定差别；②测试信号是通过一个 N 路矩阵开关分配的，矩阵开关自身的误差也包括在内，因此要对矩阵开关提出严格的精度要求；③该方法需要一个专门的监测矩阵网络，有大量的矩阵开关及其驱动电路，还需要大量的电缆，因此系统复杂，设备量大，成本高。

2. 外监测的优缺点

优点：①考虑了天线单元幅相误差及其单元互耦效应，监测到的幅相数据为有源通道真实测量值；②相对于内监测设备量大大减少，易于实现；③由于减少了大量电缆、矩阵开关及其驱动电路，节省了阵面高频箱内的有限空间，降低了电磁兼容性设计和结构设计的难度。

缺点：①无法在雷达正常工作时进行监测，即不能在线监测；②环境适应性差：外监测辅助天线安装在室外的支撑架上，在风速达到一定级别时，辅助天线产生一定固有频率、振幅的摆动，使得相位测试结果产生调制，从而无法得到准确的相位测试结果。

有源阵面监测系统主要由监测网络和监测软件组成，完成阵面监测功能还需要控制、DBF 或接收机、信号处理、终端微机等雷达设备，其中有些外监测设备还包括光端机、监测天线及附属的射频电缆等。有源阵面监测的主要功能如下：

（1）为阵面预维修提供可靠判据，提供更换 T/R 组件后的装订数据，保持维修后天线性能，提高阵面可靠性和稳定性。

（2）高精度阵面监测幅相修正技术，提高阵面幅相一致性。

（3）对阵面 T/R 通道、延迟通道、数字通道和天线单元进行实时监测和校准。

（4）辅助完成天线性能测试。

10.2.3.1 阵面内监测

有源阵面内监测校准方法相对比较简单,内监测不需要较大的空间场架设监校设备,通常在有源通道和天线单元之间集成定向耦合器,耦合信号经微波网络或开关进行合成,利用接收机或监测组件即可测得各有源通道的监测幅相信号,内监测不能直接反映远场特性,一般在相控阵调试完成后,雷达使用期间才能起到校准作用,而且测试结果要和调整好的基准状态进行比较。

有源阵面发射内监测信号流程如图 10-14 所示。单元级发射内监测时,被测试路有源通道处于正常发射状态,其余有源通道处于负载状态,被测试路发射信号经定向耦合器耦合部分信号,经过监测网络进入接收机,经接收机转换为数字信号后通过光纤传送到信号处理,再传送到监测计算机,计算得到幅相数据并显示。循环测试得到阵面全部发射通道的幅相数据。

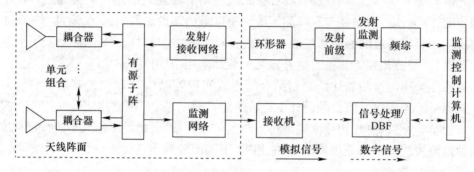

图 10-14 有源阵面发射内监测信号流程

有源阵面接收内监测信号流程如图 10-15 所示。单元级接收内监测时,发射前级输出监测信号,被测试路有源通道处于正常接收状态,其余有源通道处于负载状态,监测信号经过内监测网络至每个接收通道,数字接收信号经过数字模块的放大、滤波、下变频、A/D 变换后成为数字信号,数字信号经光纤传送至 DBF、信号处理,传入监测计算机,模拟阵将接收信号通过接收网络送入接收机,接收机将射频信号转换为数字信号后通过光纤传送到信号处理,再传送到监测计算机,最终计算阵面所有组件接收通道的幅相信息并显示。

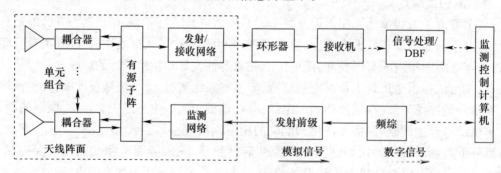

图 10-15 有源阵面接收内监测信号流程

使用内监测法进行阵面幅度相位修正前,需确定阵面各有源通道的基准幅度相位,即采用微波暗室近场测试方法对有源阵面进行初次标定,使有源阵面具备满足指标的幅度相位分布。以此状态作为基准,用内监测法测试各有源通道的内监测幅相分布,并保存测试结果为黄金标定内监测幅相基准。在有源阵面需要再次监测并修调幅相时,使用内监测法,重新测量 T/R 组件幅相信息,并与基准状态的幅度相位进行比较,将其差值作为本次天线阵面各有源通道标定的叠加补偿数据，此方法即为"黄金定标法"。

每次进行阵面内监测时，内监测网络传输射频信号的稳定度是决定监测网络误差的主要因素。内监测网络采用和收发馈电网络一样的高稳相射频电缆，其监测网络传输特性的稳定度受温度变化影响，可通过阵面热控系统的优化设计来减小温度差异，从而降低监测网络相位误差。

10.2.3.2 阵面外监测

有源阵面外监测天线布局如图10-16所示。外监测天线利用船上现有平台设备进行架设，借助水平、垂直可调节外监测天线支架，实现外监测天线与有源阵面相对位置要求。

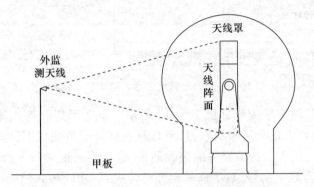

图10-16 有源阵面外监测天线布局示意图

外监测天线位于阵面前方，实现对有源阵面射频链路进行测量。当进行阵面外监测时，阵面朝向外监测天线，外监测天线的投影位于阵面正中心位置。

若设相控阵测量雷达天线单元的波束宽度为θ_A，外监测单元的波束宽度为θ_B，阵面最大电口径为D，要保证外监测天线位于阵中任一单元的3dB波束宽度，且阵中任一单元位于外监测天线3dB波束宽度之内，则中场测试距离R应满足：

$$R \geqslant \frac{D}{2}\cot\frac{\min(\theta_A,\theta_B)}{2} \qquad (10-45)$$

对于相控阵中的单元来说，该距离属于远场区域，因此，可以用远场关系式来表示收发天线单元的辐射与接收状态，可按照Friis公式计算功率传输，即

$$P_r = P_t\frac{G_t(\theta,\phi)G_r(\theta,\phi)\lambda^2}{(4\pi R)^2} \qquad (10-46)$$

式中：$G_t(\theta,\phi)$、$G_r(\theta,\phi)$为发、收天线的增益方向图；θ为以天线单元为中心的球坐标系和Z轴夹角；ϕ为以天线单元为中心的球坐标系和X轴夹角；R为阵面中心和监测天线的距离；λ为工作频率的波长。

由以上分析可得到外监测链路的主要技术要求如下：

（1）外监测天线极化方式与阵面对应。

（2）外监测天线安装在船上现有平台，与有源阵面中心之间的距离满足中场测试距离。

（3）外监测天线通过射频同轴电缆与室外光端机相连，室内光端机与接收机或频综相连接。

有源阵面发射外监测信号流程如图10-17所示。单元级发射外监测时，被测试路T/R通道处于正常发射状态，其余T/R通道处于负载状态，被测试路发射信号经天线单元辐射到外空间后由监测天线接收后进入接收机，经接收机转换为数字信号后通过光纤传送到信号处

理,再传送到监测计算机,计算得到幅相数据并显示。循环测试得到阵面全部发射通道的幅相数据。

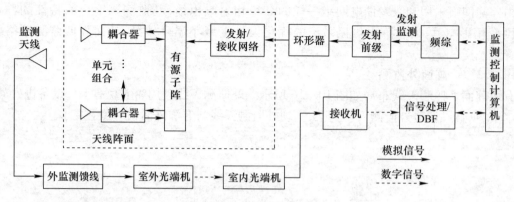

图 10-17　有源阵面发射外监测信号流程

有源阵面接收外监测信号流程如图 10-18 所示。单元级接收外监测时,频综输出监测信号,被测试路有源通道处于正常接收状态,其余有源通道处于负载状态,监测信号经过外监测天线辐射至每个天线单元接收后送给组件的接收通道,数字阵将射频信号经过数字模块、放大、滤波、下变频、A/D 变换为数字信号,数字信号经光纤传送至 DBF,传入监测计算机,模拟阵将接收信号通过接收网络送入接收机,接收机将射频信号转换为数字信号后通过光纤传送到信号处理,再传送到监测计算机,最终计算出阵面所有组件接收通道的幅相信息并显示。

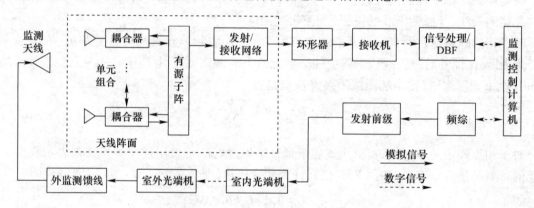

图 10-18　有源阵面接收外监测信号流程

外监测方案中,外监测天线选址架设在船上现有平台的固定位置,并在坞内时将外监测天线相对有源阵面的位置信息进行精确标定,以阵面中心为基准建立三维空间坐标系,获取外监测天线在空间坐标系的空间矢量,计算得到外监测天线到阵面各个天线单元程差信息。通过外监测获得阵面上每个有源通道的幅相信息后,以扣除空间程差引入的幅度和相位偏差,最终得到该有源通道(含阵面收发网络)的幅度相位实测值,在该值基础上利用有源通道内的移相器和衰减器进行阵面通道修平。

10.3　相控阵雷达测试诊断技术

相控阵雷达通常要求具备高可靠性,能够长时间无故障工作。然而,受设计和制造过程中加工工艺水平的制约,以及受到外界恶劣环境因素的影响,加速了由于移相器等故障导致的组件异常,该故障进一步引起天线单元失效,从而导致天线探测能力下降。当相控阵天线发生故障后,在无须雷达完全停止工作的前提下,如何通过监测其状态,获取关键性能参数,及时对出现故障的天线单元进行快速定位并排除故障,迅速恢复相控阵天线的技战术指标,目前仍然是一个十分复杂的技术难题,其中涉及数学分析、电磁场与微波技术、天线理论与技术、智能化测试技术等多门学科知识,是相控阵雷达研制和使用过程中亟待解决的一项极具实践性的课题。

10.3.1 设备组成

相控阵雷达测试诊断系统的硬件平台由自动化测试设备、边界扫描设备、计算机和数据库组成,测试设备采用模块化测试仪表,如选用小型 PXI 插箱,配备频谱仪、射频开关、信号源和示波器模块,组成插箱式测试设备,设备对外有转接板,将测试信号引入。测试诊断系统设备组成如图 10-19 所示。

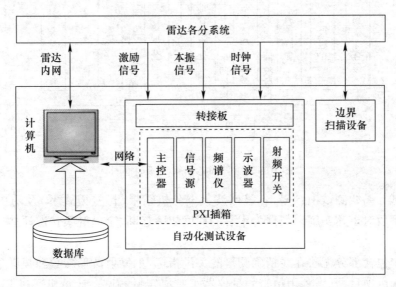

图 10-19 测试诊断系统设备组成示意图

10.3.2 工作原理

测试诊断系统需要完成接收各分系统 BIT 监测信息、自动化测试、健康管理等功能,其原理框图如图 10-20 所示。

基于雷达测试性设计,测试诊断系统面向雷达任务功能及性能采用"分布式数据采集—集中式分析处理"系统架构。数据采集及测试设备分布在雷达内部分系统预置的各个测试点,可设定策略区分雷达不同的工作场景,收集分系统 BIT 信息、技术指标测试结果、程序(算法、固件、功能模块等)运行状态、雷达工作流程关键节点数据等参数,经预处理后通过雷达健康总线汇总至分系统软件,进行存储处理。处理环节包括状态监测、故障诊断、健康评价、信息统计、数据挖掘等。

测试诊断系统计算机上运行有测试诊断软件,软件根据雷达工作模式可分为加电、周期、维护三种 BIT 工作方式,数据源也分为在线和离线两类。加电、周期 BIT 方式下,数据源主要是在线 BIT 信息、监测设备上报的内容和可在线测试项结果,实现雷达工作状态的在线监测、快速诊断评估;维护 BIT 方式下,数据源除包括加电、周期 BIT 外,还包括如幅相监校、方向图、信号处理

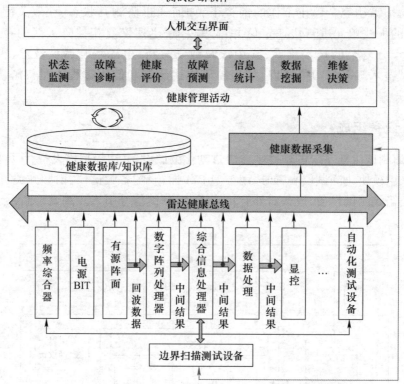

图 10-20　测试诊断系统原理框图

的边界扫描测试等离线测试项结果、各级回波数据分析结果(标校模式下)及历史数据,实现在离线状态下或事后对雷达实施以数据为中心的深度故障诊断、全面健康状态评估,保障雷达作战任务可靠性。

离线数据中包含部分无法在线精确测量的关键指标,如发射波形参数和频谱参数、时钟信号的相位噪声等测试项目,则需利用精密测量仪器来完成定量测试。计算机通过 PXI、LXI 总线与测试仪表连接,完成对仪表的控制。

10.3.3　工作流程

雷达加电后,先进行系统初始化,并运行加电测试项,若初始化和加电测试不通过则需要立刻对雷达进行检修。加电测试项运行通过后,雷达系统则进入正常工作状态。测试诊断系统工作流程如图 10-21 所示。

雷达正常工作状态下,健康管理软件周期性地采集雷达系统、各分系统 BIT 数据报文并解析。若检测到影响雷达正常工作的故障模式,可根据故障等级要求将雷达系统切换至脱机模式,进行维护 BIT 测试。在脱机模式下,可运行必要的脱机测试项,获得测试数据,并与在线测试项的测试结果进行综合诊断,确定雷达系统的故障位置。

当发生故障或主动检修时,雷达系统工作于维护模式。维护 BIT 的启动由人工决定,健康管理分系统在雷达任务期间诊断出系统故障,将根据故障等级决策雷达是否应该切换至维护 BIT 模式,并提示用户操作。维护 BIT 模式下,健康管理分系统一方面要为检修人员提供维修方法及步骤,另一方面对于周期模式下因缺少信息而无法精确定位的故障,通过提供人工测试项和离线测试数据,完成交互式故障诊断。

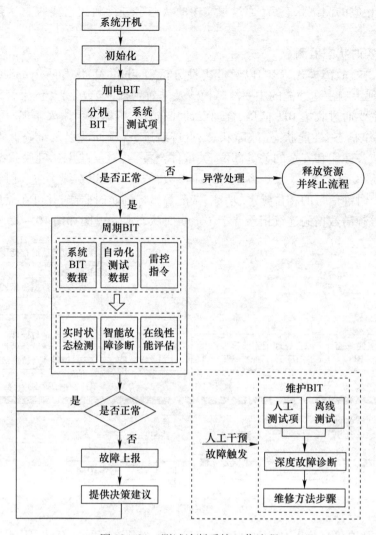

图 10-21 测试诊断系统工作流程

10.3.4 方案设计

相控阵雷达测试诊断系统的方案设计遵循层次化、模块化原则,设计时考虑将整体功能划分成若干较为简单的子功能单元,并设计统一接口,每个子功能单元之间的数据交换遵循该接口要求。

10.3.4.1 健康数据采集

数据采集或测试设备将预处理后的雷达健康数据通过雷达内网汇集至测试诊断系统软件,软件采用独立线程监听网络,接收并将数据存储至数据缓存,通知后续模块进行处理。健康数据包括 BIT 信息和自动化测试数据。

BIT 信息数据类型主要包括开关量(0/1:正常/异常)和数据量(电压、温度等)。开关量可直接用于分系统、LRU 的故障和运行状态指示;数据量需经过处理,可用于雷达系统、分系统性能指标运算,结合阈值信息进行正常/异常状态判定。

采集自动化测试数据时,一部分是通过控制数据采集或测试设备对雷达系统中预设的监测点参数进行采集或测量;另一部分需事先借助报文向雷达内网发送测试指令,对应雷达分系统响应该指令并置于相应的测试状态后(通过报文中的状态字进行确认),接收雷达系统相关设备反馈的数据结果。

10.3.4.2 实时状态监测

通过对雷达进行故障模式、影响以及危害性分析(Failure Mode Effects and Criticality Analysis,FMECA),得到影响雷达性能的主要故障模式及失效判据(参数化)。健康管理软件能监测并收集这些参数,主要通过收集 BIT 信息、合理设计并布置传感器等手段来实现。

对雷达的工作状态、性能状态、故障状态、点迹航迹、视频回波以及维修保障信息等进行监控,对涉及雷达装备性能和安全的关键部位、关重件全覆盖,对反映雷达健康状况的主要参数进行监测,如发射功率、接收增益、噪声系数等系统参数,监测方式以在线为主。射频监测设备实现对频率源的本振、时钟信号的相位噪声、功率、杂散等指标的实时监测,并可在显控台的控制命令下,完成本振信号频谱数据的连续记录并上传。实时状态监测框图如图 10-22 所示。

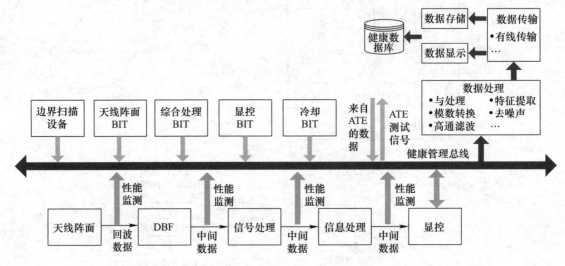

图 10-22 实时状态监测框图

实时状态监测项目包括 LRU 工作状态,接口及链路状态,程序、算法、固件或软件模块的功能状态,雷达关键节点数据流状态,工作环境状态等。

10.3.4.3 故障诊断

故障诊断是对雷达内嵌测试体系所指示的多个故障现象进行去相关性,定位真正故障位置的过程。

雷达故障诊断由在线故障诊断和离线故障诊断两部分构成。雷达在正常工作期间,健康管理软件数据源不完整(BIT 状态、部分自动化测试数据),同时周期状态下故障诊断的时间资源有限,可以进行快速故障诊断,针对当前数据源定位故障位置或模糊组,根据故障等级判断是否需要提请雷达进入脱机模式进行更加深入的离线故障诊断;离线故障诊断在雷达脱机状态下进行,数据源包括各分系统 BIT 状态、所有的自动化测试数据,且时间资源充足,可对雷达进行深入、全面的诊断。

测试诊断系统接收和处理各分系统 BIT 信息、自动化测试结果、雷达控制指令信息等,结合历史故障数据,综合运用融合专家经验、故障树等多源知识算法模型进行故障推理诊断,达到准确隔离故障的目的。对于诊断结果能够进行解释分析,说明其故障原因,并以特定格式存储于数据库,为后续改善系统综合保障能力提供有力的数据支撑。智能故障诊断原理如图 10-23 所示。

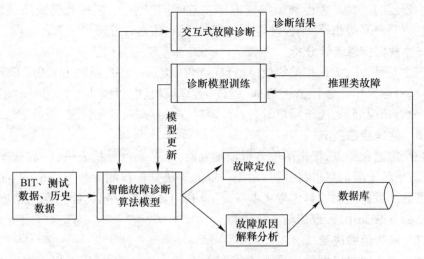

图 10-23 智能故障诊断原理

制定诊断策略以测试性建模过程确定的测试点优选结果为基础,先检测后隔离,以测试点选出的先后顺序制定诊断测试策略。对所有已经分析的故障模式,诊断深度定位到单个 LRU,以及主要的机电设备、组合等。

除了整机的诊断外,还可将边界扫描技术应用于信号处理分系统的诊断测试,设计边界扫描测试控制器对信号处理分系统进行维护 BIT 下的故障诊断测试,该控制器模块安装在插箱中,通过插箱背板的 JTAG 总线进行全覆盖测试。离线状态下对集成电路进行链路、互联、功能等测试,解决复杂数字电路的故障诊断和隔离问题,将故障定位到器件级。

10.3.4.4 健康评价

分系统在线获取雷达系统指标监测结果、实时故障状态,结合从历史故障数据中挖掘出的统计信息(如某分机或设备的故障频次以及平均故障时间等),根据指标偏离度(与设计值相比)以及故障严重度等判定标准进行加权,综合评判雷达当前的健康状态,同时提供影响系统健康状态的参数项或故障项(偏离度较大的指标或严重度等级较高的故障),供用户决策后续维修任务。

对于能够影响雷达健康状态的关键性能参数或故障状态,在建立雷达健康模型时需进行提取并建立评判标准,在雷达运行期间获取相关数据进行参数实时计算或故障实时诊断,确定参数偏离度以及故障严重等级。

健康状态是指某个装备及其子系统、设备在执行其规定功能时所表现出的能力,根据不同故障模式下对装备性能影响的严重等级,可以将健康状态划分为健康、亚健康、危险、失效四个等级。在具体应用评价过程中,可以采用健康指数来度量健康等级。健康状态的具体划分如下:

(1) 健康:系统的健康处于良好的状态,没有出现性能退化或性能退化不显著,健康指数范围为 0.7~1。

(2) 亚健康:系统出现潜在故障,性能出现部分降级,但仍能正常使用,健康指数范围为0.4~0.7。

(3) 危险:系统功能已经接近功能性失效,健康指数范围为 0.2~0.4。

(4) 失效:系统已经发生功能性失效,丧失完成任务的能力,无法正常使用,健康指数范围为 0~0.2。

针对天线阵面而言,T/R 组件、发射/接收电源均大规模存在,其位置分布、影响权重都会对雷达健康评价起到指导作用,量化分析天线阵面各位置的组件、电源故障对雷达威力、精度、抗干扰能力等性能的影响程度。因此,需事先建立雷达健康评价指标体系,用于指导各类性能影响因素对性能影响程度的评判。考虑到组件或电源多故障同时发生,通过计算或测试天线增益、功率、主瓣宽度、副瓣电平等指标,结合性能判定阈值,给出雷达性能降级或恶化程度。

10.3.4.5 故障信息统计分析

统计分析主要是针对雷达相关的故障信息(部件、位置、时间、频次等)、BIT 信息(故障检测率、故障隔离率和虚警率)、备件消耗信息(组件、运算模块、电源模块等),通过对记录信息的数据简单分析、分布情况展示,便于用户掌握备件消耗、故障分布、监测情况,指导雷达维护保障。

10.3.4.6 性能状态预测

基于系统性能退化特点,提出两种分析预测方法:一是统计分析方法,将被测参数的状态信息进行存储,事后将记录信息进行分析,利用一定的算法分析预测参数下一个节点的变化;二是将关键被测参数的数据绘制成具体变化曲线,综合利用被测参数相关数据变化趋势来推演未来一个时间节点的参数变化,大致预估变化趋势。

10.3.4.7 维修辅助决策

维修辅助决策主要是根据故障诊断、健康评估和状态预测结果以及现有维修资源信息,自动生成维修方案。其主要功能如下:

(1) 自动生成维修方案:当系统出现故障时,通过本地或远程方式控制,自动生成维修卡片。维修卡片内容包括维修对象、维修类型、维修时机(何时维修)、人员需求、器材需求、备件需求、维修步骤、计划维修时间等内容。

(2) 维修资源管理:对维修过程中需要的各种资源进行管理,包括备件信息、测试设备信息、人员信息等。

(3) 维修信息查询:查询某个时间段的维修记录,查询某个分系统的维修记录,查询某个 LRU 单元的维修记录。

10.3.4.8 数据库管理

雷达健康管理的核心是数据,包括当前数据和历史数据。雷达健康数据采用数据库统一管理。数据库信息分为专家知识库和历史数据库两类。专家知识库为健康管理的先验知识,包括诊断知识、雷达性能特征指标集的数据化描述等,如指标名称、门限阈值、故障字典(故障模式与可测试项的映射关系)、故障树等,提供编辑录入功能;历史数据主要包括异常项目(带有时间戳)存储、故障诊断(带上时间戳)结果、统计结果等提供搜索查看功能。

测试诊断系统的数据库设计是健康管理软件数据架构设计的重要内容。数据库采用关系型数据表,根据健康管理需求设计的表格覆盖健康管理所有的数据需求。为了保护数据库的有效性,软件对用户等级进行了划分和权限设定,只有管理员才能对数据库进行编辑和修改,普通用户只能进行简单查询。

10.4 相控阵雷达标校技术

船载测量设备标校的目的是通过一定的测量手段,建立统一的坐标系即坐标系取齐,确定各测量设备的误差修正模型系数,同时对各测量设备的工作参数进行校准。传统的船载测量设备的标校工作包括坞内标校、码头标校和海上标校三个阶段。其中坞内标校是基础,码头标校和海上标校是指在动态条件下对坞内标校成果的复检。

船载相控阵测量雷达在坞内标校中需完成坐标系取齐,包括惯导的数字取齐,即保证雷达机械轴、惯导基准在全船统一的甲板坐标系中精确地水平取齐和方位取齐。水平取齐包括方位大盘不水平标定、俯仰甲板零值标定,方位取齐主要是方位甲板零值标定。此外,船载相控阵测量雷达在坞内还需完成阵面平整度、角度距离测量零值、定向灵敏度等标定工作。其中,角度距离测量零值、定向灵敏度也可在码头和海上完成标定。

船载相控阵测量雷达采用安装在阵面的高精度捷联惯导数据进行数据修正和闭环跟踪,因此,不需要对轴系误差进行额外的修正补偿,对雷达结构的刚度、轴系误差、方位/俯仰甲板零值等标定结果可用于对惯导数据的精度比对,亦可用于阵面惯导不能工作时的应急测量模式;角度距离测量零值可通过跟踪精轨卫星的方式进行标定;定向灵敏度在具备条件的情况下,可按相关方法进行标定。高精度捷联惯导是保证船载相控阵测量雷达完成阵面姿态测量和补偿的基础,是实现雷达高精度的关键,因此,对高精度捷联惯导的标校是系统标校的重点。

船载相控阵测量雷达阵面口径大,通道数多,阵列天线方向图性能是实现雷达威力和精度的关键,而天线方向图性能取决于阵面幅相误差,需要设计完善的有源阵面监测系统对阵面进行精确的幅相标定和校准。目标 RCS 和宽带成像的测量是船载相控阵测量雷达的主要测量任务之一,需要对 RCS 和系统宽带幅相误差进行标定和校准,标校方法可参考地面大型相控阵测量雷达已成熟的标校和补偿技术,完成 RCS 和宽带幅相的标定和补偿。船载相控阵测量雷达标校汇总如表 10-2 所列。

表 10-2 船载相控阵测量雷达标校方法汇总

标校项目	标校内容	船载相控阵测量雷达采用的方法	备注
雷达常规标校	方位大盘不水平	采用电子水平仪测试,用于与惯导精度比对	安装天线罩之前
	俯仰与方位不垂直度	采用俯仰轴承等高和轴承跳动误差测试,用于与惯导精度比对	加工过程中标定
	阵面平整度	数字摄影测量标校法,用于与惯导精度比对	安装天线罩之前
	方位和俯仰甲板零值	采用经纬仪测试,用于与惯导坐标数字取齐	安装天线罩之前
	角度和距离测量零值	采用跟踪精轨卫星测试,角度零值用于与惯导精度比对	
	定向灵敏度	利用标校塔或阵面内监测进行标校	
有源阵面标校		利用阵面监测进行标校	
RCS 标校		利用标校星、标定球等进行标校	
宽带幅相误差标定		利用标校星、标定球、内监测法等进行标校	

10.4.1 雷达常规标校

雷达常规标校主要包括方位大盘不水平标校、俯仰与方位不垂直度标校、阵面平整度标校、方位/俯仰甲板零值标校、角度距离测量零值标校和定向灵敏度标校。

1. 方位大盘不水平标校

船载相控阵测量雷达方位大盘不水平是指雷达测量坐标系基本平面与甲板坐标系基本平面之间的不水平度误差,大盘是指垂直于方位旋转轴的平面,在坞内标校中甲板坐标系的基本平面为当地水平面。

大盘不水平度与船体坐墩后的置平度有关,每次进坞标定结果均不相同,必须在坞内进行标定。因此,船载相控阵测量雷达天线在甲板基座安装后的大盘水平度标定工作,主要是完成大盘水平度的微调,以达到更高的大盘水平精度。

船载相控阵测量雷达大盘水平标定精度可达 10″,主要通过高精度电子水平仪进行测量标定。例如大盘水平超差,可通过在基座和天线座结合部放入垫片,微调高度解决。测量时,电子水平仪安装在天线座方位转台的预留安装平面上。

2. 俯仰与方位不垂直度标校

影响俯仰轴系精度主要有左右俯仰轴承等高、轴承径向跳动等因素。由于船载相控阵测量雷达俯仰运动范围为 0°~90°，外部采用天线罩保护，不能采用常规标校方法标定俯仰轴与方位轴不垂直度；一般地，通过测量左右俯仰轴承等高误差和轴承跳动来标定俯仰轴系误差。

雷达设计生产加工时，在左右俯仰轴承座设置水平仪基准面，该基准面与俯仰轴孔的平行度小于 0.001。完成雷达大盘不水平标定后，根据测定的雷达各个方位角不水平度数据将雷达方位转到大盘水平位置（这样，保证此时的方位轴与大地是垂直的，避免方位轴与大地不垂直对俯仰轴不垂直度测量的影响）。用合像（或合相）水平仪读出轴承座水平基准面沿俯仰轴线方向的数值 α_1，采用准直光管加分划板测量左右俯仰轴孔的不平行度 α_2。俯仰轴与方位轴的正交度 $\alpha = \alpha_1 + \alpha_2$（以水平线为基准，水平线以上为正角度，水平线以下为负角度）。

3. 阵面平整度标校

船载相控阵测量雷达天线口径大，在进行安装时需要进行有效的平面度测量来指导阵面精度的调整，可采用数字摄影测量以及双经纬仪测量两种标校法。通过对比数字摄影测量和双经纬仪的测量过程及结果，数字摄影测量具有精度高、效率高、适应性好的特点，适用于大型阵面平面度测量；而且数字摄影测量参与人员少、设备少，对测量人员也没有过高的技术能力要求。

数字摄影测量的基本原理是从两个或多个位置拍摄同一工件，以获取工件在不同视角下的图像，通过三角测量原理计算图像像素间的位置偏差（即视差）来获取被测点的三维坐标。从数学原理而言，摄影测量是求解三维空间坐标系到二维图像平面的映射关系，V-STARS8 测量系统构成如图 10-24 所示。测量前，首先应清洁阵面，在阵面上粘贴靶标，然后利用数字摄影测量系统进行不同仰角（如 0°、30°、60°、90°）下平面度的测量。

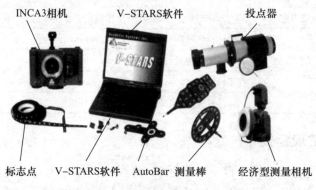

图 10-24　V-STAR S8 测量系统构成

V-STARS 摄影测量系统在用于大范围内几何尺寸的测量工作方面有着深厚的技术优势，主要表现在：①测量精度高，在 10m 范围内其测量精度可以达到 0.06~0.08mm；②非接触式测量；③测量速度快；④便携式、灵活、应用面广；⑤可在狭小空间测量；⑥受温度影响小，可在振动环境工作。

4. 方位/俯仰甲板零值标校

船载相控阵测量雷达方位、俯仰甲板零值为伺服角编码器输出的方位、俯仰零值，可在雷达阵面上贴敷若干靶标，采用高精度经纬仪测量靶标的方式，拟合计算阵面法线指向的方位和俯仰值，也可利用惯导高精度测向特点，实时完成阵面方位、俯仰角度测量。在获得阵面法线指向的方位和俯仰值后，与经纬仪测量结果进行坐标数字取齐，作为惯导初始零值标定。

5. 角度距离测量零值标校

角度距离测量零值可通过对精轨卫星的跟踪,利用雷达跟踪卫星数据和精轨数据对比,事后对测量系统误差进行统计分析,进行距离零值及角度零值标校修正。修正模型如下:

$$R_{X0} = R_c - \Delta R_0 \tag{10-47}$$

$$A_{X0} = A_t - \Delta A_0 \tag{10-48}$$

$$E_{X0} = E_t - \Delta E_0 \tag{10-49}$$

式中:ΔR_0 为距离零值参数(按信号波形分多组);ΔA_0,ΔE_0 分别为天线法线指向的方位、俯仰零值;R_c 为修正前目标距离测量值;R_{X0} 为距离零值修正后的距离值;A_t,E_t 为修正前天线方位、俯仰法线指向;A_{X0},E_{X0} 为角度零值修正后天线方位、俯仰法线指向。其中,距离零值直接在数据处理时进行修正,角度零值可结合惯导和数据处理进行修正。

6. 定向灵敏度标校

传统的定向灵敏度标定方法是采用标校塔上放置应答机/信标机的方式,要求标校塔位于船载相控阵测量雷达远场之外,且标校塔高度应大于天线半功率波束宽度的3倍以上。如果条件允许,可直接参照传统方法执行;如果不具备条件,船载相控阵测量雷达可采用阵面内监测方法形成和差方向图,计算并绘制定向灵敏度曲线进行修正。

10.4.2 阵面惯导标校

1. 阵面指向计算方法

假定相控阵雷达阵面在阵面惯导坐标系(b 系)的角度矢量为

$$\vec{R}^b = [\cos E \cos A, \cos E \sin A, \sin E]^T \tag{10-50}$$

式中:E 为阵面法向在惯导坐标系的仰角;A 为阵面法向在惯导坐标系的方位角。

相控阵雷达工作过程中,惯导实时测量惯导坐标系相对于地理坐标系(n 系)的实时纵摇角 φ_x、横摇角 φ_y、航向角 φ_z,则 b 系相对于 n 系的姿态矩阵可表示为

$$\boldsymbol{C}_b^n = \begin{bmatrix} \cos\varphi_y\cos\varphi_z - \sin\varphi_y\sin\varphi_x\sin\varphi_z & -\cos\varphi_x\sin\varphi_z & \sin\varphi_y\cos\varphi_z + \cos\varphi_y\sin\varphi_x\sin\varphi_z \\ \cos\varphi_y\sin\varphi_z + \sin\varphi_y\sin\varphi_x\cos\varphi_z & \cos\varphi_x\cos\varphi_z & \sin\varphi_y\sin\varphi_z - \cos\varphi_y\sin\varphi_x\cos\varphi_z \\ -\sin\varphi_y\cos\varphi_x & \sin\varphi_x & \cos\varphi_y\cos\varphi_x \end{bmatrix} \tag{10-51}$$

式中:惯导输出的航向角 φ_z 为顺时针定义,代入式(9-51)时取反。

相控阵雷达工作过程中的阵面法向在 n 系的姿态矩阵可表示为

$$\begin{cases} \vec{R}^n = \boldsymbol{C}_b^n \vec{R}^b = [\cos E' \cos A', \cos E' \sin A', \sin E']^T \\ E' = \arctan[\vec{R}^n(3)] \\ A' = \arctan2[\vec{R}^n(2), \vec{R}^n(1)] \end{cases} \tag{10-52}$$

式中:E' 为阵面法向相对于水平面的仰角;A' 为阵面法向相对于水平面的方位角。

2. 阵面惯导标校方法

阵面惯导标校的目的是确定相控阵雷达阵面指向在阵面惯导坐标系的角度矢量 $\vec{R}^b$。

在 $\vec{R}^b$ 标定完成的基础上,利用阵面惯导实时姿态 $\boldsymbol{C}_b^n$ 和 $\vec{R}^b$,即得实时相控阵雷达阵面在地理坐标系(n 系)的空间指向为

$$\vec{R}^n = C_b^n \vec{R}^b \tag{10-53}$$

根据 $\vec{R}^n$ 可得到雷达阵面指向相对于水平面的仰角、相对于北向的方位角。

实际情况下，惯导输出姿态矩阵、相控阵雷达阵面指向均存在误差，进而计算得到的在 n 系的指向存在偏差为

$$\vec{\tilde{R}}^n = C_b^{\tilde{n}} \vec{\tilde{R}}^b \tag{10-54}$$

阵面惯导标校的基本思想为：

（1）惯导引导雷达指向多个静态或者动态目标点。

（2）指向目标时，要求各个目标点的空间位置、雷达空间位置已知，则可确定雷达指向理论值 $\vec{R}^n$。

（3）惯导误差、标校误差导致 $\vec{\tilde{R}}^n = C_b^{\tilde{n}} \vec{\tilde{R}}^b$ 计算得到阵面指向偏离理论值 $\vec{\tilde{R}}^n$。

（4）根据 $\vec{\tilde{R}}^n$ 与 $\vec{R}^n$ 的偏离程度，可直接反解惯导误差、标校误差。

具体标校原理推导如下：

雷达指向测量值 $\vec{\tilde{R}}^b$ 与理论值 $\vec{R}^b$ 之间的关系可表示为

$$\vec{\tilde{R}}^b = C_b^{\tilde{b}} \vec{R}^b \tag{10-55}$$

代入式(10-54)，即得

$$\vec{\tilde{R}}^n = C_b^{\tilde{n}} \vec{\tilde{R}}^b = C_b^{\tilde{n}} C_b^{\tilde{b}} \vec{R}^b = C_n^{\tilde{n}} C_b^n \cdot C_b^{\tilde{b}} (C_b^n)^T C_b^n \cdot \vec{R}^b = C_n^{\tilde{n}} C_b^n C_b^{\tilde{b}} (C_b^n)^T \vec{R}^n \tag{10-56}$$

记惯导姿态误差为 $C_n^{\tilde{n}} = I + (\vec{\varphi} \times)$，指向误差为 $C_b^{\tilde{b}} = I + (\vec{\theta} \times)$，则有

$$\vec{\tilde{R}}^n = [I - (\vec{\varphi} \times)] C_b^n [I - (\vec{\theta} \times)] (C_b^n)^T \vec{R}^n \tag{10-57}$$

进一步化简即得

$$\vec{\tilde{R}}^n = [I - (\vec{\varphi} + C_b^n \vec{\theta}) \times] \vec{R}^n \tag{10-58}$$

可变换为

$$\vec{\tilde{R}}^n - \vec{R}^n = \vec{R}^n \times (\vec{\varphi} + C_b^n \vec{\theta}) = [(\vec{R}^n \times) \quad (\vec{R}^n \times) C_b^n] \begin{bmatrix} \vec{\varphi} \\ \vec{\theta} \end{bmatrix} \tag{10-59}$$

$$\delta \vec{R} = [(\vec{R} \times) \quad (\vec{R} \times) C_b^n] \begin{bmatrix} \vec{\varphi} \\ \vec{\theta} \end{bmatrix} \tag{10-60}$$

指向误差角 $\vec{\theta}$ 本质上包括两个独立角度，分别为仰角误差 α、方位误差 β。仰角误差可拆分为绕 XY 分别旋转 $\alpha \sin A$、$\beta \cos A$，$\vec{\theta}$ 可表示为

$$\vec{\theta} = \begin{bmatrix} \sin A & 0 \\ -\cos A & 0 \\ 0 & 1 \end{bmatrix} \begin{bmatrix} \alpha \\ \beta \end{bmatrix} = P \vec{\theta}' \tag{10-61}$$

式中：A 为阵面指向在惯导坐标系的方位角。

式(10-58)可变换为

$$\tilde{\vec{R}}^n = [I - (\vec{\varphi} + C_b^n \vec{P}\vec{\theta}') \times]\vec{R}^n \quad (10-62)$$

式(10-60)可变换为

$$\delta\vec{R} = [(\vec{R}\times) \quad (\vec{R}\times)C_b^n P]\begin{bmatrix}\vec{\varphi}\\ \vec{\theta}'\end{bmatrix} \quad (10-63)$$

多个跟踪点联立求解：

$$\begin{bmatrix}\delta\vec{R}_1\\ \delta\vec{R}_2\\ \vdots\\ \delta\vec{R}_k\end{bmatrix} = \begin{bmatrix}(\vec{R}_1\times) & (\vec{R}_1\times)C_{b1}^n P\\ (\vec{R}_2\times) & (\vec{R}_2\times)C_{b2}^n P\\ \vdots & \vdots\\ (\vec{R}_k\times) & (\vec{R}_k\times)C_{bk}^n P\end{bmatrix}\begin{bmatrix}\vec{\varphi}\\ \vec{\theta}'\end{bmatrix} \quad (10-64)$$

$$\Leftrightarrow A = BX$$

则 X 的最小二乘解可表示为

$$X = (B^T B)^{-1} B^T A \quad (10-65)$$

雷达指向误差 $\vec{\theta}'$、惯导姿态误差角 $\vec{\varphi}$ 得到联立求解，标定完成。

10.4.3 有源阵面标校

船载相控阵测量雷达天线方向图性能取决于阵面幅相误差，有源阵面的标校系统是保证阵面性能的必要手段。为实现阵面的高精度幅相标定，确保雷达系统的高精度测量，一般采用内外监测手段相结合，互为补充，保证天线阵面特性。内监测和外监测覆盖深度均达到单元级，能够实现单元级的故障定位和幅相补偿。

船载相控阵测量雷达阵面标定采用暗室测试和外场阵面监测相结合的方法，具体步骤如下：

（1）利用微波暗室近场测试，在满足阵面性能前提下，形成阵面监测各天线单元的初始幅相曲线；外场阵面安装完毕后，利用摄影法对阵面在不同仰角的平整度进行测量和记录，并根据测量数据修正阵面在不同仰角的幅相数据。

（2）外监测：利用阵面外监测系统采集各单元的幅相数据，并结合步骤（1）所得初始幅相曲线，形成各单元幅相误差补偿数据。

（3）内监测：以满足天线性能要求的阵面幅相数据作为基准，采用内监测法对阵面各单元进行测试，提取幅相变化值，利用黄金定标法则进行幅相补偿。

（4）幅相补偿数据更新后，采用中场聚焦法对天线进行性能测试和验证，如不满足指标要求，重新进行阵面监测和补偿。

在具体操作过程中，步骤（1）为暗室近场测试和外场阵面平面度测试，用于采集幅相基准数据；步骤（2）为阵面外监测，主要用于阵面大规模更换有源组件时的阵面幅相测试、补偿；步骤（3）为阵面内监测，用于日常任务前的阵面状态监测和幅相补偿；步骤（4）为中场聚焦法天线性能测试，用于外监测、内监测幅相补偿后的阵面性能测试和验证。

10.4.4 RCS 标校

雷达在跟踪目标时，采用比较法实现目标的 RCS 测量。测量目标有效散射面积的原理是基于雷达方程并通过相互比对获得。

$$\sigma = \frac{(4\pi)^3 \cdot K \cdot T_s \cdot \text{SNR} \cdot L \cdot R^4}{P_t \cdot \tau \cdot G_t \cdot G_r \cdot \lambda^2} \quad (10-66)$$

式中:σ 为目标的雷达截面积;SNR 为测量的功率信噪比;R 为雷达至目标的距离;K 为波耳兹曼常数;T_s 为系统噪声温度;L 为系统损耗;P_t 为发射的脉冲功率;τ 为发射的脉冲宽度;G_t、G_r 分别为天线的发射和接收增益;λ 为工作波长。

式(10-66)中,SNR、R、τ、G_t、G_r 随目标跟踪情况而变化,每次探测回波都要准确测定和补偿。其他常数项在测试工作中测量和标定,这些值本身相对稳定。RCS 测量雷达方程可表达为

$$\sigma = \frac{\text{SNR} \cdot R^4}{P_t \cdot \tau \cdot G_t \cdot G_r} \cdot C = C/K_k \quad (10-67)$$

式中:常数 $C = \dfrac{(4\pi)^3 \cdot K \cdot T_s \cdot L}{\lambda^2}$;$K_k = \dfrac{P_t \cdot \tau \cdot G_t \cdot G_r}{\text{SNR} \cdot R^4}$。

RCS 测量方法有参数测量法和相对标定法两种。参数测量法根据 RCS 测量公式直接计算 σ 值。这种方法的缺点是:在一次测量中,即使是相对固定值的参数,如天线增益 G_t、G_r、接收机带宽 B、发射功率 P_t 等,亦无法准确测定或计算;而系统噪声温度 T_s 也随天线仰角的变化而有小范围的变化;系统损耗 L 也不能精确确定。这些因素的积累可能造成较大的测量误差。相对标定法是利用雷达跟踪一个散射面积精确已知的标准目标(近距离测量可用直径已知的标准铝球作为标准目标,对空间探测可用直径已知的球形校准卫星作为标准目标),通过对诸如标校星等目标进行多次跟踪测量,可以得到常数项 K_k 的校准值为

$$\overline{K}_k = \frac{1}{m} \sum_{i=1}^{m} \frac{P_{ti} \cdot \tau_i \cdot G_{ti} \cdot G_{ri}}{\text{SNR}_i \cdot R_i^4} \quad (10-68)$$

式中:i 为处理的测量段;m 为测量的次数。

于是,测量目标的 RCS 为

$$\sigma_t = \frac{\text{SNR} \cdot R^4}{P_t \cdot \tau \cdot G_t \cdot G_r} \sigma_0 \overline{K}_k \quad (10-69)$$

式中:σ_0 为标准 RCS;σ_t 为测量目标的 RCS。

相控阵测量雷达的发射峰值功率 P_t 无法直接测量,天线增益 G_t、G_r 随扫角度变化,信噪比 SNR 与接收链路增益线性度相关。因此,在通过标定球或跟踪标校星进行常数项校准时,需要预先标定雷达不同工况下的 P_t、G_t、G_r 以及接收机增益。

发射峰值功率 P_t 与每个阵面组件的发射状态和输出功率值有关,需要通过监测组件的发射状态,并通过阵面模型计算雷达的输出峰值功率,具体的方法为:利用雷达的阵面内监测系统,任务前通过监测雷达发射通道的工作状态,获得阵面组件发射数据,并与暗室测试的基准数据进行归一化处理,得到雷达的发射峰值功率。任务执行过程中,系统通过调度组件监测资源,对雷达组件发射状态进行在线监测,更新雷达发射功率。

相控阵测量雷达的天线增益 G_t、G_r 随着扫描角度加大而下降,为了提高 RCS 的测量精度,需要精确地标定天线在不同扫描角度的实际增益。其具体方法为:利用微波暗室天线测试结果,建立随角度变化的天线发射、接收增益表,并记录天线内监测数据作为基准数据;利用外场标校塔,通过天线远场测试,对天线增益表格数据进行逐项复核,并更新数据表;阵面组件发生故障或更换新故障组件后,根据内监测数据与基准数据的比对,并按照阵面幅相分布模型重新计算增益数据,有条件监测的情况下可再利用远场测试复核数据表格。天线增益标定误差优于 0.5dB。

接收系统的增益线性度随不同的增益控制量变化,因此接收系统增益线性度标定是保证RCS精度的重要因素。其具体标定方法为:系统在不同的接收增益控制值下,自动标定通道增益值并记录,遍历所有工作频点、带宽等相关的波形,形成接收系统增益补偿表格。接收机增益标定误差优于0.5dB。

在完成上述误差标定后,可采用以下方法对标准RCS的常数项K_k进行标校。

1. 利用标定球标校

用于精确标定雷达的标定球应是表面光滑的金属球,其结构坚硬,直径已知,具有确定且稳定的RCS。金属球的直径尺寸要满足雷达频段的光学区要求($2\pi R/\lambda > 10$),同时又满足点目标要求,目标回波信号信噪比在20dB以上。利用多个不同尺寸的已知RCS标准铝球进行多次校准,标定流程如图10-25(a)所示。

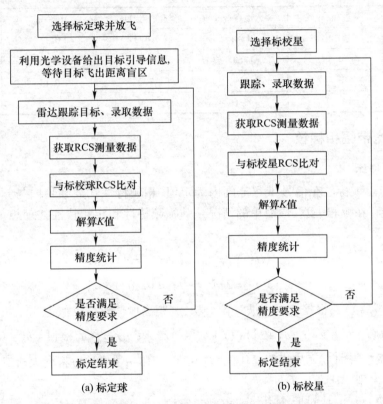

图10-25 利用标定球和标校星进行RCS标定工作流程

标定球标校法的优点是:回波信噪比较大,放飞标定球灵活(只要天气条件允许,可以多次放飞),可进行的试验时间长,不需要如卫星过境那样需要长时间等待且跟踪时段短。其主要缺点是:放球时受天气条件影响大,球目标飞行的最远距离比较小,一般在100km以内,目标仰角较低,近距离杂波多。

如果船载相控阵测量雷达是窄波束天线,搜索能力比较弱,标定球标校法需利用其他设备引导搜索,给出气球的角度引导信息,实时把引导信息传给雷达;同时船载相控阵测量雷达的工作信号多为宽脉冲,发射时距离盲区大,所以标定球标校法不能直接利用宽脉冲进行标定,可采用窄脉冲推算宽脉冲方法进行标定。

2. 利用卫星标校

利用多颗已知RCS的标校星,完成RCS常数项K_k值标定。RCS标定的主要工作流程如图10-25(b)所示。RCS标校星的选择与雷达的载频相关,理论上要求标校星的尺寸能够在雷达观测的光学区间,同时满足20dB信噪比要求。

根据船载相控阵测量雷达的工作频率、雷达威力的要求,初步确定满足相控阵测量雷达RCS标定条件的标校星,如表10-3所列。

为满足高精度RCS标定的要求,尽量选择距离近、反射面积大的标校星,这样卫星回波信噪比较高,RCS标定结果更为精确。表10-3中的最大信噪比(脉压后)是卫星近地点距离折算所得,实际雷达测得卫星的最近距离一般会大于近地点距离。因此,在RCS标定时,先根据轨道预报得到的卫星距离估算卫星信噪比,选定信噪比高的标校星,标定后再通过跟踪其他标校星进行验证、迭代,完成最终标定。

表10-3 RCS标校星

编目号	直径/m	远地点/km	近地点/km	RCS/m²	最大信噪比/dB
1520	0.4	1181	1072	0.13	21.0
2826	0.5	769	757	0.20	28.9
2909	0.4	739	732	0.13	27.6
5398	1.13	836	739	1	36.1

10.4.5 宽带幅相标校

10.4.5.1 概述

理想系统的幅频特性在信号带宽范围内为定值,相频特性在通频带内与频率呈线性关系。但实际系统都会存在幅相失真,最简单的情况是其幅频特性和相频特性在理想值附近有简谐波动,满足

$$|H(f)| = a_0 + a_1 \cos(2\pi c f) \tag{10-70}$$

$$\varphi(f) = 2\pi b_0 f + b_1 \sin(2\pi c f) \tag{10-71}$$

若输入信号为$s_i(t)$,根据成对回波理论分析,其距离像输出可近似为

$$s_o(t) = a_0[s_i(t+b_0) + (a_1/a_0 + b_1)s_i(t+b_0+c)/2 + (a_1/a_0 - b_1)s_i(t+b_0-c)/2] \tag{10-72}$$

由此可见,系统带内幅度与相位起伏的增加(即a_1和b_1的增加)将增大成对回波的幅度,从而减小距离像的主副瓣比。

由式(10-72)可知,成对回波引起的距离旁瓣为

$$SL = -20\lg\left(\frac{a_1}{2a_0} + \frac{b_1}{2}\right) \tag{10-73}$$

船载相控阵测量雷达最大瞬时工作带宽达到1GHz以上,根据成对回波理论分析,若要求宽带点目标脉冲压缩信号副瓣达到-25dB,则要求回波带宽幅度一致性≤+0.5dB,相位一致性≤±6.5°。

随着信号带宽的增加,雷达系统带内幅相失真问题不可忽视,单纯靠硬件指标控制往往难以满足工程需求,通常情况下需要进行幅相失真函数的提取和补偿。

10.4.5.2 宽带幅相标校方法

常见的幅相失真函数提取方法包括以下几种:

(1)标定球提取法。在充氦气皮球下挂金属标校器,如铝球、角反射体等。标定球放飞后由光学设备引导雷达跟踪,录取回波数据后提取雷达系统幅相失真补偿函数。

(2) 塔信源提取法。标校塔信源目标发射雷达信号,雷达接收并录取回波数据,根据回波数据提取幅相失真补偿函数。

(3) 有源标定器提取法。雷达发射工作信号,有源标定器延迟、放大、转发接收到的雷达信号,雷达接收录取回波数据提取幅相失真函数。

(4) 标校星提取法。雷达正常工作,录取球形标校星回波数据,从回波数据中提取幅相失真函数。

针对大口径、宽带雷达,前三种方法均存在一定技术问题,具体如下:

(1) 标定球提取法。标定球存在飞行高度受限,飞行轨迹不确定等问题,需要通过光学设备进行引导。另外,由于标定球的飞行距离不远,所以该方法不能直接利用宽脉冲进行标定,可利用窄脉冲推算宽脉冲情况下的系统宽带幅相失真特性。

(2) 塔信源提取法。由于发射信号是由光端机传送到标校塔上,该方法只能提取雷达接收系统幅相失真性能,对发射系统幅相失真无法提取。同时,塔信源提取法也存在距离不远的问题。

(3) 有源标定器提取法。由于有源标定系统自身存在时变的幅相失真,该方法提取幅相失真函数包含了有源标定器自身的幅相误差。

与标定球、有源标定器等幅相失真函数提取方法相比,标校星提取方法具有标校条件方便、标校链路完全、不引入额外有源误差等优点,但是使用标校星提取幅相失真函数需解决以下技术难题:

(1) 卫星径向速度较大,需要进行脉内多普勒补偿。
(2) 去斜信号脉压前信噪比较低,需要进行长时间的相参累积。
(3) 为有效积累去斜回波,信号频率需统一补偿到波门中心。

10.4.5.3 卫星宽带幅相标定

针对基于标校星的宽带幅相失真标定中存在的技术问题,下面介绍宽带雷达的幅相失真补偿方法,该方法从球形标校星的回波数据中,直接提取雷达系统幅相失真补偿函数,避免了传统有源延迟转发标校器引入额外幅相误差的问题。

1. 理论分析

设雷达发射的线性调频信号为

$$s(t) = \text{rect}(t/T_p) e^{j2\pi(f_c t + \frac{1}{2}kt^2)} \tag{10-74}$$

式中:T_p 为信号脉宽;f_c 为中心频率;k 为调频斜率。

单个点目标的回波信号为

$$s(t) = \text{rect}[(t-\tau)/T_p] e^{j2\pi[f_c(t-\tau) + \frac{1}{2}k(t-\tau)^2]} \tag{10-75}$$

设 $\tau = 2(R_0 + vt)/c$ 为运动目标回波延迟时间,R_0 为目标距离,v 为目标速度,c 为光速,代入式(10-75)可得

$$s(t) = \text{rect}[(t-\tau)/T_p] e^{j2\pi\{f_c[t-2(R_0+vt)/c] + \frac{1}{2}k[t-2(R_0+vt)/c]^2\}}$$

$$= \text{rect}[(t-\tau)/T_p] e^{j2\pi\left[\frac{1}{2}k\left(1-\frac{2v}{c}\right)^2 t^2 + \left(1-\frac{2v}{c}\right)\left(f_c - \frac{2R_0}{c}k\right)t + \frac{2R_0}{c}\left(\frac{kR_0}{c} - f_c\right)\right]} \tag{10-76}$$

去斜本振信号为

$$s_{\text{ref}}(t) = \text{rect}[(t-2R_{\text{ref}}/c)/T_p] e^{j2\pi[f_c(t-2R_{\text{ref}}/c) + \frac{1}{2}k(t-2R_{\text{ref}}/c)^2]}$$

$$= \text{rect}[(t-2R_{\text{ref}}/c)/T_p] e^{j2\pi\left[\frac{1}{2}kt^2 + \left(f_c - \frac{2R_{\text{ref}}}{c}k\right)t + \frac{2R_{\text{ref}}}{c}\left(\frac{R_{\text{ref}}}{c}k - f_c\right)\right]} \tag{10-77}$$

式中:R_{ref} 为去斜本振信号波门中心。

忽略门信号,去斜后回波信号形式为

$$s_{dc}(t) = s(t) \times \text{conj}[s_{ref}(t)] = e^{j2\pi(\varphi_0 + \varphi_1 + \varphi_2)} \quad (10-78)$$

其中

$$\varphi_0 = 2k\left[\frac{v}{c}\left(\frac{v}{c}-1\right)\right]t^2 \quad (10-79)$$

$$\varphi_1 = \left(-2\frac{\Delta R}{c}k - \frac{2v}{c}f_c + \frac{4vR_0}{c^2}k\right)t \quad (10-80)$$

$$\varphi_2 = \frac{2k}{c^2}(R_0^2 - R_{ref}^2) + \frac{2f_c}{c}(R_{ref} - R_0) \quad (10-81)$$

式中:φ_0为脉内多普勒项,会引起脉冲压缩散焦现象,需要补偿;φ_1中的第1项是距离相位,第2项是距离多普勒耦合,第3项是相对小项,可忽略;φ_2是目标走动引起的固定相位。

从式(10-79)~式(10-81)可知,利用多帧点目标回波积累,在获取系统幅相失真函数前,需要补偿脉内多普勒、去斜回波频率、去斜回波相位。这三项的补偿步骤分别如下:

(1) 雷达系统测速回路测得的目标速度为$\hat{v}$,脉内多普勒补偿为

$$s_{dc\_vc}(t) = s_{dc}(t) \times e^{-j4\pi k\left[\frac{\hat{v}}{c}\left(\frac{\hat{v}}{c}-1\right)\right]t^2} \quad (10-82)$$

(2) 雷达系统测距回路测得的目标在波门内位置为$\Delta \hat{R}$,去斜回波频率补偿为

$$s_{dc\_rc}(t) = s_{dc\_vc}(t) \times e^{j4\frac{(\Delta \hat{R})'}{c}kt} \quad (10-83)$$

(3) 雷达系统测得目标峰值点归一化相位为$\hat{\varphi}_0$,去斜回波相位补偿为

$$s_{dc\_pc}(t) = s_{dc\_rc}(t) \times e^{-j2\pi \hat{\varphi}_0} \quad (10-84)$$

考虑到单脉冲信号脉压前信噪比较低,多脉冲相参积累为

$$s_{all}(t) = \sum_{i=1}^{N} s_{dc\_pc}^i(t) \quad (10-85)$$

式(10-85)可视为系统幅相失真函数,考虑到线性调频信号的时频关系,系统幅相失真函数可表示为

$$s_{all}(f) = s_{all}(f/k) \quad (10-86)$$

系统幅相失真补偿函数可表示为

$$s_c(f) = \frac{\text{conj}[s_{all}(f)]}{|s_{all}(f)|^2} \quad (10-87)$$

将系统幅相失真函数乘以待补偿回波,即可实现系统幅相失真补偿。

2. 标校星标定工作流程

利用标校星进行宽带幅相误差标定工作流程如图10-26所示。

3. 幅相误差补偿工作流程

根据上面的分析,可采用七个步骤进行系统的宽带幅相误差补偿:

(1) 录取回波数据雷达系统正常工作,录取标校星去斜回波数据。

(2) 脉内多普勒补偿利用雷达系统测速结果,对去斜回波数据进行脉内多普勒补偿,参见

式(10-82)。

(3) 去斜回波频率补偿 估计去斜回波频率并补偿,补偿后回波脉压峰值处于波门中心,参见式(10-83)。

(4) 去斜回波相位补偿 估计去斜回波初相位并补偿,补偿后回波脉压峰值相位为零,参见式(10-84)。

(5) 多脉冲相参积累 反复完成步骤(3)~(4)多次,将处理后的多脉冲回波数据叠加,参见式(10-85)。

(6) 幅相误差函数提取 利用多脉冲相参积累数据,提取幅相误差补偿函数,参见式(10-83)。

(7) 幅相误差函数补偿 利用提取的幅相失真补偿函数,完成对去斜回波补偿,参见式(10-87)。

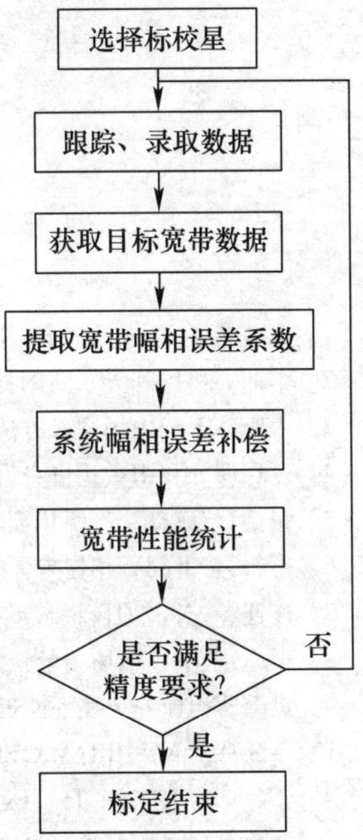

10.4.5.4 内监测法宽带幅相标定

针对卫星标校时效性差的问题,船载相控阵测量雷达还可采用宽带内监测法对系统宽带幅相失真进行实时监测、补偿,确保高分辨一维像距离旁瓣达到-30dB,支持精确尺寸等特征提取,满足目标识别需求。

宽带内监测系统组成如图10-27所示。系统进行宽带信号监测时,接收状态下,发射前级产生的监测信号通过内监测网络馈送到天线阵上的T/R组件,全阵面T/R组件的接收耦合通道全部打开,T/R组件接收测试信号并放大后,通过宽带接收网络进行合成后送宽带接收机测量阵面的接收宽带特性。发射状态下,全阵发射内监测网络合成功率太大,因此采用分区开发射的方式进行,频综产生的激励信号被发射前级放大后,通过射频网络馈送到天线阵上的T/R组件,被测试区域的T/R组件的发射支路打通,其余T/R组件置为负载态,被测区域T/R组件发射的信号通过内监测网络合成后送至宽带接收机,依次测试不同区域的发射宽带特性。

图10-26 利用标校星进行宽带幅相误差标定工作流程

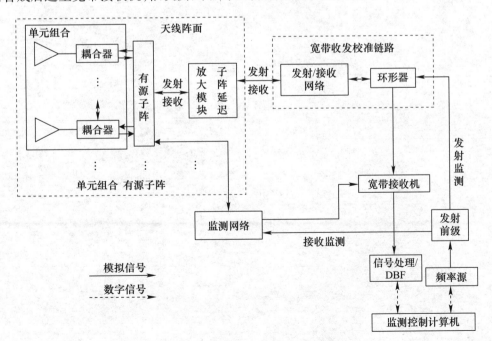

图10-27 宽带内监测系统组成

参 考 文 献

[1] 束咸荣,何炳发,高铁. 相控阵雷达天线[M]. 北京:国防工业出版社,2007.
[2] 李迪. 相控阵天线监测技术研究[D]. 南京:南京理工大学工程,2008.
[3] 宋康. 天线中场测量方法研究[D]. 西安:西安电子科技大学,2018.
[4] 夏琛海. 利用雷达自身设备实现有源相控阵天线监测与校准[D]. 南京:南京理工大学,2008.
[5] 张健,黎海林. 有源相控阵天线阵面监测方法浅析[C]. 2006年航天测控技术研讨会,2006:327-331.
[6] 韦哲,黄世钊. 相控阵天线测量校准方法分析与比较[J]. 四川兵工学报,2014(1):119-122.
[7] 连迎春. X波段阵面校准技术研究[D]. 南京:南京理工大学,2009.
[8] 李迪,王华. 中场测量相控阵扫描方向图的方法研究[J]. 现代雷达,2004(7):48-50.
[9] 焦禹. 相控阵天线平面近场测试误差分析与校准方法研究[D]. 中国舰船研究院,2016.
[10] KOJIMA N,SHIRAMATSU K CHIBA I,et al. Measurement and evaluation techniques for an airborne active phased array antenna [C]. IEEE 1996,15-18 Oct,Boslon,MA,USA,231-236.
[11] 王金元,高铁. 基于MCM法的大型有源相控阵二维阵列校准[J]. 现代雷达,2008(8):74-77,80.
[12] 郑雪飞. 相控阵天线中场校正技术及其工程应用研究[D]. 南京:南京理工大学. 2005.
[13] 李建文. ×××雷达RCS卫星标校方法研究与实现[D]. 成都:电子科技大学,2012.
[14] 李玮. 相控阵天线故障诊断方法研究与软件实现[D]. 成都:电子科技大学,2014.
[15] 刘丹. 宽带成像相控阵雷达距离像的失真与补偿方法[C]//第八届全国雷达学术年会论文集(2002):530-534.
[16] 齐涛,刘丹. 宽带相控阵雷达各模块幅相失真对成像的影响[J]. 航天电子对抗,2008(3):19-21.
[17] 张锐,柯长海,高爱明. 宽频带大口径雷达的幅相失真补偿方法[J]. 现代雷达,2021,43(5):38-43.